地球と宇宙の
化学事典

日本地球化学会

［編集］

朝倉書店

口絵1 スケーリーフット
(写真提供:海洋研究開発機構)
[本文1-04参照]

口絵2 恐竜の絶滅が起きた時代に堆積したK-Pg境界の地層(デンマークのスティーブンス・クリント.撮影:西尾嘉朗 氏)[本文1-23参照]
矢印で示すのがK-Pg境界.この層には,隕石に高濃度に含まれるイリジウムなどの白金族元素が高濃度で含まれ,隕石衝突の証拠のひとつと考えられている.

口絵3 研究船「かいれい」による日本海航海での海底堆積物ピストンコアリング
(2007年.撮影:多田隆治 氏,協力:海洋研究開発機構)[本文2-01, 2-04, 2-05, 2-07参照]
日本海堆積物が示す明暗縞は,1000年スケール半球的気候変動であるダンスガード・オシュガー振動と対応づけられることが知られている.

口絵4　福井県水月湖の湖底堆積物掘削
（2006年．写真提供：中川 毅 氏）［本文2-28，2-29参照］
堆積物は見事な年縞を呈し，年単位の古気候変動を記録しているのみならず，数万年前における ^{14}C 年代値の暦年補正に利用できる．SG06コアは次期INTCAL13において樹木年輪ではカバーできない5万2000年前までの年代の参照データとして正式採用される予定である．

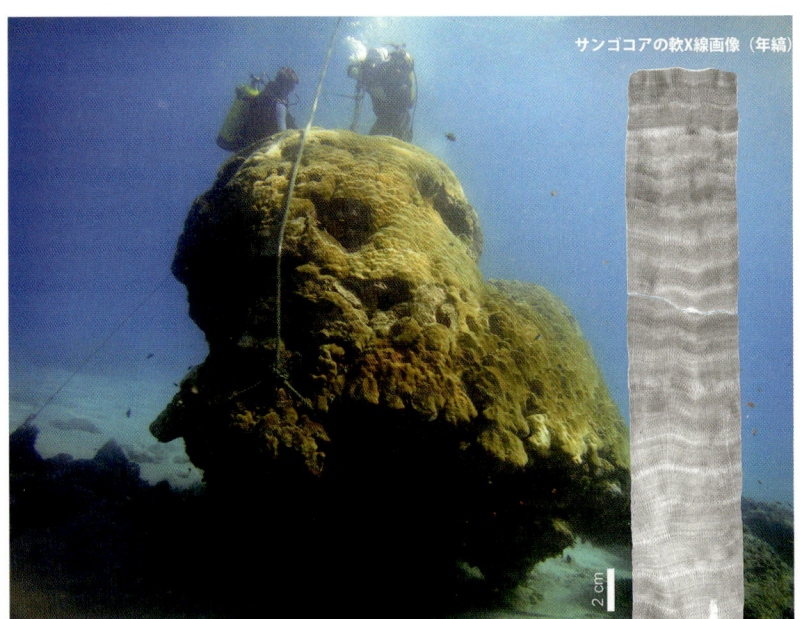

口絵5　造礁性サンゴ骨格の水中掘削と軟X線画像に認められる年輪
（2010年．写真提供：渡邊 剛 氏，山崎敦子 氏）［本文2-06，2-25参照］
造礁性サンゴ骨格には1年に1対の密度バンド（年輪）が形成され，化学組成や同位体比分析から過去の気候やイベントを詳細に復元することができる．写真は，インドネシアのスマトラ沖シメル島で発見された巨大ハマサンゴ群体での年輪解析の結果，300年以上生き続けていることがわかった．

口絵 6　インド洋中央海嶺 Kairei Field (25°19'S, 70°02'E, 深度 2450 m) における温度 360 ℃のブラックスモーカー熱水の採取（写真提供：海洋研究開発機構）［本文 3-13, 3-17, 3-29 参照］
アルビン式注射器型熱水採水装置を ROV「かいこう」の左マニピュレーターが保持，右マニピュレーターが採水器を作動させ，熱水を吸入している（挿入図の青色部分参照）．なお写真では見えないが，採水器先端の熱水吸入管が，熱水噴出口（写真下部）の内部深く差し込まれている．

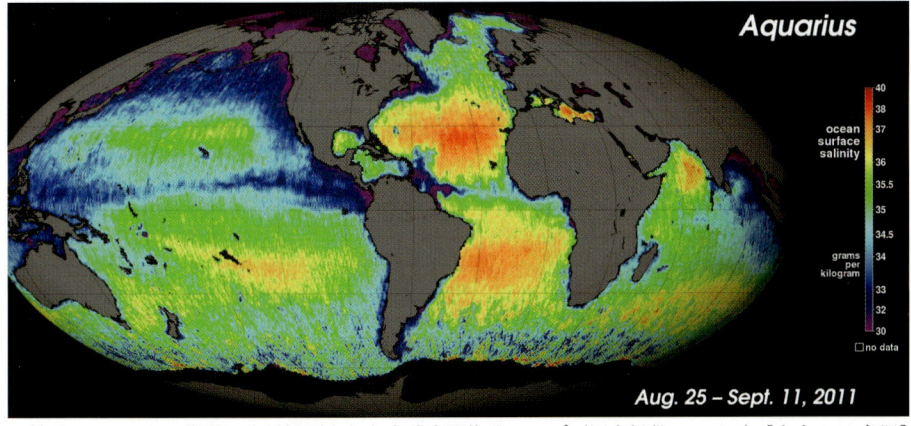

口絵 7　Aquarius 衛星により観測された全球表面塩分マップ（写真提供：NASA）［本文 3-31 参照］
このマップは 2011 年 8 月 25 日から 9 月 11 日までの合成画像である．塩分は黄色または赤色のところが高く，青色または紫色のところが低い．

口絵 8 溶岩台地の末端から流出する地下水
(アイスランド・フロインフォッサル,撮影:益田晴恵 氏)[本文 4-11, 4-15 参照]
亀裂の多い火山岩には降水が浸透しやすい.ここでは,溶岩流によって形成された台地の地下を流れる地下水が,溶岩流の末端部で湧出し,1 km 以上の幅を持つ滝となって川に流れ落ちている.

**口絵 9
トラバーチン/石灰質の温泉沈殿物**
(アメリカ合衆国・イエローストーン国立公園,撮影:益田晴恵 氏)[本文 4-19, 4-20 参照]
石灰岩と反応した熱水は,噴出口付近で温度降下と二酸化炭素の急激な圧力低下に伴って炭酸カルシウムの沈殿を作る.この沈殿は上方に向かって成長し,千枚田のような景観を作る.

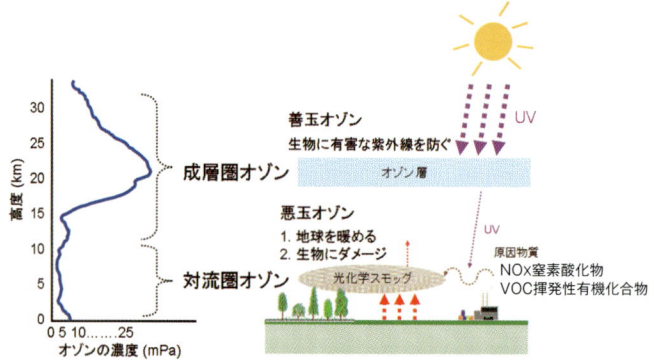

口絵 10 大気中オゾンの高度分布と役割 [本文 5-05 参照]

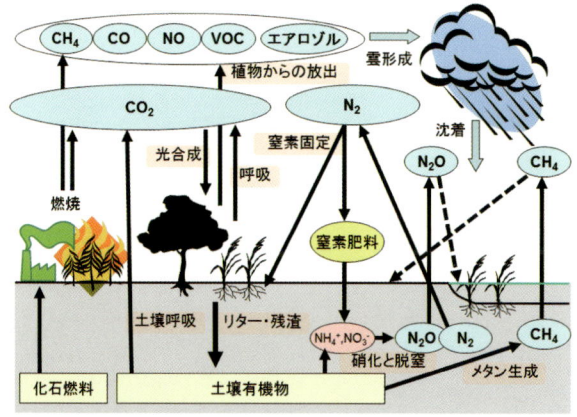

口絵 11　大気と陸の間の物質循環の概要　［本文 5-24 参照］

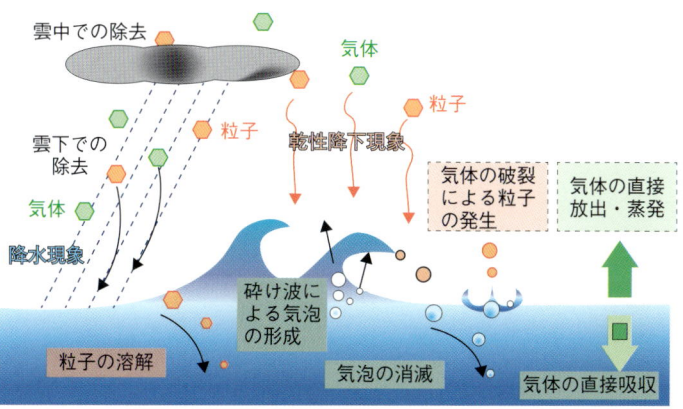

口絵 12　大気と海洋間の物質の沈着と放出　［本文 5-25 参照］

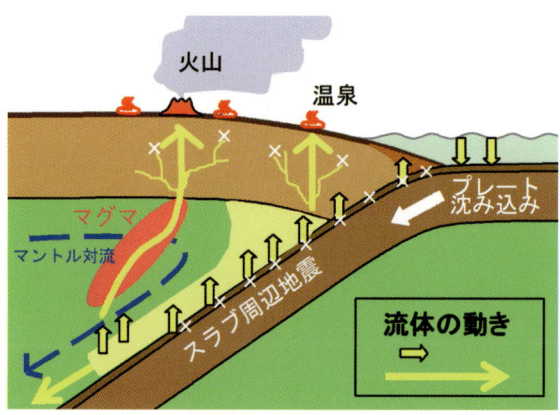

口絵 13　スラブ流体の分布・移動の推定図　［本文 6-07 参照］

口絵 14　ロシア・ヴィティム産ザクロ石かんらん岩のマントル捕獲岩
(写真提供：Ashchepkov I.V. 氏)［本文 7-04 参照］
構成鉱物は，カンラン石（黄色），斜方輝石（抹茶色），単斜輝石（緑），ザクロ石（赤褐色）．捕獲岩の大きさは長径 10 cm × 短径 4 cm. Ionov,O.A. et al.(2005) Chemical Geology, 217: 41-75. DOI: 10.1016/j.chemgeo.2004.12.001. を参照．

口絵 15　沖縄トラフの第四与那国海丘に広がる海底熱水活動域の海底写真
(写真提供：海洋研究開発機構)［本文 8-13 参照］
（上）最高 328 ℃の高温熱水を噴出するチムニー．硫化鉱物から構成されるマウンド上に成長しており，海底面からの高さは 10 m に達する．（下）二酸化炭素液泡とともに熱水を噴出するチムニー．熱水に溶存する気体成分の濃度が高く，周囲に化学合成生態系が発達している．

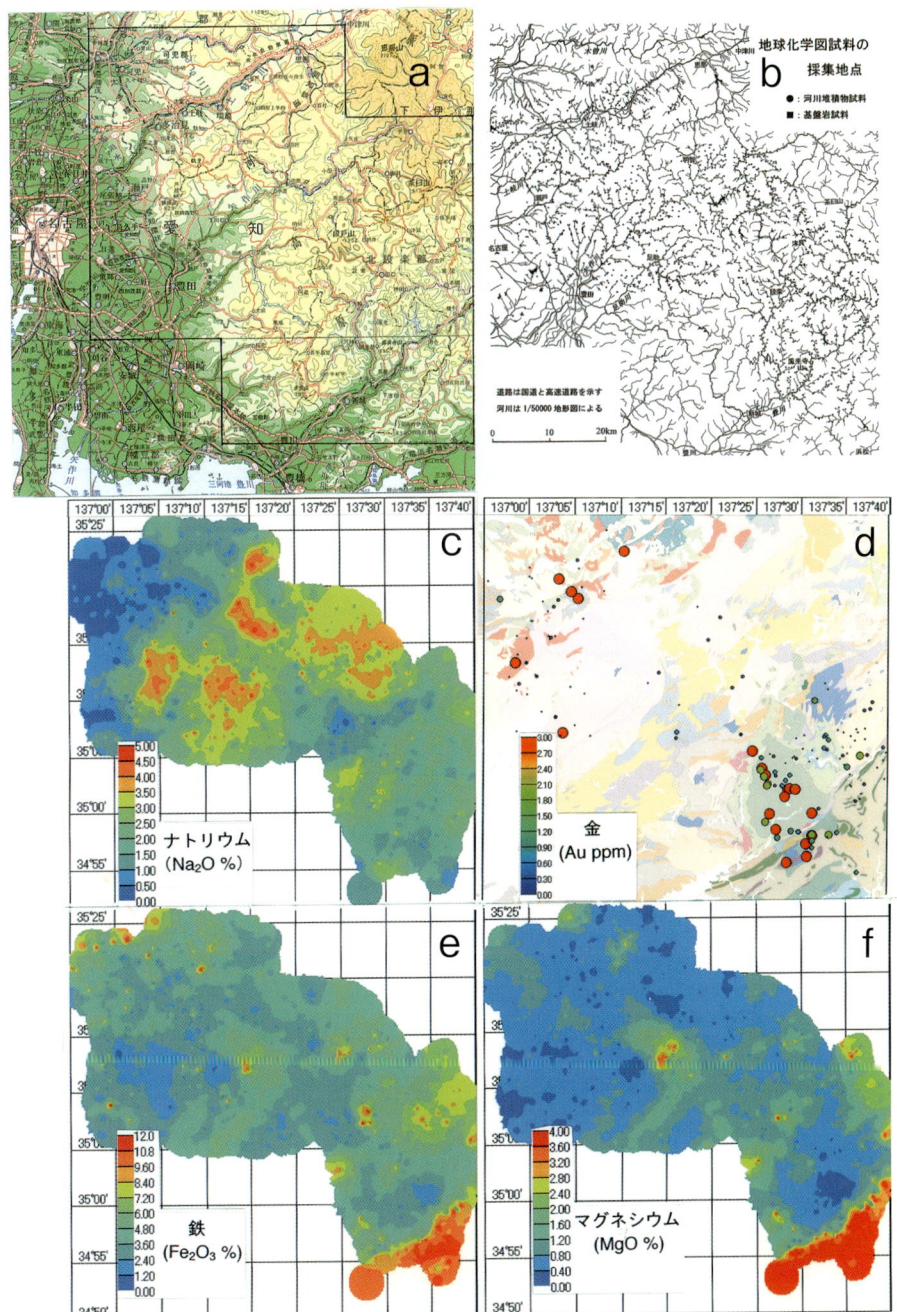

口絵16　愛知県東部〜岐阜県南部の地球化学図（名古屋大学地球化学講座原図）［本文8-17参照］
a：調査範囲，b：試料採集地点，c：ナトリウム，d：金，e：鉄，f：マグネシウム．金は，試料採集法により，原位置濃度より10〜100倍高い．

口絵 17
エコンドライト
(撮影：岸山浩之 氏. サイコロの一辺は 1 cm)［本文 9-04 参照］
a：普通コンドライト（LL3．切断面に典型的なコンドライト組織を示す），
b：普通コンドライト（L6．大気圏通過時にできた特徴的な概観を残す），
c：小惑星起源の玄武岩質隕石（現在知られている太陽系最古の玄武岩），
d：鉄隕石，
e：月高地起源の隕石，
f：火星隕石．

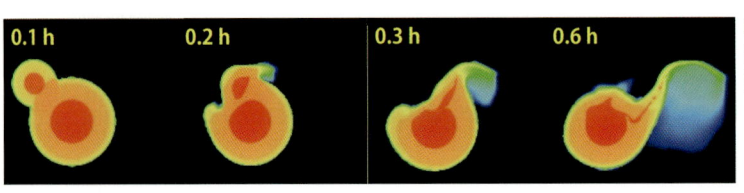

口絵 18
巨大衝突
［本文 9-40 参照］

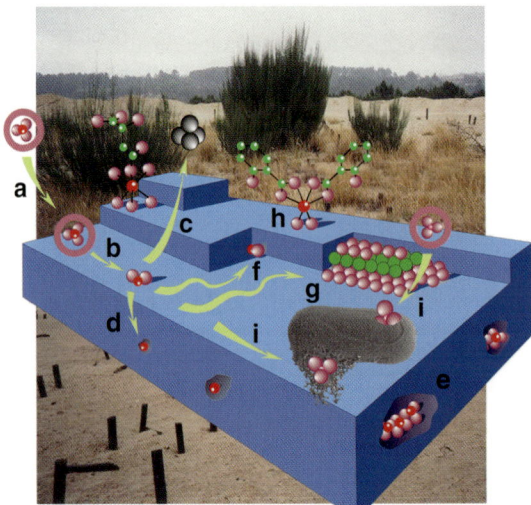

口絵 19　鉱物界面で元素が受ける化学的素過程 (Manceau, et al., 2002)［本文 10-11 参照］
a: 物理吸着（外圏表面錯体生成），b: 化学吸着（内圏表面錯体生成），c: 脱離，d,e: 置換・共沈，f,g: 結晶成長，h: 有機配位子の吸着，i: 微生物との相互作用．(Figure 1 from Manceau, A., et al. (2002) Reviews in Mineralogy and Geochemistry, 49:341-428)

序

　宇宙の中にあって，とりわけ魅力に満ちた「地球」という惑星の上でわれわれは生きている．この地球をはじめ太陽系の惑星群は宇宙の営みの中でどのように形成されたのか，これからどう進化していくのか，という壮大なテーマから，肉眼では見えない微生物が仲介する深海底の小さな生物コロニーの営みに至るまで，きわめて幅広い時間スケールと空間スケールで動き続ける森羅万象の不思議さには，われわれの興味を引きつけて止まないものがある．

　この不思議の世界を，化学的観点から，すなわち物質あるいは元素そのものの存在状態や循環過程から捉え，高度な分析化学的手法を駆使して，数々の謎をひとつ，ひとつ解いていこうとするのが，「地球化学」あるいは「地球惑星化学」と呼ばれる学問分野である．地球化学は，われわれの住む地球を過去・現在にわたって総合的に認識する上で必要不可欠であり，また地球環境保全のしくみを知り，地球の未来を予測するためにも，その重要性は近年ますます高まりつつある．

　本書は，このような地球化学を基礎からわかりやすく理解するために，厳選された項目（キーワード）について最新の情報を網羅し，大学生・大学院生から広く一般社会人の利用に供しようとするものである．地球および宇宙に興味を持つ読者が，目次を見て，目にとまった項目を次々と拾い読みできることを第一に想定している．地球化学を体系的・教科書に示すことは他書（例えば「地球化学講座」）に譲り，本書では，項目の選択や名称に工夫を凝らすとともに，できるかぎり幅広い研究分野をカバーすることを心がけた．学問としての「地球化学」の懐の深さ，守備範囲の広さを，楽しみながら俯瞰できる事典となっている．また，専門用語から調べようとする読者には，通常の語句索引に加え，元素記号，分析化学キーワードからも必要な情報にたどりつけるよう配慮されている．

　本書の企画・立案のために，日本地球化学会では2008年春に『地球と宇宙の化学事典』編集委員会を発足させ，鋭意検討を重ねてきた．193名の執筆者は，いずれも現代の地球化学の最前線で活躍する方々であり，本書の趣旨に

沿って，最も適切な記載を心がけて下さった．また，朝倉書店には，本書を出版に導くための適切な助言と，各項目の完成度を高める粘り強い編集作業を続けて下さった．ここに厚く感謝の意を表したい．

　本書が，多くの研究者，技術者，大学院学生，学部学生，その他，地球化学に関心のある多くの方々にとって座右の書の1つとなり，大いに活用されることを，心より念じている．

　2012年8月

代表編集委員　蒲　生　俊　敬
　　　　　　　海 老 原　　充

代表編集委員

蒲生俊敬　東京大学　　　　　海老原充　首都大学東京

編集委員（五十音順）

石橋純一郎　九州大学　　　　橘　省吾　北海道大学
岩森　光　東京工業大学　　　田上英一郎　名古屋大学
植松光夫　東京大学　　　　　中井俊一　東京大学
篠原宏志　産業技術総合研究所　平田岳史　京都大学
鈴木勝彦　海洋研究開発機構　　益田晴恵　大阪市立大学
高橋嘉夫　広島大学　　　　　南川雅男　北海道大学

執筆者（五十音順）

赤木　右　九州大学　　　　　伊庭靖弘　北海道教育大学
赤田尚史　環境科学技術研究所　今須良一　東京大学
甘利幸子　ワシントン大学　　　入野智久　北海道大学
荒井朋子　千葉工業大学　　　　岩森　光　東京工業大学
荒尾知人　農業環境技術研究所　上田　晃　富山大学
飯塚　毅　東京大学　　　　　植松光夫　東京大学
五十嵐康人　気象研究所　　　　臼井　朗　高知大学
猪狩俊一郎　産業技術総合研究所　内田悦生　早稲田大学
石塚　治　産業技術総合研究所　鵜野伊津志　九州大学
石橋純一郎　九州大学　　　　　浦辺徹郎　東京大学
石渡良志　東京都立大学名誉教授　海老原充　首都大学東京
伊藤正一　北海道大学　　　　　大井健太　産業技術総合研究所
伊藤　慎　千葉大学　　　　　大木淳之　北海道大学
稲生圭哉　農業環境技術研究所　大河内直彦　海洋研究開発機構
稲垣史生　海洋研究開発機構　　大貫敏彦　日本原子力研究開発機構
井上源喜　大妻女子大学　　　　大野　剛　学習院大学
井上麻夕里　東京大学　　　　　大場　武　東海大学

大原 利眞	国立環境研究所		齊藤 誠一	北海道大学
岡村 慶	高知大学		斎藤 元治	産業技術総合研究所
小川 浩史	東京大学		才野 敏郎	海洋研究開発機構
沖野 郷子	東京大学		坂口 綾	広島大学
長田 和雄	名古屋大学		坂口 有人	海洋研究開発機構
乙坂 重嘉	日本原子力研究開発機構		佐川 拓也	愛媛大学
小畑 元	東京大学		左近 樹	東京大学
海保 邦夫	東北大学		佐々木 晶	国立天文台
鍵 裕之	東京大学		佐藤 文衛	東京工業大学
掛川 武	東北大学		佐野 有司	東京大学
風早 康平	産業技術総合研究所		佐脇 貴幸	産業技術総合研究所
梶井 克純	京都大学		鹿園 直建	慶應義塾大学名誉教授
梶野 敏貴	国立天文台		篠原 宏志	産業技術総合研究所
加藤 泰浩	東京大学		篠原 雅尚	東京大学
加藤 義久	東海大学		島田 允堯	九州大学名誉教授
金谷 有剛	海洋研究開発機構		下田 玄	産業技術総合研究所
兼保 直樹	産業技術総合研究所		白井 厚太朗	東京大学
蒲生 俊敬	東京大学		杉田 精司	東京大学
川幡 穂高	東京大学		鈴木 和博	名古屋大学
河村 公隆	北海道大学		鈴木 勝彦	海洋研究開発機構
木 多紀子	ウィスコンシン大学		鈴木 徳行	北海道大学
木村 学	東京大学		鈴木 祐一郎	産業技術総合研究所
木村 純一	海洋研究開発機構		宗林 由樹	京都大学
黒田 潤一郎	海洋研究開発機構		高澤 栄一	新潟大学
小池 勲夫	琉球大学		高田 秀重	東京農工大学
古賀 聖治	産業技術総合研究所		高野 淑識	海洋研究開発機構
小久保 英一郎	国立天文台		高橋 正征	東京大学名誉教授
小林 憲正	横浜国立大学		高橋 嘉夫	広島大学
小宮 剛	東京大学		高松 武次郎	前 茨城大学
三枝 信子	国立環境研究所		瀧川 晶	東京大学

竹川 暢之	東京大学
竹村 俊彦	九州大学
田副 博文	弘前大学
田近 英一	東京大学
橘 省吾	北海道大学
田中 剛	名古屋大学名誉教授
谷口 旭	東京農業大学
谷本 浩志	国立環境研究所
田上 英一郎	名古屋大学
力石 嘉人	海洋研究開発機構
千葉 仁	岡山大学
張 勁	富山大学
津田 敦	東京大学
角皆 潤	名古屋大学
角皆 静男	北海道大学名誉教授
角森 史昭	東京大学
遠嶋 康徳	国立環境研究所
留岡 和重	神戸大学
豊田 和弘	北海道大学
中井 俊一	東京大学
永井 尚生	日本大学
長尾 敬介	東京大学
中口 譲	近畿大学
中島 典之	東京大学
永島 一秀	ハワイ大学
永田 俊	東京大学
中塚 武	名古屋大学
永原 裕子	東京大学
中村 俊夫	名古屋大学
中村 智樹	東北大学
中村 仁美	東京工業大学
中本 泰史	東京工業大学
中山 典子	東京大学
奈良岡 浩	九州大学
西川 雅高	国立環境研究所
野上 健治	東京工業大学
野口 高明	茨城大学
野津 憲治	東京大学名誉教授
はしもとじょーじ	岡山大学
橋本 伸哉	日本大学
長谷川 精	北海道大学
畠山 史郎	東京農工大学
羽生 毅	海洋研究開発機構
原 圭一郎	福岡大学
原田 尚美	海洋研究開発機構
坂東 博	大阪府立大学
日高 洋	広島大学
平賀 岳彦	東京大学
平田 岳史	京都大学
平原 靖大	名古屋大学
深畑 幸俊	京都大学
藤村 彰夫	宇宙航空研究開発機構
藤本 光一郎	東京学芸大学
藤原 正智	北海道大学
古谷 浩志	東京大学
古谷 研	東京大学
堀川 恵司	富山大学
本多 了	東京大学
益田 晴恵	大阪市立大学
町田 敏暢	国立環境研究所

松枝 秀和	気象研究所	
松本 潔	山梨大学	
松本 拓也	国際原子力機関	
丸岡 照幸	筑波大学	
丸茂 克美	富山大学	
三澤 啓司	国立極地研究所	
溝田 智俊	岩手大学	
光延 聖	静岡県立大学	
三戸 彩絵子	地球環境産業技術研究機構	
緑川 貴	長崎海洋気象台	
南川 雅男	北海道大学	
三部 賢治	東京大学	
宮崎 淳一	海洋研究開発機構	
村山 雅史	高知大学	
森 俊哉	東京大学	
森川 徳敏	産業技術総合研究所	
森下 祐一	産業技術総合研究所	
八木 一行	農業環境技術研究所	
安田 敦	東京大学	

柳澤 文孝	山形大学	
薮田 ひかる	大阪大学	
山岸 明彦	東京薬科大学	
山口 亮	国立極地研究所	
山口 耕生	東邦大学	
山口 紀子	農業環境技術研究所	
山本 綱志	名古屋大学	
山本 民次	広島大学	
山本 啓之	海洋研究開発機構	
山本 正伸	北海道大学	
横内 陽子	国立環境研究所	
横山 哲也	東京工業大学	
横山 祐典	東京大学	
吉田 英一	名古屋大学	
芳野 極	岡山大学	
米田 成一	国立科学博物館	
渡邊 剛	北海道大学	
渡辺 寧	産業技術総合研究所	
渡辺 豊	北海道大学	

目　次

1. 地　球　史
（編集担当：鈴木勝彦）

1-01	生体有機物……………………………………………（高野淑識）…	2
1-02	バイオマーカー（生物指標分子）……………………（奈良岡浩）…	4
1-03	真核生物………………………………………………（宮崎淳一）…	5
1-04	真正細菌………………………………………………（宮崎淳一）…	6
1-05	古細菌（アーキア）…………………………………（宮崎淳一）…	7
1-06	独立栄養生物と従属栄養生物………………………（宮崎淳一）…	8
1-07	地球史と鉱床形成……………………………………（山口耕生）…	9
1-08	地　　層………………………………………………（長谷川精）…	10
1-09	付　加　体……………………………………………（坂口有人）…	12
1-10	地質年代の境界………………………………………（海保邦夫）…	14
1-11	化　　石………………………………………………（伊庭靖弘）…	15
1-12	火山活動と地球環境変動……………………………（黒田潤一郎）…	16
1-13	タービダイト…………………………………………（伊藤　慎）…	17
1-14	年　代　測　定………………………………………（鈴木勝彦）…	19
1-15	CHIME 年代測定………………………………………（鈴木和博）…	20
1-16	気体質量分析計………………………………………（角皆　潤）…	21
1-17	縞状鉄鉱層……………………………………………（加藤泰浩）…	23
1-18	地球史の中でのチャート……………………………（山本鋼志）…	24
1-19	古土壌と大気進化……………………………………（山口耕生）…	25
1-20	生命の起源，進化，分布……………………………（掛川　武）…	28
1-21	生命存在の可能性……………………………………（はしもとじょーじ）…	30
1-22	地球の太古代…………………………………………（掛川　武）…	32
1-23	隕石衝突と生物大量絶滅……………………………（丸岡照幸）…	33
1-24	深部地下生命圏………………………………………（稲垣史生）…	35
1-25	カンブリア大爆発……………………………………（小宮　剛）…	36
1-26	大気中酸素濃度進化…………………………………（山口耕生）…	38
1-27	【コラム】海の誕生と消失…………………………（田近英一）…	40
1-28	【コラム】たんぽぽ計画……………………………（山岸明彦）…	41

1-29	ウイルスと生物地球化学	(高野淑識・山本啓之)…42
1-30	有機物の立体異性	(高野淑識)…43
1-31	食物連鎖とアミノ酸の安定同位体比	(力石嘉人)…45
1-32	有機化合物の安定同位体比	(力石嘉人)…46

2. 古 環 境
(編集担当：南川雅男)

2-01	海底堆積物	(加藤義久)…48
2-02	腐植有機物	(赤木　右)…50
2-03	土壌有機物	(井上源喜)…52
2-04	氷期・間氷期変動	(入野智久)…53
2-05	急激な気候変化	(山本正伸)…55
2-06	エルニーニョ・南方振動サイクル	(渡邊　剛)…56
2-07	古環境プロキシー	(南川雅男)…58
2-08	堆積過程の化学変化	(加藤義久)…60
2-09	年代指標	(村山雅史)…62
2-10	古塩分指標	(佐川拓也)…64
2-11	古水温の復元	(山本正伸)…65
2-12	古大気 CO_2 分圧の復元	(南川雅男)…67
2-13	気候変化と陸上植物の遷移	(山本正伸)…69
2-14	炭酸塩の溶解と炭素循環史	(入野智久)…70
2-15	古 土 壌	(入野智久)…71
2-16	^{14}C 年代測定	(中村俊夫)…72
2-17	窒 素 循 環	(堀川恵司)…73
2-18	樹 木 年 輪	(中塚　武)…74
2-19	古食性復元のための化石骨同位体分析	(南川雅男)…76
2-20	陸源砕屑物の堆積記録	(入野智久)…78
2-21	氷床コアと大気成分の変動	(山本正伸)…79
2-22	海底堆積物コアによる生物生産の復元	(堀川恵司)…81
2-23	海洋科学掘削と展望	(大河内直彦)…82
2-24	テフラによる火山活動履歴	(豊田和弘)…84
2-25	貝殻とサンゴの成長履歴と環境の季節変動	(渡邊　剛)…85
2-26	海洋無酸素化イベント	(大河内直彦)…86
2-27	微 化 石	(佐川拓也)…87
2-28	堆 積 年 代	(村山雅史)…88
2-29	湖底堆積物	(井上源喜)…89
2-30	加速器質量分析	(中村俊夫)…91

3. 海　洋
（編集担当：蒲生俊敬・田上英一郎）

3-01	海水の化学組成	（角皆静男）	94
3-02	海水の塩分	（角皆静男）	97
3-03	海水の物理化学的性質	（蒲生俊敬）	99
3-04	海洋の物質循環	（渡辺　豊）	100
3-05	化学トレーサー	（蒲生俊敬）	101
3-06	海水の年齢	（小畑　元）	102
3-07	溶存気体	（角皆　潤）	103
3-08	栄養塩	（中口　譲）	104
3-09	微量元素	（宗林由樹）	105
3-10	希土類元素	（田副博文）	107
3-11	海洋の生物ポンプ	（才野敏郎）	108
3-12	海洋酸性化	（川幡穂高）	110
3-13	海底熱水活動	（蒲生俊敬）	111
3-14	鉄仮説	（小畑　元）	113
3-15	酸素極小層	（中山典子）	114
3-16	海洋表面のミクロレイヤー	（蒲生俊敬）	115
3-17	海洋化学観測機器	（蒲生俊敬）	116
3-18	水中有機物	（田上英一郎）	118
3-19	粒子状有機物	（田上英一郎）	119
3-20	溶存有機物	（小川浩史）	120
3-21	親生元素（親生物元素）	（小池勲夫）	121
3-22	一次生産	（古谷　研）	123
3-23	プランクトン	（津田　敦）	124
3-24	食物連鎖	（谷口　旭）	125
3-25	生態系	（永田　俊）	126
3-26	有機錯体	（緑川　貴）	128
3-27	続成作用	（加藤義久）	129
3-28	化学合成生態系	（山本啓之）	131
3-29	海洋観測船・潜水船	（蒲生俊敬）	132
3-30	現場自動化学分析	（岡村　慶）	133
3-31	リモートセンシング	（齊藤誠一）	134
3-32	サンゴの地球化学	（井上麻夕里）	136
3-33	CCDと炭酸塩溶解	（川幡穂高）	137
3-34	バイオミネラリゼーション（生物鉱化作用）	（白井厚太朗）	138
3-35	海洋地殻内流体	（浦辺徹郎）	139
3-36	海洋の希ガスと同位体比	（佐野有司）	140

ix

3-37	海洋の放射性核種	(永井尚生)…142
3-38	海洋における沈降粒子	(乙坂重嘉)…144
3-39	メイラード反応	(石渡良志)…145

4. 海洋以外の水
（編集担当：益田晴恵）

4-01	水の物理化学的性質	(千葉　仁)…148
4-02	水の起源と安定同位体	(上田　晃)…149
4-03	水の年代測定	(森川徳敏)…150
4-04	水　循　環	(赤木　右)…151
4-05	雲水の組成	(柳澤文孝・赤田尚史)…153
4-06	降水の組成	(柳澤文孝・赤田尚史)…154
4-07	陸　　水	(上田　晃)…155
4-08	湖沼水の成層と水質	(宗林由樹)…156
4-09	汽水域の水質と生物活動	(中口　譲)…157
4-10	河口の水域環境の特徴	(中口　譲)…158
4-11	地下水の水質形成機構	(益田晴恵)…160
4-12	化学的風化作用	(益田晴恵)…161
4-13	土壌生成作用	(溝田智俊)…162
4-14	ミネラルウォーター	(益田晴恵)…163
4-15	地下水流動系と同位体	(森川徳敏)…164
4-16	深層地下水	(上田　晃)…165
4-17	化　石　水	(益田晴恵)…166
4-18	温泉の定義	(益田晴恵)…167
4-19	鉱物の飽和度	(千葉　仁)…168
4-20	湯の花（温泉沈殿物）	(千葉　仁)…169
4-21	地滑りと地下水	(益田晴恵)…170
4-22	自然由来地下水汚染	(丸茂克美)…171
4-23	海底湧水	(張　　勁)…173

5. 地表・大気
（編集担当：植松光夫）

5-01	成層圏大気の組成	(藤原正智)…176
5-02	対流圏大気の組成	(松枝秀和)…178
5-03	温室効果気体	(角皆　潤)…179

5-04	二酸化炭素	(町田敏暢)	181
5-05	オゾン	(谷本浩志)	182
5-06	窒素化合物	(坂東　博)	183
5-07	ハロゲン化合物	(横内陽子)	185
5-08	光化学反応	(梶井克純)	186
5-09	不均一反応	(竹川暢之)	187
5-10	エアロゾルの組成	(畠山史郎)	188
5-11	黄砂エアロゾル	(西川雅高)	190
5-12	海塩エアロゾル	(大木淳之)	191
5-13	ブラックカーボン	(兼保直樹)	193
5-14	硫酸塩エアロゾル	(古賀聖治)	195
5-15	有機エアロゾル	(河村公隆)	196
5-16	大気エアロゾルの生成・除去	(古谷浩志)	198
5-17	酸性雨・酸性霧	(松本　潔)	199
5-18	大気の放射能	(五十嵐康人)	201
5-19	大気への物質放出	(大原利眞)	203
5-20	大気中の物質輸送	(竹村俊彦)	204
5-21	大気物質の沈着	(長田和雄)	206
5-22	極域の大気化学	(原圭一郎)	207
5-23	陸上植生と二酸化炭素	(三枝信子)	208
5-24	大気と陸の物質循環	(八木一行)	209
5-25	大気と海洋の物質循環	(植松光夫)	211
5-26	衛星による大気環境観測	(金谷有剛)	213
5-27	化学天気予報	(鵜野伊津志)	214
5-28	大気組成と気候変化	(今須良一)	215
5-29	大気組成の進化	(原田尚美)	217

6. 地　殻

（編集担当：篠原宏志・石橋純一郎・岩森　光・中井俊一）

6-01	マグマ中揮発性物質と噴火	(斎藤元治)	220
6-02	【コラム】化学的噴火予知	(森　俊哉)	221
6-03	火山ガス	(篠原宏志)	222
6-04	火山ガス災害	(野上健治)	224
6-05	温泉・熱水の起源と分類	(大場　武)	225
6-06	地震に伴う地球化学現象	(角森史昭)	227
6-07	沈み込み帯の物質循環とスラブ起源流体	(中村仁美・岩森　光)	228
6-08	固体地球の構造：地殻-マントル-コア	(岩森　光)	230
6-09	地殻の構造	(篠原雅尚)	232

6-10	地殻の組成	(中井俊一)	236
6-11	大陸地殻の形成と年代	(飯塚　毅)	238
6-12	海洋地殻の形成と年代	(沖野郷子)	240
6-13	【コラム】地球最古の岩石・鉱物	(飯塚　毅)	242
6-14	地殻物質のリサイクリング	(下田　玄)	243
6-15	地殻変動	(深畑幸俊)	245
6-16	地殻熱流量と地球の熱源	(岩森　光)	246
6-17	【コラム】天然原子炉	(日高　洋)	247
6-18	地殻の風化作用と元素循環	(田近英一)	248
6-19	大気・水圏との物理的相互作用	(横山祐典)	249
6-20	生命圏との相互作用	(小宮　剛)	251
6-21	大陸棚	(石塚　治)	252
6-22	【コラム】地殻流体	(風早康平)	254
6-23	【コラム】超大陸	(木村　学)	256
6-24	レーザーアブレーション―ICP質量分析計	(平田岳史)	257

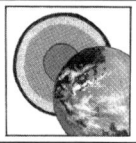

7. マントル・コア
（編集担当：岩森　光・中井俊一）

7-01	マントルの構造	(本多　了)	260
7-02	地球内部の鉱物	(鍵　裕之)	262
7-03	マントルの化学組成	(中井俊一)	264
7-04	マントル捕獲岩	(高澤栄一)	266
7-05	マントルの化学的不均質性	(羽生　毅)	268
7-06	マントルの進化	(木村純一)	271
7-07	地球内の物質移動	(本多　了)	274
7-08	初期地球の化学分化	(飯塚　毅)	276
7-09	コ　ア	(芳野　極)	277
7-10	マントルとコアの分化	(鈴木勝彦)	278
7-11	マグマ形成時の元素の挙動	(安田　敦)	279
7-12	マントル中の流体と元素の挙動	(三部賢治)	280
7-13	マントル内での元素拡散	(平賀岳彦)	282
7-14	【コラム】深部の隠されたリザーバー	(飯塚　毅)	283
7-15	マントルと地殻の分化	(小宮　剛)	284
7-16	マントルと大気の関係	(松本拓也)	286
7-17	マントルの酸化還元状態	(鍵　裕之)	287
7-18	マグマとは何か	(安田　敦)	289
7-19	中性子回折	(鍵　裕之)	292

8. 資源・エネルギー
（編集担当：篠原宏志・石橋純一郎）

8-01	鉱床の起源と分類	（鹿園直建）	296
8-02	レアメタル資源	（渡辺 寧）	298
8-03	砂　　鉄	（島田允堯）	299
8-04	セメント工業	（島田允堯）	301
8-05	熱水性鉱床	（森下祐一）	302
8-06	熱水変質作用	（藤本光一郎）	304
8-07	流体包有物の温度測定	（佐脇貴幸）	305
8-08	鉱物と熱水の間のイオン交換反応	（内田悦生）	306
8-09	石油（の地球化学）	（鈴木德行）	307
8-10	石炭（の地球化学）	（鈴木祐一郎）	309
8-11	天然ガス（の地球化学）	（猪狩俊一郎）	311
8-12	メタンハイドレート	（角皆 潤）	313
8-13	海底熱水硫化物鉱床の開発	（石橋純一郎）	315
8-14	マンガン団塊・マンガンクラスト	（臼井 朗）	316
8-15	【コラム】海水からのウラン，リチウムの回収	（大井健太）	318
8-16	【コラム】商品としての「海洋深層水」	（高橋正征）	320
8-17	地球化学図	（田中 剛）	322

9. 地球外物質
（編集担当：海老原充・平田岳史・橘　省吾）

9-01	ゴールドシュミットの元素の分類	（海老原充）	326
9-02	消滅核種	（橘 省吾）	327
9-03	コンドライト	（留岡和重）	329
9-04	エコンドライト	（山口 亮）	331
9-05	始原的エコンドライト	（山口 亮）	333
9-06	鉄隕石・隕鉄	（平田岳史）	334
9-07	石鉄隕石	（海老原充）	335
9-08	隕　　石	（海老原充）	336
9-09	月と月隕石	（荒井朋子）	338
9-10	火星隕石	（三澤啓司）	340
9-11	宇宙塵	（中村智樹）	341
9-12	宇宙球粒	（野口高明）	342
9-13	元素合成モデル	（横山哲也）	343

9-14	宇宙年代学	(海老原充)	345
9-15	太陽系形成論	(中本泰史)	346
9-16	小惑星	(中本泰史)	347
9-17	凝縮モデル	(米田成一)	348
9-18	太陽系の元素存在度	(海老原充)	350
9-19	【コラム】小惑星探査機「はやぶさ」	(中村智樹)	355
9-20	彗星	(中村智樹)	357
9-21	宇宙線	(海老原充)	358
9-22	太陽系の年齢	(木多紀子)	359
9-23	【コラム】太陽系の年齢	(木多紀子)	361
9-24	同位体異常	(伊藤正一)	362
9-25	同位体分別	(大野剛)	365
9-26	希土類元素	(日高洋)	367
9-27	白金族元素	(横山哲也)	368
9-28	コンドルール	(永原裕子)	369
9-29	CAI	(伊藤正一・橘省吾)	370
9-30	プレソーラー粒子	(甘利幸子)	371
9-31	【コラム】スターダスト計画	(中村智樹)	373
9-32	元素分別	(海老原充)	374
9-33	【コラム】同位体顕微鏡	(永島一秀)	375
9-34	同位体存在度	(横山哲也)	376
9-35	元素の宇宙化学的分類	(海老原充)	378
9-36	惑星	(小久保英一郎)	379
9-37	衛星	(佐々木晶)	382
9-38	惑星大気	(佐々木晶)	384
9-39	太陽系外惑星	(佐藤文衛)	385
9-40	巨大衝突	(杉田精司)	386
9-41	衝突クレーター	(杉田精司)	388
9-42	分子雲	(平原靖大)	390
9-43	原始惑星系円盤	(橘省吾)	391
9-44	恒星の進化	(橘省吾)	392
9-45	超新星	(橘省吾)	394
9-46	銀河の化学進化	(橘省吾)	396
9-47	星周・星間ダスト	(瀧川晶・橘省吾)	397
9-48	素粒子	(橘省吾)	398
9-49	太陽風	(海老原充)	399
9-50	希ガス元素	(長尾敬介)	400
9-51	宇宙の年齢	(梶野敏貴)	402
9-52	ビッグバン	(梶野敏貴)	404
9-53	星間有機物	(左近樹)	406
9-54	隕石有機物	(藪田ひかる)	407

9-55	【コラム】アストロバイオロジー	(小林憲正)	408
9-56	中性子放射化分析	(海老原充)	409
9-57	二次イオン質量分析法	(永島一秀)	410
9-58	表面電離型質量分析計	(横山哲也)	411
9-59	【コラム】惑星物質試料受入れ設備でのクリーン化対応	(藤村彰夫)	413

10. 環境（人間活動）
（編集担当：高橋嘉夫）

10-01	人為活動による大気組成変化	(遠嶋康徳)	416
10-02	化石燃料起源炭素の大気への滞留	(遠嶋康徳)	418
10-03	CO_2 地中貯留	(三戸彩絵子)	419
10-04	人工物質の散布による水質汚濁	(山口紀子・稲生圭哉)	420
10-05	海洋汚染	(高田秀重)	421
10-06	富栄養化	(山本民次)	423
10-07	水質浄化	(中島典之)	424
10-08	水質環境基準	(中島典之)	425
10-09	環境ホルモン（外因性内分泌撹乱化学物質）	(高田秀重)	426
10-10	有機金属化合物	(橋本伸哉)	428
10-11	スペシエーション	(高橋嘉夫)	429
10-12	X線吸収微細構造	(高橋嘉夫)	431
10-13	地下水障害と水質	(高松武次郎)	432
10-14	土壌汚染	(高松武次郎)	433
10-15	ファイトレメディエーション	(荒尾知人)	435
10-16	バイオレメディエーション	(大貫敏彦)	436
10-17	環境放射能	(坂口 綾)	437
10-18	放射性廃棄物地層処分	(吉田英一)	438
10-19	ナチュラルアナログ	(日高 洋)	440
10-20	アスベスト	(光延 聖)	441

付　　　録

1)	年　　表	(野津憲治)	444
2)	マントル，地殻の化学組成		449
3)	ゴールドシュミットによる元素の地球化学的分類		450
4)	太陽系の元素存在度		451

  5）海水中の元素分布周期表……………………………………452
  6）元素の周期表……………………………………………………454

索 引……………………………………………………………………456
  元素関連項目索引…………………………………………………456
  分析化学関連項目索引……………………………………………458
  事 項 索 引…………………………………………………………460

章扉イラスト：大野雅子

1.
地 球 史

1-01

生体有機物

organic compounds

　生化学的に重要な物質は天然に無数に存在し，おもに炭水化物，タンパク質，核酸，脂質の4つに分類される．実際の生体内では，それらが複合的に組織化され，細胞が成り立っている．

　炭水化物（糖質 carbohydrate または糖質 saccharide）は，ポリヒドロキシアルデヒドまたはポリヒドロキシケトンの構造をもった物質，または加水分解によりこれらの化合物を与える物質と定義される．炭素の水和物としての分子式 $C_n(H_2O)_m$ で表示できるものが多い．たとえば，グルコースは，$C_6H_{12}O_6$ の分子式であり，これは $C_6(H_2O)_6$ とも表現できる．植物は，光合成により二酸化炭素を炭水化物に変換しており，その代表的な生産物がデンプン（貯蔵性糖類の一種），セルロース（細胞壁・細胞膜間糖類の一種），その他の糖類である．このほかにもデオキシリボースやリボースのような DNA/RNA の基本構成，原核生物（アーキア，バクテリア）や真核生物の細胞壁としての糖ペプチド，リポ多糖などとして，恒常性の維持に貢献している．

　タンパク質（protein，ギリシア語の第一 proteios に由来）は，アミノ酸（amino acid）単位がペプチド結合で連なる生体高分子である．構造タンパク質と触媒タンパク質（酵素）という2つの主要なタンパク質群がある．タンパク質を加水分解するとアミノ酸が得られ，通常20種の α-アミノ酸である．また，その立体異性体は，基本的に L-体アミノ酸から構成される．天然に存在する非タンパク性アミノ酸としては，β-アラニン，γ-アミノ酪酸，サルコシンなどが知られる．

　核酸（nucleic acid）は，核酸塩基，糖，リン酸からなるヌクレオチドが，リン酸エステル結合で連なった生体高分子である．2-デオキシ-D-リボースをもつデオキシリボ核酸（DNA）と D-リボースをもつリボ核酸（RNA）とがある．核酸塩基（nucleobase）は，構造の骨格からプリン塩基とピリミジン塩基に分類され，前者には，アデニン（A）とグアニン（G），後者には，チミン（T），シトシン（C），ウラシル（U）がある．DNA の塩基配列あるいはそこから RNA に転写されたものと，それに対応して作られるタンパク質のアミノ酸配列の相関関係を遺伝コード（genetic code）という．

　脂質（lipid，ギリシア語の油脂 lipos に由来）は，溶解性に基づいて分類された生物由来の構成成分として定義される．そのおもな特徴は，水に溶解しないが，エーテルやジクロロメタンのような非極性有機溶媒に溶解することである．したがって，脂質は，細胞や生体試料から有機溶媒を用いて

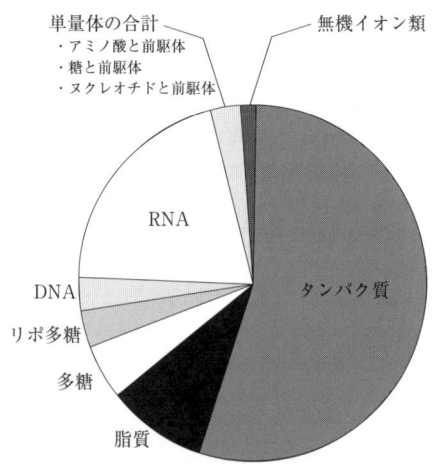

図1　原核細胞の化学組成
活発に増殖している大腸菌（$E.coli$）の乾燥重量 $\fallingdotseq 2.8 \times 10^{-13}$ g と仮定

抽出できる．生体膜を形成するリン脂質（分子内にエステル結合をもつ）やエーテル脂質（同じくエーテル結合をもつ）は，極性基を保有し，両親媒性をもつことから内側と外側の液相を区切ることができる．

図1に原核生物1細胞の化学組成を示す．乾燥重量（％）換算で結合態の生体高分子は96％を占め，とくにタンパク質，RNA，脂質の割合が多い．遊離態の単量体は3％，無機イオン類は1％である．近年，生命科学の分野では，生体有機物を網羅的に解析する「オミクス（omics）」研究分野の発展がめざましい．生物の代謝プロセスを包括的に読むのは，メタボロミクスであり，遺伝子レベルで読むのはゲノミクス，メタゲノミクスである．また，糖，タンパク質，脂質，微量金属を対象とした動態を読むグライコミクス，プロテオミクス，リピドミクス，メタロミクスなどが代表的な手法である．これらの新しい分析方法は，徐々に地球科学の分野にも応用されている．

生体有機物は，地球生物圏（地下生物圏も含む）での合成と分解の間で準安定的に存在し，物質循環の担い手でもあり，食物網を通した生体エネルギーの転換の担い手としても重要である．化学や生化学の領域で扱う有機物の時間スケールは，1〜100日以下という場合が多いが，地球や宇宙の分野で扱う有機物の時間は，おもに10^1〜10^{10}年の単位である． 〔高野淑識〕

文　献

1) Madigan, M. T., et al. (2003) *Brock Biology of Microbiology*, Pearson Education.
2) 日本地球化学会 監修 (2004) 地球化学講座4「有機地球化学」
3) 日本地球化学会 監修 (2006) 地球化学講座5「生物地球化学」

1-02

バイオマーカー（生物指標分子）

biomarker あるいは biological marker

地質試料や環境試料中に含まれる現世または過去の生物活動を示す有機化合物のことで，化学化石（chemical fossil）や分子化石（molecular fossil）とも呼ばれる．広義では，生物活動に由来する化石や特殊な構造，および同位体組成なども含まれるが，有機化合物ではないものは生物指標物（biosignature）として区別されることが多い．とくに，ある生物（種）の生合成によって作られる特有な化学構造をもつ有機分子であることが必要である．一般には生物の脂質部分を構成している（いた）化合物であることから，脂質バイオマーカー（lipid biomarker）とも呼ばれ，有機溶媒などを用いて抽出して分析することが多い．分解や堆積などさまざまな過程を通して，続成作用（ダイアジェネシス，diagenesis）により，分子構造が変化する．核酸もバイオマーカーと考えられるが，自然界で保存されにくいことから，あまり用いられない．

代表的なバイオマーカーを図1にあげる．石油や堆積物に含まれるステランとホパンはそれぞれ，ステロールとホパノールなどが変化したもので，真核生物（Eukarya）の真正細菌（バクテリア，Bacteria）由来として使われる．また，GDGTは古細菌の細胞膜を構成するアーキア（Archaea）のバイオマーカーである．直鎖飽和炭化水素であるn-アルカンは鎖の長さによって高等植物（炭素数29や31）や藻類（炭素数17）由来と使われるが，生物種の指標性は低い．それに対して，不飽和長鎖アルケノンは限られた円石藻の種だけがもつ指標性の高いものである．その他に脂肪酸も鎖の長さや不飽和の違いによって，頻繁にバイオマーカーとして用いられる．

地球化学におけるバイオマーカーの利用法としては，起源生物の特定のほかに，物質循環や基礎生産を指標として利用される．また，長鎖アルケノンの不飽和度（Uk_{37}）やGDGTの環化度（TEX_{86}）は古水温温度計として用いられる．さらに，バイオマーカーの化合物ごとの炭素同位体比分析により，大気の二酸化炭素分圧や海洋の酸化還元状態などの古環境解析にも用いられる．

〔奈良岡　浩〕

文　献
1) 石渡良志・山本伸一編（2004）有機地球化学，地球化学講座4，培風館．
2) Peters, K.E., et al.（2003）*The Biomarker Guide*, 2nd Ed., Cambridge University Press.

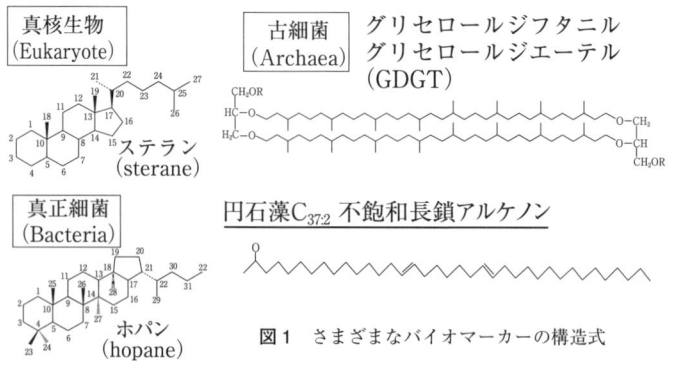

図1　さまざまなバイオマーカーの構造式

1-03

真核生物

Eukaryote

真核細胞とは核膜に包まれた明確な核をもち，かつミトコンドリアやゴルジ体などの細胞小器官（organelle）をもつ（図1）．酵母（Yeast）や原生動物（Protozoan），単細胞藻類（Alga）といった単細胞で生きている原生生物（Protist）がほとんどを占めるが，ヒトや植物など，細胞が固有の役割をもつものへと分化し，組織，さらには器官を形成して，それらが集まることによって1つの集合体となる多細胞生物として生きているものもある．

真核生物は宿主となる細胞（始原真核生物）に酸素呼吸を行う好気性細菌が感染することによってミトコンドリアが，シアノバクテリアが感染することによって葉緑体（chloroplast）ができ，現在はそれぞれ好気呼吸（ATP生産の場），光合成の場として特化したとする細胞進化共生説（Lynn Margulisによって提唱）（図2）によって今から約20億年前には誕生していたとされている．

真核生物には性をもつものがいる．これは生物には同じ遺伝子をコードする染色体が2組存在することから可能となっている（ヒトの場合は1組23本で，2倍だから46本もっている）．減数分裂によって単相（23本）になり，交配によって他の単相と組み合わさることから多種多様な組み合わせになることが可能である．原核生物の場合は単相から単相に分裂することから親からできる細胞はまったく同じとなる．

また，原核生物（ただし，放線菌など一部の真正細菌を除く）と異なり直鎖上のDNAをもつ．これによって，細胞に寿命というものができる．細胞に寿命がなくなり，無限に増殖してしまったものが「がん

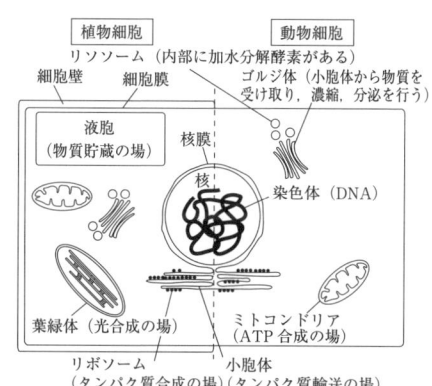

図1　植物細胞（左）と動物細胞（右）

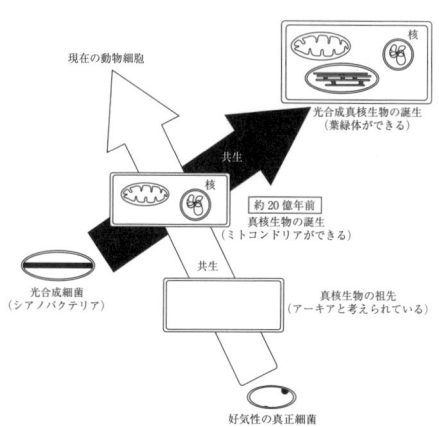

図2　細胞進化共生説

細胞」である．

また，ヒトなどの高等多細胞生物になればなるほど，細胞の専門化（分化）が著しくなる．下等な真核生物は組織の切断されても，切断面の細胞がふたたび元の未分化な細胞にもどり，組織が再生されるが，高等生物の場合，切断面の未分化が起きないものが存在する．しかし，近年，分化万能性をもち，かつ自己複製能をもつiPS細胞が開発され，再生医療への発展が期待されている．

〔宮崎淳一〕

真正細菌

Bacteria

真正細菌とは真核生物とは異なり，核膜に包まれた明確な核をもたず，ミトコンドリアや葉緑体といった細胞小器官ももたない原核生物（Prokaryote）である（図1）．細胞膜脂質はグリセロールのsn-1位とsn-2位で脂肪酸がエステル結合をしている（図2）．さまざまな生育環境に生息し，エネルギー獲得形式，細胞の形なども多種多様である．一部を除き地球上のほとんどの生態系においてもっとも優占して存在しており（90％以上），環境中の物質循環を考えるうえで，非常に重要である．

前項「真核生物」においても触れたが，好気性の呼吸を行う真正細菌が始原真核生物の細胞内に共生することによって真核生物が誕生したことが有力視されているが，これ以外にも真正細菌が細胞内に共生している例がかなりある．たとえば，深海熱水活動域に生息する貝類やチューブワームは一部の組織の細胞内に真正細菌（γ-プロテオバクテリアやε-プロテオバクテリア）が共生している（図3）．こういった共生菌の役割は炭酸固定による有機物合成であり，この有機物が宿主となる生物の栄養源およびエネルギー源となる．また，共生は細胞内だけではなく，外部に真正細菌が付着することによって有機物合成のだけでなく，何らかの影響をその宿主となる生物に与えていることもある．したがって，環境全体における生態系だけでなく，共生という生物–微生物相互作用という小さな世界でも非常に大きな影響をこの真正細菌は与えている．

〔宮崎淳一〕

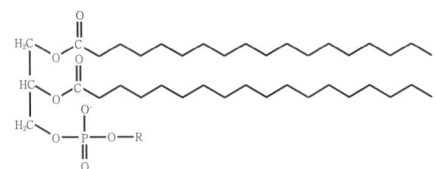

図2　真正細菌の脂質の典型例

図3　硫化鉄のうろこをもつスケーリーフット
この生物には内部共生と外部共生がみられる．
（口絵1参照）

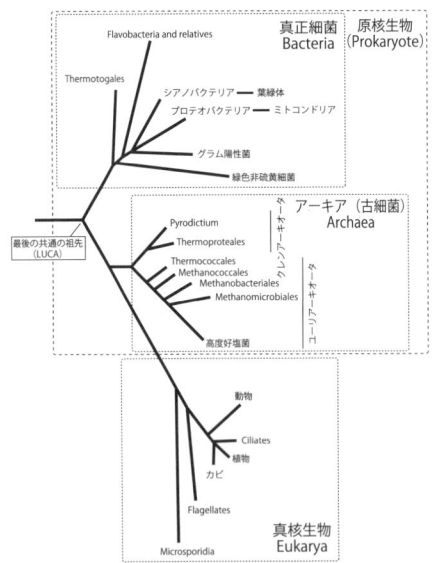

図1　全生物の16S rRNAに基づく系統樹

古細菌（アーキア）

Archaea

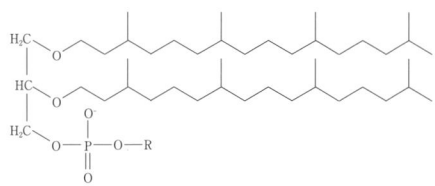

図1　アーキアの脂質の典型例

真正細菌と同様，核膜で包まれた明確な核をもたない原核生物である．真正細菌との最大の違いは，グリセロールの sn-2 位と sn-3 位でアルコールとエーテル結合をした細胞膜脂質をもつことである（図1）．さらに，DNA の複製を担う DNA ポリメラーゼの構造や翻訳様式も真正細菌のそれとは異なり，むしろ真核生物のものに類似しているなど，生化学的に真正細菌とは大きく異なる面がいくつもある．

1977 年 Carl R. Woese によって明確に真正細菌と分けるべきだと主張してから，いろいろと名称を変えながら今日に至っているが，現在は Archaea でほぼ落ち着いている．なお，日本語では古細菌と呼ばれてはいるが，決して古い細菌ではない．古細菌という呼び名は混同を招く恐れがあることから，日本語でもアーキアと呼ぶことを推奨する．

以前は分離・培養実験から，嫌気的環境で水素と二酸化炭素からメタンを生成するメタン生成アーキア，20%以上の塩濃度で生育可能な高度好塩菌，pH 2.0 以下でも生育可能な好酸性アーキア（最高は pH 0.0），85℃以上でも生育可能な超好熱性アーキア（最高は 122℃）など極限環境で生育するという印象が高かった．しかし，環境から培養を介さずに直接 DNA を抽出し，そこから 16S rRNA 遺伝子を PCR で増幅し解析する培養非依存的解析から，海底下からメタンが湧出する環境で一次生産者と考えられる嫌気メタン酸化アーキア（ANME），海洋中に幅広く生息し好気的にアンモニアを酸化する Marine Group I（MGI）の属するアーキア，土壌中において，アンモニアを好気的に酸化するアーキアなどの存在が明らかとなっている．さらに，海底堆積物中の微生物の 80%以上がアーキアであることが報告されるなど，生物による物質循環，とくに太陽光に依存しない微生物生態系の解明においてきわめて重要であることが明らかとなりつつある（表1）．

〔宮崎淳一〕

表1　現在知られているおもなアーキア

属名	栄養形態	エネルギー獲得形態	生息環境	単離例
Euryarchaeota（ユーリアーキオータ）				
Methanopyrales	独立	水素酸化メタン生成	深海熱水活動域	有
Thermococcales	従属	発酵，従属栄養	深海熱水活動域	有
Methanococcales	独立	水素酸化メタン生成	深海熱水活動域	有
Archaeoglobales	独 or 従	硫酸還元，鉄還元	深海熱水活動域	有
Methanobacteriales	独 or 従	水素酸化メタン生成	排水処理施設など	有
MBG-E	不明	不明	深海熱水活動域	無
Thermoplasmatales	従属	発酵	陸上温泉	有
DHVE-2	従属	従属栄養（鉄還元）	深海熱水活動域	有
MBG-D	不明	不明	海底堆積物	無
Methanomicrobiales	従属	水素酸化メタン生成	湖沼など	有
Methanocellales	従属	水素酸化メタン生成	水田など	有
ANME-I	無栄養	嫌気的メタン酸化	深海冷湧水域	無
Halobacteriales	従属	従属栄養	塩田など	有
Methanosarcinales（メタン生成アーキアではあるがこの系統に属する微生物は以下のように多種多様）				
Methanosarcina など	独 or 従	メタン生成（水素，酢酸，メタノール，メチルアミン類）	深海底，牛の胃など	有
ANME-II, III	無栄養？	嫌気的メタン酸化	深海冷湧水域	無
LCMS	不明	不明	深海熱水活動域	無
Crenarchaeota（クレンアーキオータ）				
Thermoproteales	独 or 従	水素酸化，硫黄酸化，硫黄還元	深海熱水活動域，陸上温泉など	有
Desulfurococcales	独 or 従	水素酸化，硫黄酸化，硫黄還元，鉄還元	深海熱水活動域，陸上温泉など	有
MCG	不明	不明	海底堆積物など	無
HWCG-I	不明	不明	深海熱水活動域，陸上温泉など	無
HWCG-III	独立	好気アンモニア酸化	深海熱水活動域	無
FSCG	独立	好気アンモニア酸化	森林土壌	無
SCG	独立	好気アンモニア酸化	土壌	無
MG-I	独立	好気アンモニア酸化	海洋	有
その他				
Korarchaeota	従属	発酵？	陸上温泉，深海熱水活動域	無
DSAG (MBG-B)	不明	不明	海底堆積物	無
Nanoarchaeota	不明	Ignicoccus と共生？	深海熱水活動域	有

独立栄養生物と従属栄養生物

autotroph and heterotroph

独立栄養生物とは無機炭素源である二酸化炭素（CO_2）や炭酸水素イオン（HCO_3^-）から生命活動を維持するのに必要なすべての有機化合物を合成できる（炭酸固定）生物を指す．この独立栄養の形式は大きく分けて2つあり，1つは植物やシアノバクテリアなど光をエネルギー源とする光合成独立栄養，もう1つは水素や硫化水素，アンモニア，2価鉄を酸化することによって，電子を取り出す化学合成独立栄養である．これらの無機炭素を有機物に変換できる独立栄養生物は，生産者として生態系の形成に対して不可欠な存在である．とくに現在，地球上にて生息する生物のほとんどが，植物による光合成に依存している．一方，従属栄養生物はこの炭酸固定ができず，有機物を分解することによって生命活動を維持するのに必要なエネルギーを取り出す生物を指す．

現在までに独立栄養生物が無機炭素を有機物に変換する炭酸固定経路はアセチルCoA pathway（図1上），還元的TCA回路（図1中），カルビン＝ベンソン回路（図1下），3-ヒドロキシプロピオン酸回路，3-ヒドロキシプロピオン酸/4-ヒドロキシ酪酸回路の5つが知られている．どの経路で炭酸固定を行っているかは生物によって異なる．

また，この項目と関連して無機化合物を電子供与体とするものを無機栄養生物（lithotroph）という．つまり，化学合成微生物に関してはlithotrophとなるが，光合成生物はlithotrophとはならない．メタン生成アーキアのように水素を電子供与体とするが，二酸化炭素からも有機物合成する場合は，autotrophであり，lithotrophでもあるからchemolithoautotrophとなる．

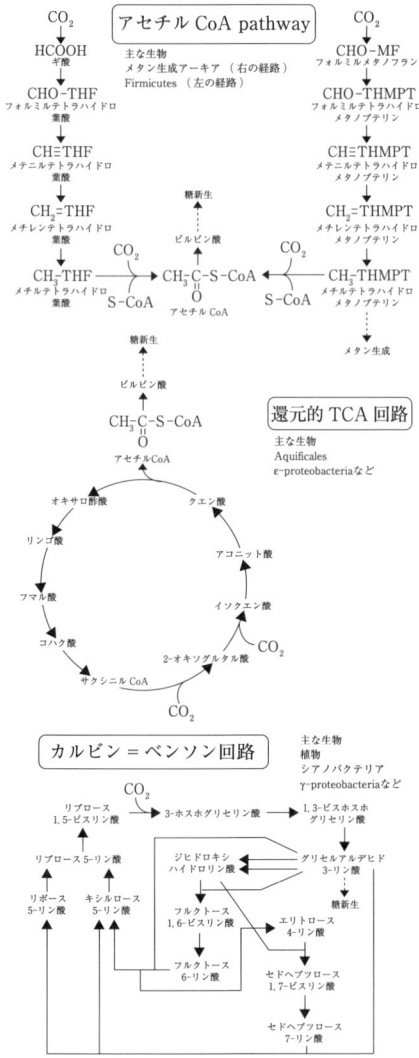

図1　おもな炭酸固定経路

好気的または嫌気的にメタン酸化を行う微生物は独立栄養微生物とは認識されていない．化学合成無栄養微生物（chemolithotroph）として扱われている．これらのlithotrophは太陽光の届かない場での生態系形成に対して不可欠な存在となっている．

〔宮崎淳一〕

1-07

地球史と鉱床形成

earth history and formation of ore deposits

人類に有用な資源となる物質を多く含む岩石が鉱石であり，それが集積したものが鉱床である．鉱床はその成因から，ラテライトやボーキサイトのような風化残留鉱床，鉄鉱床や岩塩に代表される化学的沈殿鉱床，石油や石炭や石灰岩に代表される有機的沈殿（生物起源）鉱床，それから砂金に代表される機械的な堆積性鉱床に分類される．その形成メカニズムは，有機的沈殿鉱床のほかは，鉱床周囲の物理化学条件が支配するものである．とくに，母岩からの元素の溶脱，移動，そして沈殿という一連の地球化学過程からなる一般的な風化残留鉱床および化学的沈殿鉱床の形成には，その時々の物理化学条件が元素の挙動を支配する．その元素の挙動は，いわゆる地球の表層環境（例：大気や海洋の酸化還元状態）に強く影響される．有機的沈殿鉱床も，起源物質の生産を考える場合，生物の進化という観点で同様に地球表層環境に影響される．

このように，地球表層環境に影響される物質濃集のメカニズムを解明することは，鉱床学的な興味のみならず，地球の環境変動史そのものを理解することにつながる．実際，縞状鉄鉱層（BIF：banded iron-formation）やウラン鉱床（太古代の含金ウラン礫岩層中の砕屑性とされる閃ウラン鉱や，原生代以降の不整合型およびロールフロント型ウラン鉱床）などの各種の鉱床の地球化学的研究から，地球環境変動史，すなわち大気と海洋の酸化還元状態の進化の歴史を制約する試みがなされてきている．これに関しては本書の1-26を参照されたい．ほかに，約18億年前のカナダのSudbury（サドベリー）のNi鉱床や，約20億年前の南アフリカのBushveld Igneous Complex（ブッシュフェルト複合岩帯）のPt鉱床も，隕石衝突起源説 vs. 火成起源説で論争が残るが，地球史における重要な大イベントとして認識されている．また，「鉱床」とまではいかないまでも，各種重金属元素（例：Mo, Mn, Ir など）が堆積岩に濃集するメカニズムを探る研究からも，地球環境変動史に関して非常に重要な知見が得られている．MoやMnからは地球表層環境の酸化還元状態の進化史に関する研究が，Irでは巨大隕石衝突を原因とする白亜紀末（KT境界）の恐竜大絶滅イベントに関する研究がなされている．

無機的な金属鉱床のみならず，石油や石炭や天然ガスに代表される有機的沈殿鉱床・生物起源鉱床も，その起源となる海洋表層の生物生産および大陸上の植生の発達を見れば明らかなように，地球史における重要なイベントを記録している．たとえば，太古代の岩石の流体包有物中に石油成分が見つかったことから太古代の石油生産/生物生産に関する研究がなされたり，地質年代で石炭紀（Carboniferous）という時期の名前になったり，白亜紀の海洋無酸素事変（OAE：Oceanic Anoxic Event）に関連した有機物の保存の良さゆえに現代の産業を支える石油の大規模生産があったりと，枚挙にいとまがない．

地球史と鉱床形成は密接に関連しており，地球史の研究には鉱床形成の研究が欠かせなく，鉱床形成メカニズムの研究は地球環境変動史の研究につながる重要なものである．　　　　　　　　〔山口耕生〕

地層

strata

　地層とは，海底や陸上などさまざまな環境で，泥や砂，礫などが降り積もり，層状をなした堆積物や岩体である．地層の多くは堆積岩からなるが，火山活動に伴う溶岩や火山砕屑岩も地層と呼ばれる．過去に形成された地層や岩石が，直接地表や崖に露出している場所を露頭と呼ぶ．

　流水により運ばれた砕屑物（風化・浸食により細かくされた岩石・鉱物の粒子）が水底で水平に堆積し形成された堆積岩には，しばしば層理（成層構造）が認められる．地層を構成する粒子の性質から，一連の堆積過程で形成されたと考えられる部分を単層（bed）と呼ぶ（砂岩層，泥岩層など）．単層中には，粒子の粒径や鉱物組成などの違いを反映したmmスケールの縞模様もしばしば認められ，これを葉理（ラミナ）と呼ぶ．また，単層や葉理の境界では，堆積時や堆積直後の状態を表すさまざまな形態の堆積構造（級化層理や斜交葉理など）が認められる．

　堆積作用が起こる環境には，大きく分けて海洋と陸域がある．一般に，海洋（とくに遠洋域）における堆積作用は，広範囲に均一な堆積物が整然と堆積する場合が多く，陸域に比べて側方への岩相の変化が少なく，層序間隙（ハイエイタス），不整合のほとんどない堆積物が堆積する．遠洋堆積物は，河川などによる陸源砕屑物の供給の少ない堆積場であるため，海洋表層や水柱で生息したプランクトン（有孔虫，円石藻，珪藻など）などの生物遺骸が主体である．有孔虫や円石藻の殻が堆積した石灰質軟泥が固結するとチョークとなる．たとえば，ドーバー海峡の白い崖の地層は，白亜紀のチョーク層からなる．珪藻や放散虫，海綿の骨針などからなる珪質軟泥が固結するとチャートになる．また，遠洋堆積物には，大気を経由して輸送された風成塵なども含まれる．

　海洋では，海水中の化学成分からもさまざまな堆積岩が作られる．海水が蒸発していくと，方解石（$CaCO_3$），石膏（$CaSO_4$）が析出し，その後に岩塩（$NaCl$）などの塩類が析出する．これらを一括して蒸発岩と呼ぶ．また，サンゴや石灰藻などは，方解石やアラレ石のような炭酸カルシウムの殻をもち，礁と呼ばれる石灰岩の構造を作る．これらの岩体も広範囲で層状部を作って分布するので，地層と呼ばれる．

　一方，陸域では，運搬・堆積作用だけではなく侵食作用も卓越し，最終的に堆積物として残ったものが地層となるため，海洋で形成された地層に比べると層序間隙などの不整合が多い．陸域の堆積作用は，扇状地・河川・湖・三角州（デルタ）など流水によって運搬・堆積したものが主体となるが，砂漠や海岸における砂丘や，風成塵が堆積してできるレス堆積物のように，風によって運搬・堆積してできる風成層もある（図1(a)）．

　少なくとも物理的（非生物的）な堆積作用は地球固有の現象ではなく，地球以外の惑星（火星や金星）や衛星（タイタンやエウロパ）などでも，過去の堆積作用を記す地層（流水や流氷を示す地形，風成砂丘など）が露出していることが，最近の高解像度な衛星画像によって確認されている（図1(b)）．

　このような地層に記録されている堆積相・堆積構造を認定することで，その地層が過去にどのような環境で形成されたものなのかを復元することもできる．地層に記録されるさまざまな古環境の情報を解析し（古環境プロキシーの分析，古水温の復元など），地層の対比や年代測定を行うこと

図1 地球と火星に露出する地層の例
（a）モンゴルゴビ砂漠に露出する白亜紀の風成砂丘の地層．（b）火星ヴィクトリアクレーター縁辺部に露出する風成砂丘の地層（出典：NASA）

により，地球の歴史，地球環境の変遷を読み解くことができる．したがって，地層は地球の歴史が記録された古文書のようなものであるといえる．

1960年代後半から深海底掘削計画（DSDP, ODP, IODP）が開始されると，陸上の露頭のように風化を被っていない，海底の連続的な堆積物記録が得られるようになり，地球環境変遷を読み解く古気候・古海洋学が飛躍的に発展した．ただし，ジュラ紀以前の海洋堆積物記録はプレート移動に伴い海溝下に沈み込んでいるため，ジュラ紀以前の記録は依然として陸上露頭の地層（付加体など）を対象に研究するのが一般的である． 〔長谷川　精〕

付加体

accrerionary prism

概要 海洋プレートの沈み込みに伴って，海洋プレート上の堆積物と海洋地殻の一部が陸側に押し付けられることによって形成される楔型の褶曲断層帯．その形状から付加プリズムまたは付加ウェッジとも呼ばれる．プレート沈み込み帯の中でも，多量の堆積物が供給される海溝域にて発達し，地質時間スケールで岩石化・隆起・陸化し大陸地殻を成長させる．付加体は，複雑な応力場，高い間隙水圧，大きな物性変化の3点において通常の堆積盆と決定的に異なる．

構造と形成プロセス 海溝にまで移動してきた海洋地殻（図1a）の上には，遠洋性堆積物（図1b）と陸源性の海溝充填タービダイト堆積物（図1c）が堆積している．この一連のシーケンスを海洋底層序と呼ぶ．まず海洋底層序のうち断層の発達しやすい層準に水平断層（デコルマ）（図1d）が発達し，海洋底層序上部のみが付加する（剥ぎ取り付加）（図1e）．剥ぎ取り付加された部分は強い水平圧縮力を受けて，断層褶曲帯が発達する．一方，これより沈み込んでいる部分は，デコルマによって力学的に分断されるため，水平圧縮力は作用せず上載圧のみが掛かる（図1f）．そのためデコルマを挟んで直上と直下では，上位の方が圧縮されて固結が進行するという逆転現象がみられる[1]．デコルマはしばらくは同じ層準に発達するが，ある時点で急に下位層準にジャンプする．このような断層のジャンプは，堆積物の歪み硬化によるものと考えられている．デコルマのジャンプによって，それまでデコルマの下位で沈み込んでいた層準が付加され（底付け付加）水平圧縮を受けるようになる（図1g）．デコルマから派生する覆瓦状の衝上断層群も陸側になるにつれて，傾斜も急になり活動度が低下する．そして，これらを切る形で新しい低角逆断層が発達する．これをアウトオブシーケンス断層（もしくは分岐断層）と呼ぶ（図1h）．この断層の上盤が外縁隆起帯を作り，それより陸側に前弧海盆堆積盆が形成される（図1i）．付加体堆積岩は陸側ほど岩石化が進行しており，底付け作用およびアウトオブシーケンス断層が発達する付近から，プレート沈み込み帯の巨大地震発生帯となる[2]．

付加プリズムの力学と流体移動 付加体の楔の形状と安定性は，プレート沈み込みに伴う水平圧縮力，堆積物の内部摩擦，デコルマの摩擦のバランスによって決定される[3]．とくに，デコルマの摩擦は力学的に低いと考えられており，それは地震波探

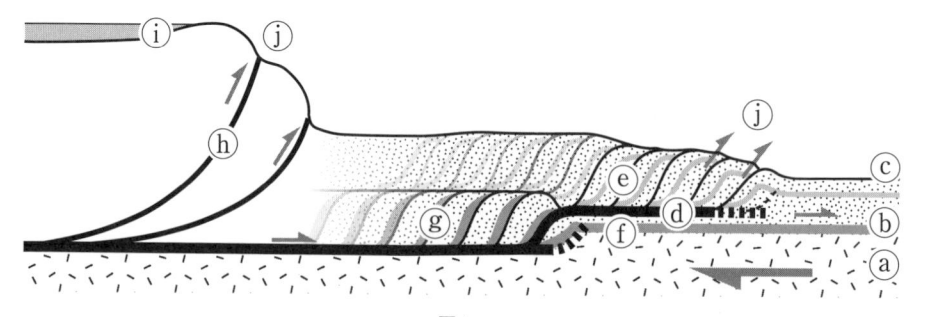

図1

査によって低速度層が見つかっていることから[4]，デコルマにおける高い間隙水圧によって低い摩擦状態が実現されていると考えられている[3]．そして，デコルマより派生する断層沿いに多くの冷湧水が見つかっている[5]（図1j）．

付加体の調査 プレート沈み込み帯における活動中の付加体は，エアガンによる構造探査，潜水艇による海底調査，海底地震計による地震波観測が行われており，加えて先端から地震発生域の上端付近までの深度であれば掘削船によるコア試料の採取・分析，検層，現位置試験，孔内長期モニタリングなどが可能である[5]．そして，四万十帯に代表されるように，過去の付加体は陸上に広く露出しており，ここから深部の状態やこれまでの成長過程を知ることができる． 〔坂口有人〕

文　献
1) Taira, A., et al. (1992) Sediment deformation and hydrogeology of the Nankai Trough accretionary prism：Synthesis of shipboard results of ODP Leg 131. Earth Planet. Sci. Lett., **109**, 431-450.
2) Kinoshita, M., et al. (2009) NanTroSEIZE Stage 1：investigations of seismogenesis, Nankai Trough, Japan. Proceedings of the Integrated Ocean Drilling Program volume 314/315/316, Integrated Ocean Drilling Program Management International.
3) Davis, D., et al. (1983) Mechanics of fold-and-thrust belts and accretionary wedges. Journal of Geophysical Research, **88**, No.B2, 1153-1172.
4) Shipley, T.H., et al. (1994) Seismically inferred dilatancy distribution, northern Barbados Ridge de'collement：Implications for fluid migration and fault strength. Geology, **22**, 411-414.
5) 木村学・木下正高（2009）付加体と巨大地震発生帯—南海地震の解明に向けて（木村学・木下正高編），東京大学出版会，pp.1-281.

1-10 地質年代の境界

bounding of geologic time

　海洋と陸の堆積物（地層）中の化石，有機物，元素，元素の同位体比，鉱物などが過去の生命環境の情報を記録している．地球の生命環境は，短い時間で大きく変化することがある．たとえば，あるときに地球上に生きていた生物種のほとんどが，比較的短い時間の間に，消え去るような出来事が，繰り返し起こってきた．また，生物は意外と短い時間で多様化を遂げたりもする．生物の多様化事変と大量絶滅である．大量の絶滅の後には，大進化が起きる――これも多様化事変である．化石の記録が顕著になる顕生累代（5億4000万年前以降）の地質境界は，これら生物の変化を基に分けられている．実際，時間は目で見えないので，時間を区分するために，まず生命環境を記録した地層を区分する．顕生代の地層は，古生界と中生界と新生界からなり，境界付近で生物の大量絶滅を起こしている．さらに，このような"界"は"系"という単位で細分されている．さらに，"系"は"統"の単位で細分されている．この系や統も生物の変わり目により分けられたので，それらの境界付近でも，大量絶滅やより小規模の生物の変化が記録されている場合が多い．"付近"と書いたのは，これらの区分の境界が，多くの場合，ひとつの種の初出現（または最終出現）で定義されるので，大量絶滅層準とずれることがあるからである．これら地層の区分を時間区分にする場合は代（古生代，中生代，新生代），紀，世の単位を使う．

　地層の年代を決めるために微化石が使われることが多い．筆石はオルドビス紀－シルル紀，コノドントはオルドビス紀から三畳紀の年代を決めるために使われている．石灰質ナノプランクトンと浮遊性有孔虫はそれぞれジュラ紀以降と白亜紀以降の年代を決める．これら微化石が年代決定に使われる理由は，個体のサイズが小さいので，個体数が多いため，より精度よく化石帯の境界を決めることができるからである．種の分布が世界的であり，種の寿命が短い（100万年のオーダー）ことも年代決定に用いられる理由である．

　海洋無脊椎動物の化石記録からみると顕生累代に科レベルで約20％，属のレベルで約50％以上が同時に絶滅したことが，6回ある．それらは，オルドビス紀/シルル紀境界，デボン紀後期のフラスニアン/ファメニアン期境界，ペルム紀中-後期，ペルム紀末，三畳紀末，白亜紀/古第三紀境界で起こった．これらが大量絶滅である．ペルム紀中-後期の絶滅を次のペルム期末の絶滅と識別し独立させることにより，顕生累代の大量絶滅事変は5回ではなく6回となる．ペルム紀末の大量絶滅が最大の絶滅率を示し，もっとも大規模な生物界の変化をもたらした．これらに次ぐ規模の絶滅事変は，カンブリア紀後期，白亜紀中期，暁新世末期，始新世後期，中期中新世などに記録されている．また，顕生代の直前である，5億4000万年前の原生代末にも大量絶滅が起きた可能性がある．

　これら地層境界付近の環境変動を読み解く研究が盛んである．地球環境の変動も，代や紀の境界で生物の変動と同時に起きていることがわかってきた．その環境変化には，海洋溶存酸素量低下，極端温暖化，極端寒冷化などがある．それらの大元の原因として，大規模火山活動と小天体衝突が挙げられている．ペルム紀中-後期，ペルム紀末，三畳紀末の大量絶滅の原因は大規模火山活動，白亜紀/古第三紀境界の大量絶滅の原因は小天体衝突がそれぞれ有力である．

〔海保邦夫〕

1-11 化石

fossil

過去の生物の遺骸や痕跡が地層中に保存されたものを化石という．化石には生物の体もしくはその一部が保存された「体化石」と，生物の生活の痕跡が保存された「生痕化石」がある．生物の遺骸や痕跡が化石化するまでには，埋没前の他の生物による被食，微生物による分解，物理的営力（波や風など）による運搬や摩滅，破損，さらに埋没後の溶解や変形など，生物の情報を失わせてしまうさまざまなプロセスを経るため，化石になるものは非常に稀といえる．このため，過去の地球上に存在した生物は約450万種と見積もられるが，これまでに報告された化石種はその約5％の約25万種にとどまる．しかしながら，過去の生物の体や生態を直接記録している化石は，かつて地球に存在した生物の形態やその機能，行動，分布や，生物の進化過程および生命の歴史をひもとく上できわめて重要な一次情報となる．さらに，化石は地層の時代決定や，地層が堆積した当時の環境の復元という観点でも重要性をもつ．近年では地球化学的手法の発展に伴い，化石化した硬組織から水温や海水組成などの古環境情報を抽出する試みも広く行われている．

体化石は脊椎動物の骨や歯，無脊椎動物の殻，植物のセルロースなどの硬組織が化石化したものが多く，軟体部が保存されることは稀である．たとえば，中生代に繁栄したアンモナイト類は，炭酸カルシウムからなる外殻が世界中から多産するが，軟体部の化石が発見されたことはない．皮膚や筋肉など通常化石化しない軟体部が保存された例としては，永久凍土から産出するマンモスやコハク中に含まれる昆虫類があげられる．例外的に，化石に残りにくい生物や軟体部が保存された化石を多産する層をラーガーシュテッテン（Fossil-Lagerstätten）と呼ぶ．たとえば，オーストラリア・フリンダーズ山脈（先カンブリア時代）やカナダ・ブリティッシュコロンビア州のバージェス頁岩（中期カンブリア紀）などでは軟体性生物の化石を多産し，先カンブリア時代〜顕生代初期の生物や生命の歴史を考察するうえで非常に重要な役割を果たしている．ほかには，大型海生爬虫類の体の外形までが保存されたホルツマーデン頁岩（前期ジュラ紀），始祖鳥や多様な節足動物化石などの産出で知られるゾルンホーフェン石灰岩（後期ジュラ紀）などがある．ラーガーシュテッテンの化石は通常の化石よりも形態や生態についての情報量が圧倒的に多く，しばしば古生物の理解に関して飛躍的な進展をもたらす．また，ラーガーシュテッテンの多くは，特殊な保存環境の元で生物が腐敗や分解を受けないまま化石化したと考えられており，化石化プロセスを検討するうえでもよい材料となる．

生痕化石は，足跡などの移動跡や捕食痕，採餌痕，排泄物など，生物の活動に由来した構造が堆積岩や他の生物の硬組織中に保存されたものである．生痕を形成した生物が特定できない場合が多いが，当時の生物の行動様式を直接記録しているため，生態を復元する上で優れた材料となる．また，地層中に含まれる生物体由来の有機化合物を「化学化石」と呼ぶ場合がある．バイオマーカーと呼ばれる，ある生物群に特徴的な有機物が地層中から発見されると，体化石が発見されない場合でも，どのような生物がいたのかを推定することができる．　　　　　〔伊庭靖弘〕

文　献

1) 鎮西清高・植村和彦（2004）地球環境と生命史（古生物の科学），朝倉書店，248 pp.
2) 速水格（2009）古生物学，東京大学出版会，214 pp.

1-12

火山活動と地球環境変動

eruptions and environmental changes

巨大噴火は，地球環境を変化させる原因の1つである．1991年に起きたフィリピンのピナトゥボ火山の噴火では，噴火の翌年の地球表層平均気温が約0.5℃低下した．これは，大気中に放出された数十メガトンのSO_2が硫酸エアロゾルとなって成層圏に滞留し，日射を遮ったことが原因である．火山噴火による寒冷化は，数年規模で続く．

この規模の噴火は約100年に1回の割合で発生しており，「未曾有」の大噴火ではない．地球上には過去においてこれらの火山をはるかにしのぐ巨大火山群の活動があり，このような一連の火成活動は巨大火成岩岩石区（LIPs）と呼ばれている．1991年のピナトゥボ火山の噴出物は約$10\ km^3$であるのに対し，LIPsの体積は数10^6～$10^7\ km^3$に達する．LIPsの多くは数10万年～100万年と比較的短期間で形成されたと考えられている．

顕生代において，生物大量絶滅イベントや海洋無酸素イベントが繰り返し起きている．興味深いことに，これらのイベントの多くはLIPsの形成時期とほぼ一致する．地球環境が劇的に変化した時に海底に堆積した地層から，火山噴火を示す同位体記録が多く見出されるようになってきた．ここでは，その代表例を紹介したい．

南西太平洋に鎮座するオントンジャワ海台（OJP）は，現在地球上に残る最大のLIPである．この巨大な玄武岩体から得られた岩石の多くは1.2億年前後の噴出年代を示す．このため，OJPは白亜紀のバレミアン～アプチアンに形成されたと考えられている．アプチアンには，海洋底が海欠状態になり，ヘドロのような有機質泥（黒色頁岩）が太平洋の海台やテチス海，大西洋に堆積する海洋無酸素イベントOAE-1aが起きている．太平洋やテチス海の海洋堆積物のOs同位体やPb同位体記録からは，OAE-1aの層準付近でOJPの形成に関連した大規模火山活動が2回起きたことが明らかになった[1]．

カリブ海台およびマダガスカル洪水玄武岩もまた白亜紀中頃に噴出したLIPである．これらの形成時期に近いセノマニアン後期には，世界中の海洋底に有機質泥が堆積するOAE-2が起きている．OAE-2堆積物のPb同位体分析から，OAE-2とほぼ同時期にLIPの大規模陸上噴火が起きたことが示された[2]．また，堆積物のOsやS同位体比の変動からも大規模火山活動がOAE-2とほぼ同時に起きたことが示され[3]，LIPの形成による大規模噴火とOAEの同時性が明らかになりつつある．

では，こういった大規模火山噴火は，どのように地球環境に影響を及ぼしたのであろうか？ 上記の2つの海洋無酸素イベントに伴って，海洋が酸欠になっただけではなく，急激な大気CO_2レベルの上昇，海水温の上昇や海洋酸性化などが報告されている．これらは，火山活動によって放出されたCO_2が環境を変化させる原因となっていることを示唆している．つまり，エアロゾルによる寒冷化といった単一の原因ではなく，CO_2の放出による温暖化や海洋酸性化が地質学的時間スケールでの環境変動を引き起こしている可能性が高い．今後は，両者のリンクについて，数値モデルによる気候変動復元を組み込んだ，より詳しい議論が必要になるであろう．

〔黒田潤一郎〕

文献
1) Tejada, et al. (2009) Geology, 37, 855-858.
2) Kuroda, et al. (2007) EPSL, 256, 211-223.
3) Turgeon and Creaser (2008) Nature, 454, 323-326.

1-13

タービダイト

turbidite

　タービダイトは，混濁流と呼ばれる砕屑粒子を懸濁させた周りの水塊よりも密度の大きい流体（図1A）から形成される．混濁流は懸濁する砕屑粒子に作用する重力によって流下するため，堆積物重力流の一種と考えられている．堆積物重力流では，砕屑粒子の懸濁を維持するために，①流体の乱れ，②粒子の衝突による分散圧力，③間隙流体の移動による干渉沈降，④基質強度による浮力などが砕屑粒子の支持機構として働くが，混濁流では流体の乱れがもっとも強く作用する．タービダイトには礫や砂あるいは泥など，さまざまな粒径で構成されるものが知られており，厚さは数mmから数m以上のものも存在する．礫や中-粗粒砂などで構成される粗粒のタービダイトは，流れの乱れ以外の支持機構も強く作用する流体から形成される．したがって，このような流体を厳密には混濁流とは異なった堆積物重力流と解釈し，粗粒なタービダイトもタービダイトとは異なった堆積物として分類されるべきとの見解もある．

　タービダイトには，BoumaモデルやLoweモデルで代表される粒度や堆積構造の規則的な垂直変化が認められる（図1B）．これは，混濁流が流速を減少させるのにしたがい，運搬される砕屑粒子の粒径の減少とともにトラクションやサスペンジョンからの堆積作用が時空的に変化していくためと解釈される（図1C）．一般に，Loweモデルが適応されるタービダイトは高密度の混濁流から，Boumaモデルが適応されるタービダイトはより低密度の混濁流から形成されると解釈されているが，高密度と低密度の混濁流に厳密な境界が与えられているわけではない．砕屑粒子の支持機構に注目すると，懸濁物の体積比が9%未満の混濁流では，支持機構として

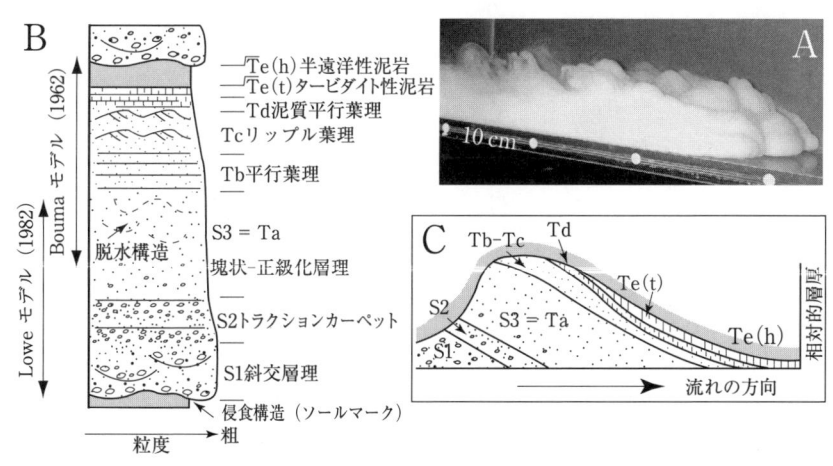

図1　混濁流とタービダイトモデル
A. 実験水槽で再現された混濁流．B. 砂礫質（S1-S3），砂質（Ta-Tc），ならびに泥質（Td-Te(t)）タービダイトの堆積モデル（Bouma, 1962やLowe, 1982などに基づいて作成）．C. タービダイトの構成要素と層厚の下流方向への変化を示す模式図（Lowe, 1982を改変）．

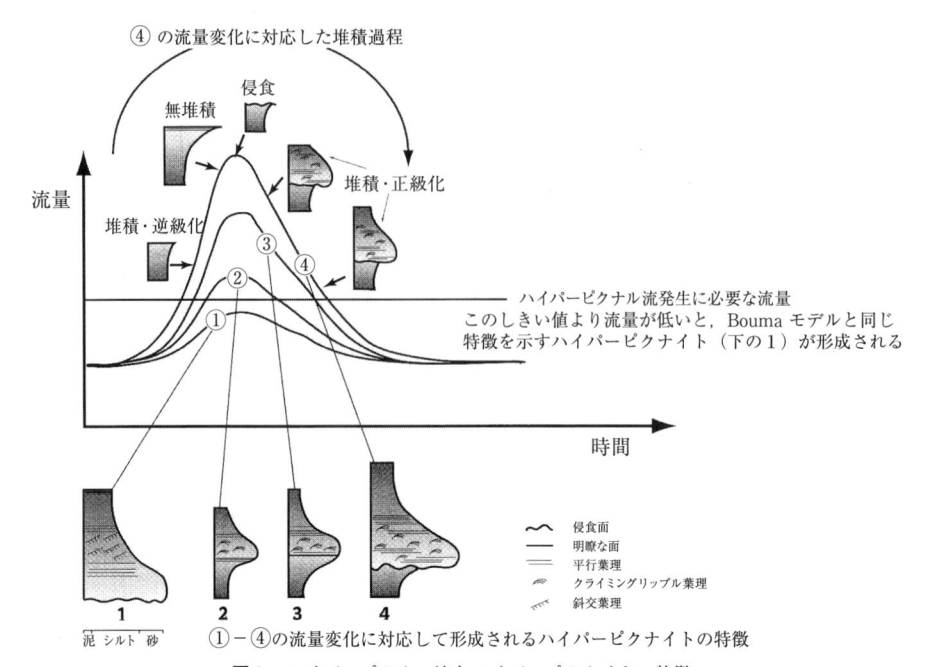

図2 ハイパーピクナル流とハイパーピクナイトの特徴
流量の増加と減少に伴ってBoumaモデルとは異なった特徴を示すタービダイトが形成される．
(Mulder et al., 2003に基づいた齋藤ほか，2005の図を改変)

流れの乱れが卓越することから，この値が低密度と高密度を区分する一つの目安とされる．実際のタービダイトでは，モデルの構成要素（図1BのS1-Te(t)）の重なりの順序は変わらないが，一部の構成要素が欠如することがある（図1C）．また，タービダイトの基底にはソールマークと呼ばれ侵食構造が発達することがあり（図1B），古流向の復元に利用される．一方，タービダイトの上位には，半遠洋性泥岩と呼ばれるサスペンジョンからゆっくりと堆積した泥質堆積物が発達する．

混濁流は，①地震などに伴う海底崩壊，②大規模なストームに伴う海底堆積物の再懸濁，③洪水流の流入など，さまざまな要因によって発生する．BoumaモデルやLoweモデルで特徴づけられるタービダイトの多くは，海底崩壊などの一過性のイベントに伴って発生し，流速が時間の経過とともに単調に減少していくサージ型と呼ばれる混濁流から形成される．これに対し，タービダイトの中にはBoumaモデルやLoweモデルでは説明できないものが認められる（図2）．このようなタービダイトは，濃度や流速が変動しながらも長時間継続して流下する持続型の混濁流によって形成される．持続型の混濁流のうち，濃度の高い（>1-42 g/L）洪水流の流入によって発生する混濁流はハイパーピクナル流と呼ばれ，その堆積物はハイパーピクナイトと呼ばれる（図2）． 〔伊藤　慎〕

文　献
1) Kneller, B. and Buckee, C. (2000) Sedimentology, **47**, 62-94.
2) Mulder, T., et al. (2003) Marine and Petroleum Geology, **20**, 861-882.

1-14 年代測定

dating

地球の歴史上起きたさまざまなイベントについて，その年代を決めることは，地球の歴史，地球環境の変遷をひもとく上で重要である．

かつて海の底に降り積もった物質が固まって形成された堆積岩の場合には，有孔虫などの微化石を拾い出し，その種を特定し，それらの生物が生きていた時代と照らし合わせることで時代を知ることが可能である．この方法は，生物活動が顕著になって以降に有効な方法である．しかし，時代が古くなれば古くなるほど化石が変質を受けずに残っていることが困難になるため，古い時代には適用できない．また，生命誕生前の試料に対しては適用不可能である．

一方，火成岩については，特定の元素の放射性同位体（親核種）が，同じあるいは別の元素の同位体（娘核種）に放射壊変することを利用した放射年代測定法が利用可能である．この方法で得られる年代を，放射年代と呼ぶ．これは，対象とする岩石が冷えて固まり，親と娘の元素の移動が止まった後に，親核種が壊れてできた娘核種の量を測定することによって，年代が決められるという原理である．信頼度の高い年代を得るためには，岩石形成後に変質によって親元素と娘元素ともに岩石から出入りしていないことが必要条件となる．

火山岩の形成年代を決めるためにもっとも一般的に用いられるカリウム-アルゴン法は，^{40}K が ^{40}Ar にベータ壊変することを利用した年代測定法である．そのほかにも，ウラン-鉛法（^{238}U-^{206}Pb，^{235}U-^{207}Pb），ルビジウム-ストロンチウム法（^{87}Rb-^{87}Sr），サマリウム-ネオジム法（^{147}Sm-^{143}Nd）など，多くの放射年代測定法が現在利用されている．核種によってその半減期には長短があり，年代の適用範囲が異なる．また壊変系の元素の性質，あるいは岩石中のそれらの元素の濃度によって，測定の容易さが異なり，目的と対象に合わせて利用する年代測定法を使い分ける必要がある．

実際の分析には質量分析法を用いる．化学操作などで目的の元素を試料から分離し，精製した後に質量分析計を用いて，親核種の量と娘核種の量を同位体比として測定する．得られたデータと核種ごとの半減期を用いて，年代値を計算する．

地球の年齢 45.6 億年もこの放射年代測定法を利用して求められたものである．地球上には地球形成時の岩石は残されていないため，地球と同時に形成されたと考えられている隕石の年代をウラン-鉛法などで決め，それを地球の年齢としている．

現在見つかっている地球上でもっとも古い鉱物はジルコンであり，そのウラン-鉛年代は 40 億年を超える．近年技術開発が進み，ジルコンのウラン-鉛年代は非常に高い精度で求められる．そのことを利用し，川の底で採取された砂の中からジルコンを拾い出し，そのウラン-鉛年代のヒストグラムを得ることにより，大陸の成長・進化についての理解が急速に進んでいる．また，埋もれ木，木炭などの考古学上の試料の年代を決めるには，半減期が短い（約 5730 年）炭素 ^{14}C の壊変を利用した方法が広く用いられる．最近では，レニウム-オスミウム年代測定法を用いて，石油の生成年代を決めることが可能になるなど，技術の進展とともにその応用範囲は広がっている．　　　　　　　　　　〔鈴木勝彦〕

文　献

1) Dickin, A. P. (2005) *Radiogenic Isotope Geology*, Cambridge University Press.

CHIME 年代測定

CHIME dating

　CHIME法は，鉱物粒子の各部分のトリウム（Th），ウラン（U），鉛（Pb）含有量を電子プローブマイクロアナライザ（EPMA）で分析して，サブグレイン年代を決定する地質年代測定法（CHIMEは CHemical Th-U-total Pb Isochron MEthod の頭を連ねた略称）である．この方法の利点は，*in situ* に 2〜3μm サイズの領域の年代測定ができること，鉱物粒子の年代マッピングが容易にできることであり，年代累帯したモナザイトやジルコン粒子（通常，0.01〜0.2 mm サイズ）の解析に利用されている．

　モナザイトやジルコンは，％オーダーの Th や U を含むので，地質学的な年代期間の放射壊変で，EPMA（2σ の検出限界は 30〜60 ppm）で分析できるだけの量の Pb を蓄積する．結晶してから τ 年後の全鉛量は，

全 $Pb = Pb_i + Th\{\exp(\lambda_2 \tau) - 1\}$
$+ U \, [\{\exp(\lambda_5 \tau) + 137.88 \exp(\lambda_8 \tau)\} / 138.88 - 1]$

となる．ただし，Pb_i は結晶ができたときに取り込まれた初期鉛の量，λ_2, λ_5, λ_8 はそれぞれ ^{232}Th, ^{235}U, ^{238}U の壊変定数，$^{238}U/^{235}U = 137.88$ である．EPMA で Th, U, Pb が定量分析できるので，上式の未知数は τ と Pb_i である．

　CHIME 法では，同一時期に生じながら Th と U 含有量が異なる領域（たとえば分域）の分析データを用いて，Pb_i を一定と仮定（実際の Pb_i は一定ではない）したアイソクロンの勾配から年代を計算する．この Th-U-全 Pb アイソクロンは，一方の軸に測定 Th（U）量と τ 期間中に測定 U（Th）量から生じた Pb と同量の Pb を生じ得る仮想 Th（U）量の和をとり，他方の軸に測定 Pb 量をとったものである．

　モナザイトの Pb_i は，全岩 Pb が著しく多い岩石中のものを除き，分析誤差の範囲でアイソクロンが原点を通る．このことを利用して，$Pb_i = 0$ と仮定した見かけ年代の確率分布から年代を計算する場合もある．

　Th, U, Pb は，波長分散型の EPMA を用いて，M 線で分析する．しかし，波長分散型のエネルギー分解能でも Th, U, Pb 特性 X 線の相互干渉および Pb に対する Y, Zr, S の干渉が除去しきれないので，その影響を正確に補正する必要がある．また，バックグランドを正確に推定しないと確度の高い CHIME 年代を得ることができない．

　モナザイトやジルコンはディスコーダントな Th-U-Pb 関係（開放系）を示すことがある．同位体を測定しない CHIME 法では，ディスコーダントを識別できないので，化学的に閉鎖系と推定できる分析値を選別する．軽希土類元素（Ree）のリン酸塩鉱物（$ReePO_4$）であるモナザイトは $ReeP = ThSi$, $2Ree = CaTh$, $ReeP = CaS$ 置換を生じるが，常に $(Ca+Si)/(Th+U+Pb+S) = 1$ である．この比が 1 から外れる分析値や K が検出される分析値は開放系と見なす．ジルコンの場合は S, Ca, K などが検出される分析値を開放系と見なす．

　年代マッピングは，鉱物粒子をミクロンオーダーに区画して各ピクセルの Th, U, Pb を定量し，見かけ年代の 2 次元分布を視覚化したものである．一般に，年代差が 1 億年以上の累帯モナザイトに適用される．　　　　　　　　　　〔鈴木和博〕

文　献

1) Suzuki, K. and Kato, T. (2008) CHIME dating of monazite, xenotime, zircon and polycrase: Protocol, pitfalls and chemical criterion of possibly discordant age data. Gondwana Research, **14**, 569-586.

1-16

気体質量分析計

gas source isotope-ratio mass spectrometer

H, C, N, O, S, Cl といった共有結合性軽元素の安定同位体比は，その起源や挙動の違いを反映して自然界で変動することが知られており（ただし，その変動幅は，存在量比の相対変動で 10^{-3} 〜 10^{-4} 程度かそれ以下），有用な指標として多くの分野において活用されている．その定量にはさまざまな方法が試行され，現在も新しい挑戦が続いているが，これらの測定対象元素を気体分子（H であれば H_2，C であれば CO_2 や CO，N であれば N_2 や N_2O，O であれば CO_2 や CO や O_2，S であれば SO_2 や SF_6，Cl であれば CH_3Cl など）に化学的に変えたうえで，McKinney 型と通称される気体質量分析計を用いて定量する方法が，現状ではもっとも一般的である．これは電子衝撃型イオン源による正イオン化，数 kV 程度の電場による加速，磁場によるアイソトポログ（isotopologue）イオンの分離，複式コレクターによる各アイソトポログ相対比の高精度定量，各アイソトポログ相対比から目的とする元素の同位体比の計算という一連の手順で成り立っている．

この気体質量分析計で同位体比の定量を実現するには，以下にあげいくつかの制約をクリアする必要がある．①一般の同位体比用気体質量分析計では，分子量の差が1未満のアイソトポログを区別できず，両者の和が定量される．このため測定対象分子中の複数元素の同位体比がすべて未知である場合には，質量分析の結果だけでは同位体比が求められないことがある．②質量分析に用いる電子衝撃型イオン源内では，イオン化以外に分裂や重合などの諸反応も同時に起こるため，H_2 以外の H 原子を含む分子（たとえば CH_4）の場合は，直接質量分析計に導入してしまうと，アイソトポログ比を定量することができないことがある．③質量分析計内ではイオン化などアイソトポログ比が変化する過程が多数介在するため，アイソトポログ比の絶対値を定量することはできない．このため測定対象と同一種の分子で，測定対象元素の同位体比が既知の「標準」を用意する必要があり，さらに試料と「標準」は同じ条件の下で質量分析を行って，途中プロセスにおける同位体比の変動を補正する必要がある．④質量分析に際して，測定対象分子以外の分子が共存し，しかもその相対組成が試料と「標準」との間で異なると，その違いが測定対象分子のイオン化などの条件を変化させ，定量される試料のアイソトポログ比が真値からずれてしまうことがある．したがって何らかの前処理を行って，測定対象分子だけを抽出して質量分析するか，もしくは共存分子の組成が試料と「標準」との間でまったく同じになるように調整して質量分析する必要がある．

気体質量分析計への試料導入法には大きく分けて，拡散によって試料を導入する方

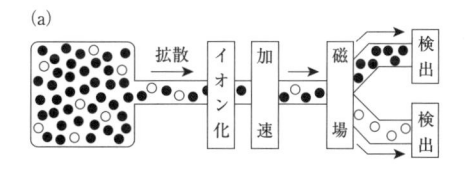

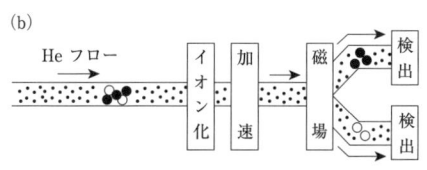

図1 拡散導入法（a）と連続フロー法（b）の模式図
大きな黒丸と白丸はそれぞれ測定対象分子の主要アイソトポログと微量アイソトポログを表し，小さな黒丸は He を表す．

法（以下では「拡散導入法」と呼ぶ）と，Heのキャリヤーガスに乗せて導入する方法（以下では「連続フロー法」と呼ぶ）の2つの手法がある（図1参照）．質量分析計本体の構造については排気系を除くとほとんど差がないが，上記の質量分析の「制約」をクリアする手法が異なるため，試料採取から前処理，質量分析計への導入に至る手順は大きく異なってくる．

拡散導入法は天然試料の軽元素同位体比定量の実現当初から用いられてきた方法で，連続フロー法と比較すると一般に定量精度が高いことを特徴としている．しかし，測定対象分子を高純度に精製した上で質量分析する必要があり，また分析にmmolからμmol程度を必要とする．これに対して連続フロー法は1970年代末に最初に日本で開発され，1990年代以降になって普及・進歩してきた手法である．測定精度では拡散導入法に劣るものの，必要試料量が少なくて済み（nmol前後），しかもHeをキャリヤーガスとして用いる精製装置（ガスクロマトグラフなど）を質量分析計に直結することで，他分子と混合状態の試料でも測定できる利点がある．0.01‰前後かそれ以下の高精度が要求されるような測定を除くと，連続フロー法が軽元素安定同位体比定量の主役になりつつある．

〔角皆　潤〕

文　献

1) 日本化学会編（2007）第5版実験化学講座，第20-2巻「環境化学」，丸善．

1-17 縞状鉄鉱層

banded iron formation (BIF)

地球上には,ある特定の元素が濃集した地質体(鉱床)が存在し,鉱物資源として利用されている.こうした鉱床には,過去のある地質時代にのみ生成され,他の地質時代や現在には生成されていないタイプのものがある.これらは,地球の不可逆的な進化過程(冷却過程)の産物であり,地球史を記述するための重要な制約条件を与えてくれる.

縞状鉄鉱層はこうした時代限定型の鉱床を代表するものであり,そのほとんどが38億年～19億年前の古い地質体にしか存在しない.大規模な鉱床は,オーストラリアのハマースレイ,カナダのラブラドール,南アフリカのトランスバール,ブラジルのミナスジェライス,ウクライナのクリボイログ,その他にインドや中国などの古く安定した地質体(クラトン)に分布する.約7億年前の全球凍結の時期に堆積したもの(カナダのラピタンなど)もあるが,量的には少ない.縞状鉄鉱層は,初期の地球像を説く鍵として注目されているだけではなく,現代社会を支える資源としてもきわめて重要であり,鉄資源の80%以上が縞状鉄鉱層から供給されている.

縞状鉄鉱層の特徴は,その名が示すとおり縞状の構造を示すことである.鉄鉱物を主体とする黒色や赤色の層と,チャート質の石英を主体とする白色の層が繰り返し累重した縞状構造を呈する.鉄鉱物が磁鉄鉱や赤鉄鉱などの酸化鉱物からなる酸化物相がもっとも多く,鉄鉱石としても重要である.その他に,含有される鉄鉱物の種類により,菱鉄鉱,アンケル石などからなる炭酸塩相,おもに黄鉄鉱からなる硫化物相などに分類される.1つ1つの層の厚さは,数cm程度であるが,その1つの層の中にさらに細かい薄層が繰り返すことがある.しかしながら,これらの層が生成するメカニズムについてはまだよくわかっていない.細かい薄層については夏と冬の寒暖の差により生成した年層と考えられたときもあったが,現在ではこの考えは棄却されている.

生成年代や堆積環境からアルゴマ型,スペリオル(湖)型に大別される.アルゴマ型は,始生代の火山岩類を主体とするグリーンストーン帯中に小規模な鉱床として胚胎される.これに対して,スペリオル型は原生代の砕屑岩類を多く含む堆積岩累層中に大規模な鉄鉱床として発達している.鉄資源として利用されるほとんどはスペリオル型である.

縞状鉄鉱層の成因として一般的に考えられているものは次のようなものである.堆積当時の海洋は還元的で酸素に欠乏しており,そのために2価の鉄イオンが中～深層水中に大量に溶解していた.一方,光合成により酸素を放出するシアノバクテリアの進化発生により表層海洋は徐々に酸化されていった.大量に2価の鉄イオンを溶解した中～深層水が,大陸縁辺域へ湧昇して表層の酸化的な海水と混合して,縞状鉄鉱層として沈殿したとするものである.縞状鉄鉱層の存在は,地球表層における酸化的海洋や大気の出現時期を制約する証拠として受け入れられており,シアノバクテリアの進化発生と密接に関連していると考えられている.しかし,酸化的表層環境の出現と縞状鉄鉱層の生成の因果関係を解明するためには,地球表層における酸化的海洋や大気の出現をより強く制約する多方面の証拠が必要であると考えられる.

〔加藤泰浩〕

1-18 地球史の中でのチャート

chert in the earth history

チャートとは「堅く緻密な微粒珪質堆積岩の総称」（平凡社地学事典）と定義されており，成因に関してはとくに定義されていない．もっとも一般的なチャートは，放散虫や珪藻などの珪質生物の遺骸が集積した生物起源チャート（biogenic chert）であり，わが国の古・中生界に層状チャート（bedded chert）として広く分布する．一方，熱水に含まれるシリカを濃集した熱水性チャート（hydrothermal chert）の存在も知られており，丹波帯に分布する赤白珪石（akahsiro silicastone）はその代表例といえる．海嶺玄武岩の直上部にも熱水性のチャートが分布することも報告されている．さらに，細粒珪質凝灰岩もチャートに非常によく似た産状を示す場合があり，凝灰質チャート（tuffaceous chet）と呼ばれることもある．

これらのチャートのうち，珪質生物起源の層状チャートは，数センチ程度のチャートと数ミリメートル以下の頁岩が規則的に互層をなすことを特徴とする．この規則性は，①珪質タービダイトの繰り返し，②珪質生物の繰り返し増殖，③続成過程での分離などが形成メカニズムとして考えられているが明らかとなっていない．現在の海洋域にはシリカに富んだ珪質軟泥が分布しているにもかかわらず，深海掘削により回収されされるチャートのいずれもが塊状であり，陸上に分布するような層状チャートはまったく回収されていない．

わが国の層状チャートの地球化学的な研究として希土類元素組成，主要・微量元素組成，Ce-Nd 同位体組成などから検討が行われており，そのいずれもが陸性砕屑物

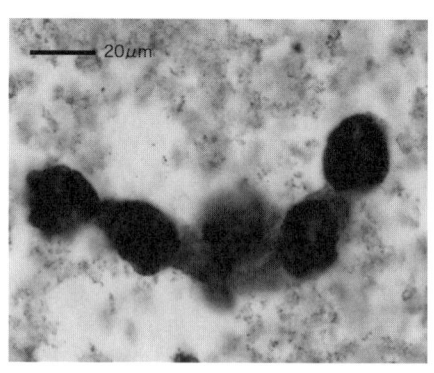

図1 約30億年前のチャートに保存された微化石
（名古屋大学　杉谷健一郎博士提供）

の影響の強い海域，すなわち陸棚や沿海域などで堆積したことが示された．一方，地質学的には，層状チャートの堆積速度が非常に小さいことや古地磁気学的な研究等々から遠洋域での堆積が広く支持されている．層状チャートの堆積環境を明らかにすることは，日本列島の形成を考える上で，重要な課題である．

先カンブリア紀堆積岩の中にも，縞状鉄鉱層（banded iron formation）とともにチャートの産出が広く認められる（1-17参照）．近年，始生代のチャートから微化石の産出が報告された．図1は，オーストラリアピルバラ地域の約30億年前のチャート試料に含まれる $20\mu m$ の球体が数珠状につながった微化石である．

始生代から新第三紀に至る広い年代のチャートが世界に広く分布しており，海洋の進化の歴史がその中に記録されている．風化作用に強いことから，チャートを用いたさらなる地球史解明が期待できる．

〔山本鋼志〕

文　献

1) Sugitani, K., et al. (2009) Taxonomy and biogenicity of Archaean spheroidal microfossils (c. 3.0 Ga) from the Mount Goldsworthy-Mount Grant area in the northeastern Pilbara Craton, Western Australia. Precambrian Res., **173**, 50-59.

1-19

古土壌と大気進化

paleosol and atmospheric evolution

古土壌（paleosol）とは，物理的・化学的・そして多くの場合生物的な過程によってその場で風化された母岩が地層となって残ったもののことをいう．この意味において，古土壌とは，われわれが通常文字通り意味するところの（森林などの表層に発達する）土壌または土の古いもの，ではなく，一般には固結した風化プロファイルのことを指す．

地上に露出した岩石が化学的風化（chemical weathering）を受ける際，周囲の環境，とくに直上の大気の化学成分を反映した雨水との化学反応や生物活動に起因する有機酸との化学反応を受け，元素の溶脱などが起こる．したがって，古土壌の風化の際の元素の挙動を化学的に明らかにすることができれば，土壌形成当時の環境情報が得られると期待される．とくに，風化される岩石中に流れる雨水や地下水などの流体の酸化還元状態が，岩石から溶脱される元素の種類と量に関して大きな影響を及ぼす．

そのような元素の中で代表的なものが鉄（Fe）である．鉄は岩石中では2価（Fe^{2+}）と3価（Fe^{3+}）の状態で各種鉱物中に含まれる．現在のような酸化的な大気（地表付近では空気の約20％が酸素）の下で一般に形成される酸素に富む雨水や地下水が，風化の際に鉄を含む岩石と反応した場合，Fe^{2+}の大部分はFe^{3+}に酸化される．一般的なpHではFe^{3+}は水への溶解度が極端に低いため，溶脱することなしにその場で保持される．一方，大気中にまだ酸素がなかった（しかし二酸化炭素には富んでいた）時代の雨水や地下水は，非酸化的あるいは還元的で，風化の際に岩石中のFe^{2+}を部分的に溶脱し，Fe^{3+}はFe^{2+}に還元されて溶脱する．以上の化学的風化過程により，風化プロファイルの上部ではFe^{2+}とFe^{3+}の含有量に特徴的な傾向が現れる．すなわち，酸素に富む大気下での風化の場合，風化プロファイルの上部ほどFe^{3+}に富む傾向があるが，溶脱がないため鉄の総量の深度方向の変化はあまりなく母岩と変わらないことになる．一方，還元的な大気下での風化の場合，風化プロファイルの上部ほどFe^{3+}とFe^{2+}の両方が減少を示す傾向になり，溶脱が起こるために鉄の総量も風化プロファイルの上部ほど減少する傾向がある．

地球がいかに生命の住める星となったのかを探るアストロバイオロジーという研究分野では，大気中酸素濃度の急上昇（GOE：great oxidation event）があったとされる初期原生代に発達した古土壌の鉄の地球化学について，精力的な研究がなされてきた．H.D. HollandやR. Ryeら[1-3]は，太古代〜初期原生代に発達した古土壌の鉄の地球化学から（図1），議論は残るものの[4]，GOEが起こったのは約22億年前と結論づけた．なかでも，南アフリカに発達する約22億年前のHekpoort Paleosolと呼ばれる露頭試料の古土壌（図2）は，還元的大気を示唆する（風化プロファイル上部で鉄が溶脱する）もっとも新しいものとして，すなわち還元的大気から酸化的大気への変化のタイミングを規定する古土壌として，とりわけ重要であった．

しかしながら，上記のような古土壌の鉄の地球化学の研究には，数多くの問題点が指摘されている．露頭に残されている太古の風化プロファイルは，土壌形成当時の風化断面を上部から下部まで完全に保存しているとは限らない．発達した土壌が海進や浸食によって削り取られた場合，現存するその古土壌プロファイルの上部は，形成当

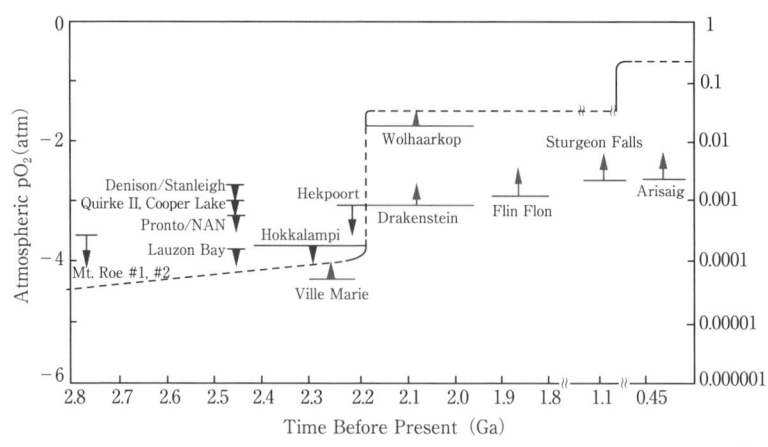

図1 古土壌プロファイルにおける鉄の地球化学から制約された大気中酸素濃度の変遷[2]

図2 約22億年前に発達したとされる古土壌プロファイル(Hekpoort Paleosol)の大露頭(南アフリカ共和国, Waterval Onder)
この露頭の地球化学プロファイルが,かつて,大気中酸素濃度の議論で大きな役割を果たした.
[撮影:山口耕生(1998年8月);スケール(中央):東北大学大学院 掛川武教授]

時の土壌プロファイルの中部または下部となり、大気と直接的な相互作用があったと考えられる形成当時の土壌プロファイルの上部ではない。酸素に富む大気に覆われている現代においてさえも、風化プロファイルの中位には（表層の植物や微生物起源の有機酸によると思われる）鉄の溶脱がみられる。大気の酸化還元状態によらず、一般に還元的な特徴を示す古土壌断面の中位を形成当時の上位とする誤認識は、地球化学データの深刻な誤解釈につながる。上述の露頭試料のHekpoort Paleosol（図2）は、Hollandらにより「完全な古土壌」とされていたが、近年の陸上掘削試料の研究によって実は完全な風化プロファイルから上位が浸食されたものであったことが明らかとなり、当時の中位を上位と誤認識していたことが明らかになった[5]。その失われた上位にはFe^{3+}の酸化物が大部分を占めるラテライトが発達しており、これは当時の大気が酸素に富むものであったとする大きな証拠となっている[6]。このように、古土壌の保存状態の認定には細心の注意を要する。現存する古土壌プロファイル上部が形成時の真の上部であったと結論づけるのは、一般に困難である。

古土壌は、太古における惑星の大気の化学進化の記録を保持している可能性のある貴重な研究材料である。土壌プロファイル形成における化学過程を定量的に見積もるため、異なる酸化還元状態下での各種鉄含有鉱物の溶解速度の室内実験なども盛んに行われてきた。古土壌の研究に関する最近のアプローチとして、Fe^{3+}とFe^{2+}の量（風化の際に比較的動きにくいAlやTiなどの元素でしばしば規格化される）だけでなく、鉄のマスバランスを論じるためにその安定同位体比（$^{56}Fe/^{54}Fe$）が用いられるようになってきた。また、古土壌は、陸上における生命進化を記録している可能性もある貴重な試料である。たとえば、約26億年前に発達した古土壌に含まれる有機物の分析から、当時の大陸にはすでに生命が進出していたことが明らかとなっている[7]。今後、地球表層環境の進化に関する従来の考えに変更を迫る新しいアプローチにより、初期原生代という重要な時代の地球化学研究がますます進むであろう。

〔山口耕生〕

文献

1) Holland, H.D. (1984) *The Chemical Evolution of the Atmosphere and Oceans*, Princeton Univ. Press, 582 pages.
2) Rye, R. and Holland, H.D. (1998) Paleosols and the evolution of atmospheric oxygen : a critical review. Am. J. Sci., **298**, 621-672.
3) Rye, R., et al. (1995) Atmospheric carbon dioxide concentrations before 2.2 billion years ago. Nature, **378**, 603-605..
4) Ohmoto, H. (1996) Evidence in pre-2.2 Ga paleosols for the early evolution of atmospheric oxygen and terrestrial biota. Geology, **24**, 1135-1138.
5) Beukes, N.J., et al. (2002) Tropical laterites, life on land, and the history of atmospheric oxygen in the Paleoproterozoic. Geology, **30**, 491-494.
6) Yamaguchi, K.E., et al. (2007) Iron isotope fractionation during Paleoproterozoic lateritization of the Hekpoort paleosol profile from Gaborone, Botswana. Earth Planet. Sci. Lett., **256**, 577-587.
7) Watanabe, Y., et al. (2000) Geochemical evidence for terrestrial ecosystem 2.6 billion years ago. Nature, **408**, 574-578.

1-20 生命の起源，進化，分布

origin of life

化学進化 ロシアの科学者オパーリン (Oparin) が，著書「生命の起源」を出版して以降，生命起源が科学の研究対象になった．オパーリンは初期地球の大気に含まれる CH_4 や NH_3 が有機分子になり，それが海洋に蓄えられ，濃厚な有機物のスープを作ったと考えた．この濃厚なスープの中の有機分子は，やがて重合し細胞内に隔離されて最初の生命になったと提唱した．一般に，この考えは化学進化説と呼ばれている（図1）．有名なミラー (Miller) の実験は，この化学進化説に従った実験である．ミラーの実験では初期地球大気に CH_4 や NH_3 が含まれ，それが有機分子の炭素源，窒素源となることを想定し，雷放電実験を行った．その結果，アミノ酸などの有機分子生成に成功し1953年に発表されている．

しかし，1980年代の研究により CH_4 や NH_3 に富んだ大気は初期地球大気としては考えにくく，むしろ CO_2，N_2，CO を主体にしたものであるとされた．こうした初期地球大気を想定した実験では有機分子の生成は起こらなかった．その代わりに登場したのが海底熱水説である．海底熱水説は，初期地球の海底熱水噴出孔で，硫化鉄と熱水とが反応しあい，カルボン酸やアミノ酸などの有機分子が生成され，生命起源につながるとする説である．この説はドイツのヴェヒタースホイザー (Wächtershäuser) 博士によって提唱された．近年，海底熱水環境を想定した実験も展開され，実際にアミノ酸の生成も報告されているが，その実験結果が天然に適用できるかは検討の余地を残している．さらに海底熱水説として適しているのが，ブラックスモーカーを伴う酸性の熱水活動場なのか，蛇紋岩化を伴うアルカリ性の熱水活動場なのかで意見が分かれている．これらの考えとは別個に，初期地球の海洋における隕石衝突と，その後の衝突蒸気雲内で起こる化学反応に生命起源を求める説が近年提唱された．

上記のように生命の起源を地球に求める地球説に対し，アミノ酸などの有機分子の起源を宇宙空間に求め，それらが地球にもたらされることで，やがて生命誕生に至ったとする説がパンスペルミア説である．コンドライト質隕石の中にアミノ酸が含まれていることが知られている．しかもその中に右型左型の存在比率に差（キラリティー）があるアミノ酸が存在することがわかっている．キラリティーの存在は現在の地球生物を特徴付けるものであり，このことから欧米の研究者の多くは，地球説よりむしろパンスペルミア説を受け入れている．

最古の生命の痕跡 グリーンランドのイスア地域から約38億年前のタービダイト組織を残した岩石がデンマークのローシング (Rosing) 博士によって報告された．この岩石の中からは炭素が見つかっており，その炭素同位体組成が現世の生物がも

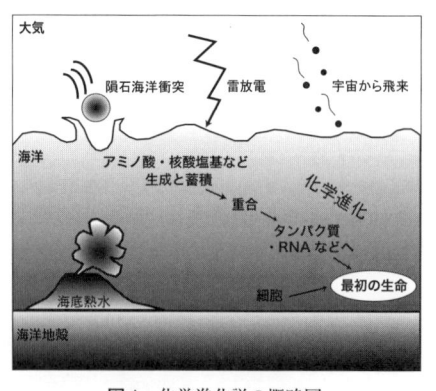

図1 化学進化説の概略図

図2 グリーンランドのイスア地域で見つかった炭素を含んだ岩石（矢印）

つ値に近いことから，これが38億年前の生命の痕跡とされている（図2）．イスアから250 km南下したところにあるアキリア島でも38億年以前の岩石から炭素が見つかっている．しかし，こちらは無機的に形成された炭素である可能性が高く，イスアで見つかったものが最古の生命の痕跡と考えられている．

　オーストラリアのピルバラ地域には35～23億年前の地層が分布している．アメリカのショッフ（Schopf）博士は，ピルバラ地域の一部であるマーブルバーの34億年前の黒色チャートから「微化石」を発見し，酸素発生型光合成微生物の化石であると報告した．これは世界最古の微化石として注目を浴びたが，他の研究者による再検証の結果，「微化石」とするには大きな疑問が残るとされている．しかし，マーブルバー以外のピルバラ地域や南アフリカバーバートン地域からも34～32億年前の「微化石」が名古屋大や東京工業大，九州大の研究者らによって見出されている．これらの一部は最古の化石として世界的に認識されているが，一部は非生物起源とされている．　　　　　　　　　　〔掛川　武〕

生命存在の可能性

probability of the existence of extraterrestrial life

2010年9月末の時点において，地球以外の場所に生命が存在することを示す疑いようのない証拠は存在しない．しかし，地球外生命の探索は空間的にも質的にも非常に不十分にしかなされていないので，地球以外の場所に生命が存在していることを否定するものではない．近年の天文観測は太陽以外の恒星にも惑星系が存在することを明らかにしているが，それら太陽系外の惑星に生命の存在を探す試みはまだ始まったばかりである．また太陽系内についても，ほとんどの領域は探索さえされておらず，今後そういった未探索の領域を調べることによって生命が発見される可能性は十分にある．

生命について議論するためには「生命とは何であるか」が明確に定義されていなければならないが，「生命とは何であるか」についての明確な定義は存在しない．地球上の生命とは違った様態の生命というものも想像することは可能であるから，生命を定義することは簡単ではない．一般にはわれわれの知っている唯一の生命である地球上の生命についての偏見に基づいて生命を考えることが多いが，地球上の生命に限定したとしてもそれらは多様な環境でさまざまな形態をしていろいろなやり方で生命活動を営んでいる．その場観察が行えたとしてもそれらを漏れなく検出する方法というものは存在せず，探索範囲の広大であることとあいまって生命存在の探索を網羅的に行うことを難しくしている．

探索することがさらに困難な太陽系外生命の存在可能性については，ハビタブルゾーン（habitable zone）という考え方に基づいて議論されることが多い．ハビタブルゾーンにもいろいろな定義があるが，「天体の表面で液体の水が安定に存在できる領域」として定義されることが多い．これは地球上の生命はみな液体の水を必要としていることによっている．液体の水は優れた溶媒であり，反応物質を高濃度かつ可動性の高い状態で保持することができる．そのため生命活動の基となる化学反応を進める上で液体の水を利用することには大きな利点があると考えられている．少なくとも「液体の水が存在すること」は，地球型の生命が生存するための必要条件であるということはできる．

天体の表面で液体の水が安定に存在するための条件は，天体表面の温度（三重点温度から臨界点温度の間）と天体表面に存在する水の量（表面温度における飽和蒸気圧以上）によって記述される．水は宇宙には豊富に存在する水素と酸素の化合物であることからどの天体にもある程度の量が存在しているとするならば，天体表面の温度によって液体の水が安定に存在できるかどうかは決まる．天体表面の温度は中心星からの輻射加熱と天体のまとう大気の温室効果によって決まる．大気主成分は CO_2（太陽系の地球型惑星の大気の主成分）であるとすると，地質学的時間スケールでの大気 CO_2 量は炭酸塩＝ケイ酸塩サイクルによって気候システムの内部で自動的に調節される．そのため天体表面に液体の水が存在できるか否かは中心星輻射加熱の強さによって決まることになり，この中心星輻射加熱がちょうどよい強さ（中心星に近すぎず遠すぎず）となる領域をハビタブルゾーンと呼ぶ．これまで発見された系外惑星にはハビタブルゾーンの内側にあるものもあり，それら系外の惑星には海が存在し生命も存在しているかもしれない．ハビタブルゾーンの内側にあることは海洋が存在するための十分条件ではないが，星の数ほどもある

であろう系外惑星のいくつかに海洋を持つものもあるだろう．

また，液体の水は天体の表面だけに存在するものではない．表面は寒冷で水が凍結するような条件であっても，天体の内部は十分に暖かく液体の水が安定に存在できる場合がある．ハビタブルゾーンの外側にある木星の衛星エウロパの氷の地殻の下には内部海（ある程度の厚さをもった液体の水の層）がある．内部海の底では熱水活動も生じている可能性があり，そこに生命が存在している可能性も考えられる．ハビタブルゾーンの外であっても生命は存在している可能性は否定されないことに注意すべきである． 〔はしもとじょーじ〕

地球の太古代

archean age

1-22

　40億年前頃から25億年前までの時代を太古代と呼ぶ．太古代の最古の地層とされているのがカナダのイエロウナイフ周辺に分布するアカスタ片麻岩である．ジンバブウェイのグレートダイク（Great Dyke）とよばれる苦鉄質貫入岩の形成年代が25億年前であり，これが太古代の終わりと定義されている．グリーンランドのイスア地域とアキリア島やカナダのラブラドール海岸沿い，ハドソン湾北東部では約38億年前の地層が見られる．いずれの地域の岩石も変成作用によって，片麻岩〜角閃岩化しているが，イスア地域に産する岩石に対する変成作用の影響は比較的低く，枕状溶岩や堆積岩の組織などが残されている．その中にはタービダイト組織を残した変堆積岩が含まれる．この岩石中の石墨の炭素同位体組成が，現世の生物がもつ値に近いことから，38億年前の海洋環境には微生物生態系が発達していたとされている．

　オーストラリア，南アフリカ，カナダ，インド，ブラジル，ロシア，中国，南極大陸などでは35〜25億年前の地層が見られる．これらの地域の地層は，緑色岩帯（greenstone belt）を形成している．緑色岩帯の多くは枕状溶岩を伴う玄武岩で構成されている．緑色岩帯の中にはコマチアイトと呼ばれる太古代に特徴的に産出する溶岩も含まれる．また，緑色岩帯形成後に大規模に貫入しているトーナル岩/トロンジェマイト/花崗岩（TTG）の存在も太古代の大きな特徴である．緑色岩帯には，縞状鉄鉱層や黒色頁岩，砂岩，チャートなどの海洋堆積物も多く見出される．その一方で，大規模な炭酸塩岩は27億年以降にしか出現しない．オーストラリアや南アフリカの35〜31億年の緑色岩帯からは微生物化石やストロマトライトも報告されている．安定同位体研究によっても35〜31億年頃にメタン生成菌や硫酸還元菌などの嫌気性微生物が活動していた証拠も報告されている．好気性微生物である藍藻の発生時期は特定できないが，太古代中期以降，大規模に繁茂しだしたと思われている．

　藍藻発生前の大気・海洋は無酸素状態であり，二酸化炭素や窒素に富んでいたと考えられている．太古代大気中にメタンや水素が存在していた可能性を指摘する研究者もいるが，定かでない．太古代中期〜後期頃には，まず海洋表層部に酸素が満ち始めたと考えられている．海洋表層に蓄えられた酸素が，大気に放出されるようになったのは，太古代以降であるとするのが一般的な考えである．そのために大気中にはオゾン層が発達せず，硫黄成分が紫外線を浴びて光化学反応を起こしたと考えられている．その結果，硫黄成分は非質量依存性同位体分別効果の特徴を有した硫黄同位体組成をもつことになる．その硫黄成分が，太古代海洋堆積物に取り込まれ，やがて岩石化し，現在でも非質量依存性同位体分別効果を受けた痕跡が見出されるとされている．その一方で，太古代大気の酸化状態に関しては異なった考えも存在する．

　太古代緑色岩帯は，金属資源の重要なホストである．27億年前の緑色岩帯には多くの黒鉱型硫化物鉱床が見られ，中にはコマチアイト溶岩を母岩にした富ニッケル硫化物鉱床も存在している．27〜26億年にかけては地殻化した緑色岩帯に金鉱脈が発達している．25億年前の地層には砕屑性の閃ウラン鉱や金の鉱床も発達している．27億年以降の大規模縞状鉄鉱層も重要な鉄資源開発の対象になっている．

〔掛川　武〕

1-23

隕石衝突と生物大量絶滅

meteorite impacts and mass extinctions

生物大量絶滅とは「広範囲の地域で」・「同時期に」・「短期間のうちに」・「多くの」生物種が絶滅したイベントを指す．このようなイベントは顕生代において数多く存在するが，特に規模の大きな5つのイベントは「ビッグ・ファイブ」と呼ばれている．ビッグ・ファイブとはオルドビス紀-シルル紀境界（440-450 Ma；図1-①），後期デボン紀，Frasnian-Famennian境界（375 Ma；図1-②），ペルム紀-トリアス紀（P-T）境界（251 Ma；図1-③），トリアス紀-ジュラ紀境界（205 Ma；図1-④），白亜紀-古第三紀（K-Pg）境界（65.5 Ma；図1-⑤）を指す．それぞれ，科のレベルで，12％，14％，52％，12％，11％の絶滅が起きたと推定されている（図1）[1]．化石としてすべての種が保存されているわけではないので，種レベルの絶滅比率は推定でしか得られないが，顕生代最大の絶滅とされるP-T境界においては90％程度の生物種が絶滅したとされている（推定値には幅があり，80〜96％の推定値がある）．

これらの大量絶滅がどのようにして起こったのかに関してはそれぞれについて諸説あり，統一的な要因で説明できるわけではない．原因解明に関する研究がよく進んでいるのはビッグファイブ最後にあたるK-Pg境界事変である．この大量絶滅には隕石衝突が関わっている．

Alvarezら（1980）[2]はK-Pg境界を特徴付けている粘土層（図2）に地球表層で枯渇しているはずのイリジウムが濃縮していることを見出した．彼らはこのイリジウムの起源を検討し，地球外物質（とくに小惑星を起源とする隕石）の関与がもっともらしいという結論を得た．さらにGanapathy（1980）[3]はIrだけでなく境界粘土層の親鉄元素の分析を行い，その元素比から隕石の関与の可能性を示した（図3）．

先に述べたAlvarezら（1980）[2]はイリジウムの起源が隕石にあるとしただけでなく，隕石衝突によって引き起こされる絶滅プロセスを提案した．まず，イリジウムの存在量をもとに直径10 km程度の小惑星が地球に衝突したと考えた．これにより大量の塵が巻き上げられ，その塵は拡散して地球全体を覆い，太陽光が遮断される．これが光合成停止につながり，生態系が崩壊して大量絶滅に発展したのではないかとい

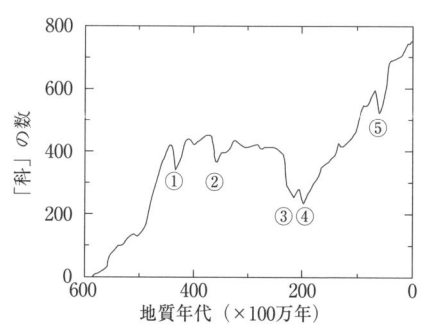

図1 地質時代における「科」数の変遷（文献[1]をもとに作成）数字は5大大量絶滅を古い順に示した．

図2 デンマーク共和国，Stevns KlintにおけるK-Pg境界粘土層
（西尾嘉朗氏撮影の写真に加筆）
境界粘土層は深海，浅海，淡水いずれの堆積環境でも見出されている．（口絵2参照）

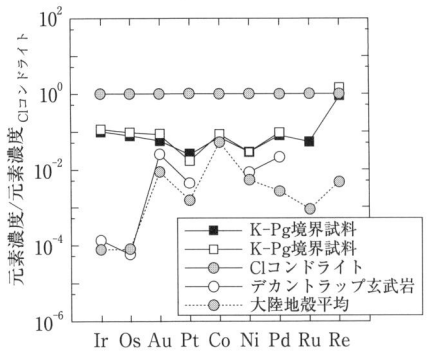

図3 K-Pg境界粘土層とその他の物質の親鉄元素濃度の比較（文献[3]などをもとに作成）
Reをのぞくと隕石濃度で規格化した濃度が平坦であり，高濃度の隕石起源物質が他の物質で薄められることによって説明できる．

う提案であった．

この研究を契機としてK-Pg境界事変に関する研究が精力的に進められるようになり，隕石衝突を裏付ける物的証拠がK-Pg境界層に見出されるようになった．たとえば，ショックラメラを有する石英，石英の高圧相であるスティショバイト，微小ダイヤモンド，衝撃溶融ガラス粒子（マイクロ・テクタイト）などである．

一方，隕石衝突仮説を否定する研究者は対応する衝突クレーターが存在しないことをその否定のよりどころの一つとしていた．そこで肯定派によるクレーター探しが進められ，アメリカ・テキサス州，カリブ海，ハイチ，メキシコ東岸に次々と津波堆積物が見つかっていった．これらの発見によりクレーター候補地がメキシコ湾周辺地域に絞られるようになった．そしてHildebrandら (1991)[4] によりユカタン半島のチクシュルーブ（Chixulub）にクレーターの存在が示された．クレーターの掘削試料から衝撃溶融でできた安山岩質の岩石が見つかり，その年代が他の地域のK-Pg境界層に含まれているマイクロ・テクタイトの年代と一致することが示され

た．こうしてこのクレーターを生み出した隕石衝突とK-Pg境界事変が結びつくことになった．

これでK-Pg境界において隕石衝突が起きたことは明確になったが，生物大量絶滅を引き起こしたのはその後に起きた環境変動のはずである．塵・硫酸エアロゾルによる太陽光遮蔽，それに伴う寒冷化，石灰岩の分解に伴う二酸化炭素濃度の上昇に起因する温暖化，隕石衝突で巻き上げられた破砕物の降下による摩擦熱（瞬間的な温暖化），それに続く大規模火災などが提案されている．これらのイベントは数年から数千年単位という比較的短期間の現象であり，それらを地層から読み取ることは難しい．したがって，予想されている環境変動の規模や持続時間などには不明な点が多い．

K-Pg境界の研究を契機として，他の大量絶滅に関しても隕石衝突の有無が議論されるようになった．規模の小さいものも含めた大量絶滅イベントやクレーター形成年代に3000万年程度の周期性があるとの報告があり，大量絶滅すべてを隕石衝突に関連させようとする考えもある．しかし，K-T境界以外のビッグファイブに関してはどれも隕石衝突の証拠が十分に揃っているとはいいがたい．〔丸岡照幸〕

文　献
1) Raup, D.M. and Sepkoski, J.J., Jr. (1982) Mass extinctions in the marine fossil record. Science, **215**, 1501-1503.
2) Alvarez, L.W., et al. (1980) Extraterrestrial Cause for the Cretaceous-Tertiary Extinction. Science, **208**, 1095-1108.
3) Ganapathy, R. (1980) A Major Meteorite Impact on the Earth 65 Million Years Ago : Evidence from the Cretaceous-Tertiary Boundary Clay. Science, **209**, 921-923.
4) Hildebrand, A.R., et al. (1991) Chicxulub Crater : A possible Cretaceous/Tertiary boundary impact crater on the Yucatán Peninsula, Mexico. Geology, **19**, 867-871.

深部地下生命圏

deep subsurface biosphere

　大陸と海洋における深部地下環境は，長らく無生物の岩石圏もしくは過去の地球表層環境が記録された化石地質の世界であると考えられてきた．しかしながら，1990年代以降の海洋掘削コア試料や陸域の鉱山掘削試料などの本格的な微生物研究によって，地球の深部地下環境には広大な生命圏が存在することが明らかになってきた．

　太陽光エネルギーに大きく依存した地球表層生命圏の生態系に比べ，直接太陽の光が届かない暗黒の深部地下環境にどのような生命活動が存在するのか？　地球表層の約7割を占める海洋地殻の堆積物環境には，地球上に存在する全生命体炭素の約1/10に匹敵する微生物細胞由来の炭素があるといわれている．海底下の微生物は，表層生命圏の微生物とは系統学的に離れ，独自の進化を遂げた未培養系統群に属しており，個々の微生物系統の生態や代謝機能の多くは未解明である．海底地下堆積物内の微生物生態系は，微生物量や代謝活性の分布が海水中の光合成による有機物一次生産量に大きく依存していることなどから，間接的に太陽光エネルギーに依存した従属栄養微生物生態系が主体であると考えられている．有機物の末端的分解プロセスに関わるメタン生成は，大陸沿岸のメタンハイドレートの集積プロセスなどの海底資源の成因や物質循環に大きく関与している．一方，表層世界の影響を物理的に受けにくい深部堆積物環境や上部玄武岩帯水層などにおいて，地球の内部エネルギーであるマグマに直接由来する化学成分や，地殻の岩石と水との相互作用などによって発生する無機化学エネルギー物質が，太陽光に依存しない惑星の内部エネルギーによってのみ支えられる独立栄養微生物生態系を構築している可能性が示唆されている．

　地球の深部地下環境を含むあらゆる自然環境において，①生息空間，②水，③栄養・エネルギー基質の定常供給の存在は，そこに生命が生息可能であるための必須条件である．肥沃な深部地下生命圏を育む環境因子の例として，有機物に富む堆積層が挙げられる．地温と圧搾による埋没有機物の続性・分解作用は，微生物の栄養成分や代謝エネルギー基質を定常的に生産し，深部から浅部にかけての地下生命圏を支える原動力となる．また，花こう岩や玄武岩などの岩石圏の場合，地殻変動によって生じる断層・亀裂などの岩石内空間と，そこを流れる流体中の栄養成分と流動時間が重要である．たとえば，高圧の岩石摩擦反応や岩石—水相互反応によって生じる水素や他の無機エネルギー物質が，地質学的な時間スケールの中で連続的に深部地下の生命活動を支えている可能性がある．

　深部地下生命圏における生命圏の限界や広がり，地質変動に伴う突発的かつ居所的な地下微生物生息域の発生，低栄養環境への生命進化や生存戦略などを理解する上で，ダーウィンの進化論に匹敵する，新しい発見やパラダイムシフト（概念の転換）が見出される可能性がある．実際に，同位体トレーサーや超高空間分解能二次イオン質量分析計を用いた実験などから，地下微生物の倍加時間は数百年から数千年以上と試算され，地球表層の生命圏の代謝速度と大きくかけ離れている証拠が示されている．長期生存を可能にするDNAの損傷修復などに必要な生命維持エネルギーの獲得経路やその機能については一切不明である．また，深部地下環境には，表層生命圏に由来する既存のデータベースと照合できない，新しい生命体や生態系が存在する可能性がある．

〔稲垣史生〕

カンブリア大爆発

Cambrian explosion

古生物学的研究から，カンブリア初期から中期初頭にかけての約2000万年から3000万年間というきわめて短い期間に，現在知られている各動物門や現生動物との類縁関係が不明な動物が一斉に出現し動物の多様性が爆発的に急増したことが知られている．「カンブリア大爆発」とはこの短期間に起きた多細胞動物の放散現象のことを指す．海綿動物，刺胞動物，環形動物，軟体動物は原生代末に，苔虫動物はオルドビス紀に出現したとされるが，それ以外の動物門がこの間に出現した．科レベルではカンブリア大爆発に加えて，オルドビス紀前期や中生代から新生代初めにも急激に多様性が増したことが知られているが，動物門レベルの多様性の急増はカンブリア大爆発特有である．この時期に三葉虫，アノマロカリスやオットイアなど硬組織をもった動物，捕食性の動物や比較的深部にまで侵入する内生動物が出現する．この時代を代表するラーゲルシュテッテン（化石保存のきわめて良好な特異的な化石の産地）は中国・チェンジャン（5.3億年間），グリーンランド・シリウスパセット（5.25億年前）やカナダ・バージェス（5.15億年前）である．

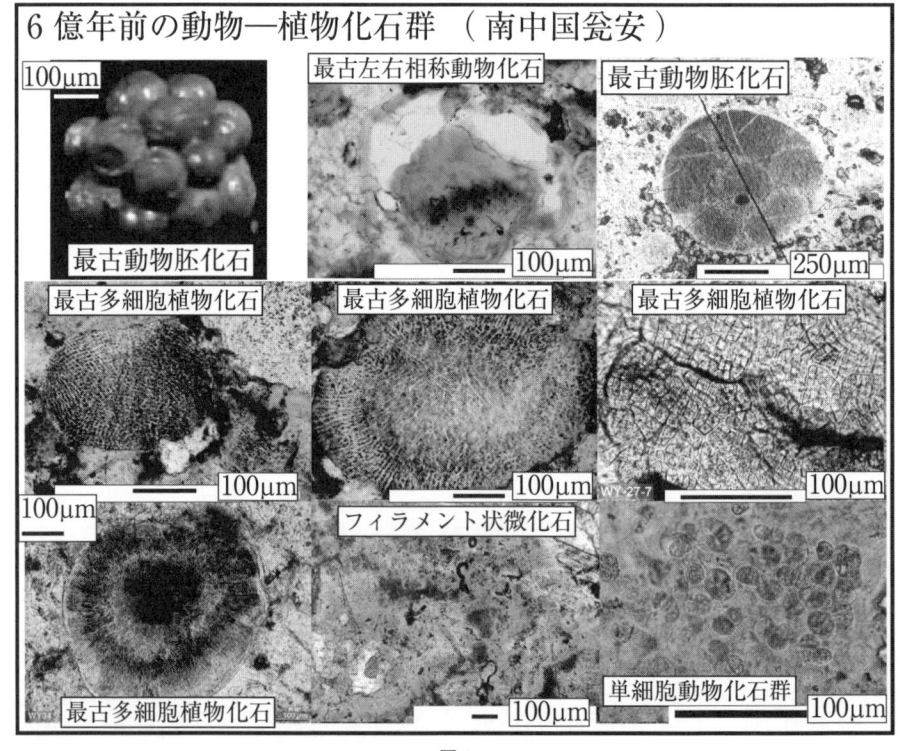

図1

カンブリア大爆発の生物進化史上の位置づけについてはおもに3つの考え方が存在する．1つは化石の出現が示すようにこの時代に一斉に様々な動物が出現したとするものである．また，カンブリア大爆発直後に，偶発的に多くの動物種が絶滅し，カンブリア大爆発時に生物の体制がもっとも多様であったともいわれている．2つ目は，実際には体制の多様化は徐々に起きたが，化石の保存，出現頻度や年代分解能の影響によって，見かけ一斉に多様な動物門が出現したように見えるとする考えである．3つ目は，生物の主要な進化はカンブリア紀以前に起きていたとする考えで，その中に2つの考えが存在する．1つは遺伝子レベルでの進化はおよそ9億年前もしくは6億年前にはすでにされており，カンブリア大爆発時に遺伝子レベルでの進化が体現されたとするもの，もう1つはこの時代に硬組織の出現や巨大化などにより化石が保存されやすくなったことや，多くの古生物学研究がラーゲルシュテッテンの研究に強く依存しているために見かけ急激に進化したように見えるとするものである．

　カンブリア大爆発以前にすでに生物進化が進んでいたとする根拠として，カンブリア大爆発の初期の化石でさえ，三葉虫など高度に分化した化石が存在すること，5.8～5.4億年前のエディアカラ動物群（刺胞動物，環形動物や軟体動物）や6億年前の南中国の貴州省瓮安地域から動物胚化石，海綿動物や刺胞動物などが産出するなど，原生代末の地層からも後生動物の化石が存在していたことを示す証拠があることがあげられる．遺伝子レベルでの進化がカンブリア大爆発よりもずっと先行したとする根拠として分子時計の研究があるが，それによる生物進化の時期の特定には2つの対極をなす考えがある．1つは動物出現の遺伝子的進化は化石の出現よりもずっと古い9～11億年前にまで遡れるという考えと，もう1つは最古の後生動物化石が出現する6億年前頃であるとする考えである．その差は遺伝子のずれを年代差に変換する際にどの生物を用いるのかに由来する．いずれにせよ，分子時計の研究は後生動物の出現は原生代末にまで遡れることを示す一方で，一斉に出現したことを支持しない．

　カンブリア大爆発もしくは後生動物の出現の背景要因として，大気・海洋の酸素濃度の急増やリンなどの栄養塩の増加があげられている．遺伝子の中立的な変異後，酸素や海水栄養塩の増加ならびにニッチの空白がカンブリア大爆発を起こしたとする仮説である．

〔小宮　剛〕

大気中酸素濃度進化

rise of atmospheric oxygen

　地球は，いつから酸素に満ちあふれる大気を持つようになったか？　この単純な，かつ奥深い問いは，地球科学における未解決問題のうちの1つである．大気中の酸化濃度の変遷の時期とメカニズムを探ることは，酸素発生型光合成生物（oxygenic photosynthesizer）や（ある程度の酸化的大気を必要とする）真核生物の誕生と進化の歴史を探ることになるのみならず，光合成の材料物質であると同時に温室効果ガスである大気中の二酸化炭素の濃度（すなわち地球表層温度）の変化の歴史を探ることにつながり，さらには大気の酸化還元状態によって異なる大陸風化による海洋への元素フラックスの変化の歴史などを探ることでもある．その発展として，地球型惑星における生命の進化を探ること（アストロバイオロジー）にもつながる．研究テーマとしてはチャレンジングであるが，意義が非常に大きいものである．

　太古の大気の酸化還元状態をどのように解明したらいいか？　氷床コアに含まれる気泡のような太古の（何十億年も前の）直接的な気体試料は手に入らない．そこで登場するのが岩石である．大気中の酸化濃度の変遷の歴史は，さまざまな種類の岩石に残された記録を多種多様なアプローチ（主に地球化学分析）で読み解くことにより，研究が進められてきた．なかでも注目するものは，鉄（Fe）や硫黄（S）や一部の希土類元素のように，酸化還元状態によって異なる（生物）地球化学的挙動を示す元素（redox-sensitive element）や，酸化還元反応や代謝反応の際に分別を起こす安定同位体（stable isotope）である．これらの研究により，議論は残るものの，大気の大酸化イベント（GOE：Great Oxidation Event）と呼ばれるものが約22〜23億年前に起きたと提唱されている．この時代を境に，大気中酸素濃度が現在の 10^{-13}〜0.1%（すなわち100兆分の2〜0.0002気圧）以下から現在の15%以上（すなわち約0.03気圧）に急上昇したとされる．一方，約40億年前にはすでに大気は現在とほぼ同程度に酸化的であった，とするモデルも提唱されており，議論が続いている．

　地球史における大気の酸化還元状態の進化を制約するための論拠となった研究のうち，そのほとんどについて見解の異なる研究者間で議論が続いている．そのような研究のうち，おもに地球化学に関するものと，そのごく簡潔な論点を以下にあげる．紙面の都合上，それぞれの項目についての詳しい議論は他に譲る．本事典の同項目や本稿の末尾にあげる参考文献を参照されたい．

　①縞状鉄鉱層（BIF：banded iron-formation）の成因（海洋表層での酸素発生型光合成バクテリア活動起源の溶存酸素と浅海域で出会って酸化沈殿することになる海底熱水起源の溶存鉄が，長距離移動できるために海洋の大部分が還元的であったことを要求する「湧昇モデル」vs. 現世の紅海のように海底熱水活動が盛んなリフト帯の海盆の深部のみが嫌気的でありさえすればよい「紅海モデル」）および時間分布（大規模 BIF はおもに約27〜19億年前に見られるが，小規模のものは約38億年前のものから後期原生代スノーボールアース期および顕生代にも見られる）

　②太古代のウラン鉱床（uraniferous quartz-pebble conglomerate）の成因（砕屑性 vs. 熱水性；つまり現代のような酸化的大気下での化学風化では不安定な閃ウラン鉱（uraninite：UO_2）および黄鉄鉱（pyrite）の円礫状粒子の成因，など）

③古土壌（paleosols）の成因（古土壌断面，とくに風化時最上部の地質学的認定の困難さ，3価鉄と2価鉄の風化深度別挙動，希土類元素の風化深度別挙動，太古代〜初期原生代の大陸表層部における微生物活動の有無，など）

④赤色砂岩層（red beds）の成因および時間分布（酸素を含んだ地下水が陸成の砂岩層中を流れたことによって形成された酸化鉄（赤鉄鉱）が赤色の原因だが，カナダで発見された約27億年前の最古の赤色砂岩がGOE以前であることの意味）

⑤堆積岩中の黄鉄鉱の起源（マグマ活動vs.硫酸還元バクテリア），質量依存の硫黄同位体分別の程度，海洋の硫酸濃度，非質量依存の硫黄同位体分別の発見およびその成因，など）

⑥黒色頁岩中の有機バイオマーカー（約27億年前において酸素発生型光合成バクテリアが活動していた証拠および真核生物の存在の証拠，または堆積後の汚染物質起源？，など）

⑦有機物および炭酸塩岩の炭素同位体組成および頁岩中の有機炭素存在量（炭素同位体マスバランス，地球史を通じて堆積岩中の有機炭素および炭酸塩鉱物の炭素同位体組成がほぼ一定であることの意味，および地球史を通じて堆積岩中の有機炭素存在量がほぼ一定であることの意味，など）

⑧有機物の窒素同位体組成（窒素がもっとも酸化された物質である硝酸および脱窒（微生物による硝酸還元）過程を含んだ酸化的な窒素の生物地球化学循環の開始時期，など）

⑨黒色頁岩中の微量元素（redox-sensitive trace element）の存在量および有機炭素量との相関（酸化的大気下での大陸風化ではモリブデンのような元素は酸化溶解されて海に運ばれて，有機物に富む堆積物に集積して有機炭素量と正の相関を示すようになることから，その相関が地質学的記録として残るようになった時期を探る；GOE以前，約32億年前の黒色頁岩にその証拠あり）

⑩堆積岩の鉄同位体組成（地球史において特徴的な傾向がみられるが，それは鉄還元バクテリアの局所的な活動を反映したものであるか，海洋全体の鉄同位体マスバランスを反映したものであるかの議論がある）

⑪堆積岩のモリブデン同位体組成（海洋全体でみた場合，Moは大別してMn酸化物と有機物に富む堆積物に集積する場合があるが，そのマスバランスがMoの同位体組成に反映され，その記録が残っているという議論）

今後もさまざまな研究が進展していくはずである．大気中酸素濃度の変遷史を明らかにする，誰もが納得するような決定打となる研究が，待ち望まれている．

〔山口耕生〕

文　献

1) Holland, H.D. (1994) Early proterozoic atmospheric change. In *Early Life on Earth. Nobel Symposium No. 84* (ed. S. Bengston), Columbia University Press, 237-244.

2) Holland, H.D. (2006) The oxygenation of the atmosphere and oceans. Philosophical Transactions of the Royal Society of London B：Biological Science **361**, 903-915.

3) Ohmoto H. (1997) When did the Earth's atmosphere become oxic? The Geochemical News, **93**, 12-13 and 26-27.

4) 渡邊由美子 (1998) 大気はいつ酸化的になったか？―大本―Holland論争について―．地質ニュース，**526**, 45-56.

5) Yamaguchi, K.E. (2006). Evolution of the atmospheric oxygen in the early Precambrian: An updated review of geological 'evidence'. In *Frontier Research on Earth Evolution* (ed. Y. Fukao), **2**, 4-23.

1-27

【コラム】海の誕生と消失

origin and destiny of ocean

大気や海洋を構成する揮発性成分は，岩石の風化による供給では説明がつかないほど地表存在度が高い．火山ガス組成との類似性から，これらの成分は地球史を通じた地球内部からの脱ガス（連続脱ガス）によってもたらされた，すなわち大気や海洋は徐々に形成されてきたと考えられた．しかし，希ガスの同位体比を制約条件とした議論から，大気や海洋を構成する成分のほとんどは地球誕生後数億年以内に脱ガス（初期大規模脱ガス）したはずであることが示された．このことは，大気や海洋の形成が地球の形成過程と密接に関係していたことを示唆する．

地球は微惑星の衝突合体によって形成された．地球を形成した微惑星のごく一部（<1%）が始原的な炭素質コンドライト隕石と類似の物質であれば，海水量（1.4×10^{21} kg，地球質量の0.023%）に相当するH_2Oを供給することができる．微惑星中のH_2Oは，衝突によって脱ガス（衝突脱ガス）した可能性が高い．惑星形成の後期過程においては，火星サイズの原始惑星が互いに巨大衝突を繰り返したと考えられている．最後の巨大衝突直後，原始地球は珪酸塩蒸気に取り巻かれるが，それが冷却して凝結すると，水蒸気を主成分とする原始大気が残される．このとき，地表は溶融してマグマオーシャンとなっている（暴走温室状態）．この状態は数百万年程度続くが，やがて水蒸気大気は不安定になって凝結し，高温（600〜400 K）かつ強酸性（pH<1）の雨が数百年間にわたって降り続き，原始海洋が形成される．これが海洋形成のシナリオである．

ただし，地球を形成した微惑星が本当にH_2Oを含んでいたのかについてはよくわかっていない．仮に微惑星中にH_2Oが含まれなかったとしても，たとえば地球形成後に彗星が大量に降り注いで海洋が形成されたとする考えもある（レイト・ベニア仮説）．あるいは，地球が原始太陽系円盤ガス中で形成されたとすれば，原始地球は周囲の円盤ガスを重力的に捕獲し，水素を主体とする原始大気をまとう．原始大気中にダストが存在すれば強力な保温効果が生じ，地表はマグマオーシャンに覆われる．この結果，水素がマグマオーシャン中の酸化物（FeOなど）と反応して大量のH_2Oが生成した，という考えもある．

このように，H_2Oの起源そのものにはいくつかの可能性がある．水素同位体比（D/H比）から供給源を制約する試みもあるが，水素同位体比はその後の進化過程で大きく変わるため，決定的な議論は難しい．将来的には，太陽系外の原始惑星系円盤の観測によって，H_2Oの供給源に関する知見が得られることが期待される．いずれにせよ，海洋が形成されたのは地球形成とほぼ同時である可能性が高い．

実際，地球形成直後に海洋が存在していたとする地質学的証拠が存在する．西オーストラリアで発見された，44億400万年前という形成年代をもつジルコン粒子である．その酸素同位体比から花崗岩質メルトが水と低温条件下で反応したことが示唆されるため，地球誕生直後に大陸地殻と海洋が存在していた証拠と考えられている．

一方，太陽光度の時間的増大のため，いまから約15億年後には，成層圏における水蒸気の混合比が増加し，太陽紫外線によって水蒸気から生成した水素が宇宙空間に急速に散逸しはじめ，約25億年後までに地球上の水はすべて蒸発して海洋は消失するものと考えられている．

〔田近英一〕

【コラム】たんぽぽ計画：国際宇宙ステーションにおける有機物・微生物の宇宙曝露と宇宙塵・微生物の捕集計画
Tanpopo: Astrobiology Exposure and Micrometeoroid Capture Experiments

「たんぽぽ計画」とは，国際宇宙ステーション（ISS）曝露部で計画されている宇宙実験のこと[1]．生命の誕生は地球上で起きたと考えられているが，その根拠は必ずしも明確ではない．それに対して，生命の起源は地球ではない，あるいは生命は天体間を移動するという考えがあり，「パンスペルミア仮説」とよばれている．「たんぽぽ計画」ではこの仮説に関連して，微生物が天体間を移動する可能性の検討が行われる予定．さらに，生命の起源が地球上だったとして，生命の誕生以前に蓄積した有機物が宇宙由来であるかどうかの検討が計画されている．

具体的には，ISSの曝露部（宇宙ステーション船外）に装置を設置し，1から数年後に回収して地上に持ち帰り，微生物，有機物，鉱物の解析など，6つの課題が行われる．

第1の課題では，エアロゲルを用いた微生物の採集が行われる．これまで，航空機や大気球を用いて数十kmまでの高度から微生物の採集が行われてきた[2]．本計画ではISS軌道（高度400から500km）での微生物の存在を調査する．エアロゲルは多孔質超低密度シリカゲルであり，これまでも彗星塵の採集などで用いられてきた．エアロゲルに高速で衝突する微粒子を採集し，その中の微生物の存在を蛍光顕微鏡観察および遺伝子増幅（PCR）によって調査する．

第2の課題では，微生物を宇宙空間に曝露することから，微生物が宇宙空間で生存する可能性の検討を行う．

第3の課題では，エアロゲルを用いた宇宙塵採集を行い，その中に含まれる有機物の解析を行う．これは，宇宙空間で合成された有機物が宇宙塵として地球上に到達する可能性を検討することを目的としている．有機物は極低温の宇宙空間で合成されると推定されている．また，地表に降り注ぐ物質の99％以上は1mm以下の微粒子であることが知られている．採集した宇宙塵中の有機物の解析を行うことにより，宇宙空間で合成された有機物が生命の起源に寄与をした可能性の検討を行う．

第4の課題では，有機物が宇宙空間で変成する過程の検討を行う．合成された有機物が，地球周辺では太陽からの放射により変成することが予想される．有機物を宇宙空間に曝露することにより，変成の程度を評価する．

第5の課題では，エアロゲルを用いてデブリ（宇宙空間を漂う人工物の破片）密度の評価を行う．デブリの増加が宇宙空間での安全に関わる問題となっており，その継続的観測が望まれている．

第6の課題では上述の微粒子採集に利用する超低密度エアロゲルの実証を行う．今回利用するエアロゲルは0.01 g/cm^3であり，これまで宇宙空間で用いられてきた物に比べて3倍程度低密度である．高速衝突する微粒子がこれまで以上に保全されることを期待している．　　　　〔山岸明彦〕

文　献

1) Yamagishi, A., et al. (2008) Tanpopo: astrobiology exposure and micrometeoroid capture experiments. International Symposium on Space Technology and Science (ISTS) Web Paper Archives. 2008-k-05.
2) Yang, Y., et al. (2009) Assessing panspermia hypothesis by microorganisms collected from the high altitude atmosphere. Biol. Sci. Space, 23, 151-163.

ウイルスと生物地球化学

virus and biogeochemistry

　生物学的なウイルス（virus）の概念の導入は，19世紀末に始まる．ウイルスは核酸と殻タンパク質で構成され，液体を保有する細胞構造はなく，大きさはおよそ20〜200 nmの「粒子」である（図1）．また宿主細胞の膜に由来する脂質二重膜の外套に覆われた種類もある．分類体系は，粒子構造と核酸成分（DNA，RNA，一本鎖，二本鎖など）を基準としている．ウイルス粒子に代謝機能はないが，宿主細胞に感染して増殖することができる．細胞を基本とする生物のすべてが宿主であり，感染することでウイルス遺伝子を子孫に残す偏性寄生性の生物と規定される．

　宿主細胞外では粒子構造を維持しているが，感染後は核酸成分を宿主細胞に注入し，細胞をウイルス複製工場に改変する．また宿主細胞内に潜伏する，宿主遺伝子に組み込まれるなどの挙動を示す種類もある．このため宿主細胞内でのウイルス検出は困難である．死滅を誘因する感染・発現様式は，毒性（virulence）・溶原性（lysogeny）・偽溶原性（pseudo-lysogeny）の3つに分類される．ウイルスが感染してから増殖・分散するまでの増殖周期は，分単位のものから潜伏感染の年単位のものまでさまざまである．また増殖の際にウイルスが宿主の遺伝子の一部を取り込んで粒子を形成し，他の宿主に感染するとその遺伝子が伝播されることがある．このウイルスによる遺伝子の水平伝播が生物進化に大きな役割を果たしたと考えられている．

　地球化学的な視点で見たウイルスの研究は，とくに海洋環境での微生物ループ（microbial loop）や溶存有機物（DOM：dissolved organic matter）の動態解析と併せて進められている．海洋性ウイルス由来の脂質バイオマーカー探索もすでに行われている．海洋に浮遊しているウイルスの大部分は，原核生物（バクテリア，アーキア）や原生生物（原生動物，微細藻類）を宿主とするウイルスと考えられている．海洋のウイルス総数は，平均で10^6/mLを越える．この細胞分解作用が供給する溶存有機物の定量や感染による微生物群集の規制は生態系研究での課題である． 〔髙野淑識・山本啓之〕

文　献

1) Suttle, C. (2007) Marine viruses? major players in the global ecosystem. Nature Reviews Microbiology, 5, 801-812.

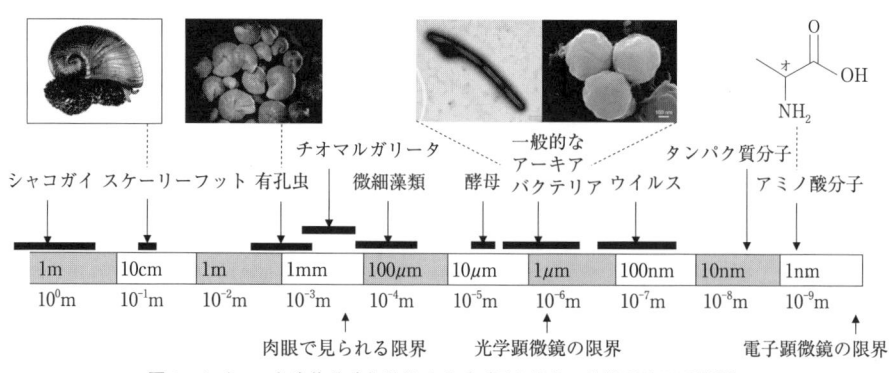

図1　ウイルスと生物地球化学的サイズ（写真提供：海洋研究開発機構）

1-30 有機物の立体異性

stereoisomerism

　立体異性体（stereoisomer）とは，分子を構成する原子間の結合順序は変わらないが，空間的な原子配列が異なる2つ以上の化合物群のことをいう．光学異性体，幾何異性体，回転異性体などがこれに属する．

　光学異性体（optical isomer）は，物理的・化学的性質は同じであるが，旋光性（および円二色性）だけが逆であるような異性関係をいう．右旋性（dextrorotatory）を正（＋），左旋性（levorotatory）を負（－）とし，この特性を光学活性（optical activity）という．現在，数多くの天然有機物（炭水化物，タンパク質，ステロイドなど）に光学活性があることが知られている．これらの光学異性分子は，重ねられない関係にある1対の分子であり，エナンチオマー（enantiomer）あるいは鏡像異性体とも呼ばれる．このような分子の中心原子を不斉炭素またはキラル中心（chiral center）といい，キラリティ（chirality, ギリシア語の手 chiro に由来）をもつという．1分子にキラル中心が2つ以上ある異性体をジアステレオマー（diastereomer）という（図1）．

　アミノ酸の立体異性は，慣用的にD-, L-アミノ酸と表記されるが，IUPAC命名法による Cahn-Ingold-Prelog 則の RS 表示法では，L-アラニンは，(S)-アラニンであり，L-イソロイシンは，(2S, 3S)-イソロイシンとなる（R,S：ラテン語の右 rectus, 左 sinister に由来）．L-アミノ酸が「左利き」といわれる理由は，ここにある．立体異性と生理活性の関係は，生化学的に重要である．1980年代から甘味剤として使用されているアスパルテーム（α

-L-アスパチル-L-フェニルアラニンメチルエステル誘導体）や旨味成分の L-グルタミン酸ナトリウムは，身近な立体異性と味覚の相関である．自然界には，バクテリアの細胞壁を作っているペプチドグリカンなどに一定量の D-アミノ酸が必須となっている．代謝過程で立体異性を変換するラセマーゼやエピメラーゼという異性化酵素をもつ原核・真核生物が知られている．

　地球の三大生物界を脂質の立体異性という視点でみると，細胞脂質に L-グリセロール（2,3-sn-グリセロール）とイソプレノイド鎖を持つのがアーキアの特徴であり，D-グリセロール（1,2-sn-グリセロール）とアルキル鎖を持つのがバクテリアと真核生物である．この sn-グリセロールの立体異性が，生物進化的にアーキアとバクテリアを分岐させた起点になったとする仮

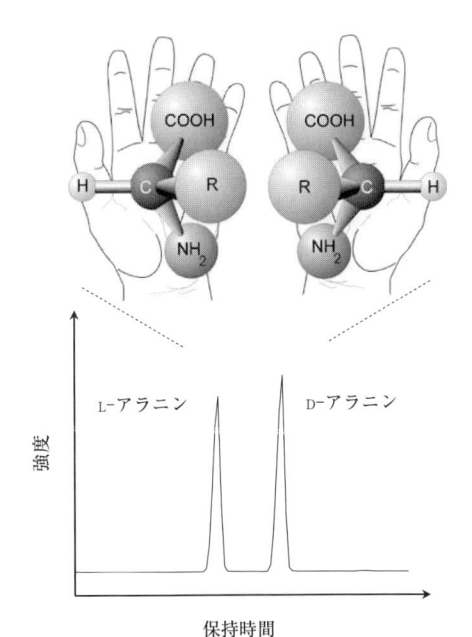

図1　ガスクロマトグラフ法による D-, L-アミノ酸の分離（例：N-ピバロイル-O-イソブチル-アラニンエステル誘導体）

説も存在する．このような異性体区分法を *sn* 番号法 (stereo-specifically numbering, 立体特異的番号法) という．

幾何異性体 (geometrical isomer) の1つは，シス-トランス異性体 (cis-trans isomer) である．これは，有機酸のマレイン酸とフマル酸を例にすると，前者が *cis*-，後者が *trans*-異性体になる．IUPAC命名法では，置換基の順位規則により，シス型ではZ (*zusammen*, ドイツ語の一括り)，トランス型ではE (*entgegen*, 逆) と表記される．もう1つは，シン-アンチ異性体 (syn-anti isomer) である．面の同じ側にくる置換基を *syn*-，そうでないものを *anti*-という．

立体異性体の概念の導入は，19世紀に始まる．J.Biotは，天然有機物の偏光特性を初めて発見した．その後，L.Pasteurによる酒石酸研究で立体化学の概念と生化学的な重要性が認識されてきた．地球生命のキラリティの起源は，160年以上過ぎてもまだ解明されておらず，今後の地球宇宙化学研究の課題となっている．先太陽系化学における有機物の立体異性を理解するには，炭素質隕石や将来の小惑星サンプルリターンによる試料を精密に分析評価することが鍵となる． 〔高野淑識〕

文　献

1) Meierhenrich, U. (2008) *Amino Acids and the Asymmetry of Life*. Springer, Verlag.
2) Konno, R., et al. (2008) *D-Amino acids: a New Frontier in Amino Acid and Protein Research-Practical Methods and Protocols*. Nova Science Publishers.
3) 古賀洋介 (2009) アーキアの膜脂質の特性と生物の進化．蛋白質 核酸 酵素, 54, 127-133.

1-31 食物連鎖とアミノ酸の安定同位体比

food web and stable isotopes in amino acids

生物の安定同位体比は，餌（原料）の同位体比に支配される．たとえば，海水中の硝酸を窒素源として生育した植物プランクトンは，$\delta^{15}N = +3 \sim +10$‰であるのに対し，窒素固定により生育したシアノバクテリアは，$\delta^{15}N = $ 約 0‰である．そして，動物（捕食者）の同位体比は，これらの餌の同位体比を強く反映する．

動物の同位体比は，餌に比べいくらか高い値になる．これは，動物の代謝活動に伴い同位体分別が起こるためである．この動物による同位体分別は，1980年代以降，世界中で積極的に研究され，餌に対して捕食者は，窒素で約 3.3‰高くなる一方，炭素ではほとんど変化しないことが，経験的に求められている．

この関係を利用することで，生態系の食物連鎖網を単純化して捉えることができる（図1）．すなわち，窒素同位体比から栄養段階（trophic level：TL，式（1））が，炭素同位体比から食物源が推定される．

$$TL = (\delta^{15}N_{生物} - \delta^{15}N_{生産者})/3.3 + 1 \quad (1)$$

2000年に入ると，この重い同位体（^{15}N）の濃縮を，バルク（生き物丸ごと）としてではなく，個々のアミノ酸に注目した研究も行われるようになった．それにより，餌のアミノ酸の窒素同位体比に対して捕食者のそれは，明確な代謝プロセスの違いにより，グルタミン酸（Glu）で 8.0‰，フェニルアラニン（Phe）で 0.4‰高くなることがわかってきた（図2）．すなわち，動物に含まれる両者のアミノ酸の窒素同位体比を比較することで，栄養段階（式

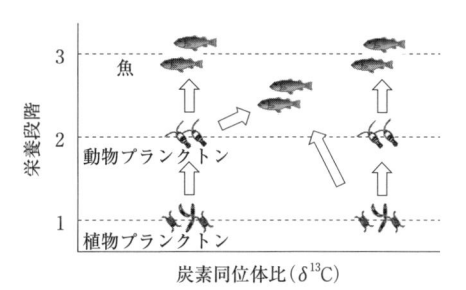

図1　同位体による食物連鎖網解析

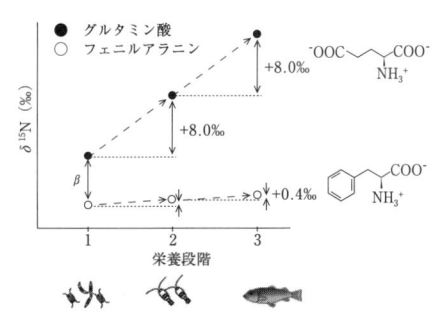

図2　アミノ酸の同位体比と食物連鎖
（$\beta = +3.4$‰：水棲食物網，-8.4‰：陸上 C3 食物網，$+0.4$‰：陸上 C4 食物網）

(2)）や，生態系の一次生産者の窒素同位体比を推定することができる．

$$TL = (\delta^{15}N_{Glu} - \delta^{15}N_{Phe} - \beta)/7.6 + 1 \quad (2)$$

この新しい手法は，栄養段階を推定するうえで，一次生産者の同位体比を必要としない点と，より正確にその栄養段階を推定することができるという点で優れた手法である．

〔力石嘉人〕

文献

1) Minagawa, M. and Wada, E. (1984) Geochim. Cosmochim. Acta, **48**, 1135-1140.
2) Chikaraishi, Y., et al. (2009) Limno. Oceangr.: Methods, **7**, 740-750.
3) Chikaraishi, Y., et al. (2011) Ecol. Res., **26**, 835-844.

1-32 有機化合物の安定同位体比

stable isotopic ratios of organic compounds

生物は多種多様の有機化合物の集合体である．そして，個々の有機化合物の安定同位体比は，分子構造や，その化合物に特有の生物化学的プロセス（合成・代謝・分解など），生体内での機能などと密接にリンクした情報をもっている．

たとえば，分子構造がまったく同じ有機化合物であっても，異なる材料や合成系により作られたものの安定同位体比は，材料の同位体比や合成系・代謝系を反映して異なる値を示す．陸上植物には光合成時の炭素固定メカニズムの異なる C_3 植物や C_4 植物などが存在し，それらの炭素同位体比は，このメカニズムの違いを反映して明確に異なる値をもつ（図1）．

そのため，海洋・湖沼堆積物や土壌などに含まれている陸上植物バイオマーカー（炭素数 25〜33 の n-アルカンなど）の炭素同位体比を測定すれば，それらが C_3 植物に由来するか C_4 植物に由来するか（またはその混合率）を容易に知ることができる．また，海洋に住むバクテリアやアーキアは二酸化炭素（または藻類の光合成により作られた有機物）やメタンなどのさまざまな炭素源を利用して生きており，その炭素同位体比は炭素源の同位体比を強く反映する（図2）．

そのため，海洋堆積物中に見つかる彼らのバイオマーカー（ホパン化合物，バイファイタンなど）の炭素同位体比は，彼らがどのような環境で生きていたか，そこにどのような環境があったか，などを知るうえで重要な手がかりになる．

〔力石嘉人〕

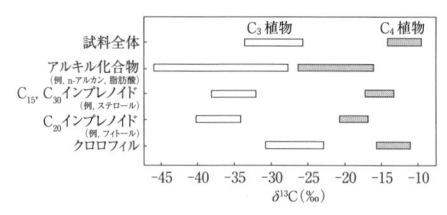

図1 C_3・C_4 植物に含まれる有機化合物の炭素同位体比

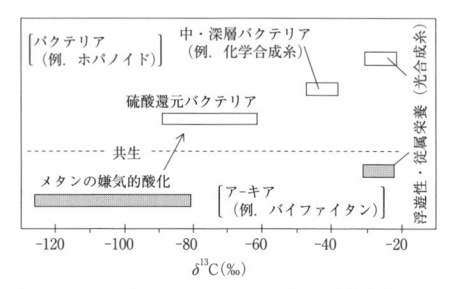

図2 バクテリア・アーキアの脂質有機化合物の炭素同位体比

文献

1) Collister, J.W., et al. (1994) Org. Geochem., **21**, 619-627.
2) Hinrichs, K.U., et al. (1999) Nature, **398**, 6730.
3) Pancost, R.D. and Sinninghe Damsté, J.P. (2003) Chem. Geol., **195**, 29-58.
4) Chikaraishi, Y., et al. (2004) Phytochemistry, **65**, 1369-1381.
5) Chikaraishi, Y., et al. (2005) Phytochemistry, **66**, 911-920.

2.
古 環 境

海底堆積物

marine sediment

海洋という器の底である海底には，海洋の外から宇宙塵，大気ダスト，陸起源砕屑物が加わる．海洋内部ではプランクトンをはじめとする生物起源粒子が沈積し，燐灰石やマンガン団塊などの自生鉱物が海底に産出する．中央海嶺や火山地帯では熱水起源の重金属に富む熱水鉱床が産する．このように，海底にはさまざまな起源をもった物質が堆積し堆積物を構成する．

堆積物を分類する方法として，粒度，構成成分，化学組成，起源，性質などの違いを基にすることが一般的である．一例として，氷河性，石灰質，ケイ質，赤粘土，陸源性など，粒子の起源に基づいた堆積物の分布が知られている[1]．堆積物の化学組成を調べるとき，表1に示すように，供給源となる粒子や地殻の平均化学組成を知っておくと便利である[2,3]．

海底に沈積する粒子群の化学組成は地理的にも地質年代を通しても一様ではない．また，海底に沈積した粒子はそのまま何ら変質せずに堆積物深部に向かって埋没するであろうか．堆積物は粒子間を海水が満たす固相-液相系である．そのため，堆積物

表1 地殻，陸起源粒子および海洋堆積物の平均化学組成（濃度は$\mu g/g$）

元素	地殻[2]	地殻[3]	大陸土壌[3]	河川懸濁物[3]	沿岸堆積物[3]	深海粘土[3]	深海炭酸塩[3]
Ag	0.07	0.07	0.05	0.07		0.1	0.0X
Al	82300	69300	71000	94000	84000	95000	20000
As	1.8	7.9	6	5	5	13	1.0
Au	0.004	0.01	0.001	0.05		0.003	0.00X
B	10	65	10	70		220	55
Ba	425	445	500	600		1500	190
Be	2.8						
Bi	0.17						
Br	2.5	4	10	5		100	70
C	200						
Ca	41500	45000	15000	21500	29000	10000	312400
Cd	0.2	0.2	0.35	(1)		0.23	0.23
Ce	60	86	50	95		100	35
Cl	130						
Co	25	13	8	20	13	55	7
Cr	100	71	70	100	60	100	11
Cs	3	3.6	4	6		5	0.4
Cu	55	32	30	100	56	200	50
Dy	3.0						
Er	2.8	3.7	2	(3)		2.7	1.5
Eu	1.2	1.2	1	1.5		1.5	0.6
F	625						
Fe	56300	35000	40000	48000	65000	60000	9000
Ga	15	16	20	25		20	13
Ge	1.5	1.5	X				0.1
Gd	5.4	6.5	4	(5)		7.8	3.8
Hf	3	5		6		4.5	0.41
Hg	0.08						
Ho	1.2	1.6	0.6	(1)		1	0.8
I	0.5						
In	0.1	0.1				0.08	0.02
K	20900	24000	14000	20000	25000	28000	2900
La	30	41	40	45		45	10
Li	20	42	25	25	79	50	5
Lu	0.50	0.45	0.45	0.50		0.50	0.50
Mg	23300	16400	5000	11800	21000	18000	
Mn	950	720	1000	1050	850	6000	1000
Mo	1.2	1.7	1.2	3	1	8	3
N	20						
Na	23600	14200	5000	5300	40000	40000	20000
Nb	20						
Nd	28	37	35	35		40	14
Ni	75	49	50	90	35	200	35
O	464000						
P	1050	610	800	1150	550	1400	350
Pb	12.5	16	35	100	22	200	9
Pr	8.2	9.6		(8)		9	3.3
Rb	90	112	150	100		110	10
S	260						
Se	0.05	0.05	0.01			4.5	0.5
Sb	0.2	0.9	1	2.5		0.8	0.15
Sc	22	10	7	18	12	20	2
Si	281500	275000	330000	285000	250000	283000	32000
Sm	6.0	7.1	4.5	7.0		7.0	3.8
Sn	2	2	(0.1)		2	1.5	0.X
Sr	375	278	250	150	160	250	2000
Ta	2	0.8	2	1.2		1	0.0X
Tb	0.9	1.05	0.7	1		1	0.6
Th	9.6	9.3	9	14		10	
Ti	5700	3800	5000	5600	5000	5700	770
Tl	0.45						
Tm	0.48	0.5	0.2	(0.4)		0.4	0.1
U	2.7	3	2	3		3	
V	135	97	90	170	145	150	20
W	1.5						
Y	33	33	40	30		32	42
Yb	3.0	3.5		3.5		3	1.5
Zn	70	127	90	250	92	120	35
Zr	165	165	300		240	150	20

( )は推定値，Xはおおよその値を示す．

中において化学的にも生物学的にも活発な反応が起こっていて，粒子と間隙水間，そして間隙水中の鉛直上下方向にも物質の移動が起こっている．すなわち，堆積物は開放系の物質循環の場であり，それを駆動させる作用を包括して続成作用という（2-08, 3-27 参照）．

堆積物の続成作用で重要な過程は，プランクトン起源有機物の好気的，嫌気的な分解反応である．このとき，有機物は還元剤として働き，堆積物中の酸化剤を自由エネルギー準位の高い順から順次還元する．図1 は，堆積物中で起こる主要な酸化還元反応と電位の関係を表している．電位の高い順から，好気的呼吸，硝酸還元，マンガン還元，鉄還元，硫酸還元，メタン発酵という．閉鎖性内湾や日本海のような海盆地形を持つ海底では硫化水素が発生しやすい．

微量元素の例をあげると，ウランは還元されて U^{VI} から U^{iV} に変化し，堆積物の強還元条件下の地層に U^{iV} が沈着（水酸化物）する．すると，それを補うように底層水中の溶存 U^{VI} が間隙水を拡散し，その地層に次々と沈着し，結果としてその地層のウラン含有量は増加する．このように，堆積後においても化学成分の再分布が起こっている．

続成作用による堆積物成分と間隙水成分の再分布の様子は，図2に示すようである．　　　　　　　　　　　〔加藤義久〕

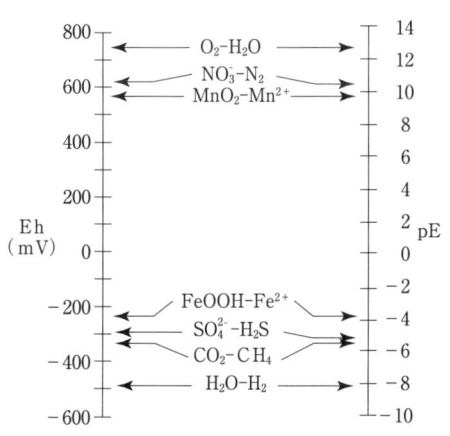

図1 海洋堆積物中で起こる主要な酸化還元反応の平衡酸化還元電位

Eh と $pE^{4)}$ は pH 8.1 における値で，標準状態における自由エネルギーを用いて求めた．

文　献

1) 三宅泰雄編（1972）堆積物の化学，東海大学出版会，571 pp.
2) Taylor, S. R. (1964) Abundance of chemical elements in the continental crust: a new table. Geochim. Cosmochim. Acta, **28**, 1273-1285.
3) Chester, R. (2000) *Marine Geochemistry*, 2nd Ed. Blackwell Science, 506 pp.
4) Sillen, L. G. (1967) Master variables and activity scales. In : *Equilibrium Concepts in Natural Water Systems* (ed. G. Gould), Am. Chem. Soc. Pub., 45-55.

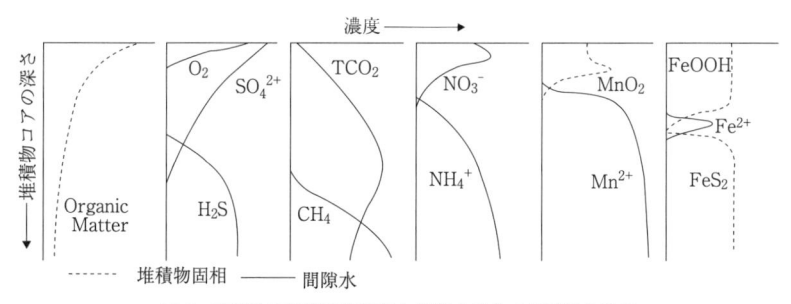

図2 堆積物の初期続成作用と間隙水成分の典型的な分布

2-02

腐植有機物

humic substances

表1 フミン酸とフルボ酸の特徴

	フルボ酸	フミン酸
色	淡黄色，黄褐色	暗褐色，灰黒色
溶解性	アルカリ性，酸性で溶解	アルカリ性で溶解，酸性で不溶
分子量	2000 <----->	300,000
炭素%	45 <----->	62
酸素%	48 <----->	30
窒素%	1 <----->	7
分子当りの交換水素イオン数	1400	500

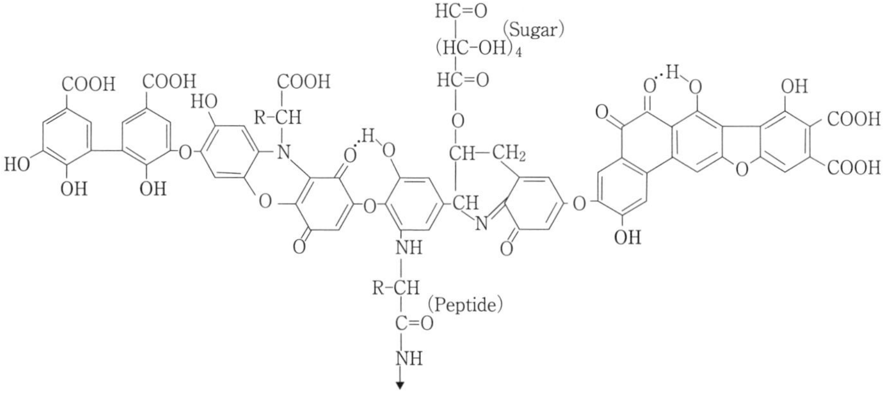

生物に由来する有機物は，土壌中などでさまざまな化学変化を受け，腐植物質へと変化する．この過程を腐植と呼ぶ．腐植物質は，泥炭（peat），石炭（coal）の主要な成分を構成し，土壌，堆積物に比較的多量に含まれる．海水，河川水などにも微量に存在する．腐植物質は，化学的性質に基づき，アルカリ性，酸性下で溶解するフルボ酸（fulvic acids），アルカリ性で溶解，酸性で沈殿するフミン酸（humic acids），アルカリ性，酸性いずれも不溶のフミン（humin）の3つに分類される．この順で分子量が大きくなる．フルボ酸の分子量が約2000からフミン酸の約100,000まで不連続的に変化し，両者の分子量の境界は明瞭ではない．フミンはさらに大きな分子量をもつ．フルボ酸は明黄色，黄褐色，フミン酸は暗褐色から灰黒色を呈する（表1）．

腐植有機物は，非常に複雑な無定形高分子であるため，同定はきわめて困難であり，典型的な分子の一部の構造が推定されているのみである．フルボ酸には，1分子につき，水素イオンを解離する基が～10^3個あり，その大部分がカルボキシル基（-COOH）で，フェノール基が残りの大半を占める．キノン，ケトン基が10^2～10^3個，エステル結合が10^2個存在する．フミン酸は水素イオンを解離する基が<10^3個と少なく，キノン，ケトン基が10～10^3個，エステル結合が<10^2個存在する．推定されたフミン酸の一部の構造式の例を図1に示す．フミン酸は分子量がフルボ酸より大きいにもかかわらず，官能基の数は少なく，より芳香環などの縮合が進んでいる．フミンはさらに縮合が進み，高分子化

図1 フミン酸の一部の仮説構造式の例

が進んだものである．腐植の進行に伴い，分子内に二重結合が増え，キノイド構造を作ることで，黄色，暗色化する．窒素の含有量も腐植の進行に伴い増加するが，窒素と糖がメイラード反応で縮合した褐色のメラノイジン化合物も暗色化に寄与する．落葉が数年を経過すると黒色になるのはそのためである．

これらの腐植酸の生成機構には2つの説が提唱されている．リグニンなどの植物の中の分解されにくい分子が残ったという説と微生物や昆虫，ミミズなど動物の活動により新たに低分子の有機物より合成されるという説である．20世紀前半までは前者が有力な考え方であったが，最近では後者の寄与が明らかになり，現在は両方のメカニズムが効いていると考えられている．後者の説に立てば，微生物作用や分子内の金属を触媒にした無生物的な反応により，フルボ酸は次第にフミン酸へと変化すると考えられる．実際に，^{14}C 年代測定法で分子の平均の年齢を求めると，ある土壌ではフルボ酸は500年，フミン酸は1000年以上の年代を与える．フミンについては，年齢はフミン酸とほぼ同程度であり，必ずしもフミンはフミン酸の腐植化がさらに進行したものではないように考えられる．しかし，フミン酸から縮合反応の進行により生じたものと，山火事などで最近生成した酸・アルカリ不溶成分の混合物とみることも可能である．

フミンはたびたび石油の前駆物質のビチューメンと対比される．これは化学分離操作で定義される現行の定義では同一の枠に入るためである．しかし，成因的にはまったく異なっている．ビチューメンは加圧・加熱された堆積物内で生成する物質であるのに対し，フミンは常温・常圧で生じる物質である．

また，腐植物質を主成分とし石炭の前駆物質である泥炭は，腐植作用によって作られたと思われがちであるが，泥炭自体は水で好気的分解を妨げられた有機物が堆積して生成したものである．腐植化をほとんど受けていない有機物が表層に堆積し，白色に近い色を呈していることが多い．その理由は以下の通りである．好気的な場では，リグニンを分解する微生物が活動可能であり，この作用でリグニン分子の芳香環が切断される．そのとき生じた分解物が縮合し，腐植物質が生成するが，嫌気的な環境ではその働きが阻害される．そのため，溶存酸素濃度が通常の土壌に比べはるかに少ない泥炭地では，腐植はきわめてゆっくり進行し，数百年，数千年の歳月を経て，黄色，茶褐色へと変化する．水位が下がり好気的になると，腐植が進行しやすい．

高緯度地域には泥炭地で生じた腐植物質が濃縮された褐色の湖水が度々見られる．このような水には0.1%以上の溶存有機炭素（DOC）が含まれることがある．

〔赤木　右〕

文　献

1) Stevenson (1986) *Cycles of Soil : Carbon, Nitrogen, Phosphorus, Sulfur, Micronutrients*, John Wiley & Sons.
2) 松久・赤木 (2005) 地球化学概説, 培風館.

2-03 土壌有機物

soil organic matter

表1 土壌有機物の区分

非腐植物質
新鮮および分解不十分な動植物遺体：炭水化物，タンパク質，脂肪，リグニン，タンニン，ワックス，色素，その他の低分子化合物
腐植物質（腐植）
フミン酸（腐植酸），フルボ酸，ヒューミン（未分離の非腐植物質が含まれる）

土壌有機物は土壌中に存在する有機物の総称で，生物遺体，その分解過程物質および腐植化産物から構成され，腐植物質（フミン物質，humic substance）と非腐植物質（non-humic substance）に分類される[1]（表1）．非腐植物質は識別可能な化学的特徴を有する有機化合物であるが，腐植物質の厳密な定義は確定していない[2]．土壌有機物は鉱質土壌の表層に0.5～5％，黒ボク土で8～40％，泥炭土で20～100％含まれる．通常，土壌有機物の約50％が腐植物質で，多糖類，タンパク質，脂質の変性物である非腐植物質が約30％，残りの約20％が分解途中の植物遺体残渣である[2]．なお，腐植（humus）は腐植物質とは異なるが，土壌有機物とほぼ同義に用いられることがある[1]．

非腐植物質と腐植物質との間には明確な境界はなく，これらには連続した遷移が存在する[1]．また，フミン酸（humic acid，腐植酸），フルボ酸（fulvic acid）およびヒューミン（humin）との間にも連続性がみられる．一方，腐植物質という用語は土壌に限らず，地球上（天然水，堆積物など）における類似物質についても用いられている[2]．

腐植物質は暗色，無定形，酸性の高分子物質で，化学構造が特定されない暗褐色ないし黒色有機物で，分析操作によって区分される．アルカリやその他の溶媒などによって抽出される土壌有機物のうち，酸によって沈殿する画分がフミン酸（アルカリ可溶・酸不溶成分），酸に可溶な画分がフルボ酸（アルカリ可溶・酸可溶成分），これらの溶媒で抽出されない有機物画分がヒューミン（アルカリ不溶・酸不溶成分）である[2]．これらの画分には非腐植物質が含まれ，完全に分離することは困難である．過去の堆積物中の有機物の大部分を占めるケロジェン（kerogen）や石炭は，腐植物質が堆積後に変質したものと考えられている．

腐植物質には多くのカルボキシル基，カルボニル基，フェノール性水酸基，アルコール性水酸基，メトキシル基などが含まれる．腐植物質は高分子有機酸の混合物であるので，元素組成情報は重要である．フミン酸の元素組成は炭素52～60％，水素2～6％，窒素2～7％，酸素33～40％で，フミン酸の重量平均分子量は3500～20,000と報告されている[2]．フミン酸のH/C原子比は0.62～1.22で土壌の種類によって異なり，底質（湖沼堆積物など），褐色森林土，灰色低地土，泥炭土，クロボク土の順に低下し，フミン酸の黒色度の増加と一致する．フルボ酸の元素組成は，炭素40～50％，水素3～6％，窒素1～3％，酸素40～50％で，フミン酸より炭素と窒素が少なく，酸素がかなり多く水溶性に寄与しているといえる[2]．土壌ヒューミンについての研究例はほとんどないが，堆積物ではケロジェンとして地球化学的視点から研究が行われている．　　　　　　〔井上源喜〕

文　献
1) 熊田恭一（1977）土壌有機物の化学，学会出版センター，304 p.
2) 石渡良志ほか（2008）環境中の腐植物質―その特徴と研究方法，三共出版，291 p.

2-04

氷期・間氷期変動

glacial-interglacial climate change

氷期と間氷期　現在の地球上には，北半球ではグリーンランド，南半球では南極大陸の上に巨大な氷の塊（氷床）が存在する．地球誕生以来46億年間の中で，大陸上に氷床がある時代のことを氷河時代といい，それはおよそ24〜22億年前，7億年前，6億年前，3億年前，そして今日にあたる．現在を含む氷河時代は，南極に氷床が形成されはじめた3000万年前頃から始まった．氷河時代の中でも，11万5000年前から1万5000年前までのように大陸氷床が拡大していた時期と，現在のように比較的縮小していた時期とがあり，それぞれを氷期・間氷期と呼ぶ．またとくに，1万5000年前までの氷期は最終氷期と呼ばれ，現在を含むその後の間氷期は後氷期と呼ばれる．

最終氷期には，南極やグリーンランドだけでなく，ユーラシア大陸ではスカンジナビアを中心とした北緯50度以北，北米大陸では北緯40度以北が厚さ3000mに及ぶ氷床に覆われた．これほど大量の淡水が海洋から陸上に移動したために，最終氷期における氷床最大拡大期（2万1000年前：last glacial maximum＝LGMと呼ばれる）においては，海水準は今より約125m低下し，塩分は約1psu上昇したと考えられている．またLGMには，大気中二酸化炭素濃度が現在の半分程度で，海水温は熱帯域で3度，高緯度域で10度，全球平均で5度程度低下していた．そして同時に，夏のアジア・インドモンスーンは弱い一方，冬の偏西風は強く，中緯度域は現在より乾燥化していたものとみられる．

氷期・間氷期変動の周期性　最近100万年間においては，上記のような氷期と現在のような間氷期とが周期的に繰り返されてきたことがわかっている．このことがはっきりとわかるようになったのは，海洋底堆積物に含まれる有孔虫化石殻（炭酸カルシウム）の過去における酸素安定同位体比変動が復元されるようになってからである．前述の通り氷期には，海水が蒸発して大陸に雪として降って蓄積することによって大陸氷床が拡大する．海水の蒸発時には，質量数16の軽い酸素原子をもつ分子量の小さい水が水蒸気になりやすいため，海水には質量数18の重い酸素原子をもつ分子量の大きい水が相対的に濃縮するようになる．つまり，氷期には海水の酸素安定同位体比（$^{18}O/^{16}O$）は間氷期のそれよりも大きい．海水中に生息する有孔虫は，海水と平衡にある炭酸イオンから炭酸カルシウム殻を形成するため，氷期に形成される殻の酸素安定同位体比も間氷期のそれよりも大きい．有孔虫が炭酸カルシウム殻を形成するときには温度が高いほど小さい酸素同位体比の殻を形成する効果もあるが，時代を通じた温度変化がそれほど大きくない海洋深層水中に生息する底棲有孔虫の殻を選んで分析することで，過去における海水の酸素同位体比の変動が復元できるのである．こうして海水の酸素同位体比に反映されたものとして復元された過去の大陸氷床量の変動パターンをスペクトル解析すると，強い10万年，4万年，2万年の周期性がみられることがわかった．

氷期・間氷期変動，すなわち大陸氷床の拡大・縮小が示す周期性の起源については，1941年からユーゴスラビアのミランコビッチによって提唱された考えがもっとも有力とされる．この考えによれば，地球が太陽の周りを公転する際に，太陽のみならず月および木星・土星の重力の影響も受けることによって公転軌道要素が長い時間

の間に少しずつ変化していくことが重要となる．公転軌道要素は，地球が太陽の周りを回る軌道の離心率，地球自転軸の傾き（地軸傾斜角），地球自転軸の向き（近日点通過時に北半球が夏になる向きから冬になる向きまで：気候歳差）の3つに分類され，それぞれが40万年および10万年，4万1000年，2万3000年および1万9000年の周期性をもつ．これらの変化は，季節ごとに各緯度の地表に到達する日射量を変化させるために，気候変動の根本原因となりうるのである．また，この日射量変動のことをミランコビッチサイクルと呼ぶ．

最近100万年間の氷期・間氷期変動では，北半球の大陸氷床が大きく拡大・縮小しており，北半球高緯度域の夏の日射量が相対的に小さくなるときに氷床が拡大する，というのがミランコビッチ以来の基本的な考え方である．そして，多くの場合北緯65度付近の夏至の日射量変動を前述の底棲有孔虫殻酸素同位体比すなわち大陸氷床量の変動と比較するのだが，離心率の変動幅が小さいために，日射量には10万年周期はほとんどみられず，4万年と2万年の周期だけが両者で一致する．また，4万年・2万年周期については，日射量変動に対する氷床量変動の位相の遅れが比較的一定であるため，ミランコビッチサイクルが氷床量変動のペースメーカーになっていることを疑う者はほとんどいない．大陸氷床がもつ強い10万年周期の起源については今でもいくつかの考えが存在するが，氷床の日射あるいは気候に対する非線形な応答（融けるときは速いが成長は遅い，また巨大氷床は不安定）のために，ミランコビッチサイクルが10万年おきに増幅された形で現れる，という点では共通しているようだ．このような氷床量変動の10万年周期は，100万年前以降に顕著で，それ以前は4万年周期が卓越する．

氷期・間氷期変動に伴う他の環境変動

ミランコビッチサイクルは，大陸氷床以外の表層環境サブシステムにも反映されている．大西洋や太平洋の深海から得られる堆積物中の底棲有孔虫化石の炭酸カルシウム殻の炭素安定同位体比は，深層水が形成されてから時間が経つほど小さくなるので，北大西洋深層水形成強度の指標とされる．これは氷床量変動と同調して変動し，氷期には北大西洋深層水形成が弱かったことが知られている．

南極氷床から得られたアイスコアの気泡から復元された大気中二酸化炭素およびメタンの濃度は，過去80万年間において，氷期・間氷期変動に同調して氷期に低く間氷期に高く，それぞれ180〜300 ppm，350〜700 ppbの間で変動する．南極アイスコアの氷の水素・酸素安定同位体比からは気温変動が復元されるが，これも氷期・間氷期変動に同調する．北半球高緯度における夏の日射量変動に数千年遅れて，温室効果気体の量や，南北両半球の気候が氷床量の変動にほぼ同調して変動するところが興味深い．

インド洋の湧昇流強度変動として復元される季節風（モンスーン）の変動や中国南東部の洞窟鍾乳石の酸素安定同位体比から復元される東アジアの夏モンスーン降水量は，どちらも2万年周期が卓越するが，前者は北半球高緯度における夏の日射量変動に数千年遅れて，後者はほぼ同位相で変動している．中国の黄土高原を形成するレス-古土壌シーケンスの帯磁率は古土壌中で高いので，土壌化の程度を反映して東アジアモンスーン降水量の指標とされるが，氷期には乾燥して土壌化が進んでおらず，その変動は氷床量変動に数千年遅れている．両半球スケールの大規模大気現象であるアジアモンスーンも氷期・間氷期変動という全球気候変動に同調しているのは確かであるが，ミランコビッチサイクルに対する応答メカニズムにはまだ課題が多い．

〔入野智久〕

2-05 急激な気候変化

abrupt climate change

約11万4000年前から約1万1500年前の最終氷期には，北大西洋地域を中心に，急激かつ大きな気候変化が繰り返し起きた．グリーンランドのアイスコアの酸素同位体比が1000年スケールで激しく変動することから，最終氷期を通じて1000年スケールの気温変動があったことが示された．この酸素同位体比にみられる周期的変動をダンスガード-オシュガーサイクル（Dansgaard-Oeschger cycle）と呼ぶ．この酸素同位体変動は約1500年周期をもち，急速な正方向へのシフト（温暖化）と緩やかな負方向へのシフト（寒冷化）を示す．温暖期を亜間氷期（Interstadial），寒冷期を亜氷期（Stadial）と呼ぶ．（口絵3参照）

これと平行して，北大西洋の海底コアに氷山が運んだ岩片（漂流岩屑；ice rafted debris：IRD）が濃集する層準が最終氷期を通じて出現することが明らかになった．このIRD濃集層のことをハインリッヒ層（Heinrich layer），IRDをもたらした氷山流出イベントのことをハインリッヒイベント（Heinrich event）と呼ぶ．このハインリッヒ層は北米大陸ハドソン湾に向かい厚く発達し，IRDをもたらした氷山はハドソン湾起源であると考えられた．ローレンタイド氷床のうち，現在のハドソン湾にあたる部分が脆弱化し，崩壊することにより，大量の氷山を北大西洋に放出したと考えられている．

その後，ハインリッヒ事件はダンスガード-オシュガーサイクルの数サイクルに1回の割で，亜氷期の最盛期に起きたことが明らかになった．ハインリッヒ事件のあとに，グリーンランドが急速に温暖化したことが明らかになった．

さらに，グリーンランド・北大西洋以外の地域の海底コアからもダンスガード-オシュガーサイクルに対応した変動が報告された．その変動は北半球中高緯度域で一般に顕著であり，他の地域では弱い傾向がある．南極とグリーンランドのアイスコアの精密な年代対比の結果，南極ではグリーンランドに先行し，緩やかに温暖化し，緩やかに寒冷化したことが明らかになった．南極の温暖期のピーク時とグリーンランドの急速な温暖期が一致した．また，最終氷期を通じて，南極気温と二酸化炭素濃度が同調して変化したことが示された．

1万1500年前以降の完新世においても，振幅は小さいが，急激な気候変化があったことが明らかになりつつある．北大西洋堆積物中の赤鉄鉱に覆われた漂流岩屑の含有量が完新世を通じて平均1500年間隔で変動していることが報告され，熱塩循環の強度の変動を反映していると解釈された．この熱塩循環が弱くなったイベントのことをボンドイベント（Bond event）と呼ぶ．

歴史時代においても，気温や降水量の急激な変化があったことが報告されている．過去1200年間の北半球平均気温は1℃以内の範囲で変動するが，100年スケールの変動と数年で終息する突然かつ急激な寒冷化期間が認められる．この100年スケール変動は，アイスコアのベリリウム-10濃度や樹木年輪の放射炭素濃度から推定された太陽放射量変動とよく対応しており，太陽放射量変動に起因すると考えられている．数年で終息する寒冷化の多くは，大規模火山噴火に対応しており，火山噴火により大気上層に放出された硫酸塩エアロゾルや火山灰が日射を遮ることにより寒冷化が生じると考えられている． 〔山本正伸〕

2-06 エルニーニョ・南方振動サイクル

El Niño-Southern Oscillation cycle

　エルニーニョ・南方振動（ENSO：El Niño-Southern Oscillation）とは，赤道付近の太平洋の東西において大気では海面の気圧が海洋では水温や海流がシーソーのように変化する現象である．当初，エルニーニョとは，数年に一度東太平洋のペルー沖で突然に水温が上昇し，この地域の漁獲量が急激に減少する現象を呼んだものであるが，現在では，その原因と影響が汎地球規模であることが明らかになっており，これらの現象をまとめてエルニーニョ現象と呼ばれている．通常，赤道付近で暖められた表面海水は，太平洋上を東から西へ吹いている貿易風によりインドネシアを中心とする太平洋西部に偏在している．これは，西太平洋暖水塊と呼ばれて現在の地球上の表層海水ではもっとも高温なものとなっている．一方，東太平洋のペルー沖では，海水大循環の経た後に運ばれてくる，冷たく栄養塩に富んだ深層水の一部が湧昇流により海表面に供給されている．エルニーニョ時には貿易風が弱まり，この暖水塊が西進する力も弱まる．これによりペルー沖で温度躍層が厚くなり，普段この地域で卓越している栄養塩に富む海水が海表面にまで湧昇できなくなる．また，上空の大気では，暖水塊の移動とともにハドレーセルも東へ移動し，西太平洋で乾燥化が進む．エルニーニョの時期には，西太平洋暖水塊が東方に移動することにより，西太平洋では水温が低下し降水量も小さくなる．

　一方，エルニーニョと逆の海洋気象モードとなる時期もあり，ラニーニャと呼ばれる．ラニーニャの期間には，西太平洋に強い暖水塊が存在するために海水温は常に高く，降水量も大きい．エルニーニョ現象は大気と海洋の相互作用の変動によってもたらされる季節～年々変動の現象であり，観測記録がある間では3～7年の周期で起きており，地球規模の気象変動に大きな影響を与えていることが明らかになってきた．現在では，太平洋の赤道海域（太平洋西部の海域；NINO.4海域，太平洋東部の海域；NINO.3海域）に水温異常を監視する海域を設けて，ブイや衛星を設置して予報と監視が行われている．また，大気においては南太平洋のタヒチとオーストラリアのダーウィンの気圧の差（南方振動指数：SOI：Southern Oscillation index）がENSOの指標として監視されている．

　地球史における過去のエルニーニョ現象，またはENSOサイクルの詳細は明らかになっておらず，将来予想されている地球温暖化時のエルニーニョの挙動を正確に予想することもまだ十分ではない．過去のエルニーニョ現象を復元する方法の1つとして，熱帯・亜熱帯域でサンゴ礁を形成する造礁性サンゴの骨格を用いる手法がある．造礁性サンゴは炭酸カルシウム（アラレ石）からなる骨格に年輪を形成しながら数百年間に渡って成長を続ける．そのサンゴの炭酸カルシウム骨格の酸素同位体比には，生育していた期間の海水温と海水の酸素同位体比の変動（塩分の変動に類似）の両方が記録されている．エルニーニョ現象時における西太平洋の水温と降水量の挙動は，サンゴ骨格の酸素同位体比を同じ方向にそれぞれ変化させるためにエルニーニョ現象を鋭敏に捉えることができる．（口絵5参照）

　図1は西太平洋暖水塊の中心に位置するインドネシアのアラー島と，境界部に位置するニューカレドニアに生息していた，それぞれ2属の造礁サンゴ骨格から酸素同位体比を成長方向に沿って分析した結果である．この結果とこれらの試料が採取された

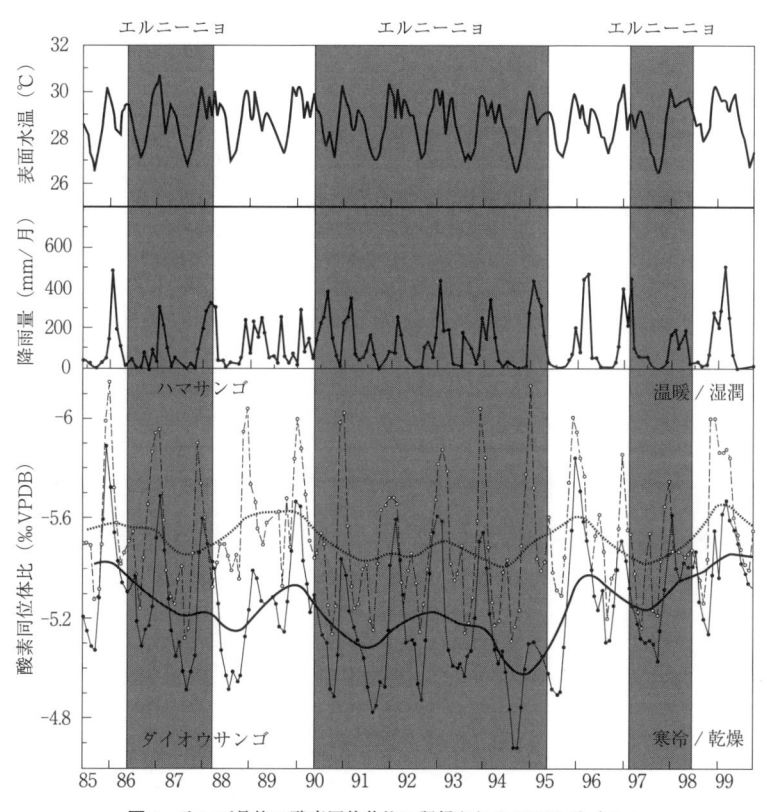

図1 サンゴ骨格の酸素同位体比に記録される ENSO サイクル

地点の表面海水温と降水量とその期間に起ったエルニーニョ，ラニーニャを比較するとサンゴ骨格の酸素同位体比の挙動は，ENSOサイクルと連動していることがわかる．西太平洋のこれらの地域は，エルニーニョの期間に暖水塊が東に移動しているために低温で，また，モンスーンによってもたらされていた降水が減少するために乾燥化する．また，ラニーニャの期間は高温でモンスーンによりもたらされる降水により湿潤である．それぞれのモードが，エルニーニョ時の酸素同位体比の低い値，ラニーニャ時の高い値として，サンゴ骨格の変動パターンに記録されている．今後，長期間生息してきたサンゴや，化石のサンゴ骨格を用いることにより，過去から現在にかけてのエルニーニョ現象の変遷を復元することができ，エルニーニョの発生メカニズムや将来予測の可能性が期待される．

〔渡邊　剛〕

文　献

1) Watanabe, T., et al. (2003) Oxygen isotope systematics in *Diploastrea heliopora* : New coral archive of tropical paleoclimate. Geochimica et Cosmochimica Acta, **67** (7), 1349-1358.

古環境プロキシー

paleo-environmental proxy

古環境を解明する目的として，水温，気候変化，塩分，栄養塩濃度，あるいは生物生産力などの状態を数値化する必要に迫られる．そこで，過去の状態と一定の関係にあった化学成分を分析することで間接的に当時の状況を推定することが試みられる．このような成分をプロキシー変数（proxy variable）と呼び，過去の環境条件を定量的に知る手段となっている．物質の輸送や変化を追跡する指標をトレーサー（追跡者）というのに対して，プロキシー（代理変数）は，温度や濃度など状態変数を示す．

原理 古環境試料に，保存性の良い情報が含まれていれば，プロキシーとなりえ，必ずしも化学指標とは限らない．プロキシーを環境指標に変換するために，明確な因果関係に基づいて普遍性のある関係式を導くことで成り立つことが必要条件である．

$$P_{(\text{環境変数})} = f_{(\text{Proxy変数})}$$

変換関数が直線か線形であれば理想的であるが，適用範囲が限定的な場合もある．生物作用など未解明な要因が関与していても，経験式として適用することで多数のプロキシーが工夫されてきた．

環境変数 海水温度や氷床量の推移（気候変化）の復元は1940年代から古環境研究の主目的となってきた．その後，栄養塩濃度，pH，生物生産，年齢，全炭酸濃度，pCO_2，塩分量，などさまざまな状態復元に使える指標が提案，吟味されてきた．

プロキシーの例 炭酸塩に含まれる酸素同位体組成（$\delta^{18}O$）は炭酸カルシウムの析出時の同位体分別が水温によって異なるという熱力学的原理に基づき，貝殻のカルサイトから化石貝の生息水温が推定された（Urey, 1940）．

海底コアに含まれる底生有孔虫殻の$\delta^{18}O$は，大陸や南極の氷床量の消長によって海水の^{18}O濃度の変化が反映されることから，長期間の気候変化の指標となっている．また，この汎世界的なパターンを標準化することで，海底コアの年代を決定する重要な時間スケールとしても利用されている．

サンゴや有孔虫殻に含まれるMg/Ca, Sr/Caは限定的な温度範囲で生息水温とよい相関があることが実験的に確かめられ，広く利用されている（Mashiottaら, 1999[2]）など）．

近年，詳しく研究されているプロキシーとしては，水中の微細藻類や微生物が生成する脂質分子の不飽和度や分子種構成から生息温度を復元する方法がある．例としてハプト藻由来の長鎖アルケノンの不飽和度（UK'_{37}）や，アーケア（古細菌）由来のTEX 86など，海底堆積物から海洋の表層水温の復元に広く用いられている（詳細は2-11参照）．

海底堆積物の同じ試料中の炭酸塩と有機成分の$\delta^{13}C$を組み合わせて過去の表層水の全炭酸濃度やCO_2分圧を復元する方法も提案されている．これは，藻類由来の有機成分（アルケノンやポルフィリン）の$\delta^{13}C$と，有孔虫の炭酸塩の$\delta^{13}C$の差から炭酸同化時の炭素同位体分別を推定し，この分別の程度は当時の水中の全炭酸濃度によって規定されていることを仮定している（詳細は2-12参照）．

海水中の微量重金属の中で，Cd, Ba, Znなどは，海水中での化学的挙動がリン酸（P）やケイ酸などの栄養塩に近いため，過去の海水濃度のプロキシーとして使える場合がある．

いずれのプロキシーも，目的成分の環境

変数を単純に完全に置き換えられるのはまれで,さまざまな例外や条件の制限,とくに,堆積後の続成過程がもたらす変化,変換関数の地域性,生物過程が関係した場合に起こりがちな揺らぎなどを吟味しながら利用することが重要である.〔南川雅男〕

文　献
1) Fischer, G. and Wefer, G. (1999) *Use of Proxies in Paleoceanography*, Springer, 735 p.

2-08

堆積過程の化学変化

chemical change during sedimentation

近年，地球温暖化が危惧されるとともに，過去の海洋変動を復元して将来を予測する古海洋学（paleoceanography）の研究が盛んになってきた．海底堆積物は古海洋を紐解く情報の宝庫である．しかしながら，理解しておくべき問題も多々ある．

地層が物理的に乱されることにより，その地層中に記録された歴史情報が攪乱されることがある．遠洋の深海底であっても生物攪乱（bioturbation）が活発に起こっている．図1はそのよい例証で，最上層の堆積物の年齢は約2000年にもなっている．この時間規模は北大西洋の表層から沈み込んだ深層水が熱塩循環によって北太平洋に達する時間にほぼ等しい．生物攪乱を受けた地層が連続して次々に埋没していけば，古海洋復元の時間分解能を大きく低下させる原因となる．一方，コア中に葉理構造（lamina；厚さ1cm以下の薄い地層の互相）が観察されれば，それが海底面にあった時代には，底層水は底棲生物（benthos）が住めないほどの無酸素状態（anoxic）であったと推論できる．堆積物中で硫化水素が発生しているような強還元環境下では，底棲生物の活動は抑制され，過去の記録が攪乱されずにコア中に残りやすい．

海洋表層における動植物プランクトンの2大勢力は石灰質骨格を形成する石灰藻や有孔虫とケイ質骨格をもつケイ藻や放散虫である．これらの遺骸は有機物とともにマリンスノーとなって海底に降り積もる．

マリンスノーはプランクトン起源の有機物を海底に輸送する役割をもつ．海洋の有光層で生産された有機物が海底に到達する量は，基礎生産量の1%程度である．そのわずかな有機物も堆積物中に埋没しながらバクテリアの介在によって無機化する．有機物が海底から堆積物の深部に向かって埋没するとき，有機物全体の中の易分解性の成分が先に分解しはじめ，深部に向かうほど徐々に難分解性の成分の割合が増えるはずである．こうして堆積物コア中でみると，全有機物含有量は上層から深層に向かって減少する．有機物の分解速度定数（k）と堆積後の時間（t）との関係を詳しく調べた研究例では，$k=0.16\,t^{-0.95}$なる経験則が得られた[2]．この経験則から見積もると，埋没して数十年が経過した有機物は易分解性成分に富んでいるため，その分解の半減期は約100年，さらに埋没して1万年後には難分解性の割合が増えるが，それでも半減期はおよそ10万年となる．このように，海底に沈積した有機物の易分解性成分は埋没しながら急激に分解するので，堆積物コア中の全有機物含有量は上層ほど減少率が大きい．したがって，コア中の有

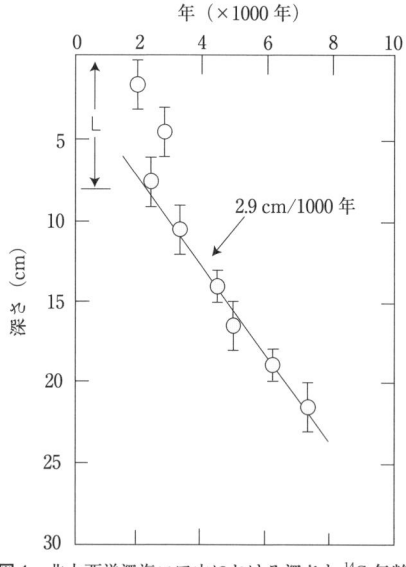

図1 北大西洋深海コア中における深さと^{14}C年齢との関係[1]

機態炭素の含有量の変動から，過去の生物生産量を推定することはほとんど困難であるといえる．

有機物の微生物学的分解反応で生ずる電子は溶存酸素，硝酸イオン，マンガン酸化物，鉄酸化物，硫酸イオンを次々に還元する．すなわち，有機物は電子供与体として海水や堆積物中における酸化還元反応を駆動させる．このような堆積後に起こる連続した化学変質過程は続成的に進行する（2-01，2-27参照）．その他の元素については，モリブデンやバナジウムはマンガン酸化物と共沈しやすく，また強還元環境（硫化水素が発生する）でも沈積しやすい性質をもつことが知られている．また，ウラン，カドミウムおよびレニウムは強還元環境下で堆積物に沈着しやすい．酸化剤としての溶存酸素の供給は表層水に限られるので，堆積物は表層を除けば還元環境になりやすい．したがって，還元されて固相を形成するようなウランなどの元素は古海洋における還元環境の指標として役立つ．

石灰質骨格を形成するアラレ石（aragonite）や方解石（calcite）は難溶性であるが，海底に到達して底層水にさらされている間に徐々に溶解する．その溶解の速度が急激に大きくなる深さを溶解躍層（lysocline）という．実測によれば，炭酸カルシウム（$CaCO_3$）と溶解平衡にある海水の炭酸イオン（CO_3^{2-}）濃度は，方解石で90 mmol/kg，アラレ石では120 mmol/kgである（ともに深度4 kmの深海の条件）[3]．

マリンスノーの有機質は呼吸によって分解し，二酸化炭素が深層水に加わる．そのため，深層水のpHは熱塩循環の流れに沿って徐々に低下し，CO_3^{2-}の減少を生じる．そうなると，深海底の表層に沈積した方解石は，未飽和状態のCO_3^{2-}を含む底層水にさらされ，CO_3^{2-}を補償するように溶解する．結果として，堆積物コア中における$CaCO_3$含有量の年代変動は，過去における石灰質プランクトンの生産量の変動と海底における溶解残渣の結果をみていることになる．

ケイ質骨格は二酸化ケイ素（$SiO_2 \cdot nH_2O$；opalもしくはbiogenic opal）から成る．これも難溶性の鉱物であり，溶解度は表層水で1.8 mmol/kg，深層水では1.3 mmol/kgと見積もられている[4]．したがって，通常の海水中ではケイ酸塩濃度は溶解度の1/10以下である．ところが，高緯度海域ではケイ質プランクトンの生産量が大きいため，ケイ質軟泥（siliceous ooze）が形成する．その堆積物の間隙水中ではケイ酸塩濃度が1 mmol/kgに達することがある．このような条件がそろうと，海水-間隙水境界層におけるケイ酸塩の濃度勾配が大きいので，海底堆積物は海水中へのケイ酸塩の供給源となる．一般には，堆積物コア中のケイ質骨格は埋没しながら間隙水中にケイ酸塩を遊離するので，コア中では溶解残渣としてのオパール含有量の年代変動をみていることになる．

〔加藤義久〕

文献

1) Nozaki, Y., et al. (1977) Radiocarbon and ^{210}Pb distribution in submersible-taken deep-sea cores from Project FAMOUS. Earth Planet. Sci. Lett., **34**, 167-173.
2) Middelburg, J. J. (1989) A simple rate model for organic matter decomposition in marine sediment. Geochim. Cosmochim. Acta, **53**, 1577-1581.
3) Broecker, W. S. and Takahashi, T. (1978) The relationship between lysocline depth and in situ carbonate ion concentration. Deep-Sea Res., **25**, 65-96.
4) Willey, J. D. (1974) The effect of pressure on the solubility of amorphous silica in seawater at 0℃. Mar. Chem., **2**, 239-250.

2-09 年代指標

age indicator

約46億年という長い地球の歴史のなかでさまざまな環境の変化があったが、それらの広域的な同時性や前後関係を明らかにするために年代指標が用いられる。このような年代指標として、海洋酸素同位体層序、化石層序、古地磁気層序などがよく知られている。汎世界的に起こった酸素同位体比の急激な変化、生物種の初出現や絶滅、地磁気の南北逆転などは、広範囲の地層に同時間面を与えることになる。これらを組み合わせ併用すると、広域的な地層の対比が可能になり、地質年代の重要な基準面としての役割を果たしている。

これらの基準面では、放射壊変を利用した年代測定が行われる。物理学者ラザフォードが、「放射性元素の壊変比率は元素ごとに一定であり、温度や圧力の影響を受けない」ため年代測定法に適応できることを予見して以来、いろいろな放射性同位体の発見と分析機器の進歩から年代測定が可能になった。現在では、質量分析器の著しい発達によって、さまざまな長さの半減期をもつ放射性核種を使った年代法が用いられている。たとえば、半減期5730年をもつ ^{14}C 法を用いると、生物の死後、体内に取り込まれていた炭素は閉鎖系になり、過去5万年前までの年代を精度よく測定できる。また、地質年代において適応範囲が長いものとして、U-Th法、K-Ar法、Rb-Sr法、U-Pb法、Pb-Pb法、Re-Os法などの放射年代測定法がある（図1）。

海洋酸素同位体層序（marine isotope stage；MIS）とは、海水中の水分子中（H_2O）に含まれる酸素同位体を使った編年法である。酸素には、質量数が16、17、18の同位体が存在する。現在（間氷期）の海洋においては、一番軽い ^{16}O を含んだ水が先に蒸発することになるが、短時間で

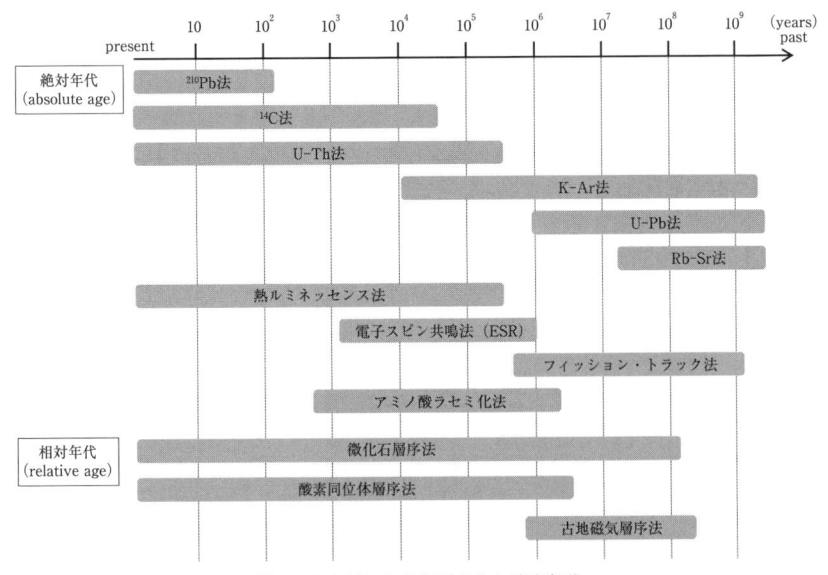

図1　さまざまな年代測定法と適応年代

海洋に戻ってくるため,海水中の$^{18}O/^{16}O$はあまり変化しない.しかしながら,氷期には気温の低下に伴い高緯度域に巨大な大陸氷床が存在していたため,海水から蒸発した軽い^{16}Oを含む水は,氷床に固定され海洋に長時間戻ってこないことになる.すなわち,海水中には重い^{18}Oを含んだ水が多く残ることになり,相対的に$^{18}O/^{16}O$が変化する.この原理を海水から形成される有孔虫の殻($CaCO_3$)に応用し,それらに含まれる酸素同位体を調べてみると当時の海水の同位体比が明らかになり,その時代が氷期なのか,間氷期なのかがわかる.現在,深海底から採取された柱状試料中に含まれる有孔虫化石の殻の酸素同位体比から260万年前までの連続カーブが作られ,間氷期に奇数番号,氷期に偶数番号が付けられており,その変化が区別できるようになっている.

また,アミノ酸のラセミ化年代法(amino acid racemization dating)もある.これは,生体のタンパク質に含まれるアミノ酸分子の多くがL型の立体構造を持ち,生物の死後,その光学異性体であるD型へと変化する.これが「ラセミ化」と呼ばれる化学変化であり,この現象を利用して年代を測定することが可能である.つまり,L型アミノ酸は,生物の死後,ある時間経過とともにD型アミノ酸へ変化するため,L型/D型の比率から,死後経過した年代が測定できる.分析するアミノ酸の種類やその保存状態(温度変化による変質など)によっても大きく異なるが,年代測定の適応範囲は数百万年前まで可能である.たとえば,イソロイシンのラセミ化半減期は約144万年と最も遅く,アスパラギン酸がもっとも速いといわれている.

このように地質年代には,さまざまな年代指標が存在する.わが国には火山が多く,その噴出物である広域テフラにおける火山灰層序が特徴的な年代指標となっている.それらの層位関係が地層を対比する上で有効な鍵層となっている.

〔村山雅史〕

文 献
1) Gradstein, F.M., et al. eds. (2005) *A Geologic Time Scale 2004*, Cambridge University Press, 584 pp.
2) 兼岡一郎(1998)年代測定概論,東京大学出版会,315 pp.

2-10 古塩分指標

paleosalinity proxy

海洋の塩分は海水の蒸発,降水や河川水による希釈,塩分の異なる水塊の混合などによって変化する.また,長期的には大陸氷床量の変動も塩分を変化させる重要な要素である.そのため,過去の塩分(古塩分)を復元することは,大気-陸域-海洋を通じた水循環や大陸氷床量の変動を知る有効な手段となる.さらに,塩分は海水の密度を決める要素であるため,過去における水塊の鉛直方向の密度勾配や海洋の熱塩循環を知る上でも古塩分が重要な情報をもたらす.

現時点で古塩分を直接的に求める有効な手段は確立されてない.そのため,過去の塩分の変化を記録した代替指標を使って推定する必要がある.海洋の塩分変化は水の相転移や混合を伴う現象であり,このような水の動きは,水を構成する水素と酸素の安定同位体比も変化させる.そこで,過去の海水の酸素同位体比($\delta^{18}O$)を推定し,古塩分の指標とする手法が用いられている.

水の$\delta^{18}O$は相転移の際に同位体分別によって液相より気相に軽い同位体(^{16}O)が多く分配される.そのため,海水が蒸発する際には水蒸気の$\delta^{18}O$は海水の$\delta^{18}O$よりも小さくなる.さらに,水蒸気が輸送される過程で凝縮に伴う同位体分別により気相中の^{16}Oはさらに濃縮され,結果として遠くへ輸送される水蒸気は系統的に$\delta^{18}O$が小さくなる.$\delta^{18}O$が小さい水蒸気を起源とする降水や河川水と,$\delta^{18}O$が大きい海水との混合は結果的に塩分の異なる水塊の混合と同義であるため,現在の平均的な海水の塩分と$\delta^{18}O$の間には直線関係が成立する.ただし,各海域における海水や供給される淡水の$\delta^{18}O$は一定ではないため,塩分と海水の$\delta^{18}O$の関係式は海域によって多少異なる.

過去の海水の$\delta^{18}O$は,海水中で形成された炭酸塩の$\delta^{18}O$から推定される.しかしながら,海水中で形成された炭酸塩の$\delta^{18}O$は,それが形成されたときの水温と海水の$\delta^{18}O$の両方を反映するため,炭酸塩が形成された当時の海水温(古水温)をできるだけ正確に知る必要がある.ここで,水温と$\delta^{18}O$の記録に時空間的ずれが生じないように,古水温復元に同一試料を用いることが望ましい.現在もっとも一般的に用いられる方法は,有孔虫殻のマグネシウム/カルシウム比やサンゴ骨格のストロンチウム/カルシウム比など,石灰化水温によって炭酸塩に含まれる微量金属元素の濃度が変化することを利用した古水温指標と同一試料の$\delta^{18}O$を組み合わせる手法である.このような手法で海水の$\delta^{18}O$から古塩分を求める際には,塩分と海水の$\delta^{18}O$の関係が過去にも成立していたことが前提条件となる.塩分と海水の$\delta^{18}O$の関係は長い地質時代を通して変化した可能性があるため,古塩分への変換には十分に注意が必要である.

古塩分指標には炭酸塩の$\delta^{18}O$を用いる以外にもいくつか提案されている.たとえば,微化石の群集解析に基づく変換関数や,ハプト藻が生成するアルケノン中の4不飽和の割合などがあり,定性的な古塩分指標として扱われている.また,海底堆積物に含まれる間隙水の塩素濃度や$\delta^{18}O$を直接分析し,拡散モデルによって最終氷期最盛期における塩分の極大値を推定する方法も提案されている. 〔佐川拓也〕

2-11

古水温の復元

paleotemperature estimate

古海水温を推定することは，全球的な気温変動を明らかにするための基礎的なデータを提供するだけでなく，水塊境界の位置や海流強度，海洋鉛直構造など，大気・海洋循環形態の要素を復元する上で重要である．

海底コアから過去の海洋表層水温を推定する手法として，微化石群集組成を用いる方法，浮遊性有孔虫の酸素同位体比を用いる方法，浮遊性有孔虫の Mg/Ca 比を用いる方法，アルケノンの不飽和指標を用いる方法，テトラエーテル脂質の環化率を用いる方法などがある．

海洋表層に生育する原生生物や微細藻類の群集組成には温度依存性がある．海洋表層堆積物中の群集組成と海洋表層温度を比較することにより，群集組成と温度との関係を導き，その関係式を海底コア中の群集組成に適用することにより，過去の海洋表層水温を復元することができる．浮遊性有孔虫，珪藻，放散虫，円石藻などの化石が用いられる．これらは光学顕微鏡を用いて計測される．表層水温の算出方法としては，変換函数法，モダンアナログ法などがある．新生代堆積物への適用例が多い．1970年代には，この手法を用いて約2万1000年前の最終氷期最盛期の海洋表層温度の分布が明らかにされた[1]．

浮遊性有孔虫殻の酸素同位体比（酸素18 と酸素16 の比）も温度依存性がある．低水温では，酸素18 が相対的に多くなる．有孔虫殻の酸素同位体比は酸素を供給した水の酸素同位体比と石灰化温度の両方の影響を受けるが，全海洋水の酸素同位体比の変化を仮定し，温度変化に由来する酸素同位体変動を抽出することにより，過去の海洋表層水温を推定することができる．同位体比は同位体比質量分析計を用いて測定される．

浮遊性有孔虫殻のマグネシウムとカリウムの比（Mg/Ca 比）も温度依存性がある[2]．高水温では Mg/Ca 比が高い傾向がある．有孔虫の飼育実験やセジメントトラップ実験，堆積物試料を用いて Mg/Ca 比と石灰化温度との関係が検討されており，この関係式を用いて，Mg/Ca 比から水温が推定される．Mg/Ca 比は，誘導結合プラズマ発光分光分析計（ICP），あるいは ICP 質量分析計，原子吸光分析計を用いて測定される．新生代堆積物への適用例が多い．生育水深や季節の異なる浮遊性有孔虫の Mg/Ca 比を分析することにより，混合層と温度躍層の水温の違いや，水温の季節変動を議論することも行われている．また，個々の有孔虫殻の Mg/Ca 比を測定し，その変動の幅から過去の水温変動の大きさを復元した研究もある．

アルケノンはハプト藻綱ゲフィロカプサ科とイソクリシス科に特徴的な脂質であり，分子内にトランス型二重結合（不飽和）を2〜4個もつ長鎖メチルケトンもしくはエチルケトンである．低水温では，不飽和の多いアルケノンが優先的に作られる[3]．ハプト藻の培養実験により，生育水温とアルケノン不飽和指標（不飽和の程度 U_{37}^K および $U_{37}^{K'}$ で表される）の間によい直線関係があることを見出された[4]．この関係式を用いることにより，海底コアのアルケノン不飽和指標値から，過去の海洋表層水温を推定することができる．アルケノンはガスクロマトグラフを用いて分析される．第四紀堆積物への適用例が多い．アルケノンは混合層で多く生産されるので，混合層の温度を反映する．

海洋水中に生育する Thaumarchaeota（アーキアの一種）はテトラエーテル脂質

を膜脂質としてもつ．このテトラエーテル脂質のシクロペンタン環の数は生育温度に対応して変化し，低温では1環化合物の割合（TEX_{86}として表される）が高い．海洋表層堆積物中のTEX_{86}値と海洋表層温度を比較することにより，TEX_{86}値と温度との関係を導き，その関係式を海底コア中のTEX_{86}値に適用することにより，過去の海洋表層水温を復元することができる[5]．テトラエーテル脂質は液体クロマトグラフ質量分析計を用いて分析される．新生代のみならず白亜紀への適用例もある．また，湖底コアに適用し，古湖水温変動を復元した研究もある．

　上記の古水温復元プロキシーを同一コアに適用した場合，しばしば水温推定値に食い違いが生じる．各々のプロキシーは，水温以外の因子の影響を受ける場合があるので，環境情報を総合的に理解し，得られた水温変動について妥当性を検討することが必要である．　　　　　　〔山本正伸〕

文　献

1) CLIMAP Project Members (1976) The surface of the ice-age earth. Science, **191**, 1131-1137.
2) Nürnberg, D., et al. (1996) Assessing the reliability of magnesium in foraminiferal calcite as a proxy for water mass temperatures. Geochimica et Cosmochimica Acta, **60**, 2483-2484.
3) Brassell, S.C., et al. (1986) Molecular stratigraphy: a new tool for climatic assessment. Nature, **320**, 129-133.
4) Prahl, F.G. and Wakeham, S.G. (1987) Calibration of unsaturation patterns in long-chain ketone compositions for palaeotemperature assessment. Nature, **330**, 367-369.
5) Schouten, S., et al. (2002) Distributional variations in marine crenarchaeotal membrane lipids: A new tool for reconstructing ancient sea water temperatures? Earth and Planetary Science Letters, **204**, 265-274.

2-12 古大気 CO_2 分圧の復元

isotope CO_2 paleobarometry

海水中の植物プランクトンは，エネルギー源としての日射量，海水中に溶けている栄養塩や微量元素の制約を受けて光合成を行っている．光合成に必要なこれらの条件が，決定的に不十分でないかぎり，生物遺骸には生育環境の情報を，化学組成や同位体組成として記録したまま堆積物に残っている．

80年代に行われたプランクトンとその炭素同位体組成についての調査は，さまざまな海域で生産された海洋プランクトンの $\delta^{13}C$ が最大15‰程度の変動幅をもっており，高緯度で低温な海域では ^{13}C 濃度が -30‰と低く，低緯度の高温域では -20‰であることを明らかにした．この理由は，海水中に溶存する炭酸の炭素同位体比の違いによるのではなく，炭酸同化に伴う炭素同位体の分別係数の違いによることが明らかにされた（Rau ら，1989）．これがきっかけとなって，90年代に藻類の炭素同位体組成が光合成で利用可能な CO_2 の濃度によって規定されることが確かめられ，その原理に基づいて，古大気圧計測法（isotope paleobalometry）と呼ばれる古環境復元の研究方法が形成された．

原理 一般に，植物の光合成では無機炭素を有機態に還元する際にあたって，RuBISCOという炭酸固定酵素を用いる．この際に，$^{12}CO_2$ と $^{13}CO_2$ の固定には約1.030同位体分別が生じることが知られている．藻類も水中に溶存する CO_2 を利用して光合成を行っているが，水中の CO_2 は全炭酸の数％に過ぎないため，光合成活性が高まる場合には，容易に枯渇する．基質のプールサイズが小さくなると，同位体効果は生じなくなるため生成した有機物の ^{13}C は濃度が高くなる．結局，海洋藻類の $\delta^{13}C$ 値は，大きくは，①当時の CO_2 の $\delta^{13}C$，②光合成の同位体分別の実効値，の2つの要因によって規定されることになる．前者は同じ年代の炭酸塩の $\delta^{13}C$ から，後者は植物起源の有機物と炭酸塩の $\delta^{13}C$ の差を実測することによって見積もることが可能である．同じ年代の表層水温は他の方法で推定できれば，海水中の溶存 CO_2 の濃度が見積もれることになる．溶存 CO_2 と表層水温から平衡にある大気中の pCO_2 が求められる．

分析試料 第四紀試料としては，有機物と炭酸塩が保存されている攪乱されていない海底コアを用いることができ，各層の年代を ^{14}C や ^{18}O などで見積もられることが望ましい．藻類由来の有機物としてさらに保存性のよいポルフィリン化合物などが得られるなら，第三紀以前の堆積岩にまで同じ方法が適用されている[1]．

分析方法 均一にした試料を有孔虫分析用と，有機物分析用に分画し，前者から浮遊性有孔虫（N. dutertrei や G. ruber など）を拾い出し，その殻の $\delta^{13}C$ と $\delta^{18}O$ を分析する．できれば ^{14}C 分析用の殻も拾い出せることが望ましい．有機物分析としては，バルク有機物の分析でもよいが，できれば確実に植物由来とできるクロロフィル類や，円石藻由来のアルケノンなどの $\delta^{13}C$ を分析する．ガスクロマトグラムと直結した同位体比質量分析計（GCC-irms）により，アルケノンの単分子ごと $\delta^{13}C$ を測定する．可能であれば，栄養塩の利用度の指標になる $\delta^{15}N$ の全分析を行うことも有益である．

解析法 3種の独立成分（長鎖アルケノンの $\delta^{13}C$，有孔虫炭酸塩殻の $\delta^{13}C$，および炭酸塩の $\delta^{18}O$）の測定値から，溶存 CO_2 と炭酸塩の基質になる重炭酸イオン（HCO_3^-）との間の炭素同位体分別を求める．同時に測定された有孔虫の $\delta^{18}O$ から

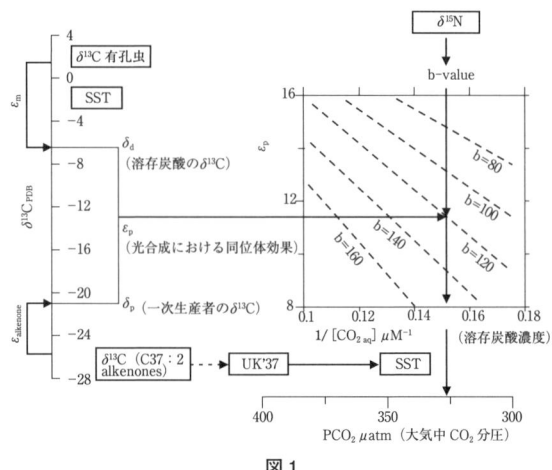

図1

当時の水温を推定し、これらを合わせた（ε_{md}）を見積もる。さらに測定される有孔虫の（δ_f）は餌や生息深度など種固有の偏差を示すので、一般的なカルサイトのδ_mとの間の同位体組成の差（$\Delta_{m/f}$）も知る必要がある。それらを総合して、現場に溶存していたCO_{2aq}のδ_dが得られる。δ_dとδ_pとの差から藻類の光合成における同位体分別 ε が求まる。ε と溶存CO_2との関係は次の式で表せる。

$$\varepsilon = -b/[CO_{2aq}]$$

この b 値は、光合成速度によって変りうるパラメーターで110程度の値をとる。より現場の条件に近づけるためには、$\delta^{15}N$ の分析結果から栄養塩の供給効率を査定して見積もることもできる。これらの結果から溶存CO_2と平衡にある大気中のCO_2分圧（pCO_2）は、同じ試料のアルケノン不飽和度（$U_{37}^{K'}$）から得られた温度 T を用いてヘンリーの法則で計算される。

$$pCO_2 = [CO_{2aq}]/K_H(T)$$

評価 メキシコ湾や、大西洋で行われたコア分析の結果では南極のアイスコアで得られた大気CO_2分圧の年代変化とよく似た濃度変化の傾向が得られている。しかし、CO_{2aq} に対する同位体分別の関係については、単純な関係では済まないことが培養実験などで報告され、誤差解析も行われている。アンゴラ海盆でなされた研究によればこの方法でのCO_2濃度推定には約11％の誤差が見込まれるとの報告がある[4]。

〔南川雅男〕

文　献

1) Freeman, K.H., Hayes (1992) Fractionation of carbon isotopes by phytoplankton and estimate of ancient CO_2 levels. Global Biogeochemical Z Cycles, **6**, 185-198.
2) Rau, G.H., et al. (1992) Does sedimentary organic $\delta^{13}C$ record variation in quarterary ocean $[CO_2(aq)]$?, Paleoceanography, **6**, 335-347.
3) Jasper, J.P., Hayes, J. M., (1990) A carbon isotope record of CO_2 level during the late Quarternary. Nature, **347**, 462-464.
4) Andersen, N., et al. (1999) Alkenone d13C as a proxy for past PCO_2 in surface waters：Result from the late Quarternary Angola current, *Use of proxies in Paleoceanography*：*Example from the South Atlantic* (eds. Fisher, G. and Weffer, G.), Springer-Verlag, p469-488.
5) 南川雅男・吉岡崇仁 (2006) 地球化学講座5巻，生物地球化学，培風館，216頁．

2-13 気候変化と陸上植物の遷移

climate change and the evolution of land plants

過去約5.5億年間の顕生代の気候変動は，氷室期（icehouse period）と温室期（greenhouse period）の繰り返しで特徴づけられる．氷室期は，地球上に氷床が存在する時代であり，温室期は，氷床が存在しない時代のことである．古生代のカンブリア紀初頭から石炭紀中頃まで（約5.4億年前から3.3億年前まで）が温室期，石炭紀中頃から三畳紀前半まで（2.3億年前ごろまで）が氷室期，三畳紀後半から始新世末まで（3400万年前まで）が温室期，漸新世以降が氷室期である．

陸上植物が出現したのは，約4.4億年前のオルドビス紀である．続くシシル紀の原始陸上植物は根が未発達で，湖沼や湿地など限られた環境で生育した．デボン紀には，陸上植物が進化と多様化を遂げ，リニア植物門，前裸子植物門，ヒゲノカズラ植物門，トクサ植物門，シダ種子植物門，シダ植物門が派生した．デボン紀後期には，陸上植物の巨大化が進み，巨木の大森林が沿海地域に現れた．石炭紀末期には，ソテツ植物門，イチョウ植物門，針葉樹植物門が出現した．石炭紀から二畳紀にかけて，莫大な量の樹木が埋積し，石炭となった．この石炭の埋積により大気二酸化炭素濃度が減少し，氷室期をもたらしたとする仮説がある．白亜紀に入り，被子植物の進化と多様化により，陸上の多くの部分が植物に覆われた．とくに，草本類の出現により，草原が形成された．また，豆科植物の出現により根粒菌との共生が発達し，効率のよい窒素固定が可能になった．中新世（2400万年前から500万年前）に入るとC_4植物が発展を遂げた．C_4植物は水分の損失を防ぎながら，光合成に用いる二酸化炭素を効率的に取り込むことができ，高温環境，乾燥環境，低二酸化炭素環境に向いている．中新世以降の乾燥化や大気二酸化炭素濃度の減少が，C_4植物の増加につながったとする考えがある．

過去250万年間の第四紀では，氷期・間氷期変動と呼ばれる数万年スケールの気候変動が顕著である．間氷期は全球的に温暖・湿潤であり，氷期は寒冷・乾燥であった．このような気候変動に対応して，氷期では，熱帯雨林が縮小し，砂漠が拡大し，北方タイガ林が南下し，極域のツンドラが拡大した．また，高山や乾燥域ではC_4植物の植生が拡大した．高山では大気二酸化炭素濃度の減少により，乾燥域では乾燥化によりC_4植物の植生の拡大が促されたと推察されている．

最終氷期（11万4000年前から1万1500年前）以降の植生変遷についても，陸上ボーリングコアや海底コアの花粉組成にもとづき研究が進められている．最終氷期の亜氷期と亜間氷期の繰り返しに対応して，植生が敏感に応答したことが明らかになってきた．完新世（1万1500年前以降）に入ると人為的影響が強くなり，植生は人為的改変と気候変動の両方を反映して変化した．

植生は気候に一方的に影響を受けるだけでなく，植生が気候に影響を与えることもある．過去6000年間の地中海地域の乾燥化は，植生の減少と降水量の減少が互いに他方を促進することにより，進行したとする仮説がある．このような気候と植生の相互作用を理解することは，地球環境の将来予測を精密化していく上で不可欠である．

〔山本正伸〕

2-14 炭酸塩の溶解と炭素循環史

dissolution of carbonate in relation to global carbon cycle

海洋における炭酸塩の生産と溶解は，海洋溶存炭酸系のバランスを通して地球表層の炭素収支に影響を与えるため，その変動史とともに古海洋学の古い課題の1つである．とくに，2万1000年前の最終氷期最寒期（LGM：last glacial maximum）において，大気中二酸化炭素濃度が現在の半分の180 ppm程度であったことの説明として，大気から海洋に大量の炭素が移動する仕組みが問題となる．海洋溶存炭酸系のバランスは，

$$Ca^{2+} + 2HCO_3^- \Leftrightarrow CaCO_3 + CO_2 + H_2O$$

と書き表せる．海洋表層でこの反応が右に進むのが炭酸塩の生産，海洋深層でこの反応が左に進むのが炭酸塩の溶解である．海洋表層で生物が炭酸カルシウム殻を生産することは，海洋表層の二酸化炭素分圧を上げ，大気に二酸化炭素を放出する効果がある．大気から海洋に二酸化炭素が溶け込むという現象は，海洋全体としてはこの反応を左に進めるものとなる．

炭酸カルシウムの生産においては，円石藻や有孔虫は方解石の殻を，サンゴや翼足類はアラレ石の殻を作る．炭酸カルシウムは高い圧力のもとでは，結晶でいるよりも水溶液中のイオン対である方が体積が小さくなるため，圧力の高い深海では溶解度が上がる．そのため，海洋表層水は方解石とアラレ石の両方に対して過飽和であるが，深層水では不飽和になる．また，方解石の方がアラレ石よりも熱力学的に安定で，深海堆積物中に残る炭酸塩の多くは方解石殻の生物遺骸である．現在の海洋では，水深1 km以深では方解石に対して不飽和となるが，実際に溶解が顕著となるのは水深4 km付近であり，この深度をリソクラインと呼ぶ．堆積物中に残る炭酸塩の量は，海洋表層で生産され沈降してきた炭酸塩の供給速度と堆積物表層での溶解速度のバランスで決まるため，両者がつり合う水深のことを炭酸塩補償深度（CCD：carbonate compensation depth）と呼ぶ．CCDは深層水循環の経路に沿って北大西洋での約5000 mから北太平洋での約3000 mへと浅くなっていく．これは表層の生物生産で供給される有機物の分解によって深層水中にCO_2が付加され，pHも減少していくためである．このことは，深層水循環速度や表層生物生産量の変化が深海堆積物中の炭酸塩溶解に影響する，ということを意味する．

炭酸塩溶解の程度は，その変動が激しいCCD付近の堆積物では，堆積物中の炭酸塩含有量を測定することで端的に評価できる．また，浮遊性有孔虫殻の堆積物中での破損の度合い，同サイズ・同種の浮遊性有孔虫の平均殻重量が生産時からどれだけ減少しているか，ある種の円石藻の殻の分解程度，などを評価することで炭酸塩溶解程度が推定される．復元されたLGMにおける炭酸塩溶解程度から見ると，水深3500 m以浅では大西洋から太平洋まで全体に炭酸塩の保存は現在よりよい．水深3500 m以深では大西洋と太平洋の炭酸塩溶解程度の差が現在より小さいために，太平洋ではCCDが深くなったように，大西洋ではCCDが浅くなったようにみえる．これは炭酸イオン濃度が相対的に小さい南極底層水とそれが大きい北大西洋深層水の境界水深が浅くなったものと考えられる．このときの炭酸塩の堆積物への埋没量がわからないために，それぞれの水塊の炭酸収支は量りがたいが，上記の反応を左に進めて二酸化炭素を多く溶かし込むことができる可能性のある南極底層水が，深海底をより厚く満たしたことが，LGMにおいて大気から海洋に二酸化炭素を移動・隔離しておく一役を担ったのであろう．　　　　〔入野智久〕

2-15 古土壌

paleosol

　過去に形成された土壌を指す言葉で，現在の自然環境下でできた土壌とは異なるものである．古土壌は，その堆積過程および風化過程を通して当時の陸上気候を反映するため，古気候復元に広く用いられてきた．とりわけ，アイスコア中の気泡を用いた直接測定が不可能な前期更新世以前の時代におけるpCO_2を，古土壌中の炭酸塩が記録していることや，古土壌形成強度が過去の降水量の指標となることから，古土壌は炭素循環および水循環の時代変化を復元するための有力なツールとなる．

　pCO_2プロキシーとしての古土壌　比較的乾燥気候下にある土壌では，植物の根の呼吸起源の二酸化炭素により土壌水が炭酸塩について過飽和となり炭酸カルシウムが沈殿する．この炭酸塩に含まれる炭素安定同位体比（$^{13}C/^{12}C$）は，土壌中の二酸化炭素のそれによって決まり，その値は土壌有機物を供給する植物の光合成タイプ（C_3植物とC_4植物）の相対的な生育割合を反映する．実際の土壌中の二酸化炭素は，この植物起源のものと大気から拡散して入ってきたものの混合であるが，植物呼吸起源と大気起源の二酸化炭素はそれぞれ，−25‰ PDB および−7‰ PDB 程度の炭素同位体組成をもち，両者の差はきわめて大きい．現在のように比較的大気pCO_2が低い時代には，土壌中二酸化炭素はほとんどが植物根呼吸起源のものだが，大気pCO_2が高くかつC_4植物がほとんどあるいはまったくなかった時代においては，大気起源二酸化炭素によって土壌中炭酸塩の炭素同位体比が大きく変化したと考えられる．

　古土壌から復元された顕生代（5億7000万年前以降）の大気pCO_2は，およそ4億年前頃と2億年前頃に現在の5～15倍のレベルで高く，3億年前ころと最近5000万年間は相対的に低かったことを示唆している．このような長期的変動は大局的には，海洋底拡大速度の大きい時代に二酸化炭素の脱ガス率が増加していたことによって制御されていたものとみられる．

　降水量変動を記録するレス-古土壌シーケンス　中国黄土高原を形成しているレス（loess）は，冬の卓越風の風上にあたる内陸砂漠側から風下方向に向かって平均粒径が小さくなることや，地形の凹凸を覆って堆積していることから風成堆積物だと信じられている．レスは頻繁に土壌化した層を挟んでおり，この古土壌の中では，土壌化していないレスの中に比べて帯磁率がきわめて高い．これは降水量が多く土壌水分の高いときに，バクテリア起源の微細な磁鉄鉱が増加するからである．したがって，レス-古土壌シーケンスの帯磁率時代変動は，東アジア夏モンスーン降雨のプロクシ記録となる．レス，古土壌を構成する粒子の粒径は，前者の方が後者に比べ粗いため，従来冬モンスーン（北西季節風）強度の変化を表すと考えられてきた．

　レス-古土壌シーケンスの本格的な堆積は260万年前に始まっており，これは北半球大陸氷床の急速な拡大時期と一致する．また帯磁率，粒径ともに氷期・間氷期変動に調和的な40万年および10万年，4万1000年，2万3000年および1万9000年の周期性を示すため，東アジアにおける夏冬モンスーンと日射および氷床量との強い結びつきが示唆される．ただ，粒径に関しては，レスの供給源である砂漠縁の前進・後退にともなう距離の変化を反映している可能性が指摘されており，冬の季節風強度ではなく，夏の降水量変化による砂漠の広がりの程度を示す指標である可能性がある． 〔入野智久〕

2-16

^{14}C 年代測定

radiocarbon (^{14}C) dating

^{14}C 年代測定では，試料炭素に含まれる ^{14}C 数が崩壊により規則的に減少することを利用する．宇宙線の作用により大気中で生成された ^{14}C は酸化されて ^{14}CO$_2$ となり，^{12}CO$_2$, ^{13}CO$_2$ と混合する．大気中 CO$_2$ は光合成により植物に固定され，これを動物が食べる．食物連鎖を介して，^{14}C は ^{12}C, ^{13}C に対して一定の割合で生物体内に存在する．生物が死亡すると，生物体内の ^{14}C は新たに供給されることなく，5730 年の半減期に従って崩壊により減少する．^{14}C 数の減少割合から生物死後の経過年数が算出される．^{14}C 年代は，1950 年を起点として過去に遡った年数に yrs BP (years before present) を付けて表示される．現代から 5 万年前にさかのぼる年代範囲で利用される．

^{14}C 年代測定は 1940 年代末に開発されてから，考古学や地質学などの研究に利用されてきた．^{14}C 測定法は 2 つある．1 つは，^{14}C が崩壊する際に放出されるβ線を検出して得た ^{14}C 壊変率から，試料炭素の ^{14}C 濃度を知る放射能測定法である．炭素量を 1 g 以上必要とすることが利用拡大を妨げてきた．他の 1 つは，1977 年に開発された加速器質量分析（accelerator mass spectrometry：AMS）法である．加速器技術を基礎に，イオン源，タンデム加速器，質量分析計，重イオン検出器を組み合わせて ^{14}C を選別し直接計数するとともに，^{13}C, ^{12}C を電流値として定量する．AMS 法による ^{14}C 測定は，必要炭素量が 0.1〜1 mg 程度，高精度かつ正確度が高く，測定誤差が±0.4％（±30 年）以下，^{14}C バックグラウンドが低く古い試料の年代測定が可能，測定時間が 1 時間程度と短い，などの長所をもつ．

^{14}C 測定の精度向上に伴い，注目する地球環境イベントの暦年代とそのイベントに関連して選別された試料の ^{14}C 年代が一致しないことが問題となった．当初は ^{14}C 年代の年数を 1950 年から数え直すことで暦年代に換算されたが，この方法で得た暦年代は正しくない．巨木を用いて，年輪年代（暦年代）とその ^{14}C 年代とを比較すると両者は一致しない．^{14}C 年代の算出では過去の ^{14}C 濃度は常に一定であったと仮定されるが，それが正しくないためである．そこで，年輪年代が既知の樹木年輪などを用いて，^{14}C 年代と暦年代の関係が調査されてきた．こうして作成された較正データ（IntCal 09）を用いて，^{14}C 年代から暦年代への較正が行われる．較正年代（calibrated age）は 1950 年から遡った年数に cal BP を付けて表示される．IntCal 09（0〜50,000 cal BP を扱う）によると，^{14}C 年代は暦年代に対して単調に変化するのではなく凸凹している．^{14}C ウイグルと呼ばれるこの凸凹は地球磁場や太陽活動の変動に起因する地球規模の ^{14}C 生成率の経年変化による．そこで，環境変動の時間周期など，詳細な時間変化を解析しようとする際には，歪んだ年代軸である ^{14}C 年代ではなく較正年代を用いる必要がある．また，海産試料では，大気中の炭素を直接固定した試料に比較して系統的に ^{14}C 濃度が低い．これは海洋の炭素リザーバー効果と称され，^{14}C 年代の較正においてはこの効果を正しく評価する必要がある．

^{14}C 測定は炭素を含有するさまざまな試料，とくに，木片，木炭，骨，湖沼堆積物，貝殻，プランクトン，などに適用される．^{14}C 測定のための試料調製では，後世に試料に混入した汚染物質は完全に除去し，試料が本来もっていた炭素物質のみを選別，抽出して AMS のイオン源に用いるグラファイトを合成する一連の操作が不可欠である． 〔中村俊夫〕

窒素循環

nitrogen cycle

窒素は，炭素，硫黄，酸素，水素，リンと並んで生物にとって重要な元素であり，生物にとって重要な制限元素である．海洋中に存在する窒素のなかで，もっとも存在量の多いのは，海水中に溶け込んだ大気窒素ガスであるが，これは一部の生物しか利用できず，多くの植物プランクトンは硝酸態窒素（NO_3^-）を利用する．そのため，海洋においては硝酸の存在量が，海洋の生物生産にとって非常に重要である．

海洋に窒素を供給するもっとも重要なプロセスは，窒素固定である．窒素固定とは，窒素固定機能をもつバクテリアや藍藻が，ニトロゲナーゼによって窒素ガス（N_2）をアンモニア（NH_3）とし，有機態窒素を合成するプロセスである．窒素固定によって，海洋生態系に加わった窒素は，最終的に硝酸となり海水中に溶存する．一方，ペルー沖，メキシコ湾沖，アラビア海などの湧昇域では，硝酸が失われている．これらの海域では，有機物の分解に酸素が消費され，水深150〜1000 m付近が貧酸素水塊となるため，この水塊中で有機物の分解の際に，硝酸が還元され（脱窒），貧酸素水塊中の硝酸濃度が減少し，N_2やN_2Oが生成されている．このような現象は，貧酸素の水柱だけでなく，貧酸素状態になる陸棚堆積物中でも発生し，海洋窒素の大きな消失源となっている．

海洋の硝酸存在量は，上記にあげた窒素固定と脱窒のそれぞれのフラックスによって大局的に支配されるが，現在の海洋窒素収支がバランスのとれた状態にあるのかどうかは，よくわかっていない．これは，窒素固定能をもつ種の多様性や窒素固定活性の時空間的変化を全球的に見積もることの困難さによる．最近，衛星画像や亜表層の溶存態栄養塩濃度比（N/P比）の解析に基づいて，全球規模の窒素固定フラックスが推定されているが，これらの推定値は脱窒フラックスの見積もりよりも有意に小さい．もし窒素固定フラックスの見積もりが正しければ，海洋生物生産にとって重要な硝酸が徐々に失われていることを意味する．あるいは，窒素固定フラックスが過小に評価されていることも考えられる．

一方，最近の古海洋研究によって，窒素収支に関する新たな知見が得られた．赤道大西洋の堆積物から浮遊性有孔虫を拾い，炭酸塩殻内部の有機物窒素同位体比（$\delta^{15}N$）を測った研究によると，氷期の終焉とともにペルー沖やアラビア海で脱窒が開始し，同時に窒素固定も活発化しはじめていたようである．この結果は，脱窒域の近傍で窒素固定が活発に起こっている現在の観測とも矛盾しない．また，アラビア海堆積物の$\delta^{15}N$記録は，氷期の$\delta^{15}N$値が現在の深層の値5‰を中心として過去100万年間大きく変化してないことを示している．これらの結果は，窒素固定が脱窒による窒素漏出を補う負のフィードバック機構として，地質学的な時間スケールにおいて機能していることを示している．

現世海洋においても近年，嫌気的アンモニア酸化（脱窒とは異なる窒素漏出プロセス）や窒素固定能をもつ古細菌などが発見されるなど，古海洋研究から得られた知見と併せて，海洋窒素循環・窒素収支の理解が進み，これまでの概念が近年改訂されつつある．　　　　　　　　　　〔堀川恵司〕

文献
1) Ren, H., et al. (2009) Foraminiferal isotope evidence of reduced nitrogen fixation in the ice age Atlantic Ocean. Science, **323**, 244-248.

樹木年輪

tree ring

樹木年輪とは? 樹木年輪とは、木材に普遍的にみられる縞模様のことであり、樹木が成長する春から秋にかけて、木部（xylem）の細胞の大きさが変化することによって生じる。春に作られる早材（early wood）は細胞が大きくて密度が低いため色が薄く、夏から秋に作られる晩材（late wood）は逆に色が濃い。

これまでの樹木年輪研究 樹木年輪は、高い時間分解能、年代決定の正確性、広域分布性、数百～数千年に及ぶ連続性、伐採・倒壊後も残る耐久性など、さまざまな利点をもつため、年輪幅から過去の気温や降水量を復元する研究が、世界中の寒冷域や乾燥域で行われてきた。しかし日本などの温暖湿潤域では、気候が樹木成長を制限することが少なく、隣接樹木との競争などが年輪幅を決めることが多いため、これまで樹木年輪による古気候復元はあまり活発ではなかった。

セルロースの同位体比測定 セルロース（cellulose）は木材の主成分であり、地球上でもっとも多量に存在する有機化合物である。その分子構造は頑強であり、酸素（$\delta^{18}O$）・炭素（$\delta^{13}C$）同位体比は、セルロースが保存される限り、数千万年前の木材化石からでも正確に読み取ることができる。近年、熱分解元素分析計（pyrolysis elemental analyzer）を質量分析計に接続した装置の開発により、樹木年輪から抽出したセルロースの$\delta^{18}O$が迅速・正確に測定できるようになった。

$\delta^{18}O$による古気候復元 樹木年輪セルロース$\delta^{18}O$の最大の特長は、年輪幅や$\delta^{13}C$と違って、「同じ地域の樹木であれば、その時間変動パターンが、個体や樹種の違いによらず同じになる」（図1）ということであり[1]、光合成産物の$\delta^{18}O$を支配する葉内水の$\delta^{18}O$が、「降水の$\delta^{18}O$と相対湿度の一次関数で表される」という単純なメカニズムを背景としている。その結果、本州南部などでは、降水の$\delta^{18}O$が降

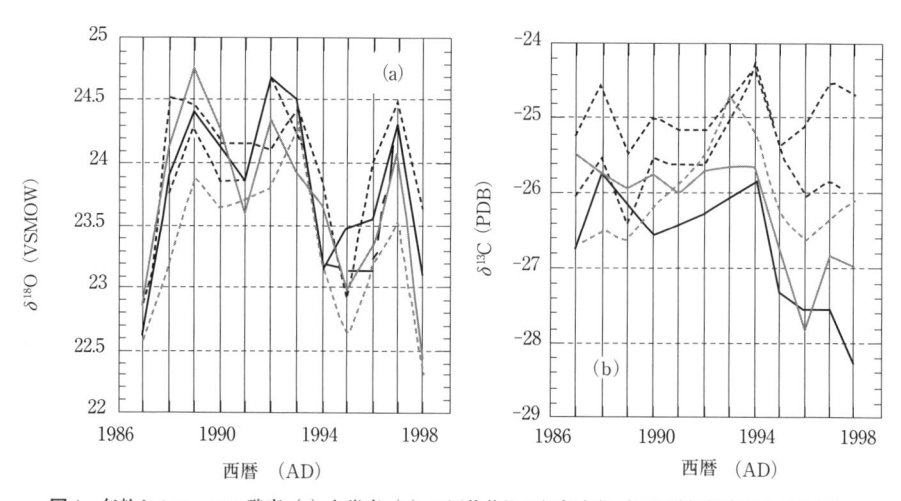

図1 年輪セルロースの酸素（a）と炭素（b）の同位体比の経年変化（北海道幌加内のミズナラ）

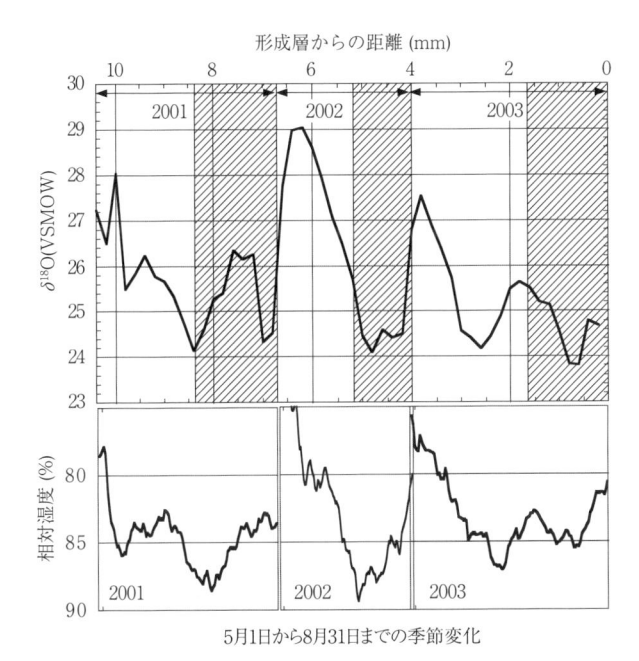

図2 年層内セルロースの酸素同位体比と相対湿度の季節変化（北海道苫小牧のカラマツ．上段の斜線の部分は，晩材を表す．下段の横軸は，30日間の移動平均）

水量によって決まるという「雨量効果」とあいまって．樹木年輪セルロースの$\delta^{18}O$は，夏季の降水量や相対湿度と単純な負の相関を示す[2]．この関係は，一年層内を細かくスライスして分析できる，季節変化のレベル（図2）でも成り立っており[3]，今後，樹木年輪からの年・月単位での長期にわたる水循環変動の復元が期待されている． 〔中塚 武〕

文 献

1) Nakatsuka, T., et al. (2004) Oxygen and carbon isotopic ratios of tree-ring cellulose in a conifer-hardwood mixed forest in northern Japan. Geochemical Journal, **38**, 77-88.
2) Yamaguchi, Y., et al. (2010) Synchronized Northern Hemisphere climate change and solar magnetic cycles during the Maunder Minimum. Proceedings of the National Academy of Sciences of the United States of America, **107**, 20697-20702.
3) Nakatsuka, T., et al. (2010) Seasonal changes in relative humidity recorded by intra-ring variations in oxygen isotopic ratio of tree-ring cellulose. In *Earth, Life and Isotopes*, (ed. by N. Ohkouchi, et al.), Kyoto University Press, pp. 291-301.

2-19
古食性復元のための化石骨同位体分析
stable isotope analysis of fossil bone for paleo-dietary reconstruction

一般に,動物の組織を構成する主成分組成は種ごとに不変であると考えられるが,微量元素の含量や主要元素の同位体組成は環境や生理条件で変わることがありうる.そこで化石に残存する有機成分や同位体組成から,絶滅した動物の生息環境や食性を復元する試みがなされてきた.とくに,1970年代にはアフリカなどで初期人類の骨が多数発掘されたことから,化石の化学分析によって初期人類のより詳しい知見を得ようとする期待が高まった.その頃,微量有機物の炭素や窒素の安定同位体分析の精度が向上したことにより,骨組織の中で比較的保存性のよい主要成分について研究が進み,タンパク質の炭素窒素の同位体比($^{13}C/^{12}C$),($^{15}N/^{14}N$)の分析が試みられるようになった.

また同じころ,現生の野生動物や水棲動物の食性を定量化するため,CとNの同位体を用いた基礎飼育実験や,野外調査研究が行われるようになった.80年代後半には動物組織と食物の間の同位体分別について多数の野外調査や飼育実験の結果が報告されるようになり,CとNの同位体による食性研究法が広まり,方法の検証も頻繁に行われるようになった.

化石の分析結果から,食性を復元するためには,①汚染の影響評価,②埋蔵期間中の続成変化の影響,③骨組織と食物の間の同位体分別,④生息当時の食資源の同位体の情報などについて評価や問題解決したうえで,⑤複数の資源の利用の割合を求める方法が必要となる.

対象元素 当初,炭酸塩の炭素や酸素が対象とされたが,タンパク質の炭素,窒素が広く分析されている.骨の硬組織に含まれるストロンチウム(^{87}Sr),骨硬組織中のアパタイトに含まれる炭酸(^{13}C, ^{18}O)も研究されている.

試料 骨コラーゲンの保存性は比較的よいとされるが,埋蔵地の地温,酸性度,湿度,埋蔵期間などの条件によって回収可能タンパク質の量は大きく異なる.低温で温度変化の少ない,石灰岩土壌であれば5万年前でも分析は可能であり,近年は絶滅した旧人(ネアンデルタールなど)の分析も報告されている.また,エナメル質に覆われた歯は保存性がよいので,さらに分析に向いているが,食物との分別の程度は他の骨とは異なるので注意が必要である.歯や骨に含まれるアパタイト(リン酸カルシウム)に含まれる炭酸態の^{13}Cは窒素の情報は欠くが,初期人類でも分析可能とされる.

分析 骨から可能なかぎり土壌などの汚染物を取り除いた後,恒温槽で煮沸し,可溶性のゼラチン質を抽出する.乾燥したゼラチンの一部を元素分析し,元素比がコラーゲンの分布範囲であれば,汚染の程度は低いと判断される.高温燃焼装置を介して同位体比質量分析計で$^{15}N/^{14}N$, $^{13}C/^{12}C$の分析を行う.

食資源分析 骨の分析結果は,行動がわかっている現代の動物の骨の値と比較することで,それだけでもある程度の食性を読み取ることができる.大雑把な食性を知る目的で行われた考古学の研究では,骨の分析だけを繰り返すだけであった.しかし,資源の利用度の違いや,時代変化まで議論を期待するなら,生前に利用した可能性のある食資源の同位体分布を詳細に再現し,それと比較することで食物利用の傾向を量るという方法が有効となる.そのためには,生前利用していた食材の同位体分布をできるだけ忠実に復元することが試みられた.その方法としては,同じ時代の利用

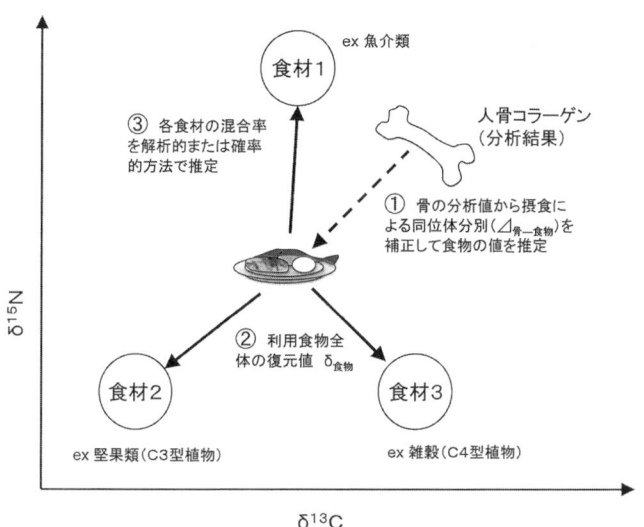

図1

食材1 ex 魚介類

③ 各食材の混合率を解析的または確率的方法で推定

人骨コラーゲン（分析結果）

① 骨の分析値から摂食による同位体分別（$\Delta_{骨-食物}$）を補正して食物の値を推定

② 利用食物全体の復元値 $\delta_{食物}$

食材2 ex 堅果類（C3型植物）

食材3 ex 雑穀（C4型植物）

縦軸: $\delta^{15}N$　横軸: $\delta^{13}C$

資源を直接分析できればよいが，実際には同じ地層や遺跡から出土する動植物の遺物を分析し，可食部の同位体組成の代用とするか，同じ資源で現代でも野生で生育する動植物を採集して分析するか，どちらかか併用することで利用可能な資源の代表値を求めることになる．

食資源のδ値の復元　骨の分析結果から，食物と組織間で生じる同位体分別（$\Delta_{骨-食物}$）を補正すると，動物やヒトが生前に利用した食資源の仮想的な値（$\delta_{食物}$）が得られる．

$$\delta_{食物} = \delta_{骨コラーゲン} - \Delta \quad (1)$$

この値と資源の値とを比較して，利用資源を特定したり，複数の資源の利用度を見積もることができる．人間の骨のΔとしては，Nで約5‰，Cで約3‰が見積もられている[1]．消化吸収と骨形成までの全代謝過程を通じた分別であるので，本来一義的に決まるわけではない．また動物種や対象部位，食物の種類によって多少違いがある．

解析法　骨の分析結果から得られた，利用食物の復元値と，食資源の分析値とを比較して，より混合比率の高い資源が頻繁に利用されていたと判断する．この作業を目視で行うことで十分説得力のある結果の場合もあるが，多数の資源の複合的利用が考えられるときは，以下の方法で客観的な評価が可能となる．利用対象資源が3点以下にまとめられるときは解析的に，それより多くの物質の寄与があるときはモンテカルロ法など確率分布で利用可能性を明示することができる[1]．

〔南川雅男〕

文　献

1) 南川雅男（2001）炭素・窒素同位体分析により復元した先史日本人の食生態．国立歴史民俗博物館研究報告，**86**, 333-357.
2) Minagawa, M. (1992) Reconstruction of human diet from $\delta^{13}C$ and $\delta^{15}N$ in contemporary Japanese hair : A stochastic method fore estimating multi-source contribution by double isotopic tracers. Applied Geochem, **7**, 145-158.
3) 南川雅男・吉岡崇仁（2006）地球化学講座5巻，生物地球化学，培風館，216頁．

陸源砕屑物の堆積記録

sedimentary record of terrigenous detrital materials

　陸を構成する岩石は，物理的・化学的風化作用によって破砕され，大気や河川によって運搬されて，最終的には地表の凹地に堆積する．砕屑物とは岩石の破砕・風化産物を指す言葉で，その粒径に従って，礫（>2 mm）・砂（2 mm〜63μm）・シルト（63μm〜4μm）・粘土（<4μm）に分類される．また，シルトと粘土を総称して泥という．砕屑物を構成するのは，母岩のかけらである岩片およびその造岩鉱物である石英・長石・雲母・角閃石やその他の重鉱物などで，これらはおもにシルトサイズ以上を占める．また，イライト・緑泥石・スメクタイト・カオリナイトに代表される粘土鉱物はおもに粘土サイズを占める．イライト・緑泥石は変成岩や堆積岩の破砕物を，スメクタイト・カオリナイトは化学風化産物を起源とすることが多い．

　海洋堆積物のうち陸源砕屑物が卓越するのは，沿岸〜大陸棚外縁・陸棚斜面〜海溝・生物生産が少なく炭酸塩が溶解してしまう外洋域の深海底である．そしてそれぞれの海域に，砂〜シルト・シルト〜粘土・粘土サイズの砕屑物粒子がおもに堆積している．陸から海に運搬される砕屑物のうち90％は河川経由であり，残りのほとんどは黄砂のように風で運ばれる風成塵で，さらにごく一部が氷山や流氷に付着して運ばれ，これらは ice rafted debris（IRD）と呼ばれる．太平洋のように周囲を火山弧に囲まれた海盆では，外洋域の堆積物でも火山ガラスのような火山性砕屑物が無視できない量含まれている．河川経由の砕屑物はそのほとんどが海溝までの大陸縁辺部に堆積してしまい，外洋域においては砕屑物に対する風成塵の寄与が大きい．このような堆積機構のために，陸源砕屑物による堆積速度は，陸棚域で数百〜数十 cm/千年，大陸斜面から海溝域で数 cm/千年，外洋域で数 mm/千年程度となっている．インダス河，ガンジス・ブラマプトラ河，アマゾン河といった大きな高低差と高降水量で特徴付けられる集水域をもち，河口前面に海溝がないような場合，河川から大量の陸源砕屑物が排出され，外洋域でも深海扇状地が形成され，堆積速度がきわめて速い場合がある．陸源砕屑物による堆積速度の変動は，とくに一緒に運搬される陸起源有機物の埋没効率を変化させるため，地球表層の炭素収支を考慮する上で重要となる．

　外洋域の堆積物中で砕屑物に占める石英の割合をみると，太平洋では東アジア東方やオーストラリア東方の中緯度域で，大西洋ではサハラ砂漠の西方沖やアマゾン河口の東方で，インド洋ではベンガル湾およびアラビア半島沖，アフリカ東方中緯度域で多い．これらの分布は中緯度では偏西風，亜熱帯域では貿易風による風成塵の運搬経路に沿っている．また，深海海底扇状地の発達する場所でも石英の割合が多い．石英が化学風化に強く残りやすいことと，粘土よりもシルトサイズに卓越する性質を考慮すると，これらの分布は後背地の気候の違いだけでなく，運搬様式の違いも反映しているものと考えられる．

　北太平洋中緯度域の遠洋性堆積物では，陸源砕屑物および陸起源有機物（とくに長鎖炭化水素）が黄砂現象のプロキシーとして古気候復元に用いられてきた．過去における北太平洋の風成塵運搬は，陸源砕屑物，長鎖炭化水素どちらのプロキシーでみても，氷期最寒期のみにきわめてそのフラックスが高く，現在の3〜5倍程度だったと見積られる．これは東アジア乾燥域の拡大だけでなく，風成塵発生季節の長期化の影響もあったものと考えられる．　　〔入野智久〕

2-21 氷床コアと大気成分の変動

ice core and changes in atmospheric composition

氷床を掘削し得られた柱状試料のことを氷床コアと呼ぶ．グリーンランド氷床と南極氷床から得られた氷床コアは，気温，エアロゾル，火山物質，太陽放射量，大気組成など過去の環境変動の情報を記録しており，過去80万年間の気候変化を解析するうえで不可欠な研究材料である．

最初の氷床掘削は，1949年にグリーンランドで行われた．その後，掘削技術の進展に伴い，大深度から連続的なコアを採取することが可能になった．1960年代に，グリーンランドのアイスコアから古気候変動が検出されたのを契機に，グリーンランドと南極において氷床コアの掘削が進められた．

南極やグリーンランドの氷床は広大であるが，コアの掘削に適した地点はごく限られている．氷床の氷は，氷床中央部のドームから縁に向かい流動するので，連続的な古気候変動記録を得るには，ドーム頂上で掘削することが望ましい．

氷床以外の氷河においてもコアの掘削は行われている．そのようなものも含めてアイスコア（ice core）と呼ぶ．中低緯度の山岳氷河で掘削されたアイスコアは中低緯度の高高度の古気候情報を記録する貴重な古気候媒体として注目されている．

氷床コアの年代は，コア上部では，年層を確認することにより決定する．下層では年層が圧密により検出されなくなるため，氷床流動モデルなどを用いて年代を推定しているが，推定誤差が大きい．最近，気泡中の窒素と酸素の濃度比が降雪時の雪面の日射量に対応することを利用し，窒素/酸素比をミランコビッチサイクルに対応した南極夏季日射量に対比し，年代を決める新手法が提案された．この手法により，古い時代の氷についても，1000〜3000年の誤差で年代を求めることができるようになった．

高緯度に降る雪の酸素同位体比（酸素18の酸素16に対する比）と水素同位体比（重水素の水素に対する比）は，降雪地点の年平均気温を反映し，気温が低くなると，酸素同位体比と水素同位体比は低くなる（4-02参照）．このことを利用し，氷の同位体比から，コア採取地点における過去の年平均気温を推定することができる．ただし，気温と同位体比の関係式の勾配と切片は地域により異なっているので，その地点にあった関係式を求めることが必要である．この手法を用いて，グリーンランドでは，最終氷期に激しくかつ大きな気温変動が繰り返し起きたことが示された（2-05参照）．また，南極では，およそ10万年間隔の氷期間氷期変動に対応して，気温が変化したことが示された．

コアには，不純物としてエアロゾル由来のカルシウム，カリウム，ナトリウム，マグネシウム，アンモニアなどの陽イオンと，塩素，硫酸，硝酸などの陰イオンが含まれている．これらのイオンの濃度変化は，過去の気候変化とよく対応しており，エアロゾル供給源の環境の変化，風の強さ，風系の変化，海氷の発達度を反映している．この手法により，氷期では間氷期よりも大気中エアロゾル濃度が高かったことが示された．また，グリーンランドアイスコアの最終氷期層準に含まれる大陸起源エアロゾル濃度は亜氷期に高く，亜間氷期に低く，高緯度域大気循環形態がダンスガード-オシュガーサイクルに対応して変動していたことが示唆された．

コアに含まれる硫酸イオンの一部は，火山噴火に由来する．大規模な火山噴火により大気上層に放出された硫酸塩エアロゾル

や火山灰は日射を遮り，地表気温の低下をもたらす．コア中の硫酸イオン濃度は，気候変化の原因となる火山噴火のよいプロキシー（指標）になりうる．北半球での噴火は，グリーンランド氷床に，南半球での噴火は南極氷床に，赤道付近での噴火は，両極の氷床に記録される．

コアに含まれるベリリウム10の濃度は，過去の太陽活動を反映するプロキシーである．ベリリウム10は大気上層において銀河宇宙線の窒素・酸素原子への照射により生成し，地上に堆積する．大気上層に到達する宇宙線フラックスは，100年スケール変動においては太陽磁場強度に規制されており，太陽活動が活発で，太陽磁場が強いとき，宇宙線フラックスは減少し，ベリリウム10生成量が減少する．したがって，アイスコアに含まれるベリリウム10濃度から過去の太陽放射量変動を推定することができる．この手法で推定された太陽放射量変動は，100年スケール気温変動と対応しており，太陽放射量変動が気候変動を強制していることの有力な証拠となっている．

氷床コアの氷結晶に取り囲まれた気泡中には，氷形成時の大気が保存されている．この気泡中のガスをガスクロマトグラフで分析することにより，過去の大気組成を復元することができる．ガスが氷に閉じこめられるためには，雪が圧密を受けてザラメ雪，氷へと変化する必要があるため，気泡中のガスの年代は周囲の氷の年代よりも最大数千年も若くなる．堆積速度を考慮したモデルを用いて，年代差を推定し，ガスの年代を補正する．南極アイスコアのガスを分析することにより，二酸化炭素，メタン，一酸化二窒素の濃度は間氷期に高く，氷期に低いことが明らかになった．約2万1000年前の最終氷期最盛期には，二酸化炭素濃度は180～190 ppmであり，産業革命前レベル（280 ppm）よりも100 ppm低かった．同様に，メタンと一酸化二窒素も氷期で濃度が低いことが示された．過去60万年間の二酸化炭素濃度変動を復元した結果によると，二酸化炭素濃度は南極気温や氷床体積とほぼ同調した変動しており，離心率変動に対応した約10万年周期と歳差運動に対応した約2万年周期を示した．最終氷期以降の1000年スケール変動について南極アイスコアとグリーンランドアイスコアを対比したところ，二酸化炭素濃度は南極気温と平行して変化するが，メタン濃度はグリーンランド気温と平行して変化することが示された．二酸化炭素濃度変動には南極周辺海域の変動が関与し，メタン濃度変動には熱帯域モンスーン変動が関与していると想像されている．

〔山本正伸〕

2-22 海底堆積物コアによる生物生産の復元

reconstruction of paleo-productivity from sediment core

海底には，生物源粒子（珪質・石灰質の殻をもつプランクトン，バクテリア，それらの遺骸，陸上高等植物の脂質）や非生物源粒子（陸域からの砕屑物や自生鉱物）が堆積している．これらの堆積物は，外洋域では，1000年で数cm，陸域に近い沖合域では1000年で数十cm程度の速度で堆積している．このような海底堆積物を世界各地の海洋から採取し，海底堆積物中に含まれるプランクトン微化石の種類や量，有機物を解析することで，さまざまな海域，さまざまな時代の海洋表層における生物生産の特徴が復元されている．

過去の生物生産の復元方法は，さまざまであるが，もっとも一般的な指標は，堆積物に含まれる有機炭素量（total organic carbon：TOC）である．陸域に隣接した沿岸域や浅海域（陸上高等植物由来のTOCの寄与が大きい）を除けば，堆積物中のTOCの時代変化は，おおよそ過去の生物生産の変動を反映していると解釈できる．ただし，表層から沈降してくる有機物の多くは，水柱や海底面表層部において酸化分解されるため，有光層から輸出された有機物のうち，堆積物として埋没するのは1%以下となる．したがって，堆積速度や水柱・底層水での酸素濃度など有機物の保存に影響を与える要因の時代変化が，TOCの時代変化に影響を与える可能性にも注意しなければならない．そのため，堆積物中の生物源SiO_2濃度（ケイ酸塩の殻をもつケイ藻や放散虫などの総量を反映）や$CaCO_3$濃度（炭酸塩の殻をもつコッコリスや有孔虫などの総量を反映），あるいはプランクトンの群集組成などが，TOCの不確かさを補うために用いられることがある．

さらに，沈降する有機物が分解する際に生成されるバライト（$BaSO_4$）は，硫酸還元下以外の条件では，水柱・堆積物中において分解や溶解の影響をほとんど被らない．セジメントトラップの観測からは，バライト沈積流量とTOC沈積流量との間に正の相関があることがわかっており，堆積物中のバライト含有量の変動は過去の生物生産の指標になりうる．また，続成作用に強い分子構造をもつ高分岐鎖イソプレノイドアルケン（ケイ藻由来），アルケノン（ゲフィロカプサ藻由来），ジノステロール（渦鞭毛藻由来）などの有機分子（バイオマーカー）の堆積物中濃度は，各プランクトン種の生物生産（衰退・繁栄）を復元する際に有効である．

1980年代以降，上記にあげた生物生産の指標を用い，海底堆積物から過去の生物生産を復元し，復元された生物生産の変動と気候変動との関連が解析されてきた．なぜなら，海水中の有機態炭素量は，大気中の炭素量とほぼ等しいため，海洋の生物生産の変動が大気中のCO_2濃度の変化に影響を及ぼす可能性が考えられていたからである．現時点では，最終氷期の大気中CO_2濃度の低下に全球的な生物生産の変動がどの程度関与していたか統一された見解はないものの，これまでの研究によって，生物生産の変動が，窒素・リン・シリカ・鉄など栄養塩類の海洋での挙動や海洋の水塊構造，大気循環などさまざまな因子によって規定されていることがわかってきている．

〔堀川恵司〕

文　献

1) Paytan, A. (2008) Ocean paleoproductivity. In：*Encyclopedia of Paleoclimatology and Ancient Environments*（*Encyclopedia of Earth Sciences Series*）(ed. V. Gornitz), Springer, 643-651.

海洋科学掘削と展望

scientific ocean drilling and its future

海洋における科学掘削は，米国のカス1号を用いたモホール計画の一環として1961年に始まった．その後，グローマー・チャレンジャー号を用いる米国の科学計画DSDP（Deep-Sea Drilling Project）として1968年に本格的に開始した．この計画は，1975年に日本，ドイツ・イギリス・フランス・ソ連の5カ国を加えて国際計画IPOD（International Phase of Ocean Drilling）に衣替えしたのち，1985年には米国船籍の海洋掘削船ジョイデス・レゾリューション号を用いるODP（Ocean Drilling Program）に引き継がれる．そのODPも，2003年より新しいIODP（Integrated Ocean Drilling Program）へと引き継がれて今日に至っている．

開始当初のDSDPは，プレートテクトニクスの海洋底拡大説の登場や，第四紀の気候変動研究の革新期と時期的に重なり，こういった理論の実証に大きく貢献した．それ以外にも，これまで40年余りにわたる海洋の科学掘削は，地球科学の発展に多大な成果をもたらしてきた．たとえば，白亜紀以降の詳細な海水温や海面変動といった気候変動の復元は，そのほとんどが海洋掘削試料の分析を用いて行われてきたものである．それ以外にも，海洋無酸素事変，地中海の蒸発，白亜紀/第三紀境界の隕石の衝突，南極氷床の形成といった地質イベントの解明や，海底下のメタンハイドレートの発見および採取といった数多くの成果をあげてきた．また，固体地球科学の分野では，各地の海洋地殻の形成プロセスと進化や付加帯の形成プロセスの解明などに大きな成果をもたらした．さらに近年では，海底下に広がる地殻内微生物圏の発見に重要な役割を果たした．

深海底掘削計画で用いられるツールも時代とともに変容してきた．軟泥層を乱さずに採取する水圧式ピストンコアリングシステム，中程度の硬さの堆積物を掘削する拡張式コアリングシステム，硬い基盤岩などを掘削するロータリー式コアリングシステムなどは最新の海底掘削に欠かせないものとなっている．また，掘削された堆積物や岩石は，船上で分割されるだけでなく，実験室で各種の分析や解析に供される．

とくに最近の科学掘削では，石油の海洋掘削のノウハウも取り入れて，堆積物や岩石を試料採取するだけではなく，掘削孔を用いた多様な研究手法が発展している．たとえば，掘削孔の物理検層（ロギング）が積極的に導入されている．これは，掘削孔の中に比抵抗計・密度計・音波速度計・自然ガンマ線測定装置・孔井傾斜計など各種センサーを降下し，孔壁の地層の物性を連続的に計測するものである．掘削箇所の地層を連続測定することによってリアルタイムで地質情報を得ることができるだけでなく，試料採取掘削に有用な掘削孔の安全監視やリスク回避にも役立っている．さらに，掘削孔内に地震計などの観測機器を設置し，掘削孔を海底下の観測ステーションとして科学的に利用する計画も進みつつある．

現在行われているIODPでは，日本が建造した掘削船「ちきゅう」（図1），米国が提供する新型ジョイデス・レゾリューション号，欧州が提供する特定任務掘削船（MSP : Mission Specific Platform）の3船体制で進められている．この中でも日本の科学掘削船「ちきゅう」は，最新鋭の掘削技術を備えている．とくに，掘削用泥水を循環させて掘削孔を保持するだけでなく，掘り屑（カッティングス）を船上に回収し

図1　日本の科学掘削船「ちきゅう」（写真提供：海洋研究開発機構）

ながら掘削する「ライザー掘削システム」という高度な掘削技術を備えている．また，掘削孔をケーシングし，その孔壁をセメントで固めることができる．これにより，長期間にわたって掘削孔の崩れを防ぎ，海底下より深くまで安定して掘削することができる．さらにメタンなどのガスが海底下から暴噴するのを防ぐための噴出防止装置（BOP）も備え，安全性も重視した設計になっている．こういった掘削技術のおかげで「ちきゅう」は，水深 2500 m の海域で海底下 7500 m の掘削が可能という従来のノンライザー船にはないきわめて高い掘削能力を備えている．

個々の研究航海は，各研究者グループがあらかじめ設定された科学計画である「IODP Initial Science Plan」に沿った研究内容の研究計画書を提出し，それを各国の代表者が務める委員会で審査を経た後，承認されるという形で進められる．

2013 年以降，IODP は第 2 フェーズに入り，新しい科学計画の元での掘削計画へと発展する予定である．そこでは，人類未踏のマントル掘削への挑戦，地下生物圏の探索といった斬新な科学的な内容の他，海底下モニタリングによる巨大地震などの災害予測，海底下への炭素隔離実験など現代の社会問題に対応する科学計画も盛り込まれる予定である． 〔大河内直彦〕

文　献
1) 川幡穂高編（2010）総特集：IODP の将来のテーマ—第二期にむけた日本版白書より—．月刊地球，vol. 32.

テフラによる火山活動履歴

volcanic history by tephra study

火山の爆発的噴火で地表に噴出した破片状の物質をテフラという．いわゆる火山灰とほぼ同じ意味だが，粒径 2～4 mm 以下の細粒物，つまり灰，とは限定されない．テフラは噴火後に偏西風などに乗って広く空中を拡散した直後，すぐに降下して堆積するので，地層中のテフラ層は，広い地域間での厳密な時間同時面を指示する対比の鍵となりうる．肉眼で認められる分布域面積がとくに広く，地層中での年代決定の基軸となる指標テフラは，「広域テフラ」と呼ばれている．また，放射年代測定などで求められたこれらの噴出年代の推奨値が公表されており，さまざまな試料の年代決定に利用されている．たとえば，年縞堆積物コア中に広域テフラがあれば，年単位で堆積物の年代測定が可能となる．

広域テフラの例としては，中朝国境に位置する白頭山の西暦10世紀に巨大噴火で生じた「白頭山苫小牧テフラ」は北海道全域でそのテフラ層が確認できるし，1万500年ほど前に韓国の鬱陵島での噴火による「鬱陵隠岐テフラ」は近畿地方に分布する．7300年ほど前の九州南端での噴火で生じた「鬼界アカホヤテフラ」や2万数千年前の「姶良Tnテフラ」は北日本以外の日本各地で発見されている．

しかし通常の噴火では，給源火山から遠隔地域ではテフラは層が薄く細粒になり，堆積時に起こる撹拌や混交の結果，野外調査ではテフラと識別できなくなっている．このような肉眼では確認できないほど希薄になったテフラ層は「クリプト（隠れたの意）テフラ」と呼ばれている．露頭からこの「クリプトテフラ」を認識するには，火山ガラス粒を試料から抽出してその存在密度の計測をする必要があるが，化学組成や磁化率の垂直分布を走査分析すると，その異常から検出できることもある．

こうして認識されたテフラ層がどの火山からいつ供給されたかを，あるいはすでに報告されているテフラのいずれに相当するかを判定するには，テフラの鉱物組成比，火山ガラスや斑晶鉱物の形態，屈折率，熱磁気的な性質，化学組成などの検査項目を，野外調査データとも組み合わせて判定する．とくに，火山ガラス粒はマグマ溜まりにおける噴火直前の液体マグマの化学組成を代表していると考えられるので，有力な情報源である．

放射化分析やICP分析で，完全に純化した火山ガラス粒中の多数の微量元素を分析すると，テフラの同定だけではなく，給源マグマの推定にも役立つ．一方，微小領域の分析法であるEPMAであれば，試料の純化をしなくても分析は可能だが，微量元素の測定は困難である．最近では，火山ガラス1粒ごとの微量元素組成が定量可能なレーザー励起ICP質量分析法がテフラの同定に有力視されている．地層中で火山ガラスは風化しやすいので，希土類元素などの風化で溶脱しにくい微量元素の含有量パターンが有効である．

将来，クリプトテフラを含めた日本周辺のテフラの同定と対比が進み，テフラ情報カタログが充実してくると，歴史資料のないような過去の火山活動履歴が浮かび上がってくるはずである．また，火山ガラス粒や斑晶鉱物中の微量元素含有量のみならず，ストロンチウム同位体比や酸素同位体比も測定されれば，マグマの生成や進化や噴火機構の変遷まで論じることが可能になるだろう． 〔豊田和弘〕

文献
1) 町田洋・新井房夫 (2003) 新編火山灰アトラス，東京大学出版会，pp. 336.

2-25 貝殻とサンゴの成長履歴と環境の季節変動

growth records and seasonal changes of environment in shell and coral skeletons

　貝類やサンゴなど炭酸カルシウムを付加成長させる生物の骨格には，生息環境の変化に呼応した日輪や年輪と呼ばれる成長線が刻まれる．この成長線を読みとり時計代わりに利用することで，過去の環境変動を季節変化以上の時間分解能で読み解くことができる．貝類やサンゴの多くは，アラレ石や方解石からなる骨格を形成し，これらの同位体比や微量元素を成長線に沿って分析することにより，生育期間中の水温や塩分などの気候の季節変動，河川の氾濫や台風，地震などの短期間に起こったイベントを定量的に復元することができる．（口絵5参照）

　二枚貝は，寒帯から亜熱帯間の幅広い気候帯において河川や湖などの淡水域からから浅海から深海の海水域まで生息しており，さまざまな環境化における古環境復元に用いられている．二枚貝の殻の内層や外層には，日単位の非常に細かい成長線が観察でき，近年改良されてきている同位体比や微量元素の微小領域分析の手法と組み合わせることにより，季節変動よりも高い時間解像度での環境解析が期待されている．また，二枚貝には，熱帯域に生息するシャコガイや亜寒帯に生息しているアイスアイランドガイ，また，河川に生息するカワシンジュガイなど，100年以上もの長寿のものがおり，これらはより長い期間の環境復元に用いられてきている．熱帯～亜熱帯に生息している造礁性サンゴは，年輪を刻みながら数百年間にわたって生き続けるので，熱帯地域の環境の季節～経年変動を復元することに有用であり，とくに，過去のエルニーニョ現象を復元する研究が盛んに行われている（2-06参照）．

　二枚貝やサンゴ骨格を解析する際に用いられる化学指標としては，酸素同位体比，炭素安定同位体比，放射性炭素同位体比，鉛同位体比，窒素同位体比，ストロンチウム/カルシウム比，バリウム/カルシウム比，などがあり，それぞれ，水温と降水量，日射量，海水の年代，大気汚染，栄養塩，水温，河川流入量，などを復元する際に指標として用いられている．これらの化学指標は，現生試料の化学分析値と既知の環境変動量を比較して計算された経験式を元に利用されている．近年，ある特定の環境条件を一定に保った飼育実験での結果や短期間の間に生育した骨格部位の微少領域分析などの結果からは，環境要因でのみでは説明ができない化学組成の大きな不均質性が見つかっている．今後の課題の1つとして，二枚貝やサンゴが石灰化し骨格を形成するメカニズム（バイオミネラリゼーション：biomineralization）の解明がある．

〔渡邊　剛〕

海洋無酸素化イベント

oceanic anoxic events

　世界各地に分布する堆積岩の中には，有機物に富み薄くぺらぺら剥がれやすい黒色を呈するものがある．この堆積岩は一般に，黒色頁岩（black shale）と呼ばれ，有機炭素濃度が20％を超えるものが多数報告されてきただけでなく，硫化鉄を多量に含む場合も多い．このことから，黒色頁岩が遊離酸素に欠乏した海洋中で形成された堆積岩であると推定されてきた．

　このように海洋が還元的な環境になったと考えられる地質イベントは，先カンブリア代から第四紀にまで断続的かつ広域的に分布している．その中でも，白亜紀に形成されたものはとくに「海洋無酸素事変（OAE：oceanic anoxic event）」あるいは「海洋無酸素化イベント」と呼ばれている[1]．これまで陸上地質だけでなく深海底掘削計画などの研究成果をもとに，海洋無酸素事変の分布が全球的に広がっていたことが明らかにされてきた．黒色頁岩は石油や天然ガスの重要な根源岩として知られるだけでなく，重金属もしばしば濃集しており，資源的にも重要な意味合いをもっている．海洋無酸素化イベントは，人類社会を陰で支えきたのである．

　個々の海洋無酸素化イベントは，最大100万年ほど続き，その間には断続的に無酸素状態と有酸素状態が何度も繰り返していたと考えられている．白亜紀の海洋無酸素事変やペルム紀/三畳紀境界に形成された黒色頁岩中からは，無酸素環境下で光合成を行う光合成細菌が合成する色素化合物が見出されており，還元水塊が有光層の中にまで広がっていたことが示唆されている[2]．さらに，各種バイオマーカーやその安定同位体比の分析結果は，海洋無酸素事変時の海洋表層において，窒素固定を行うシアノバクテリアがブルームを起こしていたことを示唆している．海洋無酸素事変時には海洋が無酸素になるだけでなく，海洋表層の生態系も大きく変化した時代である[3]．

　また，地球史を通して何度も起きた海洋無脊椎動物の絶滅イベントは，多くの場合こういった還元化イベントに伴って見出されており，海洋の無酸素化が海洋生物の大量絶滅を引き起こしたものと考えられている．さらに，還元化イベントの多くは，巨大火成岩区（LIP：large igneous province）と呼ばれる玄武岩を地球表層に大量に噴出するイベントとも同期していることが指摘されている[4]．大規模な火山噴火に伴う地球内部からの脱ガスが気候や海洋循環の変動を引き起こし，究極的には還元化イベントを生み出したのではないかと考えられている．　　　　　〔大河内直彦〕

文　献

1) Jenkyns, H.C. (1980) J. Geol. Soc. London, **137**, 171-188.
2) Sinninghe Damsté, J.S. and Köster, J. (1998) Earth Planet. Sci. Lett., **158**, 165-173.
3) Ohkouchi, N., et al. (2006) Biogeosciences, **37**, 855-858.
4) Kuroda, J., et al. (2007) Earth Planet. Sci. Lett., **256**, 211-223.

2-27

微化石

microfossil

　地層中に含まれる化石の中には同定に顕微鏡を必要とする微小なものが多く存在する．これらをまとめて微化石と呼び，その種類は放散虫・有孔虫・石灰質ナンノプランクトン・珪藻・花粉など多岐にわたる．微化石は少量の堆積物試料に多数の種類，個体が含まれ，微化石のグループ組成や種組成が当時の環境を反映している．そのため，地層を微化石組成に基づいて区分した微化石層序は地質編年や古環境解析に幅広く応用される．

　生物は進化の過程で種分化による出現や絶滅を繰り返してきた．なかでも，地理的に広く分布し，種分化が比較的短期間に起こる，といった一定の条件をクリアした化石（示準化石）の出現や絶滅のタイミングは示準面として扱うことができる．生存時期以外にも繁栄期や群集組成などに基づいた示準面が設定され年代区分に用いられる．このような複数の示準面を組み合わせることで，より詳しい化石帯が設定され地層の年代区分の時間解像度を高めることができる．とくに，浮遊性微化石は地理的分布が広いため地層の対比や年代決定に非常に有効である．深海掘削計画（Deep Sea Drilling Project：DSDP）や国際深海掘削計画（Ocean Drilling Program：ODP）などで得られた膨大な堆積物試料と微化石データの蓄積によって1980年代には浮遊性微化石を用いた微化石年代学が大きく発展した．さらに，古地磁気層序や放射性年代などとの対比が進められることによって化石帯の絶対年代値も決定されている．

　海洋の古環境解析によく使われる微化石はおもに，植物プランクトンである珪藻と石灰質ナンノプランクトン，動物プランクトンである放散虫と有孔虫の4種類である（図1）．一般に，珪藻と放散虫は高緯度海域と赤道域に多く生息し，石灰質ナンノプランクトンと浮遊性有孔虫は低～中緯度にかけて多く生息している．各生物の群集構成はその時代の海洋環境に左右されることを利用して，堆積物の群集解析に基づいて過去の海洋環境を復元する手法が広く応用されている．

　微化石の殻の化学組成も古環境を復元する上で非常に有効である．たとえば，炭酸カルシウムでできた有孔虫殻の酸素同位体比はその時代の水温と大陸氷床の量に左右される．そのため，地球の平均的な気候状態を理解するのに格好の材料である．また，有孔虫殻に含まれる微量元素濃度も水温，栄養塩などの環境要素を復元するツールとして使われる．　　　〔佐川拓也〕

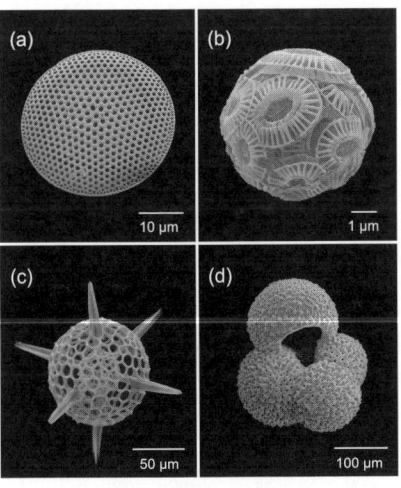

図1　代表的な微化石
a：珪藻，b：石灰質ナンノプランクトン，c：放散虫，d：有孔虫．a～c：土佐湾（KT07-19），d：高知沖（KR02-06）（a～cは小野寺丈尚太郎博士撮影）

堆積年代

age of sediment

堆積年代とは，その地層が堆積した地質年代のことである．地質年代の測定法には，絶対年代法と相対年代法がある．

絶対年代法には，放射性同位体の放射壊変を利用した放射年代がよく用いられ，数値年代測定法とも呼ばれている．地質年代においては，数千年から数億年の半減期をもつ放射性同位体元素が多く利用されており，放射性元素の親元素と娘元素の量比が年代と共に変化することを利用する方法（K-Ar法，Rb-Sr法，U-Pb法，Pb-Pb法，Re-Os法など）や，放射性元素が平衡状態にあった系から分かれることにより親元素の量が年代と共に変化することを利用する方法（^{14}C法，U-Th法など），放射線損傷を利用する方法（フィッション・トラック法，熱ルミネッセンス法など）の放射年代測定法がある．これらを用いて，地層の堆積年代を得ることができる．（口絵4参照）

相対年代法とは，たとえば，ある生物種が出現してその化石が地層に残っていれば，その地層の重なりから相対的に古い時代，新しい時代と区別ができる．このような古生物の進化・系統を用いた相対年代法が生層序（biostratigraphy）である．地球は7割を海が占めるため，海底に堆積する堆積物（岩）が多く残っている．海成堆積物では，おもに石灰質ナノ化石，有孔虫，珪藻，放散虫の初出現，繁栄，絶滅層準を相互に組み合わせ微化石生層序学が確立されている．これら4つの微化石は化石として保存されやすいため，古いものは中生代のジュラ紀の地層からも産出し現在まで棲息していること，いずれも海棲のプランクトンであるため広域に分布し進化速度も早いことなどから，示準化石として地質時代の編年に重要な役割を果たしている．これらの生層序に加え，地球磁場の南北反転に基づく古地磁気層序（magnetostratigraphy）なども組み合わせ地質学的な年代を計るための「時計」として精度が上がっている．

このように，地質年代の測定には，測定を行う年代や試料の種類などによって適用できる測定手法が限られることから，適切な年代測定法を用いることが重要である．

上述したように，さまざまな年代法を組み合わせ地質年代が精度よく決まれば，堆積速度（sedimentation rate）を求めることができる．堆積速度とは，単位時間あたりに降り積もった物質がどのくらい堆積したかを層厚や重量で表したものである．海底堆積物における堆積速度は，おもに柱状試料に含まれる有孔虫の酸素同位体層序を標準カーブと対比させ，それに^{14}C法，U-Th法などによる放射年代値，微化石の出現，絶滅層準などの情報を加え年代値が決まれば，それと層厚から計算することができる．ただし，年代値は連続で求めることはできないため，その間の堆積速度は一定と仮定しなければならない．たとえば，深海底から採取された海洋コアの堆積速度は，1000年あたりに数cmから数mm程度であるため，5 cm/kyr.や3 mm/kyr.のように表す．堆積速度が求まれば，物質の含有量（％）と密度から単位体積・単位時間あたりのフラックスに換算できる．各海域において求められた堆積速度やフラックスは大きく異なることになるが，堆積物の起源や運搬のプロセス，堆積環境の変化などを理解する上で重要な情報となる．

〔村山雅史〕

2-29

湖底堆積物

lake sediment, lake deposit

　湖底堆積物には湖底に堆積した物質で，集水域から流入する河川水や降水などの大気降下物により湖内に供給された外来性物質（allocthonous matter）と，湖内で生産された生物の遺骸や湖内で生成した自生鉱物による自生性物質（autochthonous matter）がある．また，外来性物質は混濁流（タービダイト）などの突発的現象でも供給される．（口絵4参照）

　湖底堆積物は堆積環境の寒暖や乾湿などの連続的な気候変動情報を有するため，陸域における環境変動を解明するためには重要である．とくに，湖底堆積物には海洋堆積物と異なり，植生などの陸域の情報が多く含まれる．ここでは，湖底堆積物による古環境復元に関する研究で代表的な琵琶湖とバイカル湖について述べる．

　琵琶湖は約500万年の歴史をもつ古代湖で，堀江らは世界にさきがけ湖底で深層掘削［200mコア（1971年），1400mコア（水深68m，1982-83年）］の古地磁気，花粉分析，地球化学，微化石，火山灰・年代学的研究を行い，第四紀の古環境変動を明らかにしている[1]．琵琶湖の1400m掘削コアでは基盤岩の上に911.4mの堆積物があり，過去200万年以上にわたる環境変動が記録されている[2]．湖底から249.5mまでは琵琶湖粘土層と呼ばれる均質な堆積層が分布し，この粘土層には，約43万年間にわたる10万年サイクルの氷期-間氷期のグローバルな環境変動が記録されている．深度249.5～581.9mでは，氾濫原や平野，浅い湖水が広がる環境が推定される．深度581.9～731.8mでは，ある程度広がりのある湖水域が存在し，湖水域から氾濫原環境への変遷が繰り返される．深度731.8～804.1mでは氾濫原や平野部の環境が推定される．また，深度804.1～911.4mでは水流によって淘汰を受けて堆積した様相がなく，土石流などの陸上堆積物の可能性が指摘されている[2]．一方，琵琶湖の堆積速度は海洋底と比較して約100倍と大きく，数年程度の高分解能の環境変動の解明が期待され研究が継続されている．

　バイカル湖は世界最古の古代湖で，湖底には厚さ8000m以上の堆積物が分布し，過去3000万年間のユーラシア大陸北東部における長期環境変動が記録されている[3]．日本，ロシア，アメリカが中心となり，バイカル湖の湖底を掘削し，大陸内部における環境変動を解明するために，1992年に国際共同研究であるバイカルドリリングプロジェクト（BDP）がスタートした．

　BDPにより1992～1999年にバイカル湖の湖底から100m以上のコアが6本掘削された．このうち湖中央部のアカデミシャンリッジ（水深333m）で1996年に掘削されたBDP 96/1 & 2コア（200m）および1998年に掘削されたBDP98/1 & 2コア（600m）では，詳細な堆積層序，古地磁気，^{10}Be年代測定，無機化学分析，バイオマーカー分析，珪藻・花粉分析などが行われた[4,5]．

　1996年と1998年のコアを統合したBDP 96 & 98コアによると，過去1200万年間におけるユーラシア大陸北東部における気候変動は，全有機炭素（TOC）濃度と花粉分析から寒冷化であることが示された[5]．TOC濃度（7710試料）は回帰曲線の切片より1200万年間に約1/2に減少する（図1A）．また，約280万年前の寒冷化は北半球における氷床の形成に対応することが示されている．花粉分析では1200万年前には温暖湿潤な気候で多様な落葉広葉樹が繁茂していたが，次第に広葉樹の種

89

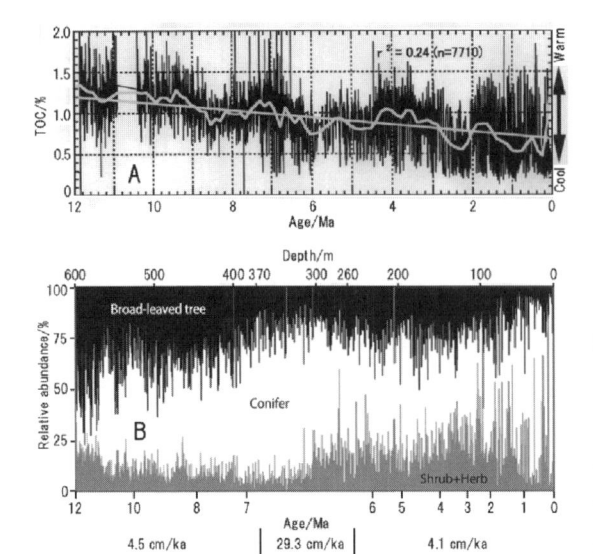

図1 バイカル湖における全有機炭素（TOC）濃度（A，井上ら原図）と花粉分析結果（B，長谷ら原図）過去1200万年前から寒冷化が進行し，TOC濃度は1/2に減少し，温暖湿潤な落葉広葉樹林から針葉樹，低木・草本などに遷移する．図Aの直線は回帰曲線．曲線は2%加重平均値．図Bの年代の下の数字は堆積速度．

類は単純化し，約150万年前から100万年にかけては，落葉広葉樹林の多くが消滅している[5]（図1B）．また，低木と草本類からなるステップ，または植生がきわめて貧弱な砂漠が繰り返し現れ，ツンドラも出現する．約7800年前からは現在の針葉樹林（タイガ）に遷移している．一方，光合成色素は過去450万年間保存され，一次生産量および藻類組成が気候変動に同期していることが明らかにされている[5]．

ユーラシア大陸北東部における気候変動のおもな周期は，海洋堆積物コアと整合性がよい．バイカル湖集水域には氷期－間氷期サイクルは約100万年前までは4万年周期が卓越していたが，約80万年前からは10万年周期が卓越することが示されている．また，地球軌道要素変動に伴う日射量変動（ミランコビッチサイクル）に対応づけられた主要な周期として，1万9000年，2万1000年，4万1000年，10万年のほかに40万年，60万年および100万年周期が見出されている[3-5]．

なお，バイカル湖の堆積年代は磁気層序年代モデルと ^{10}Be 法で検討した結果，BDP 98/1＆2の最深部の堆積年代は，1200万年前ではなく840万年という見解が提起されている[5]．さらに年代軸を含め，ユーラシア大陸北東部における長期環境に関する検証が進められている．

〔井上源喜〕

文　献

1) 堀江正治（1980）琵琶湖掘削研究—その現状と将来への展望．地学雑誌, **89**, 213-236, 273-296.
2) 竹村恵二（2002）琵琶湖環境変動論．地球環境, **7**(1), 59-76.
3) 河合崇欣（2002）バイカル湖地域過去1,200万年の環境変動とバイカル湖研究の特徴．地球環境, **7**(1), 103-115.
4) Kashiwaya, K. ed. (2003) *Long Continental Record from Lake Baikal*, Springer-Verlag. 370p.
5) 桜井識人編（2003）バイカル湖から地球環境変動を探る．月刊：地球, 号外 No. 42, 海洋出版. 204 p.

2-30 加速器質量分析

accelerator mass spectrometry (AMS)

　加速器質量分析は放射性同位体の定量法の1つであり，その特徴は，主要な他の2つの方法，放射能測定および高分解能質量分析計を用いる気体・固体試料の質量分析との比較により確認できる（図1）．

　AMSでは，放射性同位体の崩壊を待つのではなく，放射性同位体自身を識別して1個1個を直接計数する．すなわち，目的の放射性同位体とその安定同位体をイオン源でイオン化し，タンデム加速器で加速する．加速されたイオンのエネルギー選別，質量選別を行ってバックグラウンドイオンを除去したあと，安定同位体イオンをファラディカップを用いて電流として定量する．さらに，重イオン検出器を用いて入射粒子のエネルギーやエネルギー損失率から入射粒子の原子番号（原子核の電荷）の確認により放射性同位体イオンを選別してその個数を計数する．こうして，放射性同位体と安定同位体の存在比が得られる．AMSは，10^{-12}〜10^{-16}の同位体比が測定可能な超高感度同位体比分析法である．

　一方，放射能測定では，放射性同位体が崩壊する際に放出されるα線，β線，γ線などの放射線を，ガス比例計数装置，液体シンチレーション計数装置，半導体計数装置などを用いて計測し，計数率から試料に含まれている放射性同位体の個数（濃度）を算定する．長寿命の放射性同位体では，試料の量や測定時間を増やすことにより統計誤差を小さくする．また，加速器を具備しない質量分析計を用いる気体・固体試料

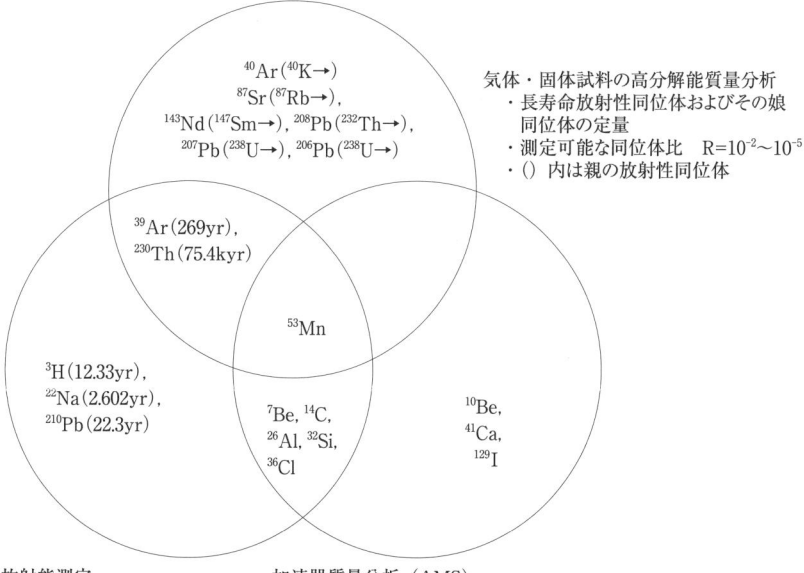

気体・固体試料の高分解能質量分析
・長寿命放射性同位体およびその娘同位体の定量
・測定可能な同位体比　R=10^{-2}〜10^{-5}
・()内は親の放射性同位体

^{40}Ar(^{40}K→)
^{87}Sr(^{87}Rb→),
^{143}Nd(^{147}Sm→), ^{208}Pb(^{232}Th→),
^{207}Pb(^{238}U→), ^{206}Pb(^{238}U→)

^{39}Ar(269yr),
^{230}Th(75.4kyr)

^{53}Mn

^{3}H(12.33yr),
^{22}Na(2.602yr),
^{210}Pb(22.3yr)

^{7}Be, ^{14}C,
^{26}Al, ^{32}Si,
^{36}Cl

^{10}Be,
^{41}Ca,
^{129}I

放射能測定
・短寿命放射性同位体の定量
・計数率は半減期に反比例
・()内は半減期

加速器質量分析（AMS）
・中〜長寿命放射性同位体の定量
・測定可能な同位体比　R=10^{-12}〜10^{-16}

図1　放射性同位体（娘同位体を含む）の3種類の測定法とそれらの特徴

の質量分析では，イオン源，高分解能質量分析装置およびイオン電流計測のためのファラディカップで構成される質量分析システムを用いて，放射性同位体やその崩壊により生成される娘同位体などについて，10^{-2}〜10^{-5} 程度の同位体組成比を 5〜7 桁の有効数字で測定できる．ppt レベルの測定には利用できない．

これまで，数千万年以上の半減期をもつ長寿命の放射性同位体やその娘同位体は気体・固体試料の質量分析によって測定され，それ以外の放射性同位体の定量には，放射能測定法を用いるしかなかった．1980 年代に AMS が利用できるようになって，放射性同位体を用いる年代測定の応用範囲が著しく拡大された．最近では，半減期が短いため放射能測定が有効な ^{3}H などを除くと，多くの放射性同位体が AMS による定量に置き換えられつつある．AMS を用いると，^{7}Be（半減期：53.3 日），^{10}Be（1.5×10^6 年），^{14}C（5730 年），^{26}Al（7.1×10^5 年），^{36}Cl（3.0×10^5 年），^{41}Ca（1.0×10^5 年），^{53}Mn（3.7×10^6 年），^{129}I（1.57×10^7 年）などさまざまな放射性同位体が，対象とする元素の量として数 mg を用いて，1 時間程度のうちに定量できる．

年代測定では，宇宙線により生成されるこれらの放射性同位体のうち ^{14}C がもっともよく用いられる．これは，炭素が生物を構成する主要元素の 1 つであることから，生物起源のさまざまな考古学・地質学資料に含まれていることによる．一方，^{41}Ca は，動物の骨などに含まれており，半減期も 10 万年と長いため，原人段階の骨化石の年代測定に利用できる可能性が高い．他方，^{10}Be，^{26}Al，^{53}Mn，^{129}I は湖底・海底堆積物の堆積年代，露出した岩石や隕石の宇宙線照射年代，また ^{36}Cl は地下水の年齢の推定に利用される．さらに，これらの放射性同位体は，化学トレーサーとして物質移動・循環・蓄積の解析を目的として，環境科学，宇宙科学，医学・薬学の研究に利用される．

AMS は当初，質量分解能の高いサイクロトロン加速器を用いて ^{10}Be や ^{14}C を測定する目的で発案された．その直後，カナダのマクマスター大学および米国のロチェスター大学にて，汎用タンデム加速器を改造した AMS システムを用いて初めて天然試料の ^{14}C 測定が実現した．この成功に刺激を受け，原子核物理学実験などに用いられていた既存の汎用タンデム加速器（加速電圧 5〜12 MV）が AMS 用に改造され利用された．こうした改造とは別に，小型タンデム加速器（加速電圧 2〜3 MV）を用いた専用の AMS 装置が米国 General Ionex（GI）社によっていち早く開発され，1981〜1983 年にかけて米国や日本をはじめとして 5 カ国に導入された．さらに，1990 年代に入ると，オランダ High Voltage Engineering Europe（HVEE）社が GI 社を引き継ぎ，最新技術を取り入れて従来機を改良し ^{14}C 測定専用の高性能改良型 AMS システムを開発した．また，^{36}Cl，^{129}I など他の同位体測定を可能とする大型 AMS システムを開発している．その後，HVEE 社の AMS 技術特許が切れると，米国 National Electrostatic Corporation（NEC）社から多様な AMS システムが開発されている．

ここ数年の傾向としては，とくに小型化が進み，NEC 社製の加速電圧 0.5 MV のタンデム加速器を用いる compact-AMS システムが ^{14}C 測定専用システムとして盛んに利用されている．また，加速電圧 0.25 MV のシングルエンド静電加速器を用いる AMS システムが考案され，^{14}C 測定に利用されている．一方，HVEE 社は，加速電圧 1 MV の小型タンデム加速器を用いて ^{10}Be，^{14}C，^{26}Al，^{129}I を測定できる装置を開発している． 〔中村俊夫〕

3.
海　　洋

海水の化学組成

chemical composition of seawater

海洋の形成　46億年前，宇宙塵から地球が生まれたとき，主成分である軽い水素 H_2 とヘリウム He の大部分は，高温になった初期の太陽に炙られて吹き飛ばされたが，酸素と結合していた水素，氷 H_2O は残った．また，この塵から地球ができるとき，重力のエネルギーが集中して発熱し，融け，冷却し，核（おもに鉄 Fe），マントル，地殻に分かれた．

最初，岩石（アルミノケイ酸塩）からなる地殻とマントルは融けており，マグマオーシャンといわれた．冷えるにつれ，重く，融点の高い塩基性岩は沈み，マントルになった．大陸地殻となる花こう岩質の酸性岩（SiO_2 の割合が高い）は，塩基性岩より融点が低く，軽いので，地表で冷やされて固化し，マントル対流によって集められ，アイソスタシーが働き，厚く盛り上がった．一方，それがない玄武岩質の海洋地殻は凹み，その後に凝縮した水が入り，海となった．

地球が融けて成層化したときに気化し，マントルや地殻に入らなかった揮発性元素が大気や海洋の成分となった．それらは，大気の N_2，CO_2 や Ar など，海洋の水，Cl，S などであった．なお，H_2 と He を除けば，これらの分子運動速度は，地球から宇宙に飛び出す脱出速度よりずっと小さいので，現在も大気や海洋中に残っている．大気の主要成分だった CO_2 は，岩石の風化に使われ，溶け出した Ca と反応して，$CaCO_3$ 石灰岩となり，地殻に取り込まれた．

地殻が固化しはじめたとき，その上には，厚さ2600 m 以上の高温の水があり，上部は気体と液体だったが，下部の臨界点（373℃，218気圧）を超える部分は，気体でも液体でもない超臨界水だった．水に溶けた酸性の塩化水素 HCl は，直ちに岩石成分と中和し，ナトリウム Na などを溶かし出した．さらに冷え，大部分の水蒸気が凝縮し，熱水となった頃には，水の総量も硫酸イオン SO_4^{2-} を以外の化学組成も，現在とそれほど変わらない海水になっていた．酸性の HCl は地中から脱ガスするやいなや中和するので，初期の海が塩酸の海だったことはない．現在，火山活動を通して出てくる揮発性元素の多くは，水を含めて，地表とマントルの間をマントル対流によって循環しているものである．その熱源は，岩石中のウラン（U-238 は半減期45億年）などの放射壊変で発生する熱である．これは時とともに減るので，平均的にはマントル対流もだんだん鈍くなってきている．

海洋の化学環境の変遷　原始の海には O_2 はなく，還元環境だった．そこには，現在の酸化環境とは異なる化学形で存在した元素があった．各元素の酸化形（カッコ内の左側）をエネルギー的に還元されやすいものから順に並べると（カッコ内の右側は還元形で，酸化されにくい順に並べると），酸素（O_2, H_2O），鉛（PbO_2, Pb^{2+}），ヨウ素（IO_3^-, I^-），セレン（SeO_4^{2-}, SeO_3^{2-}），窒素（NO_3^-, NO_2^-），マンガン（MnO_2, Mn^{2+}），クロム（CrO_4^{2-}, $Cr(OH)_3$），ヒ素（$HAsO_4^{2-}$, $HAsO_2$），鉄（$Fe(OH)_3$, Fe^{2+}），ウラン（UO_2^{2+}, $U(OH)_4$），イオウ（SO_4^{2-}, HS^-），炭素（HCO_3^-, CH_4），水素（H_2O, H_2）となる．還元環境であっても，左側のものがすべて右側の化学形になるわけではない．そうなるためには，この順で強い還元環境が必要である．

遅くとも38億年前には，海に生物（植物）が生まれ，光合成で生じた O_2 は，海洋の Fe，Mn，硫化物などの酸化に使われ

た．しかし，やっと25億年前にO_2が海水に（したがって，大気にも）残りはじめた．化学形が変わると，溶解度が異なるから，海洋環境は一変した（O_2の有無が環境を決め，量の多寡はあまり関係しない）．FeとMnは，還元形の方が溶けやすい．ただ，Feは，S^{2-}（硫化物イオン）があると，硫化鉄となって沈殿する．逆に，酸化形の方が溶けやすい金属には，UやMoなどがある．世界のおもなFeの鉱床やウラン鉱床はこの時代にできた．

その後，酸素呼吸をする動物が海に発生したが，大気中のO_2濃度が低いうちは，太陽からの紫外線で組織が壊され，陸には住めなかった．5億7000万年前，海からのO_2が大気に蓄積し，それが紫外線を吸収して生成したオゾンO_3が可視光に近い紫外線をも吸収して，陸上での生物の生存を可能にし，古生代に入った．すると，地表に根を張った植物が水辺や陸で大発生し，CO_2は還元され，有機物となり，地中や海底に埋もれて石炭，石油などになった．一方で，大気中O_2濃度は急増して今日と同レベルとなり，陸に大型の動物が住む中生代（2億5000万年前）となった．

その後も大気中のCO_2濃度は減少を続け，その温室効果の減少から，次の新生代（6600万年前）は，寒さに強い哺乳類の時代となった．その最後の300万年，とくに80万年前以降は，氷期・間氷期が周期的に交代する時代となった．公転，自転の軌道要素がミランコビッチ周期で変動し，高緯度域への日射が減ると，アルベド増，大気CO_2減，温室効果減，海水温低下，海水CO_2溶解増，海底炭酸塩溶解増の間のフィードバック過程が働き，氷期の大気中CO_2濃度の180 ppmは，植物の光合成が十分にできなくなる限界濃度に近かった．

平均滞留時間：反応性の尺度 海水中化学成分の反応性は，平均滞留時間と鉛直

表1 大きい順に並べた海水中元素の海水/地殻濃度比（$\times 10^{10}$）Rの対数，Rは平均滞留時間（年）に近い

>10	$_{17}$Cl(11.7)c	$_{35}$Br(11.6)c	$_{16}$S(11.2)c				
>9	$_{11}$Na(9.7)c	$_5$B(9.4)c	$_6$C(9.1)cn	$_7$N(9.0)g			
>8	$_{12}$Mg(8.9)c	$_{75}$Re(8.6)c	$_{53}$I(8.5)c	$_{38}$Sr(8.4)c	$_{19}$K(8.2)c	$_{20}$Ca(8.2)c	$_{42}$Mo(8.0)c
>7	$_3$Li(7.9)c	$_{34}$Se(7.3)c	$_9$F(7.4)c	$_{37}$Rb(7.1)c	$_{92}$U(7.1)c		
>6	$_{48}$Cd(6.9)n	$_{55}$Cs(6.8)c	$_{51}$Sb(6.7)c	$_{76}$Os(6.5)cn	$_{33}$As(6.4)cn	$_{15}$P(6.0)n	$_{46}$Pd(6.0)rb
	$_{78}$Pt(6.0)c						
>5	$_{47}$Ag(5.6)rn	$_{56}$Ba(5.4)bn	$_{23}$V(5.3)bc	$_{44}$Ru(<5.2)⁻	$_{79}$Au(5.1)rb	$_{81}$Tl(5.1)cb	$_{14}$Si(5.0)b
	$_{28}$Ni(5.0)b						
>4	$_{29}$Cu(4.9)r	$_{52}$Te(4.8)s	$_{77}$Ir(4.8)c?	$_{74}$W(4.7)c?	$_{30}$Zn(4.7)rn	$_{32}$Ge(4.6)rn	$_{80}$Hg(4.5)sr
	$_{24}$Cr(4.4)cn						
>3	$_{39}$Y(3.9)b	$_{71}$Lu(3.9)b	$_{70}$Yb(3.8)b	$_{69}$Tm(3.8)b	$_{68}$Er(3.7)b	$_{67}$Ho(3.6)b	$_{41}$Nb(<3.6)b
	$_{66}$Dy(3.5)b	$_{50}$Sn(3.4)s	$_{65}$Tb(3.4)b	$_{49}$In(3.3)s	$_{57}$La(3.3)b	$_{64}$Gd(3.3)b	$_{83}$Bi(3.3)ps
	$_{62}$Sm(3.2)b	$_{63}$Eu(3.2)b	$_{82}$Pb(3.2)s	$_{60}$Nd(3.1)b	$_4$Be(3.0)b	$_{59}$Pr(3.0)r	
>2	$_{27}$Co(2.9)s	$_{31}$Ga(2.9)sr	$_{40}$Zr(2.9)nb	$_{21}$Sc(2.7)r	$_{73}$Ta(2.5)p	$_{25}$Mn(2.4)p	$_{72}$Hf(2.1)pr
	$_{58}$Ce(2.0)p						
>1	$_{90}$Th(1.3)p	$_{22}$Ti(1.2)pr					
>0	$_{26}$Fe(0.9)pn	$_{13}$Al(0.6)ps					

分布の形に表れる．反応性が鈍ければ，滞留時間が長くなる．ところが，表層で生物が粒子化にして除いても，再生し，海からは除かれない場合は，反応性は大きくても，滞留時間が長くなる．表層で低濃度となり，再生の場で高濃度となるから，その期間（水の古さ）も関係するが，海水中での鉛直分布に反映する．

平均滞留時間は，海水中の総存在量を年間に海洋から除去される量または供給される量で割った値で，年単位になる．すべてが溶けて海に入り，固体となって海から除かれる場合はよい．ところが，一部または全部が粒子態で海に入り，粒子態で存在し，除かれていく成分が多い．溶存態と違い，粒子は1つ1つ挙動が異なり，川から海に入るとすぐ沿岸に堆積する石ころから溶存態とあまり変わらないコロイド粒子まである．また，溶存の定義も曖昧である．そこで，風化された物質は遅かれ早かれ海に入るから，海に入る量は，地殻の年間風化量と平均地殻中濃度との積になる．つまり，平均滞留時間は海水中平均濃度と地殻中平均濃度の比 R に比例する．これは平均滞留時間ではないが，きわめて簡単に算出でき，元素ごとの比較ができ，R を1千万倍すれば，平均滞留時間と同じ桁になる．表1に R の対数を大きい順に並べてみた．海水中の化学成分は，この R と鉛直分布の形とから，次の7つの型に分類できる

・保存成分型（c）：水とともに動き，特有の動きをしない Cl, Na など．

・栄養塩型（n）：表層で粒子化され，沈降し，主に水中で再生する HPO_4^{2-}, NO_3^- など．

・海底再生型（b）：表層で除かれ，主に海底で再生する Ba，オパールなど．

・粒子態型（p）：表層で除かれ，舞い上がるが再生しにくい Al, Th など．

・全水柱除去型（r）：全水柱で除かれ，一部が海底で再生する Cu，希土類など．

・表層型（s）：表層に極大濃度がある．大気汚染の Pb や H_2 など．

・不活性気体型（g）：N_2, Ar, CFCs など．

〔角皆静男〕

3-02

海水の塩分

salinity of seawater

イオン，分子として，海水に溶けている無機成分の総濃度を塩分という（塩分濃度とはいわない）．外洋水の塩分は35‰程度で，蒸発の活発な紅海では40‰に達し，淡水が流入する河口域や内湾，融氷域では低い．日本近海では，黒潮域で34～35‰，親潮域で32～34‰である．‰は千分比で，海水1kgあたりのg数である（海水を溶媒と見なす）．

海水のpHは8.2前後で，弱アルカリ性である．多数の酸と塩基が中和した多数の塩の混合水溶液と見なせるが，その塩を特定できない．陽イオン，陰イオンのそれぞれが別々の供給源をもつからである．海水が弱アルカリ性なのは，地球誕生時に地球内部から揮発した弱酸を作る二酸化炭素とホウ素が岩石中の強電解質の陽イオンと反応したからである．

海水中には地球上に存在する全元素が存在するが，塩化物イオン，ナトリウムイオン，マグネシウムイオン，硫酸イオン，カルシウムイオン，カリウムイオンの6成分だけで塩分の99.8%を占める．これらは数百万年以上海洋に滞るのに対し，深海底に潜った水が表面に現れるまで最長でも2000年程度なので，主要成分組成は，世界の大洋ではどこでも同じと見なしてよい．ただ，表層で炭酸塩の殻を作り海底で溶けるカルシウムは最大1.5%太平洋深層水で濃縮している．

組成が一定なら，その中の一成分の濃度がわかれば，総量，塩分がわかる．塩分に比例する（正比例でなくても函数形がわかっている）物理量でもよい．たとえば，密度，電導度，屈折率，浸透圧，氷点降下などである．海水の塩分を知るために19世紀に広く測定されたのは，まだ関係式はなかったが，塩化物イオンの濃度，塩素量と比重計で測る海水の密度だった．塩素量は，硝酸銀滴定によって測定された．

20世紀初頭，当時の海洋学界をリードしていたコペンハーゲンの海洋研究者が，正確な塩分を得る方法を作り上げた．まず，海水の塩分はそれほど大きく変動しないので，塩検（塩素量の測定操作のこと）専用の海水ピペットと海水ビューレットを作った．次に，当時は銀の原子量が確定していなかったので，塩素量は一定量の海水中のハロゲンを沈殿させるのに必要な銀のg数とした．そして，塩分の変動幅の大きなバルト海から試料を得て，よく吟味した処理法で塩分を実測し，塩素量との関係式を作った．最後に，大西洋の表面水をもとに塩分既知の標準海水を作った．以後，世界の海洋研究者は，この標準海水を参照して各海水の塩分を決めるようになった．

1960年代になり，上の関係式に切片がある，塩素量0の水が塩分0にならないことが問題になった．これは河川水が含むカルシウムによる．また，この頃より，手軽で，高精度な電導度による方法が銀滴定法に代わった．そこで，塩分の定義が問題になり，ユネスコの政府間海洋学委員会など国際機関が検討し，PSS-78（1978年版実用上塩分尺度）を作った．これは，そのときの標準海水を基準にし，標準状態で電導度が塩分35の海水と等しくなる塩化カリウム水溶液の濃度を決め，この溶液の電導度に対する塩分既知の海水の電導度の比の関数とした式の係数を決めた．そして，この式に電導度の比を代入して塩分を求めた．この塩分は，海水中に存在する物体を表していないので，実用上塩分（practical salinity）Sといわれる．そして，式は比と係数だけなので，無次元で単位がない．密度のシグマ値のようなものであり，これ

にPSUなどと単位を付けるのは間違いである．

　真水と違い，塩分が24.7‰以上の海水は氷点でもっとも重い．つまり，海水は，低温なほど，高塩なほど重い．高緯度域で結氷すると，重い塩水がはじき出され，周囲の水と混ざりながら，海底に沈み，深層水循環が始まる．また，深層水の上には低塩の融氷水が乗り，両者の間には，塩分躍層ができる．この水が低緯度に張り出すと中層水といわれる．

　海洋も大気同様，同じ水平面で上に乗っている水の重さが異なり，圧力差が生じると，地球の自転に伴うコリオリ力によって方向は曲げられるが，地衡流が生ずる．これから先は，物理海洋学の範疇となる．

〔角皆静男〕

3-03 海水の物理化学的性質

physicochemical properties of seawater

海水は重量にして約96%の水（H_2O）と,残り4%の塩からなる.水は,われわれの目に触れるもっともありふれた物質である.しかし水は,表1のようにきわめてユニークな物理・化学的性質を有する.この水の特異性が,地球環境を大もとで支配している,と言っても過言ではない.

図1は,横軸に分子量をとり,元素周期表で酸素と同じ16族に属する硫黄（S）,セレン（Se）,およびテルル（Te）の水素化物の示す沸点を比較したものである.予測されるH_2Oの沸点は点線で示したように約-60℃であるが,実際の水は100℃という非常に高い沸点を示す.これは水は分子量18.0のH_2Oが単独で存在するのでなく,複数の水分子が水素結合と呼ばれる弱い結合によって複合体（クラスター）を形成し,分子量の大きな物質のような振る舞い（融点や沸点が高い）を示すためである.

図2に水の分子構造を示す.酸素原子の方が,水素原子よりも電子を引きつける力が強い.酸素（第2周期に6つの電子）の4つのsp^3混成軌道のうち,2つの軌道には2つずつ電子が入る（孤立電子対）.残りの2つの軌道は,水素原子と電子を共有する.水分子内では,正負の電荷に偏り（極性）が生じ,水の誘電率を高めている.このため,水は正負のイオンどうしの結合を妨げ,イオンに解離する物質を溶解しやすくする.水素結合は,水分子そのものが互いに正と負で引き合うことによって維持される.

〔蒲生俊敬〕

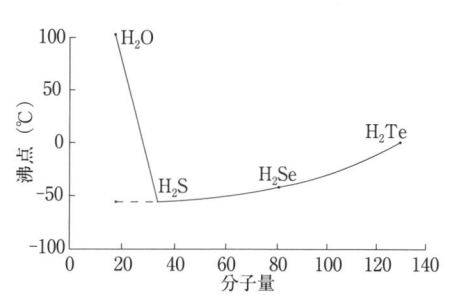

図1 16族元素の水素化物の沸点

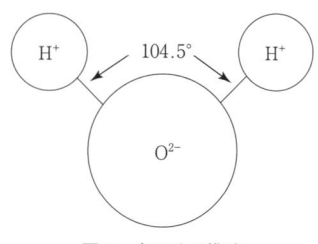

図2 水の分子構造

表1 水の物理化学的性質

水の性質	海洋環境化学的意義
誘電率が高い（優れた溶媒である）	海洋に膨大な化学物質が溶解
融点および沸点が異常に高い	
固体（氷）の方が液体に比べて密度が小さい	氷が海面上に浮かぶ
真水は4℃で最大密度	
海水は氷点（約-1.8℃）で最大密度	海洋における熱塩循環を促進
熱容量（比熱）が大きい	大量の熱を蓄積し,温和な気候を維持
融解熱および蒸発熱が大きい	大規模な熱輸送が可能
気体（水蒸気）は赤外線を吸収する	地球温暖化気体として重要
表面張力が大きい	雨滴を作りやすい（水循環を促進）

海洋の物質循環

ocean biogeochemical cycle

海洋における化学物質の動きを総称して物質循環と呼ぶ。海洋の物質循環はさまざまな時空間スケールで駆動しており，関与する過程も多岐にわたっている。海の平均水深は3800 mである。このような海盆スケールでは，海洋の物質循環は，海水の動きと生物活動に大きく依存している。海洋表面から水深100 m程度までの海水循環は，大気循環によって引き起こされる風と地球の自転によって駆動し，これは風成循環と呼ばれる。一方，深海には，風成循環とは別の循環システムがある。冷たい水温と濃い塩分をもった海水が表面にあると，直下の海水よりも密度が高くなるため，鉛直的に密度不安定となり，自身の密度と同じところまで沈んでいく。これが連続的に起こると，まるで，心太の押し出しのように海洋表面から重い海水が，深海へ向かって広がっていくことになる。この循環は熱と塩分による密度流により駆動されているため，熱塩循環と呼ばれる。熱塩循環の流れは，その密度差によって，陸地でいう地層のように連なって複雑に流れる。鉛直的にみた場合，風成循環が全体の流れに対して3％程度なのに対して，深層の流れである熱塩循環は残り97％を占めていることになる。この熱塩循環の出発点は，当然，表面がよく冷却され，蒸発や海氷生成によって塩分が濃い海水ができるところとなる。そのおもな源は，大西洋北部と南極周辺域である。ここでは，海水の溶解度が高くなるので，大気からさまざまな気体が海水へ溶け込む。ここから，端を発し，1000年のときをかけ，インド洋や北太平洋の表面へと湧き出て，ふたたび表層水に加わることとなり，さまざまな物質を全海洋へもたらすこととなる。

海洋の物質循環を考えるときに，もうひとつ重要なものが生物活動である。海洋の生物生産は陸上植物の生産量に匹敵する。植物プランクトンは，海洋表層で，おもにHCO_3^-を使って自らの身体（有機物，石灰質やケイ酸の殻）を作り，この際，栄養塩としてさまざまな物質を取り込む。このため，光合成が活発になると，海洋表層水のさまざまな物質は減少することになる。表層で取り込まれた物質は，生物の死滅後，一部粒子としては深海に沈んでいく。その際，生物学的分解や化学的溶解を受け，海水へ無機物として戻っていく。深海までたどり着いた生物遺骸はさらに分解を受け，深層水へ無機物の形で戻っていく。海水へ回帰したさまざまな物質は，熱塩循環の流れの時間スケールに従って，数十年から1000年をかけて海洋表層へ戻り，ふたたび表層の活発な物質循環に組み込まれていくこととなる。これらの物理的場と生物的場が，海洋の物質循環を決定しているといえる。 〔渡辺　豊〕

文　献

1) Sarmiento, J. L. and Gruber, N. (2006) *Ocean Biogeochemical Dynamics*, Princeton University Press, 503 pp.

化学トレーサー

chemical tracer

海洋内ではあたかも大河のように深層水の循環が起こり，海洋全体をゆっくりとかき混ぜている．このため深さ1万メートルを超える海溝底でさえ酸素が欠乏することはなく，生物が生息できる．海洋の循環は，大気の循環とも連携し，地球上の気候を調節する重要な役割を演じている．海洋の循環過程の詳細解明は，現在の海洋の姿を理解するのみならず，過去の地球環境を復元したり，今後の環境変動を予測したりするうえで，欠くことのできない重要な研究課題である．

それでは，深さ数千メートルという深層にまで及ぶ海洋全体の循環の様子を明らかにするには，どうしたらいいのだろうか？海洋の循環は，海水中に存在する化学成分の濃度あるいは同位体分布に大きな影響を与える．そこで，これらを実測することから，逆に海水の動きを追跡（トレース）し，海洋の循環過程について有用な情報を引き出すことができる．このような化学成分のことをとくに「化学トレーサー」と呼ぶ．水槽の水がゆっくりと動いていたとしても，透明な水の動きを目で捉えることはできない．ところが，水の中に適当な染料（たとえば赤インク）をたらせば，その色の広がりや薄まり方を調べることによって，水の動きを追跡できる．このような染料の役割を果たすのが化学トレーサーである．

海水中での生物過程になるべく関与しない，あるいは粒子に吸着しにくい，いわゆる保存性の高い化学成分ほど，化学トレーサーとして有用である．海洋に天然に存在する化学成分の濃度や同位体比がこれまでに利用されている．たとえば，溶存酸素，栄養塩，希ガスなどである．とくに希ガスは，化学反応にまったく関与しない保存性トレーサーとして重用される（一方，化学反応に関わるトレーサーは非保存性トレーサーと呼ばれる）．

一方，人類が合成した人工物質の中にも，化学トレーサーとして大変役に立つものがある．たとえば，フロンガスのような人工ハロゲン化合物や以下に述べるトリチウムがあげられる．人工物質はその生成量や海洋に供給された時期がはっきりしているので，海洋内での濃度が時間の経過とともにどう変化するかを調べることによって，海洋の循環について多くの情報が得られる．北部北大西洋で表面水の沈み込みの起こっていることは，1960年代前半に集中的に放出された大気核実験由来のトリチウムの濃度分布から初めて確認された．このような一過的なトレーサーのことを，とくにトランジェント・トレーサーと呼んでいる．

海水中に溶存する放射性核種は，海洋循環に時間軸を導入できる点で優れた化学トレーサーである．トリチウム（^{3}H），放射性炭素（^{14}C），ラジウム，ラドンなどウラン・トリウム系列の多くの放射性核種がこれに該当する．全海洋にわたる深層循環系がほぼ2000年の時間スケールで一巡していることは，海水中に存在する^{14}Cの濃度分布から明らかにされた．

他に，海底熱水活動によって生成する熱水プルームを追跡するためのメタン，マンガン，鉄，あるいは海底直上の鉛直拡散混合の度合いを調べるラドン（^{222}Rn）など，海洋の局所的な現象を詳しく研究するのに有効な化学トレーサーもある．

〔蒲生俊敬〕

文　献

1) Broecker, W.S. and Peng, T.-H. (1982) *Tracers in the sea*, Eldigio Press, 690 pp.

3-06

海水の年齢

age of water mass

外洋域において水温を鉛直的にみると，表層が暖かく，深層で冷たくなる傾向が一般的にみられる（極域や赤道域の一部を除く）．とくに水深数百メートル付近に水温が急速に変化するところがあり，温度躍層（サーモクライン）と呼ばれている．この層を境に海水は上下方向に混ざりにくくなっており，鉛直的には成層構造となっている．サーモクラインの下には，冷たい膨大な深層水が存在しているが，この深層水はどのようにつくられるのであろうか？

海水の密度は水温と塩分によって決まり，とくに水温は密度に大きな影響を与える．このため，冬季に表層水が冷やされ密度が大きくなると，周囲の海水と同じ密度になるまで，あるいは海底まで沈み込む．このような過程によって深層水は形成されるが，世界のおもな深層水が形成されるのは北西大西洋のグリーンランド西方にあるラブラドル海周辺と南極のウェッデル海周辺の2カ所といわれている．グローバルな視点からみると，北西大西洋で形成された深層水は南大西洋へと南下し，南極海で形成された深層水に合流し，やがて太平洋・インド洋を北上する．この深層大循環の中で，さまざまな物質が輸送される．大気から表面水に溶け込んだ気体成分は，表面水の沈降に伴い，大気から隔絶される．一方，海洋表層で生産された生物起源粒子は深層へ沈降し，微生物などの分解により無機化され，深層水に硝酸塩やリン酸塩などの栄養塩を付加する．これらの化学成分の濃度は海水の深層大循環に沿って変化する．このような深層水循環はBroeckerによってベルトコンベヤー循環として，模式化されている[1]．

それでは，この海洋大循環はどのくらいの時間が掛かるのであろうか？　この時間を推定するために，宇宙線で生成される放射性物質の質量数14の炭素が使われる．この炭素14は5730年の半減期で放射壊変によって減少するため，この減少を「時計」として使って深層水の年代を求める．核実験以前の，昔の大気中の二酸化炭素の炭素14濃度はほぼ一定であったと考えられる．さらに，海水が表層にあるときは大気と二酸化炭素を交換するため，大気に近い炭素14の濃度をもつ．その海水が沈み込むと時間が経つにつれ放射壊変によって炭素14が少なくなるため，その減少分から深層水が形成されてから現在までの時間を推定できる．この時間はしばしば「深層水の年齢」と呼ばれ，深層大循環の早さの指標として用いられる．

ただし，沈み込んだ海水は炭素の交換からまったく孤立した状態になるわけではない．炭素14濃度の異なる海水の混合や，表層から鉛直輸送された有機物の分解や炭酸カルシウムの溶解による新たな溶存無機炭素の付加などの効果も考慮する必要がある．そこで先の年齢は「深層水のみかけの年齢」としばしば呼ばれている．このように深層水の正確な年齢を求めるのは難しいが，大雑把にはベルトコンベヤーに乗って世界中の海を回るのに約2000年かかるといわれている．「海水の年齢」は，海洋の物質循環をモデル化し，将来の予測を行う上で重要な基礎データであるため，さらに高密度で正確な観測が求められている．

〔小畑　元〕

文　献
1) Broecker, W.S. (1987) Nature, **328**, 123-126.

溶存気体

dissolved gases

地球大気を構成する窒素（N_2）や酸素（O_2）などの気体成分は，海水中にも少なからず溶解している．地球大気と接している海表面では，各気体成分の濃度（溶解量）は，大気側の分圧と海水側の分圧が等しくなる「溶解平衡」に達していることが多い．しかし，O_2やCO_2，H_2，CH_4，N_2O，COといった生物地球化学過程に密接に関係している成分では，海水中における活発な生産や消費を反映して，海表面でも溶解平衡から逸脱していることがある．

海表面に溶存するある溶存気体成分が過飽和となっている場合，その過飽和が解消されるように，海水側から大気側へ正味の移動が起きる（不飽和の場合は逆に大気側から海水側への移動が起きる）．これを気体交換と呼ぶ．その移動量Fは海洋が地球大気に与える役割を考える上できわめて重要であり，これを定量化するためにさまざまなモデルが提案されている．昨今は気液間の海面には成層した薄膜（フィルム）が存在し，気体分子がその膜を分子拡散で通り抜ける過程がFを律速しているとする「薄膜モデル」が用いられることが多い．

大気・海洋間の交換から隔離された中深層水中の溶存気体の存在量は，各水塊の中で起きた化学反応の履歴を反映している．このため，海水中の気体成分の濃度組成は，水塊のトレーサーとして利用されることが多い．

大気の主成分であるN_2や，Ar，Neといった希ガス類（ただしHeを除く），工業的に合成されたハロカーボン類などは化学的に安定で海洋内に供給源や除去源がほとんど存在しないため，その濃度は各水塊が最後に海表面に存在していたときのものをほぼそのまま反映している．ただし，ハロカーボン類は大気中濃度の方が数十年スケールで大きく変化しているため，各ハロカーボンの濃度や相対組成は，各水塊が沈み込んでからの時間を反映する．

一方，O_2は光合成からの供給と，有機物の酸化分解の際の消費の与える影響を反映して，その濃度は海水中で大きく変化する．水柱を沈降する有機物の酸化分解は水深を問わず進行するが，O_2供給は海表面か，もしくは光が届く浅い水深に限られるため，それよりも深い深度のO_2は消費される一方である．このため，古い時代に大気と遮断された水ほどO_2が少ないという関係があり，水塊の新旧を見分けるトレーサーとして活用される．その際，O_2の存在量ではなく，表面に存在したとき（大気との平衡状態を仮定）からのO_2存在量の減少量である見かけの酸素消費量（AOU：apparent oxygen utilization）が指標として利用されることも多い．またHe（とくに^{3}He）やCH_4のように，海底熱水系など海底の局所的な供給源の存在を反映してその周辺で特異的な濃度増大を示す特殊な溶存気体も存在する．

CO_2は水に溶解すると，水和（H_2CO_3）を経て一部が炭酸水素イオン（HCO_3^-）や炭酸イオン（CO_3^{2-}）に解離する．海水中では大部分がHCO_3^-の形をとるが，各溶存形の相対比は海水のpHに依存して大きく変化するため，気体成分であるCO_2の濃度（分圧）の変化は複雑である．一般に有機物の分解によって増加し，光合成による消費によって減少するが，それぞれpHの変化も伴うため，O_2のような単純な増減にはならない．さらに海洋には炭酸カルシウム（$CaCO_3$）を主成分とした殻を作る生物が多く存在するが，この$CaCO_3$の形成や溶解の過程もCO_2の濃度を大きく変化させる．

〔角皆　潤〕

3-08 栄養塩

nutrients

海洋における硝酸（NO_3^-），亜硝酸（NO_2^-），アンモニア（NH_4^+），リン酸（PO_4^{3-}），ケイ酸（H_4SiO_4）の塩を総称して栄養塩と呼ぶ．外洋における硝酸，リン酸，ケイ酸の鉛直分布を図1に示した．栄養塩は表層で少ないか，または枯渇しており，水深が深くなるにつれて徐々に増加する傾向を示す．このような分布は溶存酸素濃度のそれとは逆の傾向であり，有機物が分解される際に溶存酸素を消費し，栄養塩を再生していることを示している．栄養塩の中でリン酸と硝酸が最大濃度を示す水深はほぼ同じ水深であるが，ケイ酸はそれより深くなる．これは，硝酸，リン酸は植物プランクトンの軟組織の分解により，またケイ酸が殻などの殻組織の溶解により供給されるからと考えられる．

有機物と栄養塩との関係は以下の式で表現されている．

$$(CH_2O)_{106}(NH_3)_{16}H_3PO_4 + 138 O_2$$
$$\rightleftarrows 106 CO_2 + 16 HNO_3 + H_3PO_4 + 122 H_2O$$

リンと窒素の比率はどの海洋でもあまり変化はなくリン：窒素＝1：14～16であり，この値は提案者の名を冠してレッドフィールド比と呼ばれ，植物プランクトンが有機物を合成する際に必要とされるリンと窒素比を表している．

太平洋の深層水中の栄養塩濃度は大西洋の濃度の約2倍程度である．この現象は，熱塩循環による深層水の流れと表層からは沈降する粒子状有機物の分解により説明されている． 〔中口　譲〕

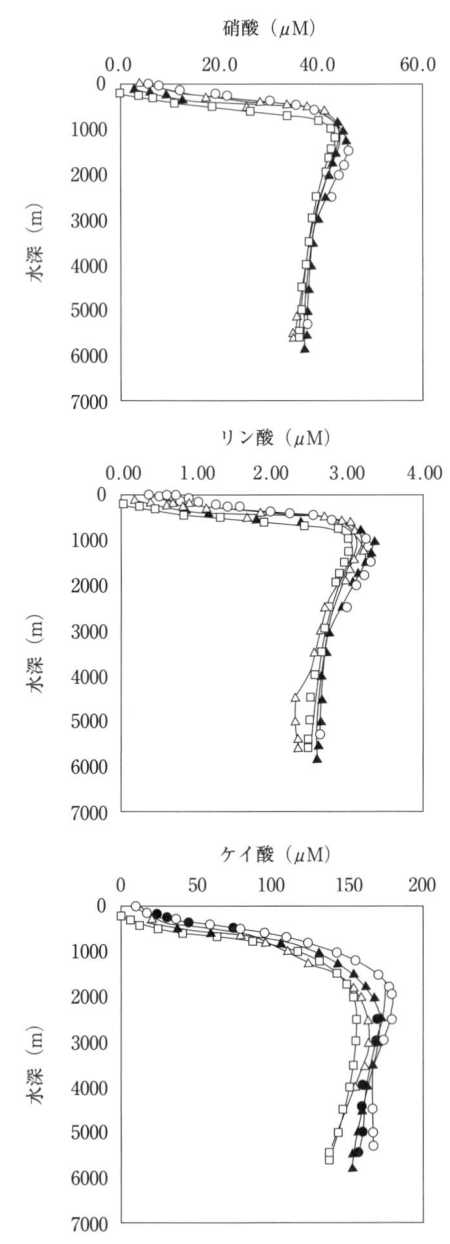

図1 北太平洋（北緯16.58～40.00°，東経150.58°～西経160.00°）における硝酸，リン酸，ケイ酸の鉛直分布

3-09

微量元素

trace elements

海水は地球上のすべての元素を含んでいる．元素の海水中濃度は，15桁以上の変動幅を示す．また，その濃度は，地殻存在度とは大きく異なる．微量元素は，一般に海水中濃度が10 μmol·kg^{-1}（重量ではおよそ1 ppm）以下のものを指す．微量元素の濃度と分布は，海洋と地殻および大気との境界での物質収支（河川，大気塵，熱水活動など），ならびに海洋内で生じる海水の循環，生物活動，化学反応などの影響を受け，さまざまに変化する．海洋地球化学においてとくに注目されている微量元素・同位体を表1に示す．

微量元素の定量　　微量元素の定量は，現代分析化学の先端的な課題である．ここでは，海水中微量金属を定量するうえでの難しさについて述べる．

第一に，微量金属はさまざまな形態（スペシエーション，speciation）で海水に存在し，それによって化学反応性や生物活性が異なる．多くの微量金属は粒子態より溶存態が高濃度である．一般に孔径0.2～0.45 μmのフィルターを通過するものを溶存態と定義する．溶存態はさまざまな化学種を含む．溶存無機態には，ヒドロキシ錯体，塩化物錯体，炭酸錯体などがある．溶存有機態には，有機物が酸素原子，窒素原子，硫黄原子などを介する配位結合によって金属原子と結びついた有機錯体と，メチル基などが炭素原子を介して金属原子と結合した有機金属化合物がある．これらのうち速度論的に分解しにくい有機金属化合物については確からしい分別定量が可能となったが，その他の化学種を実験的に定量することはきわめて難しい．さらに，試料の保存状態（pH，温度，時間など），分離・濃縮法，定量法によって，測定されるフラクションは変化するので，データの比較には注意が必要である．

第二に，最新の分析機器を用いても，ほとんどの微量金属は直接定量することができない．多くの分析法は，海水の主要成分によって測定が妨害され，また微量金属を直接定量できるほど感度が高くない．したがって，測定に先立って目的金属を分離・濃縮することが必要である．

第三に，試料の採取，保存，前処理，測定のすべての操作を通して，目的金属の混

表1　海洋地球化学的に重要な微量元素

キーパラメーター	特徴
Fe	微量栄養素
Al	Fe供給のトレーサー（大気塵およびその他）
Zn	微量栄養素，高濃度での潜在的毒性
Mn	Fe供給および酸化還元サイクルのトレーサー
Cd	微量栄養素，古海洋栄養塩濃度のプロキシー
Cu	微量栄養素，高濃度での潜在的毒性
放射性同位元素	
^{230}Th	堆積フラックスの指標，現代海洋の循環および粒子スキャベンジングのトレーサー
^{231}Pa	古海洋の循環および生産力のプロキシー，現代の粒子プロセスのトレーサー
放射性起源同位体	
Pb同位体	海洋への天然および汚染起源のトレーサー
Nd同位体	海洋への天然起源のトレーサー

入（コンタミネーション，contamination）を防がねばならない．コンタミネーションの原因はいたるところにある．空気中のほこり，海洋観測船の排水，観測機器を吊り下げるハイドロワイヤーのさび，採水器や保存容器，試薬，衣服や人体そのものなど．初期の研究においてはコンタミネーションを防ぐ十分な手段（クリーン技術，clean technique）がとられていなかった．1980年代以降，クリーン技術の進歩によって，ようやく信頼できる微量金属濃度が得られるようになった．

微量元素の分布　今日ではほとんどの溶存態元素について，外洋の確からしい濃度や鉛直分布が報告されている．鉛直分布の基本となるのは次の3つの型である．

保存性成分型：　濃度が塩分に比例して，表層から深層までほぼ一定の値をとる．モリブデン，ウランが代表である．これらの元素は，平均滞留時間が 10^5 年以上であり，海洋大循環によって全海洋に均一に分布する．

リサイクル型：　濃度が表層で低く，深層で増加する．リン酸イオン，硝酸イオン，ケイ酸と似た分布であるため，栄養塩型とも呼ばれる．平均滞留時間は $10^5 \sim 10^3$ 年である．カドミウム，亜鉛が代表である．これらの元素は，表層で粒子に取り込まれ，深層に沈降する．沈降粒子の分解・溶解によってふたたび海水に溶存する．表層における栄養塩の取り込みは，生物による能動的摂取である．栄養塩の濃度は深層水の年齢とともに高くなる．太平洋深層水は大西洋深層水に比べて栄養塩に富んでいる．その他の微量元素は，栄養塩とまったく同じように循環するわけではない．元素によっては，下記のスキャベンジング（scavenging）の影響を強く受けるものもある（鉄など）．

スキャベンジ型：　濃度が表層で高く，深層で減少する．アルミニウム，マンガン，鉛が代表である．平均滞留時間は 10^3 年以下と短い．これらの元素は，粒子に吸着されやすく，海水から速やかに除去される．表層で濃度が高いのは，大気塵や表面海流による供給の影響が強いためである．リサイクル型元素とは逆に，スキャベンジ型元素は太平洋深層水でより低濃度である．これは，海洋大循環の間に深層水から徐々に除去されるからである．

微量元素の役割　生物が健全に生長・増殖するためには，微量栄養素（micronutrient）として，さまざまな微量元素が必須である．代表的なものはマンガン，鉄，ニッケル，コバルト，銅，亜鉛，モリブデン，カドミウムである．微量元素が生物に利用可能であるか否かは，そのスペシエーションにも依存する．一方，人類活動は，微量元素の海洋への供給を増大させている．これは，微量元素濃度が低い環境に適応し，進化してきた生物に深刻な影響を及ぼす恐れがある．したがって，現代海洋における微量元素のスペシエーションおよび循環と生態系の相互関係を明らかにすることは，たいへん重要である．

古海洋の微量元素にも大きな関心が持たれている．最近の学説によると，海洋は24億年前までは酸素（O_2）も硫黄（S）も乏しかった．18〜8億年前に硫化水素（H_2S）に富むようになり，その後酸素を含む酸化的な状態に遷移した．これに伴って，微量元素濃度は大きく変化したと考えられる．とくに鉄は大きく減少し，逆にモリブデンは大きく増加した．このような微量元素の変動は，生物進化に深く関わった可能性がある．さらに，その変動が堆積物や堆積岩に記録されているならば，古海洋研究のプロキシー（proxy）としてたいへん有用である．

〔宗林由樹〕

文献

1) Elderfield, H. ed. (2003) *The Oceans and Marine Geochemistry*, Elsevier-Pergamon.

希土類元素

rare earth elements（REE）

希土類元素（REE：rare earth elements）は原子番号 57 のランタン（La）から 71 のルテチウム（Lu）までの 15 元素で構成される．この元素群は原子番号の増加とともにイオン半径が減少するランタニド収縮という特徴でよく知られており，相互に酷似すると同時に，連続的に変化する化学的性質を有する．この化学的類似性と系統的変化という 2 つの特異な性質が，REE を地球化学の研究に応用する上で重要となる．

岩石や海水試料の REE 組成を比較する場合にはコンドライトで規格化した Masuda-Coryell プロットや地殻組成を代表する頁岩で規格化した REE パターンを用いる．一般に大陸地殻の Masuda-Coryell プロットは軽希土類元素（LREE）に富み，対照的に中央海嶺玄武岩では重希土類元素（HREE）に富む傾向を示す．また，これら母岩の特徴は海水中の REE パターンへも反映される．この特徴を化学トレーサーとして陸源物質の供給過程や水塊の移動を捉えることが可能である．

海水中に溶存する REE は炭酸錯体として存在するが，LREE は HREE に比べ粒子吸着能が大きく，溶存態としての安定性に乏しい．LREE は海洋粒子，とくに海洋表層において生物起源粒子との相互作用により優先的に除去され，母岩の REE パターンから HREE に富む傾向へと変化していく．逆に沈降粒子からの再溶解にも系統的な差をもち，深層水の頁岩規格 REE パターンにはもっとも顕著な HREE に富む傾向が観察される．こうした REE パターンの変化や特徴は海洋中での粒子除去過程や水塊の識別に用いることが試みられてきた．

REE のおもな酸化状態は+3 価であるが，セリウム（Ce）は+4 価，ユウロピウム（Eu）は+2 価の酸化状態も存在する．溶存酸素の存在する海水中では，不溶性の高い Ce(IV) は REE(III) よりも優先的に除去されるため，海水の REE パターンは Ce のみが極端に低い．これを負の Ce 異常と呼ぶ．逆に堆積物の初期続成過程による還元的な環境下では，Ce が還元され海水へと再溶解する可能性があり，Ce 異常は酸化還元環境の指標として用いられる．中央海嶺の熱水中に発見される正の Eu 異常は，高温・高圧下のマントル中での Eu の還元を示唆している．この Eu 異常は REE 濃度の増加とともに熱水活動の指標となる．

ネオジム（Nd）は同じ REE であるサマリウム（Sm）の放射性同位体 ^{147}Sm の壊変（$T_{1/2} = 1.06 \times 10^{11}$ yr）により生成する同位体 ^{143}Nd を有する．岩石の Nd 同位体比（^{143}Nd/^{144}Nd）は REE 組成の違いと放射壊変に要する時間，すなわち岩石の形成年代によって異なる値を示す．海洋中では Nd 同位体比の放射壊変による変化は無視でき，またあらゆる反応過程に対して保存的に振る舞うため，深層水循環の優れた化学トレーサーとして重用されている．また，近年では供給源を同じくする鉄の指標としての応用が期待されている．

〔田副博文〕

3-11 海洋の生物ポンプ

biological pump

海洋での物質循環は基本的に海水流動に支配される水平的な動きと，海水中を沈降する各種の粒子の鉛直的な動きに支配されている．沈降粒子のほとんどは海洋の表層付近の有光層での植物プランクトンによる基礎生産によって作られて，動物プランクトンや細菌などによって変質を受けて，その一部が糞粒やマリンスノーのような大型の粒子となったものである．有光層より深い中層，深層に運ばれた有機物はそこで無機化され，CO_2 となる．海洋表層付近に存在する生物群集によって，海洋の有光層中の CO_2 が結果として海洋深層へと運ばれる一連のプロセスを海洋の生物ポンプ (biological pump) と呼ぶ．この言葉は海洋の物質循環，とくに炭素循環，における生物の役割を一言で言い表した言葉として1980年代はじめから多用されている．

生物ポンプに対比されるのが物理ポンプ (physical pump) で，これは多量の二酸化炭素を溶解させた冷たく重い海水が沈降することによって海洋表層の CO_2 が中層・深層に輸送されるプロセスに対応しており，溶解度ポンプ (solubility pump) とも呼ばれている（図1）．

生物ポンプと物理ポンプの働きを大気から海洋表層を経て深層までたどってみると，大気-海洋表層間の CO_2 の出入りに関しては共通のガス交換過程であるため，近年の全球的な炭素循環のモデル化の研究においては，これをガス交換ポンプ (gas exchange pump) と呼んで，その内訳を水温の変化に由来する熱的ガス交換ポンプ (thermal gas exchange pump) と，生物的効果に由来する生物的ガス交換ポンプ (biological gas exchange pump) に分け

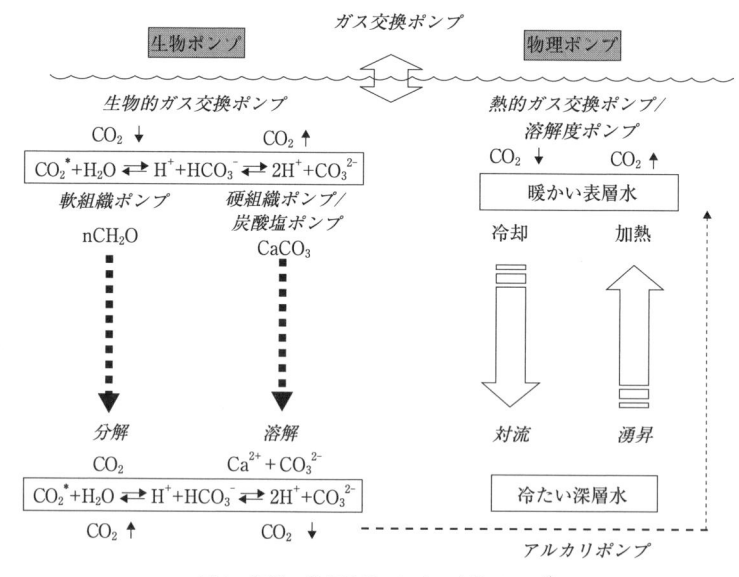

図1 海洋の炭素循環における生物ポンプ[3]

て考えるのが主流となっている[1].

また,生物ポンプとして,従来は時間スケールの短い有機物の動きに注目していたが,多くの生物は炭酸カルシウム($CaCO_3$),二酸化ケイ素(SiO_2)などでできた無機物質の殻も同時につくるため,最近はそれらの無機物粒子も含めて生物ポンプとして考えるのが一般的である.旧来の生物ポンプに対応するものを軟組織ポンプ(soft tissue pump),無機物粒子によるものを硬組織ポンプ(hard tissue pump)または炭酸塩ポンプ(carbonate pump)と呼ぶ.なお,軟組織ポンプと硬組織ポンプで粒子が生成するときと分解・溶解するとき,海水中のCO_2分圧に対する作用がまったく反対であることに注意が必要である.海水中の沈降粒子フラックスは海洋表層付近での基礎生産とよい相関をもつが,最近,$CaCO_3$の含量との間にもよい相関があることもわかってきた.炭素量換算の$CaCO_3$の粒子フラックスと粒状有機炭素(POC)の粒子フラックスの比をレインレシオ(rain ratio:r)と呼ぶ.全球平均のrはおよそ0.06であるが,POCフラックスの0.3%に対して$CaCO_3$フラックスは13%が堆積物に埋積されている.このことは,短時間スケールの炭素循環には軟組織ポンプが支配的であることを意味している.しかし,深層循環を含む長時間スケールの炭素循環には硬組織ポンプが重要な役割を果たしており,結果として生じる炭酸イオンに富んだ二酸化炭素分圧の低い深層水が海洋表層に運ばれるまでの一連のプロセスをアルカリポンプという[2]. 〔才野敏郎〕

文 献

1) Sarmiento, J.L. and Gruber, N. (2006) *Ocean Biogeochemical Dynamics*, Princeton University Press, 503 pp.
2) 野崎義行(1995)地球温暖化と海:炭素の循環から探る,東京大学出版会,196pp.
3) 渡邊誠一郎ほか編(2008)新しい地球学,太陽-地球・生命圏相互作用系の変動学,名古屋大学出版会,341 pp.

海洋酸性化

ocean acidification

pHは酸性度を表す重要な指標で，溶液中の水素イオン活量の対数（pH = log a_{H^+}）として表される．通常，中性が pH = 7 で，酸性は pH < 7，アルカリ性は pH > 7 とされる．現在の大気二酸化炭素濃度（380 ppm）下での表層海水の pH は 8.06 とアルカリ性ではあるが，酸性気体である二酸化炭素がさらに溶解すると pH が下がる．この現象は「海洋酸性化」と呼ばれる．産業革命以前（二酸化炭素濃度 280 ppm）での pH は 8.17 なので，海洋酸性化はこの 2 世紀の間に着実に進行しており，大気二酸化炭素濃度が上昇する将来は pH はいっそう下がるものと予想される．

海水中で二酸化炭素は 3 つの形態（CO_2 あるいは H_2CO_3, HCO_3^-, CO_3^{2-}）で溶存している．二酸化炭素が海水に溶存すると，全炭酸濃度（DIC = [CO_2 あるいは H_2CO_3] + [HCO_3^-] + [CO_3^{2-}]）は当然増加する．この際，pH が減少するので，それぞれのイオン濃度が変化する．とくに [CO_3^{2-}] は急激に減少することが炭酸塩の保存に影響を与える（図1）．

炭酸塩が無機的に溶解する（不飽和）かどうかということは，次の式（飽和度Ω）で与えられる．

$$\Omega = \frac{([Ca^{2+}][CO_3^{2-}])_{海水}}{([Ca^{2+}][CO_3^{2-}])_{CaCO_3に飽和した海水}} \quad (1)$$

この式においてΩ = 1 ならば飽和，Ω > 1 ならば過飽和である．Ω < 1 ならば不飽和で，炭酸塩は溶けてしまう．海水中の Ca^{2+} 濃度，塩分も少ししか変動しない．海水中の炭酸イオン濃度の変化量は非常に大きく，Ω値は炭酸イオン濃度 [CO_3^{2-}] に依存する．なお，炭酸塩鉱物の溶解度積は，圧力の上昇による影響もたいへん大きい．また，鉱物種も影響を与える．アラレ石は方解石より溶解度が高いので，溶解しやすい．

「海洋酸性化」は pH の低下となるが，2 つの意味で使用されている．①無機炭酸塩の溶解．Ω < 1 になると，無機的に炭酸塩が溶解するという熱力学的な安定性に関するものである．②もう1つは飽和度の減少による生物起源炭酸塩生産の減少である．サンゴ，浮遊性有孔虫などの飼育実験結果の示唆するところによると，海水の二酸化炭素分圧が産業革命以前のレベルから 2 倍（280 μatm から 560 μatm）になると，石灰化は 5～25% 減少するとされている．また，底生有孔虫（*Marginopora kudakajimensis*）でも同様の効果が認められた．今後，大気中の二酸化炭素が上昇すると，今世紀末には，二酸化炭素の溶解が促進されている南極海などでは，表層水がアラレ石に関して不飽和となると予想され，アラレ石などの生物殻をもつ翼足類などの生存が危ぶまれ，これは生態系にも影響を与えると危惧されている．

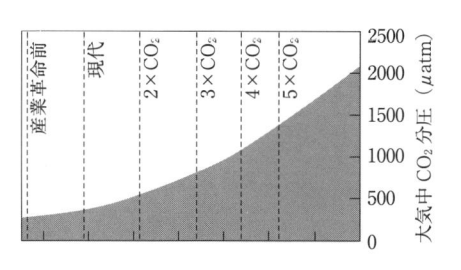

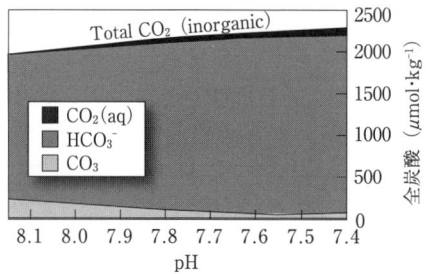

〔川幡穂高〕

図1 大気中の CO_2 濃度とそれに対応した表層水の pH および溶存無機炭素

3-13

海底熱水活動

submarine hydrothermal activity

中央海嶺や背弧海盆の海底拡大軸，あるいは島弧やホットスポットなど海底の火山地帯では，生成したばかりの海洋地殻内に海水がしみ込み，マグマの熱によって加熱される．海水は海底下1～2km程度の深さまで浸透していき，温度が上昇して熱水と呼ばれるようになる．高温のため密度の小さい熱水はやがて浮上し，海底面から温泉として噴き出す．その分を補うように新たな海水が地下にしみこむ．このようにマグマの熱によって，ほぼ定常的に駆動される海水(熱水)の循環・対流を海底熱水活動，あるいは海底熱水循環と呼ぶ．世界中の浅海から深海にわたり，これまでに100カ所以上見つかっている．

海底熱水活動は，熱容量の大きい海水の対流を介して，地球深部からの熱を効率よく海洋へ放出するともに，多くの化学成分を熱水中に高濃度で溶かし込み，それらを海洋へ運び出す役割を果たしている．その際に，重金属元素を濃縮した海底熱水鉱床を形成することがある．海底熱水活動域は，その周囲に化学合成細菌を一次生産者とする大規模な生物群集を伴うことが多い．このため地下生物圏や生命の起源を探る上でも興味深い研究対象である．

海底熱水活動の地球化学 図1は，海底熱水循環の化学を模式的に示したものである．一般に深度1000 mを超える深海の海水は2～3℃という低温であるが，噴出する熱水の温度は200～400℃(これまでに観測された最高温度は464℃)に達する．化学組成も海水と熱水で大きく異なる．海水中の酸素ガスは海底下の酸化反応で消失するので，熱水は無酸素の還元的溶液である．海水の主成分のひとつマグネシウムイオン(Mg^{2+})は，高温の海水(熱水)中で水酸イオン(OH^-)と反応し，スメクタイトや緑泥石などの変質鉱物中に取り込まれて沈殿する．水素イオン濃度(pH) 8程度の弱アルカリ性だった海水(熱水)は，OH^-が除かれるため酸性(pH：3～4あるいはそれ以下)となる．反応性の増した熱水と火成岩との間ではさまざまな反応が進行し，カルシウム(Ca^{2+})，カリウム(K^+)，鉄(Fe)，マンガン(Mn)，銅(Cu)，亜鉛(Zn)などの元素が岩石から溶かし出される．また，海水中の硫酸イオン(SO_4^{2-})は，Ca^{2+}と反応して硬石膏($CaSO_4$)として沈殿したり，H_2Sへ還元されることにより，熱水からほぼ完全に除かれる．さらに，マグマ由来のメタンや，同位体比の大きいマントルヘリウムが熱水に付け加わる．

一般に海底拡大軸上には堆積物はほとん

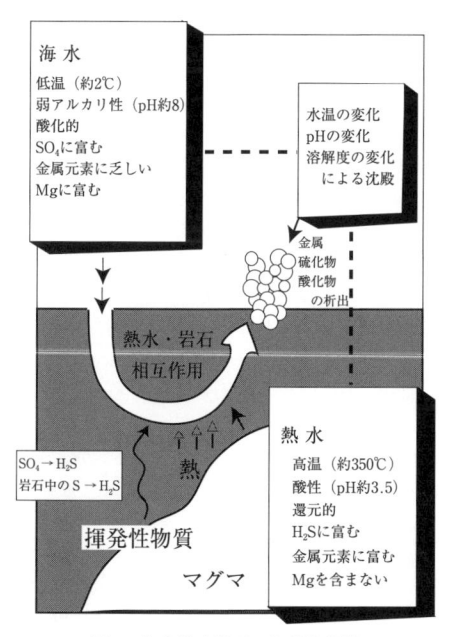

図1 海底熱水循環の化学的特徴

ど溜まっていない．しかし，陸に近接した海底拡大軸上に，大量の陸起源物質が河川を通じて流入すると，分厚い堆積層が海嶺拡大軸を覆うことがある（埋積海嶺と呼ぶ）．熱水は堆積層を通過してから噴出するが，熱水と堆積物との間でも化学反応が起こる．堆積物中に含まれる有機物が熱分解すると，メタン，硫化水素，アンモニアなど揮発性物質が熱水中に蓄積し，pHやアルカリ度を上昇させる．また，熱水の温度上昇が著しい場合は，沸点（水圧とともに上昇する）に達して沸騰することがある．すると気液分離によって，塩濃度の高い熱水と低い熱水に分離する．さまざまな要因によって熱水の化学組成は大きな時空間変動を示す．

噴出後の熱水のふるまい　熱水が海底から噴出すると，低温で酸化的な海水との混合によって，熱水の性質は急速に失われる．その際に大量の沈殿物（重金属の硫化物・酸化物，硫酸塩，シリカ，硫黄など）が瞬時に生じ，著しく懸濁する場合がある（黒煙のように見えるものはブラックスモーカーと呼ばれる．図2参照）．熱水は海水中を上昇するにつれてさらに希釈が進む（海水で希釈された熱水塊のことを熱水プルームと呼ぶ）．熱水プルームは200～300m程度上昇すると周囲の海水と密度が等しくなり，その後は水平方向にたなびく．熱水プルーム中を漂う懸濁粒子は次第に凝集し，大粒子になると海底に降下する．その際，海水中の溶存成分の一部（ヒ素，リン，希土類元素など）を吸着して除去する作用がある．

海底熱水活動と特殊生物群集　海底熱水活動域には多くの化学合成独立栄養細菌が生息し，それらを一次生産者としてシロウリガイやハオリムシ（チューブワーム）など熱水性生物群集が特異な生態系を維持している．化学合成細菌の一部は，100℃を超える高温環境でも生命活動を維持でき

図2　東太平洋海膨（北緯21度）におけるブラックスモーカー（Dudly Foster撮影）

る超好熱古細菌である．遺伝子解析によって，これら超好熱菌は生物の中でももっとも原始的で，生命の起源に近い性質を示すことが明らかにされている．このことから，地球上の生命の起源は，地球誕生後間もない頃の海底熱水活動であった可能性が議論されている．

探査の方法　海底熱水活動は深海底のごく局所的な現象であるため，その詳細な観測には有人潜水船や無人探査機（ROV：Remote Operated Vehicle）が用いられる．わが国では海洋研究開発機構が運航する潜水船「しんかい6500」，ROV「かいこう」「ハイパードルフィン」などが活用されている．しかし，潜水船による調査を有効に行うためには，あらかじめ海底熱水活動域の位置を絞り込まなければならない．そのためには研究船による広域調査をまず実施し，熱水プルームの空間分布を詳しく調査することが必要である．（口絵6参照）

〔蒲生俊敬〕

鉄仮説

iron hypothesis

一般的に外洋域では，植物プランクトンの成育は，硝酸塩やリン酸塩などの栄養塩の欠乏によって制限されている場合が多い．しかし，南大洋，太平洋赤道湧昇域，アラスカ湾などの海域では表層に栄養塩が多く存在するため制限因子とは考えられず，「高栄養塩低クロロフィル（HNLC: high nutrient, low chlorophyll）」海域と呼ばれている．光量や水温はおもな制限因子ではないと考えられたため，「植物は成育に必須な条件のうち，最小のものによって成育を制限される」というリービッヒの最小律に従えば，他に制限因子が存在することになる．この制限因子の1つとして，1930年代から鉄が考えられてきた．鉄はすべての生物にとって必須元素であり，地殻中には4番目に豊富に存在する元素である．しかし，pH 8付近の海水中では水酸化物を形成するためきわめて難溶性となり，河川や大気を通じて供給された鉄の大部分はほとんど溶けることなく沈降してしまう．このため，鉄不足がHNLC海域の成因である可能性が考えられたが，1930年代の技術では，海水中の鉄について汚染なく試料を採取したり，分析したりするのは不可能であった．

クリーン技術，高感度分析法の開発が進められ，ようやく確からしい外洋における鉄の測定値を得たのは，1980年代になってからであった．その結果，鉄は硝酸塩などと同様に栄養塩型の鉛直分布を示すこと，また，表層水中では低濃度であることが明らかになった．また，大気から供給される鉱物粒子が海洋表層への鉄のおもな供給源であるが，HNLC海域では表層水中の栄養塩を植物プランクトンがすべて消費できるほどには，鉄が供給されていないことも示された．アラスカ湾表層において鉄が枯渇していることを見出したMartinらは，厳密なクリーン技術による船上培養実験など行い，「鉄制限」の検証を行った[1]．これらの一連の研究を通して，「HNLC海域における植物プランクトン成育の制限因子は鉄である」という「鉄仮説」が提起された．しかし，この仮説のもとになった培養実験では動物プランクトンなどの捕食者の影響を除いており，これらの結果をそのまま生態系へ適用することは困難であった．そこで，赤道湧昇域，南極海，アラスカ湾，西部北太平洋亜寒帯域などで，大規模な鉄散布実験が行われることとなった[2]．これらの実験ではいずれも鉄散布に対して植物プランクトンの増殖が観測されたため，「鉄仮説」は，ほぼ実証されたといえる．しかし，海洋において鉄がどのような形で，どのような経路で循環しているか，また，陸上からの鉄供給量の変化が海洋生態系全体にどのような影響を及ぼすかなど，いまだ解明されていない問題は数多く残されている．海洋での鉄にまつわる研究は今後もまだまだ続けられていくことであろう．

〔小畑 元〕

文 献

1) Martin, J.H. and Fitzwater, S.E. (1988) Iron deficiency limits phytoplankton growth in the north-east Pacific subarctic. Nature, **331**, 341-343.
2) Boyd, P.W., et al. (2007) Mesoscale iron enrichment experiments 1993-2005: Synthesis and future directions. Science, **315**, 612-617.

酸素極小層

oxygen minimum layer

　海水中の溶存酸素濃度は，大気海洋間の気体交換，生物活動（光合成と動植物による有機物の分解を含む呼吸），普遍的ではないが，硫化水素など還元環境下で生成した還元物質の酸化などで変化し，海水の循環や混合の影響を受けてその分布が決まる．図1は，大西洋および太平洋における溶存酸素濃度の鉛直分布を例示している．どちらでも，水深1000 m付近で濃度が最低になっている．この層を酸素極小層（oxygen minimum layer）と呼び，大西洋に比べ太平洋で極小値は顕著に低いが，海域によって深さやその大きさが異なる．

　表層海水は，大気中の酸素についてほぼ飽和している．酸素の溶解度は，水温が低いほど大きいので，高緯度で溶存酸素濃度は高い．表層近くの有光層では，光合成による酸素の生成が呼吸による酸素の消費より大きいので，しばしば過飽和になっている．深くなるにつれて太陽の光が減り，無光層になると光合成は起こらず，有機物の分解で酸素は消費されるのみとなり，溶存酸素濃度は深さとともに減少する．しかし，上から降ってくる海水中の有機物も，酸化されて深さとともに減っていくため，溶存酸素濃度の減り方は緩やかになる．これらの過程と深層水大循環による影響が重なる．

　冬季，北部北大西洋の表層で海水が結氷すると，低温高塩分の酸素を豊富に含んだ重い水がはじき出されて海底に向かって沈む．この水は酸素を減らしながら海底近くを南下し，南極海に入り，ここでも冬の冷却による上下混合でいくらか酸素が補給され，太平洋やインド洋の西側で海底近くを

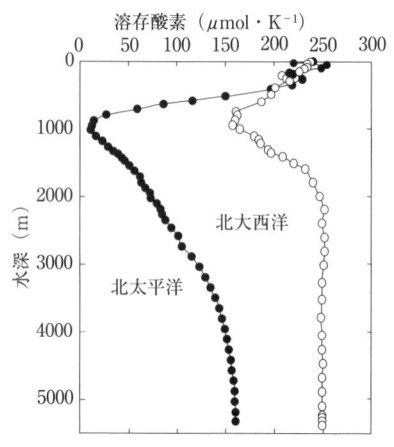

図1　北大西洋と北太平洋における海水中の溶存酸素濃度の鉛直分布

北上し，北太平洋に入る．そして，太平洋などの全域で拡散混合をしながら湧昇し，最後は中層水あるいは表層水に取り込まれ浮上する．このような深層循環によって，各大洋の底層に酸素を多く含む水が供給される．深層循環の間にも，深層水は$0.1\,\mu M\cdot yr^{-1}$程度ずつ溶存酸素濃度を減らしているので，浅くなるにつれ酸素濃度が低下するが，表層から降下し，酸素を消費する有機粒子が浅くなるにつれ増える効果もある．深層水は湧昇や上下混合によって上がってくるので，溶存酸素濃度は中層に近づくにつれ減少する．海域的には，海水が潜ってからの時間が長い太平洋の方が，深層大循環の出発点に近い大西洋より酸素極小層の程度が大きくなる．また，太平洋では，古い酸素濃度を減らした深層水の上に，若いが酸素濃度を大きく減らしつつある中層水があって混ざり合うために，酸素極小層が中層下部または深層上部に出現する．　　　　　　　　　　　〔中山典子〕

文　献

1) Millero, F.J. (2006) *Chemical Oceanography*, Third Edition, CRC Press.

3-16 海洋表面のミクロレイヤー

ocean surface microlayer

海洋の表面は,厚さ1ミリメートル以下の薄膜:ミクロレイヤー(SML:surface micro-layer)によってくまなく覆われている。海洋表面膜(sea-surface film),薄膜(laminar layer)などと呼ぶこともある。SMLは,その直下の表層海水と異なる化学組成をもち,有機物,粒子状物質,微生物などを濃縮したユニークな場と考えられる。

大気中への水の蒸発や,大気-海洋間の気体交換,大気降下物の沈降など,SMLを通して起こる双方向の物質移動は,SMLの物理・化学的性質に強く影響される。たとえば,大気-海洋間の気体交換速度は,海面上の風速のほぼ2乗に比例して増加することが知られているが,これは風速の増加とともにSMLが急激に薄くなるためと考えられている。また,SML内部で起こるさまざまな生物地球化学的,光化学的,同位体分別過程などの起こり方が,SML以深の通常海水中と比較して異なっている可能性がある。

しかしSMLに関わるこれらの海洋化学的現象は,まだほとんど解明されていない。その理由の1つは,SML採取の技術的難しさにある。SMLはきわめて薄く,海洋表面からSMLのみを100％回収することはほとんど不可能に近い。さらに通常の海面は風波によって絶えず複雑に動き,気泡が注入され,かつ上下に撹拌されているため,SMLの厚さや物理化学的性質も刻々変化している。これまで,ステンレス製の網目スクリーン,ガラス板,テフロン板などを海面に浸してSML物質を付着させたり,セラミック製のドラムを回転させてSMLを大量にすくい取る方法などが用いられている。これらの方法は,SMLに含まれる化学物質の解明に貢献しているものの,採取時にSML物質が通常の表層海水によってどのくらい希釈されるのか,取り残したSMLはどのくらいあるのか,あるいは採取時に起こりうる人為的な汚染はどうかといった点が不明確であるために,SMLの化学組成を定量的に議論するに至っていない。最近では,レーザー分光法などを応用したリモートセンシングの手法を用いて,SMLの化学的性質に迫ろうとする研究も進みつつあり,今後の展開が期待される。

SML内での物質移動は分子拡散によってのみ起こるとの仮定の下で,SMLの厚みを推定する方法がある。その1つは,海洋表層水中の ^{226}Ra-^{222}Rn 放射非平衡(^{222}Rn の不足の度合い)を実測することによって得られるラドンガス(^{222}Rn)の大気への放出速度を用いる方法である。これはSMLが薄いほどラドンガスが大気中へ逃げやすくなり,^{226}Ra と ^{222}Rn との間のみかけの放射非平衡の度合いが増すことを利用している。もうひとつは,大気-海洋間で起こる定常的な $^{14}CO_2$ 交換に基づき,大気と海洋表層水との放射性炭素(^{14}C)濃度の差を用いて推定する方法である。いずれの方法からも,SMLの厚みとして数十ミクロンのオーダーの値が得られている[1]。

〔蒲生俊敬〕

文 献
1) Broecker, W.S. and Peng, T.-H. (1982) *Tracers in the Sea*, Eldigio Press, 690 pp.

海洋化学観測機器

instruments for marine geochemical studies

海洋のさまざまな化学的現象を解明するために，海水，海底堆積物，海水中の沈降粒子・懸濁粒子，海底湧水など採取し，化学的性質が詳しく調べられる．また，現場化学計測機器が海洋内に投入される．その際，海洋観測船や潜水船が活用される．

海水採取と現場計測 海水試料を採取するには，海洋観測船からワイヤーを海中に降下し，そのワイヤーに採水器（水中で密閉できるもの）を装着する．現在もっとも多用されているのは硬質プラスチック製のニスキン採水器で，円筒形の採水容器の両端にあるOリング付の上蓋と下蓋を強力なゴムやステンレスバネで接続することによって，容器と蓋との間の水密性を保つ構造である．また，採取した海水が採水器の内壁やバネから溶出する微量元素で汚染されないよう，バネを採水器の外側に取り付けたり（このタイプはニスキンX採水器と呼ばれる），採水器の内面をテフロンコートしたりする．

実際には12〜36本の多数のニスキン採水器と，CTDセンサー（海水中の電気伝導度（塩分に換算），水温，および水圧（深度に換算）を計測するもので，他に溶存酸素，濁度，蛍光光度（クロロフィルa濃度に換算）などのセンサーも併用できる）とを組み合わせた一体型のシステム（図1参照）を，アーマードケーブル（金属ワイヤーなどで被覆した電線）の先端に取り付けて海中に降下させる．CTDセンサーのデータを船上でモニターしながら，船上から電気信号を送って採水器の蓋を任意に閉めることができるので，効率的な採水が実施できる．

ニスキン採水器は，内容積1.2リットルから30リットルまでのものが市販されている．より大量の海水試料を必要とする研究のために，250リットル型大量採水器（4筒式）が東京大学大気海洋研究所において開発・運用されている．

一方，現場化学分析装置（自動的に海水試料を吸入し，そのまま現場で化学分析を行う）を海中に降下させる手法の開発と実用化が進みつつある．分析できる化学成分はまだ限られているが，採水につきまとう海水の汚染や変質がない上，空間分解能のきわめて高いデータが取得できるなど，大きな利点を有している．

海底堆積物採取と現場計測 海底に円筒形のパイプを突き刺し，柱状の海底堆積物試料（コア試料）を回収することによって，過去の海洋環境や，堆積物中で起こる初期続成過程などに関する情報が得られる．マルチプルコアラーを用いると，深さ30〜40 cm程度のコア試料をほとんど層を乱さずに採取できる．また，ピストンコアラーを用いれば，深さ10〜20 m程度のコア試料が採取できる（図2）．後者の場合，表層数十cm程度の堆積物は採取の際に撹乱される場合がある．しかし両コアラーを併用することで全層にわたり不撹乱のコア試料が採取できる．海底下数百メートルに

図1 ニスキンX採水器を36本搭載したCTD採水システム

及ぶ堆積物は深海掘削船によって採取される．

ごく表層の堆積物中の化学的性質（間隙水中の溶存酸素，pH，酸化還元電位など）をピンポイントの現場で詳細に計測するために，海底面に設置したランダーや潜水船を用いて，小型の電極を海底面に刺し入れる手法も用いられる．

沈降粒子・懸濁粒子の採取　海水中にはさまざまな大きさの粒子状物質が存在する．1つの目安として，孔径$0.45\mu m$のメンブレンフィルターで濾別されるものを粒子状物質，されないものを溶存物質と呼んでいる．粒子状物質は，比較的粒径の小さい懸濁粒子（粒径$<5\sim10\mu m$）と，粒径の大きい沈降粒子（粒径$>\sim50\mu m$）からなる．存在量としては懸濁粒子の方が圧倒的に多いが，海中での沈降速度は，懸濁粒子（$\leqslant 1 \mathrm{m\cdot d^{-1}}$）に比べて沈降粒子（数$100 \mathrm{m\cdot d^{-1}}$）は格段に速く，海洋の下向きの物質輸送にとって後者が大きな役割を果たしている．

海水中の懸濁粒子の量は，水深100 m以深では海水1リットルあたり$5\sim20\mu g$程度である．大量の懸濁粒子試料を得るために，海中で大量の海水を濾過し，懸濁粒子のみ回収する現場濾過装置がこれまでに開発されている．

一方，海水中の沈降粒子は，セジメントトラップ（sediment trap）と呼ばれる装置を係留して捕集される．沈降粒子は直径$50\sim100 \mathrm{cm}$程度の開口部をもつ巨大な漏斗に捕捉され，漏斗の最下部にある回収容器内に集められる．回収容器は一定期間ごとに新しい容器と入れ替わり，時系列試料が回収される．

海底熱水・湧水の採取　海底から噴出する温泉水（熱水）や，じわじわとしみ出す冷湧水は，通常の海水とは化学組成を異

図2　ピストンコアラーの投入

にしており，海底下でおこる化学現象の解明にとって重要な情報源である．熱水や冷湧水は，局所的な噴出口，海底の割れ目，断層面などから湧出するとすぐに，周辺海水によって大きく希釈されてしまうことから，希釈される前の湧水を吸入採取する必要がある．米国ウッズホール海洋研究所では，潜水船アルビン号のために，チタン製の注射器型熱水採水装置を開発した[2]．また，東京大学海洋研究所では，潜水船に搭載するアクリル製の多筒ポンプ式採水器を開発した[3]．その後，ガスを多量に含む熱水にも対応できるよう，保圧機能のある改良型も実用化されている．海底からの湧出速度が遅い場合は，海底面に漏斗型の容器をかぶせ，湧水試料をその内部に集めてから採取するシステムも考案されている．（口絵6参照）　　　　　　〔蒲生俊敬〕

文　献
1) Petrick, G., et al. (1996) Mar. Chem., **54**, 97-105.
2) Von Damm, K. L., et al. (1985) Geochim. Cosmochim. Acta, **49**, 2197-2220.
3) 酒井均ほか (1990)「しんかい2000」研究シンポジウム報告書, **6**, 69-85.

水中有機物

marine organic matter

　水圏を循環する天然水には，有機物が含まれている．海水・地下水・湖沼水・河川水・雲水など，天然水の種類により含まれる有機物の起源や種類や濃度は異なっており，自然界での役割も異なっている．ここでは，海水中に存在する有機物について概説する．

　海水中の有機物濃度は低い（海水1リットルあたり数ミリグラム程度）．しかし，地球表層を循環する水の97％以上が海水として存在しているために，海水中の有機物総量は膨大となる．海洋有機物は，陸上の植生および土壌有機物と並ぶ地球表層の3大有機物プールの1つとなっている．その量を炭素量に換算すると大気中の二酸化炭素総量にも匹敵する．したがって，地球表層の炭素循環を理解するためには，海洋有機物の動態解明は必須の課題となっている．

　海洋有機物は，海水を濾過して濾紙上に捕集される粒子状有機物（POM：particulate organic matter）と濾紙を通過する溶存有機物（DOM：dissolved organic matter）に分けて研究されることが多い．濾過には，ガラス繊維濾紙（見かけの孔径 0.7μm）が使われることが多いが，目的によっては種々の材質や孔径の濾紙も使われる．粒子状有機物と溶存有機物との境界は，厳密に定義されているのでなく，便宜的である．粒子状有機物と溶存有機物との存在量を炭素量として比較すると，富栄養化した内湾環境や植物プランクトンのブルーミング時などの特別な場合を除けば，粒子状有機物として濾紙上に捕集される粒子状有機炭素（POC：particulate organic carbon）量は，溶存有機炭素（DOC：dissolved organic carbon）量の数％にすぎず，海水中の有機物の大部分が溶存有機物として存在している．

　粒子状有機物には，沈降粒子状有機物（sinking POM または settling POM）と懸濁粒子状有機物（suspended POM）とがあるが，両者を区別せず POM と表現することもある．沈降粒子状有機物は，文字通り海水中を重力沈降する大型粒子で，懸濁粒子状有機物に比べて存在量は小さいが，有機物を表層から中・深層，ひいては堆積物表層まで運ぶ鉛直輸送（生物ポンプ：biological pump）に大きな役目を果たしている．懸濁粒子状有機物は，海水中に普遍的に存在し，量的には粒子状有機物の大部分を占めている．植物プランクトンをはじめとする浮遊生物（プランクトン）は濾過操作により濾紙上に捕集されるので，懸濁粒子状有機物には，生物体の有機物とデトリタス（detritus）と総称される生物の死骸や排泄物および有機凝集体（organic aggregate）などの非生物態有機物が含まれる．

　粒子状有機物の構成成分は，糖・脂質・アミノ酸などの生物体構成成分と同様な化合物であるが，溶存有機物では生物体構成成分の割合は小さく，大部分が化学的未同定成分で構成されている．溶存有機物の起源は，海洋生物構成有機物と考えられているが，その生成メカニズムはよくわかっていない．さらに ^{14}C 年齢からみると，粒子状有機物は現世を示すが，溶存有機物は4000〜6000年と古い．これらのことから，溶存有機物の大部分は，生体構成成分が化学的修飾を受け，生物学的に難分解性有機物に変化したものと考えられている．

〔田上英一郎〕

粒子状有機物

particulate organic matter (POM)

　海水中の有機物は，海水を濾過して濾紙上に捕集される有機物を粒子状有機物（POM：particulate organic matter），濾紙を通過する有機物を溶存有機物（DOM：dissolved organic matter）として取り扱われることが多い．濾紙にはガラス繊維濾紙（見かけの孔径 $0.7\ \mu m$）が使われることが多い．ガラス繊維濾紙では，植物プランクトンはほぼすべてが濾紙上に捕集されるが，バクテリアの約半数が濾紙を通過する．ガラス繊維の有機物不純物は酸化して取り除けるが，金属不純物を取り除けないため，同一試料を用いて有機物と金属を測定することも難しい．濾紙については，目的により種々の材質（たとえば，アルミナなどの金属やセルローズなどの高分子有機物など）や孔径（たとえば，$0.1\ \mu m$，$0.2\ \mu m$ など）のものも使われる．海水中に存在する有機物は，溶液状態の単分子（monomer），重合体（polymer），それらが集まった超分子（supramolecule），さらに目に見える巨大粒子など，連続したサイズスペクトルで存在している．粒子状有機物と溶存有機物との境界は，厳密に定義されているのでなく便宜的である．

　粒子状有機物には，海水中を重力沈降する大型の沈降粒子状有機物（sinking POM または settling POM）と海水中に懸濁している懸濁粒子状有機物（suspended POM）がある．それぞれセジメントトラップおよび海水の濾過操作で採集されるが，両者を区別せずに POM と表現することもある．海洋表層の有光層（photic zone）内では，植物プランクトンが，無機炭素と栄養塩類を材料に光合成により有機物を生成する（一次生産ないし基礎生産：primary production）．生産された有機物は，食物連鎖を通して従属栄養生物のエネルギー源となり，生態系を支える基礎となる．懸濁粒子状有機物には，植物プランクトン，微小動物プランクトン，およびバクテリアも含まれる．しかし，形態観察やバイオマーカーからみるかぎり，懸濁粒子状有機物の大部分は，有機物を作ったり消費したりする植物プランクトンをはじめとする生物体ではなく，生物の死骸や排泄物および不定形の形状の有機凝集体（organic aggregate）など，非生物態有機物で占められている．このような非生物態有機物はデトリタス（detritus）と総称されている．

　海洋表層の懸濁粒子状有機物の大部分は，表層内で無機化されるが，一部は，沈降粒子状有機物に姿を変えて，中・深層さらに海洋底まで鉛直輸送される．有機物の鉛直輸送は，生物が大きな役割を果たしているために，生物ポンプ（biological pump）と呼ばれている．具体的には，懸濁粒子状有機物は，動物プランクトンにより捕食され糞粒（fecal pellet）に姿を変え沈降粒子状有機物となる．表層のデトリタスが，相互作用することで有機凝集体として大型粒子化し，沈降粒子状有機物として鉛直輸送される．また，表層で捕食された懸濁粒子状有機物は，動物プランクトンの日周鉛直移動に伴い，中・深層へと輸送される．

　表層から鉛直輸送された有機物は，中・深層や海洋底に生息する生物のエネルギー源となり，生態系を維持している．一方，海洋表層水中では，表層から除去された有機物の炭素量に相当分だけ二酸化炭素量が減少し，それに見合う分の二酸化炭素が大気中から吸収されることになる．地球表層の炭素循環をよりよく理解するためには，海洋表層から中・深層へと鉛直輸送される有機物の炭素フラックスとその支配要因を知ることは大変重要となる．　〔田上英一郎〕

溶存有機物

dissolved organic matter (DOM)

海洋には，大気中の二酸化炭素ガスや陸上の植生の炭素現存量に匹敵する約700ギガトン（=10^{15}g）に上る炭素のプールが，溶存有機物（DOM：dissolved organic matter）として存在しており，地球表層圏の炭素循環の重要なコンポーネントの1つを担っている．

DOMは，海水を孔径0.1～1μm程度の濾紙を用いて濾過をした際，濾紙を通過する有機物の総称であり，濾紙上に保持される粒状有機物と区別するための操作上の定義によるものである．その現存量は，通常，炭素量として測定，表現され，溶存有機炭素（DOC：dissolved organic carbon）と呼ばれる．とくに外洋域では，海水中の全有機炭素の95％以上がDOCとして存在していることが知られている．

DOMは，それ全体が巨大な炭素のリザーバーとして機能しているほかに，その一部は，以下のようなさまざまな機能を有し，海洋における物質循環，生態系に対し重要な役割を担っている．①海洋の従属栄養細菌群集の栄養基質，エネルギー源として，海洋の微生物食物網の底辺を支えている．②微量金属元素の有機配位子として，それらの動態を制御している．③沈降粒子の形成過程においてその前駆体として作用している．④光吸収能を有し，海洋表層の光環境を制御している．

DOMには，①で示されるように，微生物分解に対し反応性に富んだ易分解性の画分が含まれる一方，とくに外洋域の中深層においては，平均滞留時間が数千年を超えるきわめて難分解な画分が卓越しており，海洋のDOMの90％以上を占めている．

海洋におけるDOMの供給源については，河川により運ばれる陸起源有機物の寄与の重要性が歴史的に議論されてきたが，近年になってバイオマーカーなどによる解析が進み，海洋のプランクトン群集がその主要な起源であると考えられている．

DOMの化学組成については不明な点が多い．アミノ酸，糖，脂肪酸など，生体有機化合物の基本ユニットとなる成分を分子レベルで解析し，それらをすべて合計してもDOM全体の10％以下にしかならず，残りの大部分は化学的に未同定なまま，海洋腐植様物質と総括されてきた．一方，近年になって，限外濾過法を用いて海水中の高分子画分のDOMを，大量に分離・濃縮する技術が確立し，分離された高分子画分DOM試料に対し，核磁気共鳴装置による官能基分析や，電気泳動法によるタンパク質の詳細な解析が進んだ．その結果，高分子画分DOMは，生体有機化合物に近い構造をもつことが示されている．しかし，これら高分子画分がDOM全体に占める割合は20～30％程度に過ぎず，主要なサイズ画分はより低分子（分子量1000以下）であることも同時に明らかになっている．そして，低分子画分DOMの回転時間は高分子画分DOMに比べると長く，海水中でより安定であることが，微生物分解実験や^{14}C年代測定からも明らかにされている．海洋の難分解性DOMの大部分は低分子画分であるという結論に対し，低分子DOMを海水中から分離・濃縮する技術がいまだ十分確立していないため，その化学的実体の解明は進んでおらず，難分解性のメカニズムも未解明であり，今後の大きな課題となっている．

〔小川浩史〕

文　献

1) Hansell, D.A. and Carlson, C.A. eds. (2002) *Biogeochemistry of Marine Dissolved Organic Matter*, Academic Press, 774 pp.

親生元素（親生物元素）

biophilic element

3-21

表1 生体内での親生物元素の機能による分類

生体内での機能・役割	元素の種類
構造性元素	H, C, N, O, P, S, Ca, Si
電解質性元素	Ca, Cl, K, Na, Mg
酵素性元素	Fe, Mg, B, F, V, Cr, Mn, Co, Ni, Cu, Zn, Se, Mo, Sn, I

　地球表層における元素の地球化学的な分類の中で生物体内や生物活動により濃縮しやすいと考えられる元素を親生元素（親生物元素）と呼んでいる．これに属する元素には地殻内に多く存在していることから地球化学でいう主要元素であり，また生物体内に比較的多量に集積される元素である C, H, O, N, S, P, Cl, K, Na, Ca などに加えて，Fe, Mg, B, Mn, Zn, Cu, Mo などのように生物体内には微量にしか含まれない元素もこれに該当する．

　親生元素の定義は，親気，親石，親鉄元素などと並んで地球化学的な視点からの元素の分類群の1つであるが，生物学においても同じような生物に含まれる元素の呼び方として生元素（bio-element）という用語がある．これはある生物が正常な代謝機能を維持するために，必要な元素として定義され，以下の3つの条件を満たすことが求められる．

① 対象元素が不足するか供給がないとき，生育できないかあるいは死滅する．
② その障害は他の元素で置き換えができない．
③ 対象元素がその生物の代謝系に関与していることが証明されている．

　これらの元素は生物の生存にとって不可欠な元素であることから必須元素（essential element）とも呼ばれ，現在では30近くの元素がこれに該当すると考えられている．一方，分析技術が進展するに従って生物体内で検出される元素は格段に増加し，検出感度さえ上げればほとんどすべての元素は生体内から検出されるようになった．

しかし，もっともよく研究が行われている人間においても生体内で検出される多くの微量元素に関してはいまだ生物的な機能がはっきりしていない．なお，生物学における必須微量元素は一般的に生物体内での含有量が Fe 以下の元素をさすことが多い．

　表1にこれら必須の生元素をその生体内での機能に関して分類したものを示す．この3つのグループのうち，一般的に構造性元素と電解質性元素は生物体内にかなりの量含まれる元素であり，酵素性元素はその含量が少ない．構造性元素はタンパク質，脂質，糖質などを構成する C, H, O, N, S, P などや，Si, Ca, P などのように骨格を構成する元素である．電解質性元素には，K, Na, Ca, Cl, Mg があり，細胞内の細胞液や血液などに含まれイオン化しやすい元素であり，浸透圧調整や膜電位の調整などの生理機能を果たしている．また，酵素性元素は，Cr, Mo, Mn, Fe, Co, Mg, B, Na, Zn, Cu, V などがあり，これらの多くは酵素活性の中心部分に金属イオンとして存在する．既知の酵素のうち，約1/3はその構造あるいは作用に金属元素を必要とすることが知られている．Fe はエネルギー伝達系を構成するチトクローム酸化酵素活性中心である鉄・ポルフィリンとして存在するほか，窒素固定を行うニトロゲナーゼなど多くの酵素に含まれる．また，植物の光合成を行う色素であるクロロフィルもマグネシウム・ポルフィリンとして存在しており，Mg が必須元素として要求される．

表2 海洋生物の乾燥重量にしめる主要な元素（％）および海水の平均元素組成（ppm）

	海水平均組成	バクテリア	植物プランクトン	褐藻類	動物プランクトン	軟体動物	魚類
炭素（C）	27	54	22.5	34.5	41.6	40	47.5
酸素（O）	—	23	44	47	28.5	39	39
水素（H）	—	7.4	4.6	4.1	5	6	6.8
窒素（N）	0.42	9.6	6.3〜11	1.8	8.8	3.5〜8.2	8.0〜9.6
リン（P）	0.062	3	0.4〜1.8	0.28	0.75	0.66	1.8
イオウ（S）	898	0.53	0.3〜0.6	0.83	—	1.6	0.47
カルシウム（Ca）	412	0.51	0.61	0.9〜2.3	2〜4	0.1〜1.1	2.0〜7.6
塩素（Cl）	19350	0.23	—	0.47		0.5	0.6
マグネシウム（Mg）	1280	0.7	1.4	0.94	0.9〜1.5	0.4	0.12
ナトリウム（Na）	10780	0.46	0.6	3.3	8	1.6	0.8
カリウム（K）	399	11.5	1.3	5.2	1	1.2	1.5
鉄（Fe）	0.00003	17K	22〜150K	1.3〜190K	10〜180K	9〜79 K	0.9〜8.8K
銅（Cu）	0.00015	15K	0.85〜3.6K	0.2〜6.8K	0.2〜24K	0.2〜45 K	0.07〜1.5K
マンガン（Mn）	0.00002	26K	0.4〜12K	0.1〜40K	0.4〜3.2K	0.2〜15K	0.03〜0.5K
コバルト（Co）	0.0000012	0.79K	0.038 K	0.002〜0.9K	0.008〜1.3K	0.01〜0.8K	0.0006〜0.005K

ここで，Kは10^{-3}を表す．

また必須元素でもすべての生物に必要な元素と，限られた分類群の生物において必須の元素が存在する．酵素性元素では，Sn, Se, F, V, I に関してはヒトをはじめとする動物においてのみその必須性が示されている．たとえば，I は脊椎動物には広く存在する甲状腺にあって甲状腺ホルモンの成分となっている．一方，Si は動物においてはその必須性は示されていないが，単細胞藻類である珪藻はその外殻が Si で構成されているため，生育には多量の Si を要求する．

表2に海洋生物および海水の元素組成をまとめた．海水中の元素濃度は電解質である1価，2価の陽・陰イオンが卓越しており，主要な親生元素であるC, N, Pの含量はあまり高くない．また，Fe, Coなどの金属イオンは著しく低濃度である．これに対して海洋生物では種類により幅はあるが，構造性元素，電解質性元素，酵素性元素の順で含量が高く，構造生元素と酵素性元素では4〜5桁の濃度差が生物体内にあることがわかる．

表2からわかるように，生物は外界に存在するさまざまな元素やその化合物を選択的に取り込み，あるいは生体内への流入を阻止し排出することで，正常な代謝機能を営んでいる．一方で，ある元素が特異的に生物体内に蓄積されることも多くの動物・植物で見つかっている．ハロゲン元素である Br や I の褐藻への集積，あるいは V のホヤへの集積はよく知られている．ある種のホヤでは周辺の海水中の濃度の100万倍以上のVを細胞中に保持している．このように，特異的にある元素を取り込む生物を集積生物と呼んでいるが，なぜその生物がある元素を特異的に集積するかについての知見は乏しい．一方，環境学では生物濃縮という用語がある．これは元素を含む多様な化学物質が，生体内に蓄積され（これを生体内蓄積と呼ぶこともある），さらにこれが生態系での食物連鎖を経由することでより高次の捕食者に高濃度に蓄積されることをいう．重金属元素では水銀やヒ素などが実際に被害を起こす例として知られている．その濃縮のプロセスとしては対象となる化合物が，非水溶性であり，また，生体内で分解されず特定な臓器に蓄積されることがおもな原因と考えられている． 〔小池勲夫〕

一次生産

primary production

生物は，体の主要成分である炭素を何から得るかによって独立栄養生物と従属栄養生物に大別される（3-25参照）．独立栄養生物は二酸化炭素を炭素源にして栄養塩などの無機物から有機物を生産する．生態系は，この有機物が食物連鎖を通して従属栄養者にあまねく分配される過程を中核にして成立していることから，有機物生産過程を一次生産あるいは基礎生産と呼ぶ．一次生産は光エネルギーあるいは化学エネルギーで駆動され，前者は光合成，後者は化学合成である．

光合成による有機物生産では波長400～700 nmの光合成有効放射（PAR：photosynthetically active radiationまたはphotosynthetically available radiation）を使ったブドウ糖の合成が基点となる（下式）．副産物として酸素が発生する．一次生産は十分な光量のある真光層（有光層ともいう）で行われ，その下限は海面光量の0.1～1%の深さ，もっとも透明な海域でも水深200 m前後である．海洋の主要な一次生産者は単細胞性の藻類である植物プランクトンであり，水深の浅い岸近くでは大型海藻や海草（アマモなどの単子葉植物）が加わる．光合成を行うバクテリアには水の代わりに硫化水素やチオ硫酸塩などの分解で生じた還元力を使うものが存在し，光が到達する還元的な環境では主たる一次生産者となる．近年，海洋表層にバクテリオクロロフィルあるいはロドプシン系タンパクが吸収した光エネルギーを代謝に利用するバクテリアや古細菌が多数分布することが明らかになってきたが，これまでのところ炭酸同化をするものは見つかっていない．

$$6CO_2 + 6H_2O + 48\,光量子 \rightarrow C_6H_{12}O_6 + 6O_2$$

化学合成では光エネルギーの代わりに硫化物，アンモニアなどの無機物が酸化される際に得られるエネルギーを使う．化学合成は生物進化の初期には重要な働きをしたと考えられるが，現在の海洋では生産量は少ない．しかし，アンモニウムから亜硝酸，硝酸への酸化過程である硝化に代表されるように元素の地球化学的な循環では重要な働きをしている．

海洋全体でみると酸素発生型の光合成による一次生産がほとんどを占める．人工衛星観測による見積もりでは，全海洋における植物プランクトンの年間純一次生産量，すなわち総生産から植物自身による呼吸を除いた正味の生産は54～59 Pg C（Pg= 10^{15} g）であり，陸上の全生産量57～58 Pg Cにほぼ匹敵する[1]．海藻・海草については報告によって幅があるが1～4 Pg Cである．

植物プランクトンによる一次生産力，すなわち単位時間・単位面積あたりの生産量は真光層での水柱の鉛直混合の程度に大きく左右される．これは，下層から真光層への栄養塩の供給や，植物プランクトンが浅い層にとどまって十分に受光するかの兼ね合いを支配するからである．一般に成層の発達した熱帯・亜熱帯域では栄養塩律速のため生産量は低く，これに対して沿岸域や湧昇域，亜寒帯，極域では生産が高い．また，太平洋赤道域・亜寒帯域，南大洋には鉄の供給が一次生産を律速しているため栄養塩が使われずに余っている海域が存在するが，このような海域ではダストによる微量金属，とくに鉄の供給が鍵となっている（3-14参照）． 〔古谷　研〕

文　献
1) Behrenfeld, M. J., et al. (2001) Biospheric primary production during an ENSO transition. Science, **291**, 2594-2597.

プランクトン

plankton

プランクトンとは"漂うもの"の意であり，水圏に生息し，遊泳力が小さく，水塊の移動とともに，海洋や湖沼の中を漂う生物を指す．プランクトンに対応し，魚類のように遊泳力が発達した生物をネクトン，貝類やゴカイ類など海底や海岸の基質に依存した生物をベントスと称する．プランクトンは一般的には微小で肉眼では認識できない大きさのものが多いが，クラゲ類など大型の生物も含まれる．生物体の大きさが 0.2〜$2\,\mu m$ のものをピコプランクトン，2〜$20\,\mu m$ をナノプランクトン，20〜$200\,\mu m$ をマイクロプランクトン，0.2〜$2\,mm$ をメソプランクトン，それ以上をメガプランクトンと呼ぶ．

プランクトンは，光合成を行う植物プランクトンと栄養源を他の生物や生成された有機物に依存する動物プランクトンに分けられる．植物プランクトンは水圏における重要な一次生産者であり，地球上の一次生産の 50% を占め，高次生物や物質循環を支える生物群である．分類群としては，珪酸質の殻をもち，温帯域，亜寒帯域で春季に大増殖する珪藻，沿岸の富栄養海域で赤潮を形成する主要生物である渦鞭毛藻，貧栄養な外洋域や富栄養化した陸水域でアオコを形成する藍藻，炭酸カルシウムの殻を形成する円石藻などが重要である．植物プランクトンの生産は，光と栄養塩によって決まっており，光の届かない $200\,m$ 以深では生息できない．また，陸水域ではリン，海洋では窒素または鉄が制限栄養物質として働くことが多い．栄養塩類の鉛直分布に見られる表層で少なく深層で分布量が増加する鉛直分布は，表層における植物プランクトンによる利用と，深層における細菌などによる分解が大きく関与している．

一般的に動物プランクトンといった場合は，ウイルスや細菌を含まない場合が多いが，従属栄養といった意味ではこれら生物群も含まれ，動物プランクトンは，これら微小生物から魚類の幼生に至るまで多くの生物群が含まれる．また，通常のプランクトンネット採集では採集されない $200\,\mu m$ 以下の繊毛虫などの小型動物プランクトンを微小動物プランクトンといって区別する場合もある．一般に小型の動物プランクトンは増殖速度が速いため，植物プランクトン量を低く抑え生態系の恒常性を維持する機能が大きく，大型の動物プランクトンは，魚類などの高次栄養段階の生産を支える機能が大きい．微小動物プランクトンの中では，各種分類群に属する鞭毛虫類，繊毛虫類が主要であり，大型の動物群では甲殻類に属するカイアシ類，オキアミ類が重要である（図1参照）．〔津田　敦〕

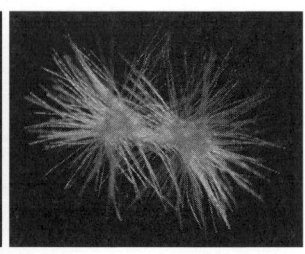

図1　外洋表層性のプランクトン（左）カイアシ類の一種，（右）窒素固定を行う藍藻．

食物連鎖

food chain

　生態系内で食う-食われるの関係で連なる生物の関係を食物連鎖という．その出発点は光合成植物で，それを植物食性の動物が採食し，それを動物食性の別の動物が捕食する．光合成植物や植物食性動物は低次生産者といわれ，動物食性動物は高次生産者といわれる．この点は陸上生態系でも海洋生態系でも同じであるが，陸と海の食物連鎖の構造と機能には違いもある．

　海洋の生態系や食物連鎖の特徴は，陸の環境とは異なる海の環境特性に由来する．海洋の環境媒体は「水」である．水の密度・粘度・吸光度は大きいから，空気に比べて海水は混合しにくく，海中は暗い．さらに，海は深いが，光合成が可能なのはほんの表層に限られている．表層で生産された有機物は海中を沈降して中層や深層の食物連鎖に取り込まれ，最終的には無機塩として排出される．この無機塩は光合成植物の栄養塩になるが，海水は混合しにくいので表層へは回帰しにくい．したがって，表層は貧栄養であり，光合成は厳しい栄養塩律速を受けている．

　海洋表層への栄養塩補給は河川水の流出や下層水の湧昇などで起こるが，これらの過程は外洋や温暖期には起こりにくい．そういう海域でも生態系が成立していることは，別の栄養塩補給過程があることを暗示している．実は，食物連鎖がその補給を担っているのである．動物が餌生物を摂食するとき，餌の有機物の90%を代謝して無機塩を排出するから，表層内の食物連鎖からは常に栄養塩が供給されることになる．

　外洋域の植物は，明るい表層に浮遊し続けなければならないため，きわめて微小な植物プランクトンである．小さければ，体積に対する面積の比が大きくなり，水との間に生ずる摩擦抵抗が大きく，沈みにくくなるからである．したがって，それを採食する動物も小さい．それは動物プランクトンと呼ばれるが，大型魚類が捕食するにはまだ小さすぎるため，小型魚類が捕食する．その小型魚類は中型魚類の餌になり，中型魚類が大型魚類や哺乳類の餌になる．このように，海洋の食物連鎖には，体サイズ順の連鎖構造，長い連鎖という2つの特質がある．水産資源として利用されるものはおもに中型ないし大型魚類であるから，そこにいたるまでに3段階ほどの食物連鎖を経なければならない．1段階ごとに有機物の90%が失われるから，水産資源には光合成産物の0.1%しか到達しない．失われた99.9%からは無機栄養塩が再生される．この栄養塩再生が，海洋食物連鎖の重要な機能なのである．

　以上のように海洋表層は貧栄養であり，光合成生産は厳しい栄養塩律速を受けているにもかかわらず生態系が崩壊しないのは，長い食物連鎖によって栄養塩の再生供給が加速されているからである．海洋の生態系は小型生物を選択し，食物連鎖が長くなるように進化してきたにちがいない．陸上では，地表で有機物が分解され，再生された栄養塩は雨水に溶けて自動的に植物の根へと回帰するから，食物連鎖の栄養塩再生機能が小さいことは障害にならない．これが，食物連鎖と生態系にみられる海と陸の顕著な差異なのである．〔谷口　旭〕

文　献

1) 谷口　旭 (2009) 海の環境と生態系の総観．海と生命（塚本勝巳編），東海大学出版会，pp. 171-184.

3-25

生態系

ecosystem

　生物は，同じ生息場所に存在する他の生物と，さまざまな関係（捕食・被食，競争，共生など）をもちながら生活をしている．この生物群集の活動は，生息場所の物理・化学的な環境要因（光，栄養物質，温度など）の強い影響を受ける一方で，生物活動が，物理・化学的な環境条件を変化させることも知られている．このような，生物間および生物と非生物的要素間にみられる相互作用の全体を，機能的な単位（システム）として捉えたのが生態系という概念である．

　個々の生態系は，それ自身に固有の構造（生態系を構成する生物や非生物要素の組成）と機能（エネルギーや物質のフラックス）を有し，また，隣接する生態系と識別可能な自律性を保っている．しかし，生態系の空間スケールや境界の設定の仕方についての一般的な基準が確立しているわけではなく，注目する現象や目的に応じて，適切な時空間スケールで生態系を適宜定義する必要がある．たとえば，地球規模の生物圏（biosphere）の振る舞いに着目する場合，地球全体をひとつの生態系とみなし，そのサブシステムとして海洋生態系や陸域生態系を定義することが可能である．一方，限られた構成要素間の相互作用を解析する目的で，屋外に設置した水槽を，ひとつの生態系として扱うこともできる．

　生態系の生物的な構成要素は，独立栄養生物（autotrophs）と従属栄養生物（heterotrophs）に区分することができる．独立栄養生物は，太陽光エネルギーを利用して，二酸化炭素，水，硝酸イオンなどの無機物から有機物を生産する．その機能から一次生産者とも呼ばれる．従属栄養生物

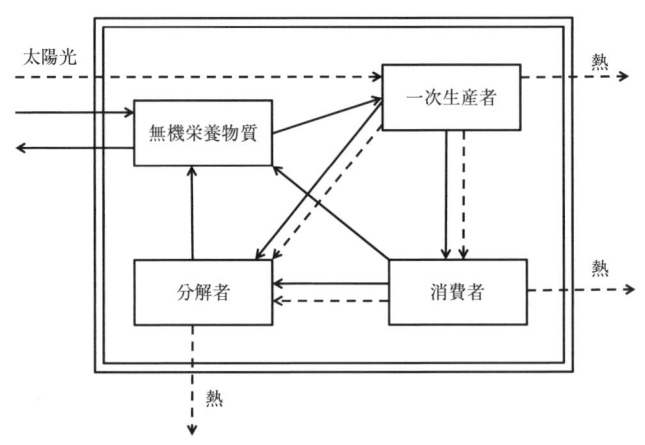

図1　一般的な生態系におけるエネルギーの流れ（点線の矢印）と栄養物質の流れ（実線の矢印）
　二重線の方形は生態系の境界を表す．境界を通過する矢印は系の外部とのエネルギーや物質の交換を示す．生物の移出や流入も起こるが示していない．また，デトリタス（生物残渣）や溶存態有機物はエネルギーや栄養物質の重要なストックであるが，単純化のために示していない．

は，一次生産者によって生産された有機物に依存する生物であり，一般に，消費者（植物を食べる植食者，植食者を食べる捕食者など）と分解者（生物遺骸や排出物を利用する微生物やデトリタス食者）に区分される．一次生産者と消費者・分解者が形成する食物連鎖（food chain または食物網 food web）は，物質やエネルギーの伝達経路として重要であり，生態系の成り立ち（organization）を規定する主要な要素でもある．なお，深海の熱水噴出域などでは，熱水中に含まれるメタンや硫化物をエネルギー源とする化学合成独立栄養生物の一次生産を基盤とした特殊な生態系が発達することが知られている．

図1には，生態系におけるエネルギーと物質の流れを示す．系内に流入した光エネルギーは独立栄養生物によって固定（化学エネルギーに変換）されたのち，食物連鎖を介して熱エネルギーに変わり，系外に放出される．このように生態系は外部環境との恒常的なエネルギー交換によって維持されている非平衡開放系である．一方，生態系における物質の流れは循環的であり，とくに，消費者や分解者の無機化作用（remineralization）による栄養元素の再生は，生態系の維持のうえで重要な役割を果たしている．生態系における生物地球化学的循環（biogeochemical cycle）の研究においては，一次生産の制御機構，食物連鎖を介しての有機物の変質・無機化プロセス，また，栄養物質の流入・流出フラックスなどを解明することが重要な課題となる．

〔永田　俊〕

有機錯体

metal-organic complex

海水中に溶けている微量金属は，塩化物や水酸化物などの無機イオンと結合した状態（無機錯体）だけでなく，金属に親和性を有する天然の有機物（有機配位子）と結合した有機錯体としても存在している．外洋域の表層海水中では，溶存態金属中，とくに，鉄や銅，亜鉛，カドミウム，コバルト，ニッケルなどは無機錯体に比べて有機錯体の割合が高いと見積もられている．それぞれの金属に親和性の高い有機配位子が金属の存在形態，すなわちスペシエーションを制御することから，各金属の海洋内での挙動を考える上で，有機配位子との相互作用は非常に重要であるといえる．

有機配位子の存在は，おもに電気化学的手法などを用いた金属と有機配位子との錯体の安定度定数の測定を通して確認されている．検出された有機配位子は，金属に対する親和性の高さにより分別され，その機能や役割が特徴づけされているが，化学的構造や起源については，ごく一部を除いてまだよくわかっていないのが現状である．海水中の全溶存有機物に比べて有機配位子は著しく低濃度である．したがって，他の有機物から分離しないかぎり，有機配位子の有機化合物としての特性を知ることはできない．そのような試みとして，固定化した金属を充填したカラムなどを用いた抽出が行われ，有機配位子が銅（II）と結合する部位として，アミノ基やイミノ基，カルボキシル基，チオール基，複素環窒素などの官能基が関与している可能性が指摘された．

植物プランクトンやバクテリア，藻類などの海洋生物が，光合成や呼吸，窒素固定など，生命を維持する酵素反応を行う上で各種の金属が必要とされる．ところが，外洋域の表層海水中の微量金属はピコモル濃度からナノモル濃度レベルと大変低濃度であるため，一次生産などの生物活動を律速することがある．海洋生物の生体中タンパク質の1/3から半分程度が金属と結合しているとされることから，海水中に存在する有機配位子も海洋生物に由来すると考えるのは合理的であろう．

培養実験において，バクテリアがサイデロフォアというα-ヒドロキシカルボン酸もしくはヒドロキサム酸を含む鎖状化合物を細胞外に分泌して鉄（III）と安定な有機錯体を形成し，これを細胞外壁に吸着して鉄を取り込むというメカニズムが見出されている．逆に，沿岸域のように銅（II）やカドミウム（II）などの金属が高濃度な環境では，高濃度金属の毒性が刺激となって，毒性を低減するために有機配位子が放出されるメカニズムが提言されている．

有機配位子の起源としてもうひとつ考えられているのが，海水中に放出された生物起源の有機物がバクテリアなどの分解を受けて残った腐植様物質である．土壌中の腐植物質と類似した有機物が海洋の中・深層で微生物による酸化分解もしくはこれに付随した過程で生成され，銅（II），亜鉛（II），カドミウム（II）などの金属と有機錯体を形成し，これらの金属の海洋中・深層におけるスペシエーションを支配していると考えられている．

海洋内における微量金属の輸送プロセスと生物利用のメカニズムを把握し，炭素をはじめとする物質循環の全容を理解する上で，有機配位子の化学構造と動態を明らかにする研究が望まれる．　　〔緑川　貴〕

文　献

1) Vraspir, J. M. and Butler, A. (2009) Chemistry of marine ligands and siderophores. Annu. Rev. Mar. Sci., 1, 43-63, doi：10.1146/annurev. marine. 010908. 163712.

続成作用

diagenesis

　沿岸から外洋の海底にはさまざまな起源をもつ粒子が堆積する．粒子は海水を蓄えた海洋という器の底に沈積するので，形成した堆積物は，粒子のほかに間隙水（pore water；粒子間を満たす海水）を含む固相-液相の系である．堆積した粒子が地層を形成し，深層に埋没する過程において，その地層は物理的，化学的および生物学的作用を受ける．たとえば，バクテリアが介在する有機物の無機化（remineralization），厚密作用（compaction）による粒子間距離の減少と間隙水の移流（advection），間隙水中での溶存成分の拡散（diffusion），鉱物の沈着による粒子間のセメント化（cementation），粒子の溶解（dissolution）と間隙水からの再沈積（reprecipitation），などである．このような作用を経て地層は固結し，より固化した堆積物に変質していく．一般には低温・低圧場で起こるこのような変質過程を総称して続成作用（diagenesis）といい，高温・高圧場で起こる変成作用（metamorphism）とは区別している．また，堆積後の比較的早期に起こる変質過程を初期続成作用（early diagenesis），晩期を後期続成作用（late diagenesis）というが，続成作用は漸次的に起こる過程なので，両者の境界は明瞭ではない．

　海底堆積物中における初期続成作用は，海水-堆積物境界層を通して物質が移動することで，海洋の物質循環と密接な関わりを持っている．仮に，酸化分解によって堆積物中（含水率80％）の有機態炭素含有量が0.005％（乾燥重量当り）だけ減少したとすると，間隙水中の二酸化炭素濃度は1 mmol/l だけ増加し，濃度増加に応じて堆積物から海水へと二酸化炭素が移動することになる．すなわち，堆積物固相の化学分析からは目的成分の変動を検出することは困難であっても，間隙水中の溶存成分を定量すれば，その鉛直分布から，海底においてどんな変質過程が卓越しているか，また，海洋物質循環との関わりを知ることができる．

　海洋堆積物の初期続成作用でもっとも重要な過程はプランクトン起源有機物の好気的酸化に始まる一連の酸化還元反応である（2-01，2-08参照）．海洋の有光層から海底に沈着したプランクトン起源粒子中の有機物は微生物学的な呼吸作用によって無機化され，間隙水中には窒素やリンが再生する．また，ケイ質プランクトンの骨格成分であるオパールも間隙水中に溶解する．これらの栄養成分は間隙水中を鉛直濃度勾配に沿って上方に拡散し，堆積物-海水境界層（benthic layer）を横切って海水中へと回帰する．とくに，富栄養の内湾から陸棚域，あるいは湧昇が卓越する外洋域の高生物生産域の海底は栄養塩の供給源となっている．さらに有機物の分解が進めば，マンガン酸化物は還元溶解し，2価マンガンは間隙水中を上方に，硫酸イオンは底層水から堆積物下層の硫酸還元層に向かって拡散する．酸化物態鉄も2価鉄に還元されるが，鉄還元と硫酸還元の酸化還元電位が接近しているので，鉄は速やかに硫化物を形成する．このように電子受容体がすべて還元され，さらに反応にあずかる有機物が残存していれば，メタン発酵が進行する．

　間隙水を経由する溶存成分のフラックスを求める方法として，一般的には，鉛直分布に数学モデル（拡散，移流，化学反応速度を含む；diagenetic equation[1]）を適用している研究例が多い．

　一方，後期続成作用の例としては，比較的長時間にわたって進行する粘土鉱物の変

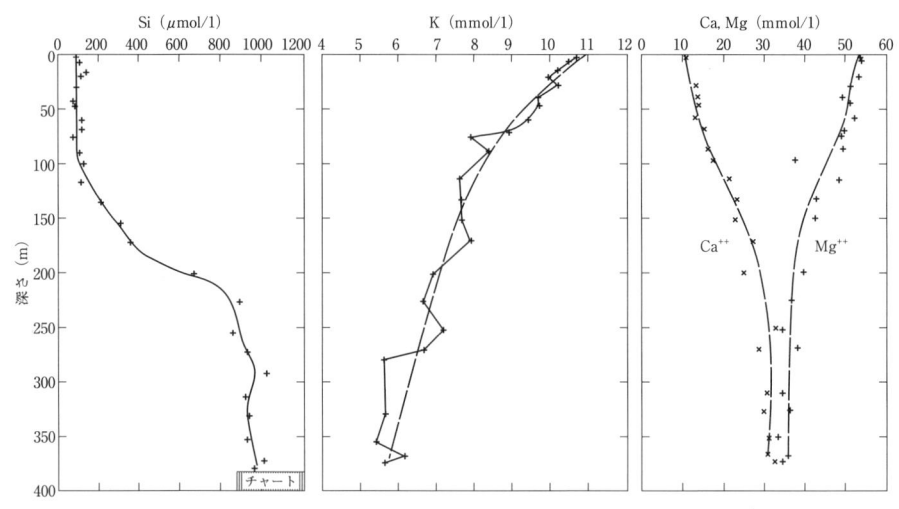

図1 深海掘削コア（DSDP Hole149）の間隙水中における各成分の分布[2]
コア全層は生物起源炭酸塩からなるが，185 m以深ではケイ酸塩（放散虫）と火山砕屑物の含有量が増える．コア最下位には縞状チャート層が存在する．

質が挙げられる．深海底に産出するアルミノケイ酸塩である灰十字沸石（phillipsite）は，火山ガラスや枕状溶岩の表面のガラス質が長期にわたる海水の水和作用により続成的に形成したものと考えられている．この鉱物はさらに堆積物深部に埋没しながら，徐々に間隙水中のナトリウムを取り込み，沸石（zeolite）を形成する．また，数百 m の長さの深海掘削コアの間隙水中で，カリウムやマグネシウムの濃度が深層に向かって減少する場合がある（図1）[2]．間隙水中のカリウムの除去は，カオリナイトがカリウムを取り込んでイライトへ変質していることが原因であると考えられている．また，マグネシウム除去は，火山ガラスの高マグネシウムモンモリロナイトへの変質の証拠と見なされている．

〔加藤義久〕

文　献

1) Berner, R. A. (1971) *Principles of Chemical Sedimentology*, MacGraw-Hill, 240 pp.
2) Perry, Jr., E. D., et al. (1976) Mg, Ca and O^{18}/O^{16} exchange in the sediment-pore water system, Hole 149, DSDP. Geochim. Cosmochim. Acta, **40**, 413-423.

化学合成生態系

chemosynthetic ecosystem

　化学合成による有機物生産を基礎とする生態系の総称である．化学合成は原核生物（バクテリア，アーキア）に特徴的な生理機能で，元素や化合物の酸化還元反応からエネルギーを獲得し，二酸化炭素を同化して有機物を合成する生化学反応系である．化学合成を営む原核生物は生物圏全体に生息しているが，温泉や地下水，海底の熱水・湧水活動域，地下深部など，物理化学条件において光合成生物の生息に適さない環境に優占している．エネルギー獲得様式の多様性は化学合成微生物が保有する環境適応性の原動力であり，地球外生命モデルの想定にも利用されている．

　微生物の遺伝子系統解析の結果は，化学合成が光合成よりも古い形質であること，好熱性微生物が最古の系統であることを示している．この遺伝子による進化系統は化石よる証拠と調和している．その証拠のひとつが，西オーストラリアのピルバラで発見された32〜35億年前の海底熱水噴出域の堆積物に含まれていた微生物化石である．化石の形態は糸状やマット状など多彩であるが，濃集している炭素の安定同位体比が生物由来の傾向を示していた．さらには，堆積岩の硫黄化合物の分析から硫酸還元微生物，鉱物に封入されたメタンの分析からメタン産生微生物が始生代に存在していたと推定されている．これらの証拠から，始生代初期の深海底熱水活動域で繁殖した化学合成微生物群集が形成した生態系が生物圏の始まりと考えられる．

　現生の化学合成生態系では，水素，メタン，一酸化炭素，硫黄化合物，窒素化合物，鉄，マンガンなどさまざまな物質がエネルギー源として利用されることが確認されている．海底の熱水・湧水域だけでなく，光合成が卓越する海洋表層あるいは水田や土壌などの環境でも化学合成は営まれている．化学合成は物質の酸化還元から有機物合成のエネルギーを獲得するため，物質循環に果たす役割が大きいと考えられる．たとえば，アンモニア酸化は窒素循環の要だが，バクテリアのみならず普遍的に分布するアーキアにもこの機能が発見され，窒素循環での役割と機能が再評価されている．またメタンやアンモニアに対する嫌気的酸化経路の発見は，微生物が介在する物質変換過程の多様性と物質循環での広汎な役割を示した．化学合成生態系による基礎生産と食物連鎖については，熱水噴出域での調査事例しか知られていない．地表から地球内部にまで生息を広げ，多様なエネルギー源を利用する化学合成微生物の基礎生産量を推定する手法についてはまだ技術的な検討が必要である．　〔山本啓之〕

文　献
1) Falkowski, P. G., et al. (2008) The microbial engines that drive Earth's biogeochemical cycles. Science, **320**, 1034-1039.
2) Martens-Habbena, W., et al. (2009) Ammonia oxidation kinetics determine niche separation of nitrifying Archaea and Bacteria. Nature, **461**, 976-979.

3-29

海洋観測船・潜水船

research vessel and submersible

　海洋の化学的研究には，海洋における計測や試料採取が不可欠である．そこで，船で現場海域まで行き，計測機器を海中に降下し，試料採取を行う必要が生じる．このような海洋調査に用いる船舶のことを，海洋観測船または海洋調査船と呼ぶ．わが国では，(独) 海洋研究開発機構が，「白鳳丸」(3991 t)，「淡青丸」(610 t)，「みらい」(8687 t)，「かいよう」(3350 t)，「よこすか」(4439 t)，「なつしま」(1739 t)，「かいれい」(4517 t) などを運航している．このうち「白鳳丸」(図1) と「淡青丸」は特に学術研究船と呼ばれ，文部科学省の定める共同利用・共同研究拠点である東京大学大気海洋研究所が窓口となって，全国の海洋研究者・大学院学生によるボトムアップ研究に活用されている．一方，「よこすか」，「なつしま」，および「かいれい」は，後で述べる潜水船の支援母船として建造された船舶で，潜水船を用いる深海研究に威力を発揮している．また水産系の学部・大学院を持ついくつかの大学では練習船・実習船を運航しており (北海道大学の「おしょろ丸」(1792 t)，東海大学の「望星丸」(2174 t) など)，これらの船舶も海洋観測船の範疇に含めることができる．

　海洋観測船には，①船上で実験や化学分析を行う実験室，②海中に観測機器を降下させ，海水や海底堆積物を採取するためのケーブルウィンチ，③数名〜数十名の研究グループが滞在・宿泊できる船上の生活空間などが最低限必要とされる．

　素潜りやスキューバダイビングでは到達できない深海底において，詳細な観察，現

図1　学術研究船「白鳳丸」

場実験，試料採取などを行う研究には，十分な耐圧能力を持った潜水船が用いられる．わが国では海洋研究開発機構が，無索・有人型潜水調査船 (耐圧殻内に人が乗船する) として「しんかい 6500」を，有索・無人探査機 (ROV：remote operated vehicle) として「かいこう 7000 II」「3000 m 級ハイパードルフィン」を運航している．これらは高画質ビデオカメラによって映像データを取得し，ロボットアーム (マニピュレーター) を用いてさまざまな作業を深海底で行うことができる．また，近年では，無索・無人の水中自律型ロボット (AUV：autonomous underwater vehicle) の開発と海洋研究への応用も進められている．(口絵6参照)

　観測船は持ち前の機動力を生かして，短期間のうちに広範な海域にわたり大型機器を用いた観測を展開できるが，ごく局所的な海底面を詳しく調べることには不向きである．一方，潜水船は長距離を移動することはできないが，決められたピンポイントでの詳細観測には絶大な威力を持つ．海底熱水活動の研究を例にとると，まず観測船による広域調査を行って熱水プルームの空間的広がりや熱水噴出域の大まかな位置を明らかにし，そのあとで潜水船が海底面を詳細に観察して熱水噴出口を発見し，機器の設置や試料採取を行うという段取りが有効である．

〔蒲生俊敬〕

3-30

現場自動化学分析

in-situ chemical analysis

現場自動化学分析とは，化学分析機器一式を海中において作動させ，化学成分を現場海水中で分析することである．実際の水中機器としては，試薬と試料海水を混合し化学反応させることで目的成分検出を行うフロー系分析装置と，電極などの化学センサーの2種類があげられる．

フロー系分析装置で測定可能な成分としては，(a) 発色の変化をみる比色法を用いることで硝酸，ケイ酸などの栄養塩成分，pH，アルカリ度，全炭酸などの二酸化炭素関連物質や，硫化水素，(b) 発光強度を観測する化学発光法を用いることでマンガン，鉄，銅などの遷移金属元素や過酸化水素，(c) 蛍光強度を観測する蛍光法を用いることでアルミニウムやアンモニアなどがあげられる．装置の特徴として試薬を送液するためのポンプが必須であるため，化学センサと比較して大型となる．しかしながら，試薬の変更が容易であるため，さまざまな測定元素に応用可能である．また，観測を行う際には常に送液ポンプが動いているため，流路を切り換えるのみで標準溶液を導入することが可能であり，現場での校正が容易であるといった利点をもつ．この技術は，1980年代に米国で開発された硫化水素，ケイ素，マンガンなどの化学種の濃度を比色で計測するSCANNERによって先鞭がつけられた．わが国においても1989年ごろから開発が着手され，ケイ素および硫化水素を分析する装置（MCA-2000）や，1995年ごろからは化学発光法によるマンガンの自動分析装置（GAMOS）が開発されている．

化学センサーの測定原理としては，①特定の化学物質に感応する電気化学的デバイスをそのまま用いるもの，②選択的に化学物質を透過させる膜を電極などのセンサー部と組み合わせたものがある．①の電気化学的デバイスとしては，水銀アマルガム化した金など合金による固体電極を用いるもの，電極として水銀滴下電極を用いるもの，グラッシーカーボンを用いた濃縮電極を用いるものなどがあげられる．これらの方法により，カドミウム，銅，亜鉛，マンガン，鉄，硫黄化合物などの化学成分のほかに，酸化還元電位（ORP：oxidation-reduction potential）などの化学的環境の現場観測に適用した例が報告されている．分析法自体の選択性が低く，得られたプロファイルの解析が複雑となりがちであるが，システム構成が簡単なため小型化が容易であるというメリットがある．②の透過膜を用いる方法は，膜により目的元素を選択的に検出できるため，従来から化学センサーとして用いられている．代表的なものとしてはpHセンサー，溶存酸素センサーや，メタンセンサーなどがある．現時点において深海での使用の際には，膜の圧力依存性や，共存妨害物質による選択能の低下といった問題がある．化学センサーを用いた現場分析法は，わが国においてもpH電極にイオン感応性電界トランジスター（IS-FET：ion sensitive field effect transistor）を用いた深海用pHセンサーの開発などよく知られたものがある．

現場自動化学分析のための水中機器は，CTD採水器，有人無人潜水船などのプラットフォームに搭載し連続観測を行うことで，連続データを得ることが可能となる．海底ケーブルに接続することで長期モニタリングに供することもある．

〔岡村　慶〕

3-31 リモートセンシング

remote sensing

衛星や航空機などから地球表面や地球大気を直接触れずに観測・計測する技術をリモートセンシング（remote sensing）という．近年，地球環境問題が大きく取り上げられ，とくに人工衛星に搭載された各種センサーにより地球大気（大気圏）や海洋を含む地球表面（水圏，陸圏，雪氷圏）を観測することにより，それらの変動を継続的にモニターできるようになってきた．ここでは，衛星による地球大気と海洋のリモートセンシングを中心に化学的な視点からその概要を述べる．

地球大気のリモートセンシング　地球大気環境のモニタリングは，オゾン層の枯渇，地球温暖化，酸性雨のメカニズムなどの研究に不可欠である．大気圏の中でも，成層圏のオゾン層内のオゾン量の測定が1978年からNIMBUS-7号衛星に搭載したオゾン全量計TOMSにより開始され，すでに30年以上も継続されて観測されている．静止気象衛星による雲分布，水蒸気分布，雲頂温度などの観測も同様に長期にわたって国際的な連携のもとに継続してきた．2009年に，宇宙航空研究開発機構（JAXA）は，環境省と協力して温室効果ガス観測技術衛星「いぶき」（GOSAT）を打ち上げ，二酸化炭素やメタン濃度などの観測を開始している．月別・地域別の二酸化炭素吸収排出量（収支）の情報提供も可能になる．地球大気中のエアロゾルの観測も重要である．対流圏の陸上・海上および成層圏のエアロゾル，黄砂，森林火災によるエアロゾルも衛星搭載センサーにより観測可能である．

海洋（水圏）のリモートセンシング
海洋環境のモニタリングは，海洋の物理場変動，海洋の物質循環，海洋生態系の健全性，海洋汚染防止，地球温暖化などの研究に不可欠である．

図1に示したように海洋のリモートセンシングで観測できる代表的な項目は海面温度，日射量（熱フラックス），降雨，蒸発，海面塩分（水循環），海上風，海面高度（物理），海色（生物・化学）である．海色は，衛星に搭載された可視域センサーにより海面からの上向き放射輝度を計測し，植物プランクトン現存量を示すクロロフィルa濃度を推定する．これをもとに海面水温データも加えて基礎生産量を推定でき，海洋の二酸化炭素の吸収，海洋中で生産される炭素量などを推定する手段となる[1]．衛星によるクロロフィルa濃度推定値との関係から，さらに有色溶存有機物質（CDOM：chromophoricまたはcolored dissolved organic matter），粒状有機炭素量（POC：paticulate organic carbon），硫化ジメチル（DMS：demethyl sulfide）を推定するモデル，海面水温も加えて表面硝酸塩濃度を推定モデルもあり，面的な化学的要素分布を理解することも可能である．2011年6月に打ち上げられたAQUARIUS/SAC-D衛星に搭載された海面塩分センサー

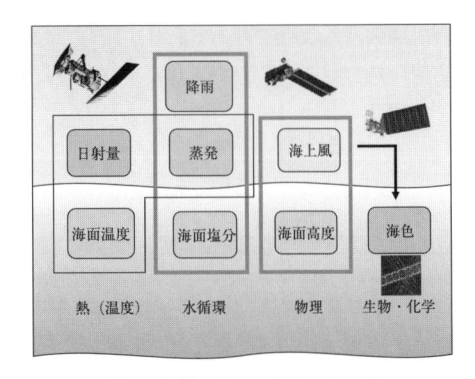

図1　海洋のリモートセンシング

Aquariusは空間解像度150 km, 月平均で, 塩分値のRMS（root mean square）誤差0.2以下で測定可能であり, 今後の水循環研究に貢献するものと期待されている[2]. 植物プランクトンの機能グループごとに分類する手法も開発されており, 海色スペクトルから海洋生態系の質的な変化を捉えることができる. （口絵7参照）

陸圏・雪氷圏のリモートセンシング

地球環境変動モニタリングの観点から, 地球表面のアルベドを決定する植生分布（陸圏), 海氷分布, 氷河分布（雪氷圏）のリモートセンシングが不可欠である.

〔齊藤誠一〕

文　献

1) Saitoh, S.-I., et al. (2006) Global Ocean Primary Production using Satellite Ocean Color Sensors. 253-280, In *Bio/Chemiluminescence and its Application to Photosynthesis* (Wada, N., et al. Eds.), Research Signpost.
2) Lagerloff, G., et al. (2008) The AQUARIUS / SAC-D Mission, Oceanography, **21**(1), 68-81.

3-32 サンゴの地球化学

geochemistry of corals

サンゴはイソギンチャクなどと同様の腔腸動物門であるが，多数のポリプからサンゴ群体を形成し，外骨格として炭酸カルシウム（$CaCO_3$）の骨格を形成する．これが他の腔腸動物との大きな違いであり，サンゴの特質である．海水温20℃以上の貧栄養塩海域の浅瀬に棲息し，サンゴ礁を構成するサンゴを造礁サンゴと呼ぶ．造礁サンゴのポリプには，細胞内共生の形で共生藻が存在しており，サンゴはその共生藻による光合成産物をエネルギー源として利用している．また，サンゴは骨格を作る際に，カルシウムイオン（Ca^{2+}）などと同時に周辺海水の水温・塩分などの情報や各種化学成分もその骨格に取り込んでいる．ハマサンゴ属（Genus *Porites*）のような塊状サンゴでは，サンゴ骨格の成長量は1年に約1～2 cmであり，なかには直径3～5 mにまでも成長する群体もある．このような群体のサンゴ骨格にはおもに季節の違いを反映して密度の異なる骨格が形成されており，X線写真を撮ると明瞭な高密度・低密度バンドが可視化される．これがサンゴ年輪と呼ばれており，この年輪に沿って各種化学成分を測定することにより，過去数十年～数百年間の海洋環境を高時間分解能で詳細に復元することが可能である．

サンゴ骨格は古環境復元の研究にとって欠かせないツールとなっているが，とくに骨格中の酸素同位体比（$\delta^{18}O$）は海水温の指標として古くから測定されている．しかし，海水中の$\delta^{18}O$は塩分によって変動し，それがサンゴ骨格中の$\delta^{18}O$にも影響するため，近年では温度のみに依存していると考えられているストロンチウム・カルシウム（Sr/Ca）比をより良好な海水温指標として測定し，$\delta^{18}O$と組み合わせることで海水温と塩分を切り離してそれぞれの詳細な復元が行われている．

このほかにも，マグネシウム・カルシウム（Mg/Ca）比やウラン・カルシウム（U/Ca）比が海水温の指標として，ホウ素同位体比（$\delta^{11}B$）が海水のpHの指標として，バリウム・カルシウム（Ba/Ca）比が陸源物質の流入や湧昇の指標として，カドミウム・カルシウム（Cd/Ca）比が湧昇の指標としても測定が行われている．さらに，骨格中の鉛や銅，カドミウムなどの重金属元素は海洋汚染の指標としても測定が行われている．

一方，$CaCO_3$の中でもアラレ石結晶からなるサンゴ骨格は生物が作る鉱物であるため，生物鉱化作用（バイオミネラリゼーション）の観点からも研究が行われている．現在のところ，骨格の石灰化が生じる際には，酵素の一種であるCa^{2+}-ATPase（カルシウム-アデノシン三リン酸ホスファターゼ）が働いていることが報告されている．Ca^{2+}-ATPaseは，細胞膜を経由してCa^{2+}を外部から石灰化が生じる部位（fluid）に輸送すると同時にfluidから2個のH^+を細胞へ送り出す，いわばポンプの役割を果たしており，この働きにより石灰化母液のあるfluid中の炭酸塩の過飽和度が上昇し，石灰化が促進されると考えられている．サンゴ骨格の成長速度は一定ではなく，その変動にはこのような酵素の働きが密接に関わっていると考えられるが，成長速度の大きな変化はときに$\delta^{18}O$やSr/Ca比などにも影響を及ぼすため，指標としての精度向上のためにもサンゴの石灰化機構の解明は重要である． 〔井上麻夕里〕

文献

1) Cohen, A. L. and McConnaughey, T. A. (2003) Geochemical perspectives on coral mineralization. In: *Biomineralization*, Vol. 54 (eds. Dove, P. M., et al.), Mineralogical Society of America, pp. 151-187.

3-33

CCD と炭酸塩溶解

CCD and carbonate dissolution

炭酸塩は堆積物に含まれる炭素の約75〜80％を占めている．現在の海洋表層は炭酸塩に対して過飽和で，炭酸塩の生産は生物が担っている．生産された炭酸塩の約80％は深海で溶解してしまい，約20％が堆積物中に埋没する．基本的に炭酸塩の含有量の変動を支配するのは，中深層での溶解強度である．溶解については，①炭酸塩（方解石（calcite），アラレ石（aragonite），Mg方解石（high magnesium calcite））の種類，②飽和度（おもに炭酸イオン濃度（$[CO_3^{2-}]$），正確には活量と圧力に依存）が最重要因子となる．$[CO_3^{2-}]$は酸性度が増すと（pHが下がると），減少する．溶解度は圧力とともに上昇するので，中深層では不飽和となることが多い．

通常，約4kmまでの水深ではほとんど溶解しないことが知られている．4km（約400気圧）以深では，方解石は急速に溶け出す．この水深はリソクライン（lysocline）と呼ばれている．さらに深くなると炭酸塩の溶解はさらに促進されるので，堆積物中の炭酸塩含有量は減っていき，ついに炭酸塩を含まない堆積物となる．この深度はCCD（calcite compensation depth＝方解石補償深度）と呼ばれている（図1）．

現場での炭酸塩の溶解速度に関する精密現場実験（北大西洋の水深5518m）によると，炭酸塩溶解にかかる時間は有孔虫で218〜343日となって，堆積物として残らないことを意味している．

海洋大循環においては，中深層水の酸性度は年代が古くなると増加するので，炭酸塩の溶解を促進する．現在の海洋では，深層循環では，深層水は北大西洋→南大西洋→南極海→南太平洋→北太平洋と輸送されるので，太平洋の方が酸性度は高く（pHが下がる），炭酸塩溶解は促進される．しかし，氷期・間氷期の時間スケール（数万年から10万年の変動スケール）での海洋大循環の経路や循環速度が変動に呼応して，炭酸塩の保存・溶解は変化する．概して，大西洋では，氷期に間氷期と比べて，炭酸塩の溶解強度促進され，CCDやリソクラインが深く，逆に太平洋では溶解強度が改善され，CCDやリソクラインが浅くなったことが報告されている．炭酸塩の生産・溶解は大気中の二酸化炭素濃度ともアルカリポンプを通じて密接に関連していると考えられている．なお，数十万年以上の長期的にも炭酸塩の保存・溶解は変動している．その代表的な原因は，①陸域の風化速度の変化，②炭酸塩の生産総量変化である．

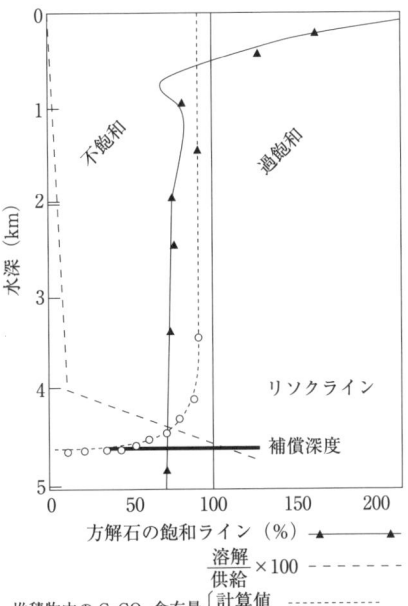

〔川幡穂高〕

図1 水柱における炭酸塩の安定性と堆積物中の炭酸塩含有量

バイオミネラリゼーション（生物鉱化作用）

biomineralization

バイオミネラリゼーションとは，生物が鉱物を形成する作用のことである．おもなバイオミネラリゼーションの例として，サンゴ・有孔虫・円石藻・二枚貝など無脊椎動物による炭酸カルシウム鉱物の形成，珪藻や放散虫などによるケイ酸塩鉱物の形成，バクテリアによる鉄・マンガン鉱物の形成，そして脊椎動物によるリン酸塩鉱物の形成などがあげられる．それ以外にもさまざまな生物がさまざまな鉱物を作り，これまで約60種の生体鉱物が知られている．とくに，生物起源炭酸カルシウムは，形成する分類群や生産量がもっとも多く，生物地球化学的にも重要である．

バイオミネラリゼーションの起源は約35億年前の原核生物までさかのぼり，約5億4000万年前のカンブリア紀初期に急速に多様化したと考えられている．生体鉱物は生物によって制御された環境下で形成され，肉眼で見られるスケールからナノスケールにわたり，無機的に形成される鉱物とは大きく異なる形態をもつ．また，ほとんどの生体鉱物は無機鉱物と有機高分子の複合体である．

生体鉱物は軟組織と比べて化石として残りやすいため，その形態，大きさ，微量元素・同位体組成などは，年代決定や環境復元などに用いられる．とくに方解石のMg/Ca比，アラレ石のSr/Ca，そして両鉱物ともに酸素同位体比は，無機的な炭酸カルシウム鉱物と同様，水温とよい相関を示すことが多いため，過去の水温を復元するために広く用いられる．また，比較的長いスケールでの古気候復元は，氷床量変動に伴う海水の酸素同位体比を炭酸カルシウムの酸素同位体比から復元することで行われる．しかし，それらの組成が成長速度依存性を示す，マイクロスケールで温度では説明できないほど大きな不均質を示すなど，バイオミネラリゼーションの影響を受ける例も報告されている．そのような影響は生物効果（vital effect）と呼ばれ，古環境復元の際の問題にもなっている．

炭酸塩やケイ酸塩の生物起源骨格は，海洋での炭素，カルシウム，ケイ素の除去源として主要な化学形態である．たとえば，海洋底への粒子態炭素の年間フラックスのうち，20〜40％は炭酸カルシウムであると見積もられている．

近年，人為起源の二酸化炭素増加による海洋酸性化が問題となっている．とくに，炭酸カルシウムの殻を持つ生物は海洋の広い範囲で生息し，海洋酸性化の影響を受けやすいと考えられるため，地球規模での生態系の被害が懸念されている．海洋酸性化に対する石灰化生物のバイオミネラリゼーションの応答を評価することは喫緊の課題といえる．

生体鉱物は，新素材開発のためのよい手本にもなる．たとえば，二枚貝の真珠層は，アラレ石の平板結晶が積層し，その隙間を結晶間有機質が埋める構造をもつ．真珠層は無機的なアラレ石の結晶と比べて非常に強い強度をもっており，その強度は真珠層の特殊な構造によるものである．長い進化を経て高度に設計された生体鉱物固有の構造を模倣して，工学的に再現することで新たな複合材料を開発する試みが材料工学の分野でなされている．〔白井厚太朗〕

文　献

1) Weiner, S. and Dove, P. M. (2003) An overview of biomineralization processes and the problem of the vital effect. In: *Biomineralization* (ed. Dove, P.M., et al.), Mineralogical Society of America and the Geochemical Society, 1-29.

海洋地殻内流体

subseafloor hydrothermal fluid

海水は地球の水圏の97%を占めるが,そのうちの約1.6%は海洋地殻中の空隙に含まれている.これを海洋地殻内流体と呼ぶ.海洋地殻内流体は循環・対流を通じて,地球内部の熱や化学物質の運搬に大きく寄与しているばかりでなく,海洋地殻内の地下生物圏に養分を供給していると考えられる.

流体の地殻内循環・対流は海洋地殻の年代によって大きく左右される.0~1 Maの間は海嶺軸マグマの熱の影響を受けて,海嶺軸上に高温の熱水噴出活動がみられる(Maは「百万年前」という単位).1~65 Maまでは海嶺翼部に低温熱水活動が存在し,地球内部の熱を放出している.しかし,65 Maを越えた海洋地殻には熱水の循環はみられず,伝導的な熱の移動が卓越するという定式が広く受け入れられている(図1).さらに,地殻の年代が増えるにつれ,プレート温度の低下および2次鉱物の沈殿による海洋地殻の透水率の低下が起こり,循環・対流は衰退/停止する.一方で,海洋地殻は地殻内流体との反応により粘土鉱物やゼオライトなどの含水鉱物に富むようになっており,流体中のH_2Oや溶存成分は海洋地殻の沈み込みに伴ってマントルにもたらされると考えられる.

総熱流量からみて,これらの循環の中でもっとも重要なのは,海嶺翼部の熱水活動である.65 Maより若い海洋地殻は全海底の約50%を占め,そこでの低温の熱水循環は11×10^{12} Wの熱量を放出しており,海嶺軸上(0~1 Ma)の1.75×10^{12} Wの6倍以上に達する.また,海嶺における海洋地殻の生成量をもとに求められた海嶺翼部の低温熱水(5~20℃)を含めた熱水量は,$0.2~2\times10^{19}$ g/年と計算され,ほぼ河川水の総流量(3.74×10^{19} g/年)に匹敵するとする計算もある.化学的フラックスについても,CaやPでは海嶺軸上の高温熱水による寄与を凌ぐという推定があるが,詳しいことはわかっていない.

ファンデフーカ海嶺東翼部において行われたODPやIODP掘削の結果によると,海洋地殻最上部は数百メートルの規模ではきわめて高い透水率(最大10^{-10} m^2)をもち,不透水性の堆積物に覆われている.3.5 Maの場所における堆積物と海洋地殻の境界部の温度は60℃で,海洋地殻中を岩石と反応して化学組成を変えた海水(Mg 55 mmol/kg → 0 mmol/kg;SO_4濃度は2/3に低下)が循環していた.潜水艇による調査の結果,堆積物から顔を出している付近の海山から60℃の低温熱水が湧出していることが発見された.海山は非常に透水率が高いことから,流体の通路となっている.このような例はコスタリカ沖の東太平洋海膨翼部の18~24 Maの海底の高まりでも知られている. 〔浦辺徹郎〕

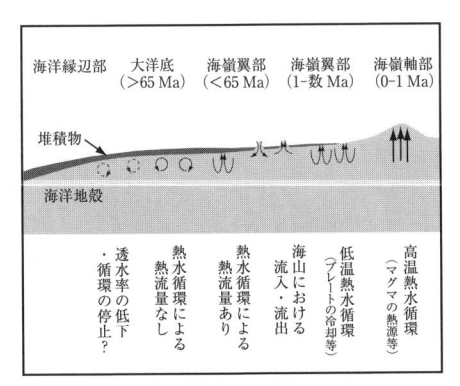

図1 海洋地殻内のさまざまな熱水循環・対流の様子を示した模式断面図

海洋の希ガスと同位体比

noble gas abundance and isotopes in seawater

希ガスは貴ガスとも呼ばれ，周期律表においてはもっとも右側の第18族に属する．希ガスの原子の特徴はすべての原子価殻が閉殻になっていることであり，イオン化ポテンシャルは高く，化学的にきわめて安定である．大気中の希ガス濃度は主成分である窒素や酸素に比較して小さく，存在度の高いArでも0.934%にすぎない．Heは質量が軽いため超高層大気から惑星間空間へと逃散しており，その大気濃度は5.24 ppmと小さい．重い希ガスは逃散することはないが，濃度はNeが18.2 ppm，Xeは87 ppbにすぎない．海洋の表層水に溶存する希ガスの濃度は，基本的には大気中の希ガスの分圧，海水の温度や塩分によって支配される．しかし，大気と海水は常に熱力学的な平衡状態にあるわけではなく，実際には海水は大気の希ガスに対して不飽和になったり過飽和になったりする．ただし，平衡状態からのずれは数%であり，別のソースが考えられるHeを除けば，30%を越えるような大きな変動は報告されていない．水溶液に対する希ガスの溶解度は実験的に求められており，海水の場合の溶解度は温度と塩分の関数として以下のように示される．

$$\ln X(T/100) = A_1 + A_2(100/T) + A_3 \ln(T/100) - S(B_1 + B_2(T/100) + B_3 \ln(T/100))$$

ここで，X は水蒸気で飽和した空気1気圧のもとで，1 gの海水に対して溶ける希ガス量を標準状態での体積（cm³STP）で示した溶解度である．また A_1, A_2, A_3, B_1, B_2, B_3 は実験値に関数を当てはめて求まる定数，S は‰で表した塩分，T は絶対温度である．図1に実験で求めた溶解度と上の式で $S=35$‰として計算したXeの温度に対する溶解度の変化を示した．曲線は下に凸のコーンケーブ型になっている．他の希ガス元素でも溶解度の曲線は同様に下に凸の型になる．このデータを組み合わせて用いると，深層海水が表層にあったときの温度や塩分を推定できる．

海水中の溶存希ガスのほとんどは大気起源であり，同位体組成も大気の同位体比に一致する．海水中で同位体比の有意な異常が見つかるのはHeだけである．Heには安定な同位体として質量数が3（³He）と4（⁴He）の核種が存在する．このうち ³He の大部分は地球生成時に原始太陽系星雲から地球深部のマントルに取り込まれた始源的な成分とされている．一方，⁴He の大部分は地殻岩石中のウランやトリウムの放射壊変に伴うα粒子の蓄積による放射性起源の成分と考えられる．マントルにおける ³He/⁴He 比は高く，一方浅い地殻に蓄積する ³He/⁴He 比は低い．したがって，³He/⁴He 比を測定すれば，その起源を推定できる．1969年にスクリプス海洋研究所

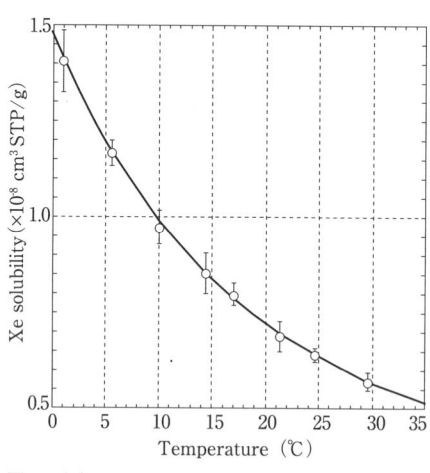

図1 大気と平衡にある海水に対する Xe の溶解度の温度に対する変化

のグループは南太平洋の Kermadec Trench で深層海水の He 同位体比測定した．その結果，海水に溶存している大気起源の He に比べて，最大で 22％に及ぶ ^{3}He の過剰を発見した．彼らはこの過剰分の ^{3}He が海底火山活動などにより地球深部から脱ガスしている始原的な成分であると結論した．その後，多数の海水試料について ^{3}He/^{4}He 比の測定が行われている．これらの成果の中で重要な発見は，東太平洋海膨を南緯 15 度で横切る形で行われた観測の結果である．そのデータによれば南太平洋の深度 2000～3000 m の深層海水には過剰な ^{3}He を示すプリュームがあり，それは東太平洋海膨の拡大軸の火山からもたらされていることがわかった．また，そのプリュームは工場の煙突からでた煙が風にたなびいているように，東から西に向かって流れているように見える．そしてその痕跡は西に 2000 km 離れた場所でも確認できる．このように，希ガス元素は化学的な反応性がきわめて低いために，海洋化学におけるよいトレーサーとなっている．

〔佐野有司〕

文　献

1) Sano, Y. and Takahata, N. (2005) J. Oceanogr., **61**, 465-473.
2) Lupton, J.E. and Craig, H. (1981) Science, **214**, 13-18.

3-37 海洋の放射性核種

radionuclides in the ocean

海洋における主要な放射性核種を表1に示すが，ここにあげた核種は必ずしも多量に存在する核種ではなく，多くの測定が行われている，すなわち研究対象または研究に用いられている核種である．たとえば，一次放射性核種のうち ^{40}K のように壊変系列を作らず海水中で均一な分布を示す核種は研究対象とはならず，3つの壊変系列（ウラン [^{238}U]，アクチニウム [^{235}U]，トリウム [^{232}Th]）の核種は対象となる．これは，壊変系列内の核種は通常岩石など固体内では放射平衡となるが，海水中では核種の化学的性質の違いにより非平衡となるため，これを利用して，海水の流動や海水からの物質の除去についての情報が得られるためである．これらの一次・二次放射性核種に加え，海洋には誘導放射性核種および人為起源の放射性核種が分布している．

一般的には海水中濃度は極めて低く，測定に1000 L程度の海水を必要とする核種もある．測定は α 線，γ 線測定が主であるが，質量分析（TIMS, ICP-MS）により，高感度/高精度測定が可能な核種もある．また，加速器質量分析（AMS）が適用される核種は飛躍的な高感度測定が可能となった．

一次・二次放射性核種 Uは安定な炭酸塩錯体を形成し平均滞留時間が長い（4×10^5 y）のに対し，Thは不安定な酸化物を形成し，粒子に吸着して除去されやすいため平均滞留時間は短い．このため ^{230}Th は海水中で均一に分布している．^{234}U から均一に，一定速度で生成するが，速やかに沈降粒子に吸着して下方に輸送されるため，鉛直分布は深度につれて直線的に増加するパターンを示す．Thと似た挙動を示すのが，^{235}U から生成する ^{231}Pa である．これらの核種は海水からの粒子による微量元素の除去（スキャベンジング）の過程の解明に適用されている．また ^{238}U から生成する ^{234}Th は半減期が短く表層からの除去時間（数日〜数十日）を求めるのに用いられる．

海水から除去された ^{230}Th などの核種は海底に堆積するが，堆積条件（堆積速度，堆積粒子の組成）が一定であれば堆積物中の深度の増加に伴い放射性核種の濃度は指数関数的に減少し，その傾きから速度，あるいは年代が求められる．もっともよく用いられるのが ^{230}Th であり，堆積物中 ^{234}U と放射平衡となっている部分の寄与を差し引いた過剰な ^{230}Th の鉛直分布から堆積速

表1 海洋中の主要な放射性核種

核種	半減期	起源
^{238}U	4.47×10^9 y	(一次)
^{235}U	7.04×10^8 y	(一次)
^{234}U	2.45×10^5 y	ウラン系列
^{231}Pa	3.28×10^4 y	アクチニウム系列
^{234}Th	24.1 d	ウラン系列
^{232}Th	1.40×10^{10} y	(一次)
^{230}Th	7.54×10^4 y	ウラン系列
^{227}Ac	21.8 y	アクチニウム系列
^{228}Ra	5.75 y	トリウム系列
^{226}Ra	1.60×10^3 y	ウラン系列
^{222}Rn	3.82 d	ウラン系列
^{210}Pb	22.6 y	ウラン系列
^3H	12.3 y	人為起源＋誘導
^{10}Be	1.36×10^6 y	誘導
^{14}C	5.73×10^3 y	誘導＋人為起源
^{129}I	1.57×10^7 y	人為起源
^{137}Cs	30.1 y	人為起源
^{239}Pu	2.41×10^4 y	人為起源
^{240}Pu	6.56×10^3 y	人為起源

度（年代）の推定が行われている．^{210}Pbは^{226}Raが親核種であり，堆積速度の速い沿岸域の最近の年代・堆積速度の推定に用いられる．これとは逆に，^{232}Th→^{228}Ra，^{231}Pa→^{227}Acのように堆積物中から海水に溶け出す核種を用いて海水中の拡散係数を求めることも試みられている．

^{222}Rnは希ガスであり反応性が低く半減期も短いため，海面付近以外では親核種の^{226}Raとの放射平衡が成立しているが，海面付近では大気に放出されるために濃度が低下している．これから大気海洋間の気体の交換速度が求められている．

誘導放射性核種（宇宙線生成核種）
大気中で宇宙線による核反応で生成する^{14}Cは生成後CO_2として大気圏内を循環し同位体比（^{14}C/^{12}C）は一定となっている．海水中にはCO_2の交換で移動し，おもにHCO_3^-の形で溶解している．したがって，海水の循環のトレーサーとして用いることが可能で，^{14}C/^{12}Cの減少から算出したもっとも古い海水の年代は2000年程度である．またプランクトン・サンゴなどの炭酸塩骨格へ取り込まれるため，堆積物などの年代測定に用いられる．

^{10}Beは当初古い海底堆積物の年代測定への適用が試みられていたが実用性に欠ける点があり，現在は地磁気の変動などとの相関の観察が主である．マンガンノジュール/クラストについては，比較的単純な対数直線性のよい深度分布を示し，数mm/Ma程度の成長速度の見積もりが可能となっている．

人為起源の核種 核エネルギーの使用に伴い，人為起源の放射性核種が海洋（地球表層）に放出されている．^{3}H（T）は本来誘導放射性核種であるが，1963年の部分的核実験禁止条約発効までのおもに米ソによる大気圏内核実験により，大気中では濃度がパルス的に数100倍増加した．結果として，^{3}Hは海水流動のトランジェントトレーサーとして用いられるようになった．^{14}Cも同様に影響を受け，海水では表面で15％程度増加し影響は1000 m付近までに及んでいると推定される．^{137}Csに代表される核分裂生成物およびUから生成したPu（^{239}Pu，^{240}Puなど）などの超ウラン元素もおもに大気中に放出され，グローバルフォールアウトとして，大気から海洋に供給された．

^{129}Iは現在も放出されている主要な核種であり，おもにLa Hague（フランス）Sellafield（英国）の2カ所の再処理工場から，大部分は海水に，一部は大気に放出されている．その量は天然の存在量（^{238}Uの自発核分裂と大気中Xeから生成した誘導放射性核種）の10倍以上と見積もられている．供給源に近い北大西洋では表層で^{129}I/^{127}I（安定）が10^{-6}と，天然の10^6倍以上の同位体比，太平洋でも大気経由で輸送された^{129}Iにより，100倍以上の同位体比が観察されている．

原子力発電所事故の影響 2011年3月11日に発生した東日本大震災の影響により，東京電力福島第一電子力発電所において炉心溶融事故が起こり，多量の放射性核種が放出された．全放出量は1986年のチェルノブイリ原子力発電所事故の1/10程度と推定されているが，海洋への放出量は多く，^{137}Csについて最大$3.5×10^{15}$ Bqと推定されている．この新たな供給により，西部北太平洋表層海水中の^{137}Cs濃度が1960年代の10 Bq・m^{-3}以上から事故前には2 Bq・m^{-3}以下まで減少していた状況が変わり，今後数年以上の期間，東部北太平洋まで及ぶ広い範囲の海域において，濃度の増加が予想される．^{137}Cs以外の核種に関し，事故直後は短半減期の^{131}I（8.02 d），^{134}Cs（2.06 y）などの測定が行われてきたが，今後は，Pu，^{129}I，^{90}Sr（28.8 y）についても分布の測定が行われると予想される． 〔永井尚生〕

3-38

海洋における沈降粒子

sinking particles in the ocean

沈降粒子とは，海洋や湖の表層から深層に向かって重力沈降する粒子の総称である．沈降粒子は，生物起源成分（有機物，プランクトンの殻成分である生物起源ケイ酸塩，炭酸塩で構成）と，岩石起源成分（大気や河川を通じて海洋表層に運ばれた陸起源粒子や海水中で粒子化した自生の鉱物成分など）から成っている．また，宇宙起源のものも微量ながら含まれる．いずれの成分も単体では沈降速度が小さいが，凝集することによって沈降速度を高め，より深層へと沈降する．その量は「沈降粒子束」として，単位時間当たりに単位面積を沈降移動する粒子の質量として表される．

沈降粒子束や組成は，海域，季節，水深によって1桁～2桁程度変化する．沈降粒子の粒子束と組成の一例として，日本海の1km層で得られた実測値を表1に示す．ここで，春季に見られる高い粒子束は，ほぼ同時期に表層で生産された植物プランクトンが持つケイ酸質の殻が，他の粒子を伴いながら効率よく沈降したことを示している．一般に，生物起源成分の粒子束は沈降中の分解によって深さとともに減少する一方で，とくに縁辺域や海溝内部では，岩石起源成分の粒子束が底層付近で増加することが多い．それは，沈降粒子の分解によって海水中に分散したり，堆積物の表層から再懸濁したりした岩石起源成分が逐次的に沈降粒子に取り込まれるためと考えられている．

海洋における沈降粒子の生成，分解や溶解は，海水中の酸素や栄養塩をはじめとした生物地球化学的な元素の濃度分布を決定する重要な因子のひとつである．また，沈降粒子は，水中の底生生物のエネルギー源や，堆積物の原物質としての役割ももつ．

沈降粒子の捕集には，セジメントトラップを装備した係留系（図1）を一定期間海中に設置するのが一般的である．セジメントトラップは，複数の試料受器を任意の時間間隔で交換できる時系列タイプが広く用いられている．係留系は超音波式切離装置によって観測機器を錘から離して回収する．外洋域の表層では，錘を使用しない漂流型のセジメントトラップを使用する場合もある．最近は，任意の密度面に装置を漂流させられる機構も提案されている．

〔乙坂重嘉〕

表1 日本海西部（北緯41度14分，東経132度31分）の1km層における観測値

	春季 （3月）	秋季 （9月）
全粒子束 （mg・m^{-2}・day^{-1}）	1454	66
生物起源ケイ酸塩 （%）	51	21
生物起源炭酸塩 （%）	7	15
有機物 （%）	19	28
岩石起源成分 （%）	23	36

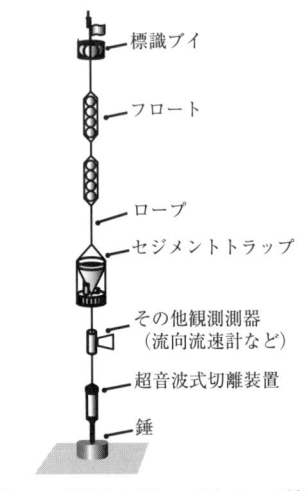

図1 一般的なセジメントトラップ係留系

3-39 メイラード反応

Maillard reaction

　湖沼や海洋の堆積物・堆積岩には重量にして0.1～数%の有機物が含まれている．これらの有機物は堆積物形成当時に水中に生息していた生物や陸上植物に由来する有機物やそれらの変化産物が堆積したものである．海洋堆積物では植物プランクトン由来の有機物が，湖沼堆積物では湖周辺の植物由来の有機物も含まれるが，植物プランクトンに由来する有機物が大半を占めている場合が多い．植物プランクトンなどの水棲生物中の有機物はタンパク質，炭水化物，脂質からできているが，その大部分は水中や堆積時の初期に微生物によってCO_2にまで分解される．一方，堆積物中に残る有機物の分子組成は分解を受ける前のそれからは大きく変化し，有機物の大部分は暗褐色の巨大な分子量の集合体を作っている．これらの有機物は暗褐色の物質として分離することがでる．この有機物は「腐植物質」「不溶性有機物」「ケロジェン(kerogen)」と呼ばれている．堆積物中の不溶性有機物は，陸上土壌中の腐植物質に比較して化学的には脂肪族結合が多く，窒素含有量が高い．

　堆積物中の暗褐色の不溶性有機物は化学的にはどのような反応で生じたのであろうか？有力な化学反応として水棲生物由来のタンパク質，炭水化物および脂質からなる生体有機物間で起こるメイラード反応が挙げられている．メイラード反応とはフランスの科学者L.C. Maillard (1878-1936)が発見した化学反応である．彼はさまざまなアミノ酸と単糖について反応が温和な温度(34～75℃など)条件下で進むことを見出した(1912年)．メイラード反応は，糖のアルデヒド基や脂肪族アルデヒド(-CHO)とアミノ酸やタンパク質などのアミノ基($-NH_2$)の間で非酵素的に起こる反応をきっかけとして進む反応であり，アミノカルボニル反応とも呼ばれている．たとえば，タンパク質とアルドースとの反応では，最初に窒素配糖体(シッフ塩基：$-N=C-$)をつくる．窒素配糖体は酸(H^+)の触媒作用を受けて反応性の高いアマドリ転位生成物(糖部分 $-CO-CH_2-NH-$タンパク質)に変化する．次いで，反応中間体，各種アミノ酸，タンパク質，その他の有機物との分子間および分子内架橋へと反応が進み，褐色物質(メラノイジン：melanoidin)が生ずる．メラノイジンは多数の着色物質の集合体であり，それらの化学構造および化学反応は複雑で，いまだ解明されていない．メイラード反応は生体内外で普遍的に起こる化学反応であり，医学，食品化学，農学分野で研究が進んでいる．今日では糖や脂質系のカルボニル基とアミノ基(タンパク質を含む)との反応系でメイラード反応が起こることが知られている．

　堆積物中の不溶性有機物は堆積物の埋没の深度が増加するにつれて地熱の作用を受けて石油炭化水素を発生させることから，石油生成の有力な前駆物質と考えられ，とくに1960-1980年代に堆積物不溶性有機物(ケロジェン)から石油生成への化学反応の研究が盛んに行われた．堆積物中でのメイラード反応はまだ不明な点が多くあり，石油前駆物質としてのケロジェンの生成に関係し，また地質年代にわたる生物分子の長期間の保存のメカニズムにも関係しており，研究の進展が期待される．

〔石渡良志〕

4.
海洋以外の水

水の物理化学的性質

physicochemical property of water

水は,地球表層環境や生命の営みのみならず固体地球内部の反応にも重要な働きをしている.地球において水が果たしている役割は,その特異な物理化学的性質による.

水の構造 水の分子構造を図1に示す.構造の特徴は,H_2O が直線分子ではなく,H-O-H の角度が 104.5°という折れ線型の構造をしていることである.

酸素と水素では電気陰性度に隔たりがあり,酸素と結合している水素原子にプラスの電荷がかたよる.この結果,O-H 結合は,$H^{\delta+}$-$O^{2\delta-}$-$H^{\delta+}$ のように電荷分離し,水分子は双極子モーメントをもつ極性をもった分子である.

水分子どうしを接近させると静電的相互作用によって,一方の分子の $H^{\delta+}$ は他方の分子の $O^{2\delta-}$ に強く引きつけられて,O-H⋯O の結合を形成する.この分子間結合 H⋯O が水素結合(hydrogen bonding)と呼ばれる(図1).液体の水や氷の中の水分子は,水素結合を通じて相互に結合しており,水の特異な物理化学的性質の元となっている.

水の相図 水の簡単な相図を図2に示す.

図の中で,気相,液相,固相と示した領域では,それぞれ,水蒸気,水,氷のみが存在する.Cは臨界点(温度 T_C=373.95℃,圧力 P_C=22.26 MPa)で,Cより高い温度では気体が凝縮して液体になることができない.Tは気相,液層,固相の3相が共存する三重点である.

水の熱的性質 氷の融解熱は,0℃,0.1 MPa において 6.01 kJ/mol であり,水の気化熱は,100℃,0.1 MPa において 40.65 kJ/mol である.

水の定圧熱容量は常圧(0.1 MPa)で 76 J/K·mol であり,融点から沸点の範囲でほぼ一定である.一方,融点近くの氷の定圧熱容量は 37 J/K·mol で,沸点近くの水蒸気の定圧熱容量は 37 J/K·mol に戻り,いずれも液体の水の定圧熱容量に比べて小さい.

氷や雪の融解・凝固,および海水の気化の際の潜熱と大きな液体の水の熱容量が地球の温度の安定性と調節に大きな役割を果たしている.気化熱が融解熱の約6倍であるので,地球の水循環における潜熱の効果として,気化の寄与は地球上の氷の融解の寄与よりもはるかに大きい.

〔千葉 仁〕

文 献
1) 北野康(2009)水の化学,第三版,NHK ブックス,p 33.

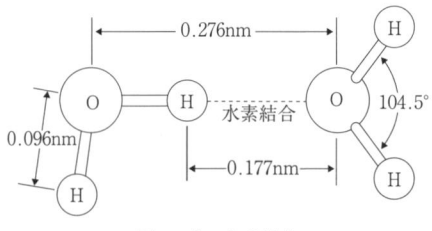

図1 水の水素結合

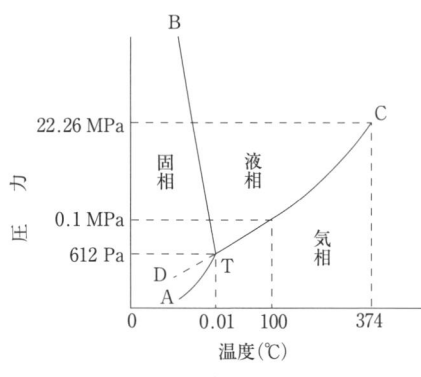

図2 水の相図

水の起源と安定同位体

stable isotopes and origin of water

　水は，水素原子（H）2個と酸素原子（O）1個から構成されている．この水素原子および酸素原子には，質量が異なる原子（同位体という）が存在する．同位体とは，質量（原子量）が異なる核種で，同じ元素記号で示される．たとえば，水素原子の同位体には3種類あり，軽水素（Hあるいは ^{1}H），重水素（Dあるいは ^{2}H）とトリチウム（Tあるいは ^{3}H）と呼ばれている．これらの3つの同位体は，同じ数の陽子（1個）をもっているが，中性子の数が異なる．すなわち，軽水素は，その質量（原子量）が1に対して，重水素は2，トリチウムは3である．このうち，トリチウムは，放射性同位体であり，^{3}Heへ規則的に変化する．この性質を利用して，地下水の年代測定に応用されている．残りの2つは安定同位体である．地球表層に存在する水には，水素同位体に関して ^{2}H を含む重い水と ^{1}H だけを含む軽い水がある．質量分析計という装置を用いると，水のわずかな重さの違いを判別することができる．質量の異なる水の割合を求めることにより，流動様式を判定することができる．

　重い水と軽い水の割合を示す尺度として，水素同位体では，次の式により規格化した値が使われている．

$$\delta D = [(D/H)_{試料}/(D/H)_{標準物質}-1] \times 1000$$

と書き，(D/H)は，重水素（D）と軽水素（H）の割合を示す．標準物質には，海水（SMOW：standard mean ocean water）の平均値が用いられる．δD は，デルディあるはデルタディと呼ばれる数字で，単位は千分率（‰：パーミル）である．

　海水（$\delta D = \delta^{18}O = 0$）から蒸発した水蒸気は，海水より軽い同位体に富み，この水蒸気から発生した雨水は，やや重い同位体に富む．この蒸発-凝縮の繰り返しにより，さまざまな同位体組成を有した天水が形成されるが，世界中の天水は，次式で表される直線付近にプロットされる．

$$\delta D = 8 \times \delta^{18}O + d \quad (d = 10 \sim 26)$$

この直線を，天水ラインと呼ぶ[1]．天水の水素・酸素同位体比は，気温が高いほど高く（温度効果），高緯度ほど低く（緯度効果），標高が高いほど低く（高度効果），海岸から離れるほど低く（内陸効果）なることが知られている．温度効果については，沿岸地方（内陸部を除く）で，年平均気温と雨水の $\delta D \cdot \delta^{18}O$ 値（年平均）との間に，次式で表される直線関係があることが知られている[2]．

$$\delta D = 5.6T - 100$$
$$\delta^{18}O = 0.695 \times T - 13.6$$

T：年平均気温（℃）．高度効果は，100 m 標高が高くなるにつれて，δD 値は1.5～5.0‰，$\delta^{18}O$ 値は0.2～0.6‰程度小さくなる．

　天水ラインから，酸素同位体組成だけが変化した組成を示す温泉も存在し，その原因として，地下での岩石との反応によると議論されている（oxygen shift）．このような水は，比較的長い期間，地下に滞留していると考えられる．また，天水の同位体組成よりも水素，酸素とも，同位体比が大きくなる組成を示すものがある．一般に火山性温泉と呼ばれる温泉水はこの部類に属するもので，とくに，有馬温泉で代表される有馬型温泉は，Cl 濃度が増加するにつれて，天水より重い水が多くなる傾向が認められている．その延長上の組成で，δD 値が $-20 \sim -40$‰，$\delta^{18}O$ 値が $+6$ 程度のものは，マグマ水と呼ばれる[3]．　　〔上田　晃〕

文　献
1) Craig, H. (1961) Science, **133**, 1702.
2) Damsgaard, W. (1964) Tellus, **16**, 436-438.
3) 日下部実・松葉谷治 (1986) 火山，第2集, **30**, S267-S283, 日本火山学会.

4-03 水の年代測定

groundwater dating

水の年代としては，海水の平均滞留時間・地下水年代などがあるが，ここでは後者について概説する．地下水年代とは，降水が地下に浸透してからの経過時間を示す．地下水滞留時間も広義には地下水年代の同義語であるが，地下水涵養から流出までにかかる時間を意味することが多い．

地下水の年代測定には溶存化学種の同位体を用いた手法が古くから普及し，現在でも改良・新手法の開発が行われている．これらは，放射性核種の壊変速度を用いた手法，放射壊変により生ずる娘核種の蓄積量を用いた手法や，近年の地球環境汚染物質をトレーサーとしたものと多種多様である．いずれの手法も適用可能な年代範囲が限られており，対象とする試料に適した手法を利用する必要がある．

湧水・浅層地下水にはトリチウム（^3H）がよく用いられている．^3H は半減期 12.3 年でヘリウム 3（^3He）に壊変する放射性核種であるため，50 年以下の若い地下水の年代測定に適している．1950〜60 年代の核実験により降水の ^3H 濃度は増大し，ピーク時には通常レベルの 2〜3 桁まで上昇したため，^3H の検出される水は一般に 1950 年代以降の比較的若い水が入っているものと解釈される．娘核種である ^3He 濃度を測ることにより年代値を一義的に決定できる ^3H-^3He 法も利用されている．また，若い地下水には塩素 36（^{36}Cl）や，大気中に増加してきたクロロフルオロカーボン類（CFCs），六フッ化硫黄（SF_6）を用いた年代測定法も利用されている．

より古い地下水には炭素 14（^{14}C；半減期 5730 年）がよく用いられている．^{14}C は考古学などの分野においても多用されているが，地下水の年代測定では炭酸塩鉱物の溶解・沈殿，深部起源二酸化炭素の溶解などの地下水涵養後の炭素の付加・同位体交換による同位体系の撹乱過程が避けられない．この影響を取り除くために ^{14}C 濃度に加えて安定炭素同位体比（$^{13}C/^{12}C$）を測定し，さまざまな補正が施されている．

深部地下空間の利用，全地球規模の流体・物質循環の研究のため，深層地下水の年代に対する関心も高まっている．^{14}C の検出されない非常に古い（数万〜数十万年以上）地下水に適用できる手法が求められており，ヘリウム 4（^4He），^{36}Cl，ヨウ素 129（^{129}I）が用いられている．^4He は岩石中のウラン・トリウム系列核種の α 壊変により生成され地下水に蓄積される．他の手法と異なり年代とともに濃度が増加するので古い地下水で威力を発揮する．^{36}Cl は半減期が 30 万 1000 年の放射性核種であり，非常に古い地下水に対しても適用される．^4He はヘリウムの起源，地下水への蓄積速度に対する水理学的な検討，^{36}Cl も塩素の起源および地下での生成に関して十分検討を行った上で適用する必要がある．

水の年代測定の分野でも加速器質量分析法などが高度化され，従来は莫大な試料量が必要であったクリプトン 81, 85（^{81}Kr, ^{85}Kr）などを用いた年代測定開発も改良されている．また，地下水年代測定に用いられる化学成分は補正の必要性，適用年代範囲の制限などがあるため，複数の成分を同時に使う手法が重要性を帯びている．

地下水年代を把握することは，水資源利用あるいは温泉などの保全対策，地下環境の解明に繋がる．過剰揚水は地盤沈下，地下水の塩水化，温泉の枯渇などの問題を引き起こす．循環性の高い帯水層からの揚水が望ましいため，水の年代を把握し，循環量を理解した上での適切な利用が望まれる．

〔森川徳敏〕

4-04

水循環

water cycle, hydrologic cycle

地球において水は水圏と呼ばれる1つの圏を構成する．水圏には，海水，河川水，湖水，天水，雪氷，地下水などのリザーバが含まれる．水はこれらの間または内部を移動し，循環している．これを水循環という．

水の特性　水分子の構造（4-01参照）に由来する水素結合の適度なエネルギーが，分子の中でも特に大きな，比熱（18 cal/mol/deg），融解熱（1.435 kcal/mol），蒸発熱（9.719 kcal/mol）をもたらしている．また，液体の水は固体の氷より比重が大きく，4℃で最大となる．水分子の折れ曲がりが分極をもたらし，多くのイオンの溶媒としての優れた性質をもたらしている．これらの水の特性が水循環とそれに付随する地球化学的な循環に関わっている．

水循環とエネルギー　水の大きな熱容量と相変化エネルギーのため，水循環は，温度の緩衝機能やエネルギーの運搬を担っている．水循環は，一部が地熱エネルギーによっても駆動されている地下水を除き，ほとんどが太陽エネルギーで駆動されている．太陽エネルギー（342 W/m^2）のおよそ1/5の78 W/m^{2}のエネルギーが水の蒸発と上昇に費やされ，水蒸気が上空で熱を放出し凝縮する．これは対流圏へのエネルギーの運搬として重要な過程である．こうして生じた天水が，水循環の出発点である．水循環は気候変動と関連するため，その変化が環境問題の1つとなっている．極域で冷却された海水は沈み込みを開始する．海水の沈み込みや深層水の湧昇は地球規模の気象現象と関わり合っていると考えられている．水分子と光との相互作用に由来する効果も重要である．水および水蒸気は赤外線と紫外線を効率よく吸収・遮断する．水分子は大気においては二酸化炭素より効果的な温室効果ガスといえ，地表が赤外線として放つ輻射エネルギーの約2割にあたる75 W/m^{2}を吸収している．

平均滞留時間　循環の大きさは単位時間あたりの移動量（移動速度）で表される．リザーバにおける存在量を移動速度で除することによって，それぞれのリザーバでの水の平均滞留時間が求められる．海水の平均滞留時間は4000年と見積もられている．それぞれのリザーバにおける水の存在量とその平均滞留時間，リザーバ間の移動量を図1に模式的に表す．もっとも平均滞留時間が短いのは，大気と河川であり，およそ10日程度で入れ替わる．河川の水や大気の水蒸気は全体からみると量的には非常に少ないが，きわめて活発に循環している水である．1年あたりの循環量を比較すると，大気，海洋，河川，雪氷，地下水という順番で少なくなっている．水循環にとって，循環量の多い水の挙動がもっとも重要であるのはいうまでもない．

物質の運搬　水循環は物質の運搬という点でも重要である．水は，優れた溶媒であり，多くのイオンを溶解する．水に溶解した成分を溶存物質といい，溶解しない懸濁物質と区別する．水が移動する際に，溶存物質も移動する．とりわけ河川水が移動量，移動距離と溶存物質量の点から重要であり，陸から海への物質移動を担っている．陸で化学的風化作用により溶解した岩石の成分が，河川水とともに海水へと運搬される．わが国の典型的な河川水の組成は，おもに花こう岩質の岩石の風化によって説明でき，表1のとおりである．また，河川水は，溶存成分とほぼ同程度の重量の物質を懸濁物質として運搬する．

海洋に運ばれた成分の中で溶解しやすい成分は長時間海洋に留まるため，次第に濃

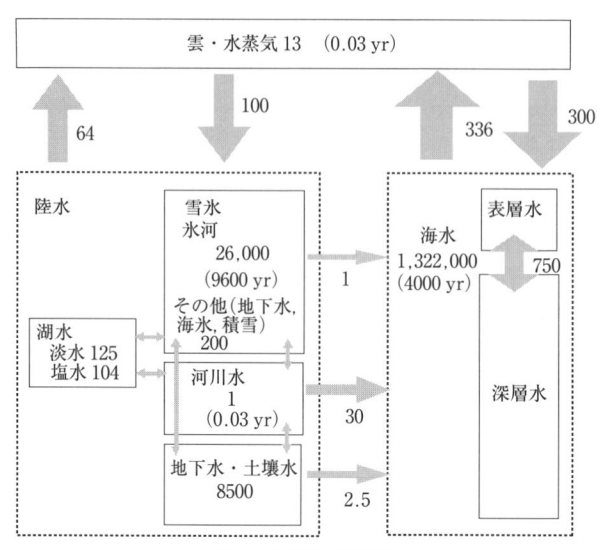

図1 水循環と貯留槽

雲・水蒸気 13 (0.03 yr)

陸水
- 雪氷 氷河 26,000 (9600 yr)
- その他(地下水, 海氷, 積雪) 200
- 湖水 淡水 125 塩水 104
- 河川水 1 (0.03 yr)
- 地下水・土壌水 8500

海水 1,322,000 (4000 yr)
- 表層水 750
- 深層水

矢印: 64, 100, 336, 300, 1, 30, 2.5

図中の数字は存在量（単位 10^{15} kg）, 移動量（単位 10^{15} kg·yr^{-1}）, および, 平均滞留時間.

縮され, 現在の海水の組成となった. ナトリウムイオンや塩化物イオンはそれぞれ6000万年, 9000万年と海水の水の平均滞留時間4000年よりもはるかに大きな平均滞留時間をもつ. 海水の主要成分の多くは1000万年以上の大きな平均滞留時間をもち, このため海水の各主要成分の比は驚くほど一定になっている. 海水が淡水と混合したり, 海水が閉鎖水域で蒸発により濃縮されることにより, 成分比をほぼ一定にたもったままの広い濃度範囲の水が存在する. 水に溶解している成分の濃度（重量%）によって水は次のように分類される. 0.05%未満の場合を淡水, 0.05%から3.5%を汽水, 海水は3.5%, 塩水は5%以上である.

海洋では水は, 主に風によって駆動される表面海流に加え, 密度の変化によって駆動される熱塩循環により, 深層水をまき込んだ全地球的な循環を行っている. この循環にさまざまな物質が乗り, 太平洋と大西洋の化学的な差をもたらしている.

〔赤木 右〕

表1 日本の河川水の平均化学組成

成分	濃度 (mg/l)
Ca^{2+}	8.8
Mg^{2+}	1.9
Na^+	6.7
K^+	1.19
HCO_3^-	31
Cl^-	5.8
SO_4^{2-}	10.6
SiO_2	19

文献

1) ホーン, ゴールドマン (1999) 陸水学, 京都大学出版会.
2) 北野康 (2009) 水の科学, 第三版, 日本放送出版協会.
3) 松久・赤木 (2005) 地球化学概説, 培風館.

雲水の組成

chemical composition of cloud water

雲を構成している水は，液体（雲粒：cloud droplet）あるいは固体（氷晶：ice crystal）として存在しており，これらを総称して雲水（cloud water）という．雲水の化学組成は生成・成長の過程で取り込まれる粒子状・ガス状物質の組成と量比に支配されている．雲水を採取するには，航空機やラジオゾンデを使用するか，雲の存在する山岳地帯に赴く必要がある．

地表付近の水は蒸発して気体の水蒸気となる．水蒸気を含む空気塊は上昇に伴って温度と圧力の低下による断熱膨張を受けるため，ある高度に達すると過飽和状態となる．超過した水蒸気は核生成によって相変化を起こす．気相から液相への変化が凝結（condensation）であり，気相から固相の変化が昇華（sublimation）である．凝結には，水蒸気の水分子が直接衝突して水滴となる場合と，大気中に浮遊している吸湿性粒子であるエアロゾル（aerosol）が核となって水滴となる場合とがある．前者には1％を越える高い過飽和条件が必要となるため，核形成は後者が主体である[1]．

凝結核となるエアロゾルには自然起源と人為起源とがある．自然起源には，風により地表面から巻き上げられた鉱物質の土壌粒子（石英・長石・粘土鉱物など），海水表面から放出された飛沫が水分を失った海塩粒子（$NaCl$，$MgCl_2$など），火山から放出された噴煙などがある．一方，人為起源には，自動車や工場の燃焼過程から放出された煙や，化石燃料の燃焼で生じた硫黄酸化物（SOx）や窒素酸化物（NOx）などの気体が光化学反応を経て粒子化したものなどがある．なお，エアロゾルの雲粒への関与の仕方は粒径によって異なる．10^{-7}m以上の粒子は雲粒の凝結核となり，10^{-7}m以下のエイトケン粒子はブラウン拡散によって雲粒に付着することで雲粒に取り込まれる．

雲粒周辺の気体は雲粒の成長の際，溶解によって取り込まれる．雲粒への気体の溶解はヘンリーの法則に基づく気液平衡に達しているとして取り扱える[2]．

雲中の雲粒は，互いに衝突したり，小さい雲粒が蒸発して大きな雲粒に凝結したり，を繰り返して成長する．

雲粒には生成と成長の過程でさまざまな物質が溶解していることから，凝固点降下によって，温度が零度以下でも（-5〜-40度）凍結しない過冷却水滴（supercooled water）となっていることが多い．雲粒は，雲粒などとの衝突の際の衝撃や氷晶核（凍結核）を取り込むことで凍結が促されて氷晶となる．氷晶核には，他の氷晶や粘土鉱物などの土壌粒子，バクテリアなどのバイオエアロゾルなどがある．生成時の氷晶は球状であるが，周囲の水蒸気を取り込んで雪結晶（snow crystal）に成長する．雪結晶は六角板状が多いが，雪結晶の形態は成長する際の温度と氷の過飽和度によって決まる．また，雲水量の高い雲中で雪結晶が生成・成長した場合には，周辺に存在していた氷晶を付着させた雪結晶が生じる．

雲粒や氷晶が重力に抗しきれない重量にまで成長すると，重力沈降によって雨滴（raindrop）や雪結晶の形で地表に落下する．これが降水（precipitation）である．

〔柳澤文孝・赤田尚史〕

文　献
1) 小野晃（1985）降水の化学：降水の化学組成とそれが決まる雲過程でのからくり．水質汚染研究，8，476-481．
2) 原宏（1991）酸性雨．大気汚染学会誌，26，33-40．

降水の組成

chemical composition of precipitation

雲から地上まで落下する液体（雨滴：raindrop）あるいは固体（雪結晶：snow crystal）の水を総称して降水（precipitation）とよぶ．降水の化学組成は落下中に取り込まれる粒子状・ガス状物質の組成と量比によって決まる．

大気中の物質の地表面への沈着には，降水による湿性沈着（wet deposition）と，重力沈降などによる乾性沈着（dry deposition）の2つがあるが，日本のような降水量が多い地域では，全沈着量に占める湿性沈着量の割合は60～70％とされている．湿性沈着過程には，雲中で雨滴が生成・成長する際に大気中に存在する物質を取り込む過程（雲内洗浄：rainout）と，雲中で生成した雨滴や雪結晶が雲底から落下し地表面へ到達するまでの間に，大気中に存在する物質を取り込む過程（雲底下洗浄：washout）がある．

湿性沈着により降水に取り込まれる物質には，粒子態とガス態がある．粒子態には，地表面から巻き上げられた土壌粒子や海水の飛沫により形成された海塩粒子，化石燃焼の燃焼で放出された煙，大気汚染物質である硫黄酸化物（SOx）や窒素酸化物（NOx）などの気体が光化学反応で粒子化したものなどがある．大気中に浮遊している粒子であるエアロゾル（aerosol）には重力沈降しにくい10^{-6} m以下の粒径が多い．10^{-7} m以下のエイトケン粒子はブラウン拡散，10^{-7}～10^{-6} mの小粒子はさえぎり効果，10^{-6} m以上の大粒子は慣性衝突により雨粒に取り込まれる（図1）．一方，ガス態には化石燃料の燃焼で生じたSOxやNOxなどがあり，溶解によって雨滴に取り込まれる．

雲底下洗浄を測定するには2つの方法がある．地表で降水を採取し次いで航空機やラジオゾンデなどを利用して雲水を採取して雲内洗浄分を差し引く方法と，山岳斜面に沿って試料を採取し濃度勾配によって雲下洗浄を求める方法である．

酸性雨など大気汚染物質による自然環境の酸性化はわれわれの生活に大きく影響している．酸性雨は大気中に存在する二酸化炭素（CO_2，2010年末現在389.0 ppm，WMO[1]）が降水に溶解して平衡状態になるpH 5.6以下と定義されてきた．しかし，近年では火山や海洋微生物などから放出される自然起源の酸性化物質の影響を考慮してpH 5.0以下を酸性雨とよぶことが一般化している．また，化石燃料の燃焼や土壌微生物の活動などから放出されるアンモニウムイオン（NH_4^+）や土壌・粉塵などに含まれているカルシウムイオン（Ca^{2+}）には中和作用がある．したがって，降水が中性であったとしても大気汚染の影響を受けていないとは断定できない．降水への大気汚染物質の影響は，pHだけでなく化学組成・同位体組成や気象条件などから総合的に判断する必要がある．

〔柳澤文孝・赤田尚史〕

文　献

1) The World Meteorological Organization (2011) Greenhouse Gas Bulletin, No. 7, pp 4.

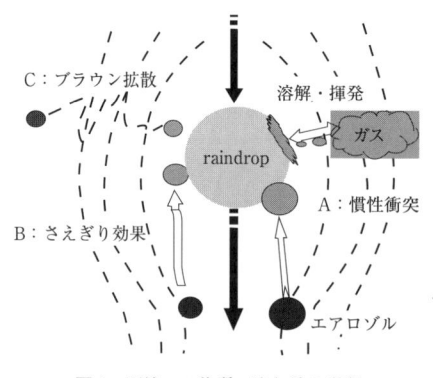

図1　雨滴への物質の取り込み過程

陸 水

surface water in inland zone

陸水とは，陸上表面付近に存在する水の総称で，これには，雨水，湖沼水，河川水，浅層地下水，温泉水，氷河が含まれ，その多くは淡水である．われわれが住むこの地球の表面は，71％が海洋で，わずか29％の陸地も，その11％程度は氷で覆われている．そして，地球上には，約14億立方キロメートルもの水が存在すると推測されている．この大量と思われる水のうち，97.5％は海水で，淡水は2.5％であり（1.7％は南極などにある氷），われわれが飲用などに使える淡水は，地球上に存在する水のわずか1％以下である．しかも，淡水のほとんどは地下水であり，地表に存在する淡水は，地球上の水の0.01％にも満たないといわれている．

地球表層に存在する水には，重い水と軽い水の両方が存在している．質量分析計という装置を用いると，水のわずかな重さの違いを判別することができる．このことを利用して，同じ地域の水でも，それらの重さの違いから，水の起源や流れ方を判定することができる．地球上に存在する水には，軽い水素と軽い酸素から構成された水分子（$H_2^{16}O$）が，もっとも多く存在し，続いて，重い水素原子が1つ入ったHD^{16}Oと重い酸素が入った$H_2^{18}O$の水が存在している．後者2つの分子を"重い水"，$H_2^{16}O$が多い水を"軽い水"と呼ぶ．この質量数が異なる同じ元素を同位体という．われわれが日ごろ手にしている水は，このように軽い水と重い水から構成されている．これらの水の水素・酸素同位体の割合が，自然界では異なるため，その割合を正確に測定することにより，その水がどこから来たのかを推測することができる．陸水中の水素・酸素同位体が変化する要因とその組成は，温度（気温）が高いほど重く（温度効果），高緯度ほど軽く（緯度効果），標高が高いほど軽く（高度効果），海岸から離れるほど軽く（内陸効果）なることが知られている．

陸水のうち，雨水（天水）は大気中の水蒸気が凝縮して液化し，地表に到達しているため，化学成分をほとんど含んでいないのが特徴である．これに工場などからのSO_2やNO_2ガスが混入すると酸性雨になることが知られている．陸域に降った雨のおよそ9割はいったん地下に浸透して，地下水として貯留される．一般に地下水の平均滞留時間は長い（数カ月〜数百年）と考えられており，この間に岩石と反応して，化学組成を変化させる．地下水がどのような化学成分に富むかは，反応する岩石（鉱物）の種類や反応時間，岩石との反応表面積で決定される．国内の地下水の主要成分は，弱酸性〜弱アルカリ性で，陽イオンではNa，Ca，Mgに，陰イオンではCl，HCO_3にやや富む組成となる．電気伝導度（EC）は，水中に溶解している成分の全量に対応した値を取るが，陸水のほとんどは60 mS/m以下である（海水は，3900 mS/m）．陸水の中で，蛇紋岩などの塩基性岩石と反応すると，Mgなどが選択的に溶解するため，pHは10程度と高くなる．火山地域では，火山性ガス（CO_2やH_2S）の混入や熱伝導などにより，水温が上昇して，温泉水となり，炭酸泉や，硫酸泉を形成するものもある．また，深度2〜4 kmに貯留されている地下水には，塩濃度が高い地下水や温泉水も存在し，とくに大阪層群などでは，海水の塩濃度を超える水も報告されている．これらの水は，化石海水と呼ばれており，海水が長年の間に岩石と反応して，K，Mgが減少し，Caに富む組成になったと解釈されている[1]．

〔上田 晃〕

文 献

1) RITE報告書（2006）二酸化炭素固定化・有効利用技術等対策事業成果報告書．

湖沼水の成層と水質

stratification and water quality of lakes

成層（stratification）とは，密度の高い水の上に密度の低い水が存在し，層をなすことである．淡水の密度を支配する第一の要因は温度である．純粋な水は，4℃で密度が最大となる．おもに太陽光が熱を供給し，湖沼は表面から温められる．十分に深い湖沼では，暖かく軽い表水層（epilimnion）が冷たく重い深水層（hypolimnion）の上に形成される．この2つの層の間で，温度が深さとともに急に変化する領域を温度躍層（thermocline）と呼ぶ．温度躍層は密度躍層でもあり，その上下の水の混合を妨げる．

温帯の湖沼では，温度躍層は春に形成され，秋に消失する．表層水が熱を失い，密度を増すと，鉛直混合が起こる．氷結しない湖沼は，冬を通して1回の循環期をもち，一循環湖（monomictic lake）と呼ばれる．氷結する湖沼では，冬に0℃以下の冷たく軽い表水層を生じて成層する．そのため，晩秋と早春に循環期がある二循環湖（dimictic lake）となる．

成層と循環は，湖沼の生物地球化学サイクルや水質に大きな影響を及ぼす．冬の循環は，表水層に栄養塩を，深水層に酸素を供給する．栄養塩に富む春の表水層で，植物プランクトン（とくに珪藻）は春のブルーム（bloom）を起こす．栄養塩は植物プランクトンに取り込まれ，沈降粒子として深水層に輸送され，粒子の分解・溶解によって再生される．温度躍層の発達する夏は，表水層の栄養塩濃度は低く保たれる．深水層では酸素が有機物の分解のために消費され，減少する．秋になり温度躍層が弱まると，深水層から表水層に栄養塩が供給され，秋のブルームが生じる．冬に向かって循環が活発になると，植物プランクトンが水とともに有光層下に運ばれるため，光合成による生産は減少する．

琵琶湖北湖は，一循環湖である．冬の混合は，表面から水深104 mの最深部まで達し，全循環（holomictic）である．琵琶湖環境における懸念の1つは，北湖底層水における酸素濃度の低下である．滋賀県は50年以上に及ぶ貴重な観測結果を有している．それによれば，安曇川〜彦根間の水深80 mの底層水では，晩秋にみられる年最低酸素濃度が$-1.6\ \mu mol\cdot kg^{-1}\cdot y^{-1}$の速度で減少している．この傾向が続けば，酸素はあと80年で枯渇する．一方，硝酸イオンの平均濃度は$0.39\ \mu mol\cdot kg^{-1}\cdot y^{-1}$の速度で増加している．北湖底層水における酸素濃度の減少は，局地的な富栄養化による有機物供給量の増加，ならびに地球温暖化に起因する冬季循環の弱体化による酸素供給量の減少の相乗効果であると考えられる．

循環期の混合が底まで及ばない湖沼は，部分循環（meromictic）であるという．これは，非常に深い湖や表面積に比べて水深の大きい湖で生じる．また，底層水が多くの溶質を含み，その密度が高くなったときにも起こりうる．部分循環湖の停滞した底層では，無酸素となり硫化水素が生成するなど，特異な水質が形成される．カメルーンのニオス湖は，急峻な斜面をもつ火口湖で，部分循環である．1986年8月，ニオス湖から大量の二酸化炭素が突発的に放出され，近隣の住民1800人および家畜3500頭が窒息死した．そのメカニズムはよくわかっていないが，停滞した底層水に火山ガスの二酸化炭素が長年にわたり蓄積されていたことが関係しているらしい．

〔宗林由樹〕

文　献

1) Horne, A. J. and Goldman, C. R., 手塚泰彦訳 (1999) 陸水学（原著第2版），京都大学出版会．

4-09 汽水域の水質と生物活動

water quality and biological activity in brackish water

汽水域とは陸水と海水が混存する水域を指し，その塩分濃度は0.5～35の範囲にある．汽水域生態系を構成する生物種を制限する要因には温度（水温・気温），塩分濃度，底質の粒径などの非生物的環境と種間・種内の食物網などの生物的環境などがある．

水温は日射量の差異や海流により規定される．気温は季節変化の差異により規定される．水温や気温は水界生物のグローバルまたはマクロな空間スケールでの分布を制限するため，汽水域のみならず全球的に生息・生育する生物種および生物群集のスケールを決定する．

塩分濃度は汽水域では0.5～30の範囲で変化する．塩分に対して耐性を有する生物種であれば変化はみられないが，耐性をもたない生物であれば，耐性の度合いに応じて生育可能な場所に生息することになる．

底質については底質粒径が生態系に大きく影響する．底質粒径は植物にとっての水分条件，栄養塩の蓄積量，酸化層の大きさ，地盤の物理的安定性に作用する要因となる．

一次生産者である植物は光合成により有機物を生産するがその際，栄養塩としての窒素，リンが必要となり，その濃度により藻類の種が変わることもある．また海性の珪藻や底生珪藻は，その殻の生育にケイ素が必要であり，汽水域における栄養塩濃度変化はこれら生産量を制限する．

河口域に生息するプランクトンには河口固有のプランクトンが生息する．この固有プランクトンが増殖するためにはある一定期間の滞留時間が必要であり，この時間が短い場合，満潮時は海産プランクトンが，干潮時には淡水産プランクトンが優先種となる．

濾過摂食を行う底生生物は直上水に生息する植物プランクトンや懸濁態有機物の濃度に影響することも報告されている．

河川水辺の国勢調査の一環として実施された底生生物調査と近傍の水質調査結果を用い，底生生物を用いた水質判定法と水質の相互関係を調べた結果がある．用いた底生生物のデータは，［A］全種類，［B］カゲロウ，カワゲラ，トビゲラ（EPT値）の全出現種数，［C］あらかじめ決められた62科の指標生物を10段階のスコアに分類し，出現科からその地点の合計スコアを算出し，このスコアを出現科数で割ったもの（ASPT値）．これらデータとBOD, COD, T-N, T-P, NH_4-N の年間の平均値，中央値（BODは75%値）を比較したところ，とくに関東地方の底生生物調査結果のEPT値とASPT値の分布とBOD, COD, NH_4-Nの水質濃度のランク分けは比較的整合していることが報告され，生物を用いた水質判定法の有効性が立証された． 〔中口　譲〕

文　献

1) 楠田哲也・山本昇一監修，財団法人河川環境管理財団編（2008）河川汽水域―その環境特性と生態系の保全・再生，技報堂出版, pp. 351.
2) 大垣眞一郎監修，財団法人河川環境管理財団編（2007）河川の水質と生態系―新しい河川環境創出に向けて―，技報堂出版, pp. 245.

4-10

河口の水域環境の特徴

characteristics of aquatic environment in estuary

　河口は陸水と海水が混存する水域であり，その環境は周期的に，また洪水や台風など突発的に気象が変化する際には非周期的に変化する．淡水と海水が混合する場所では水質も変化を生じる．陸水は岩石風化によるケイ酸，土壌を起源とする硝酸，リン酸や腐植物質，都市下水を起源とする重金属や有機物などを供給する．海水はその主成分であるナトリウム，塩化物イオン，硫酸イオンなどを供給する．

　海水は淡水に比べて重く，潮位が変動する際，河川上流に比べて海に近い方がエネルギーポテンシャルが高いため，海水は河川道に侵入し，その環境を大きく変える．

　河口の環境は河川道の形・潮汐，河川流量の大小により淡・塩水の混合形態に変化が現れる．混合形態を図1に示したが，弱混合型では海水と淡水が混ざり合うことはなく，"塩水くさび"といわれる淡水と塩水が2層の状態となり，上・下層での物質交換の割合は小さい．緩混合型は淡水と海水が境界面の乱れによって混合を生じる．強混合型は鉛直方向に密度差が生じないが，横方向に密度差が生じる．

　河口域における粒子状物質の分布は淡水と塩水の分布と密接な関係にある．陸水により運ばれてきたコロイド粒子や無機の懸濁粒子は通常負に帯電しており，流下すると海水中のナトリウムイオンやマグネシウムイオンなどにより電気的に中和される．これを"塩分による荷電中和"といい，これにより凝集や沈殿が起こる．近年の研究ではこのような凝集沈殿する物質の粒径と塩分濃度には必ずしも明瞭な相関はないといわれているが，荷電中和と凝集沈殿が同時に起こっていることは事実である．

　河床の酸化還元環境は河床の材質すなわち粒子径によって決まる．河床の粒子径が大きい粗砂では透水性は大きく，有機物が少ないので酸化層は大きい．一方，粒子径が小さな泥質では透水性が小さく，さらに堆積した有機物が多い場合，酸化層は小さくなる．酸化層が大きな好気的条件下ではアンモニアは亜硝酸を経て硝酸となり，一次生産者の栄養素となる．一方，嫌気的状態下では硝酸，亜硝酸は還元され N_2 となり大気中に戻る（脱窒）．リン酸塩は好気的条件下では $Fe(OH)_3$ に吸着したり，$FePO_4$ となり固相を形成する．嫌気的条件下では鉄は Fe^{2+} イオンとなるので，リ

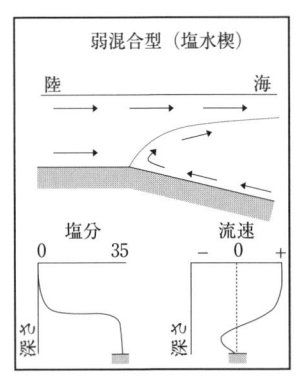

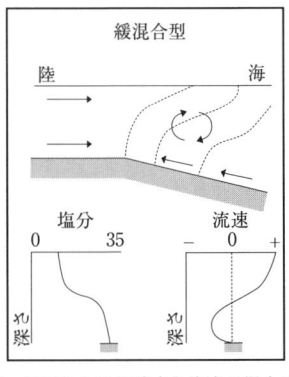

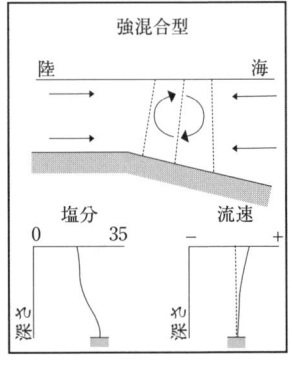

図1　河口における淡水と塩水の混合形態

ンは溶解性のリン酸となり溶出する．嫌気的雰囲気のFe^{2+}のため堆積物が黒色となる．河床の酸欠状態が継続されると，下層に溶存している硫酸イオンが硫酸還元菌により還元され硫化水素が生じ，河床が生物の生息しにくい環境へと変化する．この際，強風が吹き付けると底層水が湧昇してくる．これが"青潮"と呼ばれる現象で，青く見えるのは酸素と反応した硫化水素が硫酸コロイドを生成し，このコロイドが光散乱した結果である． 〔中口　譲〕

文　献
1) 楠田哲也・山本昇一監修，財団法人河川環境管理財団編（2008）河川汽水域―その環境特性と生態系の保全・再生，技報堂出版，pp. 351.

地下水の水質形成機構

formation mechanism of groundwater chemistry

4-11

　陸域に降った雨のおよそ9割はいったん地下に浸透する．大気あるいは土壌大気中の二酸化炭素と飽和した水は弱酸性であり，浸透経路にある鉱物や有機物などの土壌粒子との反応性が高い．鉱物粒子との反応は基本的に水和反応であり，同じ反応を鉱物の立場からみたとき，化学的風化作用ととらえることができる．

　岩石と接触した地下水の水質組成は，第一義的には，岩石の鉱物組成に依存する．カルシウムを含む鉱物は溶解度の高いものが多いため，一般的には，水質形成初期には，炭酸成分（アルカリ度）とカルシウムに富む組成に変化することが多い．火成岩の主要造岩鉱物の水和反応に対する強度は，それらの形成された場の熱力学的条件と地表のそれとの違いが大きいほど小さいことが知られている（化学的風化作用の項を参照のこと）．斜長石は不安定であるため，この鉱物に富む岩石と反応した地下水のカルシウムとナトリウムの組成比は，ほぼ斜長石の組成比に対応する値となる．また，水和反応の進行を規制するもっとも重要な成分は溶存ケイ酸の溶解度であるため，ケイ酸の濃度と重合度が低い有色鉱物をより多く含む塩基性岩と反応した地下水の方が，よりpHが高い傾向がある．堆積岩は低温で形成した層状ケイ酸塩や石英などを多く含むため，地下水と反応してもあまり水和反応が進まないため，ケイ酸濃度はあまり高くならない．一方で，生物遺骸に由来する炭酸塩を多く含んでいるため，炭酸カルシウムに富む水質となる．

　比較的流動性の高い地下水では，炭酸成分とカルシウムに富む水質が保持される．

一方，平野の地下深部でしばしばみられるような停滞的環境に長時間おかれた場合には，粘土鉱物との陽イオン交換反応により，炭酸水素ナトリウム（重曹）が卓越するアルカリ性の水質へと変化する．

　上述のような帯水層での岩石・鉱物との反応による水質形成作用は汚染とはいわない．しかし，地下水は有害物質を含む鉱物などの地質由来物質や，涵養源における社会活動などにより汚染されることがしばしばある．たとえば，鉱山周辺では，硫化鉱物の化学的風化作用により，有害金属元素が周辺の地下水や表層水に溶け出して，被害をもたらすことがしばしばある．また，人為的汚染は地下水の下流域における重要な水質形成のメカニズムである．

　近年世界的に問題となっている地下水の水質劣化の原因は大きくは2つある．すなわち，窒素・硫黄による汚染とヒ素・フッ素によるものである．窒素・硫黄化学種は，石炭燃焼や自動車の排気ガスに起源をもつ大気汚染物質の降下と地下浸透，耕作地における過剰な施肥などを通して，地下水帯水層中に移動する．硝酸・亜硝酸イオンは健康被害の原因となるが，一般的には，窒素・硫黄の汚染によっては，味の劣化がおもな被害といえる．一方，後者は微量であっても健康に影響を与えることから，深刻な社会問題となることがある．これらの元素は，人為起源をもつことも多いが，帯水層中の鉱物などの自然物質に由来することも多いことが知られている．

　地下水は平均滞留時間が長い（数カ月～数百年）ため，いったん汚染されると，汚染の解消に長時間が必要である．たとえば，揮発性有機炭素（VOC：volatile organic compounds）は，わが国では1989年に環境中への排出が規制され，1990年から監視されているが，今も検出される井戸が多数ある（たとえば環境白書，2009）．（口絵8参照）　　　　　　〔益田晴恵〕

4-12 化学的風化作用

chemical weathering

　風化作用は地表付近の環境で起こる岩石の細粒化現象である．大きく分類して，機械的風化作用（物理的風化作用）と化学的風化作用がある．前者は風や水・氷などによる削剥作用，氷や熱などによる膨張と収縮の繰り返しなどにより，岩石や鉱物が機械的に砕かれて細粒化する過程をいう．後者は，水による岩石・鉱物の加水分解反応と言い換えてもよい．化学的風化作用は湿潤な気候の地域で盛んであり，寒冷であるより温暖な地域で進行が早い．海底面に露出した溶岩などの岩石が周辺海水との反応で変質することを海底風化作用というが，これも化学的風化作用の1つととらえてよいであろう．

　降水が地下浸透する過程で，土壌大気中の二酸化炭素は水中で水和・解離して水素イオンを放出するため，以下のように，水溶液中では酸として働く．

$$CO_2 + H_2O \rightleftarrows H_2CO_3 \rightleftarrows H^+ + HCO_3^-$$
$$\rightleftarrows 2H^+ + CO_3^{2-}$$

その結果，流路となる土壌中や岩石中の鉱物と水和反応を起こす．たとえば，斜長石（曹長石）は以下のように反応する．

$$2NaAlSi_3O_8 + 2H^+ + 9H_2O$$
$$\rightarrow Al_2Si_2O_5(OH)_4 + 2Na^+ + 4H_4SiO_4$$

上の式で，$Al_2Si_2O_5(OH)_4$ は粘土鉱物のカオリン，H_4SiO_4 は溶存ケイ酸（オルソケイ酸塩）である．地表水あるいは通常の地下水条件では，アルミニウムは溶解度が低いため，粘土鉱物を作って沈殿する．

　造岩鉱物の化学的風化作用に対する安定性は経験的には古くから知られていた（図1）．一般的には，高温で形成された鉱物ほど地表の温度圧力下で不安定であり，化学的風化作用に対して弱い．有色鉱物ではケイ酸塩四面体の重合度の低いものほど，白色鉱物ではカルシウム，次いでアルカリ元素の多いものほど加水分解しやすい傾向がある．また，化学的風化作用は接触する水の溶存ケイ酸の濃度がもっとも大きな化学平衡の規制要因として働くため，酸性の岩石より塩基性の岩石で，より水和分解反応が進行する傾向がある．水の中に溶存するイオンやケイ酸などは地下水などの水質形成に関与する．したがって，涵養源周辺での地下水の水質形成反応を担う現象である．

　土壌・岩石中の生物化学作用は，化学的風化作用の一部を担っている．たとえば，根から滲出する有機酸は鉱物の加水分解を促進する．また，生物遺骸の分解により有機物を供給し，粘土鉱物などと混ざり，土壌を形成する．したがって，化学的風化作用は土壌形成作用の重要な要因でもある．

〔益田晴恵〕

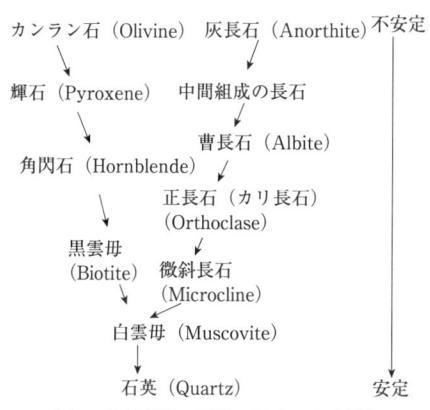

カンラン石（Olivine）　灰長石（Anorthite）　不安定
輝石（Pyroxene）　中間組成の長石
角閃石（Hornblende）　曹長石（Albite）
黒雲母（Biotite）　正長石（カリ長石）（Orthoclase）
　　　　　　　　微斜長石（Microcline）
白雲母（Muscovite）
石英（Quartz）　　　　　安定

図1 造岩鉱物の風化に対する安定性[1]

文　献
1) Goldich, S.S. (1938) A study in rock-weathering. J. Geol., **46**, 17-58.

土壌生成作用

pedogenesis, soil development

風化作用の結果，地殻の最表層部で膨軟な物質（土壌）が生成される過程を指す．土壌の出発物質である母材は，一定の生物-気候および時間条件という土壌生成因子の作用下で層位（horizon）の分化（differentiation）を生じる．グローバルな視点に立てば，極表層においては植生から供給される有機物が集積する．次表層では洗脱が卓越する条件下で表層から移動した物質（粘土鉱物やFe-Al腐植複合体，塩類）が集積する．反対に，洗脱作用が制限されるような条件下（乾燥ないし半乾燥気候）では，地下水に溶存していた塩類は毛管現象によって表層部分に濃集・沈殿する．地質時代にわたる土壌生成作用の結果，地殻が安定な大陸域においては，FeやAlの和水酸化物および石英に富化され，土壌生成の最終段階としての赤色風化殻の生成に至る．日本列島のようにアジア大陸東端の造山帯に位置する地域では，削剥と再堆積が頻繁に生じるために，生物-気候条件に対応した成帯性土壌の生成は未熟段階でとどまる．

土壌の最表層部を構成する土壌有機物は，乾燥-半乾燥地域ではCa-腐植複合体が卓越する．冷涼な気候条件と特定の針葉樹植生の影響によって，貧栄養の母材から生成されるポドソルの集積層および黒ボク土表層においては，Al/Fe-腐植複合体として土壌微生物の分解作用から保護されている．

母材に含まれていた鉱物類は土壌生成作用の結果，より安定した鉱物へと変換される．洗脱条件下では，Siおよび塩基類が土壌系外に運び去られる結果，鉄とアルミニウムに富む鉱物へと変換される．たとえば，雲母はまず層間からKおよびNH_4イオンが抜け去りスメクタイトあるいはバーミキュライトへと変換，さらにSiの洗脱作用が進行するとカオリン鉱物へ，最終的にはギプサイトやヘマタイトが生じる．

土壌は一般的には下層にある基盤岩の風化作用の結果生じるために，母材と土壌は連続することが多い．しかし，大気の擾乱作用によって裸地から巻き上げられる広域風成堆積物（エアロゾル，レス）および火山活動によって供給される火山灰は対流圏を数千キロも運搬され，雨や雪の氷晶核や凝結核として地表に降下する結果，遠く離れた地域の外来性土壌母材となる．ハワイ諸島の高標高域の土壌表層に濃集した微細石英と雲母はアジア大陸内部の乾燥地帯から偏西風にのって運ばれてきたものであることが1960年代の後半に酸素同位体比および年代測定による地球化学的解析手法によって確認された．日本列島の段丘や丘陵の緩斜面にも同種の母材からなる風成土壌が広く確認されている．　　〔溝田智俊〕

4-14 ミネラルウォーター

mineral water

ミネラルウォーターは,ヨーロッパを中心に,水道水質のよくない地域で良質な地下水を瓶詰めして販売したことに始まる.ヨーロッパには硬度(カルシウム・マグネシウム炭酸塩)をはじめとして溶存成分を多く含む水が多い.それに替わって,飲用に適した水を販売したことから明らかなように,ミネラル(鉱物)を多く含むことが名前の由来ではない.農林水産省のガイドラインでは以下のように指示されている.

○特定の水源井戸から採水された地下水を原水とし,沈殿,濾過,加熱殺菌以外の物理的化学的処理を行わないものを「ナチュラルウォーター」という.

○ナチュラルウォーターのうち鉱化された地下水(地表から浸透し,地下を移動中または地下に滞留中に地層中の無機塩類が溶解した地下水(天然の二酸化炭素が溶解し,発泡性を有する地下水を含む.))をいう.)を原水としたものを,「ナチュラルミネラルウォーター」ということができる.

○ナチュラルミネラルウォーターを原水とし,品質を安定させる目的等のためにミネラルの調整,ばっ気,複数の水源から採水したナチュラルミネラルウォーターの混合等が行われているものは,「ミネラルウォーター」とする.

世界的には,国際食品規格により,ナチュラルミネラルウォーターが定義されている.国内規格と異なる重要な点は,ナチュラルミネラルウォーターは「源泉の微生物学的な純粋性及び本質的成分の化学組成が保証されるような条件下で採水されたものであること」である.これに従えば,わが国で安全衛生上の配慮からよく行われている熱処理したものはナチュラルミネラルウォーターには当たらない.

地球化学の観点からは,地下水の水質がそのまま保持されているという点で,ナチュラルミネラルウォーター(以下,ミネラルウォーターと呼ぶ)が興味深い.地下水水質は通過した地質体の鉱物や化学組成を反映している.ヨーロッパに多い硬水(硬度の高い水)には,炭酸塩岩や石こう(硫酸カルシウム)を含む堆積岩を通過してきたものが多い.また,火山灰層や火山岩中の帯水層から得られるミネラルウォーターは,溶存ケイ酸が際立って高濃度である.これらの化学成分は,水に独特の味を感じる理由である.

ミネラルウォーターの水質基準は,食品衛生法に準じている.水道法による水質基準では,上述の硬水は上水として供給できない.また,上水では検出されてはならない亜硝酸性チッ素は硝酸性チッ素と合量で $10\ mg/L$ 以下であれば,含まれていてもよい.上水中のヒ素の基準値は $0.01\ mg/L$ 以下であるが,食品衛生法では $0.05\ mg/L$ 以下である.これらの基準値は,ミネラルウォーターが嗜好品であって,毎日の飲用や料理に使われることを想定されていないことを示している.

品質の良いミネラルウォーターを確保し続けるためには,涵養源となる山間部などの環境保全が必須である.自治体と企業が協力して涵養源の森林保全に成功している地域もある.一方で,過剰に採水すれば,資源として枯渇するのは,通常の地下水と同様である.

〔益田晴恵〕

文　献

1) CODEX Standard for Natural Mineral Waters. CODEX STAN 108-1981, Rev. 1-1997. (http://www.minekyo.jp/nw.pdf)
2) 農林水産省:ミネラルウォーター類(容器入り飲用水)の品質表示ガイドライン. (http://www.minekyo.jp/gl.pdf)

地下水流動系と同位体

groundwater flow analysis using isotope hydrology

地下水流動解析は Tōth (1963)[1] の地下水流動方程式以降のシミュレーションが主体となっている．しかし，精密な地下水流動モデル構築のためには，現実の地下構造に対応できる複雑系を扱う必要がある．そのために必要な境界条件の設定，水理パラメーターの取得には限りがあり，モデルの検証や別の手法による地下水流動モデルの構築が必要となってくる．

地下水の化学・同位体組成は涵養時の組成，流動中の鉱物の溶解・沈殿・交換反応，深層ガスの溶解，地下水どうしの混合の結果決定されたものである．したがって，地下水の化学的特徴は流動の履歴，時間などの情報を記録していると考えられ，濃度・同位体組成の空間分布による流動状態の推定などが試みられている．

酸素・水素同位体組成は熱水による水-岩石反応などのない降水起源の地下水においては，涵養時の情報を保持している場合が多い．降水の同位体組成は気象条件・地理学的条件などに依存し，涵養場所の気温や標高などを反映しているため，地下水の酸素・水素同位体組成による涵養源の同定，流動系の区分や同位体の3次元的な分布による地下水流動系の規模・階層構造などに関する情報が導き出される．

酸素・水素同位体のような保存性の同位体が地下水の起源・涵養時の情報を保持しているのに対し，鉱物の溶解，水-岩石反応による同位体比の変動を引き起こす化学種からは，地下水の流動経路に関する情報が得られる．なかでも地下水への溶解度が高く，同位体比の変動幅の大きいストロンチウムは多くの研究事例がある．

深部からのガス成分の溶解による同位体変動が地下水流動状態を反映する場合もある．とくに，マントル由来の成分などは組成が特徴的であるうえ，上昇場が偏在するため有効なトレーサーとなる．多くの火山周辺における温泉中のヘリウム同位体比 (^{3}He/^{4}He) は火口から遠ざかるにつれて比が低下する傾向が観測されている．これは，マントル起源 He を火口付近で火山ガスとして溶解した地下水が，流動とともに ^{3}He/^{4}He が2～3桁低い地殻起源の He を溶解したため，と解釈されている．

He による流動状態の研究は，非火山地域においても行われている．地下構造（帯水層の傾斜・断層の分布など）や周囲の地形から考えられる地下水の流動方向に沿った ^{3}He/^{4}He 低下の観測，断層を介したマントル起源 He の上昇および溶解を考慮に入れた地下水流動系区分の解析などのトレーサーとしての有効性が示されている．

地下水年代に用いられる同位体の空間分布も地下水流動状態を示す有効なトレーサーとなっている．トリチウム濃度，放射性塩素同位体比 (^{36}Cl/Cl) などの分布より，広範囲での流動方向・流動速度などの解析が行われている．

複雑な地下構造の中を流動してきた地下水は，その化学・同位体組成に履歴が残されている．しかし，どの元素に履歴が色濃く残されているかは，地下水の滞留時間や地下構造，テクトニックセッティングなどで異なり，最適な元素を選び出す必要がある．また，上述の同位体に加え，^{13}C，^{34}S，^{234}U/^{238}U なども利用され，複数の同位体系を使った解析もよく行われている．

〔森川徳敏〕

文　献
1) Tōth, J. (1963) Journal of Geophysical Research, **68**, 4795-4812.

深層地下水

deep groundwater

地下水は最上位にある不圧地下水とそれより下位の被圧地下水に分類できる．前者を浅層地下水，後者を深層地下水と呼ぶこともある．地下へ浸透した水の大部分の水が浅層地下水となり，地表へ再湧出するのに対し，深層地下水は，地下に長期間滞留しており，その一部が地層の弱線（断層など）や高透水層を通して，浅層地下水と混合して湧出していると考えられる．深層地下水には厳密な定義があるわけではないが，一般的には被圧地下水のうち，堆積盆最下部や岩石裂かに帯水する滞留時間の長い地下水をさす．しかし，その分類は簡単ではない．たとえば，オーストラリア大鑽井盆地では，涵養域の山地部から流出域のエアー湖までの距離が1000キロにものぼり，水の滞留時間は数百万年以上と考えられており[1]，これを深部地下水とするかは難しい．

深層地下水の代表的な例は，"化石海水"や"ジオプレッシャー流体"である．化石海水は，堆積物の続成作用時に海水が地層に閉じ込められ，長期間岩石と反応して，その水質が変化したものである．その水質は，新鮮な海水と比較して，K，SO_4濃度が減少し，Ca濃度が増加したNa-Ca-Cl型である．化石海水の$\delta^{18}O$値は，岩石-水反応の結果，海水の値より高くなっている（oxygen shift）．青函トンネルの掘削中に，このような化石海水の湧出が観測されている[2]．

ジオプレッシャー流体と呼ばれる地下水の特徴は，①深い海の堆積盆地で地層中に閉じ込められた海水が起源で，②地下2キロから7キロの深さに分布し，③静水圧を大きく上回る異常高圧を示し，④変質した化石海水であり，大量のメタンガスを伴う．⑤熱源は地殻内部の熱伝導であり，地下水の温度は50〜150℃である[3]．ジオプレッシャー流体は，油田・天然ガス地域の背斜構造の断裂系に沿って分布しており，その化学組成は，海水と天水の混合水よりも，Cl濃度が低く，δD値と$\delta^{18}O$値は高い特徴がある[4]．このような特徴をもつ流体は，国内の同様の地質条件を示す地域でも見出されている（例，幌延[5]）．

深層地下水の一部は，高温流体として存在している．その1つであるマグマ水は，マグマから発散される火山性流体で，その水の水素と酸素の安定同位体比は，$\delta D = -20 \sim -40$‰，$\delta^{18}O = +5 \sim +8$‰といわれている[6]．兵庫県有馬地域に湧出する温泉水は有馬型温泉と呼ばれるが，上述のマグマ水の組成を持つNa-Cl流体（Cl濃度は海水の約2倍）と天水が混合したものと解釈されている[7]．

〔上田　晃〕

文　献

1) Habermehl, M.A. (1980) J. Aust. Geol. Geophys., **5**, 9-38.
2) Mizukami, M., et al. (1977) Geochim. Cosmochim. Acta, **41**, 1201-1212.
3) Oki, Y., et al. (1999) Hot Spring Science, **48**, 163-81.
4) Ueda, A., et al., Geochem. J., in press
5) Ishii, T., et al. (2006) Geochimica Cosmochimica Acta, **70**, Supplement 1, A280.
6) Giggenbach, W.F. (1992) Earth and Planet. Sci. Lett., **113**, 495-510.
7) Matsubaya, O., et al. (1973) Geochem. J., **7**, 123-151.

4-17 化石水

fossil water

　地球表層部の水は循環しているが，何らかの理由で地殻中に閉じ込められて循環しない状態で置かれた水を化石水という．化石水には，地層に閉じ込められた古い海水や地下水，鉱物中の流体包有物，含水鉱物中の吸着水やOH基などがある．いずれも，地球史上で起こった水の移動を伴う現象を知るうえで重要な情報となる．

　化石水のうち，地層内部に地下水の形で閉じ込められたものを地層水（formation water）という．1960〜1970年代にかけて，とくに油田や天然ガス田に産出する地層水は，火山地帯で噴出する熱水とともに，地球ができたときに地下深部に閉じ込められ，地表に一度も出てきたことのない「処女水」（juvenile water）ではないかと議論された．そのような水があることは，地球表層部の水が，長時間かけて少しずつ表層へ集まったことを意味する．しかし，水の酸素・水素の安定同位体の研究などが進むにつれて，処女水と考えられた水は，すべて降水や海水など，一度は地表に存在した水を起源としており，地殻を構成する岩石や鉱物との反応で水質や同位体組成が変化したことが明らかになった．これらの一連の研究結果は，地球史の一時期の短時間に現在の海水とほぼ同量の水が表層に現れたという海洋形成モデルを支える証拠の1つと考えられた．

　化石水は重要な資源である．化石燃料を産出する油田や天然ガス田は，油分やガス分を含む地下水層である．ヘリウムのような希少ガスも天然ガス田から得られている．千葉県下総層群中の化石海水は海藻に由来するヨウ素を大量に含んでおり，ヨウ素の資源として活用されてきた．

　乾燥地帯で行われる農業では，化石水が灌漑用水として用いられる．たとえば，アメリカ合衆国の穀倉地帯であるグレートプレーンズの西半分（ハイプレーンズ）は半乾燥地域であるが，ここでは，優良な淡水を産出するオガララ帯水層から地下水をくみ上げて使ってきた．この帯水層は，カンサス・ニューメキシコなどの8つの州にまたがって広がっている．アメリカ合衆国の耕作地の27％がこの地域にあり，30％の灌漑用地下水がこの帯水層から得られている．放射性同位体年代測定から，もっとも古い地下水は1万2000〜1万6000年前に涵養されたものであり，現在の涵養速度は大変遅い．しかし，1980年代以降，灌漑用地下水の過剰揚水のために地下水位が低下し，川が涸れる，砂漠化が進むなどの現象が顕在化してきた．スプリンクラーによる円形農場は，世界中の砂漠地帯で農業を行うことを可能にした．サウジアラビア・エジプト・リビアなど，本来であれば，植生の望めない砂漠の中に，円形農場が広がっているのを人工衛星からも観測できる．これらの地域で用いられている地下水は，かつて緑豊かだった時代に地下に溜められた淡水である．サウジアラビアではすでに60〜70％の地下水を消費したと見積もられている．日本は食料の大部分を輸入に頼っており，他国の食料生産事情を他人事とはいえない．世界中で考えなければいけない問題である． 〔益田晴恵〕

文　献
1) Hitchon, B. and Friedman, I. (1969) Geochim. Cosmochim. Acta, **33**, 1321-1340.
2) USGS
http://co.water.usgs.gov/nawqa/hpgw/HPGW_home.html

温泉の定義

definition of hot spring water

わが国では，温泉は「温泉法」により，地下水のもつ特徴から厳密に定義されている．温泉法（昭和23年法律第125号，最終改正：平成19年11月30日法律第121号）には以下のように記述されている．
（定義）
第二条　この法律で「温泉」とは，地中からゆう出する温水，鉱水及び水蒸気その他のガス（炭化水素を主成分とする天然ガスを除く．）で，別表に掲げる温度又は物質を有するものとする．

表1　鉱泉の定義（常水と区別する限界値）
1　温泉（源泉から採取されるときの温度）摂氏25度以上）
2　物質（下記に掲げるもののうち，いずれかひとつ）

物　質　名	含　有　量（1 kg中）
	mg 以上
溶存物質（ガス性のものを除く）	総量 1000
遊離二酸化炭素（CO_2）	250
リチウムイオン（Li^+）	1
ストロンチウムイオン（Sr^{2+}）	10
バリウムイオン（Ba^{2+}）	5
総鉄イオン（$Fe^{2+}+Fe^{3+}$）	10
マンガン（II）イオン（Mn^{2+}）	10
水素イオン（H^+）	1
臭化物イオン（Br^-）	5
ヨウ化物イオン（I^-）	1
フッ化物イオン（F^-）	2
ヒ酸水素イオン（$HAsO_4^{2-}$）	1.3
メタ亜ヒ酸（$HAsO_2$）	1
総硫黄（S）｛$HS^-+S_2O_3^{2-}+H_2S$に対応するもの｝	1
メタホウ酸（HBO_2）	5
メタケイ酸（H_2SiO_3）	50
炭酸水素ナトリウム（$NaHCO_3$）	340
ラドン（Rn）	20×10^{-10} Ci = 74 Bq 以上（5.5 マッヘ単位以上）
ラジウム塩（Raとして）	1×10^{-8} mg 以上

別表は表1に示す．ここで定義された以外の地下水は常水として区別される．温度の低い鉱水（鉱泉）であっても，法律上は温泉という．

地球化学的観点からは，温泉水とは，降水が単に地下浸透しただけでは得られない水質をもっている地下水あるいは火山などの地熱に関連するガスであると見なすことができる．水温は25℃以上であることが温泉の条件であるが，この温度は西太平洋沿岸のアジア地域ではおおむね北緯20度付近の年平均気温である．一方で，火山のような局所的熱源のない地下深部の帯水層からも，地温上昇により，高温の地下水を得ることができる．たとえば，大阪平野中央部では地温勾配が3.6℃/100 mあり，600 m程度より深い井戸からは25℃以上の水温の地下水を得ることができる（大阪府，2005）．この帯水層は，第四紀堆積物である大阪層群中にある．泉質は溶存成分濃度が低い単純温泉で，水温を除けば，それより浅い深度の被圧地下水と大きく異なったものではない．このような地下水は，地球化学的観点からは，常水と何ら変わるものではない．

鉱泉は，過去と現在に地下で起こった水－岩石相互作用の結果であり，その地域に特有の地質学的現象の証拠である．たとえば，火山性温泉のガス成分に地下深部の情報を保存していることがあり，目に見えない現象を推定する根拠となる．

温泉の泉質は，時間経過とともに変化することがしばしばある．これは，揚水過剰による周辺地下水（常水）の混入による温や成分濃度の低下や，地熱活動の変化に伴って起こる．また，化石塩水などが温泉水の起源である場合には，枯渇により温泉としての価値を失うこともある．

〔益田晴恵〕

4-19 鉱物の飽和度

saturation state of mineral

鉱物の溶解度の化学的表し方　鉱物の溶解度を化学平衡論により表すには，溶解度積（K_{sp}, sp は solubility product の略）を用いる．溶解度積は鉱物がイオンへと溶解する反応の平衡定数である．石英（SiO_2）とホタル石（CaF_2）の溶解反応式とそれぞれの溶解度積を例として次に示す．

$$SiO_2 + 2H_2O（石英）= H_4SiO_4$$
$$K_{sp(石英)} = a_{H_4SiO_4}$$
$$CaF_2（ホタル石）= Ca^{2+} + 2F^-$$
$$K_{sp(ホタル石)} = a_{Ca^{2+}} a_{F^-}^2$$

上式で，a はイオンの活動度を表す．溶解度積に固相や水の活動度が現れないのは，純粋な固相や液相の活動度が1であるためである．鉱物の溶解度積は，いくつかの地球化学の教科書[1]に付録として収集されている．

飽和度・飽和度インデックス　鉱物（物質）と溶液が化学平衡にあるとき，溶液が鉱物に飽和しているという．天然水がある鉱物に飽和しているかどうかは，鉱物の溶解度積に対応する天然水中のイオンの活動度積（IAP：ion activity product）をその鉱物の溶解度積と比較することにより判断することができる．そのための指標に，鉱物の飽和度

$$\Omega = IAP/K_{sp}$$

あるいは，飽和度インデックス

$$SI = \log(IAP/K_{sp})$$

が用いられる．

鉱物の飽和度が $\Omega < 1$ あるいは飽和度インデックスが $SI < 0$ であれば，天然水は対象の鉱物に対して未飽和であり，鉱物は天然水から沈殿しない．$\Omega > 1$ あるいは $SI < 0$ であれば，天然水は鉱物に対して過飽和であり，化学平衡からみて鉱物が沈殿するはずであることがわかる．ただし，天然水がある鉱物に過飽和になったとき，瞬時に鉱物が沈殿することはない．鉱物が天然水から生成するためには，結晶核生成のためなどに，過飽和状態になる必要がある．

天然水の水質と鉱物の飽和度の関係
天然水（地下水や温泉・熱水）が地下の帯水層・貯留層に十分長い時間貯留され，地層に含まれる鉱物と十分に反応している場合，天然水の水質は鉱物の飽和度に支配されていることがある．ホタル石や石膏の溶解度積が天然水中の Ca^{2+} イオンと F^- イオンの活動度積や Ca^{2+} イオンと SO_4^{2-} イオンの活動度積の上限を支配している例が知られている[2]．

温泉水・地熱水の地化学温度計　鉱物の溶解度積は，温度・圧力によって変化する．熱水貯留層で，温泉水や地熱水と鉱物の間で化学平衡が成立していると仮定でき，温泉水・熱水の熱水貯留層での化学組成が推定できる場合，熱水貯留層の温度を推定するのに鉱物の飽和度を用いることができる．代表的なものに石英を用いた地化学温度計がある．この温度計は，水の飽和蒸気圧曲線上の温度・圧力条件で石英の溶解度が約250℃まで単調に増加することを利用している．　　　　　〔千葉　仁〕

文　献

1) たとえば，Faure, G. (1998) *Principles and Applications of Geochemistry*, 2nd ed., Prentice Hall, 600p.；Krauskopf, K.B. and Bird, D.K. (1995) *Introduction to Geochemistry*, 3rd ed., McGraw-Hill, 647 p.
2) Appelo, C.A.J. and Postma, D. (2005) *Geochemistry, groundwater and pollution*, 2nd ed., Balkema, 649 p.

湯の花（温泉沈殿物）

hot spring precipitate

湯の花（または，湯の華）は，温泉湧出口付近に生じた温泉沈殿物である．炭酸カルシウムを主成分とする石灰華，シリカ（SiO_2）を主成分とする珪華，元素状硫黄からなる硫黄華などがある．

これらの沈殿物は，温泉水に含まれている成分が，急激な温度や圧力の低下，二酸化炭素の空気中への放出，大気中の酸素による酸化などの反応により生じる．

炭酸カルシウムの温泉沈殿物　地下で炭酸水素イオン（HCO_3^-）とカルシウムイオン（Ca^{2+}）を溶かし込んだ温泉水は，地表に湧きだした際に減圧されて二酸化炭素を空気中に逃がす．

$$Ca^{2+} + 2HCO_3^- = CaCO_3 + H_2O + CO_2$$

この反応により炭酸カルシウムが沈殿する．炭酸水素イオンとカルシウムイオンを含む温泉が自噴しているところでは，炭酸カルシウム沈殿により，噴泉塔や石灰華ドームなどが形成される．

炭酸カルシウムの温泉沈殿物は，方解石とアラレ石の2種類の鉱物からなることが知られている．どちらの鉱物が生じるかは，温泉水の温度，pH，溶存CO_2の有無，炭酸カルシウムの晶出速度によって決まる[1]．

シリカの温泉沈殿物　温泉水や地熱水が地下の貯留層で岩石と反応すると，その溶存シリカ濃度はシリカ鉱物と化学平衡になる．シリカ鉱物の水への溶解度は高温ほど高いので，温泉水や地熱水が冷却されるとシリカ鉱物が沈殿し珪華が生じる．高温の温泉水が地表に湧出している場所では，湧出口の周りにシリカが沈殿して生じたシリカシンターが形成される．シリカシンターの熱水流路やプールには好熱性細菌が生息し，オレンジ色や褐色などの色を呈している．大規模なシリカシンターとしてアメリカのイエローストーン国立公園のものが有名である．（口絵9参照）

浅熱水性の金鉱床の周辺には，シリカシンターが存在することが知られており，金鉱床の探査に関連して調査されている．

硫黄の温泉沈殿物　硫化水素を多く含む温泉が地表に湧出すると硫化水素が空気中の酸素によって酸化される．

$$2H_2S + O_2 = 2S + 2H_2O$$

この反応によって生じた元素状硫黄が浴槽中に漂っているものが，いわゆる"湯の花"である．

入浴剤としては，元素状硫黄のほかにミョウバン（明礬）を含む温泉から精製されたミョウバンも古くから使われており，これも"湯の花"と称されている．

地熱発電所スケール・海底熱水系沈殿物
高温の地熱水を利用する地熱発電所では，地熱井や還元井，熱水を輸送する配管やタービンなどに熱水から生成するスケールが付着する．スケールの主成分はシリカや炭酸カルシウムである．これらのスケールは，高温の熱水の温度低下と沸騰の際の二酸化炭素の熱水からの逃散によって生成する．

高温の海底熱水系では，熱水は重金属の硫化鉱物と硫酸塩鉱物からなる熱水チムニーから放出され，周辺に重金属の硫化鉱物や酸化物を沈殿させている．熱水チムニーを構成する鉱物や周辺に沈殿している鉱物は，熱水と海水の混合による温度低下や酸化によって生成する．

地熱発電所スケールと海底熱水系沈殿物の生成メカニズムは，温泉沈殿物の生成メカニズムと同様であり，これらも温泉沈殿物と考えることができる．〔千葉　仁〕

文　献
1) 北野康（1990）炭酸塩堆積物の地球化学，東海大学出版会，391 p.

地滑りと地下水

landslide and groundwater

　山地・丘陵地の降水の大部分は地下に流下し，安定した地下水流となって，流路が地表に現れた場所で湧水する．短時間に大量の降雨があると，被覆土壌と地盤の境界を流れる水が多くなり，地下氾濫流となる．さらに，降水量が土壌中の流下量を超えると降水は表面流出する．大規模な表面流出は洪水となる．さらに，地下浸透した降水により，地下の空隙が満たされるだけでなく，その空隙を押し広げるような水圧がかかると，固結していない土壌は持ち上がり，斜面崩壊が起こる．発生地点の地盤がずれて移動した場合には地滑りとなる．したがって，地滑りは傾斜地の地下水圧が過剰になった場合に起こる．大規模なものでは下位の地盤が粉々に砕けて土石流となり，発生地点だけでなく，下流の広い範囲に大きな被害をもたらす．地滑り・斜面崩壊は地震などによって安定角に近い斜面がバランスを崩すことでも起こるが，この場合であっても，地下水圧の上昇は被害規模を増大させる．

　上述の現象は，一般的には物理的現象であるが，地下水と堆積物の化学反応が地滑りを促進させる原因となることがある．地滑り地域の地下水はナトリウム－炭酸水素型で比較的高塩濃度の水質をもち，地質中にスメクタイトのような膨潤性粘土鉱物が多いことが知られている．

　火山灰は噴出したマグマが空中で過冷却することにより生じた火山ガラスを大量に含む．火山ガラスは結晶質の鉱物より化学的に不安定であり，地表付近の環境で水と反応すると容易に水和分解しスメクタイト類の粘土鉱物を形成する．流紋岩質ガラスであれば，モンモリロナイトが形成されることが多い．スメクタイトは吸湿性が高く，大量の水を吸収して膨張する性質がある．また，水を含んだスメクタイトは，潤滑剤として使用されるほど流動性が高く，流れやすくなる．そのため，火山灰を主体とした堆積物層からなる地盤は，緩傾斜であっても地滑りが起こりやすい．スメクタイトは交換性陽イオンとして，結晶構造中に吸着した陽イオンをもっている．交換性陽イオン組成は，周辺の水の陽イオン組成をある程度反映している．たとえば，カルシウムとナトリウムがイオンとして存在している条件であれば，水和イオン半径の小さいカルシウムイオンが選択的に交換性陽イオンサイトに固定され，ナトリウムは水溶液中に移動する．この反応は，粘土質で停滞的な環境でナトリウム－炭酸水素型（重曹型）の水質の地下水が形成される原因である．火山灰土壌は，本来は透水性の高い土壌であるが，スメクタイトが形成されると連続した空隙が失われ，透水性が低下する．地下水を観測すると，透水性の高い時期にはカルシウム－炭酸水素型であった水質が，停滞的になるにつれ，ナトリウム－炭酸水素型へと変化する．このような地下水はアルカリ性である．セメント物質となっている炭酸カルシウム（方解石）を分解することで，地盤をもろくすることもある．交換性陽イオンがカルシウム型のスメクタイトはナトリウム型のものより，脆性が高く，膨潤すると崩れやすいという．

　地滑り地帯では，人工水路を造って，地下水の過剰水圧の発生を防ぐことが行われている．これは，物理的に斜面崩壊を防ぐだけでなく，帯水層となる物質の変化を遅らせる作用をもたらす．また，観測井の水質の変化から，地滑りの発生を予測することも可能であるかもしれない．

〔益田晴恵〕

自然由来地下水汚染

naturally occurred ground water contamiation

岩石や堆積物,土壌などの中には,世界保健機構（WHO）の「飲料水水質ガイドライン」で規制されているホウ素（ガイドラインは0.5 mg/L,以下同じ）やフッ素(1.5 mg/L),マンガン(0.4 mg/L),ニッケル(0.07 mg/L),ヒ素(0.01 mg/L),銅(2 mg/L),セレン(0.01 mg/L),モリブデン(0.07 mg/L),アンチモン(0.02 mg/L),カドミウム(0.003 mg/L),バリウム(0.7 mg/L),無機水銀(0.006 mg/L),鉛(0.01 mg/L)が含まれている.これらの元素のうち,岩石や堆積物,土壌に含有される量が比較的多く,かつ溶出しやすい元素が地下水汚染の原因となる.たとえばセレンやモリブデン,アンチモン,無機水銀は,岩石や堆積物,土壌に含有される量がヒ素よりもはるかに少ないため,ヒ素に比べて自然由来の地下水汚染は発生しにくく,人為的地下水汚染に限定される.マンガンは,ヒ素よりも岩石や堆積物,土壌に多く含まれ,地下水の味覚を著しく低下させるため飲用されにくく,現実には健康被害は少ない.したがって,地下水を飲用水として使用した場合にしばしば問題となるのが,岩石や堆積物,土壌に含有される量が比較的多く,かつ地下水の味覚を低下させないフッ素とヒ素である.

地下水中のフッ素濃度が「飲料水水質ガイドライン」で規制されている濃度の数倍となり,健康被害をもたらしている地域としては東アフリカ諸国,中国内モンゴル自治区,インドなどがあげられる.これらの地域では雲母や角閃石などのフッ素含有鉱物を含む片麻岩や花こう岩などが熱帯の高温の気候のもとで風化してアルカリ性の土壌になり,CaやMgに乏しい地下水質となるために,地下水中のフッ素濃度が増加する.地下水を飲料水として常用している住民に斑状歯などの障害が発生しており,インドだけでも6000万人の健康が脅かされている.わが国でも六甲花こう岩が分布する兵庫県六甲山地周辺地域の表流水中のフッ素濃度が2.5 mg/Lを超過している場合があり,こうした表流水が不圧地下水（自由地下水）となっている場合には地下水中のフッ素濃度が高いことが知られている.

飲用地下水のヒ素濃度がガイドラインに定められた基準値(0.01 mg/L)を大幅に超過し,健康被害をもたらしている事例はアルゼンチン,カナダ,チリ,中国,ハンガリー,日本,メキシコ,ニュージーランド,台湾,タイ,カンボジア,ベトナム,米国などで広汎にみられる.バングラデシュやインドが立地するベンガルデルタ地帯では,人口が密集する扇状地や海岸平野などで飲用井戸が掘られ,1億5000万人以上の住民が飲用水を地下水に依存している.扇状地や海岸平野に分布する堆積物に吸着されているヒ素の一部が地下水に移行するため,地下水を飲用する住民に癌を含むヒ素中毒者が発生し,深刻化している.

わが国では水道法第四条第二項（水質基準）に沿って有害元素の水道水質基準が設定されている.1992年に当時の厚生省がWHOの勧告を受けてヒ素の基準値を従来の0.05 mg/Lから0.01 mg/Lにして以降,地方自治体による地下水概況調査にヒ素の項目が加えられ,基準値を超過する地下水が毎年全国で40〜50カ所の井戸で見つかっている.

地下水中のヒ素の起源や堆積物から地下水へのヒ素の移行メカニズムに関してはさまざまな見解が展開されている.ヒ素は堆積岩中の硫ヒ鉄鉱や黄鉄鉱に含まれているが,これらの鉱物は好気的な表層水や不圧

地下水の帯水層中で遊離酸素や酸化鉄イオン，硝酸イオンなどによって酸化・分解される．T. ferrooxidans や L. ferrooxidans などの鉄酸化細菌などがいれば，この酸化反応を促進する．これらの鉱物の分解反応に伴ってフェリハイドライトのような水酸化鉄鉱物が沈殿するが，3価や5価のヒ素はこの沈殿物に吸着される．吸着された状態が保たれれば堆積物からヒ素が地下水に移行することが抑えられる．

帯水層中では炭酸塩鉱物やケイ酸塩鉱物の分解により，地下水のpHが中性から弱アルカリ性に変化する．そうすると，酸化・水酸化鉄鉱物のプラス側の表面電荷は次第に弱くなり，吸着していたヒ素は解放されて地下水に移行する．たとえば，更新世を堆積物が帯水層とする福岡県南部地域の深度10〜60mから取水される67の井戸のうち，29の井戸から取水した地下水のヒ素濃度が0.01 mg/Lを超過し（最高0.293 mg/L），こうしたヒ素濃度の高い地下水にはHCO_3^-が含まれ，地下水は弱アルカリ性である．また，地下水には堆積物から溶出したPO_4^{3-}を最高24.7 mg/L含んでいる．酸化・水酸化鉄鉱物表面のヒ素の一部がPO_4^{3-}によって置換され地下水中に解放された可能性も考えられる．

さらに，帯水層中の微生物活動により，堆積物中の間隙水や土壌水中の酸素が消費され還元的となる．地下水が還元されて酸化・水酸化鉄鉱物が溶解すると，担体を失ったヒ素は地下水中に解放される．これは帯水層の上位に有機物に富む堆積物や土壌が存在する場合により顕著である．ベンガルデルタをはじめとする大規模な地下水ヒ素汚染はこのような現象により発生していると信じられている．また，不圧地下水より下位の帯水層中の深層地下水は不圧地下水より還元的環境にあることが多い．地下水を取水するための井戸内に設けられた有孔管（ストレーナー）が複数の帯水層にまたがっている場合，上位の帯水層中の酸化・水酸化鉄鉱物が溶解して，得られる地下水のヒ素濃度が上昇することがある．3価のヒ素（亜ヒ酸塩）も上昇する．3価のヒ素は5価のヒ素より毒性が高いため，ヒ素被害も深刻化する．一方で，地下水中で硫酸還元反応が起こる場合にはヒ素は硫化物として固定され，地下水中のヒ素濃度が減少することもある． 〔丸茂克美〕

文献

1) 世界保健機構（WHO）の「飲料水水質ガイドライン」
http://www.who.int/water_sanitation_health/dwq/gdwq3rev/en/index.html
2) Jacks, G., et al. (2005) Controls on the genesis of some high-fluoride grounfwaters in India. Applied Geochemistry, **20**, 221-228.
3) Karim, Md.M. (1999) Arsenic in groundwater and health problems in Bangladesh. Water Research, **34**(1) 304-310.
4) Buschmann, J. and Berg, M. (2009) Impact of sulfate reduction on the scale of arsenic contamination in groundwater of the Mekong, Bengal and Red River deltas. Applied Ceochemistry, **24**, 1278-1286.
5) Kondo, H., et al. (1999) Naturally ocuurring arsenic in the groundwaters in the southern region of Fukuoka Prefecture. Japan, Water Research, **33**(8) 1967-1972.

4-23 海底湧水

submarine groundwater discharge

海洋における物質循環や地球化学的収支において，従来は河川からの流入，大気経由の降下，中央海嶺や海底火山の噴火に伴う熱水の湧出などが主要な化学物質供給源と考えられてきた．しかし近年，沿岸域の海底面から湧出する地下水による物質供給の重要性が指摘されている．この沿岸海底湧水（"沿岸地下水湧出"ともいう）は，近年の飛躍的な観測技術の進歩により，南米・北米大陸からユーラシア，太平洋諸島など，世界の沿岸海洋から報告され，普遍的な現象と捉えられるようになってきた．日本，韓国，台湾においても，海底湧水の観測例が数多く報告されている．

これら海底湧水は，①陸上の地下水系と連動する淡水性湧水系，②淡水と海水の混合性湧水，③潮汐に応答する海水-堆積物間の再循環水の3つに分類されている．とくに，栄養塩など物質供給の観点からは，その存在が生物生産を含む海洋の物質循環を考えるうえで無視できない．たとえば，日本海に面する最大の深海湾である富山湾では，湾内へ流出する海底湧水量は世界的にも屈指であり，河川水流出量に対して最大25％にも及び，溶存態リンと窒素の供給量は河川水のそれに匹敵し沿岸海域の基礎生産に大きく貢献していることが実証されている．また，利尻島・大槌湾・駿河湾などにおいても，海底湧水による栄養塩供給の実態解明がなされている．

地球規模での海底湧水湧出量の平均は河川水の6〜7％だが，気候・地理条件や湧出メカニズムなどによって地域間での変動が大きく，海域によっては40％という高い報告値もある．また，海底湧水は物質のみならず，淡水や熱輸送の重要なルートとして，海洋の成層構造／海洋循環に与える影響が注目されはじめている．近年，北大西洋北部において海水沈み込みの弱まりが指摘されている．その要因は地球温暖化の進行や，それに伴う高緯度地域での降水量や河川水などの淡水流出量の増加と考えられているが，海底湧水流出量の変動なども考慮に加えるべきであろう．

海底湧水は，海洋への重要な炭素供給経路でもある．地下水は地球表層における水の貯留庫として，海洋や氷河・氷床に次いで第3位の容積がある．地球規模の炭素収支では，産業革命以降増加したCO_2（1.9 PgC/yr）の約2割（0.4 PgC/yr）が風化過程を介して地下水に吸収され，河川水や海底湧水により海洋へ運ばれる．地下水の滞留時間は長く，大気由来のCO_2を一時貯留し，海洋に運ぶ役割は大きい．しかし，海水に比べて地下水の緩衝能力は低く，今後，人為起源による地下水酸性化の進行に伴い，CO_2貯留機能の低下や，海洋へのCO_2移動量の大きな変化が懸念される．

海底湧水研究の歴史は浅く，地球規模でのデータ網構築は緒に就いたばかりである．当初は海洋学や陸水学などの各分野内で研究されてきたが，90年代後半より国際的な枠組みとして，LOICZ (IGBP)-Phase II や SCOR/LOICZ, IAPSO/IAHS など，数々の学際的国際共同研究が始まっている．2006年に発足したGEOTRACES計画においても，各種物質の供給源として，海底湧水は重点研究課題の1つとして取り上げられ，その研究が世界中で展開されつつある．

海底湧水に関するわれわれの知見集積はまだまだ不十分で，今後，気候変動や人類活動による地球環境変動の把握や対応のためにも，沿岸の海洋環境・物質循環の重要な影響要因の1つとして，海底湧水のさらなる調査研究は急務といえる．〔張　勁〕

文　献

1) 特集：沿岸海底湧水の科学,「地球化学」Vol. 39, No.3, (2005)

5.
地表・大気

成層圏大気の組成

composition of the stratosphere

5 – 01

　成層圏とは，対流圏界面（中高緯度で高度 10 km, 気温 −55℃, 熱帯で 17 km, −80℃）と成層圏界面（50 km, 夏極で 0℃, 冬極で −20℃）の間の領域のことをいう．つまり，成層圏では気温が高度とともに増加し，大気は熱力学的に安定な成層をなしている．さらに，成層圏界面と中間圏界面 (85 km, 夏極で −100℃, 冬極で −40℃) の間を中間圏と呼び，成層圏と中間圏をあわせて中層大気と呼ぶ．この成層圏における気温増加，あるいは中層大気という高度 50 km 付近に気温極大を持つ分厚い大気層は，オゾン層の存在によって作り出されたものであり，地球大気特有のものである．成層圏は安定であるため積雲対流活動は存在しないが，対流圏で励起されたさまざまな大気波動が伝播してきて大気循環を駆動している．

　中層大気の主成分とその体積混合比は，対流圏同様，窒素分子（N_2, 78.1%），酸素分子（O_2, 21.0%），アルゴン（Ar, 0.9%）である．中層大気の空気密度は地表の 1/10〜1/100,000 と大変希薄ではあるが，大気運動の最小単位は依然として個々の分子ではなく大小さまざまな乱渦であるため，これら不活性分子の混合比の値も対流圏と同様となっている．分子量に応じて混合比が鉛直方向に変化する重力分離（分子拡散）が顕在化してくるのは，中間圏界面より上空の熱圏である．中層大気にはさらに，オゾン（O_3）をはじめとしてさまざまな微量成分が存在しており，大気の放射的性質，光化学的性質を決めている．

　中層大気の放射エネルギー収支に関わり，気温分布を決めている分子は，主としてオゾン，二酸化炭素（CO_2），水蒸気（H_2O）である．オゾンは混合比でみると熱帯の高度 30〜35 km 付近に極大値 10 ppmv 程度をもつ．オゾンの太陽紫外線（波長 0.32 μm 以下）を吸収して光解離する性質が中層大気の放射加熱過程となり，9.6 μm 付近の赤外線を吸収射出する性質が，放射冷却過程のひとつとなる．二酸化炭素の混合比は中層大気において緯度や高度によらずおおよそ一定である．2000 年代では 370 ppmv 程度であり，対流圏での増加が数年〜10 年程度遅れて伝わる．二酸化炭素の 15 μm 付近の赤外線を吸収射出する性質が，中層大気の主たる放射冷却過程となる．水蒸気の混合比は主として熱帯対流圏界面の気温により決まるが，メタン（CH_4）の酸化に伴う生成もあり，4〜6 ppmv 程度で上空・高緯度ほどやや高い．水蒸気の 6.3 μm 付近および 10 μm 以上の幅広い波長域の赤外線を吸収射出する性質が，弱いながら中層大気の放射冷却過程のひとつとなる．まとめると，中層大気の放射収支は，オゾンによる加熱と，二酸化炭素（70%程度の寄与），オゾン（30%），水蒸気（5%）による冷却とがつりあう形で維持されている．実際の気温分布は，さらに大気波動が駆動する大気循環の影響も受けて決まる．

　オゾン層の光化学過程に関わる分子は，酸素分子，オゾン，HOx（水素酸化物ラジカル，H_2O を起源とする OH と HO_2），NOx（窒素酸化物ラジカル，N_2O を起源とする NO と NO_2），ClOx（フロンを起源とする塩素ラジカル）などである．おおまかには，酸素分子が太陽紫外線（波長 0.24 μm 以下）により酸素原子に光解離し他の酸素分子と結合する過程がオゾンの生成過程であり，オゾンが太陽紫外線（波長 0.32 μm 以下）により光解離する過程がオゾンの消失過程である．さらに，非常に微量な HOx, NOx, ClOx がオゾンを触

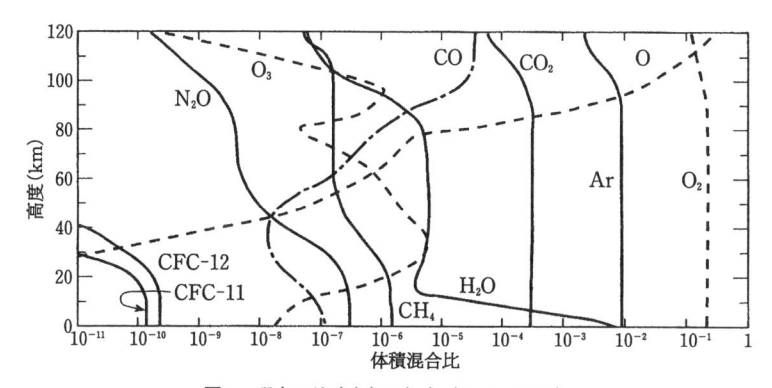

図1 現在の地球大気の組成（Goody, 1995）
春分・秋分時．N_2（高度100 km 以下では0.78で一定）以外の主要な大気成分を示す．
CFC-11 は $CFCl_3$，CFC-12 は CF_2Cl_2 のことである．

媒的に消失させる光化学過程があり，これら生成消失過程の結果としてオゾン濃度が決まる．（オゾン層に関する詳細は5-05参照．）

成層圏にはさまざまな微粒子も存在している．高度15〜25 km には硫酸液滴のエアロゾルが遍在しており，これは生物起源の硫化カルボニル（COS）と大規模な火山噴火に伴う SO_2 を起源とする．冬季極域の下部成層圏で生成し，オゾンホール形成に重要な役割を果たす極成層圏雲（PSCs：polar stratospheric clouds）は，硝酸水和物が凝結したものである．

〔藤原正智〕

対流圏大気の組成

composition of the troposphere

対流圏（troposphere）のTropoは「かきまぜる」のギリシャ語に由来しており，地球大気全体では対流による上下混合が盛んな大気層である．対流圏と成層圏との境界である圏界面の高さは極地方では約8 km，赤道地方では約18 kmで，季節によっても変化する．対流圏は平均すると全地球大気質量のおよそ85％を占め，その大気は％オーダーの主要気体成分から1兆分の1程度の極微量に至るまで多種類の気体で構成されている．これらの気体の存在量は常に変動しているために，対流圏大気の組成は一様ではない．今日では，大気組成の変動メカニズムの解明が地球環境問題にとって重要な課題となっている．

対流圏大気に含まれる気体成分の中で，もっとも多く存在するのが窒素（N_2）で約78％を占める．次いで，酸素分子（O_2）とアルゴン（Ar）でそれぞれ21％と0.93％である．水蒸気（H_2O）は対流圏全体の平均として大体0.5％程度であるが，その存在量は地域や季節および高度によって大きく変化し，降雨などのさまざまな気象現象と結びついている．O_2については，最近の超精密分析法の進歩によって4～5桁目の変化まで測定できるようになり，化石燃料燃焼による長期的な減少傾向や，大気と海洋間のガス交換の季節変化による非常に小さな変化を捉えることが可能になった．また，Arについても大気・海洋間のガス交換の影響による微弱な変動が見出されている．このように，対流圏の主要気体の成分組成（$N_2/O_2/Ar$）は非常に微小ではあるが時間的にも空間的にも一定ではなく，自然の季節性や人間活動と密接に関係していることがわかってきた．

対流圏では主成分気体と0.1％以下の少ない存在量の気体を「微量気体」と総称することが多い．対流圏内の微量気体には，自然発生源に由来するものと，フロンのような人類によって人工合成された気体も多種類存在する．発生源から遠く離れた清浄な大気において，存在量が多い微量気体を列挙すると，CO_2，Ne，He，CH_4，Kr，H_2，N_2O，CO，Xe，O_3などがある．希ガスであるNe，He，Kr，Xe以外は，いずれも将来の気候変化に直接あるいは間接的に関係する重要な微量気体である．CO_2，CH_4，N_2Oは温室効果ガスと呼ばれ，それらの濃度は産業革命以後の人間活動の増大によって急速に上昇してきた．一方，O_3は最近の日本における越境大気汚染に関連して再び注目されている．微量気体の地球規模の分布や変動にはさまざまな要因が影響を与えている．たとえば，自然放出源の地理的分布やその強さの時間変動，大気中での光化学反応，陸上生態系や海洋とのガス交換，土壌やエアロゾルによる沈着などと連動して，大気の輸送によって大きく影響を受ける．

さらに，極低濃度（10億分の1以下）の微量気体としては，窒素酸化物や硫黄酸化物および，植物起源の揮発性有機ガスや人工合成気体などの多種類の気体成分の存在が確認されている．これらの微量気体の中には，対流圏の水酸化ラジカル（OHラジカル）と迅速に酸化反応を起こすため，濃度が地域によって大きく変化するものがある．また，窒素や硫黄酸化物の場合には，OHラジカルを含めた複雑な酸化反応を経て水溶性へと変化し，最終的にはエアロゾルとして湿性・乾性沈着により大気から除去される．このように，対流圏大気は酸化力のある媒質で，この性質が微量気体組成を決める重要な要因の1つとなっている．

〔松枝秀和〕

5-03

温室効果気体

greenhouse gases

表面温度が6000 K近くに達している太陽から宇宙空間に放射される電磁波（太陽放射）は，可視光（波長400〜800 nmの電磁波）を中心波長としている．この太陽放射が地球に到達すると，多くは地表に到達して吸収され，熱エネルギーとなる．一方，地球（地表）の方も吸収した太陽放射とエネルギー的にバランスするように，宇宙空間に向かって地球放射と呼ばれる電磁波を放射している．地球放射は300 K前後の条件で放射されるため，その波長は太陽放射とは違って，1500 nm付近の赤外光が中心波長となる．太陽放射（可視光）は大部分の地球大気分子と相互作用を起こさない．しかし，地球放射（赤外光）は，大気中の一部の分子に吸収され，最終的に熱に変わる．つまり，同じ太陽放射の条件下で，地球の地表温度をより高める機能を有している大気分子が存在する．このような昇温機能をもつ地球大気中の気体分子のことを，その性質から赤外放射活性気体（infrared absorbing gases）とか，その昇温機能を温室に擬して「温室効果気体（greenhouse gases）」と呼ぶ．

つまり，地球は太陽放射によって暖められてはいるが，地球の地表温度は太陽放射のエネルギーだけで決まるわけではなく，加えて地球大気中における温室効果気体の存在量も影響を与えている．もし地球放射も，太陽放射同様に大気を素通りして宇宙空間に放出されると，地球の平均気温は−20℃程度となるが，温室効果気体による赤外吸収の効果で現在の地表の平均気温は約+15℃となっている．温度増加分だけ地球放射のエネルギーは増加し，最終的に太陽放射と同じエネルギー量の地球放射が宇宙空間に放出されている．

地球大気中の主要な温室効果気体は，H_2O, CO_2, CH_4, N_2O, O_3といった分子である．また，工業的に合成され，その一部が大気中に漏出したハロカーボン類（いわゆるフロン）やSF_6なども温室効果気体となる．一方，地球の大気の主要構成物質であるN_2やO_2などの等核二原子分子や，ArやHeなどの単原子分子は温室効果気体ではない．現在の地球大気ではH_2Oが最大の温室効果気体として機能しており，その熱量は地表1 m^2あたり100 W程度である．また，CO_2がそれに続き50 W程度，CH_4が1.8 W程度，N_2OとO_3がそれぞれ1.3 W程度となっている．

イギリスの蒸気工学者であったガイ・カレンダーは，1938年に大気中のCO_2の濃度が人間の活動によって増加している可能性があることを指摘した．これをきっかけとして高精度な大気観測が行われるようになり，CO_2やCH_4, N_2Oなどの温室効果気体の大気中濃度が，年々増加していることが明らかになった．CO_2の場合，1958年には年平均315 ppmだった大気中混合比が，2007年には380 ppmと，50年間で20%増加した．温室効果気体の大気中濃度の増大は，大気分子による地球放射の吸収と地表の再加熱がより活発になっていることを示唆するものであり，地表温度が上昇している可能性があることを意味する．

もし，ある温室効果気体の大気中の混合比が瞬間的にある量増加すると，その分だけ地球の放射収支がつり合わなくなる．この混合比の瞬間的な変化が引き起こす，一時的な放射収支の不均衡の大きさを放射強制力と呼び，西暦1750年の工業化以前の状態からの変化量として求めるのが一般的である．この放射強制力を指標として使うことで，異なった温室効果気体の間で，そ

表1 各温室効果気体の大気中濃度,放射強制力,地球温暖化ポテンシャル (GWP) の一覧

気体	大気中濃度	放射強制力 (W/m^2)	寿命(年)	各時間スケールにおける GWP		
				20年	100年	500年
CO_2	379 ppm	1.66	5〜200[*1]	1	1	1
CH_4	1.77 ppm	0.48	10	62	25	8
N_2O	319 ppb	0.16	120	290	320	180
CFC-12[*2]	538 ppt	0.17	102	7900	8500	4200
SF_6	5.6 ppt	0.0029	3200	16,500	24,900	36,500

[*1] 二酸化炭素の場合,多様なリザーバーが存在することから,寿命を1つの値で表すことができない.
[*2] 代表的なハロカーボン.化学式は CCl_2F_2.

れぞれの気候への影響を比較することができる.不確実性の大きいエアロゾル成分や水蒸気を除くと,もっとも放射強制力が大きいのは CO_2 である(表1).しかし同時に,大気中の混合比が CO_2 の100分の1にも満たない CH_4 や1000分の1にも満たない N_2O も,放射強制力への寄与は大きい.これは吸収する波長によって各分子の温室効果に与える影響が異なることに起因している.つまり,地球放射を構成する電磁波のなかで,大気中に大量に存在する H_2O や CO_2 の波長は大部分がすでに吸収されてしまっているため,これらの分子の放射強制力に与える影響は小さくなり,逆にこれらと大きく異なる分子の影響は大きくなる.

さらに,大気中に放出された各気体分子は,大気中での分解や地表の諸プロセスによる吸収・分解などによって,一定の寿命で大気から除去されているので,大気中寿命がより長い気体を放出する場合には放射強制力はより長く持続することになる.したがって,もし異なる温室効果気体の大気への放出が放射強制力に与える影響を相互に比較する場合,その大気中寿命も考慮する必要がある.そこで単位重量あたりの各分子の放射強制力を,単位重量あたりの CO_2 の放射強制力との相対比で表した地球温暖化ポテンシャル(GWP:global warming potential)という指標も,人間活動などによる地表からの各種温室効果気体の放出と,放射強制力の増加との関係を定量的に評価する際に使われる.この GWP を算出する際には,「20年」とか「100年」とか,考慮する時間スケールを明記して算出する.これはより長い時間スケールを考える際には,大気中寿命がより長い気体の放射強制力に与える影響が相対的に大きくなるためである.

表1には,いくつかの温室効果気体の GWP を列挙してある.今後100年間を考えた場合,CH_4 の1 kg の削減は CO_2 の25 kg の削減と同等の効果をもつことがわかる.また,ハロカーボン類や SF_6 は,長寿命である上にほかの分子と異なる波長の地球放射を吸収するため,GWP が特に大きくなっている. 〔角皆　潤〕

文　献

1) ジェイコブ D.J. (2002) 大気化学入門,東京大学出版会.
2) 文部科学省・経済産業省・気象庁・環境省「IPCC 地球温暖化第四次レポート―気候変動 2007」,中央法規出版, 2009年8月.

二酸化炭素

carbon dioxide

二酸化炭素は乾燥大気中に窒素，酸素，アルゴンに次いで4番目に多く存在する気体成分である．太陽光のエネルギーの大部分を占める可視光はほとんど吸収しないが，地球エネルギーの放射を担う赤外光の波長帯に強い吸収域を持つために，地球に温室効果をもたらす温室効果ガスである．

2008年における地球大気全体の平均濃度は約385 ppmであり，2000年以降は1年あたり約2 ppmの割合で上昇を続けている[1]．大気中濃度増加のおもな原因は人類による化石燃料の燃焼やセメント生産，土地利用の変化である．大気中二酸化炭素濃度の増加傾向を初めて明瞭に示したのは米国スクリプス海洋研究所のC.D.キーリングであり，1957〜1958年よりハワイ・マウナロア山と南極点で系統的な観測を開始し，現在でもその観測は継続されている．人類が化石燃料を使用する以前（18世紀の産業革命以前）の濃度は，南極で掘削された氷床コアに含まれる気泡中空気の分析から，約280 ppmと，今より約100 ppm低いことがわかっている．産業革命以降の二酸化炭素濃度の増加率は一定ではなく，最初の50 ppmの増加には200年以上の期間を要したが，残りの50 ppmはわずか30年の間に増えてしまった．

二酸化炭素は水に溶解しやすく，大気含有量の約50倍もの二酸化炭素が海水中に含まれている．海洋表層の二酸化炭素分圧と大気中二酸化炭素濃度（分圧）の差には，季節や海洋の循環によって時間的・空間的な違いがあり，その差に応じて大気と海洋の間で二酸化炭素の交換が生じる．大気-海洋間の二酸化炭素交換量は産業革命以前にはほぼ釣り合っていたが，現在では大気中濃度の増加による分圧差があるので，海洋は全体として大気中二酸化炭素の吸収源になっている．

土壌を含む陸上の生態系も光合成と呼吸の活動を通じて大気と大量の二酸化炭素交換を行っている．大気中の二酸化炭素濃度は光合成の盛んな夏季に極小値が，光合成活動が盛んになる直前の春季に極大値が観測される．季節変動の振幅は，陸上生態系が多く存在する北半球の方が南半球に比べて大きい．産業革命以降には森林破壊などの土地利用変化が大気中二酸化炭素濃度の増加のおもな原因であった時期もあったとされている．現在でも土地利用変化による二酸化炭素の放出は存在しているものの，大気中二酸化炭素の安定同位体比の変動や大気中酸素・窒素比の変動の観測結果，さらには3次元大気輸送モデルを用いた放出源・吸収源分布の解析から，陸上生態系は総じて大気中二酸化炭素の吸収源となっているとの説が有力である．

以上のような，化石燃料の燃焼などの人為放出，海洋との交換，陸上生態系との交換といった主に地球大気を介した二酸化炭素の循環を「（地球表層の）炭素循環」と呼ぶ．大気中二酸化炭素濃度の年々の増加量から，人為的に放出された二酸化炭素のうち約半分が大気に残留していることがわかっている．残りの約半分は海洋と陸上生態系によって吸収されているはずであるが，両者の放出・吸収量は地域による違いや年々の変動も大きく，未解明の部分が多い．将来の二酸化炭素濃度をより正確に予測するためには炭素循環のメカニズムをさらに解明する必要がある．〔町田敏暢〕

文　献

1) Tans, P. (2009) Trends in Atmospheric Carbon Dioxide-Global, NOAA/ESRL (www.esrl.noaa.gov/gmd/ccgg/trends/).

オゾン

ozone

5-05

　オゾン（O_3）は3個の酸素原子からなる酸素（O_2）の同素体である．折れ線型の分子構造をもち，強い酸化力と特徴的な刺激臭をもつ物質である．

　地球大気中におけるオゾンは9割が成層圏に存在し，1割が対流圏に存在する．オゾンは紫外領域と赤外領域に強い光吸収帯を有している．このため，成層圏におけるオゾンは生物に有害な紫外線が地表面に届くのを防ぐ役割を果たしており，フロン類によるオゾン層の破壊が問題となっている．一方，対流圏におけるオゾンは赤外線を吸収することで地表面からの放射熱が宇宙へ散逸するのを妨げている．それゆえ，対流圏オゾンは温室効果気体の1つとして地球温暖化に大きく寄与している．また，高濃度のオゾンは人間や植物にとって有害であることが知られている．このように，同じオゾンでも成層圏と対流圏で役割や影響が対照的であることから，成層圏オゾンは「善玉オゾン」，対流圏オゾンは「悪玉オゾン」と呼ばれてきた（図1）．

　成層圏オゾンは基本的に，チャップマン機構と呼ばれる次のような化学反応で生成・消失する．まず酸素分子が太陽からの紫外線（<242 nmの波長）を吸収して光解離し，酸素原子となる．次に酸素原子が酸素分子と結びついてオゾンが生成する．生成されたオゾンは紫外線（<320 nmの波長）により酸素分子と酸素原子に光解離したり，酸素原子と結びついて消失する．成層圏オゾンは地上から約10～50 kmの高度に存在するが，とくに地上20～25 kmの高度でもっとも高濃度となり，この部分がオゾン層と呼ばれる．

　対流圏オゾンは，窒素酸化物と一酸化炭素・メタン・揮発性有機化合物など，オゾン前駆物質が太陽光（<424 nm）を受けて光化学的に生成する．自動車や工場など人間活動が盛んな大都市ではこれらの前駆物質が大量に大気中へ放出されていることからオゾンの生成が大きい．そのため，発展途上国などの排出規制が緩い地域では容易にオゾンが高濃度になり，光化学スモッグとして社会問題になる．光化学スモッグの基準は各国で設けられており，日本では注意報発令レベルとして120 ppbv（nmol・mol^{-1}）が規定されている．

　人類による化石燃料の燃焼などによって放出されるオゾン前駆物質が増加し，産業革命以降における対流圏オゾン濃度は大きく増加してきた．とくに，北半球における増加が顕著であり，対流圏オゾンの放射強制力は二酸化炭素，メタンに次いで3番目に大きいと推定されている．近年では，北米や欧州からのオゾン前駆物質の排出量が漸減している一方，人口増加が著しい東アジア・南アジアからの排出が急増しており，この対流圏オゾン濃度の増加傾向は今後も続くと予想されている．〔谷本浩志〕

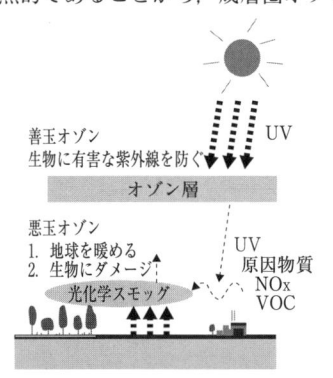

図1　大気中オゾンの高度分布と役割
NOx：窒素酸化物，VOC：揮発性有機化合物．
（口絵10参照）

窒素化合物

nitrogen compounds

地球に存在する窒素の化合物の中で,もっとも存在量が多い物質は大気中の窒素分子(N_2)である.大気中には他の窒素化合物も多種類存在する.それらはN_2の存在量(大気の78.1%を占める)に比較するとごく微量の存在量でしかないが,地球環境の中で重要な役割を果たし,また大気環境の質を左右する物質として重要な存在である.

N_2の次に存在量の多い大気中の窒素化合物は亜酸化窒素(N_2O)で,その存在量は体積混合比で約320 ppb(ppb:parts per billion の略で,10^9分率を表す)である.この値をN_2の存在量と比較すると,約1/250万の量でしかない.N_2Oのこの値は2005年現在の全球平均値であるが,年々0.3%の増加率で上昇し続けている[1].N_2およびN_2Oは化学的に安定で寿命が長く,地域による濃度の変動幅は小さい.これらに次ぐ大気中窒素化合物となると,ガス状物質としては窒素酸化物($NO_x = NO + NO_2$),アンモニア(NH_3),硝酸(HNO_3),有機硝酸エステル類(その代表例は$CH_3C(O)OONO_2$:peroxyacetyl naitrate,略して"PAN"と呼ばれる大気汚染物質である)などがあり,さらに大気中に浮遊する微小な粒子状物質(浮遊粒子状物質,あるいはエアロゾルと呼んだりする)に付着したアンモニウム塩(NH_4^+)や硝酸塩(NO_3^-)などが存在する.しかし,これらは大気中での寿命が短く,場所により大きくその存在量が変化する.これら化合物の存在量はおおむね0.01 ppbのレベルから数ppb程度である.NO_xのように,その発生源近傍(たとえば大都市の道路近傍など)では,その濃度が100 ppbを越すようなこともあるが,全球平均にすると1 ppbかそれ以下である.

N_2およびN_2Oを除く短寿命物質は,大きく分けて2種類に分類することができる.1つは窒素の酸化数が正の値をもつ窒素酸化物系の化合物群,他方は酸化数が負の値をもつアンモニア系の化合物群である.窒素酸化物系化合物群の発生形態はおもにNO(一部NO_2を含む)である.NOの自然発生源として寄与の大きいのが雷放電と土壌からの放出である.一方,産業革命以降人類のエネルギー消費の増加に伴い化石燃料燃焼が盛んになり,その過程で空気中の窒素と酸素から必然的に発生するNO($N_2 + O_2 \rightleftarrows 2NO$:サーマル$NO_x$という)放出の寄与が増加し,バイオマス燃焼も含めた人為的発生源の寄与が全NO_x発生の80%以上を占めるようになった[1].大気中に放出されたNOは大気中で酸化されて,NO_2そしてHNO_3へと変化する.生成するHNO_3は水によく溶け,硝酸として強い酸性を示すため,酸性雨の原因物質の1つとして知られる.また,HNO_3は種々の物質と容易に反応して硝酸塩(MNO_3:固体,Mは金属などの陽イオン)を形成することから粒子上でNO_3^-の形態でも存在することから粒子の重力沈降と共に大気から除去される.これ以外の反応も存在し,亜硝酸(HNO_2),過硝酸($HOONO_2$),N_2O_5なども窒素酸化物系化合物として知られている.NOとして大気中に放出されたのち種々の反応を経て存在形態を変えながら大気中に存在する一群の窒素化合物を総称して,大気化学の分野ではNO_yと呼ぶことが多い.NO_yは英名では"total reactive odd-nitrogen species",和名では総反応性含窒素化合物と呼ぶ.一方,アンモニア系化合物群の出発形態はNH_3であるが,NH_3はNO_xに比較して反応性は低いが水への溶解度が高く,また吸

着性も高いことから，化学変化するより前にNH$_3$の形態で環境中の水に取り込まれたり表面に吸着してNH$_4^+$となり，最終的に大気から除去される．

N$_2$Oは対流圏大気中でほとんど分解せず，また赤外線を吸収することから炭酸ガス，メタンに次いで温室効果能の高い温室効果気体として知られている．NO$_x$は自動車排ガス中に多く含まれ，同じく排ガス中に含まれるガソリン成分である炭化水素類と大気中で太陽光照射下において光化学酸化反応を促進し，光化学スモッグ現象を引き起こす．近年では，経済発展が著しい発展途上国から大量に放出されるこれら大気汚染物質が原因となって全球的に緩やかな光化学スモッグ反応が進行し，地表面大気中のオゾン濃度が地球規模で上昇することが懸念されている．〔坂東　博〕

文　献
1) IPCC（2007）：*Climate Change 2007. The Physical Science Basis*（Solomon, S., et al., Eds.）Cambridge University Press.

5-07 ハロゲン化合物

halogen compounds

地殻に存在するハロゲン類のおよその濃度はフッ素 625 ppm, 塩素 130 ppm, 臭素 2.5 ppm, ヨウ素 0.5 ppm である. 海水中の平均濃度は, 塩素 1.94×10^{10} ng/L, 臭素 6.7×10^{7} ng/L, フッ素 1.3×10^{6} ng/L, ヨウ素 5.8×10^{4} ng/L であり, おもにハロゲン化物イオン(X^-)として存在している. ただし, ヨウ素については IO_3^- と I^- の両形態で存在し, ヨウ素全濃度および $[I^-]/[IO_3^-]$ 比は, 海域・水深によってかなり異なる. 植物プランクトンなどの生物によって作られるヨウ化メチルやブロモホルムなどの有機ハロゲン化合物も海水中に広く分布しているが, その濃度はせいぜい数百 ng/L 以下である. それらは海水中の加水分解やバクテリアによる分解あるいは大気への揮発によって消失する. また, ヨウ素は多くの海藻類に高濃度で蓄積されている.

大気中のハロゲン類はエアロゾルあるいはガス成分として存在する. ハロゲンを含むエアロゾルの大半は海水飛沫に由来する海塩粒子である. 年間に数千 Tg の塩素が海塩粒子として大気中に運ばれるが, 大半は短時間で海洋に戻る. 海塩粒子上では硝酸や硫酸による酸置換反応や酸化反応によって HCl, HBr, Cl_2, HOCl などが生成され, その一部は揮散する.

大気中のガス状ハロゲン化合物は人間活動により 1900 年代後半に大きく増加した. 2004 年時点で対流圏におけるガス状化合物として存在する塩素と臭素のバックグラウンド濃度はそれぞれ 3390 ppt と 21.2 ppt である. このうち自然起源塩素化合物の大部分は塩化メチルで, 全塩素量の 16% を占める. 塩化メチルの最大発生源は熱帯・亜熱帯林の植生であるが, 数万年前にも現在と似た濃度で存在していた. 残りの大半の塩素化合物はフッ素との化合物であるクロロフルオロカーボン類などの人為起源長寿命物質である. HCl などの無機ハロゲン化合物は上述の海塩粒子上の反応のほか, 火山や化石燃料の燃焼によっても発生するが, 対流圏の塩素に占める割合は小さい.

ガス状臭素化合物としては臭化メチルとブロモホルムなどの海洋起源有機臭素化合物が全臭素のそれぞれ 30% と 24% を占め, 残りの大半をハロン類が占める. 臭化メチルの一部とハロン類は人為起源である. 塩素化合物と臭素化合物は成層圏に到達すると, 強力な紫外線によって反応性のハロゲンガス (ClO など) に変わり, 成層圏オゾンを破壊する. そのため, 塩素, 臭素を含む長寿命化合物の排出規制が進み, 1994 年頃からそれらの濃度は減少傾向にある. 一方, それらの代替物質として使われ始めたハイドロクロロフルオロカーボンやハイドロフルオロカーボンの大気中濃度は増加傾向にある. なお, 有機フッ素化合物の多くは強力な温室効果気体である.

大気中のガス状ヨウ素化合物としては, 海洋起源のヨウ化メチルが大部分を占めるが, 光分解性が高いため, 対流圏下層に 0.1～数 ppt レベルの濃度で存在するに過ぎない. また, 一定の条件下で海藻や海表面からヨウ素分子 (I_2) が放出されることも知られている. 〔横内陽子〕

文 献
1) 日本化学会編 (2002) 化学便覧, 第 6 版, 応用化学編 I, 丸善.
2) 国立天文台編 (2009) 理科年表, 2010 年版, 丸善.
3) WMO Report No.50 (2007) Scientific assessment of ozone depletion : 2006.

5-08 光化学反応

photochemical reaction

物質が光を吸収し化学反応が誘起される現象を総称して光化学反応(photochemical reaction)という.すなわち,化学反応に費やされるエネルギー源が光ということである.電磁波の一種である光と相互作用するのは物質を構成する分子であり,光吸収した分子は電子励起状態となる.その後,種々の過程を経て化学反応が開始する.反応のメカニズムに関して整理すると,光化学反応では励起分子が直接反応基質となる光化学初期過程と,この初期過程で生成する中間体の暗反応に由来する二次過程とに大別される.光吸収により生成した励起分子はそのエネルギーを熱や発光として放出し基の基底状態に戻る.その場合は化学変化を伴わない光物理過程と呼ばれている.

励起状態の分子から,①電子移動,②エネルギー移動,③光異性化反応,④転移反応,⑤光乖離反応,⑥光イオン化などが起こるともとの基底状態の分子に戻らないこととなり,光化学反応が進行したことになる.光初期過程は分子の種類や吸収光の波長により異なる.同一分子でも照射する光の波長をエネルギーの大きな短い波長の光へと変化させることにより,乖離反応や光イオン化が支配的になると考えられる.また,分子の置かれている環境にも大きく左右されることがある.液相では溶媒分子による励起状態の緩和(励起分子からエネルギーを奪い失活させる過程)過程が有効に働くことから気相とは異なり励起波長依存性が表れないこともある.

植物が営む光合成も葉緑素がアンテナとなり太陽光エネルギーを捕捉しエネルギー移動や電子移動を起こし化学エネルギーに変換し二酸化炭素と水から有機化合物を合成する反応であり,これらも光化学反応として理解されている.

大気中での化学反応も多くの場合光化学反応と考えられる.地球大気を透過してくる太陽光は上空の酸素やオゾンにより吸収され300 nm以下の紫外光は地表まで届かない.それゆえ,地表近傍の対流圏大気中で光化学初期過程にかかわる重要な分子は,オゾン(O_3),カルボニル化合物,二酸化窒素などに限定される.大気中に存在するためにはある程度蒸気圧が高い必要があるので分子間力が小さな分子に限定されるからである.これらの分子が太陽光を吸収するとOHラジカル,HO_2ラジカル,一重項酸素原子($O(^1D)$)などが生成し,これらが中間体として働き二次過程が進行する.例としてメタン(CH_4)の大気中での光化学反応を紹介する.CH_4は対流圏では太陽紫外線による光分解を起こさないがOHラジカルと反応し最終的には二酸化炭素へと酸化される.大気中でのメタンの光酸化プロセスを以下に示す.

$O_3 + h\nu \rightarrow O(^1D) + O_2$ (1)
$O(^1D) + H_2O \rightarrow 2OH$ (2)
$CH_4 + OH \rightarrow CH_3 + H_2O$ (3)
$CH_3 + O_2 \rightarrow CH_3O_2$ (4)
$CH_3O_2 + NO \rightarrow CH_3O + NO_2$ (5)
$CH_3O + O_2 \rightarrow CH_2O + HO_2$ (6)
$CH_2O + h\nu + O_2 \rightarrow CHO + HO_2$ (7)
$CHO + O_2 \rightarrow CO + HO_2$ (8)
$CH_2O + h\nu \rightarrow CO + H_2$ (9)
$CO + OH + O_2 \rightarrow CO_2 + HO_2$ (10)

〔梶井克純〕

不均一反応

heterogeneous reaction

気相と液相あるいは気相と固相など異なる相が関わる反応を不均一反応という．不均一反応は大気中で重要な役割を果たしている．気体分子は，気液・気固界面の物質移動を経て液相・固相に取り込まれ，反応が起こる．大気中における不均一反応の場として，微粒子（エアロゾル），霧粒，雲粒，雨滴などがある．これらの反応は気相反応に比べて桁違いに速く進行する場合がある．以下，対流圏で重要な不均一反応についていくつか例をあげて解説する．

窒素酸化物の不均一反応　窒素酸化物（$NO_x = NO + NO_2$）は酸化反応により硝酸（HNO_3）に変換される．気相における NO_x から HNO_3 の酸化はヒドロキシラジカル（OH）との反応によるものである．一方，NO_2 の酸化で生成した五酸化二窒素（N_2O_5）がエアロゾル表面において加水分解により HNO_3 を生成する反応は，気相酸化と同程度に重要である（あるいはそれ以上に重要な場合もある）．

生成した HNO_3 は大気中では気体で存在するが，アンモニア（NH_3）が存在すると硝酸アンモニウム（NH_4NO_3）粒子を生成する．この反応は強い温度依存性をもち可逆性がある．また，海塩粒子や鉱物粒子が存在すると，粒子が HNO_3 を取り込んで硝酸塩エアロゾルを生成する．この反応は不可逆的に進行し，NO_x の重要な消失先となる場合がある．

硫黄化合物の不均一反応　二酸化硫黄（SO_2）は，酸化反応によって硫酸塩（SO_4^{2-}）を生成する．SO_2 の気相酸化はOHラジカルとの反応によるものであるが，その反応の時定数は通常1～2週間と長い．一方，霧粒や雲粒で起こる反応はそれに比べてずっと速く進行する．SO_2 は水に溶けると亜硫酸水素イオン（HSO_3^-）を生成する．HSO_3^- は液相に取り込まれた酸化剤（O_3，H_2O_2 など）により硫酸イオン（SO_4^{2-}）に酸化される．このうち，H_2O_2 による酸化はpH依存性が小さく，酸性条件下でも速やかに進行する．そのため，多くの場合は H_2O_2 が主要な酸化剤として働く．

雲粒は移流・対流過程で湿度が下がれば蒸発し，雲粒内の硫酸イオンはエアロゾル化する．このとき生成する硫酸塩エアロゾルは気相で生成するものより粒径が大きい場合があり，液滴モード粒子と呼ばれる．

有機化合物の不均一反応　有機化合物は反応に関わる物質や反応経路がきわめて多く，それらの不均一反応に関する理解は乏しい．近年の興味深い研究の1つとして，有機エアロゾルの酸化過程があげられる．気相のOHラジカルやオゾンがエアロゾル粒子に取り込まれると，粒子内で酸化反応が起こる．とくに，不飽和結合をもつ有機物とオゾンの反応は非常に速く，単純に室内実験データから推定するとこのような有機物は大気中ですぐに消滅してしまう．ところが，大気エアロゾルには不飽和結合をもつ有機物が少なからず存在する．このような事例を含め，有機物の不均一反応のメカニズムを解明することは今後の重要な研究テーマの1つであろう．

〔竹川暢之〕

文　献

1) Robinson, A. L., et al. (2006) Photochemical oxidation and changes in molecular composition of organic aerosol in the regional context, J. Geophys. Res., **111**, D03302, doi:10.1029/2005JD006265.
2) Seinfeld, J. H. and Pandis, S. N. (2006) *Atmospheric Chemistry and Physics: From Air Pollution to Climate Change*, John Wiley.

エアロゾルの組成

chemical composition of aerosols

エアロゾル　エアロゾルとは大気中に浮遊する微小な粒子のことである．大気中の微小粒子は，硫酸ミストや光化学スモッグ，アスベスト粒子やディーゼル排気粒子など身近な環境問題から，地球温暖化，オゾン層破壊，酸性雨などの地球環境問題まで，さまざまなかたちで関心を集めている．エアロゾルの発生源はスモッグや自動車・工場などから出る人間活動に由来するものばかりではない．植物や土壌，海水，火山など自然界から放出されているものも多い．スギなど植物の花粉や，中国から飛んでくる黄砂などもエアロゾルに含まれる．直径が1μm以下の微細な粒子から100μmくらいの粗大粒子まで含まれる．大きさや質量だけでもさまざまな違いがあり，さらに化学的な性質（エアロゾルを構成する化学成分）や物理的な性質（液体の粒か固体の粒か？　形は球状なのか雪のようにきれいな形のものか不定形なものか？など）もさまざまである．したがって，エアロゾルの分析はガス状の物質に比較すると難しく，なかなか十分な研究が行われてこなかった．最近研究が進んで分析法も進歩し，それにつれてエアロゾルが環境中で果たしている役割についてもかなり明らかになってきた．このため，現在ではエアロゾルが関連する分野は非常に多岐にわたっている．

エアロゾルは粉塵（dust），フューム（fume），煙（smoke），ミスト（mist）などとも呼ばれ，また気象用語として使われる霧（fog）やもや（mist）もエアロゾルの範疇に入る．前者は視程＜1km，後者は視程＞1kmの場合に用いられる用語である．また，エアロゾルの粒径で区別すると，直径が1〜100nmの粒子をAitken粒子，0.1〜1μmの粒子を大粒子，1〜100μmの粒子を巨大粒子と呼ぶ．100nm以下の粒子はナノ粒子と呼ばれることも多い．

エアロゾルの化学成分　大気中のエアロゾルは数多くの化学成分によって構成されている．その性状は生成プロセスによっても大きく異なり，大気中を輸送されていく場合には，その間の生成・変質・沈着の各プロセスが関与してさまざまな化学的性状を呈する．

①炭素質エアロゾル：　大気エアロゾル中を構成する主要な成分としては第一に炭素質エアロゾルがあげられる．炭素質エアロゾルは，すすなどに代表される単体の炭素（elemental carbon，通常元素状炭素と訳される）と有機炭素（organic carbon）がある．都市域のエアロゾルでいえば，直径2.5μm以下の粒子では30〜40％をしめている．単体炭素については，その測定法により科学的な分析法で測定されたものを元素状炭素，光学的な方法で測定されたものを黒色炭素（black carbon）と呼ぶことが多い．（BCについては5-13，有機エアロゾルについては5-15に詳細な説明がある）

②イオン成分：　次いで硫酸塩（SO_4^{2-}），硝酸塩（NO_3^-），アンモニウム塩（NH_4^+）などのイオン成分が主要な成分となっている．これらはおもに人間の活動によって放出されるものである．

硫酸塩はおもに石炭燃焼などによって発生する二酸化硫黄（SO_2）が大気中で酸化されて生成する硫酸（H_2SO_4）の粒子，およびそれがアンモニアや他の塩基性成分と反応してできる塩である．SO_2の酸化によって生成する硫酸は揮発性が低く，すぐに凝縮して硫酸の粒子となるため，非常に微細な粒子として生成する．これがアンモ

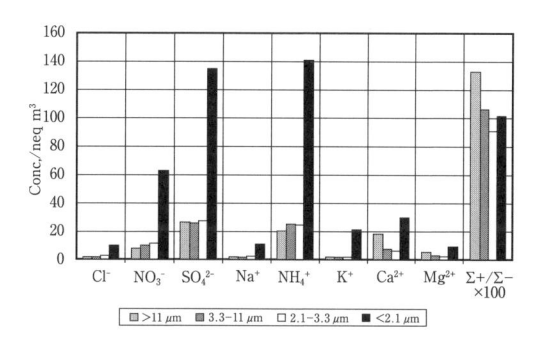

図1 2002年3月19日，大連-青島間でアンダーセンサンプラーによって観測機上で捕集されたエアロゾルに含まれるイオン成分の粒径別濃度[2]

ニアなどと反応して硫酸塩粒子を形成する際にも，微小な粒子として生成することが多い．（硫酸塩粒子については5-14に詳細な説明がある．）

硝酸塩はおもに石油などの燃焼に由来するガス状の窒素酸化物の大気中での光化学反応によって生成する硝酸（HNO_3）が大気中でアンモニアや他の塩基性成分と反応してできる塩である．NOxの光化学酸化反応で生成するHNO_3はガスとして生成する．周りにアンモニアガスが十分に存在すれば素早く反応して硝酸アンモニウム（NH_4NO_3）粒子を生成する．しかしNH_4NO_3は熱的に不安定で，

$$NH_4NO_3 \Leftrightarrow HNO_3 + NH_3$$

のように再び硝酸ガスとアンモニアガスに解離する．発生源から離れたところでは，再度生成した硝酸ガスはおもに周囲に存在する大粒子に吸着される．そのため，長距離輸送の後では硝酸塩粒子は大粒子域に存在することが多い[1]．

これら酸性成分を中和する塩基性成分としては通常アンモニウムの寄与が大きい．図1[2]は大規模発生源近傍の中国渤海湾周辺における航空機観測で得られた結果であるが，アンモニウム濃度が高く硫酸をおおむね中和していることがわかる．中国はSO_2の大規模発生源であり，これが酸化を受けて生成する硫酸の濃度も高くなることが予想されるが，中国東部は同時にアンモニアの大規模発生源でもあるので[3]，大気中で生成する酸性成分はアンモニアによって急速に中和されているものと考えられる．

③微量成分： 上記のような主要成分のほかにエアロゾルにはさまざまな微量成分が含まれる．その中では金属成分の存在が重要である．その中ではPb, Zn, As, V, Sbなどの化石燃料燃焼などに由来する元素と，Al, Fe, Mn, K, Caなど，おもに土壌起源の元素があり，エアロゾルの発生源を知る上で重要な手がかりを与えている．

〔畠山史郎〕

文　献

1) Takiguchi, Y., et al. (2008) Transport and transformation of total reactive nitrogen over the East China Sea. J. Geophys. Res., **113**, D10306, doi:10.1029/2007JD009462.
2) Hatakeyama, S., et al. (2005) Aerial observation of air pollutants and aerosols over Bo Hai, China. Atmos. Environ., **39**(32), 5893-5898, doi:10.1016/j.atmosenv.2005.06.025.
3) Streets, D. G., et al. (2002) An inventory of gaseous and primary aerosol emissions in Asia in the year 2000. J. Geophys. Res., **108**, D21, 8809, doi:10.1029/2002JD003093, 2003.

5-11 黄砂エアロゾル

Asian mineral dust, kosa aerosol

黄砂は，タクラマカン砂漠とその周辺，ゴビ砂漠とその周辺，黄土高原をおもな発生源とする土壌系ダストである．その発生量は年間約8億トンで，その50％が長距離輸送されると推定されている．発生域を越えて長距離輸送されるときの輸送高度は，高度2～6kmのケースが多い．ダスト舞い上がり条件が整えば，黄砂は高度8km以上の対流圏上部まで上昇し強い偏西風に乗る．2007年5月の黄砂は，地球を13日で周回したことが明らかにされている．

中国沿岸部の都市では黄砂観測回数の変動が発生量の増減で直接説明できるが，日本での黄砂観測回数は輸送条件，とくに低層の風向風速に左右される．ゴビ砂漠領域から発生するダスト量および日本に飛来する黄砂量の年々変動に関する推定計算によると，長崎県を通る東経130度の鉛直緯度断面における黄砂輸送量は，大気境界層内で100万～600万トン/年，それより上部の自由対流圏で700万～3300万トン/年である．そして，日本に飛来した黄砂の平均粒径は北海道から九州まで地域によらず3～5μmにあることが多い．

風成塵の堆積層からなる黄土高原の土壌は分類学的にはレス（loess）である．黄砂の鉱物組成はレスの鉱物組成とよく似ており，石英，長石などケイ酸塩鉱物が主で，緑泥石など粘土鉱物，カルサイトなど炭酸塩鉱物，その他硫酸塩や塩化物から成る．ゆえに，Si, Al, Fe, Ca, Mg, K, Naを主成分とし，Ti, Mn, P, V, Cr, Sr, Y, Baなど鉱物由来の微量元素が安定的に含まれている．これら元素に関するAlやFe基準の相対含有量比は，日本で観測する黄砂の事例によらずあまりばらつかない．それに比して，SO_4^{2-}, NO_3^-, F^-などの酸性イオンの相対含有量比は，事例ごとのばらつきが大きく，黄砂粒子表面に付加しやすい化学成分と見なされている．最近では，シュウ酸をはじめとするカルボン酸類も同様に黄砂粒子に付加することが指摘されている．また，微生物が付着した黄砂粒子も見つかっている．

黄砂が日本に飛来するとき，日本列島沿岸に前線が形成されることが多く，降雨を伴う．黄砂混じりの降水はpHが高くなる．黄砂中に重量比で10％前後含まれているカルサイトが降水中の強酸性イオン量に応じて溶け出す中和現象が生じるためである．日本の降水平均pHは，春期間に黄砂によって0.1～0.2程度押し上げられているという推定計算がある．日本に飛来した黄砂中の各元素の水可溶部分の割合は，Mgおよびアルカリ土類元素で10～50％，Al, Fe, Pが0.05～1％程度である．ただし，黄砂に付着する強酸性イオン量が増えると，水可溶部分の割合はさらに高まる．これら黄砂中のミネラル分が，離島の植物生態系維持や外洋でのプランクトン増殖に大いに寄与しているという報告がある．

〔西川雅高〕

文献
1) Uno,I., et al.（2009）Nature Geoscience, DOI:10.1038/NGEO583
2) 岩坂泰信ほか（2009）黄砂，古今書院，342 p.

5-12 海塩エアロゾル

sea-salt aerosol

大気中には海水由来の微粒子が浮遊している．それを海塩エアロゾルもしくは海塩粒子（sea-salt particle）と呼ぶ．地球表面の約7割を占める広大な海洋から放出される海塩は大気エアロゾルの主成分である．海塩エアロゾルは大気中の微量気体を吸収したり，雲核を供給するなど，大気化学反応や気象現象にきわめて重要な役割を果たしている．

物理的特徴　海上風速がおおむね3 $m \cdot s^{-1}$ を超えると波頭が砕けて泡ができる．海表面に浮かぶ泡が弾けると（図1a），泡の膜の破片が空気中に飛び散る（図1b）．その破片をフィルム粒子と呼び，半径はおおむね 0.1〜1 μm である．気泡が弾けるときに，泡の下半分から水柱（ジェット）が立ち上がり水滴が大気中に放出される（図1c）．それをジェット粒子と呼び，半径はおおむね 1〜10 μm である．さらに，海上風速が 10 $m \cdot s^{-1}$ を超え

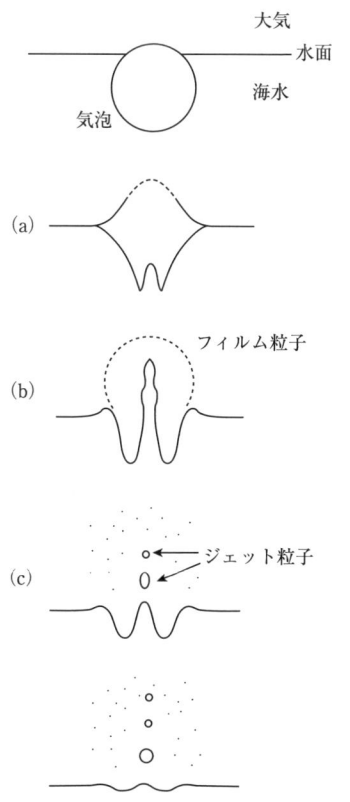

図1

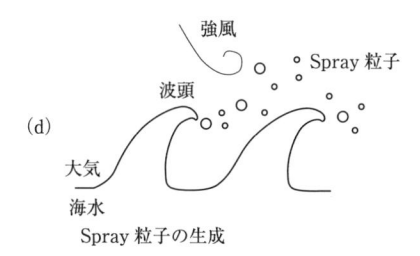

ると，多くの波飛沫（sea-spray）が空気中に巻き上げられる（図1d）．その水滴をSpray（もしくはSpume）粒子と呼び，半径はおおむね10 μm以上である．海上風速が強いほど海塩エアロゾルの発生量は指数関数的に増える[1]．

半径10 μm以上の巨大なエアロゾルはサイズが大きいほど大気から速やかに沈着除去される．一方，半径1 μm以下の海塩エアロゾルの発生量は少ないが，大気中に浮遊する時間が長い．その結果，海塩エアロゾルの重量濃度の粒径分布は半径1～5 μm付近にピークを示す．海洋上で測定された海塩エアロゾルの重量濃度は1～10^3 μg・m^{-3}と大きな幅をもつ[2]．また，地球上で発生する海塩エアロゾルの量は3340 Tg・y^{-1}と見積もられており[3]，総エアロゾル発生量のうちもっとも大きな割合を占める．

化学的特徴 海表面から放出されたばかりの海塩エアロゾルの主要成分（Cl^-, SO_4^{2-}, Na^+, K^+, Mg^{2+}, Ca^{2+}）の組成比は海水の塩分組成比に等しい．大気中の水溶性ナトリウム（Na^+）の大部分が海塩に由来するため，通常，Na^+が海塩エアロゾルの指標成分として用いられる．

酸性物質との反応 汚染大気中には硝酸（HNO_3）や硫酸（H_2SO_4）などの多くの酸性物質が含まれる．汚染大気中に海塩エアロゾルが存在すると，以下のような化学反応が起こる．

$NaCl + HNO_3 \rightarrow NaNO_3 + HCl$

$2NaCl + H_2SO_4 \rightarrow Na_2SO_4 + 2HCl$

反応生成物である塩化水素（HCl）は海塩エアロゾルから大気中に出てしまう．海塩エアロゾルに含まれていたCl^-が損失するので，これを「塩化物（もしくは，塩素）損失」（chloride (or chlorine) loss）反応と呼ぶ．汚染レベルの高い大気では海塩エアロゾル中のCl^-の多くが失われてしまうこともある[4]．

地球の放射収支に対する影響 個数濃度で比較すると1 μm以下に大部分の海塩エアロゾルが存在するので，おもに微小粒子の海塩エアロゾルが放射影響に寄与する．海塩エアロゾルが太陽光を散乱する直接的な影響，吸湿性の高い海塩エアロゾルが雲核として働き太陽光を散乱する間接的な影響の両方がある．陸起源エアロゾルの少ない清浄な海洋大気では，海洋エアロゾル（海塩エアロゾルと海洋生物起源エアロゾル）の放射影響が相対的に強い．また，海洋大気において，海塩エアロゾルと海洋生物起源エアロゾルによる放射影響への寄与を比較評価することが大事である．

〔大木淳之〕

文　献

1) Fitzgerald, J. W. (1991) Marine aerosols: A review. Atmos. Environ., **25**A, 533-545.
2) Lewis, E. R. and Schwartz, S. E. (2004) Sea salt aerosol production: Mechanisms, methods, measurements and models-A critical review. *Geophysical Monograph 152*, American Geophysical Union. pp. 130.
3) IPCC (2001) *Climate Change 2001 : The Scientific Basis*, Cambridge University Press. pp. 297.
4) Shimohara, T., et al. (2001) Characterization of atmospheric air pollutants at two sites in northern Kyushu, Japan-chemical form, and chemical reaction. Atmos. Environ., **35**, 667-681.

5-13 ブラックカーボン

black carbon

　大気エアロゾル中に存在する光吸収性の強い粒子は，日常語では煤（soot）と呼ばれ，工場の排煙やディーゼル車排気ガスの黒煙の主体としてお馴染みのものである．化石燃料やバイオマスの不完全燃焼により生成し，主としてサブミクロン（1 μm以下）に粒径をもつ．煤は言葉としては日常的である一方，単位を質量（g）を測ることができる「物質」としての見方と，単位を光吸収断面積（m^2）として測ることができる光吸収の「性質」としての見方の両面性があり，それが用語の使用者にも測定者にも明確に認識されていない場合が多いため，用語・測定法が乱立し，やや収拾が付かなくなっている状況にある．

　大気汚染の研究者は古くからこの物質を元素状炭素（elemental carbon：EC）と呼んで，化学分析（多くは熱分離分析）により濃度を定量しようとしてきた．一方，その光吸収性から，おもに1980年代以降には，大気物理または気象研究者によって黒色炭素（black carbon：BC）粒子と呼ばれることが多くなった．BCは太陽放射を吸収することで，大気中に漂った状態で正の放射強制力をもち，雪氷面に落ちるとその光反射率（albedo）を下げ，さらにその融解を早めて雪氷面積を縮めることでも正の放射強制力をもつ．これは，ほとんどの種類の大気エアロゾルは負の放射強制力をもつ点に対して際立った特徴である．このため，1990年代後半以降になると，エアロゾル-気候モデル研究者はBCを全球モデルに取り込みはじめた．この結果はIPCC報告に直ちに反映され，第2次評価書（1995）からfossil fuel（化石燃料起源）sootが気候変化の要因として入り，第3次評価書（2001）からはfossil fuel black carbonの表記となった．以上の経緯から，BCと呼ばれる場合の測定方法は主として光吸収を用いたものであり，その物質が何であるか，あるいは化学形態がどうであるかについては，大気物理研究者やエアロゾル-気候モデル研究者には「興味の対象外」であった．

　BCとしての測定とは，具体的には光吸収断面積をどのように測るかである．古くから用いられてきた方法は，エアロゾルを繊維状または多孔・平板状のフィルターに吸引捕集することでエアロゾルの分布空間を2次元（もしくは厚みの薄い3次元）に圧縮し，比較的狭い間隔に設置した光源とセンサーの間に置くという単純なものである．このとき，捕集フィルターの後方にオパール・ガラスを配したり，捕集用の繊維状フィルターそのものを等方散乱の媒体とすることで粒子の前方～側方散乱光を積分し，散乱光をセンサー側に戻す手法が取られる．これを integrating plate 法（IP法）と呼び，これまで報告されてきた多くのBC測定で採用されている．IP法に基づいた連続測定器には Particle/Soot Absorption Photometer（PSAP, Radiance Research），Aethalometer（Magee Scientific），Multiple Angle Absorption Photometer（MAAP, Thermo）などがあるが，このうち，PSAPのみが光吸収係数（m^{-1}）≡単位体積中に浮遊する粒子による光吸収断面積（$m^2 \cdot m^{-3}$）を出力し，他の機器はBC濃度（$g \cdot m^{-3}$）を出力する．ところが，物質の濃度として出力するためには，測定された光吸収係数を"別の何らかの方法"で測定した物質濃度で値付けしてやる必要がある．実は，この"別の何らか方法"としてきちんとしたものがあるわけではなく，多くの場合，もともとは別の文化に属する概念であるEC（正確には熱-光

学補正 EC）が使われてきた．

　つまり，BC に対して「濃度」という表現を使う際には，興味の対象外であったはずの EC に類する概念が無意識のうちに潜り込んできている．しかし，EC はその分析手順や光学補正の方法≡プロトコルによって大きく測定値の変化する分析法依存の概念であり，ある1つの大気エアロゾル・サンプルに対して各プロトコルに対応した複数の EC の測定値が存在しうる．したがって，どの IP 類似測定器によって得られた BC 濃度がもっとも正しいのか，といった議論は空しい．フィルター捕集による測定法が問題なのだ，と主張する人もいる．確かに，IP 類似測定法はフィルター繊維および付着した粒子の多重散乱により，粒子の光吸収が過大に評価されるという問題を内在している．しかし，質量に焼き直す際の"何と比較して"という問題は，浮いた状態で BC 濃度を測定するとい う高価な機器でも基本的には変わらない．

　この問題は，エアロゾル–気候モデルによる数値計算によって気候変動の問題を議論する際のベースとなる発生源データ（emission inventory）の信頼性に直に関わってくる．ある発生源種別からの BC 発生源単位（$g \cdot kg^{-1}$）やある地域からの BC 発生フラックス（$g \cdot m^{-2} \cdot sec^{-1}$）として推計された値の元となった測定データが，一体どのように得られたのか（何らかの IP 類似法で測定されたのか，あるいは何らかのプロトコルによる EC として測定されたのか）について，精査されているとは言い難い状況である．あるいは，この状況に対する1つの極端な解決策は，マス（g）という概念を捨ててしまうことかもしれない．発生原単位を質量ではなく光吸収係数としてしまうという考えである．

〔兼保直樹〕

硫酸塩エアロゾル

sulfate aerosols

エアロゾル粒子中には，海水の飛沫に由来する硫酸塩（X_2SO_4：X は Na，NH_4 など）だけでなく，非海塩性の硫酸塩が普遍的に存在する．このことは，自然および産業活動を通じて，大気に硫黄化合物が放出されていることを示している．

自然起源の硫黄化合物には，硫化ジメチル（DMS，CH_3SCH_3：$16～46×10^{12}$ gS/年），火山の噴煙・噴気に含まれる二酸化硫黄（SO_2：静穏時 $8～11×10^{12}$ gS/年），硫化水素（H_2S：$1～5×10^{12}$ gS/年），硫化カルボニル（OCS：$0.4×10^{12}$ gS/年），二硫化炭素（CS_2：$0.2×10^{12}$ gS/年）などがある．硫化カルボニルは CS_2 の酸化によっても生成し，その生成量は OCS としての発生量に匹敵すると推定されている．また，CS_2 は人為的にも年間 $0.3×10^{12}$ gS 排出されている．エアロゾル粒子中の非海塩性硫酸塩は，海洋では藻類から発生する DMS の酸化によって生成され，陸域では産業活動からの SO_2，土壌や植生から発生する DMS，嫌気性細菌が生成する H_2S，火山活動からの SO_2 に由来する．なお，人為源からの硫黄化合物の排出量は，硫黄換算で年間 $80×10^{12}$ g と見積もられている．

対流圏では，DMS，H_2S，CS_2 はおもに OH と反応して SO_2 を生成する．その後，SO_2 は液相・気相反応を経て，最終的に H_2SO_4 に変換される．液相中での SO_2 の酸化速度は気相反応による酸化速度よりも速く，SO_2 の酸化の約 70% が液相反応に起因すると推定される．二酸化硫黄が既存エアロゾル粒子や霧粒・雲粒に取り込まれて酸化された後，霧粒・雲粒から水蒸気が蒸発すると，硫酸塩を含むエアロゾル粒子が再生することになる．気相反応では，SO_2 はおもに OH と反応し，生成された H_2SO_4 蒸気は，飽和蒸気圧が低いので大部分が既存粒子上に凝結する．また，H_2SO_4 蒸気が他成分とともに凝集し，エアロゾル粒子を新たに生成する場合もある．対流圏での OH との反応による OCS の消滅量はわずかであり，植生や土壌への吸収が OCS の主要な消滅過程と考えられる．成層圏に到達できる OCS は，放出された OCS の 10% 程度と推定され，これが火山活動静穏期の成層圏における硫酸塩を含むエアロゾル粒子の先駆物質である．

エアロゾル粒子中の H_2SO_4 はおもに，陸上では NH_3，海上では NH_3 や Na によって中和され，硫酸塩として存在している．しかし，対流圏内でのエアロゾル粒子の平均滞留時間が数日，SO_2 のそれは 1 日以内であることから，陸域植生や人為的な汚染の影響が少ない外洋域，南極大陸とその周辺海域，対流圏上部や成層圏では，エアロゾル粒子中の H_2SO_4 は中和されずに，H_2SO_4 として存在している場合がある．

硫酸塩は太陽放射を吸収しないため，産業活動が活発な地域において硫酸塩を主成分とするエアロゾル粒子の個数濃度が増加した場合，太陽放射の散乱が強まり，大気と地表が冷却されると考えられる．また，雲粒の個数濃度の増加に伴い雲粒の粒径が減少することで，降水機構にも変化が生じる可能性がある．その他，硫酸塩は疎水性粒子（たとえば，ブラックカーボン）の粒子表面に凝結して粒子表面を親水性に変化させ，疎水性粒子に雲の凝結核としての機能をもたせる働きがある．エアロゾル粒子に含まれる硫酸塩の先駆物質に関する発生機構と硫酸塩の生成機構，硫酸塩を含むエアロゾル粒子の光学特性や吸湿特性を明らかにすることは，気候変動を予測する上で重要な研究課題である． 〔古賀聖治〕

5-15

有機エアロゾル

organic aerosol

　大気中には，有機物が微粒子として存在する．直径 1 μm 未満の粒子では，有機物が 20〜70% 含まれる．有機物を濃縮した微粒子を有機エアロゾルと呼ぶ．エアロゾル中の有機物は数千種類の化合物からなるが，炭化水素や脂肪酸など有機溶媒に可溶な成分とジカルボン酸など水溶性の成分に大別できる．前者は炭素数が 15 以上であるのに対して，後者では炭素数が 10 以下のことが多く複数の官能基（カルボキシル基，水酸基，アルデヒド基など）をもつ．図 1 に，大気エアロゾル中に存在する代表的な有機化合物を示す．炭化水素，脂肪酸，多環芳香族炭化水素などは陸上植物・土壌・海洋生物あるいは化石燃料の燃焼など発生源から大気中に直接放出される．一方，水溶性有機物は大部分が大気中の反応により二次的に生成される．とくに，シュウ酸など低分子ジカルボン酸は大気エアロゾル粒子を構成する主要な有機化合物である．それらは極性が高く水溶性であることから凝結核・氷晶核として水蒸気の凝結と雲の形成に関与し，太陽光を反射するなど気候変動に重要な役割を果たす．

　一般に，陸上大気中の有機物濃度は海洋大気中のそれに比べて数倍から数十倍高い．その理由は，有機エアロゾルとその前駆体が陸上植物，土壌，化石燃料の燃焼による汚染性有機物の排出など陸上に重要な発生源をもっているからである．一方，海洋では植物プランクトンなどによって生産された有機物が海洋表面膜に濃集しており，これらが波の作用より泡がはじけることで大気中に放出される．

　これまで，シュウ酸を主成分とするジカルボン酸の起源については化石燃焼やバイオマスの燃焼過程からの一次生成に加えて，人為起源の芳香族炭化水素，生物起源の揮発性有機物，植物起源の不飽和脂肪酸などの光化学的酸化反応による二次的生成

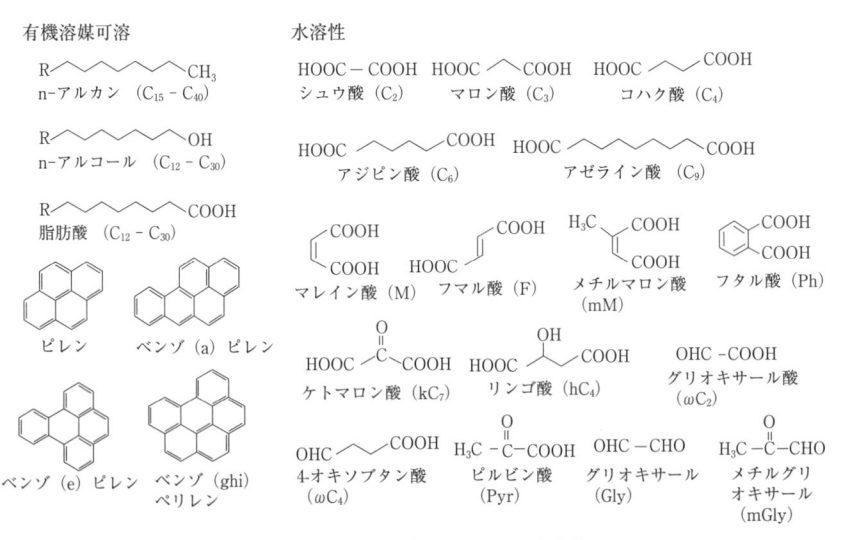

図 1　大気エアロゾル中に存在する代表的有機物

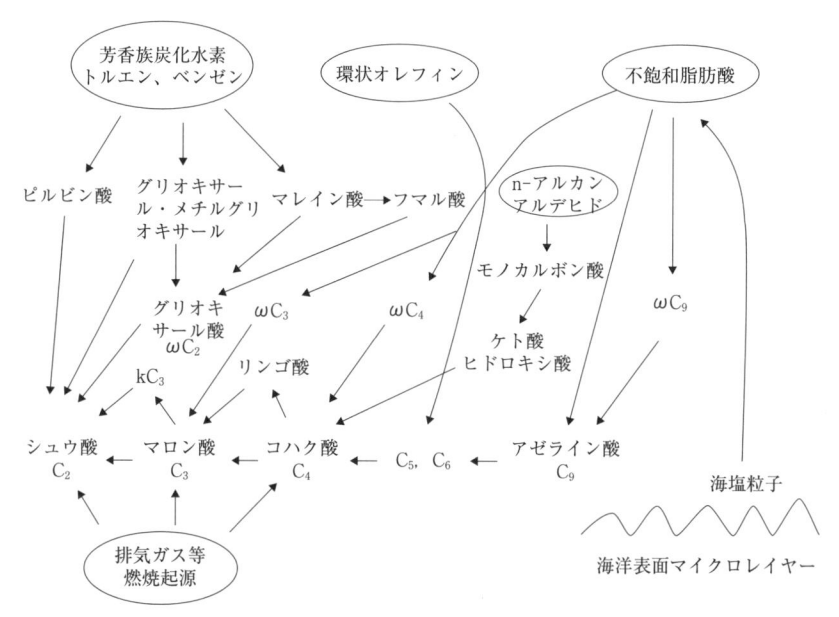

図2 大気中のジカルボン酸の起源と生成メカニズム

が提案されている．ジカルボン酸の光化学的生成には大きく分けて2種類の前駆体がある．第一は，芳香族炭化水素（ベンゼン，トルエン，ナフタレンなど）や環状オレフィンなどの揮発性・半揮発性炭化水素である．これらはすべて二重結合をもっており，オゾン，OHラジカルと気相中で反応し，ピルビン酸，グリオキサール，グリオキサール酸，マレイン酸などの中間体を経てシュウ酸を生成する．第二は，不飽和脂肪酸など陸上植物や海洋生物に由来する有機物である．不飽和脂肪酸の酸化によって，アゼライン酸（C_9）などジカルボン酸を生成しそれらはさらにシュウ酸（C_2）へと酸化を受ける（図2）．

最近の研究では，シュウ酸の生成機構には雲やエアロゾル中での液相反応（エアロゾルは水分を数十％含んでおり液滴と考えることができる）が重要であると考えられている．そこでは，グリオキサールの水和反応と引き続いて起こるOHラジカルによるアルデヒド基の酸化によってグリオキサール酸（ωC_2）やシュウ酸が生成する（図2）．

最近の森林観測から，グリコールアルデヒド，ヒドロキシアセトン，2-メチルテトロールなどイソプレンの酸化生成物がエアロゾル相に高い濃度で存在することが明らかになった．イソプレンは植物から放出される揮発性有機化合物（VOC）のうちで放出量がもっとも大きな成分であるが，従来，エアロゾル生成にほとんど寄与しないと考えられてきた．しかし，こうした研究を契機にイソプレンの重要性が見直されてきており，イソプレンはモノテルペンと同様に有機エアロゾルの重要な前駆体として考えられている．　　　　〔河村公隆〕

5-16 大気エアロゾルの生成・除去

production and removal of atmospheric aerosols

大気中のエアロゾルの濃度や滞留時間は，エアロゾルの大気への放出量と大気からの除去量，それらのバランスで決まる．それゆえ生成・除去過程の理解は，大気エアロゾルのライフサイクルや地球環境システムへの影響を定量的に評価・推定するうえで非常に重要である．

生成過程 発生源から大気に直接放出されるエアロゾルは一次粒子（primary aerosol）と呼ばれ，大気中の前駆気体が化学的に変質し二次的に粒子化したエアロゾルは二次粒子（secondary aerosol）と呼ばれる．一次粒子は，気泡の破裂や風などの機械的・物理的作用によって固体粒子や液滴が地表・海洋表面から大気へ放出されたり，燃焼時に生成される高温ガス状物質が大気に放出される前に粒子化するなどして生成される．黄砂・海塩・ブラックカーボン・生物エアロゾルは典型的な一次粒子である．二次粒子には，化石燃料燃焼・森林火災・植物などから放出される有機ガスが大気中で酸化され固体状に変質した二次有機エアロゾル（secondary organic aerosol）や，火山噴火・化石燃料燃焼・海洋微生物から放出された硫黄化合物ガスが大気中で酸化され生成する硫酸エアロゾルなどがある．二次粒子物質はおもに既存の粒子に凝縮するが，新たなエアロゾルを生成することもある（新粒子生成）．とくに，硫酸分子は水・アンモニア分子と会合体を形成すると安定化されるため，粒径 $3～10$ nm の微小エアロゾルにまで成長することがある（nucleation）．実際の大気エアロゾルは，これらの二次粒子物質の凝縮や粒子の凝集などにより多様な化学物質と混合されている場合が多い．

大気からの除去過程 除去過程を大別すると，①降水や降雪による湿性沈着（wet deposition），②乱流や重力沈降によって地表や海表面に粒子が接触する乾性沈着（dry deposition）とになる．エアロゾルの雲粒子・氷晶・霧粒子などの巨大粒子（粒径 $10～30$ μm）への成長とそれに続く沈着は湿性沈着と扱われ，また他のエアロゾルへの凝集は乾性沈着と扱われる．乾性沈着は絶えず生じているが，湿性沈着は散発的な降雨・降雪で発生するため，大気エアロゾルの不均一な地理的分布・時間変動を引き起こす．除去効率は，除去過程，エアロゾルの粒径・化学組成，地理的条件，気象条件，高度，沈着する表面の状態・特性などによって大きく変わるが，Jaenicke[1]によると大気エアロゾルの平均大気滞留時間（τ）は粒径 $0.1～1$ μm で最も長く（τ～7日），降雨による湿性沈着が主要な除去過程であり，粒径 1 μm 以上では，重力沈降による乾性沈着での除去が支配的となり，τ は粒径増加とともに減少する（粒径 5, 10, 30 μm でそれぞれ τ～5, 2, 0.4 日）．粒径 0.1 μm 以下では，ブラウン運動による他のエアロゾルへの凝集が主要な除去過程となる（粒径 0.01, 0.03 μm でそれぞれ τ～0.3, 2 日）．成層圏では降雨がなく重力沈降による乾性沈着が主要な除去過程となるため粒子の除去速度は小さく，$\tau=1～2$ 年にもなる．

〔古谷浩志〕

文 献
1) Jaenicke, R. (1988) *Aerosol physics and chemistry, in Zahlenwerte und funktionen aus Naturwissenschaften und Technik* (G. Fisher, ed.), Springer-Verlag.
2) Seinfeld, J.H. and Pandis, S.N. (2006) *Atmospheric chemistry and physics: From air pollution to climate change*, 2nd ed., John Wiley and Sons.

酸性雨・酸性霧

acid rain, acid fog

雲粒には，さまざまな化学物質が含まれている．雲粒がつくられる際に核となったエアロゾルはもちろん，水に溶けやすい気体成分も取り込まれる．雲内において雲粒に化学物質が取り込まれる過程は，雲内洗浄あるいはレインアウトなどと呼ばれる．雲粒は大きくなると雨滴となって落下するが，その際にも気体やエアロゾル成分が取り込まれる．雨滴の落下過程における取り込みは，雲底下洗浄あるいはウォッシュアウトなどと呼ばれる．

多くの場合，降水は酸性を示す．たとえば，日本の降水の平均pHはおよそ4.7と報告されている．降水の酸性度を議論する上で重要な気体成分が，二酸化炭素（CO_2）である．雨滴のpHは，大気中CO_2との平衡だけを考えると，およそ5.6である．しかし大気中には，火山活動や雷放電，生物活動などに由来する硫黄酸化物や窒素酸化物（NOx），これらが酸化されて生じる硫酸や硝酸などの酸性物質が存在する．これら酸性物質が取り込まれ，降水のpHはさらに下がる．どの程度酸性になるかは場所や季節により異なるが，たとえば米国のNAPAP（National Acid Precipitation Assessment Program）では，米国東部森林地帯での人間活動の影響を受けない降水のpHを，5.0と見積もっている．

化石燃料の燃焼などの人間活動は，大気中の酸性物質を増加させ，降水の酸性を強めている．一般にはpHが5.6以下の雨を「酸性雨」と呼ぶことが多い．しかし上述したように，自然の営みによっても硫酸や硝酸などの酸性物質が生じ降水の酸性を強めていることから，pHだけで人間活動の影響を議論することは難しい．pHによる定義よりも，人為的な影響によって酸性が強くなる大気汚染現象を指す概念として，「酸性雨」を捉えるべきである．

なお，地表付近に発生する霧が雲粒と同様の過程により酸性化されていることがあり，これは「酸性霧」と呼ばれる．酸性霧は酸性雨に比べ，多くの場合，化学物質を高濃度に含み，酸性が強い．

酸性物質・塩基性物質とその発生源

降水の酸性化を議論する上で重要な酸性物質として，強酸である硫酸，硝酸，塩酸，弱酸である炭酸，ギ酸，酢酸などがあげられる．中でも硫酸と硝酸は酸性化への影響が大きい．一方，これら酸性物質を中和する塩基性物質としては，弱塩基であるアンモニアが代表的である．降水中の硫酸イオン（SO_4^{2-}），硝酸イオン（NO_3^-），アンモニウムイオン（NH_4^+）が注目されるのはこのためである．このほか，カルシウムイオン（Ca^{2+}）もしばしば注目される．降水中のCa^{2+}は炭酸カルシウムなどの解離により生じるが，その際，酸性を弱める働きをもつからである．

降水中のSO_4^{2-}のおもな発生源には，自然発生源として海水飛沫（海塩），生物活動，火山活動，人為発生源として化石燃料の燃焼がある．自然発生源の中で海水飛沫の寄与は大きいが，その中で硫酸塩は中性塩として存在し，降水の酸性化には寄与しないと考えることができる．そこで，海水飛沫由来のものを除いた非海塩起源SO_4^{2-}（nss-SO_4^{2-}）が注目される．nss-SO_4^{2-}の発生源を考えると，自然発生源では海洋プランクトンが生成する硫化ジメチル（DMS）がもっとも大きい．このほかにも，湿地や土壌での生物活動から硫化水素などさまざまな硫黄化合物が放出される．また，火山活動はおもに二酸化硫黄（SO_2）を放出する．これらの硫黄化合物は大気中で酸化され最終的に硫酸となる．一方，化石燃料の

燃焼からも SO_2 が放出される．その量は nss-SO_4^{2-} への寄与を考えれば自然発生源を大きく上回ると見積もられ，とくに都市部やその周辺での影響が大きい．

硝酸は NOx の酸化に由来する．NOx も自然発生源と人為発生源をもつが，全球的には化石燃料の燃焼の寄与が大きい．その他，土壌からの放出，森林火災などのバイオマス燃焼や雷放電による生成などもある．都市部やその周辺では化石燃料の燃焼，とくに自動車排ガスの影響が大きい．

アンモニアの発生源も，全球的には約3分の2が畜産や施肥などの人為的なものと見積もられている．残りは植生や海洋などの自然発生源である．降水中の Ca^{2+} は土壌・鉱物粒子からもたらされるほか，一部は海塩にも由来する．近年の研究から，黄砂粒子が日本の降水の酸性化を抑えていることが指摘されている．

湿性沈着と乾性沈着　降水中にはさまざまな酸性物質と塩基性物質が存在し，両者のバランスでpHが決まる．したがって，人間活動に由来する汚染物質を豊富に含んでいても，それがpHに現れない場合もある．酸性雨の議論においてpHは注目されるが，降水中の化学物質の濃度と地表へ降下する量こそが重要である．

大気中の化学物質が降水とともに地表に降下することを湿性沈着，その降下量を湿性沈着量と呼ぶ．一方，拡散や重力などによりガスやエアロゾルのまま地表に降下するものもある．このような降水によらない降下は乾性沈着，その降下量は乾性沈着量と呼ばれる．酸性物質の地表への降下量に占める乾性沈着の割合は大きい．酸性物質の環境影響を議論するには，乾性沈着と湿性沈着をあわせた「酸性沈着物（あるいは酸性降下物）」を考える必要がある．

酸性沈着物の環境影響　酸性沈着物の環境影響としては，土壌の酸性化，森林衰退，湖沼の酸性化と水生生物の被害，建造物の劣化，呼吸器疾患に代表される人体被害などが報告されてきた．この中でもとりわけ森林衰退への影響が注目されてきた．

酸性沈着物の森林への影響は，酸性沈着物に樹木がさらされることにより植物体に被害が現れる直接的影響と，酸性沈着物が土壌の酸性化や窒素飽和などを引き起こすことによる間接的影響とに大別される．直接的影響に関しては，たとえば酸性雨の暴露により，針葉樹の多くの樹種でpH 2，広葉樹ではpH 3 程度で可視障害が現れるとの報告がある．これほど低いpHの雨が観測されることは稀だが，霧についてはpH 3 前後が頻繁に観測される地域もある．

酸性沈着物により土壌が酸性化すると，植物に有害なアルミニウムイオンが溶出し，一方で生育に必要な Ca^{2+} やマグネシウムイオンは溶脱し失われると考えられている．さらに，土壌中の生物活動が減衰し，植物の生長に悪影響を与えるとの指摘もある．なお，NH_4^+ も土壌中で硝化により NO_3^- に酸化される過程で土壌の酸性化を引き起こす．NO_3^- や NH_4^+ といった窒素成分の過剰な負荷は，土壌酸性化のほかにも，渓流水などの水質汚濁，植物の生長阻害など窒素飽和とよばれる諸問題を引き起こすと考えられている．これらの影響は，長い時間をかけて現れると考えられている．さらに，他の大気汚染物質や気象因子，病害虫などとの複合影響として現れる可能性も指摘されている．

酸性沈着物の問題は，酸性霧のように局地的な現象もあるが，多くの場合広域的な現象として捉える必要がある．原因物質が長距離輸送され，さらに輸送中に酸性物質の生成や降水の酸性化が進行するからである．酸性雨は，米国からカナダへ，あるいは東欧・中欧地域から北欧諸国へと運ばれる，越境汚染の問題として注目されてきた．近年では東アジア諸国から日本への越境汚染も懸念されている．　　〔松本　潔〕

5-18 大気の放射能

atmospheric radioactivity

自然界にはエネルギー的に不安定で粒子や電磁波（放射線）を放出して壊れる（放射壊変する）原子核がある．この原子核が壊れる現象を放射能と呼び，転じて放射性物質全般を放射能と呼称している．原子核の種類を核種と呼び，陽子数 (p)，中性子数 (n)，エネルギー状態により区分するが，放射壊変する核種が放射性核種，壊変しない核種が安定核種である．陽子数の違いで元素の種類が決まるため，核種は ^{14}C や ^{99m}Tc のように表記される．元素記号左肩の数字は原子核に含まれる全粒子数 ($p+n$) であり，エネルギー状態が異なる場合は記号 m などで示す．

大気中にもさまざまな種類の放射性核種が存在しているが，核種によって，おもな発生源，発生領域が異なる．代表的な核種としては，①太陽系形成時から存在している ^{238}U，^{232}Th のおのおのの子孫核種で希ガスの仲間である ^{222}Rn，^{220}Rn とさらに Pb に至るまでの子孫核種（系列核種），②大気上層部で宇宙線と大気の原子との衝突・核反応によって生ずる ^{3}H，^{7}Be，^{14}C などの宇宙線生成核種がある．これらに加えて，③人為活動によって大量に生成し，大気中へ放出された ^{85}Kr，^{90}Sr，^{137}Cs，^{239}Pu，^{240}Pu などの人工放射性核種も存在している（^{85}Kr を除き相対的に大気中には微量となっている）．人工放射性核種は，おもに 1950 年代後半〜1960 年代前半に大気圏内核実験で全球に撒布されたほか，1986 年のチェルノブイリ事故でも北半球が汚染された．放出量は，核種により異なるが核実験の方がチェルノブイリ事故の数十〜数百倍多い．たとえば，核実験起源の ^{137}Cs は 1000 PBq 前後だが，チェルノブイリ事故起源の ^{137}Cs はその 1/10 以下と見積もられる．放出核種の組成は，核事故に比べ核実験では相対的に短半減期の核種に富む．エアロゾル態の放射性核種は，放出後数カ月〜数年でほとんどの量が大気から除去される．現在では発電用原子炉や核燃料再処理施設が人工放射性核種のおもな放出源であり，気体状の ^{3}H，^{14}C，さらに ^{85}Kr などが放出されている．なお，放射能の単位 Bq（ベクレル）は，1 秒間に放射壊変する原子個数であり，放射線のエネルギーとは無関係である．したがって，同じ数量の核種が大気中にあっても，それによる放射線量 (Gy；グレイ)，被ばく線量 (Sv；シーベルト) は核種ごとに異なる．

放射能は原子核の性質であり，放射能を有する原子核が環境中で特別な挙動をとることはない．陽子数が同じ原子核は，化学的性質も同じであり，ほぼ同一の反応性を示す（ただし，同位体効果がある）．このような性質を活用し，大気中の放射能は，同じ挙動をとる研究対象物質の起源（発生），輸送，拡散，沈着などのトレーサーとして用いられる．放射線はヒトの五感では感知できないが，微量分析手法が発展する以前から計測が可能であったため，1950 年代からトレーサーとしての利用が進められてきた．たとえば，北半球と南半球大気の交換過程，対流圏と成層圏大気の交換過程，大気拡散過程，エアロゾルの滞留時間などの研究に有効に用いられた．

現在でもその活用は推進されており，世界気象機関が行っている温室効果気体，エアロゾル，オゾン，酸性物質などの監視計画である全球大気監視計画プログラム (Global Atmosphere Watch:GAW と略称) では，その発生過程と時間当たりの発生量，インベントリー（賦存量），除去過程と時間当たりの除去量が比較的よくわかっている ^{85}Kr，^{222}Rn，^{7}Be や ^{210}Pb のト

レーザー利用を推奨している．前二者は希ガスで，天気予報に用いられる数値計算モデルを発展させた大気大循環モデル（気候変動予測に使われる）での大気輸送と拡散過程の検証に適している．後二者はエアロゾル態で，大循環モデルに化学物質の変化を組み込んだ化学輸送モデルでのエアロゾルの輸送と降水による除去過程の検証に適している．

　大気中の放射能は，宇宙線と並んで大気イオンの生成（電離）に役割を果たし，大気の電気伝導度を左右している．下部対流圏でイオン生成にもっとも寄与するのは^{222}Rnで，氷で覆われていない地表面から平均して毎秒約1個/cm^{2}の割合で放出されている．海からはこの約1/100程度の量しか放出されないため，^{222}Rnは大陸空気塊のトレーサーとして利用される．自然放射線による人体の被ばく線量の約1/2は^{222}Rnおよび^{220}Rnとその子孫核種が占めており，呼吸器への沈着により起こる（内部被ばく）．これらの核種の多くが，生物影響の大きいα線を放出するためである．このほか，^{222}Rnの子孫核種はエアロゾル態となるため，降雨や降雪があると雨滴や雪片に取り込まれて地表に降下し，その際に地表面に落ちた子孫核種が放出するγ線により，空間γ線線量率の増加が引き起こされることが知られている．

　気候との関連では，二次粒子生成（大気中のラジカル反応で前駆気体が酸化されて蒸気圧の低い物質となりエアロゾルとなる）との関わりが興味をもたれる．放射線で生成する大気イオンは，酸化生成したエアロゾルを構成する物質の蒸気（たとえば，SO$_2$→硫酸）がクラスターとなるのを容易にして，二次粒子生成を促進する役割を果たしているらしい．

　2011年3月11日に東北地方沿岸で発生した大震災とそれに続く津波により福島第一原子力発電所で深刻な事故が発生し，大量の人工放射性核種が環境中に放出された．大気への放出量はチェルノブイリ事故の数分の1以下と推定されるが，人工放射性核種のプリュームは大気中を輸送拡散され地表面に沈着し，福島県のみならず東北地方や関東地方において空間線量率の上昇，人体の被ばくと表土，飲料水，作物などの汚染をもたらした．また，放出量が大きいため，放射性核種のプリュームははるか長距離輸送されて北半球を周回し，米国，欧州でも大気や降水に検出されただけでなく，海洋表面水の人工放射性核種の濃度上昇も引き起こした．福島事故による汚染はわが国の地球科学，環境科学が総力で取り組むべき緊急の課題であり，同時に，点発生源からのガス，エアロゾルの発生・輸送・拡散・除去過程のプロセス理解やモデル研究の試金石と言える．

〔五十嵐康人〕

5-19 大気への物質放出

emissions of chemical species into the atmosphere

さまざまな人間活動や自然活動によって，大気中に物質が放出される．人間活動による代表的な放出源としては，火力発電所，工場，自動車などによる石炭や石油といった化石燃料の燃焼，家庭における薪炭や稲わらなどのバイオ燃料の燃焼，農業残渣物の屋外焼却，焼畑などの燃料燃焼源があげられ，さまざまなガスやエアロゾルが放出されている．燃料燃焼以外にも，農耕地での施肥によるアンモニアや窒素酸化物，家畜の排泄によるメタンやアンモニア，塗装・印刷・石油取扱施設からの揮発性有機化合物などが大気中に放出される．一方，自然活動による放出源と放出物質としては，雷放電による窒素酸化物，火山からの二酸化硫黄，沼地からのメタン，海洋からの海塩粒子やジメチルサルファイド，森林火災による一酸化炭素やエアロゾル，植物からの揮発性有機化合物などがあげられる．

大気へ放出される物質は，大気中に長時間存在する温室効果ガス（二酸化炭素，メタンなど）と比較的短時間で消滅する汚染物質（二酸化硫黄や窒素酸化物などのガスと各種のエアロゾル）に分類することができる．代表的な温室効果ガスである二酸化炭素は，化石燃料燃焼などの人間活動によって世界で82億トン（炭素換算；2006年）が放出されており，第二次世界大戦後に約7倍に増加した．この増加には，アジアにおける経済成長と人口増加に伴うエネルギー消費の増大が大きな影響を及ぼしている．アジアでは，ガスやエアロゾルの大気汚染物質も大量に放出されており，北半球全体の大気環境に大きな影響を及ぼしていることが知られている．

放出源から大気へ放出される物質を推計し，その結果をデータベース化したものを排出インベントリー（排出目録）と呼ぶ．排出インベントリーは，どれだけの大気汚染物質が大気中に放出され，それによって大気環境がどのような影響を受けるかを把握するために必須の基礎データである．たとえば，温室効果ガスの排出インベントリーは，京都議定書をはじめとする地球温暖化問題に対する取り組みにおいて大きな役割を果たしている．

放出量はさまざまな方法によって算出される．火力発電所や火山などの大規模な放出源の場合には，何らかの方法によって測定することにより放出量を算出する．しかし，多くの放出源に対しては，活動量と放出係数（放出量の原単位．放出源種類ごとの単位活動量当たりの平均放出量）をかけ合わせることによって放出量を算出する．活動量としては，人間活動の場合には燃料消費量や自動車走行量，人口などの統計データや調査データ，自然活動の場合には火山噴煙量，沼地や植生の面積，森林焼失量などが使用される．また，放出係数については，調査研究結果をもとに対象地域に適したデータを使用することが望ましいが，そのようなデータがない場合には，IPCCガイドラインなどに示されたデフォルト値（標準的な値）が用いられる．このような方法によって推計される放出量は，活動量と放出係数の不確かさ（uncertainty）に伴う誤差が大きい．このため，衛星や地上の観測データを使用して放出量を推計（逆推計と呼ぶ）する研究が世界的に実施されている．また，放出係数の不確かさを低減するためには，放出実態を正確に把握する調査研究も重要である．今後は，これらの研究手法を組み合わせて，放出量の不確かさを減らしていくことが重要な課題である．

〔大原利眞〕

大気中の物質輸送

transport of atmospheric components

　大気中のあらゆる気体や液体・固体のエアロゾルは，発生源で生成・放出された後，移流（advection）・対流（convection）・拡散（diffusion）などにより大気中を移動し，最終的には沈着（deposition）により大気中から除去される．この一連の輸送過程の途中では，変質（transform）が起こることがある．大気物質の輸送を定量的に考える際は，その物質を含む空気塊の圧力や温度が変化しても，周囲の空気との混合がなく，かつ凝結・蒸発がなければ保存量となる質量混合比を用いることが基本である．実際の大気では，時間が経過すると周囲の空気と混合してしまうが，微小時間であれば質量混合比は保存するとみなせる．また，物質の量の時間変化を考える際，ある一地点での時間変化を考えることを「オイラー的」な方法と呼び，同じ空気塊を追跡して時間変化を考えることを「ラグランジュ的」な方法と呼ぶ．たとえば，ある観測点での大気汚染物質の量の時間変化を考えるのはオイラー的であり，大気汚染物質がどこからどのような輸送経路で観測点に到達したかを考えるのはラグランジュ的である．

　移流・対流　一般的に移流や対流は，両者とも流れに伴う物質やエネルギーの移動する過程を指す用語であるが，気象学では，移流は水平方向の移動，対流は鉛直方向の移動のことをいう．ある物理量Cの局所変化をオイラー的に考えた場合の移流・対流方程式は，一般的に以下のように表される．

$$\frac{\partial C}{\partial t} = -v \cdot \nabla C$$

ここで，t は時間，v は流れの速度である．C が物質の質量混合比である場合は，物質の移流・対流方程式となる．対流は，温度に依存した流体の密度差によって起こる自由対流（free convection）と，大気の流れが収束したり（たとえば低気圧），大気の流れが山や人工物にぶつかって持ち上げられたりして起こる強制対流（forced convection）とに分類できる．たとえば，タクラマカン砂漠で自由対流や強制対流により砂嵐が起こると，周囲を高山で囲まれているため，黄砂は強制対流により水平風の強い高い高度へ巻き上げられ，山を越えると移流により他地域へ輸送されやすい．

　拡散　拡散とは，物質・熱・運動量などが，周囲の流れに依存せず，自発的に広がり空間的に均一になっていく物理現象のことである．拡散方程式は，一般的に以下のように表される．

$$\frac{\partial C}{\partial t} = K \nabla^2 C$$

ここで，K は拡散係数であり，組成・温度・圧力に依存する．たとえば，高気圧に覆われて風が弱く，大気汚染物質が少しずつ広がっていく場合は，輸送過程において拡散が重要となる．

　変質　衝突や溶解により異なる組成の液体や固体が内部混合したり，化学反応によりある組成が別の組成に変化したりすることを変質という．ただし，同じ組成の液体や固体が衝突・併合して大きくなる場合は，成長という用語を使うのが一般的である．また，相対湿度に依存して親水性のエアロゾルに水が吸着していくことを吸湿成長と呼び，それに伴いエアロゾルの大きさが変化するほか，放射に対する散乱効率・吸収効率も変化する．なお，ある空気塊に含まれる複数の組成が各々独立に存在している状態を外部混合と呼び，一般的に変質には含めない．

　内部混合が起こると，物体の大きさなど

の物理的特性が変化するほか,化学的特性や光学的特性も変化する.たとえば,黄砂そのものは氷雲の氷晶核としては有効に働くが,水雲の凝結核としての機能はほとんどもたない.しかし,黄砂に硫酸塩や硝酸塩といった親水性の物質が吸着すると凝結核として働くようになり,さらに,黄砂はエアロゾルの中でも粗大粒子の部類に入るため,小粒子と比較して優先的に凝結核として機能すると考えられる.また,硫酸塩や硝酸塩と太陽放射や赤外放射を吸収するブラックカーボンが内部混合すると,黄砂の場合と同様に,親水性が高まって凝結核として有効に機能するようになるほか,レンズ効果によりブラックカーボンの放射吸収性が強まると考えられている.

化学反応により別の組成に変化した場合は,物理化学特性が当然変化する.たとえば,気体である二酸化硫黄が酸化反応すると硫酸へ変化し,液体のエアロゾルとなる.この変質の結果,太陽光を散乱する効果が強まり(エアロゾル直接効果),また,雲粒径が小さくなったり雲寿命が延びたりして雲による太陽光の反射率が強まり(エアロゾル間接効果),気候変動を引き起こすこととなる.

大気中の物質の空間分布　一般的に,物質の大気滞留時間は,重力落下を無視できる気体では長く,液体・固体のエアロゾルでは短い.その結果,たとえば,黄砂などの鉱物粒子は砂漠や耕作地,ブラックカーボンは都市域や森林火災といった発生源付近の濃度が高く,遠洋上での濃度は桁違いで低い.一方,気体である二酸化炭素の濃度は,エアロゾルほど地域や高度による濃度差がない.しかし,大規模な火山噴火により成層圏にまで大量にエアロゾルが輸送されると,1年以上成層圏に滞留する場合がある.逆に,光化学オキシダントの主要物質であるオゾンは,気体ではあるものの,大気境界層内での寿命は1～数日といわれている.気体であっても,化学反応により変質しやすい物質は,空間分布の不均質性が高い.

大気中の物質の空間分布を把握するためには,地上・船舶・航空機・人工衛星などからの観測が有効であるが,どこの発生源からどのような輸送経路により観測された分布となったかは,観測のみから推測することは難しい.その場合,発生・移流・対流・拡散・変質・沈着を物理化学の法則に則って構築する数値モデルを用いたシミュレーションが有効な手段となる.数値モデルには,物質濃度の時空間分布を現実的に計算するタイプのほか,ある特定の輸送過程を詳細に研究するための空間1次元や2次元のモデル,物質の輸送過程をラグランジュ的に表現するトラジェクトリーモデルなどが存在する.物質(化学)輸送モデルが気候モデルと結合して,放射過程や雲・降水過程に対する大気物質の影響を考慮すると,その影響を考慮した気候変動シミュレーションが可能となる.　　〔竹村俊彦〕

大気物質の沈着

deposition of atmospheric aerosol particles and gases, atmospheric deposition

大気物質の沈着とは，ガス状・粒子状の物質が大気から地表に降下する現象を指し，単位面積・単位時間あたりの量（沈着フラックス）として大きさを表す．ここで，ガス状の大気物質とは，たとえばオゾンや二酸化硫黄などの気体成分を指し，粒子状の大気物質とは，大気中に浮遊する微小な固体や液体の粒子（エアロゾル粒子）を指している．また，ここでの地表とは，地面や海水面，湖沼面，植物，建物など，地表に存在するすべての面を含む意味で用いている．大気を介した物質循環のなかでは，大気からの除去過程，あるいは地表への物質供給過程として捉えることができる．より詳しくは参考文献[1,2)]を参照されたい．

湿性沈着（wet deposition）　湿性沈着とは，雨や雪，アラレ，霧など，降水に伴って大気物質が沈着する現象である．まず，エアロゾル粒子が雲粒や氷晶の核となることにより降水粒子へ取り込まれる．雲粒の形成時の水蒸気過飽和度と化学組成に応じて取り込まれるエアロゾル粒子の粒径が異なる．水蒸気の凝結と衝突併合過程により雲粒が成長し，自重で降下することで降水粒子として地表へ届く．雲粒へはガス状物質が溶け込み，化学反応が進む．また，エアロゾル粒子はブラウン運動や慣性衝突，遮り効果により雲粒や降水粒子に捕捉される．湿性沈着過程について，雲内と雲底下とに別ける考え方もある．一般に，降水粒子の形成にともない，雲内のエアロゾル粒子や水溶性のガス状物質の濃度が減少する．そのため，雲内洗浄あるいは雲内除去と呼ぶこともある．

乾性沈着（dry deposition）　乾性沈着とは，降水を伴わずに大気物質が沈着する現象である．大気物質は，非降水時にも常に地表へ沈着している．大気物質の乾性沈着過程は，抵抗モデルとして表される．ここで，沈着フラックスを電流，大気と地表面との濃度差を電位差，大気から地表面への輸送されにくさを抵抗として考えると，オームの法則と同様に電流＝電位差／抵抗として表現される．大気物質は，地表面付近まで乱流によって運ばれ，沈着面近傍の薄い準層流層を分子拡散やブラウン運動により移動し，物理的・化学的・生物学的な作用により地表面へ沈着する．これら抵抗を合計した逆数を沈着速度（V_d）と定義すると，沈着フラックス（F）は，大気物質の濃度（C）を用いて $F=C \cdot V_d$ として表すことができる．V_d は，大気物質や地表面の種類，気温や風速などの気象条件に応じて異なる．たとえば，水溶性のガス状物質の場合には地表面の乾湿により V_d が異なる．一方，エアロゾル粒子の場合には，粒径により粒子の動態が異なる．重力沈降速度は直径により大きく異なり，乱流により運ばれた後の慣性衝突や遮り効果も粒径に依存する．直径が $0.1\,\mu m$ 以下の粒子では，ブラウン拡散や静電気力などによる付着が重要である．V_d を理論的に見積もることで F を間接的に求める（インファレンシャル法）こともある．F を直接測定するには，濃度勾配法や渦相関法などがあり，時間あたりの沈着物を測定する代理表面法と呼ばれる手法もある．濃度測定の時間分解能など技術的な問題のため，大気物質によっては乾性沈着フラックスの直接的な測定が難しい場合もある．〔長田和雄〕

文　献
1) 松田和秀 (2009) 大気沈着－第1講－乾性沈着．大気環境学会誌，**44**，A1-A7．
2) 大泉毅 (2009) 大気沈着－第2講—湿性沈着．大気環境学会誌，**44**，A17-A24．

5-22 極域の大気化学

atmospheric chemistry in polar regions

極域の大気化学は，低温と極端な日射条件（極夜・白夜の存在）と密接に関係している．冬季の成層圏では気温が非常に低くなり，硫酸・硝酸・水を主成分とする極成層圏雲（polar stratospheric clouds：PSCs）が出現する．PSCs上の不均一反応を経て，大気中にCl_2が蓄積される．春になり日射が復活すると，Cl_2はClラジカルへ変換され，オゾン（O_3）を破壊する触媒として働き，O_3ホールが形成される．南極と比べると北極域の成層圏気温は高く，PSCsの出現規模も小さいため，北極のO_3ホールは南極ほど顕著ではない．

春季の極域対流圏下層では，臭素（Br）ラジカルの触媒反応によるO_3消失が進行する．Brラジカル前駆物質の発生源として，海氷上のフロストフラワーや海塩粒子上の不均一反応が考えられている．Brラジカルはガス状元素水銀（gaseous elemental mercury：GEM）とも反応し，水銀消失現象も引き起こす．低中緯度起源のGEMが極域で効率的に地表面へ沈着するため，極域の生態系へのHg汚染が懸念されている．

冬～春季の北極域では，長距離輸送された汚染物質（SO_2，有機化合物など）やエアロゾル（SO_4^{2-}, NO_3^-, 黒色炭素）が徐々に大気中に蓄積する．その結果，降水による汚染物質の除去が進む5月中旬頃まで北極ヘイズ（Arctic haze）が出現する．清浄な南極域では，人為起源物質の輸送によるヘイズ現象は確認されていないが，南米やアフリカからバイオマス燃焼起源物質が長距離輸送され，ヘイズ現象が出現した例が報告されている．

夏季には海洋中のプランクトンの活動が活発となり，DMS（ジメチルサルファイド，CH_3SCH_3）が大量に大気へ放出される．DMSは大気中で酸化され，最終的にエアロゾル粒子となる．人間活動の影響がきわめて少ない南極地域では，DMSの酸化生成物（$CH_3SO_3^-$，メタンスルホン酸）の濃度は，夏に極大を持つ季節変化を示す（図1）．海洋生物活動起源物質から生成されたエアロゾル粒子は雲核として機能するため，放射収支や気候変動に影響を与える可能性が指摘され，現在でも観測・検証が行われている．〔原　圭一郎〕

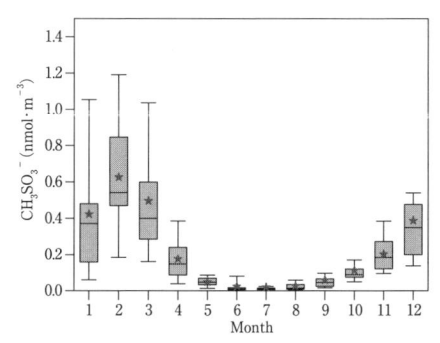

図1　南極昭和基地で観測されたエアロゾル中のメタンスルホン酸イオン（$CH_3SO_3^-$）濃度の季節変化（星印は平均値を示す）

陸上植生と二酸化炭素

terrestrial vegetation

　地球表面の約30％を占める陸面には，樹木，草本，地衣類などの各種の植物に覆われた土地が広がっている．陸面を覆うこうした植物の集団を陸上植生（terrestrial vegetation）または単に植生（vegetation）と呼ぶ．陸上植生は，優占する植物の形態や種類によって，森林，草原，湿原，農耕地などに分けられる．また，陸上植生はしばしば気候帯の影響を強く受けた景観をもつことから，世界の植生を熱帯林，温帯林，北方林，サバナ，ツンドラ，高山植生などの型に分類することもある．

　陸上植生と大気の間の物質循環　陸上植生は，植物，土壌，およびそこに生育する動物や微生物からなる生態系（ecosystem）を構成する．生態系とは，ある一定の場所に生育する生物と，それをとりまく非生物的環境をまとめて1つの系ととらえる考え方であり，陸上植生の物質循環を考える上で欠かすことのできない概念である．

　陸上生態系の中では，太陽の光エネルギー，降水や河川から供給される水や窒素，大気中の二酸化炭素（CO_2）などを使って各種の物理・化学・生物反応が起こる．そして，エネルギーや物質は生態系の中で複雑に形を変えながら循環している．たとえば，太陽から来る光エネルギーの一部は，植物や土壌の表面に吸収され，植物体や土壌を暖める熱（貯熱），周囲の大気を暖める熱（顕熱），葉内の水や土壌水を気化させる熱（蒸発の潜熱）に形を変える．顕熱と水蒸気は生態系内の大気へ拡散し，周囲の温度環境や水分環境に影響を与える．

　また，太陽光の一部は植物の葉に吸収され，光合成に使われる．光合成は，光エネルギーを利用して大気中のCO_2と水から炭水化物などの有機物を合成する生化学反応である．葉と大気の間で行われるCO_2や水蒸気の交換は，気孔（葉の表皮にあるたくさんの小さな孔）を通して行われるため，植物による気孔の開閉が光合成と蒸散の速度を強く制御する．

　一方，植物は生命の維持と成長に必要なエネルギーを呼吸によって得る．そこで，植物が光合成で得た有機物の一部は呼吸に使われ，CO_2となって大気へ放出される．また，植物体の一部は動物に食われる．動植物の体は最後に落ち葉や遺体として土壌に供給され，土壌にすむ動物や微生物がこれらを分解し，CO_2として大気へ放出する．

　陸上植生の物質循環と気候影響　大気中CO_2濃度の上昇が陸上植生の物質循環に与える影響については，これまでに数多くの室内・野外実験による研究が行われてきた．たとえば，野外で大気中CO_2濃度を実験的に上昇させ，植生の反応を調べる研究（FACE：free-air CO_2 enrichment）によると，実験開始直後にはCO_2濃度増加に伴い植物の成長量は増加するが，3～4年後に成長量の増加が止まる場合があること，窒素施肥の程度により成長量に差が出ることなどがわかってきた[1]．CO_2濃度の上昇は，光合成速度に影響を与えるだけでなく，気孔開度，葉面温度，葉の炭素・窒素比率などの変化を通して生態系内の物質循環全般に影響する可能性があるため，気候変化の影響を予測するためには，今後も生態系レベルでの生理的・形態的反応や成長特性を明らかにしていくことが必要である．　〔三枝信子〕

文　献
1) 種生物学会編（2003）光と水と植物のかたち，文一総合出版，pp. 319.

5-24

大気と陸の物質循環

biogeochemical cycles between atmosphere and land

大気と陸のあいだではさまざまな物質が交換されている．その場合，物理，化学，生物過程が相互に作用し，陸域生態系と大気中での物質の形態変化や，陸から大気への放出量，大気から陸への沈着・吸収量に影響を及ぼしている（図1）．これらの過程を研究することは，生物地球化学的な物質循環における陸域生態系の役割を明らかにするとともに，それが大気の組成や気候の維持・変化に及ぼす影響を解明することにつながる．とくに，人間活動に起因する地球環境問題に対し，その要因を解明し，影響を緩和する方策を示すための知見を与える．

大気と陸の物質交換過程

（1）陸から大気への物質輸送過程：
陸から大気への物質輸送において，生物活動による各種の気体（ガス）の放出が重要である．二酸化炭素（CO_2），窒素（N_2）のほか，メタン（CH_4），一酸化二窒素（亜酸化窒素：N_2O），一酸化窒素（NO），揮発性有機化合物（VOC；volatile organic compounds）など，さまざまな微量ガスが陸域生態系から大気へ放出される．生物活動以外には，生態系や化石燃料の燃焼過程によっても，各種ガスやエアロゾルと呼ばれる粒子状物質が大気へ放出される．これらのガスのうち，CO_2，CH_4，N_2Oは温室効果ガスであり，大気の熱収支に影響を及ぼす．また，多くのガスは対流圏と成層圏での光化学反応における重要な化学種である．

（2）大気から陸への物質輸送過程：
大気から陸への物質輸送においても，植物によるCO_2の固定，藍藻と微生物による大気N_2の固定など，生物過程が重要である．それに加え，大気中の物質が降水現象により地表面へ除去される湿性沈着や，エアロゾルとして直接地表面へ付加される乾性沈着がある．

元素別にみた物質循環

（1）炭素循環：　陸域生態系において，炭素は主として有機物として植物と土壌に蓄積されているが，その総量は3兆8000億トン（3800 Gt）程度と見積もられてい

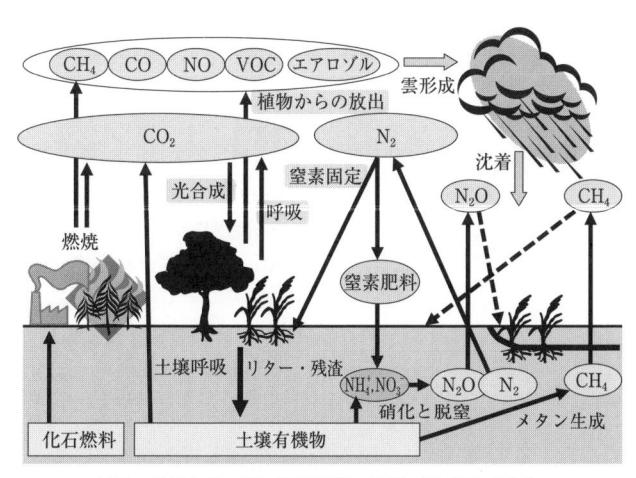

図1　大気と陸の間の物質循環の概要（口絵11参照）

る．これは，大気中のCO₂としての炭素量の約6倍に相当する．大気と陸の炭素循環は植物を介した大気CO₂と有機物の炭素の交換と考えることができる．植物は光合成により大気CO₂を有機物として固定しているが，その一部がリターフォールとして土壌に負荷される．これに対し，陸から大気へは，主として植物の呼吸と微生物による土壌有機物の分解によりCO₂が放出される．これらの放出速度は炭素換算で年間約500億トンと見積もられている．さらに，燃焼によるCO₂放出が年間約100億トンあると考えられている．このような自然の炭素循環に対し，化石燃料の燃焼と土地利用変化により，現在では，年間90億トン近くの炭素がCO₂として付加され，大気中の濃度を増加させている．

CO₂以外にも，メタン，一酸化炭素(CO)，VOCなどの炭素化合物が陸と大気のあいだで交換されている．これらの化合物の炭素循環に対する量的な寄与は小さい．たとえば，湿地・水田の土壌や動物の消化活動により放出されるCH₄の交換量は年間約5億トンである．しかし，CH₄は重要な温室効果ガスであり，COとVOCは大気中での化学反応を制御する化合物であるとともに，エアロゾルの形成に影響を与える．

(2) 窒素循環： 大気組成の78％を占めるN₂は多くの生物が直接利用できない不活性な化合物であるが，藍藻と窒素固定細菌の生物的窒素固定によりアンモニウムイオン（NH₄⁺）に変換される．NH₄⁺は土壌，水圏や生体中で硝酸イオン（NO₃⁻）などの形態に変換される．その過程で，一部はN₂O，NO，アンモニア（NH₃）などのガスとして大気へ放出される．また，土壌，水圏に存在する脱窒菌はNO₃⁻をN₂に変換し，大気へ戻す．これらの生物過程による窒素循環に比べると量的には少量であるが，大気中に存在する各種窒素化合物が湿性および乾性沈着により，地表へ付加

される．自然生態系の生物的窒素固定量は年間約1億トンと見積もられているが，20世紀初めにハーバー・ボッシュ法による化学的窒素固定法が発明されてから，化学肥料による窒素の投入が加わり，地球規模での窒素循環量は飛躍的に増加した．このことは，窒素による多くの環境問題を引き起こしている．

(3) その他の元素の循環： 生態系や化石燃料の燃焼による二酸化硫黄（SO₂）が大気へ放出され，硫酸イオン（SO₄²⁻）としてエアロゾルの重要な構成要素となる．微量であるが，還元形の硫黄化合物や塩化メチル（CH₃Cl）などのハロカーボン類も微生物や植物により生成され，陸から大気へ放出される．また，黄砂現象のような土壌粒子の大気への巻き上げ，火山噴火によるガスと粒子の放出などにより，さまざまな種類の元素が大気へ放出され，拡散，沈着する．

人間活動による物質循環と気候への影響
産業革命以来の急激な人間活動の拡大は，大気と陸の物質循環に影響を与え，大気組成を変化させ，さまざまな地球環境問題を引き起こしている．このことは，上記の，人間活動による炭素と窒素の地球規模での循環量増加から，その影響の大きさが明かである．炭素については，大気と陸のあいだの交換量に，現在ではその10％を越える量の炭素を付加している．窒素については，人為的な大気窒素の固定量は毎年約1.2億トン（120 Mt N）に達し，自然界での窒素固定量を上回りつつある．これらの結果，大気中温室効果ガス濃度は，人類のこれまで経験したことのない急激な割合で増加し，地球温暖化が進行しつつある．これに加えて，陸から大気へ放出される反応性の高いガスは対流圏と成層圏での光化学反応とエアロゾルの生成，そして雲の形成過程を通して気候に影響を与える．

〔八木一行〕

大気と海洋の物質循環

biogeochemical cycles between atmosphere and ocean

　大気圏，水圏，そして陸圏においてそれぞれの圏内で物質が気体，液体，固体と形を変えながら循環している．各圏との間にも密接な相互作用が存在している．地球表面の70%を占める海洋と地球全体を覆っている大気との間で物質がどのような過程でどれくらいの速度で循環して，それぞれの圏にどのような影響を及ぼし合っているかを把握することは，海洋生態系や気候の維持や変化の解明につながる．図1に大気と海洋での物質のやりとりを示す．大気物質の海洋への沈着や，海洋物質の大気への放出は，さまざまな形態をとる．陸圏での人間活動による土地利用や，化石燃料の燃焼の増大により，大気中の化学成分の組成や濃度が変化している．この変化が海洋表層での化学成分に影響を与え，海洋生態系にも変化を及ぼす．海洋表層での変化は，大気中の化学成分の変化を通して，気象変化につながっている．これらの変化は，海洋大気の境界層である高度約2kmから海面までと，海面下，太陽光の到達限界である有光層約200mよりも浅い領域を一般的に対象としている．

大気から海洋への物質供給過程　　大気中の気体は，海水中において未飽和で平衡状態に達していない場合，海水面から直接吸収される．また，白波や海水の泡立ちなどで，気泡に含まれた気体が水面下に運ばれ，水圧により溶け込む．大気から海洋へ液体として加わるのは，降水現象による．雨粒，雪粒，霧粒などにこれらの粒子が生成されるときや，降下中に気体や固体粒子の可溶部分を取り込んで海水面へ沈着する．浮遊している粒子状物質（固体，液体）は，エアロゾルと呼ばれ，乾性沈着か，降水とともに大気中から除去される湿性沈着で海洋環境に入る．乾性沈着は継続して生じている．湿性沈着は断続的に発生し，雲形成の段階でエアロゾルが雲核として取り込まれる場合と雲の下で落下する粒子に衝突し除かれる場合がある．その除去過程は，化学成分によって異なる．また，黄砂現象や火山噴火，宇宙塵などによる突発的な物質供給も存在する．

海洋表層での物質動態　　大気から運び込まれた可溶性物質は，海水中では溶存態となるか，生物個体に取り込まれたり，粒子表面に吸着したりする．海水に溶けない物質は粒子として存在する．海水中の溶存酸素の鉛直分布は，表面において飽和状態で最も濃度が高く，深くなるにつれて生物による消費のために減少する．また，大気を経由する人為起源物質であるPbやPuなども依然，高い濃度を表面付近で示す．Hg, Sn, Cd, Agなども同様の傾向がみられる．とくに，成層化された海域において，その影響が顕著である．しかし，もともと海水中濃度が高い主要成分にはその変化が明瞭にみえないし，生物体に栄養塩として直ちに取り込まれる化学成分は海水面に沈着しても海水中濃度は高くならない．

　生物に関与する大気起源成分の沈着量の寄与によって，海洋生物の消長が変化する．その変化によって生成された有機化合物を中心とした生物起源物質の変化が，海

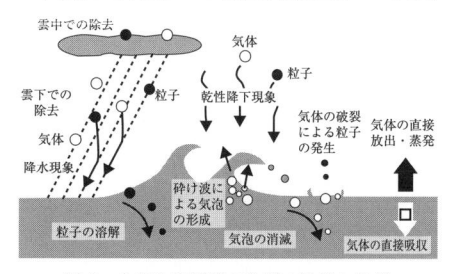

図1　大気と海洋間の物質の沈着と放出
　　（口絵12参照）

洋表層の物質循環や大気への放出と関わる．

海洋から大気への物質放出過程　海水中の有機物分解過程や生物活動中において生物起源気体が生成される．温暖化効果気体である二酸化炭素・メタン・亜酸化窒素・一酸化炭素・揮発性有機化合物（VOC：volatile organic compounds）などが大気中へ放出される．VOCであるハロカーボン類は，ハロゲン原子（F, Cl, Brなど）が結びついた炭素化合物の総称である．自然界には，塩化メチルや臭化メチルなどのハロカーボンが存在し，海洋から放出され，大気中でオゾン破壊やエアロゾル生成に関与する．またVOCは，大気中で酸化され，微小エアロゾルを形成する．

これらの海水中で生成した気体成分は，大気中に放出されるが，放出量は，風速に大きく左右される．海洋大気中のエアロゾルの大部分を占める海塩粒子は，風などによって生成される気泡の破裂や砕け波などの過程を通して，大気中へ放出される．海塩粒子の化学成分は，海水成分とは異なり，微量元素や有機物質が濃縮されている．これは海面薄膜層（micro-layer）に，微量金属元素や溶存有機物質，そして破砕物やバクテリアなどを含む微小粒子が濃縮され，気泡の破裂とともに大気中に粒子として放出されるからである．洋上では，これらの粒子はふたたび海面へ沈着し，循環しているが，大気中に浮遊中，放射強制力に影響を与えたり，大気中物質の除去や風系によって海面での成分の再分布を促したりする．

大気と海洋間の物質循環と気候影響

北太平洋の中央部では深海堆積物の堆積速度は1年に$0.5 g/m^2$前後と推定されている．これはアジア大陸から大気を経由して輸送される黄砂の堆積速度に匹敵する．

もちろん，黄砂は今に始まったことではなく，有史以前からの自然現象である．その変遷の記録は海底や湖底，万年雪の上に堆積した黄砂粒子から読み取ることができる．氷河期や間氷期では，堆積速度や粒径，風の流れる経路も違う．氷期では乾燥して風が強く，黄砂は大規模かつ高頻度で発生する．その結果，堆積する速度も速くなり，粒径も大きいものまで遠くへ運ばれる．現在でも，北米大陸を越え北大西洋まで到達したり，さらに地球を一周する黄砂が衛星観測や北半球の氷河上で確認され，モデルによって再現されている．

黄砂現象が顕著な時期に，海洋の植物プランクトンが増加していたことがわかってきた．プランクトンは栄養成分のひとつとしてFeを必要とする．黄砂に含まれている鉄分が海水中へ溶け出し，このFeの供給増加によってプランクトンが増殖した可能性がある．植物プランクトンは海水中の二酸化炭素を吸収し，生育する．そのために，植物プランクトンが大増殖すると，大気中の二酸化炭素が海水に吸収され，濃度が下がる．その効果は，温暖化を抑制することになる．しかし，NやPという植物プランクトンに必須である他の栄養塩がなくなった時点で，増殖は止まり，また，温暖化が進むと予想されている．

近年，北太平洋のカムチャッカ沖海域で，鉄の溶液を散布する実験が行われた．その結果，黄砂粒子と同様に，植物プランクトンの増加が認められた．そうして増加したプランクトンは，Sを含む気体，硫化ジメチル（DMS）を大気中へ放出する．大気中では，その気体が酸化されて硫酸塩の微小粒子となり，霞として地表に降り注ぐ太陽の光を弱めたり，パラソル傘のように白い雲を増やしたりすることで，温暖化を抑制する．これはいまだ仮説ではあるが，その検証が進んでいる．大気での変化が海洋の生態系に影響を与え，そのフィードバックが大気に変化をもたらすという，地球化学的物質循環と気候の関係の一例である．

〔植松光夫〕

衛星による大気環境観測

satellite remote sensing of atmospheric environment

光学センサー技術や解析手法の発達に伴い，宇宙からの地球リモートセンシング観測によって大気中の微量成分が十分な感度で測定できる時代となった．同一センサーで地球の広い範囲を均一に測定できるメリットは大きい．

ガス成分を測定する原理は，分子固有の電磁波（紫外可視・赤外光，マイクロ波）吸収または射出を検知し，定量することである．その際，センサーには吸収線の幅や構造を分解できる程度に高い波長（波数）分解能が要求される．観測スペクトルの解析では，大気の放射伝達などが考慮され，鉛直カラム濃度などが導出される．赤外以長での観測では吸収線の広がりから高度分布を導出できる場合もある．一方，エアロゾルの導出には高い波長分解能は不要で，紫外～近赤外の範囲で離れた複数の波長帯での輝度測定を元に，放射モデルとの比較から光学的厚さやオングストローム指数（光学的厚さの波長依存性を表す指数）などが導出される．対流圏ガス成分の吸収度測定は，実際には，共存するエアロゾルや雲の影響を強く受けており，これらの影響を考慮することが不可欠である．

衛星観測は，視線方向によって直下視（地心方向）観測と大気周縁方向観測とに分類される．直下視の場合，光源は地表面・大気による太陽散乱光または熱放射である．周縁観測には，光源（おもに太陽光）・地球の周縁大気・衛星が直線状に並んだときに行われる太陽掩蔽（えんぺい）吸収観測や，周縁大気からの射出観測も含まれる．周縁観測では直下視に比べ水平分解能は劣るが，とくに成層圏での高度分解能のよい（約1 km）観測が実現できる．衛星の軌道にも種類がある．太陽同期軌道では各地点を毎回同じ時刻に測定できる．静止軌道は赤道上空高度約3万6000 kmと遠いが，地球表面全体の約4分の1の範囲を継続観測でき，日内変化観測の実現が期待されている．

欧州で開発されたGOME（Global Ozone Mapping Experiment）は紫外可視域の直下視センサーで，1996年からオゾン全量に加えて対流圏のNO_2などの汚染成分の計測を実現した．現在はGOME-2などが水平分解能数十km以内での観測を継続しており，大気へのNOx排出量の長期変化導出が期待される．赤外直下視センサーMOPITT（Measurements Of Pollution In The Troposphere）ではCOが測定され，森林火災や人間活動による排出量の時空間変動や輸送が可視化された．かつてIMG（Interferometric Monitor for Greenhouse gases）で日本が先行したフーリエ分光型の赤外センサーは近年目覚ましく進展し，太陽掩蔽観測に基づくACE（Atmospheric Chemistry Experiment）-FTSでは上部対流圏での炭化水素測定が，直下視のIASI（Infrared Atmospheric Sounding Interferometer）ではCOやメタンの測定が報告されている．国産の「いぶき」（GOSAT）ではCO_2やメタンの測定が実現し，空白域での観測情報によって炭素収支が精緻化することが期待される．エアロゾルの測定では受動型MODIS（Moderate Resolution Imaging Spectroradiometer）に加え，CALIOP（Cloud-Aerosol Lidar with Orthogonal Polarization）によるレーザーレーダー能動型立体分布計測も実現され，黄砂などのダストや大気汚染由来粒子の時空間分布が捉えられている．〔金谷有剛〕

化学天気予報

chemical weather forecast

天気の晴れや雨のような気象変化を予報する通常の「天気予報」のように，大気中のトレースガスやエアロゾルの流れを予報するものに「化学天気予報」がある．大気中には，人為起源の大気汚染物質（O_3，SO_2，NOx，硫酸塩など）や，自然起源の砂塵ダストなどが浮遊し，モンスーンや偏西風に載って長距離を輸送されている．これらの物質の大気中の振る舞いは，人為・自然起源の発生強度・地域分布，総観スケールの大気運動による輸送，大気境界層内の鉛直拡散，化学反応，沈着除去などの多くの物理・化学的要因を記述することで再現・予測することが可能となる．そのため，流体・気象・化学反応の諸要素を含む化学輸送モデルを用いたモデルが開発されている．その具体的な例としては，気象庁が全球エアロゾル輸送モデル MASINGAR を用いて行っている黄砂予報があげられ，3日先までの中国内陸域から日本への黄砂の飛来予報がインターネット上で公開されている．同様なシステムは，国立環境研究所でも開発されており，アジアスケールの光化学大気汚染や硫酸塩の越境汚染の予測や，黄砂の飛来情報を提供している．そこでの越境汚染や黄砂の予測は，化学天気予報システム Chemical Weather Forecasting System（CFORS）が行っており，これは，2001年春季にアジア域で航空機・船舶・地上観測網を駆使して国際共同研究として行われた ACE-Asia の観測のサポートのために公開された．ACE-Asia では，3日先までの化学天気予報結果をもとに，航空機の飛行計画が事前に立案された．その後，多くの東シナ海や日本沿岸での観測船・航空機を用いた大気観測の立案や地上集中観測期間の設定など活用される範囲が広く，最近では越境大気汚染（光化学スモッグ）の事前予報も行われている．化学反応スキームも主要な対流圏化学過程を含めたものが最近では採用されており，観測や室内実験で多くの化学反応などの諸過程のパラメーターが充実し，予報の精度が向上してきている．また，環境監視衛星からの NO_2，O_3，CO などの計測結果を同化する予報モデルの開発も進められている．

化学天気予報の確立は大きな意義をもつ．化学物質輸送モデルは1990年代には，気象モデルの結果を利用しながらも，過去の事例の再現・解析を主な目的として用いられていた．2000年代になると気象予報のデジタルデータの公開（数日先予報）も伴って，汚染予測を行う試みが開始され，これらの情報をもとに観測計画の立案が積極的に行われるようになった．越境大気汚染の野外観測には，多額の費用とマンパワーが必要となるが，化学天気予報を活用することで汚染濃度の上昇が予想される日時と地点に細かな観測を展開し，越境汚染の起こらないときには，測定頻度を減らす観測に切り替えることが可能になる．そのため，従来の観測体制を根本的に変えるような利用が考えられる．化学天気予報の具体的な用途としては，越境大気汚染研究・観測，黄砂による環境影響の事前把握，航空機・船舶などへの視程などの情報の提供なども考えられ，今後の重要な応用テーマでもある． 〔鵜野伊津志〕

文　献

1) Uno, I., et al. (2003) Regional chemical weather forecasting system CFORS: Model descriptions and analysis of surface observations at Japanese island stations during the ACE-Asia experiment. Journal of Geophysical Research, **108** (D23), 8668, doi:10.1029/2002JD00 2845.

大気組成と気候変化

atmospheric composition and climate change

　気温や降水量，風速といった気象要素で表される大気の平均的な状態を気候という．その気候を決める大気現象の駆動力となるエネルギーのほとんどは日射に由来する．海洋上では海洋を熱源とした現象が支配的な場合もあるが，わずかな地熱分以外はそのエネルギーは日射が元となっている．日射は大気上端から進入し，一部は散乱されて宇宙空間に戻り，一部は吸収されて大気を暖め，残りは大気を突き抜けて地面を暖める．暖められた地面は赤外線を放出して冷えようとするが，一部は大気に吸収され，その大気が発する赤外線によりもう一度暖められる作用で，あまり効率よく冷えることができない．この効率低下の作用を温室効果と呼ぶ．

　大気上端から入った日射の約3割が反射されるが，そのうちの約7割は雲やエアロゾルによる．エアロゾルが直接的に日射を反射する効果を直接効果，あるいは，日傘効果と呼び，その反射量はエアロゾルの量ばかりではなく，組成に対応した屈折率，粒径分布，また，わずかながらエアロゾル層の厚さや高度にも影響される．雲の量や粒子の特性は大気組成とは呼ばないが，それらは雲粒が形成されるときに核となるエアロゾル（雲核）の影響を強く受ける．エアロゾルが多いと同じ雲水量であっても小さな雲粒がたくさんでき，全体として日射に対する反射率が高くなる．これをエアロゾルの第1間接効果と呼ぶ．また，エアロゾルが多く，雲粒が小さいと雨粒となるまでの時間が長くなるなど，降水効率が低下し，雲の寿命が長くなり，結果として雲により反射される日射の量が増える．これをエアロゾルの第2間接効果と呼ぶ．ブラックカーボンや一部の土壌起源の粒子（ダスト粒子）は光の吸収性があるため，それ自体が日射や赤外線を吸収し，大気を加熱する．そのとき，地面の反射率が高いほど，反射光も吸収するため，より多く大気を加熱する．

　日射により暖められた地面から放出された赤外線は，二酸化炭素，メタン，一酸化二窒素，一酸化炭素，フロン類などのいわゆる温室効果気体により吸収される．その吸収量に応じて大気は暖められるが，大気自身も赤外線を出して冷えようとする．このうちの下向きに放出された分が，いわゆる温室効果の作用を引き起こし，上向き分がそこより下層の正味の冷却に寄与する．温室効果気体の増加で対流圏は暖まる一方，成層圏では下からの加熱に比べ，自身が放出する赤外線量が増えることで冷却が起きる．

　大気組成変化やその他の気候変動要因による気候への影響を表す指標として，放射強制力という量が用いられる．これは，ある要因の単位量変化に対して，対流圏界面における日射と赤外線を合わせた正味の放射量の変化で定義される．この量が用いられるのは，各種変動要因が原因で起きる地表付近の平均気温の変化量と非常によく対応するからである．放射強制力は大気組成の変化ばかりではなく，太陽活動や地表面状態の変化などの気候影響を表すときにも用いられ，それらの相対的な影響評価を行うのに都合がよい量である．また，ある温室効果物質の地球温暖化への影響を表す指標として地球温暖化係数（GWP：global warming potential）がある．これは単位物質量による放射強制力と，物質を大気中に単位量放出した後の経過時間ごとの濃度との積を，ある期間積分した量で定義される．積分時間は20年，100年，500年が用いられるが，一般的には100年値を用いる

場合が多い．この指標は，異なる気体間での温室効果作用の相対的な比較や，フロン代替物質の選定指標などに用いられている．

放射強制力で比較すると，産業革命以降に放出された温室効果気体による地球の加熱効果の約半分が，エアロゾルの直接効果と間接効果を合わせた冷却効果により打ち消されているとされている．これらの大きさや比率の将来予測は，今後の産業活動や対策技術の動向により大きく異なる．二酸化炭素については，大気中濃度の増加，一定値での安定，そして減少と，各種シナリオが想定されている．一方，エアロゾルについては不確定要素が非常に多いが，途上国における産業活動の活発化により放出される硫黄酸化物を起源とした硫酸性エアロゾルの増加は，温暖化という視点だけからみれば，緩和効果がある．ただし，ブラックカーボンの増加は大気を加熱する作用が大きいため，温暖化を促進する方向に影響を及ぼす． 〔今須良一〕

大気組成の進化

evolution of Earth's atmosphere

先カンブリア代（45億5000万年～5億4200万年前） 45億5000万年前に地球が誕生して以来，大気組成は大きく変化してきた．初期地球は現在に比べて著しく還元的であり，大気中に遊離の酸素（O_2）はなかった．一方，二酸化炭素（CO_2）がメタン（CH_4）に還元されるほど還元的であったわけではなく，弱い還元状態であったという説もある．

初期地球大気の CO_2 濃度は，現在の濃度（385 ppm, 0.04%）の100～1000倍（38,500～385,000 ppm, 3.8～38%）に達していた．一方で，25～18億年前には8900 ppm（0.9%）程度しかなく，18～11億年前にはさらに低下していたという説もある．大量の大気 CO_2 はどこからもたらされたのか？ 1つには，火山活動による地下圏からの脱ガスがある．また，この時代の大陸面積は狭く，陸地の風化の効果が小さいことも大気中に大量の CO_2 が留まった要因と考えられる．

大気中に O_2 が形成されるようになったのは，藍藻類の一種が光合成を行って大気中に O_2 を放出するようになったことがきっかけである．ごく少量の O_2 は炭素循環（CO_2 として）によって地球上を廻り，25～22億年前に酸素大気の形成が始まった（38億年前に始まったという説もある）．

大気組成の進化は地球気候を大きく変化させた．38～25億年前，太陽活動は脆弱で，そのエネルギーは現在の70%程度であったと考えられている．それにもかかわらず，地球気温は50～70℃にまで達していたため，「faint Sun paradox」と呼ばれている．この時代，地球のアルベド（入射してくる光エネルギーに対して反射して出ていく光エネルギーの割合）が現在の30%程度であったことや，大気中に高濃度で存在する CO_2 や CH_4 の温室効果が，高い地球気温をもたらした原因と考えられている．

大気組成の進化は厳しい寒冷化も引き起こした．29億年前，24～22億年前，8～6億年前に，赤道を含む地球全体が氷に覆われた状態，全地球凍結（Snowball Earth）の時代があった．なぜ地球全体が凍結するほどの寒冷化が起きたのだろう？ 熱帯域の大陸配置や隆起によって風化が極度に促進され，大気中の CO_2 が急激に低下したこと，さらに大気中 CH_4 濃度の減少によってアイスアルベドフィードバック（地球上に入射した光エネルギーを雪や氷が宇宙へ反射する事象）が"暴走"したためと考えられている．ほかにも，24～22億年前に起きた全地球凍結は，シアノバクテリアの増加によって大気中に O_2 が急激に供給されたことによって，CH_4 ガス温室効果が崩壊したためという説がある．

顕生代（5億4200万年前）**以降** CO_2 濃度は280 ppmから6000 ppmの幅で変動した．この時代，大気中の CO_2 濃度を支配するもっとも重要な過程は，以下の式で表される化学風化である．

$$CO_2 + (Ca, Mg)SiO_3 \rightleftarrows (Ca, Mg)CO_3 + SiO_2$$

右向きの矢印の反応には，陸上のケイ酸塩岩石の風化，海洋底における生物起源の炭酸塩やケイ酸塩の堆積を含み，左向きの矢印の反応には火山活動による CO_2 の噴出，地殻の変成作用を含む．大気中 CO_2 は水に溶解して炭酸を形成し，炭酸は炭酸塩やケイ酸塩の溶解を促進する．気温が高くなると地球上の水循環が活発になり，化学風化が加速され，大気中 CO_2 濃度は低下する．この時代，陸上の化学風化が気候

を変化させた例は，1000万年〜800万年前のチベット-ヒマラヤの隆起である．この事件は，偏西風の蛇行と夏のモンスーン循環を生み出し，陸地の風化による大気中CO_2濃度低下を加速させ，新生代の寒冷化を引き起こした．また，1億8000万年前，超大陸パンゲアの分裂がきっかけとなって，大気中CO_2濃度が3000 ppmから400 ppmまで低下し，約10℃の寒冷化を引き起こした．一方，5500万年前（暁新世-始新世温暖極大期）には，大気中CO_2濃度の急激な上昇が約8℃もの温暖化を引き起こした．このように太古から，CO_2濃度と気温には強い正の相関が存在し，大気組成進化に伴うCO_2濃度の変化は，億年スケールの長期的な地球気候を変化させる重要な鍵を握っていた． 〔原田尚美〕

6.
地　　殻

6-01 マグマ中揮発性物質と噴火

volatiles in magmas and volcanic eruptions

　マグマを構成する物質のうち,蒸気圧が高く,マグマ中で気相(気泡)を形成しやすい物質をマグマ中揮発性物質と呼ぶ.主要なマグマ中揮発性物質は,水(H_2O),二酸化炭素(CO_2),硫黄(S),塩素(Cl)である.これらの物質の大部分はマントルに起源をもち,マントル物質の部分溶融によって生成されたマグマに溶け込み,このマグマによって地殻に輸送される.したがって,初生マグマの揮発性物質の濃度や組成は,マントル物質の化学組成や部分溶融度に依存する.また,地殻上部へマグマが上昇する過程で起きるマグマの分化や脱ガスによって,その揮発性物質の濃度や組成は大きく変化する.

　マグマ中揮発性物質はマグマの相平衡や物性(密度,粘性)に大きく影響を与える.たとえば,ケイ酸塩メルトのH_2O濃度が高くなると,マグマの結晶晶出温度が低下し,マグマの結晶量が減少する.また,メルトのH_2O濃度が高くなると,メルトの粘性が低下し流動性が高くなるとともに,メルトの密度が低下する.メルトと気泡の相平衡もマグマに含まれる揮発性物質量に依存する.このように,マグマ中の固相,液相および気相の化学組成や量はマグマの揮発性物質量に応じて変化し,結果として,マグマ全体の密度や粘性が変化する.

　とくに,マグマ中で気泡が形成されると,マグマ全体の密度を大きく低下させマグマの上昇の原動力となるとともに,地表近くでは急激な膨張によりマグマの破砕を引き起こし,噴火を爆発的にする.マグマ中の気泡はメルトの揮発性物質濃度がその溶解度を超えたときに形成される.このた
め,マグマの上昇・噴火機構を明らかにするには,メルトの揮発性物質の濃度と溶解度を知る必要がある.揮発性物質の溶解度は,マグマの温度,圧力,化学組成,酸化還元状態に依存する.主要な揮発性物質のうち,H_2OとCO_2については多くの実験によってさまざまな条件での溶解度が報告されているが,SとClについては現状では限られた条件での溶解度のみ報告されている.

　一方,メルトの揮発性物質濃度は火山岩の鉱物に含まれるメルト包有物(melt inclusions)を分析することで得られる.メルト包有物は,マグマ中で鉱物が晶出する際に,鉱物中に周囲のメルトが捕獲されたものである.メルト包有物は火山岩とは異なり噴火時の脱ガスや外部からの二次的な汚染が少なく,噴火前のメルトの揮発性物質濃度を保持している.噴火時にマグマが急冷され,捕獲されたメルトがガラス状態になったメルト包有物を,ガラス包有物(glass inclusions)と呼ぶこともある.メルト包有物は大きいもので0.1 mm程度なので,分析には微小領域分析法が必要である.メルト包有物のSとClの濃度は電子線マイクロアナライザーを用いて,H_2OおよびCO_2は顕微赤外分光光度計や二次イオン質量分析計を用いて測定できる.これまでにメルト包有物分析から得られたメルトの揮発性物質の濃度は,おおむね$H_2O=0.1\sim7$ wt%,$CO_2=0\sim0.4$ wt%,$S=0.004\sim0.6$ wt%,$Cl=0.01\sim0.4$ wt%の範囲にある.H_2OとCO_2の溶解度データが整備されてきたことも相まって,現在ではメルト包有物の揮発性物質分析を用いた火山噴火に関する研究が広く行われるようになっている.　　　　　〔斎藤元治〕

文　献
1) Carroll, M. R. and Holloway, J. R. (1994) *Volatiles in Magmas*. Mineralogical Society of America, pp. 517.

【コラム】化学的噴火予知

prediction of volcanic eruptions by geo-chemical method

火山活動の変化に伴い，火山ガス，温泉ガスの化学組成や放出量が変化することや，火山周囲の温泉水の溶存化学成分や湧出量が変化することは古くから知られている．これらの火山性流体にみられる変化には，火山噴火に先行してみられるものも多数存在する．化学的噴火予知とは，火山性流体にみられる前兆的な変化をとらえ，噴火を予測することである．

火山噴火が起こる前には，火山の地下数 km の深さにあるマグマ溜りへの新しいマグマの供給や，マグマ溜りからのマグマの上昇などが起こる．このようなマグマの動きに伴い，マグマ性ガスの供給が増大し，火山体内部の火山性流体の間隙圧も上昇する．その結果，火口・噴気地帯では，火山ガスの温度上昇，化学組成変化，放出量増加が，火山周辺の温泉地帯では，温泉水の温度上昇，化学組成変化，湧出量増大などが起こると考えられる．

前兆的変化の例を数例示す．浅間山の 1982 年噴火やカムチャッカの火山の噴火では，数年前から数日前に火山ガスの Cl/S 比が減少したという報告がある．一方，桜島やハワイ・キラウエア火山では Cl/S 比の上昇が噴火活動活発化の 1〜2 カ月前に起きている．草津白根火山では 1976 年噴火の 1〜2 年前に新噴気孔の出現や火山ガスの SO_2/H_2S 比の上昇が，そして 1982-83 年噴火の 5〜14 日前には水素濃度上昇が見つかっている．有珠火山では噴火前に温泉水の溶存成分の増加が起きている．

火山ガスの放出量にも前兆的変化がみられる．浅間山火山では，1982 年の小噴火期の 4 カ月前に，通常の約 3 倍の二酸化硫黄（SO_2）の放出が確認されている．フィリピンのピナツボ火山 1991 年 6 月の巨大噴火に先駆けて二酸化硫黄放出量の急激な減少そしてそれに続く急激な増大が観測された．この放出量の減少は，ガス流路の閉塞に起因するものと判断された．アメリカ・セントヘレンズ火山においても噴火前に二酸化炭素（CO_2）放出量の減少が起こっている．イタリア・ストロンボリ火山では，火山山体土壌から拡散的に放出する二酸化炭素放出量が，噴火の 1 週間前に高い値を示した事例がある．

これまでに報告されている前兆的変化のほとんどは噴火後に認識されたものである．これに対して，噴火の予測に実際に成功した例は，1976 年の草津白根火山や 1991 年のピナツボ火山の例など非常に数少ないのが現状である．これは，火山ガスが地表へと到達するまでに，多種多様なプロセスを経て上昇してくるので，これらのプロセスをすべて理解せずに前兆を事前に前兆として認識することが難しいためである．

以上述べた前兆的な変化をとらえることは，噴火の到来を予測することに主眼をおいた狭義の噴火予知にあたる．火山噴火予知では，これに加えていつ，どこで，どのような噴火が発生し，どれくらいの期間継続するのかを知ることも望まれている．さらに，噴火活動がどのように推移するかを予測することも重要になる．この広い意味での噴火予知を達成するためには，火山性流体の変動の特徴を理解するだけでなく，地球物理学的観測や地質学的な情報を合わせて，地下でのマグマの状態を総合的に判断することが必要となるだろう．火山性流体に含まれるマグマ性ガスは噴火前に地表に現れる唯一のマグマ性物質であり，もたらす情報は火山の地下の状況を判断するうえで不可欠である．噴火の推移予測面でも化学的噴火予知が果たす役割は大きい．

〔森　俊哉〕

火山ガス

volcanic gas

火山活動により地表に放出される高温のガスを火山ガスと呼ぶ．火山ガスは，地球内部に溶存する揮発性物質がマグマとともに地殻浅部に輸送されたものがおもな起源であるが，マグマの熱などで加熱された天水，大気，堆積物などを起源とする揮発性成分の混入を受けている場合も多い．これらを区別するために，マグマに由来するものをマグマ性ガスと呼ぶ．

火山ガスは，H_2O および CO_2，SO_2，H_2S，HCl などの酸性ガスを主成分とし，その他に H_2，CO，CH_4，N_2，希ガスなどが含まれている．マグマ性ガスは，マグマ中の揮発性物質組成の差を反映して，沈み込み帯，ホットスポット，リフトなどでは異なる元素組成および同位体組成をもつ．沈み込み帯の火山ガスはプレートの沈み込みにより供給された H_2O が顕著に多い特徴をもつ（表1）．

火山ガスは，噴火時にはマグマとともに放出されるが，噴火時以外にも，火口から噴煙として，もしくは噴気地帯に分布する小規模の噴気孔から噴気として放出されている．噴気は噴気孔から直接採取を行うことが可能であるため，歴史的には火山ガス研究の大部分は噴気ガスを対象として，詳細な化学分析・同位体分析により行われてきた．しかし，噴気活動は一般には小規模であり大規模な火山ガス放出活動はおもに噴火および噴煙活動により生じている．近年では分光学的手法を用いた火山噴煙放出量や組成の遠隔測定，複数のガスセンサーを組み合わせた装置（Multi-GAS）による噴煙組成観測などにより，噴火や噴煙活動により火口から直接放出される火山ガスの研究が可能となり，噴火過程や大規模な火山ガス放出過程の研究が進められるようになってきた．

火山ガスは，マグマ温度（800〜1200度程度）から，水の沸点を下限としてさまざまな温度で存在する．火山ガスの組成は，高温で放出されたマグマ性ガス（表1）が，温度圧力の低下に伴う化学反応や地下水などの地表物質の混入の結果，変化したものである．マグマ性ガスの放出は，マグマ中の揮発性物質濃度，溶解度と脱ガス条件（おもに圧力が支配的）により規制されている．

火山ガスは地下での反応温度・圧力を反映した組成をもつ．火山ガスの SO_2/H_2S 比，H_2/H_2O 比，CO/CO_2 比は温度低下に伴い下記の化学反応が右側に進行し低下するため，地下での反応温度の指標となる．

$$SO_2 + 3H_2 = H_2S + 2H_2O$$
$$CO + H_2O = H_2 + CO_2$$

火山ガスと地下水の混合・反応により熱水が形成されると，酸性ガスは熱水に溶解吸収され，酸性ガス濃度は急激に低下する．温度が沸点以下に低下すると，主成分である H_2O の凝縮・除去により，組成は CO_2 を主成分となる．これらを区別するため，沸点以上のものを噴気，それ以下のものは低温火山ガスと呼ぶことがある．

火山ガスは地球の脱ガスの主要な形態であり，大気・海洋の形成の源である．火山ガスは放出量の直接測定が可能であるため，現在の地球の揮発性物質収支，とくに沈み込み帯における物質循環の収支の評価

表1 代表的な高温火山ガスの組成 (mol%)

	三宅島 沈み込み帯	ハワイ Hot Spot	エルタアレ Rift
H_2O	95	39	79
CO_2	2.0	79	10
SO_2	2.7	12	7
H_2S	0.2	−	0.6
HCl	0.3	0.1	0.4

のための指標としても重要である．火山ガス放出量は，主成分の1つであるSO_2の放出量として測定されている．SO_2は紫外域に吸収をもち大気中存在量が小さいため，太陽の散乱光を光源とした吸収スペクトルの測定により大気中存在量の測定が可能である．継続的な噴煙（噴気）活動による放出量はCOSPEC（相関スペクトロメーター）および紫外スペクトロメーターを用いた地表からの遠隔観測により1970年代から個々の火山について繰り返し測定されてきた．噴火により放出されたSO_2量は衛星に搭載のTOMS（Total Ozone Mapping Spectrometer）やOMI（Ozone Monitoring Instrument）などを用いて1979年から観測が行われている．TOMS, OMIはその名の示すとおり大気中のオゾン分布を測定するためのシステムであるが，オゾン測定のバックグラウンドの波長域にSO_2の吸収があるため，1979年のエルチチョンの噴火の際に放出されたSO_2量の測定が可能であることが示され，それ以降，火山噴火によるSO_2放出量の測定にも応用されるようになった．

約30年間にわたる測定値の集計・平均により地球全体からの火山ガスSO_2放出量の年平均値が得られている（表2）．噴火による放出量は沈み込み帯とそれ以外（ホットスポットやリフトなど）で同程度であるが，沈み込み帯では噴煙・噴気活動による放出量が，噴火による放出より1桁大きい．これは，火山ガスを供給したマグマ量は噴火により放出されたマグマの10倍に達することを示している．これを火山の過剰脱ガスと呼ぶ．噴火せずに火山ガスを放出したマグマは地殻内で固結し深成岩となる．この深成岩/火山岩の量比は，地質や地震波速度構造などの情報から推定されている値と整合的である．

噴火により放出される火山ガスは，元々噴火したマグマに溶存していたと考えられていた．噴火したマグマに元々溶存していたSO_2量は，噴出マグマ量とマグマ中の硫黄濃度から計算できる．ところが，この計算結果は，TOMSやOMIにより測定された噴火により放出されたSO_2量の1/10に満たない場合が多い．これは，噴火前にマグマ溜まりなどでガス成分の集積が起きていることを示している．このマグマの噴出量に比較して過剰な火山ガスの放出があることも，火山の過剰脱ガスと呼ばれている．前段落で述べた過剰脱ガスとともに，地殻内でのマグマと火山ガスの分別過程の結果生じたものであり，この分別過程が噴火過程や深成岩の形成による地殻の成長過程の1つの規制要因であることを示している．

マグマとともに地殻に供給された揮発性物質（火山ガス成分）のすべてが高温の火山ガスとして地表に放出されるわけではない．温泉や温泉ガス，低温の火山ガスや土壌ガスなども，地球内部からの火山ガス成分の重要な放出経路である．高温の火山ガスの放出量は，現在の桜島や三宅島でみられるような大規模な噴煙活動によるものが大部分で，いわゆる噴気地帯からの放出量は小さい．しかし，温泉や土壌ガスなどは，各地点での放出量は小さくともその放出範囲が広いため，火山体全体からの放出総量は大きい場合もある．たとえば，イタリアのエトナ火山では，山体全体から土壌ガスなどを経由して放出される火山性のCO_2の放出量は，山頂火口からの放出量と同程度であると推定されている．このような広範囲からの小流量の火山ガス成分の放出を火山の拡散的脱ガスと呼ぶ．

〔篠原宏志〕

表2 全球火山ガスSO_2放出量（Mt/a）

	沈み込み帯	それ以外
噴火	1	1
噴煙・噴気	9.2	0.5

火山ガス災害

volcanic gas disaster

火山ガス災害は，火山ガスに含まれている酸性ガス（おもに SO_2, H_2S, CO_2）によって引き起こされる自然災害である．噴石や溶岩流，火砕流，火山泥流，津波などは噴火に起因する，破壊を伴う災害であるが，火山ガス災害は非噴火時に発生する，破壊を伴わない災害である．1986年にはカメルーン共和国ニオス湖において CO_2 が突出し，周辺住民1700人以上が犠牲となった．わが国では1951年以降，公表されているだけでも約30件の火山ガス災害が発生し，約50名が落命している．

火山ガス災害は，①高濃度の H_2S が発生し，②滞留している空間に，③人間が立ち入ったときに発生し，わが国では H_2S によるものがもっとも多い．火山ガスが地下水などと混合して温度が沸点以下に低下すると，主成分である水蒸気が凝縮・除去され，H_2S および CO_2 を主成分とする低温噴気ガスになる．低温噴気ガスは音もなく大気中に拡散放出されるため，その存在に気付かないことが多く，非常に危険である．火山荒廃地にある湯溜まりや温泉から放出される，いわゆる温泉ガスも同様の理由で H_2S および CO_2 濃度が非常に高い．これらのガス発生源は火山活動の消長などに伴って位置や数が変動するので注意が必要である．

拡散放出されたガスの大気中の濃度は風の影響を受けて常時変動する．風速が強いほどガス濃度は低減するが，ガス発生源が風上にある場合には風速によってはかえって濃度が上昇する場合がある．H_2S および CO_2 は空気よりも重いため，無風状態ではより低地に移動し，窪地や谷間などではガス濃度が急激に上昇する．また，濃霧や雨雲，雪雲が垂れ込めている場合はガスの拡散が妨げられ，ガス濃度は上昇する．積雪もガスの拡散を妨げ，噴気孔から離れた場所まで高濃度のガスを導くことがある．雪洞などでは著しく高濃度になるため積雪地域ではこの点にも注意が必要である．屋内でも浴室などではガスの拡散を妨げられるため，硫化水素溶存量の多い温泉では十分な換気が必要である．

高濃度の低温噴気ガスが滞留する空間が存在してもそこに人が立ち入らなければ火山ガス災害は発生しない．群馬県草津町や富山県立山地獄谷，神奈川県箱根町大涌谷では，気象要因と地形要因を考慮して作成した大気中の H_2S ガスハザードマップ（危険発生予想図）を掲示し，観光客などに注意を喚起している．さらに，これらの地域では大気中の硫化水素濃度が規制値を超えた場合には自動的に警報が流れ，即時退去を勧告する自動監視警報システムが稼働しており，火山ガス災害の防止に効果を上げている． 〔野上健治〕

文献

1) 小坂丈予ほか（1998）わが国における火山ガス人身事故災害の発生要因とその防止対策．自然災害科学，17，131-154．

温泉・熱水の起源と分類

origin and classification of hot spring water and hydrothermal water

温泉は英語では hot spring で，地中から湧き出す温かい泉を指すが，これは狭い定義である．日本において温泉は法律で「湧出口温度が25℃以上，あるいは特定の成分をある基準以上の濃度で含有するもの」と広く定義されている．たとえば，活火山の噴気地帯で放出される火山ガスも温泉法では「温泉」に分類される．熱水は地中に存在する水を主体とする高エンタルピーの流体を指す．

温泉水・熱水の主体を成す水の起源は安定同位体比（D/H，$^{18}O/^{16}O$）から解答が与えられる．温泉水や熱水の安定同位体比は，それが産する場所の地表水の値に近く，水の起源はおもに地表水であるといえる．$^{18}O/^{16}O$ 比だけが地表水よりも高い場合は，岩石と水の間で ^{18}O 交換反応が起きている可能性がある．温泉水や熱水の D/H，$^{18}O/^{16}O$ 比がともに地表水より高い場合はマグマ水や海水の付加が考えられるが，温泉湧出口での蒸発，地中における沸騰に伴う蒸気相の分離でも同位体比は上昇するので，同位体比と溶存成分の相関からマグマ水や海水の付加を判断する必要がある．

温泉はまず火山性温泉と非火山性温泉に分類される．火山性温泉は火山に伴われる温泉で，非火山性温泉は火山が現在あるいは過去にも存在していない場所で湧出する温泉である．火山性温泉は主要な陰イオン（Cl^-，HCO_3^-，SO_4^{2-}）濃度の相対比と液性に基づき，酸性硫酸塩化物泉，中性塩化物泉，重炭酸泉，酸性硫酸泉に分類できる．

酸性硫酸塩化物泉は pH が1～2と強酸性で，Cl^-，SO_4^{2-} を 1000 mg/l 程度あるいはそれ以上の濃度で含有する．日本では，秋田県玉川温泉，群馬県草津温泉などが相当する．酸性硫酸塩化物泉は比較的浅い地下でマグマから放出される高温ガスが地下水に吸収されて形成される．

中性塩化物泉は食塩泉とも呼ばれ，Na^+ と Cl^- イオンを高濃度で含有し，中性から弱アルカリ性を示す．中性塩化物泉は，酸性硫酸塩化物泉が岩石と反応して形成される場合と，深部のマグマから放出された NaCl に富む流体が上昇し地下水に薄められて形成される場合が考えられている．中性塩化物泉は成層火山のように起伏がある火山体に伴う場合は，山体の中心から離れた山麓で湧出することが多い．それは山体斜面の地下を流下する地下水の影響と考えられている．海岸近くに位置する火山に伴われる中性塩化物泉の中には NaCl が海水に由来する場合がある．地熱系で見出される熱水は，中性塩化物泉に相当する．地下深部で固結したマグマである高温岩体と地下水が相互作用し，NaCl を含む高エンタルピーの流体が熱水を形成すると考えられる．

重炭酸泉は主要な陽イオンが HCO_3^- で Cl^- と SO_4^{2-} を少量含み，液性は中性から弱アルカリ性を示す．重炭酸泉は CO_2 に富む蒸気あるいは熱水が地下水に吸収されて形成すると考えられる．重炭酸泉は飲用に適することが多く，大分県九重山の白水などは名水として知られている．

酸性硫酸泉は pH が1～3と低く，陰イオンはほとんど SO_4^{2-} で占められる．酸性硫酸泉は熱水が上昇する過程で沸騰して発生した蒸気相が地下水に吸収され，蒸気に含まれる H_2S が酸化して形成されると考えられている．活火山の噴気地帯で火山ガスと共存して湧出する温泉水は酸性硫酸泉に分類されるものが多い．噴気地帯の蒸気を冷水と混合させて造成する温泉水は酸性硫酸泉に近い組成を示す．

非火山性温泉は，循環水温泉，有馬型温泉，グリーンタフ型温泉，化石海水温泉に分類できる．循環水温泉は，天水（雨，雪，霰などの総称）起源の地表水が地下に浸透し温められて上昇・湧出した温泉で，液性は中性からアルカリ性を示す．総溶存成分量は少なく，1000 mg/l 以下の場合は単純温泉と呼ばれている．地下を循環する地表水が起源という点で，すべての温泉は循環水温泉ともいえるが，ここではあえて溶存成分が少ない温泉を循環水温泉と呼ぶことにする．火山や地熱系が存在しない常地温勾配地域では深度1000 m ごとに約30℃の地温上昇がある．一般に地表水は地下に亀裂が存在すれば，数 km の深さまで浸透することが可能である．理論的な計算によると，地表温度が15℃程度で，2 kmまで地表水が浸透し上昇した場合，50℃以下の温泉水が形成されうる．循環水が地下で粘土鉱物や沸石と平衡関係を保つことにより，pH が10に達するアルカリ性泉を形成することがある．神奈川県中川温泉はこのようなアルカリ性泉の例としてあげられる．一方で，地層に炭酸塩が含まれ CO_2 が供給されると pH は低下し液性は中性に近づく．

有馬型温泉は，兵庫県の有馬温泉に代表される温泉で，Cl^- を高濃度で含有し，液性は中性である．水の同位体比が地表水に比べて高い特徴がある．有馬温泉以外でも中央構造線に沿った長野県鹿塩温泉は有馬型温泉に分類される．有馬型温泉の起源はいまだ明らかにされていないが，沈み込むプレートから搾り出された流体を起源とする説が唱えられている．日本列島のような沈み込み帯では，沈み込むプレートから水を主体とした流体が搾り出され，それが上昇する過程で沈み込むプレートの上部に位置するマントルウエッジを溶融させマグマを発生させると考えられている．有馬型温泉では搾り出された流体がマグマを発生せずに地表まで到達したのかも知れない．この仮説は有馬温泉の ^{3}He/^{4}He 比が MORB（中央海嶺玄武岩）に匹敵する高い値を示し，マントルの影響があることからも支持される．

日本列島は新第三紀中新世にユーラシア大陸から分離し日本海が形成された．その際に起きた大規模な海底火山活動とそれに伴う熱水活動で，海水に含まれる硫酸イオンが硫酸カルシウム（$CaSO_4$）として大量に沈殿し，グリーンタフ（緑色凝灰岩）と呼ばれる地層に取り込まれた．その後，グリーンタフを含む地域が隆起・陸地化し，$CaSO_4$ が循環水に溶解して湧出したのがグリーンタフ型温泉で，北海道から中国地方の日本海沿いに分布する．グリーンタフ型温泉水の同位体比は地表水に一致する．

化石海水温泉は，海底で堆積した地層が砂礫の間隙に海水を取り込み隆起・陸化した後に，取り込まれた海水が循環水に混入して形成される．化石海水温泉は NaCl 型の中性泉で，水の同位体比が地表水よりも高い．群馬県磯部温泉は典型的な化石海水温泉である．東京湾を取り囲む千葉県，東京都，神奈川県の地下に分布する上総層群と呼ばれる地層は化石海水を含んでおり，この地層から汲み上げられる温泉水は化石海水温泉である．この地域の化石海水温泉水は地層に含まれる有機物が分解して発生したメタンガスを伴うことが特徴で，過去に温泉水から分離したメタンガスが爆発や発火する事故が起きている．この地域の化石海水温泉水にはヨウ素が高濃度で含まれることも特徴としてあげられる．

〔大場　武〕

地震に伴う地球化学現象

geochemical phenomena associated with earthquake

　地震に伴う地球化学現象とは，地震の発生に関連して起きる化学反応や物質移動のことであり，これを扱う研究分野を地震化学（earthquake chemistry）という．地震発生の前後に地殻を構成する岩石・鉱物が破壊されることに起因する現象を扱う研究は地震発生予測技術の発展に寄与し，地震発生域で生じる化学反応や物質移動を扱う研究は地震発生過程の理解に貢献する．

　地表で観測される地震に伴う地球化学現象のほとんどは，地震の発生源である震源域で起きている現象を直接反映しているものではない．地震前後の地殻変動が地表付近の地層に変化をもたらすことによって，間接的に引き起こされた岩石・鉱物の破壊が，一般的な地震に伴う地球化学現象の原因である．たとえば，地震の発生前や発生後には，地下水中の^{222}Rnの濃度に異常変化が観測されることがある．このラドン濃度の変化を，地下数kmの深さにある震源域からの物質移動で説明することはできない．地下水が含まれている帯水層を構成する岩石からのラドン放出を支配する亀裂の量が，地震前後の地殻変動によって変化を受けたためと考えられている．

　地表で観測できる地震に伴う地球化学現象のうち，地震が直接的な原因となっている例として，断層から放出される水素ガスの量の変化がある．たとえば，断層のずれ運動に伴って断層直上で水素の放出が観測され，活断層線上では土壌ガス中の水素濃度が有意に高いなどの報告がされてきた．粘土鉱物などによって固着している断層がずれ運動によって地震を発生させるとき，同時に鉱物が破壊される．このとき，鉱物を構成するケイ素と酸素の結合が切断され，ケイ素のラジカルが発生する．引き続いてケイ素ラジカルと水が反応することで生成された水素は，断層に沿って移動し地表に放出されるのである．現在では，鉱物の破壊の量と放出される水素の量に比例関係があることも，岩石破壊実験によって確かめられている．

　地表で観測できる地震に伴う地球化学現象のうち，震源域での地震発生過程と深くかかわっていると考えられている例として，断層から放出されるヘリウムの^{3}He/^{4}He同位体比の変化がある．震源域から深い部分について地震波が伝わる速度を調べると，地震波が遅くなる領域が上部マントルから震源域までつながっていることがわかってきた．これは，震源域には上部マントルから水や^{3}Heに富んだガスなどの流体が供給されているためで，これらの流体が地震の発生を誘発させていると考えられている．断層面の両側にある断層破砕帯は，震源域から地表まで続くガスや水の通り道であると考えられているため，断層破砕帯から放出されるガス中の^{3}He/^{4}He同位体比を調べると，震源域の地球化学現象が明らかになるばかりでなく，地震発生の過程がより詳細に理解できると期待されている．

　地震に伴う地球化学現象の観測は，水やガスの量や組成を詳細にかつ継続的に分析することが求められるため，イオン分析・質量分析・放射線分析などを駆使して実施される．野外での連続観測を行う場合には，観測値が環境や地殻のダイナミックな変動の影響を大きく受けることから，気象学的な観測に加え，地震学的な観測，地球物理的な観測，水文学的な観測を並行して実施することが求められる．また，汎用装置を連続観測用に改造する必要があるため，分野横断的な技術が求められることが多い．

〔角森史昭〕

6-07
沈み込み帯の物質循環とスラブ起源流体
material recycling in subduction zone and slab-derived fluid

スラブ起源流体（slab-derived fluid or slab-fluid）は，沈み込むプレート（以降，スラブと呼ぶ）から脱水される流体であり，おもに水と水に溶け込みやすい元素からなる．沈み込むプレートの多くは海洋プレートであり，流体の物理化学的特徴は，その構成物質である海洋堆積物や海洋地殻の組成と，それらが脱水する温度・圧力条件，および元素ごとの水への溶け込みやすさ（あるいは移動のしやすさ（モビリティー mobility））の違いによって獲得される．スラブ起源流体は，沈み込み帯の火山下のマントルでのマグマ発生や，スラブ周辺での地震発生に大きく関与していると考えられており，沈み込み帯での変動現象（火山，地震，地殻変動，変成作用，造山運動など）を引き起こす重要な要素であることがわかりつつある（図1）．

世界中には多くのプレート収束境界（沈み込み帯，衝突帯）がある．そのうち，プレートが地球内部へ入っていく沈み込み帯は，総延長約4万kmにおよび，そこでは火山や地震活動などの特徴的な現象が起こっている．たとえば，日本列島周辺では，大陸プレートであるユーラシアプレートと北米プレートの下に，日本海溝から海洋プレートである太平洋プレートが北西に向かって沈み込んでいる．さらに南海トラフから海洋プレートであるフィリピン海プレートが南東方向から沈み込み，日本列島の下では太平洋プレートに覆いかぶさるように配置されている．これらに伴って，日本列島では活発な火山活動や地震活動が起こっている．

沈み込み帯では，沈み込むプレートによって地球内部に物質が運び込まれ，温度圧力に依存した化学反応が誘発されると考えられる．プレートの化学組成および沈み込み帯の総延長と沈み込み速度に基づいて地球内部への物質流入量を見積もることができ，たとえば，水の流入量は，見積もり幅が大きいものの10^{11}〜10^{12} kg/年と評価されている．同時に，スラブから脱水反応によって放出される物質の一部はマグマなどによって地表に還元される．その量は，火山岩の化学組成および噴出率から見積もられ，10^{11} kg/年程度の水が還元されると評価されている．しかし，流入量，還元量のいずれの評価値も不定性（たとえば，マグマ以外の還元が考慮されていない点）が大きい点に留意すべきである．

沈み込むスラブは，海洋堆積物層，海洋地殻層に含水鉱物の形で水を含んでいる．これらの水は，スラブから放出されて上昇すると，そこでのマントルの融点を下げるため，マグマの発生に重要である．このため，実験や熱力学的解析から含水鉱物の安定領域や加水による岩石の融点低下現象を調べる研究が行われ，沈み込みから上昇までの過程や経路が解明されつつある．そのような循環の証拠としては，マントルからもたらされた岩片（捕獲岩）や火山岩中の結晶にスラブ構成物質起源の流体包有物が保持されていること，また，火山岩の中に

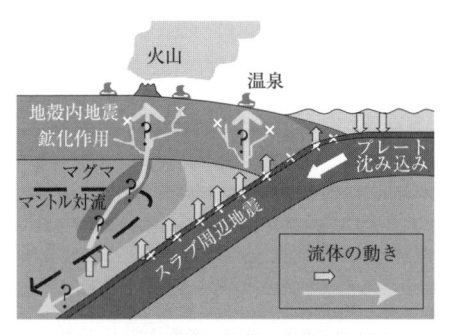

図1 スラブ流体の分布・移動の推定図（口絵13参照）

宇宙線起源の放射性核種（^{10}Be，ベリリウム10）が検出されていることがあげられる[1]．^{10}Beの存在は，海洋底に積もった堆積物などのスラブ構成物質が沈み込む海洋プレートを経て火山の生成に関与していることを示している．沈み込み帯のマグマ（およびそれが冷え固まった火山岩）の同位体比や元素濃度は，その主要な起源物質であるマントルの溶融だけでは説明ができず，水に溶けやすい元素（たとえば，Rb，K，Pb）やそれに対応する同位体に富む傾向がみられ，このことからもマグマの生成にスラブ起源流体が関与したことが示唆される．どの程度そのような成分に富むかを定量的に評価することによって，火山岩の生成に関わったスラブ起源流体の量を推定することができる．その結果，多くの沈み込み帯では，マントルに付け加わるスラブ起源流体の量は1％（重量）以下程度と見積もられている．

スラブ起源流体の発生と移動は，mobilityの違いによる元素分別を伴うため，地殻表層部で鉱床の生成や温泉水の成分の違いを引き起こすと考えられる．スラブ起源流体の量や組成の空間分布，マントルウェッジおよび地殻中のマグマや流体の移動経路や滞留および移動速度については，さまざまな観測・実験・シミュレーションデータから制約が試みられている．地震波や電磁波の伝わり方の観測（とくに「トモグラフィー」と呼ばれる手法が有効である），岩石と水の高温高圧相平衡実験，放射性同位体を用いた年代測定，数値シミュレーションによる温度場の推定などをおもな手法として，沈み込み帯における流体の実態，分布，移動の様子が推定されている．水やマグマなどの液体を含む領域の検出は，①比較的地震波速度が遅くかつ電気比抵抗が小さい，②脱水あるいは溶融を引き起こす温度-圧力条件を満たすかどうかの検証により推定可能である．移動速度は，比較的短い半減期をもつ放射性核種の壊変を，あたかも砂時計のように利用して推定されている．前でふれた宇宙線により生成される^{10}Beは半減期が1.51×10^6年（151万年）であり，堆積物が沈み込み始めたときにその生成が停止し（すなわち，砂時計を反転させて時間を計り始めることに相当する），沈み込み→スラブ起源流体による移動→地表へ還元という過程の間に^{10}Beが減少する．したがって，どのくらい減少したかを測定することにより，沈み込みはじめてからの時間が推定可能である．原理はやや異なるが，スラブ起源流体やマグマが生じる際にU-Th放射壊変系列の放射非平衡が生じること（親核種^{238}Uと娘核種^{230}Thの濃度比が変化し，放射能バランスが崩れること）を砂時計として用いる方法も，スラブ起源流体やマグマの移動時間の制約に用いられている．しかし，スラブ起源流体やマグマが生じる際のUとThの振る舞いはよくわかっておらず，推定された時間がどのような過程に対応するのかは不明瞭である．これらを補うべく，スラブ起源流体の発生，分布，移動を数値シミュレーションによって予測し，上記の観測や放射性核種のデータと比較する試みがなされているが，今後更なる研究が必要である．〔中村仁美・岩森　光〕

文　献

1) Morris, J. and Tera, F. (1989) Be-10 and Be-9 in mineral separates and whole rocks from volcanic arcs - Implications for sediment subduction. Geochimica et Cosmochimica Acta, **53**, 3197-3206.

6-08 固体地球の構造：地殻-マントル-コア
structure of the solid earth: crust-mantle-core

地球の固体部分（固体地球）は，平均半径が約 6371 km の赤道方向にやや膨らんだ回転楕円体で近似される形状をもち，地球全質量（5.974×10^{24} kg）のうちの約 99.98％を占める．固体地球は，球殻（厚みをもった球面状の殻）が何層も積み重なったような構造をもち，地球の表面から中心に向かって，圧力，温度，物質の化学組成や構造が変化する．このうち，地球表面を覆う厚さ約 5〜70 km（平均 16 km）の部分を地殻と呼ぶ．また，地殻（crust）の下から深さ約 2891 km までをマントル，マントル（mantle）の下から地球中心までをコア（core）と呼ぶ（表1）．これらの構造や各部分の化学組成は，おもに地震波を用いた観測と地球化学的な観察によって推定されている．表1の数値には，推定方法により幅が生じることに注意が必要である（たとえば 6-09, 6-11, 6-12, 6-16, 7-01, 7-09 を参照）．

地殻とマントルの境界は，モホロビチッチ不連続面（通称モホ）と呼ばれる地震学的な不連続面によって定義され，その上下で地震波伝播速度が不連続的に変化する．地殻は海洋地域では平均約 7 km でおもに海洋玄武岩質の火成岩とその上を覆う堆積物とからなる（海洋地殻）．大陸では平均約 35 km で，平均組成は安山岩質である（大陸地殻）．マントルとコアの境界も，顕著な地震波速度の不連続が観測され，コア側は横波（S波）を通さず，液体で構成されていることがわかっている．地殻，マントル，コアの境界とともに，それぞれの中にも，深さ方向に大きく波の伝わり方が変化するところがあることがわかってきた．たとえば，コアの中は，深さ約 5150 km を境にして，外側の液体部分（外核）とより地球中心に近い内側の固体部分（内核）からなることがわかっている．マントルの中は，平均的な深さ約 410 km と 660 km に地震波速度の不連続が観測され，いずれもマントルの岩石を構成する鉱物の相転移に伴うと推定されている．また，コア-マントル境界（CMB）の直上数百 km の部分には，複数の地震波速度の不連続面や比較的大きな不均質が検出されており，マントル最深部での相転移，沈み込んだプレート物質の蓄積，コアとの化学反応，溶融など，複数の原因が提唱されている．この部分を D″ 層と呼ぶ．

地殻，マントル，コアは，地震波速度だけでなく，構成物質の化学組成が不連続的に異なり，地殻，マントル，コアの順に密度が高くなる（表1）．このような球殻層構造は，微惑星の集積から現在に至るまでの地球形成-進化過程において，重力分離（高密度の物質が中心に向かって沈み，低密度の物質が上昇すること）が主要な役割を果たしたことを示唆する．

地殻とマントルは，おもに O と Si を主成分とするケイ酸塩の岩石からなり，地殻

表1 地殻・マントル・コアの平均分布半径，厚さ，質量，体積，密度

	分布半径 （下限深度） km	厚さ km	質量 10^{24} kg (%)	体積 10^{21} m^3 (%)	密度 kg/m^3
地球全体	0〜6371	6371	5.974 (100.0)	1.083 (100.0)	5515
地殻	6355〜6371 (16)	16	0.028 (0.5)	0.010 (0.9)	2710
マントル	3480〜6355 (2891)	2875	4.000 (67.0)	0.898 (82.9)	4460
コア	0〜3480 (6371)	3480	1.94 (32.5)	0.177 (16.3)	11970

の方がより Si, Al, Ca, アルカリ元素（Na や K など）に富み，Mg に乏しいという違いがある．コアはおもに Fe を主成分とする金属からなると推定されている．

地球表面付近の岩石は，直接地質調査やボーリング（掘削）によって調べることができるが，地殻およびマントルの上部付近に限られる．より深部のマントルの様子は，火山のマグマに含まれる地球内部の岩石や鉱物のかけら（それぞれゼノリス，ゼノクリストと呼ばれる）や，マグマそのものに含まれる成分を調べることによって推定されてきた．

コアの物質を直接手にとることはできないが，地球全体の化学組成を隕石や太陽の化学組成から推定し，そこから地殻やマントルの成分を差し引いて化学組成を推定することができる．そのようにして推定された成分は，Fe と Ni の重い金属元素に富むが，より軽い元素も含まれていると考えられている．地球中心部分に重い物質があることは，地球の慣性モーメント（自転の止まりにくさを表し，地球は同じ質量で密度が一様な球よりも止まりやすい）とも合致する．

最近では，原理的に人体の CT スキャンに似る地震波トモグラフィーという手法によって，地球内部の3次元的な構造を細かくみることができるようになってきた．さらに，地球内部の電磁気的性質やニュートリノを使った新しい方法によって，地球の内部構造がより具体的に明らかになると期待されている．

これらの球殻上の構造に加え，地球内部および表層付近は流動や変形を起こす．地殻変動，プレート運動や大陸移動は，その顕著な地表表現であり，地質学的な証拠（地層や化石の分布），古地磁気学的な証拠とともに，グローバル・ポジショニング・システム（GPS）を用いた観測によって，そのような変動がリアルタイムで捉えられるようになってきた．

これらの表層変動は，マントルの流動（マントル対流と呼ばれる）を反映しているが，地球内部がどのように流動しているかを直接的に捉えることは難しい．マントルの流動は，重力場での密度不均質によって生じる浮力（あるいは沈降力）と，その浮力と釣り合う粘性力によって決まる．このために，地球内部の物性や構造を上述の方法（たとえば，地震波トモグラフィー）および重力測定から評価し，同時に粘性などの流動特性を考え合わせることにより，どのような流れが起こっているのかを流体力学に基づいて推定可能である．マントルの粘性率はおよそ 10^{21} Pa·s と大きい（非常に粘っこい）ために，流動速度は，秒速 $10^{-9} \sim 10^{-10}$ m 程度と小さい．

コアのうち，中心から約 1220 km から 3480 km までの外核（液体）の中では，マントルよりも流動速度が速く（秒速 10^{-4} m 程度），かつ電磁力が働く対流が起こり，このために地球磁場が生成されていると考えられている．この作用を地球ダイナモ作用と呼ぶ．近年のコンピューターの発達により，これらの地球内部流動現象（マントル対流や外核の対流）について，より直接的なシミュレーションが可能となりつつある．　　　〔岩森　光〕

6-09

地殻の構造

crustal structure

地殻（crust）は，層構造をなす固体地球の最上部を構成する層であり，地震学的には，モホロビチッチ不連続面（モホ面）(Mohorovičić discontinuity) の上部を地殻，下部がマントル（mantle）と定義される．また，地殻は，プレートテクトニクスで重要な役割を果たすリソスフェア（プレート）の最上部層である．モホ面は，地球内部では，顕著な不連続面の1つであり，地球のほぼすべての地域で存在が確認される．モホ面を境に地殻はP波速度8 km/s 未満，マントルはP波速度8 km/s 程度の層として，認識される．地震学的な地殻の構造は，制御震源地震学の手法（図1）により，海域を含む世界各地で精度よく求められている．地殻の厚さは，海洋と大陸・島弧で大きく異なり，海洋では約7 km，古くて大きな安定した大陸（「クラトン」と呼ばれる）では40 km 程度である（図2）．

大陸地殻（continental crust）は比較的厚く，またP波速度は全体にわたってほぼ6～7 km/s であることが特徴である．しかし，地殻の厚さとP波速度は，場所による変化が大きい．伸張場であるリフトや受動的大陸縁辺域では，地殻の厚さは30 km 以下であることもある．また，造山帯などでは，大陸地殻どうしの衝突により，厚さが50 km を超える場合もある．安定した大陸地殻の最上部には薄い堆積層があるが，その速度や厚さは場所による違いが大きい．その下の上部地殻は，P波速度6.0～6.3 km/s であり，その厚さは15～20 km 程度である．その下には，P波速度6.4～6.8 km/s の層があり，地殻最下部にP波速度が7.0 km/s を超える層がある場合もある．この部分を下部地殻と呼ぶ．各層のポアソン比に関しては，データが少ないが，平均して，上部地殻で0.245，下部地殻で0.257であり，下部地殻がやや大きい．1980年代から，反射法地震探査の進歩により，上部地殻は反射法的に比較的透

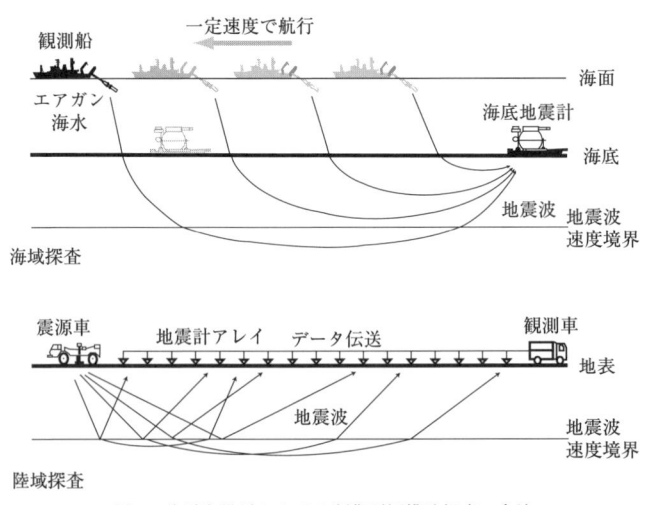

図1　海域と陸域における制御震源構造探査の方法

明（反射面がない）であり，下部地殻は連続性の悪い多数の反射面が存在する（reflective である）場合が多いことがわかった．地震学的には，reflective な層は，空間スケールが比較的小さな不均質が多数存在することが推定されている．大陸地殻を構成してる岩石・鉱物は，地震波速度や高圧高温の室内実験から推定されている．大陸地殻の上部を構成してる岩石は，表層の地質観察などの情報も加えて，珪長質（花こう岩質）と推定されている．深部は，苦鉄質（斑れい岩質）な岩石が多くを占めていると考えられている．伸張場により引き延ばされて薄くなった大陸地殻では，下部地殻に比べ，上部地殻の厚さの減少の割合が大きいことがある．

海洋地殻（oceanic crust）は，大陸地殻に比べて，場所による変化が少なく，ほぼ一様の構造である．海洋地殻を含む海洋プレート（oceanic plate）の特徴は，地球の歴史の早期から存在し続けると考えられる大陸地殻を含む大陸プレートと異なり，海嶺で生産され，海溝で大陸プレートの下に沈み込み，消費されるということである．そのために，地球上で最も古い海洋地殻は約2億年前に生産されたものである．海洋地殻の地震学的な構造を求めるためには，海域における制御震源構造探査などを行う

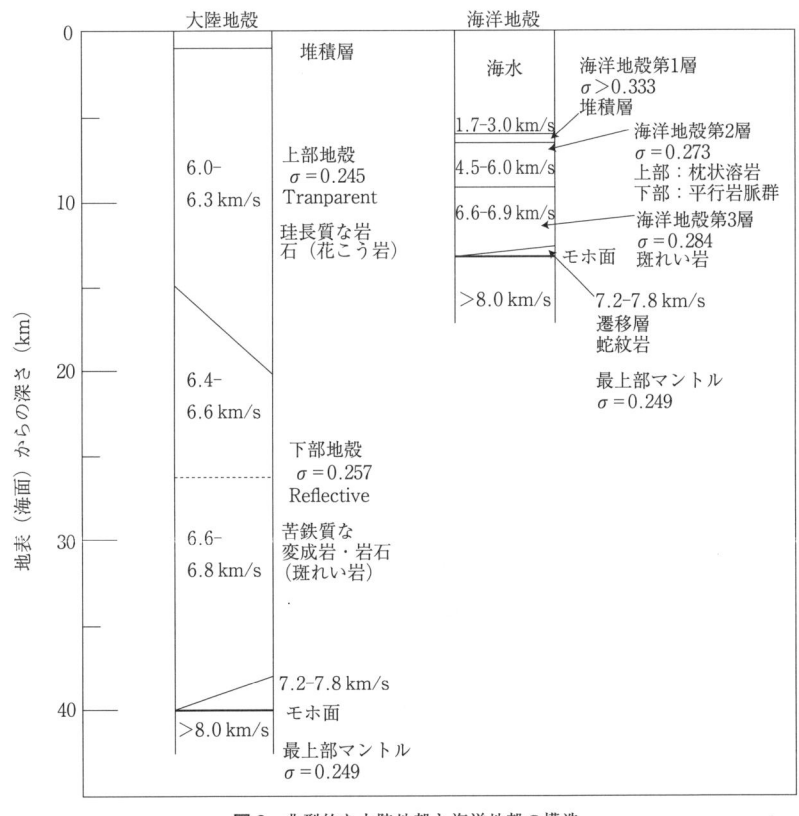

図2 典型的な大陸地殻と海洋地殻の構造

233

必要があるが，近年の反射法地震探査，海底地震計（図3）と制御震源を用いた広角反射・屈折法地震探査の進展により，より精度の高い海洋地殻の構造がわかってきた．海洋地殻は大きく分けて，3つの層に分けられる．海洋地殻第1層（layer 1）は，堆積層であり，P波速度は，1.7～3 km/sであり，大洋では，layer 1の厚さは，0.5 km程度であるが，陸域近くでは，数kmに達することがあり，場所による違いが大きい．海洋地殻第2層（layer 2）は，4.5～6.0 km/sのP波速度を持ち，その厚さは数kmである．海洋地殻最下部である海洋地殻第3層（layer 3）は，P波速度が6.6～6.9 km/sであり，その厚さは4～6 kmである．その下の最上部マントルのP波速度（Pn）は，古い海洋プレートでは，8 km/sを超える．最新の海域観測測器により，求められる構造の精度が上がってくると，layer 2をさらに3つの層に分けるモデルや，速度が深さとともに増加するような速度構造モデルが提出された．一方，モホ面に関しても，1枚の面ではなく，厚さ数km以下で急激に速度が深さとともに増加する層（遷移層）として，捉えられる例が出てきた．layer 2とlayer 3のポアソン比については，それぞれ，0.273, 0.284であり，layer 3のポアソン比が大きいことが特徴である．海洋地殻を構成する岩石に関しては，地震波速度

や，室内実験などの情報に加えて，海洋地殻が衝突により，陸上に乗り上げ露出したと考えられているオフィオライトの観察結果から推定されている．layer 1は，深海性の堆積物によって構成されている．これらは，海洋地殻が海嶺で生産された後に，堆積したものであり，含まれる微化石により，時代決定される．layer 2の最上部は，海洋地殻が，海嶺で生産されたときに海底に露出した部分であり，玄武岩が海水に接して固化した枕状溶岩であり，その下は平行岩脈群からなっている．上部は破砕され空隙が大きく，深さとともに空隙は少なくなり，玄武岩の本来の速度に近づく．これが，layer 2が多層モデルや速度勾配モデルで表現される理由であると考えられる．このlayer 2までの構成岩石は，深海掘削により，実際にサンプルが得られて確かめられている．layer 3は，斑れい岩からなっていると考えられている．layer 3の下部には，layer 3形成時に早期に晶出した鉱物が堆積した岩石（沈積岩）があり，地震波速度構造でみたときに，P波速度が7 km/sを超える部分に相当すると思われる．また，海洋地殻最下部には，遷移層や7.6 km/s程度の薄い層がみられることがあるが，これは，マントル物質起源の蛇紋岩である可能性が指摘されている．大洋下での最上部マントルでは，地震波速度異方性（seismic anisotropy）が観測されることも特徴である．一般に岩石は，鉱物の並ぶ向きがばらばらであり，異方性をもたないことが多いが，生成時に応力によって構成鉱物の向きがそろう，あるいは生成後に特定の方向に微小な割れ目（クラック）が入るなどの構造が発達すると異方性をもつことがある．海洋プレートは，海嶺で生産された際に，応力が一様にかかり，そのために最上部マントルの鉱物（カンラン石と考えられている）の向きがそろうと考えられている．もっとも地震波速度が伝わる

図3　海域における構造探査に使われる海底地震計

速い方向が,海洋プレートが海嶺から広がった方向と解釈される.最近行われた北西太平洋における海底地震計を用いた構造探査実験の結果では,P波速度異方性の大きさは約5%であり,その大きさから全体の約2割の鉱物が配列していると解釈されている.一方,陸域の浅部でも地震波速度異方性が確認されているが,同様にlayer 2においても,地震波速度異方性が確認されている.これは,岩石中の微小なクラックが,現在の応力を受け,同じ方向に開口しているモデルで説明される.

　日本列島のような活動的な島弧の地殻構造は,大陸地殻の速度構造に似ているもののその厚さは約30kmとやや薄くなる.とくに火山弧では,最上部マントルの速度が,7.6km/s程度と遅くなる.伊豆小笠原島弧北部のように,海洋地殻内で,現在島弧が成長中であると考えられる海洋性島弧に関しても速度構造が求められている.伊豆小笠原島弧北部では,地殻の厚さは20km程度と薄いが,中部にP波速度6.1〜6.5km/sの厚い層が発見され,大陸地殻との類似が注目された.また,下部地殻のP波速度は,7.1〜7.3km/sと速く,その下の最上部マントルは,7.8km/sと逆に遅くなっている.また,前弧域では,明瞭なモホ面が確認されない.背弧海盆でも構造探査が進み,日本海北部の日本海盆では,海洋地殻とほぼ同じ構造をもつことが確認されたが,南部にある大和海盆・対馬海盆では,地殻の厚さが15km程度と,海洋地殻と大陸地殻との中間的な構造であることがわかった.これらの地殻の成因については,日本海が形成されたときに大陸地殻が極端に薄くなったとする説と,海洋地殻が生成されたが,従来のほぼ2倍の厚さの地殻が形成されたとする説がある.

〔篠原雅尚〕

文　献

1) 平朝彦ほか (1997) 岩波講座地球惑星科学 8, 地殻の形成.岩波書店, pp260.
2) Fountain, D. M., et al. (1992) *Continental Lower Crust*, Elsevier, pp485.
3) Shinohara, M., et al. (2008) Upper mantle and crustal seismic structure beneath the northwestern Pacific basin using seafloor borehole broadband seismometer and ocean bottom seismometers. Phys. Earth Planet Inter., **170**, 95-106.
4) Suyehiro, K., et al. (1996) Continental crust, crustal underplating, and low-Q upper mantle beneath an oceanic island arc. Science, **272**, 390-392.

地殻の組成

chemical composition of crust

6-10

　地球は海洋地殻と大陸地殻の2種類の地殻に表面を覆われている．両方の地殻の重量をあわせても地球全体の1%以下であるが，マントルを構成する一般的な鉱物の結晶格子に入りにくい不適合元素については放射性元素を含め20～70%は地殻に濃集していて，地球化学的には重要なリザーバーである．地殻は地球の表面部分であるのでマントルなど深部物質に比べると試料採取が容易であり化学組成のデータは多いが，海洋地殻は海底の岩石であり，採取にはドレッジ・潜航や掘削など大掛かりな作業が必要になる．大陸地殻でも深部の物質は手に入れにくい．

　海洋地殻は中央海嶺に噴出した玄武岩（中央海嶺玄武岩と呼ばれる）が大部分を占めているが，海洋島や海台などの部分を含んでいる．後二者は起源物質や生成過程が中央海嶺玄武岩と異なり，化学組成や同位体比組成も大きく異なる．中央海嶺玄武岩は主成分元素については比較的均質な化学組成をもつが，不適合元素については枯渇したものから，やや濃縮したものまで組成の変化は大きい．たとえば，Laの濃度は0.4 ppm程度から60 ppm程度まで2桁の濃度変化がある．複数の国際機関が化学組成のデータベースを公開しているが，東太平洋中央海嶺の玄武岩の分析例を付録2）に示す．化学組成は玄武岩的である．海嶺ごとの拡大速度の違いや，部分溶融度の違い，マグマの分化過程の違いにより化学組成の変動が生じているが，それらの諸要因で説明できる組成幅よりも大きな変化が観察されるため，起源物質である上部マントルに化学組成の不均質があると考えられている．

　大陸地殻は海洋地殻よりもさらに化学組成の幅が広い．平均的な組成を求めるには，代表となる試料を選定し分析データを平均する手法がとられている．また，深部の岩石については，地震波速度，熱流量などの地球物理データと組み合わせて推定することが行われている．大陸地殻は地震波の伝達速度から，上，中，下部の3つに分けられることが多い．そのうち，上部地殻は試料採取がしやすい場所であるが，不均質性は大きい．実際に地表の試料を多数採取して分析し，地表での岩石ごとの分布率を掛け合わせて平均組成を推定する方法がとられている．氷河が広い地域から削剥した泥が堆積した氷縞粘土などは広い領域の地表の岩石を混合した試料である．このような堆積物を分析し，平均化学組成を推定する方法も使われている．水に溶けやすい元素は損失が起きるが，新鮮な岩石で可溶性元素と不溶性元素の濃度比を求めておき，堆積物の不溶元素の濃度と組み合わせて組成を推定する方法も用いられている．

　中部，下部地殻は試料採取が困難なため推定はより困難になる．マグマが上昇するときに地殻をひっかいて地表に運んだ捕獲岩を分析するか，地殻の深部だった部分が，その後の地殻変動で地表に露出した変成岩地域の岩石を分析する方法が用いられている．試料数が少ないため分析した試料が地球全体を代表しているかは大きな問題となる．地震波速度や地殻熱流量は化学組成と関係がある地球物理量であり，地表に露出していない深部の岩石の情報を地表の観測で得られる．捕獲岩や変成岩地域の化学分析で得られた組成から予想される地球物理量が観測結果と矛盾しないかは，深部岩石の化学組成の推定のためには大きな制約条件として利用できる．上，中，下部大陸地殻組成から推定した全体の大陸地殻の平均化学組成を付録2）にまとめる．

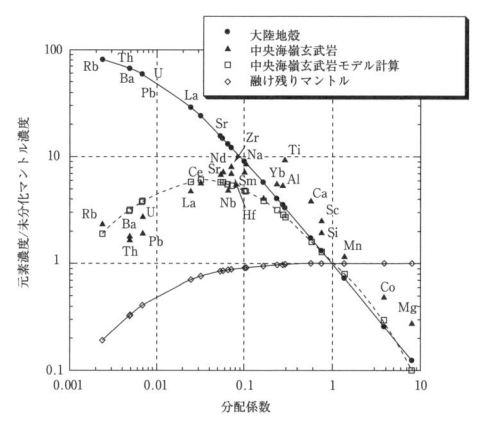

図1 大陸地殻と海洋地殻の元素組成の特徴
(Hofmann (2003) の図を改変)

　大陸地殻は，上部は花こう岩・流紋岩的であるが，中部，下部と深部になると玄武岩的になり，全体としては安山岩的な組成を持っている．これは大陸地殻内部での化学分化により生じたと考える説が有力であり，大陸形成論として議論されている．

　微量元素について，海洋地殻，大陸地殻には重要な関係が認められる．付録2) の平均大陸地殻の組成と海洋地殻の化学組成を，縦軸に元素濃度を未分化なマントルの濃度で割った値を，横軸に分配係数をとり図1にプロットする．ここで大陸地殻は未分化なマントルが1%平衡条件下で融解したときの溶融相と単純化して考える．平衡分配の式は次式で与えられる．

$$C_l = \frac{C_0}{F + D(1-F)}$$

C_l, C_0 はそれぞれ液相，出発物質中の元素濃度，D は分配係数，F は部分溶融度（出発物質のうち溶融した割合）である．図の分配係数 (D) は，未分化なマントルの濃度を C_0，大陸地殻の元素濃度を液相の濃度 C_l として，平衡分配の式で部分溶融度 $F=0.01$ としたときに得られる D の値である．未分化なマントルから大陸地殻に取り去られた元素の量を引いて求めた残ったマントルの濃度を◇印で表す．融け残ったマントルを大陸地殻の形成のときと同じ D を用いて，$F=0.1$ としたときに予想されるメルトの元素濃度を破線で示す．▲印で示される実際の中央海嶺玄武岩の化学組成は，この破線でよく表されていることが示されている．大陸地殻を生み出した後の不適合元素が枯渇したマントルから，海洋地殻が生み出されていると考えてよいことがわかる．地殻の同位体比組成の特徴は，マントルのものとは異なる．放射壊変系の親元素と娘元素は地殻がマントル物質の部分溶融によりできるときに，不適合性の差（Dの差）により大きく分別を受ける．大陸地殻のようにマントルから分化して数十億年経過すると，放射壊変起源の同位体比はマントル物質と大きく異なることになる．たとえば，$^{87}\text{Sr}/^{86}\text{Sr}$ 比はマントル物質で0.703程度なのに対し，古い大陸地殻の岩石は0.720より大きくなることもある．〔中井俊一〕

文　献

1) Hofmann, A. W. (2003) Sampling mantle heterogeneity through Oceanic Basalts：Isotopes and trace elements. In：*The Mantle and Core Vol. 2, Treatise of Geochemistry*, Elsevier.

6-11 大陸地殻の形成と年代

formation and age of the continental crust

　地球の地殻は，大陸地殻と海洋地殻から成っており，大陸地殻は地球表層の40%を覆っている．今現在の海洋地殻は，平均の厚さが約7 kmで，玄武岩質であるのに対し，大陸地殻は，厚さが20〜85 kmあり（平均約35 km），花こう岩質な上部地殻と玄武岩質な下部地殻から構成されている．このような大規模な花こう岩質地殻の存在は，太陽系の惑星において特異であり，地球における海洋の存在やプレートテクトニクスの稼働が，その形成に重要な役割を果たしている．また，大陸地殻は，KやUなどの液相濃集元素の地球内主要リザーバーとなっている．

　大陸地殻の形成年代は，試料入手が容易な上部花こう岩質地殻については，広範囲にわたって明らかになっている．花こう岩質地殻の形成年代は，おもにジルコンのウラン-鉛同位体年代分析によって，精度よく決定されてきた．これまでに確認されている最古の大陸地殻岩石は，カナダ，スレーブ地域のアカスタ岩体に産する40億年前の花こう岩質片麻岩である．

　また，さまざまな大陸の花こう岩形成年代をコンパイルして頻度分布をみると，約27〜25，20〜17，13〜10億年前にピークが存在する（図1）．これは，花こう岩質地殻の形成が，地球史を通して定常的に進んでいたのではなく，これらの時期に間欠的に起こっていたことを示す．

　大規模な花こう岩質地殻の形成には，マントルの部分溶融によって形成された玄武岩質地殻の再溶融という，2段階の溶融過程が必要となる．太古代（40〜25億年前）の花こう岩質地殻とそれ以降（<25億年前）の花こう岩質地殻とでは，ナトリウム含有量や希土類元素パターンなどの化学的特徴に違いがみられ，花こう岩の主要形成過程が約25億年前を境に変わったことを示唆する．<25億年前花こう岩の地球化学的特徴は，花こう岩質マグマが，大陸下部地殻の再溶融により形成されたことと調和的である．したがって，<25億年前の花こう岩形成は，大陸地殻の成長よりはむしろ，大陸地殻の分化，つまり，大陸地殻の層構造形成に，重要な役割を果たしてきたと考えられる．実際に，今現在新たに形成されている大陸地殻は，沈み込み帯で形成されている玄武岩質地殻である（形成後大陸に付加する島弧地殻を含む）．これらの玄武岩質地殻は，おもに沈み込んだ海洋プレート（スラブ）の脱水により変質を受けた，マントルウェッジの部分溶融により形成されたと考えられる．

　大陸下部地殻の大部分の形成年代は，試料入手が困難であるために，まだわかっていない（一部は，捕獲岩として地表に運ばれてきている）．しかし，花こう岩質地殻の元となった初生的な大陸地殻の形成年代を，花こう岩質地殻のサマリウム-ネオジムやルテシウム-ハフニウム系などの放射性同位体組成から，モデル年代としておおよそ見積もることができる．さまざまな大陸の花こう岩質地殻のモデル年代をコンパイルして頻度分布を調べると，約33〜30，

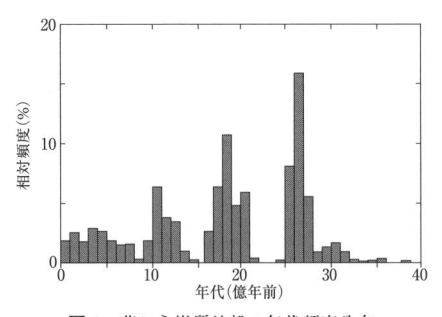

図1 花こう岩質地殻の年代頻度分布

29〜24，20〜9億年前にピークがみられる．この結果は，初生的な大陸地殻の形成が，おおよそこれらの時期に大規模に進んだということを示す．

太古代花こう岩の地球化学的特徴は，その花こう岩質マグマが，ザクロ石安定領域における玄武岩質地殻の再溶融により形成されたことを示す．また，<25億年前の花こう岩の一部は，太古代花こう岩と似た地球化学的性質を示し，アダカイト質花こう岩と呼ばれる．アダカイト質花こう岩の形成は，若い海洋地殻が低角度で沈み込んでいる沈み込み帯で起こっており，沈み込んだ海洋地殻のザクロ石安定領域での再溶融（スラブメルティング）によるものと解釈できる．これらの観測と，太古代マントルは今現在よりも高温で，形成された海洋地殻は形成後比較的短時間でマントルに沈み込んでいたと推測されることから，太古代花こう岩はおもにスラブメルティングにより形成されたと考えられる．この場合，花こう岩の形成は大陸地殻の新たな形成（成長）に大きな役割を果たしていることになる．実際に，今現在残っている太古代地質体（太古代クラトン）の内部構造をみると，大部分の場所では玄武岩質な下部地殻が欠如していることがわかっている．つまり，大陸地殻の形成・成長過程は，地球の熱史とともに変遷してきており，マントル温度が高かった太古代では，おもにスラブメルティングの再溶融による花こう岩形成により進み，太古代以降では，おもにスラブ脱水により変質を受けたマントルの溶融による玄武岩質地殻形成（およびその後の大陸への付加）によって進んできたと解釈できる．

形成された大陸地殻は，プレート運動による衝突集合や離散を繰り返しており（ウィルソンサイクル），ある時期には，超大陸と呼ばれる大規模な大陸を形成してきた（たとえば，約2.5億年前に形成されたパンゲア超大陸）．それでは，いわゆる'大陸'と呼べるような大規模な陸が誕生したのは，いつであろうか？ 約34〜32億年前の地質体には，花こう岩質地殻の上に堆積岩が堆積している構造がみられることや，地質学的に熟成された（より石英に富んだ）堆積岩がみられることから，この頃には大陸棚を備えた大陸が存在しており，堆積リサイクル（古い堆積岩起源の若い堆積岩形成）が進んでいたと考えられる．一方，それ以前の地質体でみられる堆積岩はおもに，硬砂岩など堆積リサイクルを経験していない，地質学的に未熟な堆積物からなっている．これらの観測は，安定で大規模な地殻-大陸地殻が誕生したのが，約34〜32億年前であることを示唆する．

しかしながら，地球の熱史という観点から考えると，地殻の形成は，地球のマントル温度が高く，火成活動が活発であったであろう，34億年前以前にも大規模に起こっていたはずである．さらに，最近の研究は，42億年前にはすでに地球上に海洋が存在し，プレートテクトニクスが稼働しており，花こう岩の形成が進んでいたことを示唆している．大規模な花こう岩地殻形成が起こっていたにもかかわらず，大陸が形成されなかった理由として，初期地球の高温で脆いリソスフェアは現在に比べて小さなプレートを形成していたために，形成された地殻は大陸ではなく小さな島弧を形成していた可能性があげられる．さらに，このような島弧地殻は，浸食および沈み込み過程を通して，マントルに効率よくリサイクルされ，今現在はほとんどみられなくなったことが推測される． 〔飯塚　毅〕

文　献
1) 地球化学講座3巻, マントル・地殻の地球化学, 第5章, 培風館.
2) 地球惑星科学8巻, 地殻の形成, 岩波講座.
3) 地球惑星科学9巻, 地殻の進化, 岩波講座.
4) Condie, K.C. (1997) Plate tectonics and crustal evolution, 4th Edition, Oxford.

6-12 海洋地殻の形成と年代

age and formation process of oceanic crust

中央海嶺プロセス　中央海嶺（mid-ocean ridge）は海底の火山山脈であり，プレートテクトニクスの枠組みに立てば発散型のプレート境界にあたる．プレートが互いに離れていくと，その隙間を埋めるために地下深部のマントル物質が上昇する．通常の海底下の地温勾配は，マントルを構成するおもな岩石であるかんらん岩のソリダス（solidus, 固相と固相＋液層の境界）と比較すると常に低温側に位置し，マントルは固体である．ところが，中央海嶺下ではマントル物質が深部から地表に向けて上昇減圧するために地温勾配が高温側に移動し，深さ50 km付近から溶融が始まる．こうして溶融した岩石すなわちマグマが上昇し再び冷却され固化したものが海洋地殻である．

中央海嶺下では，マントル岩の部分融解（partial melting）により玄武岩質のマグマが生じる．このマグマが噴出して冷却したものが上部海洋地殻を構成する玄武岩，地下深部でゆっくり冷却したものが下部海洋地殻を構成する斑れい岩である．海洋地殻を構成する玄武岩の組成は，部分融解度などによって若干の差はあるもののおおむね世界中で均質であり，中央海嶺玄武岩（Mid Ocean Ridge Basalt：MORB）と呼ばれている[1]．地殻の厚さも世界中でほぼ一様に約7 kmであるが，低速から超低速の海底拡大海嶺においては時空間的に不均質な構造が形成されることが近年明らかになっている．

地磁気縞模様と海底の年代　中央海嶺プロセスを経て形成された海洋地殻の形成年代を知る手段としては，海域の地磁気異常から推定する方法と，海底の岩石を採取して放射年代測定を行う方法がある．岩石による方法は年代値の信頼度は比較的高いが，海域において広範囲かつ密に試料を採取することは困難である．そのため，多くの場合は以下に述べる地磁気異常に基づく広範囲な推定と要所要所での試料採取を組み合わせて海底の形成年代の分布を決定する．

中央海嶺において生成されたマグマには強磁性体である磁性鉱物が含まれている．一般に，強磁性体の自発磁化は温度上昇に伴い減少し，ある温度（キュリー点）でゼロになる．強磁性体が磁場中でキュリー点以上の温度から冷却すると，熱残留磁化と呼ばれるきわめて安定な磁化を獲得する．中央海嶺下のマントルの温度は1300℃程度，代表的な磁性鉱物であるマグネタイトのキュリー点は585℃である．熱残留磁化の方向は冷却時の周囲の磁場の方向に揃うため，海底は形成時の地球磁場の方向を記録した一種の磁石となっている．こうして磁化した海底は，プレート運動により中央海嶺から発散していく（海底拡大）．一方，地球磁場は10～100万年のオーダーで不規則に極性が反転する．したがって，中央海嶺では現在の地球磁場と海底起源の磁場の方向が同じ（正帯磁）であるが，磁場の逆転期に形成された場所では現在の地球磁場と海底起源の磁場の方向が逆（逆帯磁）になる．海底拡大はおおむね連続的に起こるので，中央海嶺からプレート運動方向にみていくと，正逆に帯磁した海底が交互に現れることになる[2]．海上で地磁気観測を行うと，正帯磁した海底の上では海底起源の磁場が加わり標準地球磁場より大きな全磁力値が観測される（正の磁気異常）．一方，逆帯磁した海底の上では海底起源の磁場が外核起源の磁場を相殺して観測値が標準地球磁場より弱くなる（負の磁気異常）．このため，地磁気異常を観測し

て磁気異常図を作成すると，中央海嶺に平行かつ海嶺軸に対称な縞模様が現れる．観測された地磁気縞模様のパターンと，既知の地球磁場反転史を比較することにより，それぞれの縞がどの帯磁期であるかを同定していく．プレートテクトニクスの成立においては，1950年代の海域地磁気異常観測の開始と地磁気縞異常の発見，その解釈としての海底拡大説の提唱が非常に大きな役割を果たした．中央海嶺で形成された海底はいずれ海溝域で地球深部に沈み込んでいくため，現在の地球に残されたもっとも古い海底はおよそ2億年前のものである[3]．

観測される地磁気異常を担っているのはおおむね上部地殻を構成する玄武岩の熱残留磁化であるが，下部地殻を構成する斑れい岩の磁化や変質により形成されたかんらん岩の誘導磁化の寄与を考えなければならない場合もある．海洋地殻の上の堆積物も連続的に磁化しているが，堆積磁化の大きさは熱残留磁化の1%程度であるので，地磁気縞模様から年代を推定する際には無視できる．

巨大海台 海洋地殻の多くは背弧拡大軸を含む中央海嶺系で形成され比較的一様であるが，これらとは形成過程や組成が異なる構造が世界の海底には存在する．とくに，広がり1500km，地殻の厚さ40kmに及ぶ巨大な台地状の地形はその顕著な例である．このような巨大海台は膨大な玄武岩マグマが比較的短期間に噴出して形成されたと推定され，ホットスポット海山群や陸上の洪水玄武岩とあわせて巨大火成岩岩石区（large igneous provinces：LIPs）と総称される[4]．LIPsを形成するような火成活動は現在の地球ではみられず，地球の歴史においても数億年に一度イベント的に起こった活動であるらしい．LIPsでは，中央海嶺に比べて未分化な玄武岩溶岩が特徴的であり，マントル深部からの上昇流の存在を示唆している．LIPsの起源については多くの説があり，いまだ決着をみていない．巨大海台の一部は現在のホットスポット火山から延びる海山列（ホットスポット軌跡）の端に存在することから，マントルプルームの上昇に際してプルームヘッドが地表に到達したときに形成されるのが巨大海台であり，その後，プルームの軸部のみになった段階が現在のホットスポットであるとする説などがある． 〔沖野郷子〕

文　献

1) Langmuir, C.H., et al. (1992) Petrological systematics of mid-ocean ridge basalts: constraints on melt generation beneath ocean ridges. In: *Mantle Flow and Melt Geleration at Mid-Ocean Ridges* (ed. P. Morgan et al.), Geophysical Monograph 71, American Geophysical Union, 183-280.
2) Vine, F. and Matthews, D. H. (1963) Magnetic anomalies over oceanic ridges. Nature, **199**, 947-949.
3) Muller, R. D., et al. (1997) Digital isochrons of the world's ocean floor. Journal of Geophysical Research-Solid Earth, **102** (B2), 3211-3214.
4) Coffin, M. F. and Eldholm, O. (1994) Large Igneous Provinces-Crustal Structure, Dimensions, and External Consequences. Reviews of Geophysics, **32** (1), 1-36.

【コラム】地球最古の岩石・鉱物

earth's oldest rocks and minerals

太古の岩石は，原始地球や初期生命の進化について，さまざまな知見を与えうる．しかし，プレートテクトニクスが稼働している地球では，一度形成された地殻岩石が，リサイクル活動（地殻物質のマントルへの沈み込み）などを通して，地球表層からその姿を消してしまうことがある．実際に，地球史45.5億年の最初の10億年間の地質学的証拠は，非常に限られており，40億年前以前に形成された岩石は，いまだに見つかっていない．このことは，月表面に，月のマグマオーシャン固化の際に形成された45～44億年前の斜長岩が残っていることと対照的である．

これまでに確認されている，地球最古（40億年前）の岩石は，カナダ，スレーブ地域のアカスタ岩体に産する花こう岩質岩石である．この岩石は，複数回の変成作用を被っており，今現在は変成岩（片麻岩）になっている．その源岩（火成岩）の年代は，変成作用に強いジルコンのウラン-鉛年代によって，決定された．岩石がみつかっていない40億年前以前の時代は，冥王代と呼ばれている．

一方，冥王代においても，火成活動（地殻形成）はすでに起こっていたことが，地球岩石試料の放射性同位体組成などから，明らかになっている．また実際に，冥王代の形成年代をもつ地殻物質が，堆積岩中の砕屑性ジルコンとして，もしくは，火成岩中の捕獲結晶ジルコンとして，見つかっている．これまでに，冥王代ジルコンの存在は，西オーストラリアのイルガルン地域，中国の秦嶺地域および西チベット，カナダのスレーブ地域，グリーンランド西部において，確認されている．その中でも，もっとも古いジルコンは，44億年前の結晶化年代をもつ砕屑性ジルコンで，イルガルン地域，ジャックヒルズ表層岩帯中の約30億年前に形成された堆積岩から，見つかっている．

近年，これら冥王代ジルコンの化学的特徴から，そのジルコンの母岩の性質や，引いては，冥王代地球の表層環境を，解明しようという試みがなされている．たとえば，約42億年前のジルコンの酸素同位体比 $^{18}O/^{16}O$ は，マントル起源のマグマから産するジルコンのそれに比べて，高いことが示された．岩石の高い酸素同位体比は，一般的に，表層地殻が低温下で水と反応した際に得られる特徴である．このため，42億年前ジルコンの高い酸素同位体比は，そのジルコンの起源マグマが，海洋と反応した表層地殻物質を含んでいたことを示し，引いては，42億年前にはすでに地球上に海洋が存在していた証拠である，という説が提唱されている．しかしながら，ジルコンの高い酸素同位体比は，二次的な変成・変質作用によって得られた可能性がある，という異なる説も提唱されており，現在も活発に議論がなされている．

海洋存在の最初の確固たる証拠は，38～37億年前のグリーンランド，イスア地域の世界最古の表層地殻帯から得られている．イスア表層地殻帯には，枕状玄武岩，礫岩，チャートといった，海洋の存在下において形成される岩石が保存されている．

〔飯塚　毅〕

文　献

1) van Kranendonk, M., et al. (2007) Earth's Oldest Rocks, Elsevier, pp. 1330.

6-14 地殻物質のリサイクリング

recycling of crustal material

　固体地球の最外部を構成する地殻は，マントルから分化したと考えられている．この地殻物質が，プレートやマントルの運動に伴いふたたびマントルに循環する過程を「地殻物質のリサイクリング」と呼ぶ．リサイクルする地殻物質は，大陸地殻と海洋地殻に大別できる．「大陸地殻物質のリサイクリング」という場合は，古い大陸地殻物質が島弧火成活動や付加帯の形成を経て，新たな大陸地殻に循環する過程を指すこともある．大陸地殻へのリサイクルは，おもに沈み込み帯内で起こる物質循環であり，マントルへのリサイクルは地球規模での物質循環である．両者とも地球の化学的分化を考える上で重要であるが，ここでは，「マントルへのリサイクリング」について解説する．

　海洋地殻と大陸地殻でリサイクルの過程は異なる．海洋地殻物質のリサイクリングは，沈み込み（subduction）と呼ばれるマントル対流の一環であり，海洋プレートの冷却による密度増加に起因する．一方，マントルより低密度な大陸地殻物質は，自重でマントルにリサイクルできないので，堆積物の沈み込み（sediment subduction），造構性侵食作用（tectonic/subduction erosion），デラミネーション（delamination），によりリサイクルすると考えられている

　堆積物の沈み込みは，海底に存在する大陸地殻起源の堆積物が海洋プレートとともに沈み込み，マントルにリサイクルする過程である．「大陸地殻を起源とする物質」という表現がしばしば用いられるのは，大陸地殻物質が海底で変質した後にリサイクルすると考えられているからである．

　造構性侵食作用とは，海洋プレートが大陸縁（continental margin）や大陸弧（continental arc）に沈み込むときに，上側の大陸地殻を削剥し，マントル内に引きずり込む過程を指す．この過程が堆積物の沈み込みと大きく異なる点は，海水による変質作用の影響がないこと，堆積時における組成の均質化がないことである．

　デラミネーションは，大陸の衝突や玄武岩質マグマの底付け作用（underplating）による地殻の厚化により引き起こされる．すなわち，地殻の厚さがおおむね70 kmを越えれば，玄武岩質な下部地殻はマントルより高密度のエクロジャイト（eclogite）に相転移する．この密度差により下部地殻が大陸から剥離し，マントル内を沈降する過程がデラミネーションである．この過程によりリサイクルできるのは玄武岩質の下部地殻に限定される．この点が他の大陸地殻物質のリサイクル過程との根本的な違いである．また，玄武岩質な地殻が選択的にマントルにリサイクルするので，大陸地殻組成そのものにも大きな影響を与えると考えられている．

　これら地殻物質のリサイクリングは，地球の化学的分化作用の主要な過程であり，マントル内に化学的な不均質を作る．この化学的に異なる領域は，マントル貯蔵庫（mantle reservoir），もしくは地球化学的貯蔵庫（geochemical reservoir）と呼ばれ，ホットスポットを形成するマントルプルームの起源領域であると考えられている．プルーム起源領域は，コア-マントル境界，もしくは上部マントル-下部マントル境界に存在すると考える研究者が多い．また，リサイクルした地殻物質がマントル対流により引き延ばされ，マントル全体にマーブルケーキ状に存在するという考えも有力である（marble-cake mantle/plum-pudding mantle）[1]．

　地殻物質のリサイクルに関連するマントル

貯蔵庫は複数存在する[2)3)]．海洋地殻のリサイクルは，HIMU（High-μ；$\mu=^{238}U/^{204}Pb$）とFOZO（Focus/Focal Zone）[4)]と呼ばれるマントル貯蔵庫の成因だと考えられている．両者の違いは，リサイクルした海洋地殻の年代で説明される場合が多い．ただし，FOZOに関しては，その存在自体を疑問視する意見もあり，海洋地殻のリサイクルとの関連や成因についての定説はない．

大陸地殻のリサイクルに関連したマントル貯蔵庫としてEMI（Enriched Mantle I）とEMII（Enriched Mantle II）があげられる（最近ではEM1，EM2と表記する場合が多い）．また，2つの成分を併せてEMsと表記する場合もある．EM1の起源は，遠洋性堆積物や下部地殻物質のリサイクルで説明されることが多い．一方，EM2の起源は，陸源堆積物や上部地殻物質のリサイクルとする説が主流である．

リサイクルする地殻物質とマントル貯蔵庫の関連には未確定な要素も多い．なぜなら，地殻物質は，リサイクルの過程で物質移動を伴う複数の過程を経るからである．その代表的な過程は，中央海嶺での熱水変質作用，海洋底での低温変質作用，沈み込み帯における脱水もしくは融解（第2臨界点より高圧では両者の区別のない超臨界流体の放出）である．地殻物質のリサイクルを定量的に評価するためには，これらの過程について詳細な理解が必要である．

〔下田　玄〕

文　献

1) Allègre, C. J. and Donald Turcotte, D. L. (1986) Implications of a two-component marble-cake mantle. Nature, **323**, 123-127.
2) Zindler, A. and Hart, S. (1986) Chemical geodynamics. Annual Review of Earth and Planetary Sciences, **14**, 493-571.
3) Hofmann, A. W. (1997) Mantle geochemistry: The message from oceanic volcanism. Nature, **385**, 219-229.
4) Hart, S. R., et al. (1992) Mantle Plumes and Entrainment: Isotopic Evidence. Science, **256**, 517-520.

地殻変動

crustal movement, crustal deformation

動かざること山の如しと不動なものの代名詞のように言われるこの大地も，地質学的時間スケールで見ると活発に運動・変形している．

固体地球表層部における運動は，第一義的にプレートテクトニクス（plate tectonics）によって理解できる．プレートテクトニクスとは，地球表層は10数枚の剛体的プレートに分かれており，それらが互いに相対運動することによって，地球表層におけるさまざまな地学現象が生じるとする理論である．

安定大陸や海洋底など剛体的プレートの内部では，変形はほとんど進行せず，単に水平方向に運動するのみである．変形はプレート境界およびその周辺に局在するという特徴をもつ．プレート境界には，横ずれ・発散・収束の3種類がある．サンアンドレアス断層に代表される横ずれ型境界では，境界が仮に完全に直線的ならプレート内変形は必要ないが，実際には多少の収束・発散成分も伴うため，それに応じた内部変形が生じている．中央海嶺などの発散境界では，プレートが相互に離れていき，それを埋め合わせるように地球内部から物質が上昇してくる．巨大地震や造山運動など，もっとも顕著な地殻変動を生じるのが収束境界である．収束境界のうち沈み込み帯では，一般に海溝で沈降，島弧で隆起が生じ，島弧-海溝系を形成する．伊豆弧やインド亜大陸のように沈み込む側のプレートの一部が大陸地殻の浮力などのために周囲のプレートと同様の速度で沈み込めなくなるとプレート間の衝突に至る．衝突の際には地球表層で物質の過剰が起こるために，大陸間山系の形成など沈み込み帯におけるよりも高速かつ広域にわたる地殻変動が生じる．

地殻変動の速度としては，プレートの水平方向の相対運動は年に数cmのオーダーである一方，収束帯における垂直方向の速度成分は速い所でmmのオーダーである．地震時にはわずか数十秒で数mに達する変位を生じることもあるが，地震の発生は間欠的なので，地殻の累積的な変形には地震時の変位とともに非地震時のゆっくりとした変動も大きく寄与する．

プレートテクトニクスに由来しない重要な地殻変動としては，氷河性アイソスタシー（isostasy）と火成活動によるものがあげられる．たとえば，スカンジナビア半島は，後氷期になって厚い氷床が融出したため，アイソスタシーにより現在でも中心部では約1 cm/yrで隆起している．また，マグマの貫入など火成活動に起因して，局所的にではあるが数cm/yrを大きく越える異常に速い隆起を生じることがある．

最近（$\leq 10^2$ yr）の地殻変動の測定には，測地学的手法を用いる．これまで，水平成分については三角測量や三辺測量，垂直成分については水準測量が用いられてきたが，近年ではGPS（global positioning system）やSAR（synthetic aperture rader, 合成開口レーダー）といった人工衛星などを用いた宇宙測地技術が主流になってきている．$10^3 \sim 10^5$ yr程度の期間の地殻変動の推定には，おもに地形学的情報を用いる．なかでも海成段丘はきわめて有効な指標であり，段丘面高度を形成年代で割ることにより，形成時から現在までの平均隆起速度が得られる（正確には段丘形成時の海面高も必要）．より長期（10^6 yr <）の地殻変動の推定には，地質構造の復元や堆積盆の沈降速度，あるいは鉱物の温度-時間履歴の解析などといった地質学的情報が用いられる．　　　　〔深畑幸俊〕

地殻熱流量と地球の熱源

terrestrial heat flow and heat source of the earth's interior

地球内部には,地球形成初期より蓄えられている熱エネルギー,および重力エネルギーの開放や放射性核種壊変に伴う発熱に由来する熱源が存在する.地球内部に存在する放射性元素の存在量・濃度の推定値を表1に示す.これらの推定値は不確定な要素を含んでおり,数十%の誤差を伴う.このことを考慮して地殻およびマントルでの発熱総量を推定すると,それぞれ $0.7 \sim 1.0 \times 10^{13}$ W および $1.5 \sim 2.5 \times 10^{13}$ W となる(ここで地殻とマントルの重量をそれぞれ 2.6×10^{22} kg, 4.0×10^{24} kg とした).地殻は,地球の総重量のわずか 0.5% 程度を担うにすぎないが,放射性核種壊変に由来する発熱量では,全地球の数十%を占める特異な部分である.

一方,地球内部の熱源に由来する地表面への熱の流出量(一般に地殻熱流量と呼ばれる)の平均は,大陸地域では $55 \sim 65 \times 10^{-3}$ W/m², 海洋地域では $93 \sim 101 \times 10^{-3}$ W/m² と見積もられている.地殻熱流量は,地表付近での地下の温度勾配(地温勾配)とそこでの熱伝導率の測定から求められる.地表面全体での熱流量を見積もるためには各地域の地質構造や熱構造を考慮して2次元的に補間された推定値を用いることになる.このため総熱流量の見積りには,測定誤差に加え,かなりの幅があるが, $4.0 \sim 4.5 \times 10^{13}$ W と推定されている.したがって,マントル以深に由来する熱,すなわち地殻熱流量から地殻内での放射性発熱を差し引いた熱流量は,地球全体では $3.0 \sim 3.8 \times 10^{13}$ W と推定される.おもに金属鉄からなる核には,U, Th, K はほとんど溶解しないと考えられているので,マントル以深に由来する熱のうち,放射性崩壊による発熱の割合(ユーレイ比,Urey ratio)は 0.39 から 0.83 の範囲と見積もられる.このユーレイ比は,マントル対流の様式・強度や熱輸送効率に大きな影響をもち,熱地球の熱史を考察する上で重要な意味をもつ.

大陸地殻は一般に海洋地殻よりも厚く,平均約 7 km に対し約 35 km である.また,大陸地殻を構成する岩石(たとえば花こう岩)は海洋地殻の岩石(ソレアイト質玄武岩)より放射性元素である U, Th, K に富む(表1)ために,地殻内での放射性元素の崩壊に伴う発熱量は大陸地域の方が多い.それにもかかわらず海洋地域の方が平均地殻熱流量が大きいのは,海嶺での海底拡大に伴って効率的に熱が地表に運ばれているためであると考えられ,地球内部での熱の輸送に対流が重要な役割を果たしていることがわかる.

いま,マントル以深からの熱量のうち放射性元素崩壊によるものを差し引いた量 $(0.5 \sim 2.3 \times 10^{13}$ W) の熱は,おもに地球の形成過程以来,内部に蓄えられていた熱あるいは重力ポテンシャルエネルギーに由来すると考えられる. 〔岩森 光〕

表1 地球を構成する代表的な岩石および隕石中の放射性元素(放射性核種を含む元素)の濃度と発熱量

元素	U 〔ppm〕	Th 〔ppm〕	K 〔ppm〕	発熱量 〔10^{-11} W/kg〕
花こう岩	4	17	32000	96.0
ソレアイト質玄武岩	0.1	0.35	2000	2.63
地殻	1.25	4.8	12500	29.5
始源的マントル	0.018	0.070	180	0.43
炭素質隕石	0.0081	0.0294	558	0.36

【コラム】天然原子炉

natural fission reactor

　中央アフリカの赤道直下に位置するガボン共和国東部のフランスヴィル堆積群中に産するウラン鉱床の1つ，オクロ鉱床の内部で^{235}Uの核分裂連鎖反応の痕跡を残す，いわゆる天然原子炉の化石の存在がフランス原子力庁から公表されたのは1972年9月のことであった．そのような痕跡は同鉱床内部で局部的に複数箇所で発見されており，原子炉ゾーンと呼ばれる．その後の調査により，オクロ鉱床内で16カ所，オクロ鉱床に隣接するオケロボンド鉱床内で1カ所，オクロ鉱床から南東に約30km離れた所に位置するバゴンベ鉱床内で1カ所の計18カ所の原子炉ゾーンが発見されている．

　天然原子炉の発見に先駆けること16年前にKuroda（1956）[1]が天然のウラン鉱床で核分裂連鎖反応が起こる可能性について指摘した天然原子炉理論を提唱していたことは特筆すべきことである．

　原子炉ゾーンでは^{235}Uの核分裂が主反応となりさまざまな核分裂生成物がつくりだされ，また核分裂の際に生じた中性子と原子炉ゾーン内の元素の相互作用（中性子捕獲反応）によって，多くの元素の同位体組成が変動している．これらの元素の同位体変動から，20億年前にどのような規模の核反応が起こったかという原子炉特性を推測することができる．原子炉ゾーンによってその特性に違いはあるが，2万4000〜30万年の期間，断続的に反応が繰り返され，4700kgを越える^{235}Uが消費されたと見積もられている．

　原子炉ゾーン内部あるいはその周囲には核分裂生成物がいまだに多量に存在することから，高レベル放射性廃棄物の地層処分に関する長期的安定性を評価するうえでの有用な情報源と見なされてきた．

　オクロ鉱床内で核分裂の連鎖反応が起こりえたおもな要因として3つがあげられる．まず，20億年前のウラン鉱床であったこと．現在のウランの同位体比は^{235}U/^{238}U=0.00725であるが，オクロ鉱床が核分裂連鎖反応を起こした，いまから約20億年前のそれは0.037であり，現在，原子炉の核燃料として使用する濃縮ウランに匹敵する．次に，堆積性鉱床であったこと．^{235}Uは低エネルギーの中性子（熱中性子）と相互作用を起こしやすく，その結果，核分裂を起こす．したがって，核分裂によって発生する高エネルギーの中性子がその周囲に存在する^{235}Uの原子核と効率よく融合し，核分裂反応を連鎖的に進行させるためには，そのエネルギーが熱中性子領域まで十分に緩和される必要がある．オクロ鉱床は堆積性のウラン鉱床であったために鉱床生成時ならびに直後は，周囲に十分な天然水が存在し，中性子のエネルギー緩和材となったと考えられている．さらに，オクロ鉱床の特筆すべき化学的特徴として，不純物元素として存在する希土類元素の含有量が他のウラン鉱床のものと比べて著しく低いことがあげられる．希土類元素の同位体の多くは中性子捕獲反応断面積が大きく，中性子を原子核に吸収しやすい性質があるため，その含有量が多いと，原子炉内に発生した中性子を吸収してしまい，効率よく核分裂連鎖反応が進まない．オクロ鉱床は，ウランの溶解，沈殿の過程を複数回にわたって繰り返していくうちに希土類元素などの不純物元素が徐々に排除され，高品位のウラン鉱物が形成されていったと考えられている．　〔日高　洋〕

文　献

1) Kuroda, P.K. (1956) On the nuclear physical stability of the uranium minerals. J. Phys. Chem., **25**, 781-782.

地殻の風化作用と元素循環

chemical weathering and geochemical cycle

　大陸地殻表面の岩石は，物理的・化学的に変質を受ける．この作用を風化（weathering）と呼ぶ．風化とは，地球内部の高温高圧条件下で生成された岩石が，地表環境条件下で安定な状態に変化するプロセスと考えることができる．風化には，物理的風化（physical weathering）と化学的風化（chemical weathering）がある．両者は基本的に同時進行する．

　物理的風化とは，岩石が機械的に破壊され細かい粒子になる作用で，温度変化や水の凍結融解，陸上植物の根の成長などによって生じる．細かくなった岩石は，総表面積が飛躍的に増大するため，化学的風化の影響を受けやすくなる．一方，化学的風化とは，大気中の二酸化炭素などが溶けて酸性を呈しかつ酸素が溶け込んだ雨水や地下水と地表の岩石を構成する鉱物との化学反応である．化学的風化反応によって，鉱物は溶解したり酸化されたり加水分解を受けたりする．

　風化によって土壌が形成されるが，土壌は風化を促進する場でもある．とりわけ，細かい構成粒子によって反応に関与する総表面積がきわめて大きいこと，植物の根の呼吸や微生物による有機物の分解によってCO_2濃度が大気中の10〜100倍も高濃度になっていること，微生物による有機酸の分泌など，風化を促進するさまざまな影響が知られている．化学的風化では土壌中における生物活動の影響は非常に大きい．

　生物の存在は土壌の安定化にも大きく寄与している．すなわち，生物の存在によって陸上の風化効率はきわめて高くなっている．森林伐採が土壌の流出をもたらすことはよく知られている．陸上植物によって安定化された土壌の存在は，陸上植物の出現以前と比較して，陸上の風化効率を数倍程度高めているとの推定もある．この意味でも，風化における生物の役割はきわめて重要であるといえる．

　河川水中には，地殻の風化によって溶け出たさまざまな陽イオンが溶存している．その主要な成分は，多い順に$Ca^{2+}>Na^+>Mg^{2+}>K^+$である．これらのイオンは，最終的には海洋にもたらされる．海水中の陽イオンは，地殻の化学的風化に起源をもつといえる．

　一方，海水の主要な陽イオンは，$Na^+>Mg^{2+}>Ca^{2+}>K^+$となっており，河川水組成とは異なる．したがって，このまま河川による物質供給が続けば，海水の塩分は増加し，組成は変化することになる．しかし，必ずしもそうならないと考えられる理由は，海洋からの物質の除去過程が存在するからである．たとえば，炭酸塩鉱物（$CaCO_3$など）の沈殿や蒸発岩（$NaCl$, $CaSO_4$, $CaCO_3$など）の形成，海底熱水系における陽イオン交換反応（$Mg^{2+}\rightarrow Ca^{2+}$など）である．この結果，海水組成は長期的にみれば準定常状態にあるものと考えられる．

　各元素の河川からの流入率と海水中の存在量の比から，各元素の海洋における平均滞留時間（mean residence time）を推定することができる．Ca^{2+}の場合で100万年程度，Na^+の場合で5500万年程度である．すなわち，各元素は河川からの流入によって海洋に供給され，平均滞留時間程度にわたって溶存した後，海洋から除去されていることになる．海洋から除去された元素を含んだ海底堆積物は，やがて沈み込み帯における陸側への付加や地殻の隆起などによって陸上に露出し，ふたたび風化を受けることになる．

　このように，地殻の風化作用は長期的な物質循環の重要なプロセスとして位置づけられる．　　　　　　　　〔田近英一〕

6-19 大気・水圏との物理的相互作用

atmosphere-ocean interactions and earth surface environment

地球の気候は，太陽からの熱エネルギー量の緯度方向への分配の度合いにより変化がもたらされる．また，大陸がどの緯度に存在するかによって，氷床の形成や海流の経路などにも影響を与える．たとえば現在はグリーンランドと南極に絶えず氷床が存在する氷室期である．地球表層の気候は，太陽の熱エネルギーの分配変化が，地球の公転軌道要素の変化によりもたらされるため，およそ10万年周期で氷期・間氷期を繰り返す．南極に氷床が存在しはじめたのは，およそ3600万年前，プレートテクトニクスに伴い，南アメリカ大陸が南極大陸から離れ，ドレーク海峡の形成に伴い周南極海流が成立したことによる南極大陸の熱的な隔離の影響が大きいとされる．また北半球の氷床の拡大も，第四紀と呼ばれる現在の地質時代の開始期である約280万年前に起こったパナマ陸橋の成立により，メキシコ湾流が強化され，より高緯度への水蒸気輸送が可能となったためだという説や，ヒマラヤーチベットの隆起に伴い，大気循環が擾乱を受けるようになったためだという考え，インドネシア多島海の海峡が狭窄化に伴う，温度躍層の浅化が寒冷化の原因などによるものされている．このように，大陸分布と海洋循環，気候変動は密接な関係がある．

陸と海では熱容量の違いから，陸上には夏に低気圧ができ，冬には高気圧が形成されるため，夏は海から陸へ，冬は陸から海へという風の循環が形成される．これをモンスーン（季節風）とよぶが，もっとも知られているのはインドアジアモンスーンであり，世界の人口の60％が生活する東南アジアや南アジアに降水をもたらす．

これまでおもに気候モデルの研究からアジアモンスーンの形成メカニズムが議論されてきたが，多くは，チベット高原の高度が高いために熱源となって，強いモンスーンが引き起こされているというものであった．しかしごく最近になり，むしろ面積的にはチベットほど大きくないヒマラヤが，物理的な障壁として高くそびえ立つことによって引き起こされる断熱作用が原因であるという説が出てきた．地形的な障壁として大気循環を変化させるという現象は，アンデス山脈でも認められ，大西洋側からもたらされた水分は，そのほとんどが山脈の風上側で降水としてもたらされ，広大なアマゾンを形成している．

過去の海水温と氷床量変動は，海水中に生息する炭酸カルシウムでできた有孔虫殻の酸素同位体比分析と微量金属分析から求めることが可能である．それによると，地球の気候は次第に寒冷化してきており，氷期の間に増大する氷床量も次第に大きくなっていることが明らかになってきた．第四紀の期間，現在よりも氷床量が大きかった期間は，実に全体のおよそ90％にのぼり，直近の氷期の最大氷床量の時期には，北アメリカと北欧に，高さ3000ｍの氷床が存在していたことがわかってきた．これにより偏西風など大気循環も影響を受け，周囲の表面海水温などにも変化をもたらしたことがわかっている．また，氷床は絶えず流動しており，供給された氷山がとけることで，淡水が海洋にもたらされる．塩分の希釈が起きることで海水の密度を低下させ，海洋循環に影響を及ぼす．これに伴う気候変動は，しばしば起こっていたということが海洋堆積物中の有孔虫殻の分析や氷床コアの同位体分析から明らかになってきており，その移行期間が数年〜10年ほどの急激なものであったことも，地球化学的分析結果から得られた知見である．

このように,地球表層をつかさどる,雪氷圏-大気圏-海洋圏と固体地球の変化が相互に起こることにより,気候変動はもたらされ,地形の変化を引き起こす.地形変化のスピードやタイミング,氷床の位置や融解のスピードは,放射性元素を用いるが,とくに近年開発された宇宙線生成核種を加速器質量分析装置で分析する方法が有効である.　　　　　　　　　　〔横山祐典〕

文　献

1) Yokoyama, Y. and Esat, T.M. (2011) Global Climate and Sea Level: Enduring Variability and Rapid Fluctuations Over the Past 150,000 Years. Oceanography, **24**, 54-69.
2) 横山祐典 (2010) ターミネーションの気候変動. 第四紀研究, **49**, 337-356.
3) Yokoyama, Y. and Esat T.M. (2004) Long term variations of Uranium isotopes and radiocarbon in surface seawater as recorded in corals. Global environmental change in the Ocean and on land, **1**, 279-309.

生命圏との相互作用

interaction with biosphere

　生命圏において地殻はおもに，栄養塩の供給源，生物の生息場と海水や大気組成を変えるシンクという役割がある．また，大陸配置は海洋循環と気候変動や陸上生物の拡散に影響を及ぼす．

　固体地球と海洋との相互作用は海嶺での熱水循環や河川や風成塵を介した地殻物質の流入による．大陸からの流入は Si, Al, Fe, Mn, Mg, Ca, P, B, SO_4^{2-}, K, Co, Cu, Zn などの生命必須元素を供給し，熱水は Si, Al, Fe, Mn, Ca, B, S^{2-}, K, Co, Cu, Zn などを供給する．ただし，現在の酸化的な海洋では熱水噴出直後に鉄水酸化物が形成・沈殿され，Fe のみならず P などが除去される．さらに，Fe は河川からの供給でも流入後，速やかに酸化され，除去される．そのため，Fe や Si は風成塵による供給が重要とされる．

　玄武岩地殻の熱水系では硫黄，硫化水素やメタンなど，超塩基性岩の熱水系ではそれに加えて水素などが放出されるため，熱水系は化学合成独立栄養生物や従属栄養生物の生物活動を支え，かつ，ニッチとなる．

　光合成生物の Fe，シアノバクテリアなどの窒素固定細菌の Mo（W）や硫酸還元菌の硫酸，メタン生成菌の Ni など各生物に特有の生体必須元素が存在する．Mo は還元的な条件では硫化物として沈殿し除去されるため，酸化的海洋には富むが，還元的な海洋や熱水には乏しい．また，Mo は大陸地殻の風化によっておもに供給されるのに対して，W は河川水には乏しく，熱水から供給される．そのため，海洋が還元的であった時代は W が Mo の代わりをしたとされる．硫酸は酸化的な海洋で安定であり，

また，陸域が酸化的になるにつれて大陸からの供給が増加する．Fe は還元的な海洋に富む．また，熱水自体は海水に比べて Fe, P, Si に富むため，深海が還元的だった時代では，熱水系もそれらの供給源となる．海洋の Ni 濃度は原生代前期に急減したことが指摘されている．その原因として，Ni に富む超塩基性溶岩であるコマチアイトの産出が低下したことがあげられている．海水の Ni 量の減少はメタン生成菌の活動を抑制し，結果的にシアノバクテリアの活動によって生じた酸素を効率的に大気中に蓄積させる．コマチアイトの産出頻度の低下は上述の超塩基性岩の熱水変質で生じる水素で支えられたメタン生成菌の活動も抑制する．そのため，コマチアイトの産出頻度の低下が原生代前期の急激な大気酸素濃度の上昇に影響したことが指摘されている．

　地球磁場形成後は紫外線による DNA の破壊がもっとも深刻な問題となるが，海水は可視光より紫外線を多く吸収するため，およそ 10 m 以深の海水中ではその影響は小さい．そのため，10 m 以深の有光層が広く分布する大陸棚の形成は光合成生物の繁栄を促進させる．厚い正常堆積物の堆積は 30 億年前に遡れ，とくに 27 億年前以降に世界中に広く分布する．ストロマトライトを主体とした炭酸塩岩層は 27 億年前以降に広範に存在するようになり，この頃から海洋の酸素濃度は増加し始める．

　大陸地殻の成長に伴う大陸や大陸棚の拡大は蒸発岩の形成と岩塩の定置を促進させる．また，海洋底変成作用に伴う角閃岩の形成や蛇紋岩化作用も海水中の塩濃度を下げることが期待される．高塩濃度ではシアノバクテリアなどの一部の原核生物を除き生育に適さない．そのため，大陸成長に伴う岩塩の定置や熱水変質した角閃岩や蛇紋岩の沈み込みによる海水塩濃度の低下が真核生物や後生動物の出現をもたらした．

〔小宮　剛〕

大陸棚

continental shelf

「大陸棚」という単語には，一般的，社会的に使用されている意味と，国連海洋法会議で最初に定義され，現在では「海洋に関する国際連合条約」(United Nations Convention of the Law of the Sea)[1]により規定された法的な意味との少なくとも2種類の概念が存在する．

これまで一般的に使用されてきた「大陸棚」は，一般に「大陸や島嶼の周りにある平坦，緩やかな傾斜を持つ一般に200m以浅の地形」を指す．この地域は氷期の海面低下時には，海面上に露出，浸食を受けた部分を多く含むと考えられる．陸源の堆積物，栄養分の供給が多く，また太陽光も届く深度であり，生物活動が盛んである．漁業，資源開発などの人間活動も盛んに行われてきた．

一方，法的な「大陸棚」は，沿岸国が海域に持つ権益の範囲を示す言葉である．従来一般的に石油などの海底資源開発などが行われる範囲の海域を対象としていた．

「海洋に関する国際連合条約」における大陸棚の定義は，「当該沿岸国の領海を越える海面下の区域の海底及びその下であってその領土の自然延長をたどって大陸棚縁辺部の外縁に至るまでのもの又は，大陸縁辺部の外縁が領海の幅を測定するための基線から200海里の距離まで延びていない場合には，当該沿岸国の領海を越える海面下の区域の海底及びその下であって当該基線から200海里の距離までのものをいう．」となっている（図1）．さらに200海里を超える大陸棚については（延伸大陸棚），①ある点の堆積岩の厚さが大陸斜面脚部からの距離の1%以上の点（大陸斜面の脚部とは，大陸斜面の基部における勾配の最大変化点である），②大陸斜面脚部から60海里を超えない点，を用いて大陸棚の限界を画定するが，これだけでは大陸棚が無限に広がる可能性があるので，次のいずれかの制限を越えてはならないとされている．①領海基線から350海里を超えてはならない．②2500m等深線から100海里を超えてはならない（ただし，大陸縁辺部の自然の構成要素でない海底海嶺ではこれは適用されず350海里を超えることはできない）．

このように，延伸大陸棚が定義されるようになった背景には，技術開発により海底

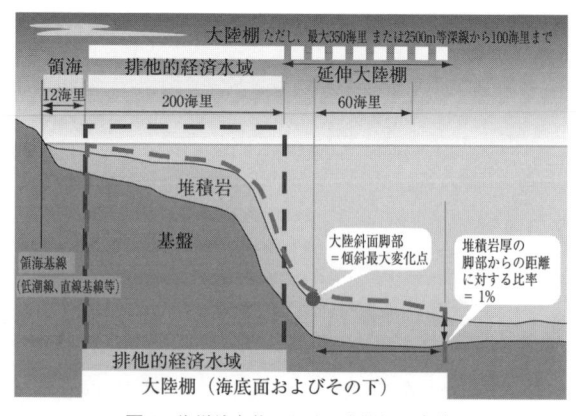

図1 海洋法条約における大陸棚の定義

資源開発が行われる海域が，より陸地から遠く水深も大きい海域まで広がったことや，マンガン団塊，海底熱水鉱床，ガスハイドレートなど新たな海底資源が発見されたことがあげられる．法的な定義に基づいて，大陸棚の限界を画定する上でもっとも重要な点は，該当する海底が「領土の自然延長」を構成するということである．これは地形的に明らかに連続していれば容易に認められるが，そうでない場合は地質学的，地球物理学的根拠に基づいて連続性を証明することも可能である．そのため日本は，周辺海域において精密海底地形調査・地殻構造探査・基盤岩採取を含む科学的調査を実施した．日本のように島弧地殻が発達している地域では，海底を構成する火山岩の地球化学的特徴（たとえばスラブ由来物質の寄与の有無）や，地震探査により求めた地殻の地震波速度構造を用いて，島弧としての連続性を証明し延伸大陸棚を申請するということも行われている．

〔石塚　治〕

文　献

1) United Nations Convention on the Law of the Sea.
   http://www.un.org/Depts/los/convention_agreements/texts/unclos/unclos_e.pdf

【コラム】地殻流体

geofluid

固体地球を介した物質循環では，プレート運動が大きな働きを担っている．プレートの沈み込みに伴い海洋地殻およびその表層物質がマントルへ輸送され，沈み込んだスラブからマントルや地殻を介して地表に戻るプロセスにより多種多様な物質循環を生じている．マントルやスラブ起源の物質を地表へ運搬する役目を果たしているのが「地殻流体」である．

地殻流体は，地下水などの地表起源の物質による循環が生じていない地殻深部に存在する流体の総称で溶融状態にあるケイ酸塩メルト，熱水流体などを総称したものである．日本列島のような島弧では，沈み込むスラブの脱水由来物質によりマグマが生成され，火山列島を形成している．マグマは地殻深部では，マグマ溜りを形成し火山活動を引き起こしている．一方，地殻深部に存在する熱水は，スラブ脱水により生成された熱水がマグマなどを形成することなく上昇してくるものと，地殻下部で固結したマグマから放出される熱水の2種類が考

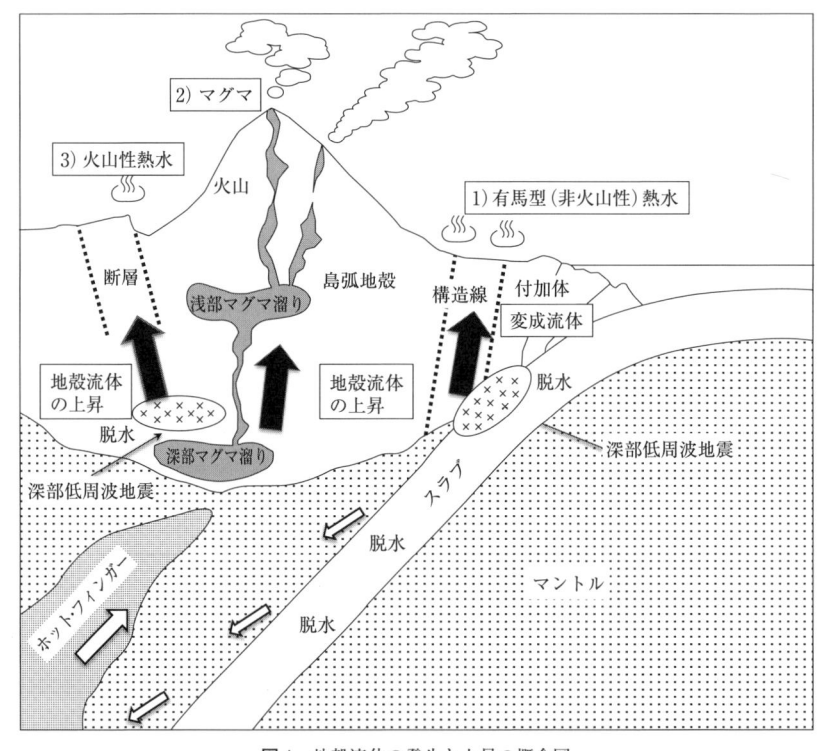

図1 地殻流体の発生と上昇の概念図
1) スラブ脱水により生成した地殻流体が構造線などを上昇して発生する有馬型（非火山性）熱水，2) スラブ起源だがホット・フィンガー・マントルを経由するマグマ，および，3) そのマグマが地殻下部で固化したときに放出される火山性熱水について示した．

えられている．前者は火山の存在しない地域に見いだされ，断層や構造線などの地殻の弱線に沿って上昇してきていることがわかってきた．兵庫県の有馬温泉水がその代表的存在とされ，「有馬型温泉水（あるいは熱水）」と呼ばれ$NaCl-CO_2$型の熱水である．この熱水は硫黄成分に欠乏すること以外には，化学・同位体的にマグマ起源ガスとほぼ区別することができないため，マグマ起源ガスと同様の起源をもっていると考えられる．このような熱水流体は，地殻下部では，結晶粒間に存在し，その場の圧力で封じ込められた流体と考えられ，地震発生にも関与している可能性が指摘されている．近年，Hi-net 地震観測網などにより，列島各地で深度 20～40 km において，深部低周波地震が観測されている．これらはマグマそのものではなく熱水の関与が指摘されており，地殻流体の存在を示すものとして注目されている．このような場所では，身近に存在する天然温泉についても $NaCl-CO_2$ 型の地殻流体の痕跡がみられる．また，沈み込むプレート内部で生じる微小地震についても，スラブの脱水現象との関わりが注目されている．

地殻流体の存在は，深熱水成鉱床やスカルン鉱床の生成や変成作用時に作用する流体などとして古くから知られてきた．流体包有物の分析などから，おもに $NaCl-CO_2$ を多量に含む水や CO_2-CH_4 のガスの存在が指摘されている．いずれも地殻深部では超臨界状態で存在すると考えられる．地殻流体の起源となる物質は，図1に示したようにスラブが脱水したときに放出される流体やスラブ起源だがホット・フィンガー・マントルを経由してくるケイ酸塩メルトなどである．

地殻流体は，大きな地質変動をもたらす地震活動と関連し，火山活動を引き起こすと同時に，鉱床や地熱の恵みをわれわれに提供してくれる身近な物質なのである．

〔風早康平〕

文　献

1) Mineral. Soc. Am and Geochem. (eds) Putirka K. D. and Tepley III F. (2008) Minerals, inclusions and volcanic processes. J. Soc., Rev. Mineral. Geochem., **69**, 674.
2) 笠原順三ほか編（2003）地震発生と水―地球と水のダイナミクス，東京大学出版会，392p.

【コラム】超大陸

super continent

　地球の大陸が集まり形成されるほぼ1つの大陸をいう．最初に科学的根拠を明確に示したのは Alfred Wegener（1915；1929）[1] である．各大陸の形がパズル合わせのように組み合わされるというだけではなく，その結合により，過去の岩石の分布，化石の分布，気候指示堆積物の分布などが合理的に説明できるとし，Pangea（パンゲア：超大陸という意味）と命名した．しかし，大陸移動が大陸地殻の中のコンラッド面によって滑るとするなど移動の物理的メカニズムが説明しえていないなど批判が多かった．Wegener 自身は，大陸移動を天体観測により測地学的に証明しようとしてグリーンランドへ出かけ，遭難死した．

　第二次世界大戦の後，大陸移動説は，過去の磁極に関する古地磁気学的研究によって支持され，その後海洋底拡大の発見が続き，1960 年代末にプレートテクトニクス理論の中に包括された．

　パンゲア大陸は，ほぼ3億年前から2億年前程度に存在した超大陸であるが，それ以前の超大陸の存在を探る研究は 1990 年初頭に活発に展開され，約 10 億年前にも Rodinea（ロディニア）大陸という別の大陸が存在していたことが明らかにされた[2]．地球史 46 億年の中で超大陸の存在が，どこまでさかのぼることができるのかは不明であるが，26〜27 億年前におけるアメリカ大陸の形成はかなりの大きさを持っていたことが明らかとなっている．それ以前の太古代の時代には，超大陸はなかったようである．太古代に，沈み込む海洋プレートの，重力による落下を原動力とする意味でのプレートテクトニクスが成立していたかどうかは議論の分かれているところである．

　地球史における繰り返す超大陸の成立は，プレートテクトニクスの提唱者 Tuzo Wilson による最初の提案を受けて Wilson cycle と呼ばれる．最近その繰り返しモードは2つあり，外返しパターンと内返しパターンのあることが提案されている[3]．パンゲア大陸の合体パターンは分裂した場所がもう一度衝突の場となる内返しである．ロディニア大陸は，それとは逆に超大陸の分裂場所が次の合体に置いては超大陸の外側になる外返しであると推定されている．

　約2億年後の未来地球の超大陸においても，従来からよく知られている太平洋が閉じる「外返しモデル」と大西洋の中にやがて沈み込み帯が形成され，大西洋がふたたび閉じる「内返しモデル」がある．

　パンゲア大陸，ロディニア大陸が存在していたと推定される位置は，それぞれ，アフリカ，太平洋の現在のジオイドの正の異常域と一致する．これは広域的なマントル上昇流の存在を反映していることが地震波トモグラフィーの研究から示唆されている．すなわち，超大陸の存在は，全地球規模でのマントル対流の中で理解されねばならないことを示している．

　超大陸形成過程の大陸衝突・山脈形成が引き起こす大気海洋循環パターンの変化・大陸の化学的風化に伴う温室効果ガスの吸収，超大陸分裂時の火山活動の活発化に伴う温室効果ガス放出吸収と地球温暖寒冷化の関係などである． 〔木村　学〕

文　献
1) Wegener, A. (1929) *Die Entstehung der Kontinente und Ozeane*, Vieweg und Sohn (4. Aufl.) [竹内 均 訳 (1975) 大陸と海洋の起源，講談社].
2) McMenamin, M. A. S. (1998) *The Garden of Ediacara: Discovering the First Complex Life*, Columbia Univ. Press.
3) Hoffman, P. F. (1991) Science, 252 (5011), 1409-1412.

6-24 レーザーアブレーション—ICP質量分析計

laser ablation—ICP mass spectrometer

　誘導結合プラズマ（ICP）質量分析計は高感度な多元素同時分析法としてさまざまな試料の化学組成や元素の同位体分析に応用されている．ICP質量分析計は，大気圧下で元素のイオン化が行われるため，さまざまな試料導入法の適当が可能であり，幅広い形態の分析試料（溶液，気体，固体）に対応できる．レーザーアブレーション法は，ICP質量分析計の試料導入法の1つである．固体試料にレーザー光を照射させることで，試料構成元素を気化，あるいはエアロゾル（固体微粒子）化し，これらをキャリヤーガスでプラズマに導入する(図1)．

　ICP質量分析計の感度の向上により，レーザー光を絞り込むことが可能となり，現在では10〜60 μm領域の局所化学組成・同位体組成分析が行われている．レーザー照射により生成された蒸気あるいはエアロゾルの化学組成は，必ずしも元々の固体試料のそれと一致しない．これは元素分別効果とよばれ，分析結果の系統誤差の一因となっている．しかし，レーザーを短波長化（紫外線化）することで，試料によるレーザー光吸収効率が向上し，より効果的な気化・エアロゾル化が可能となり，元素分別は大幅に低減されている．最近では，フェムト秒レーザーを用いることで，さらに定量性能の改善が図れている．フェムト秒レーザーでは，150〜700 fs程度のごく短時間でレーザーエネルギーを試料に印加する．一方で従来のレーザーでは5〜20 ns程度（フェムト秒レーザーに比べ，3万倍〜10万倍の長さ）でエネルギーを印加するため，熱拡散によるエネルギー損失や，レーザー照射点からの揮発性元素の選択的気化（元素分別の一因），試料の熱的変質などの原因となっている．フェムト秒レーザーでは，熱拡散が大幅に低減できるため，試料に熱的な変質作用を与えることなくレーザー照射点のみの試料構成元素を効率よく気化あるいはエアロゾル化させることができる．このため熱に弱い試料や，金属・半導体試料のような熱拡散効果の顕著な試料の化学分析に効果的である．また試料の特定部分のみを化学分析できることから，これまでは微小鉱物の化学組成分析やジルコンなどのウランに富む鉱物の年代測定（1-14参照）に広く用いられている．最近ではレーザー光を走査しながら元素分析を行うことで，固体試料表面の微量成分元素のマッピング（元素イメージング）にも応用されている．レーザーアブレーション-ICP質量分析法では，試料を大気圧下に設置したまま化学組成・同位体組成分析が行えるため，岩石，鉱物，セラミックス，金属，半導体などの固体試料に加え，水分を多く含む生体試料の直接化学分析への応用も期待されている．レーザーアブレーション-ICP質量分析法は，その高い分析感度に加え，試料前処理の簡便さや，さまざまな形態・状態の試料に対し柔軟に対応できることも，この分析手法が最近10年間で飛躍的に普及した大きな理由の1つである．

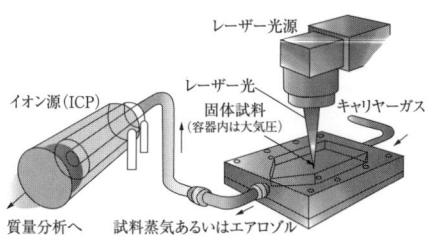

〔平田岳史〕

図1　レーザーアブレーション法の原理
固体試料にレーザー光を照射し，試料の一部を気化あるいはエアロゾル化させ，プラズマイオン源（ICP）に導入する．

7.
マントル・コア

7-01 マントルの構造

structure of the earth's mantle

地震波により地球内部構造を調べる方法はもっとも精度が高く解像度がよい．震源から観測点の距離と地震波が到達する時間（走時）などを解析（インバージョン）することにより地球内部の地震波速度の構造が求められる．地震波速度は深さ方向には大きく変化するが，水平方向の変化は通常数％程度である．このため，深さ方向の地震波速度の変化は地球内部の大まかな構造を反映する．このような地震波速度構造の例を図1に示す．

速度構造にはいくつかの速度が急変する深さがあり，そこで領域を分ける（図2）．まず，地殻と上部マントルを分けるモホ面が存在する．

次の大きな速度急変面は深さ410 km付近に存在し，この面により上部マントルと遷移層に分ける．しかし，ダイナミクスの分野では上部マントルと遷移層を一括して上部マントルと呼ぶことが多い．同様な速度急変面が深さ660 km付近にも存在し，この面により遷移層と下部マントルに分ける．深さ約2900 kmには，地球内部のもっとも明瞭な速度不連続面（コア-マントル境界）が存在し，この面により下部マントルと外核に分ける．核の中，深さ約5200 kmにも速度不連続面が存在し，この面を境に核を外核と内核に分ける．

上述の境界のほかにも重要な速度急変層が存在する．深さ50〜100 km程度では，速度が深さ方向に減少していると考えられており，低速度層と呼ばれている．その地域性は顕著で，安定な大陸地域の下では，発達せず，海洋・島弧地域の下などで発達している．コア-マントル境界の直上数十から300 km程度（地域性がある）はD″層と呼ばれており，ここでは地域性の顕著な，地震波の異常な散乱，地震波速度の強い異方性，低速度層などの存在が報告されている．

地球科学においては，これらの境界面の成因の解明が重要である．モホ面は地殻とマントルの組成の差，つまり化学組成の差から生じていると考えられている．410 kmおよび660 kmの速度急変面は鉱物の結晶構造の変化，つまり相変化によっ

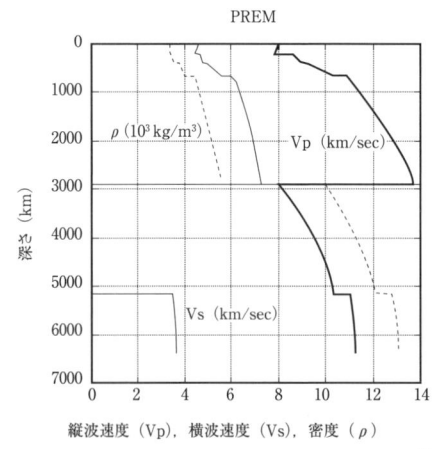

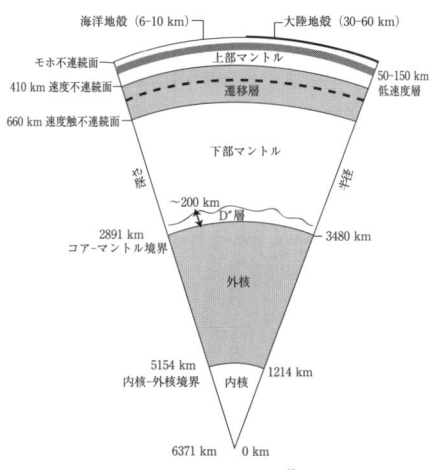

図1　地球内部の地震波速度構造（PREMモデル）[1]

図2　地球内部の領域（文献[2]を改変）

て生じていると一般には考えられている．マントルを構成する鉱物でもっとも重要な鉱物はオリビンであるが，これらの深さ近傍でオリビンからウォズレイアイト（410 kmの深さ），リングウッダイトそしてペロブスカイトとマグネシオブスタイト（660 kmの深さ）に相変化する．D"層の成因については，さまざまな考えがあり，最近，実験的に発見されたペロブスカイトからポストペロブスカイトへの相変化，化学組成の変化，部分溶融，あるいはこれら複数の原因の混在などの考えがある．コア－マントル境界はいわゆる岩石（シリケイト鉱物の集合体）と液体の金属（Feを主体として，それに少量のSなどの不純物が含まれたもの）の境界面と考えられている．外核と内核の境界は，外核の冷却に伴い固化している境界，つまり外核物質のソリダスに相当する境界と考えられている．

リソスフェア，アセノスフェアは，これまで述べてきた地球内部構造の記述と比較すると曖昧な言葉である．リソスフェアは浅い部分の"固い"部分程度の意味であり，ほぼプレートの剛体的に動く部分に相当すると考えてよい．このような固い部分の下に"柔らかい"部分があると考えアセノスフェアと呼んでいるが，おおよそ低速度層に相当すると考えてよい．さらに深部になると再び"固く"なっていると考え，メソスフェアと呼ぶことがあるが，あまり使用されない．これから明らかなように，リソスフェアは表面から100 km程度の部分，アセノスフェアは，リソスフェアから下，数十kmから100 km程度に相当している（いずれも地域性がある）．プレートはプレートの運動学から出てきた概念であるので浅い部分，平面的に広がった固い"板"という印象が強い．プレートあるいはリソスフェアが沈み込んだ部分をスラブと呼ぶ．リソスフェアが固い理由は，おもに低温のためとされている．一方，アセノスフェアや低速度層の成因に関しては，いくつかの議論がある．過去には，マントル物質の部分溶融とされていたが，その後，マントル中の水の影響が注目された．最近では，海洋底における地震波の観測の解析などから，リソスフェアとアセノスフェアの境界の存在が指摘され，その原因として部分溶融の可能性がふたたび強調されている．このほか，普段はリソスフェア（プレート）と一体になっているが，大陸分裂などで変形すると考えるテクトスフェアというものが考えられている．テクトスフェアは大陸下で厚く（数百km），その成因は化学組成の差と考えられている．

数百kmより浅い部分ではトモグラフィーの結果と地表のテクトニクスとの間によい相関がみられる．たとえば，高速度異常とクラトン，低速度異常と海嶺が相関している．また，コア－マントル境界直上付近では，南太平洋およびアフリカの下で低速度層がみられている（いわゆるl=2のパターン）．また，沈み込み帯を中心とした結果ではスラブに相当すると考えられる高速度異常が認められ，遷移層付近で"溜まって"いる様子や，上部マントルから下部マントルへ連続的に繋がっている様子などが明らかになってきている．

これらの水平方向の速度変化の原因は温度と化学組成の変化が考えられる．コア・マントル境界近傍を除いた下部マントルの大部分は温度変化で大体が説明され，その他の部分においては組成変化，溶融の効果も考慮する必要があると考えられている．

〔本多　了〕

文献

1) Dziewonski, A. M. and Anderson, D. L. (1981) Preliminary reference Earth model. Phys. Earth Planet. Int., **25**, 297-356.
2) Schubert, G., et al. (2001) *Mantle Convection in the Earth and Planets*, Cambridge University Press.

7-02

地球内部の鉱物

deep-earth minerals

地球深部物質を構成する鉱物は，マントル起源の天然物試料の観察に加え，地震波伝搬速度の解析から求められる地球内部の密度分布と高温高圧実験との比較によって研究が進められてきた．地震波伝搬速度は，地球内部の観測量でもっとも精度よく決定されていると言っても過言ではない．ゼロ次近似的に地球内部の鉱物組成を記載するとすれば，地殻から下部マントルまではケイ酸塩鉱物を主体とした物質，外核は鉄ニッケル合金の融体，内核は固体状態の鉄ニッケル合金でできているといえる．ただし，上部マントル，マントル遷移層（上部マントルの下層部に対応し，地震波伝搬速度が著しく変化する層），下部マントルでは，地球内部の温度・圧力に応じてケイ酸塩鉱物の構造と組成が大きく変化する．

上部マントルから下部マントルに至る地球内部における，おもな鉱物構成を図1に示す．上部マントルはパイロライト，あるいは未分化なかんらん岩がその主要な構成物質であるとする考えが広く受け入れられている．マントル中のカンラン石（olivine）の化学組成はほぼ $(Mg_{0.9}, Fe_{0.1})_2SiO_4$

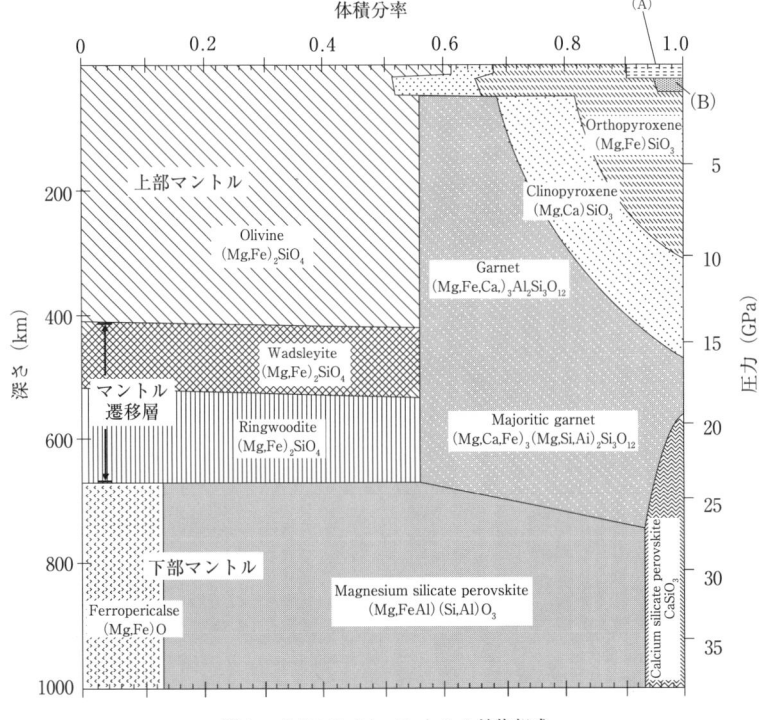

図1 パイロライトマントルの鉱物組成
図の右上の (A) は feldspar を (B) は spinel を示す．(Frost (2008) Elements, **4**, 171-176 の Figure 1 を改変)

で表され，圧力増加とともにカンラン石構造（α相）から変型スピネル構造（wadsleyite, β相），さらにはスピネル構造（ringwoodite, γ相）を経て最終的には $MgSiO_3$ に富んだペロブスカイト構造（Mg perovskite）と岩塩型の $(Mg, Fe)O$（ferropericlase）に分解する．一方，輝石-ザクロ石成分はほぼ $MgSiO_3$ と $Mg_3Al_2Si_3O_{12}$ がほぼ 6:4 のモル比の化学組成で代表され，圧力とともに Al の少ないザクロ石（majorite）の形成後，イルメナイト，ペロブスカイトとメージャライトの混合領域を経て最終的にはペロブスカイト構造の単一相へと変化する．下部マントルの大部分は，その最上部を除くとおもに2種類のペロブスカイト（$MgSiO_3$ および $CaSiO_3$）と ferropericlase の3相からなると考えられる．

一方，下部マントル最下部数百 km 程度の領域には，D"層と呼ばれる地震学的な速度以上が観測されていた．D"層の存在は，既知の下部マントルの構成鉱物では説明することができず，長い間謎であった．2004 年に報告されたダイヤモンドアンビルを用いた高温高圧実験によって，下部マントルの主要構成鉱物であるペロブスカイトが，マントル-核の境界に相当する温度圧力条件で，ポストペロブスカイトと呼ばれる高圧相に相転移することが見出された．つまり D"層は現在ではポストペロブスカイト相の存在によるものと考えられている．

容易に想像できるように，地球内部を構成する鉱物の組成は，地表からの深さが深くなるほど不確定性が増える．外核がもしも Fe-Ni 合金だけでできているとすると，観測によって見積もられる密度の実測値よりも 10% ほど大きくなってしまうため，何らかの軽元素が溶け込んでいないといけない．現在のところ，S, O, Si, H, C などが有力な候補であるが，いずれも決定的ではない．一方，内核の密度は外核に比べ 5% 程度大きく，内核はより純粋な Fe-Ni 合金に近い可能性が強いが，このような条件下での鉄および鉄-軽元素系の相関係や密度がよくわかっていないので，今後の研究が待たれる． 〔鍵 裕之〕

マントルの化学組成

chemical composition of mantle

マントルは，地殻との境界のモホ面の下からコアとの境界までの領域で，主としてケイ酸塩鉱物からなり，重量で地球の約70%を占める．この化学組成はどのように調べることができるのだろうか．人類は掘削によりマントルの試料を採取したことはまだない．また，地表に噴出した玄武岩などの火成岩は，マントルからマグマが生成する時や，マグマが上昇して地殻内のマグマ溜りに停滞するときに起こる物理・化学的分化作用により，もとのマグマと異なる化学組成をもっている．このため，地表の火成岩から起源物質であるマントルの組成を推定することは難しい．地震波を用いた地球物理学的な観測により，マントルを構成する岩石の密度を推定することができ，化学組成に制約を与えることができるが，せいぜい半定量的な情報である．

このような困難があるが，下記の方法でマントルの化学組成が推定されている．それぞれの方法で推定された5つのおもな金属元素の濃度を表1に酸化物の形で示す．

a) 宇宙・地球化学的モデルに基づいた方法：

地球の原材料物質の組成を保存していると考えられるコンドライト隕石の化学組成を出発点として，コアへ取り去られる鉄（Fe），ニッケル（Ni）と，コア中の軽元素と考えられるケイ素（Si）を差し引いて，マントルの組成を求める方法や，マントルが溶融してできる玄武岩と溶融した後の融け残りであるマントル捕獲岩を適当な割合で混ぜて，マントルの組成を推定する方法もあるが，モデルに依存する．Ringwood（1979）[1]の例を表1の(1)に示す．

b) 捕獲岩の化学組成に基づいた方法：

アルカリ玄武岩などは地表に噴出するときに，周囲のマントルの岩石を捕獲岩として取り込むことがある．捕獲岩は，マントル物質が部分溶融した玄武岩よりも，もとのマントルの化学組成を，そのまま保存している．捕獲岩からの推定が，今日，もっとも正確な方法と考えられている．

ほとんどのマントル捕獲岩はメルト物質（玄武岩）の分離により，化学組成が変化したマントルに由来している．玄武岩マグマに入りやすいカルシウム（Ca），アルミニウム（Al）などの濃度は，メルトの分離により減少し，マグマに入りにくいマグネシウム（Mg）などは逆に増加する．Mgの濃度はメルト物質が抜け出た程度の指標として用いることができる．

Palme and Nickel（1985）[2]は，捕獲岩からメルトが抜け出た影響を補正する方法を発案した．捕獲岩のMgO濃度と他の元素の濃度，あるいは元素間の濃度比との間には相関がみられることが多い．捕獲岩の難揮発性元素間の濃度比であるAl/Ti，Sc/Ti比などとMgO含有量はきれいな相関を示し，それらの濃度比はMgO濃度が35.5%付近で，コンドライト隕石の濃度比と一致する．ガスや塵から地球が成長するときに，難揮発性元素どうしは分別されずに取り込まれると予想される．よって難揮発性元素間の濃度比は，地球と，太陽系の初期物質の組成を保存していると考えられているコンドライト隕石で等しいと考えられる．これから，メルトの分離の影響を受けていないマントルはMgO濃度が35.5%

表1 マントル主成分元素組成の推定値（%）

推定者	(1)	(2)	(3) 本文参照
MgO	38.1	35.5	36.8
Al_2O_3	3.3	4.8	4.5
SiO_2	45.1	46.2	45.4
CaO	3.1	4.4	3.7
FeO^t	8.0	7.7	8.1
Total	97.6	98.6	98.4

程度と考えられ，さらに他の元素の濃度は，MgO との相関線の MgO＝35.5％の値から推定することが可能である．推定値を表1の(2)に示す．

Palme and O'Neil (2005)[3] は，地球の21カ所のスピネルを含むレルゾライト捕獲岩の FeO^t（2価鉄と3価鉄の酸化物の総和）が一定で 8.1±0.5 wt％のことに注目した．玄武岩成分の分離を経験していないスピネルレルゾライトの組成の Mg と Fe のモル比から計算すると，Mg＝36.8 wt％となる．SiO_2 と MgO の相関から SiO_2＝45.4 wt％となる．Ca/Al 比はコンドライトの値を使用する，などの計算をするとマントルの主成分元素組成は表1の(3)になる．(1)から(3)までそれぞれの方法で得られた主成分元素の推定値は比較的似ている．

次に微量元素組成は以下により推定される．(i) 難揮発性親石元素間の濃度比はコンドライト隕石と同じと仮定する．(ii) 揮発性元素や親鉄，親銅元素の濃度の推定はより難しいが，マントルが部分融解を起こすとき，調べたい元素と同程度メルトに抽出される難揮発性親石元素との比を推定に用いることが多い．難揮発性親石元素の濃度にその比をかけてマントル濃度を求める．この方法で推定された地殻の分離の影響を受けていない未分化マントルの元素濃度組成を付録2)に載せる．

以上述べた捕獲岩を用いる推定法では，いろいろな場所の捕獲岩がほぼ均質な組成を示しているため，捕獲岩が由来した上部マントルに限っては，かなり正確な推定ができていると考えられる．しかし，全体のマントルの組成が推定できているかは疑問である．

各元素の濃度を CI コンドライト隕石の濃度で規格化し，元素の揮発性との関係をプロットすると図1のようになる．図からは下記の特徴が読み取れる．

① 難揮発性の親石元素濃度はコンドライトの1.4倍くらいになる．これは，親石元素が地球の重量の約30％をしめるコアに入らずにマントルに残るためである．

② 揮発性が大きい元素は地球のマントルで減少している．これは，原始太陽系星雲のガスや塵から固体地球が成長するときに，揮発性の高い元素は固体物質に取り込まれずに宇宙空間に散逸したためである．

③ 親鉄元素，親銅元素はマントルでは少ない．親鉄元素は鉄と合金をつくり，親銅元素は硫黄化合物を作り，コアへ取り込まれた影響と考えられる．タングステンなどの親鉄元素では90％程度が，白金族元素などの強親鉄性元素では99％以上がコアへ取り込まれたということがわかる．

〔中井俊一〕

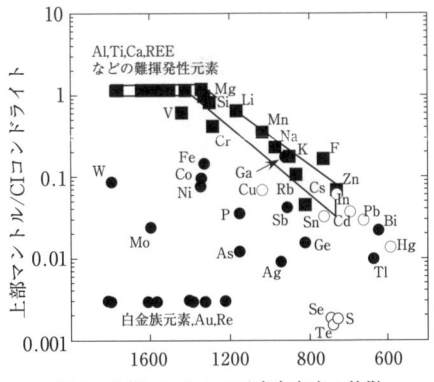

図1 上部マントルの元素存在度の特徴
■，●，○は親石，親鉄，親銅元素

文 献

1) Ringwood, A.E. (1979) *Origin of the Earth and Moon*, Springer.
2) Palme, H. and Nickel, K.G. (1985) Ca/Al ratio and composition of the Earth's upper mantle. Geochim. Cosmochim. Acta, **49**, 2123-2132.
3) Palme, H. and O'Neill, H. St. C. (2003) Cosmochemical estimates of mantle composition. In: *The Mantle and Core, Vol.2, Treatise of Geochemistry*, Elsevier.

7-04 マントル捕獲岩

mantle xenolith

　上部マントルの鉱物とその組成は，アルカリ玄武岩やキンバーライト中の捕獲岩や造山帯の超苦鉄質岩体から推測することができる．マントルかんらん岩はカンラン石，斜方輝石，単斜輝石の量比からダナイト，ハルツバージャイト，レルゾライト，ウェールライトに区分される．これらの岩石にもっとも多く含まれるカンラン石は，シリカ（Si），マグネシウム（Mg），鉄（Fe）および酸素（O）を主体とし，若干のニッケル（Ni）やマンガン（Mn）を含む．カンラン石の組成は，一般にフォルステライト（$Fo = 100 \times Mg/[Mg+Fe]$）モル％で示される．高橋（1986）[1]は，世界各地のアルカリ玄武岩に捕獲されたスピネルレルゾライト（図1参照）のカンラン石の Fo と NiO および MnO が比較的狭い範囲にあることを見出し，マントルオリビンアレイ（mantle olivine array）と命名した．それによると，スピネルレルゾライト捕獲岩のカンラン石は Fo が 84〜94（mol%）で，約 4000 ppm の NiO を含む．

　マントルかんらん岩の斜方輝石はエンスタタイト（En）成分に富む．単斜輝石成分を固溶するため，カルシウム（Ca）やアルミニウム（Al）を少量含む．その量は温度とともに増加するため，平衡温度の推定に役立つ．一方，単斜輝石の Ca 量は，平衡温度の上昇および斜方輝石の固溶量の増加とともに減少する．Ca チェルマーク置換（$Si+Ca \rightarrow Al^{IV}+Al^{VI}$）により，3価の陽イオン（$Al^{3+}$, Cr^{3+}）は単斜輝石の4配位席と6配位席に分配される．6配位席にはカルシウムとイオン半径の近い希土類元素も入りうる．そのため，単斜輝石は希土類元素など不適合元素を比較的多く含む鉱物の1つである．マントルかんらん岩にはカンラン石や輝石のほかにアルミニ

図1　オーストラリア・ビクトリア州 Mt. Leura 産スピネルレルゾライト捕獲岩
　Ol：カンラン石，Opx：斜方輝石，Cpx：単斜輝石，Spl：スピネル，スケールは 1 mm．（試料の提供は隅田まり博士のご好意による）

図2 ロシア・ヴィティム産ザクロ石かんらん岩のマントル捕獲岩[4]

ザクロ石かんらん岩がアルカリ玄武岩に捕獲されるまれな例．捕獲岩の大きさは長径 10 cm × 短径 4 cm．（写真の提供は Ashchepkov 博士のご好意による）．（詳しくは口絵14参照）

ウムを主成分とするアルミナス鉱物が含まれる．低圧で安定な斜長石から圧力の増加とともにスピネル，ザクロ石へと変化する．スピネルの Cr/(Cr+Al) モル比 (Cr#) はかんらん岩の履歴を知る有力な指標となる[2,3]．一般に部分融解とともに Cr# は上昇するが，中央海嶺起源の abyssal peridotite ではスピネルの Cr# の上限が 0.6 付近にある．一方，島弧の前弧域のかんらん岩には 0.6 以上の Cr# をもつスピネルが普遍的に存在する[3]．

大陸地殻のクラトンでは，ザクロ石を含むマントルかんらん岩がキンバーライトマグマの捕獲岩として産出する．これらの中にはダイヤモンドを伴うものもある．マントルかんらん岩のザクロ石はパイロープ成分や重希土類元素に富むことを特徴とする．また，かんらん岩の平衡圧力の推定に用いることのできる唯一の鉱物でもある（図2参照）．

マントルかんらん岩にはしばしば Mg や Fe に富む角閃石や雲母であるパーガサイトとフロゴパイトが含まれる．これらの鉱物はカリウム（K）やナトリウム（Na）をはじめ不適合元素を多く含み，アルカリメタゾマチズムによる付加の結果と解釈される． 〔高澤栄一〕

文　献

1) 高橋栄一（1986）玄武岩マグマの起源．火山，第2集，第30巻，特別号，S17-S40．
2) Dick, H.J.B and Bullen, T. (1984) Chromian spinel as a petrologenetic indicator in abyssal and alpine-type peridotites and spatially associated lavas. Contributions to Mineralogy and Petrology, **86**, 54-76.
3) Arai, S. (1994) Characterization of spinel peridotites by olivine-spinel compositional relationships: Review and interpretation. Chemical Geology, **113**, 191-204.
4) Ionov, D.A., et al. (2005) The provenance of fertile off-craton lithospheric mantle: Sr-Nd isotope and chemical composition of garnet and spinel peridotite xenoliths from Vitim, Siberia. Chemical Geology, **217**, N° 1-2, 41-75. DOI: 10.1016/j. chemgeo. 2004. 12. 001.

7-05

マントルの化学的不均質性

chemical heterogeneity in the mantle

マントルは大別して大陸性マントルと海洋性マントルに分けられる．その組成を調べ，マントルの成因を理解する上で一番の問題は，マントル物質を直接手に入れることが難しいことである．そこで，間接的な方法ではあるがマントル各部に由来する火山岩を対象として，その主成分元素，微量成分元素，放射性同位体などの組成が調べられてきた．

これらのうち，とくに放射性同位体組成は，部分融解や結晶分化といった複雑なマグマプロセスによって変化しないため，火山岩を生み出したマントル各部の組成を推定するのに有効なツールである．同位体としては，従来使われてきたストロンチウム（Sr），ネオジム（Nd），鉛（Pb），希ガス（ヘリウム（He）など）に加えて，最近ではハフニウム（Hf），オスミウム（Os），リチウム（Li）などの同位体が盛んに用いられている（7-09参照）．

マントル各部の同位体組成 図1にマントル各部に由来する火山岩のSr, Nd, Pb同位体組成を示す．大陸性マントルの同位体組成は大陸に噴出した火山岩やそれに含まれる捕獲岩から推定される．その同位体組成は非常に多様であるが，地殻物質の混染の影響も大きく，真の大陸性マントルの同位体組成を求めることは難しい（とくにPb同位体）．ただ傾向としては，マントル-地殻系の平均組成（bulk silicate earth：BSE）に比べてNd同位体比は低く，Sr同位体比は高い値をもつ．

一方，海洋性マントルのうち比較的浅部のマントルは大洋中央海嶺玄武岩（MORB）の組成から推定される．それらはマントル-地殻系の中でもっとも低いSr同位体比と高いNd同位体比をもつ．この同位体的特徴は，BSEを中心として大陸地殻や大陸性マントルの同位体組成と逆の関係にある．微量成分元素組成でみても，大陸地殻はルビジウム（Rb）やニオブ（Nb）といった液相濃集元素に富んでいるのと対照的に浅部マントルはこれらの元素に「枯渇」しており，大陸地殻と浅部マントルは相補的な関係にある．大局的には，BSEの組成をもつ初期マントル物質から大陸が形成されたときの残渣として，枯渇した浅部マントルが形成されたと解釈される（7-09参照）．

深部マントルの物質的情報は，地球上に数十個存在しているホットスポットに噴出する火山岩（海洋島玄武岩）から推定される．ホットスポットは，マントル上昇流に

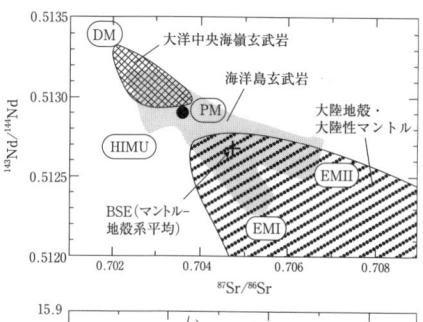

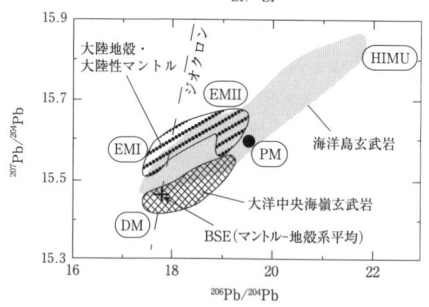

図1　マントル-地殻系を構成する物質の同位体比（上図）^{87}Sr/^{86}Sr-^{143}Nd/^{144}Nd同位体図．（下図）^{206}Pb/^{204}Pb-^{207}Pb/^{204}Pb同位体図．ジオクロンについては7-09参照．

よって深部マントルから物質と熱が運ばれ火成活動が起こっている場であり，したがって海洋島玄武岩は深部マントルの化学組成を反映しているはずである．海洋島玄武岩は，枯渇した浅部マントルに比べて非常に多様な同位体組成を示す．このことは，深部マントルが浅部マントルに比べて物質的に不均質であることを意味している．マントルは数億〜数十億年という時間スケールで対流しており，そのためマントル物質はある程度撹拌されていると考えられているが，それにもかかわらずマントルの浅部と深部では組成に差があり，とくに深部マントルでは不均質性が強く残っていると考えられる．

マントル端成分 マントルの組成の不均質性は，成因の異なるいくつかの物質がマントル内に貯蔵されているとして説明される．このような物質の中でもっとも極端な組成をもつ仮想的な成分をマントル端成分と呼んでいる．マントルの不均質性を説明するために，DM, HIMU, EMI, EMII, PM の 5 つの端成分を想定するのが主流である（図 1 参照）[1]．DM (depleted mantle) はもっとも低い Sr 同位体比と高い Nd 同位体比をもち，浅部マントルの中でももっとも枯渇した物質を代表する端成分である．HIMU は Pb 同位体比が著しく高いことで定義され，その呼び名は高いミュー値（ミュー値は ^{206}Pb の親核種である ^{238}U と Pb の安定同位体である ^{204}Pb の比）に由来する．HIMU の特徴を強く示す火山岩は，南太平洋のオーストラル諸島と大西洋のセントヘレナ島に産出する．「枯渇」したマントルの逆の意味で使われる「肥沃」なマントルを意味する enriched mantle には 2 タイプあり，EMI, EMII と区別されている．どちらも低い Nd 同位体比がその特徴であるが，Sr, Pb 同位体比に差がある．EMI は南太平洋のピトケアン島や南大西洋のワルビス海嶺，EMII は南太平洋のタヒチ諸島やサモア諸島にみられる．PM は primitive mantle の略で，大きな分化を受けることなく初期地球のもっていた組成に近い物質を代表する端成分である．Sr-Nd-Pb 同位体図では DM, HIMU, EMI, EMII の間の中間的な同位体比をもつ[2]．PM 端成分の存在については懐疑的な説もあるが，比較的未分化な物質のみがもちうる高い He 同位体比をもつ火山岩がハワイやアイスランドの海洋島玄武岩にみられることから，PM の存在が想定されている．

端成分の成因とマントル内物質循環
DM は前述したように大陸地殻や大陸性マントルの形成に伴ってできた枯渇したマントルであり，浅部マントルを占めている主要な端成分である．PM は比較的未分化な物質で深部マントルに存在すると考えられている．一方，HIMU, EMI, EMII の成因については諸説あるが，過去の地殻物質や浅部マントル物質の沈み込みがこれらの端成分の形成に重要な役割を果たしていたことは間違いない[3]．なぜなら，大きな分化作用は地球表層付近において顕著に起こるからである．たとえば，HIMU はその高い Pb 同位体比から U と Pb の量比を大きく変化させた作用が関与していたことが示唆される．そのような作用としては海洋地殻の変質作用および変質した海洋地殻がマントル内に沈み込むときの脱水作用があげられる．したがって，HIMU 端成分はこのような作用を受けた過去の海洋地殻がマントル内に沈み込んだものとする説が有力である．EMI はその組成が大陸性マントルの組成に近いため，大陸性マントルがデラミネーション（大陸地殻からのはがれ落ち）により深部マントルにもたらされたとする説と，生物起源の遠洋性堆積物の同位体組成にも近いため，そのような堆積物が海洋地殻とともに沈み込んだものとする説がある．EMII は大陸地殻の同位体組成に近いため，大陸地殻由来の陸源堆積物が海

洋地殻とともにマントルに沈み込んだものとする説が主流である．

HIMU，EMI，EMIIのもつ特徴的な同位体比は，親・娘核種を分別させる作用に加えて，同位体比が変化するための時間が必要である．沈み込みに伴うマントル端成分の形成は10〜20億年前に起こったとされている．　　　　　　　　　〔羽生　毅〕

文　献

1) Zindler, A. and Hart, S. (1986) Chemical geodynamics. The Annual Review of Earth and Planetary Sciences, **14**, 493-571.
2) Hart, S., et al. (1992) Mantle plumes and entrainment-Isotopic evidence. Science, **256**, 517-520.
3) Hofmann, A.W. (1997) Mantle geochemistry: the message from oceanic volcanism. Nature, **385**, 219-229.

7-06 マントルの進化

geochemical mantle evolution

地球史におけるマントル進化 地球のマントルをつくったいちばんはじめの物質（始原物質という）は隕石のC1コンドライトと似通った物質であったらしい．C1コンドライトはケイ酸塩に富む石質隕石の一種で，太陽系形成初期にできた原始微惑星の断片と考えられ，これらが鉄隕石とともに集積して，地球型惑星ができたと考えられている[1]．

およそ46億年前に微惑星の集積がほぼ終了して地球ができたのちマントルの進化が開始した．このマントル進化は，およそ次のようなものだったと考えられている．(a) マグマ・オーシャン期（約46億～45.34億年前）：地球全体が融解したことにより金属成分からなるコアとケイ酸塩成分が主体のマントルが分離した，(b) レイト・ベニア期（遅くとも45.34億年前まで）：最後の隕石重爆撃が起こって浅部マントルへ隕石成分が付加された，(c) 熱対流期（45.34億年前から現在）：マントル全体が熱対流で撹拌され，深部マントルからの物質の湧き上がり，マントル融解によるマグマの分離，表層物質のマントル深部への環流（マントル・リサイクリング）などによって化学的に不均一なマントルが形成された（7-08参照）．

放射性同位体組成とマントル進化 マントルは不均質である一方，総じてかなり系統的な化学進化をしてきたらしいことがわかっている．これはマントルの放射性同位体の組成から推定される．マントル進化の研究には，マントルが融解して生じたコマチアイトや玄武岩などが用いられる（7-08参照）．これらの岩石は38億年より若い地質体に残っており，マントル同位体組成の時間発達を直接調べることができる．

マントル進化の研究に用いられる放射性同位体元素には，Sr, Nd, Hf, Pbなどがある．放射性同位体組成の進化は，(1) 同位体進化が始まった時点での放射性同位体存在度（同位体初生値という），(2) おなじ時点の親核種（^{87}Rb, ^{147}Sm, ^{176}Lu, ^{232}Th, ^{235}U, ^{238}U）と娘核種（^{86}Sr, ^{143}Nd, ^{176}Hf, ^{208}Pb, ^{207}Pb, ^{206}Pb）の存在度のちがい（元素存在度の初生値）によって決まる[2]．同位体進化の一般式は，

$$\left(\frac{^{XX}D}{^{YY}D}\right)_T = \left(\frac{^{XX}D}{^{YY}D}\right)_P + \left(\frac{^{ZZ}P}{^{YY}D}\right)_P (e^{\lambda t} - 1)$$

と表される．ここで，Dは娘核種元素，Pは親核種元素，XX, YY, ZZは原子数，eは自然対数の底，，λは親核種の壊変定数，tは時間，^{XX}Dは放射起源の娘核種，^{ZZ}Pは親核種，括弧の右下の$_P$はこの同位体進化システムの進化が始まったときの値，$_T$はt時間経過後の値であることを示す．同位体比の分母^{YY}Dには，娘核種元素の安定同位体（^{86}Sr, ^{144}Nd, ^{177}Hf, ^{204}Pb）が用いられる．

図1は，45.6億年前にできたC1コンドライトの同位体進化の例を示す．この

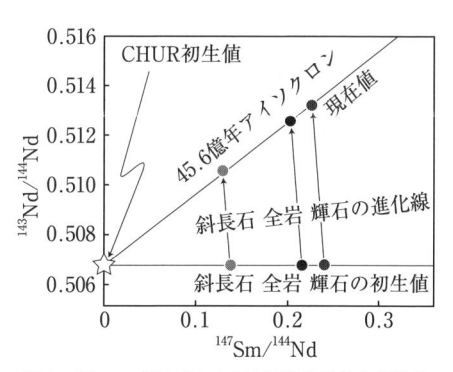

図1 C1コンドライトのNd同位体進化と等時線（アイソクロン）の例

C1コンドライトは斜長石と輝石を含んでいる．コンドライトの全岩，斜長石，輝石の $^{143}Nd/^{144}Nd$ 初生値はすべて 0.50668 であったが，それぞれに娘-親核種存在度の初生値（$^{147}Sm/^{144}Nd$）が異なっている．これらの鉱物と岩石はそれぞれに同位体進化し，45.6億年経た現在の娘-親核種存在度と Nd 同位体比は傾斜した一本の直線（アイソクロン：等時線ともいう）上に進化する．つまり，現在測定される組成からアイソクロンの傾斜で年代を，切片から同位体初生値が求められる[2]．

初期地球のマントル同位体組成の初生値は，C1コンドライトのアイソクロンから得られる（図1）．この初生値を chondritic uniform reservoir（CHUR）値，始原マントル（primordial mantle）値などとよぶ．また，この始原マントルが元素分別を受けずに，そのまま放射壊変による同位体進化をしたと仮定したときの同位体組成を，全ケイ酸塩地球（bulk silicate earth, bulk earth，あるいは BSE と略す）値とよぶ．

マントルの元素分別と同位体進化 マントルは分化と混合をくりかえしているため，その同位体進化は始原マントルの放射壊変に伴う時間進化だけにとどまらない．マントルが局所的に融解し，発生したマグマが分離（分化）したりすると，マグマが抜け去ったあとの枯渇マントルは独自の同位体進化をする．図2はその例で，過去38億年間の（a）上部マントル由来のコマチアイトや玄武岩と，（b）上部大陸地殻由来の堆積岩の Hf 同位体組成を示す[3]．

大量にマグマを失った枯渇上部マントルの Hf 同位体進化は，過剰な親核種 ^{176}Lu の放射壊変により bulk earth の同位体進化線（図の太実線）よりも速く急傾斜である．それに対して分離したマグマから集積した上部地殻では親核種 ^{176}Lu が相対的に少ないため，同位体進化が遅い．この枯渇上部マントルと上部大陸地殻のあいだの同位体組成の開きは35〜37億年前にはじまる．すなわち，マントルから地殻が大規模に分離しはじめるのは，遅くも35億年前であることがわかる．

マントル進化のパラドクス Sr-Nd-Hf 同位体組成からは，コア形成以降の地殻の分離とマントル進化がわりあい継続的に起こったようにみえる．上記の Hf 同位体進化は時間とともに徐々に同位体組成の差が bulk earth から離れるようにみえる．

マントルの Pb 同位体組成は Hf 同位体と違ってコア形成後の放射壊変による進化

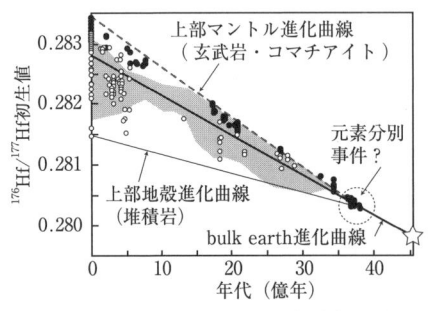

図2 上部マントルと地殻の Hf 同位体進化変化
太実線は bulk earth の進化曲線．灰色領域は川砂ジルコンの値．☆は CHUR の値．

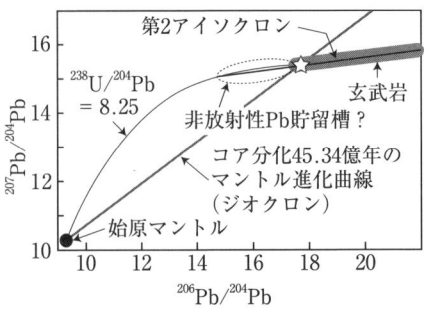

図3 Pb 同位体の同位体進化
レイト・ベニア期の終わり45.34億年前以降のマントル進化曲線（ジオクロン）と，2億年の第2アイソクロン．☆は20億年前の元素再配分イベント時の BSE 組成．

曲線（ジオクロン）に沿わず，放射性Pbに著しく富んでいる（図3)[4]．それだけでなく，20億年前に起こった大規模な元素再配分イベントを示唆する第2の進化曲線（第2アイソクロン）をつくる．この第2アイソクロンをつくるためには，放射性Pbに富んだマントルをつくったために，放射性Pbを失った非放射性の反マントル物質が大量に形成されたはずである．この非放射性Pbの貯留槽は，下部地殻，著しく枯渇したマントル，もしくはコアであるなどの考えがある．しかし，その実態はよくわかっておらず，"鉛の第1パラドクス"と呼ばれている．近年このパラドクスの成因には，Pbに親和性の高い硫黄メルトの分離や下部マントル鉱物の働きなどが注目されている[5]． 〔木村純一〕

文献

1) Wood, B.J., et al. (2006) Accretion of the Earth and segregation of its core. Nature, **441**, 825-833.
2) Dickin, A.P. (1995) *Radiogenic isotope geochemistry*. Cambridge University Press, pp. 452.
3) Vervoort, J.D. and Brichert-Toft, J. (1999) Evolution of the depleted mantle : Hf isotope evidence from juvenile rocks through time. Geochimica et Cosmochimica Acta, **63**, 533-556.
4) Hofmann, A. W. (2005) Sampling mantle heterogeneity through oceanicbasalts : isotope and trace elements. In : *The mantle and core*. (Carlson, W.C. ed.), *Treatise on geochemistry 2*, (Holland, H.D. and Turekian, K.K. eds.), Elsevier-Pergamon, 61-101.
5) Hart, S.R. and Gaetani, G.A. (2006) Mantle Pb paradox : the sulfide solution. Contributions to Mineralogy and Petrology, DOI 10.1007/s00410-006-0108-1.

7-07

地球内の物質移動

material movement within the earth

マントル内の物質循環は，地球の熱的および化学的進化に大きな影響を与える．1970年代から急速に受け入れられてきたプレートテクトニクスは，基本的には表層の観測に基づいた運動論である．プレートテクトニクスの考えは，表層のさまざまな地球科学的現象は，地表面を覆ういくつかの剛体的にふるまう"板"の相対運動によって説明されるというものであり，この理論は，過去の大陸移動説や海洋底拡大説を包含している．このようなプレート運動を引き起こすエネルギー源としては，地球内部から放出される熱と考えるのがもっとも妥当であろう．地球内部からの熱は，(1)地球内部に存在する放射性元素の崩壊による熱と，(2)地球が形成されたときに放出された集積エネルギー（重力エネルギー）とに分かれるが，この熱をプレートの動きや地震などの機械的仕事に変換するメカニズムとして，マントル対流が考えられている．

熱だけで駆動されている対流（熱対流）が起こる条件は，Rayleigh数という無次元数によって決まる．Rayleigh数（一般的には $g\alpha d^3 \Delta T/\nu\kappa$ で定義される．ここで，g は重力加速度，α は体膨張率，d は対流層の厚さ，ΔT は対流層の上下の温度差，ν は動粘性係数，κ は熱拡散率である）が 10^3 程度より大きいと対流が生じるが，マントルのそれを見積もってみると 10^6 程度より大きくなりマントル内で対流が起こっていると考えられる．

マントル対流によって，熱がどの程度，機械的仕事に変換されているかを知ることは興味がある．マントル対流は通常の熱機関と異なり，仕事が外部に取り出されていないので，通常の熱効率という概念をあてはめることはできない．しかし，機械的仕事を表す量として発散（応力と歪み速度をかけあわせ，系全体で積分した量）Φ と単位時間あたりに供給される熱 F（～地殻熱流量の総和）の比 Φ/F を計算すると，熱対流の場合，$g\alpha d/c_p$（c_p：定圧比熱）程度と推定される．マントルの代表的物性値を使用して，この値を推定するとマントル全体対流の場合は0.7程度になる．この値は，さまざまな地球科学的現象から推定される値と大きくは矛盾はしていない．

このようにエネルギー論的に考えると，プレート運動などを引き起こす原因はマントル対流であることは，確かである．しかし，それだけではマントル内部のダイナミクスを理解できず，さらに具体的なマントル対流の描像を知ることが必要である．図1には，もっとも基本的な対流（粘性一定，下部加熱，上部冷却）の二次元数値計算の結果（温度場：左図，水平方向に平均した温度分布：右図）を示している．図からわかるように対流のほとんどの場所で温度が一定になっている（圧縮性を考えると断熱温度こう配分の温度変化が加わる）．温度が急変する部分は上部と下部であり，ここを温度（熱）境界層と呼んでいる．ま

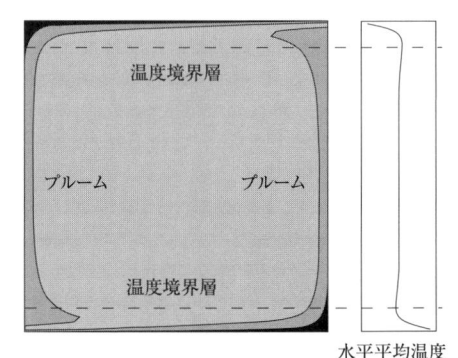

図1 対流内の温度構造

た，これらに加え上昇部と下降部でも温度が急変しており（ただし，速度は必ずしも急には変化しない），これをプルームと呼んでいることがある（プルームとは，一般にはパイプから上昇している煙のような状態を指しているようであり，地球内部での下降流に相当すると考えられるスラブなどにプルームという言葉を使用するのは，あまりなじまない）．

　地球科学的に考えると，上部の温度境界層がプレートに相当し，粘性の温度の依存性のために固くなっているという考えと調和的である．一方，地表面の温度境界層と対をなす下部の温度境界層が，どこにあるかに関しては，議論があり，その代表的な考えとしては，(1) コア-マントル境界（いわゆるマントル全体対流説），(2) 上部・下部マントル境界（いわゆる二層対流説：この場合，下部マントルも対流していると，下部マントル内に，もう1つの対をなす温度境界層が存在する）がある．現在では地震波トモグラフィーの結果が高速度異常の上部マントルから下部マントルへの連続を示していることなどにより，(1) の考え方が主流となっている．しかし，数値シミュレーションによれば深さ660 km付近に存在すると考えられている相変化がマントル対流の運動に抵抗を与えることが示され，また，遷移層付近では高速度異常が"留まっている"ようにみられる場所が多くみられているため，その辺りで何らかの抵抗が働いていると考えられている．(1)，(2) いずれにおいてもコア-マントル境界（CMB）の近傍で温度境界層があり，それがD″層となんらかの関係があると論じられている．もともと下部温度境界層からプルームが上昇するはずであるが，高温のために粘性が低下し，さらにプルームが上昇しやすくなると考えられる．しかし，CMBでは核とマントルの化学的相互作用，分化したスラブの一部（海洋地殻）の存在などによる化学組成の変化も考えられているので，化学組成変化に伴う密度差と温度差によって生じた密度差の和がプルームの上昇過程や形態に影響を与える．また，D″層付近にペロブスカイトからポストペロブスカイトの相変化が存在する可能性も指摘されており，さらにプルーム生成のメカニズムを複雑にしている．

　低温の下降するプルームは沈み込むスラブに相当すると考えられるが，対流は，このように浮力が集中している低温プルーム（前記参照）と上昇する高温プルームによって駆動されている．このようなプルームの役割を強調してプレートテクトニクスに対して，マントル内のダイナミクスをプルームテクトニクスと呼ぶこともあるが，実質的にはマントル対流論と考えてよい．

　以上のような議論に基づいて描かれたマントル内のダイナミクスの図の一例を図2に示す．
〔本多　了〕

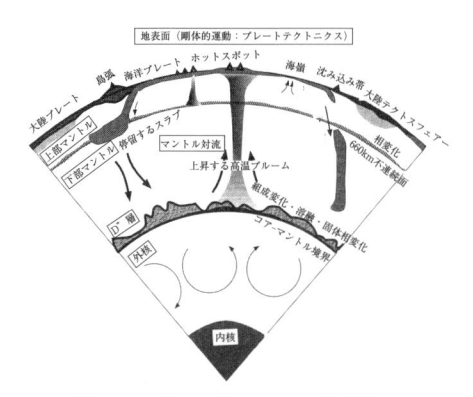

図2　マントルダイナミクスの概念図
（川勝編（2002）[1]）を改変）

文　献

1) 川勝　均編（2002）地球ダイナミクスとトモグラフィー，朝倉書店．

7-08 初期地球の化学分化

early earth differentiation

現在の地球の基本的構造，つまり中心からコア・マントル-地殻・大気-海洋となっている層構造は，地球史の初期（形成時及びその後数億年）に形成されたと考えられる．これは，地球形成時，とくに微惑星の衝突合体成長や巨大衝突（ジャイアントインパクト）の際に，大量のエネルギーが解放され，大規模な化学分化が進みうるためである．ここでは，地球形成時に起こった化学分化過程，コアの形成，一次地殻の形成，大気の形成について概説する．

コアの形成 金属鉄から主になるコアの形成は，まず天体が部分溶融し，金属相が形成されることから始まる．天体の部分溶融は，短寿命放射性核種の放射壊変や，天体衝突による加熱で起こりうる．そして，天体サイズが火星サイズにまで成長すると，その重力のため金属相は天体中心部に沈み，コア（中心核）を形成する．地球が，その集積の最終段階で，火星サイズ天体との巨大衝突を経験した際，衝突天体のコアが原始地球のマグマオーシャンを落下していき，すでに存在していた原始地球のコアがさらに成長する．また，このコア成長の際には，マントルとコアの間で化学的（部分）平衡が達成されたと予測される．地球のコアの形成時期は，ハフニウム-タングステン法により，その形成の終了は，太陽系起源（45.67億年前）後，少なくとも3000万年以上経ってからであることが，示されている．

一次地殻の形成 巨大衝突の際に形成されたマグマオーシャンは，地球の冷却とともに，徐々に固化していく．そして，ある程度まで固化が進み，固相と液相の分離速度が，マントルの対流速度よりも高くなると，液相濃集元素に富んだリザーバー（一次地殻）と，逆に枯渇したマントルリザーバーへの分化が起こる．地球最古の地殻鉱物ジルコンの年代が，44億年前であることから，遅くともそのときまでには，一次地殻形成が起こっていたことがわかる．また，最近のサマリウム-ネオジム法を用いた研究は，一次地殻が>45.3億年前に形成され，その形成後間もなくしてマントル深部に沈み込み，現在では隠れたリザーバーとなったことを示唆する（7-14参照）．

大気の形成 天体は，火星サイズになると，その重力により，大気を長時間保持することが可能となる．惑星大気の起源は，おもに次の2つの可能性がある．(1) 原始太陽系星雲ガスを捕獲して形成される太陽組成大気（一次大気），(2) 固体材料物質の脱ガスで形成される大気（二次大気）．地球の現在の大気は，おもに後者の二次大気であると考えられる．これは，地球の大気組成が，太陽組成の大気に比べて，希ガスなど化学的に不活性なものほど，激しく枯渇しているためである．また，この脱ガスによる大気形成は，カリウム-アルゴン法およびヨウ素-キセノン法により，おもに地球史の初期（>44億年前）に起こったことが示されている．このことは，地球大気の大部分が，地球集積段階の衝突イベントの際に，形成されたことを示唆する．

〔飯塚 毅〕

文献
1) 地球化学講座3巻，マントル・地殻の地球化学，第4-6章，培風館．
2) 地球惑星科学13巻，地球進化論，第1章，岩波講座．

7-09 コア

core

地球中心核とも呼ばれる．地球内部最大の地震波不連続面が約2890 kmの深さで観測されており，それより深部ではP波のみが伝播し，S波は伝播しない．P波速度はこの境界で大きく減少する．これらの観測からその不連続面より深部は液体で構成されていると考えられている．さらに深さが約5150 kmに達すると地震波不連続面がふたたび現れる．この境界以深ではP波から変換されたS波が伝播することから固体であることがわかっている．つまり，地球のコアは液体の外核（outer core）と固体の内核（inner core）で構成されており，液体の外核の半径は約3480 km，固体の内核の半径は約1220 kmであることが推定されている．地球中心部の圧力は364 GPa，温度は物質組成とエネルギー輸送過程に依存するため正確にはわからないが，約5000〜8000 Kと推定されている．

液体の外核は強い流動性をもち，金属で構成されているため電気伝導度が高い．これら2つの性質は，地磁気の生成と密接に関係している．金属のように電気伝導度の高い物質が磁場中を動くと，電磁誘導の原理によって電場が生じ，電流が流れる．つまり，磁場中を液体の鉄が熱対流運動することで，地球磁場が維持されているものと考えられている．

コアは鉄（Fe）とニッケル（Ni）が主成分であると推定されているが，地震学的に得られる外核の密度は純粋な鉄に比べて10％ほどの密度欠損がある．このため地球の外核にはFe-Ni合金に加えてシリコン（Si），硫黄（S），酸素（O），炭素（C），水素（H）などの軽元素がいくらか含まれているものと考えられている．外核の軽元素は，地球磁場を生み出す外核の金属流体の運動において粘性，組成対流などに大きく影響する．また，Fe-Ni合金への軽元素の付加は合金の溶融温度を大きく減少させるので，コアの温度構造を推定する上でも重要である．外核の軽元素を決定しようという試みは，高圧実験の発展に伴い，1970年代から活発に行われはじめた．当初は核の軽元素がマントルにも多く含まれている酸素であるとする仮説が有力であったが，最近のダイヤモンドアンビルセルを用いた超高圧実験によって金属鉄にはコア-マントル境界の圧力でSiもかなり大量に金属鉄に溶け込むことが示された．外核の軽元素問題は，地球科学における重要課題の1つとなっている．

内核は，地球内部の冷却に伴い，外核のFe-Ni合金が析出・沈降してできたと考えられており，現在でも成長が続いている．内核は，外核との電磁気的結合により，マントルより少し速く回転する（内核の差分回転）可能性が示唆されてきた．最近では0.2〜0.6°内核が速く回転しているという結果が地震学的観測から得られている．この回転速度では約1000年程度でマントルに対して内核は1周することになる．内核を通過するP波は地球磁場にほぼ平行な軸対称の異方性をもち，その強さは深さによって異なっている．最近の地震学的観測は内核の最表層部に大きな速度不均質が存在することと東半球が西半球に比べて地震波速度が速いことを示唆している．つまり，内核の構造は差分回転モデルから期待されるほど均質なものではなく，組成や熱的な不均質をもっているようである．内核の生成・成長は地球磁場を作るエネルギー源であると考えられるので，内核の構造，組成，ダイナミクスを理解することは，磁場の起源まで含めた地球科学の第一級の問題である．

〔芳野 極〕

7-10 マントルとコアの分化

segregation of core from mantle

　原始太陽系星雲の物質が集積して形成された微惑星が衝突を繰り返し，地球に近いサイズに近づくと，集積による重力エネルギーの解放と短半減期の放射壊変による熱によって，地球の表面は1500℃の高温になり，表面の岩石は融けていたと考えられている．これをマグマオーシャンと呼ぶ．
　このように原始地球物質が融けると，鉄・ニッケルなどで構成される金属相はケイ酸塩相から分離する．金属相はケイ酸塩相より密度が高いために，地球のようなサイズの惑星では金属相が重力によって中心に向かって落ちていく．金属相が中心に集まることによってさらに重力の解放が進み，地球内部の温度が上がることによって，この金属相の濃集プロセスがさらに進む．中心に向かって沈んだ金属相はひとつにまとまってコアとなる．これがマントルとコアの分化である．
　マントルからコアが分化した際，大規模な元素分配が起きた．このとき，白金族元素やタングステンなどの金属相への親和性が高い，いわゆる親鉄元素はコアに分配されたと考えられている．その結果，マントル中の親鉄元素はコアに集積した金属相によって取り去られ，そのマントル中の濃度は低くなったはずである．しかしながら，実際には現在のマントルの白金族元素などは，分配平衡から予測される濃度に比べて決して低くない．この矛盾を説明するために，いくつかの仮説が提案されている．1つ目は，親鉄元素を含んだ金属相が地球の中心核が形成された際に，完全に地球の中心に沈まずにマントルに残ったとする考えである．2つ目は，高温高圧下では，常圧の場合と比較して白金族元素の金属相への分配係数が下がり，金属相（コア）への分配が起きないという考えである．一方で，コアが分離して親鉄元素のコアへの分配が起きた後に，地球表面に親鉄元素濃度の高いコンドライト隕石組成の物質が降り注いだという考えもある (late veneer 仮説)．どの考えが正しいかは，いまだ結論の出ていない問題である．
　コアが分離したタイミングは，質量数182のハフニウム (^{182}Hf) が質量数182のタングステン (^{182}W) に壊変するHf-W放射壊変系を用いた議論が行われている．^{182}Hfは半減期900万年と比較的短く，現在では壊変し尽くしてしまっている消滅核種である．Wは親鉄元素であるためにコア形成の際に，90%以上がコアに移ったと考えられている．もしコアの形成が早ければ半減期の短い ^{182}Hf が ^{182}W に壊変し尽くす前に W がコアに移動するために，マントルの ^{182}W/^{184}W 比はコンドライトのような太陽系の平均 ^{182}W/^{184}W 比からずれるはずである．実際，海洋島玄武岩の分析から決められた地球のマントルの ^{182}W/^{184}W 比は，コンドライトの同位体比よりわずかながら高く，^{182}Hf が生き残っている間にコアの分離が起きたことを示唆する．現在までに得られている W 同位体データから，コアは太陽系の最初の凝集物のひとつである Ca, Al に富んだ包有物 (CAI) の形成後，3000万年以上後に形成したと推測されている．しかし，この年代は，地球全体の Hf/W 比や原始地球の集積モデルに依存しており，いまだ議論が多く，結論に至っていない．　　　　　　　〔鈴木勝彦〕

文　献

1) Maier, W. D., et al. (2009) Nature, **460**, 620–623.
2) Kleine, T., et al. (2009) Geochem. Cosmochim. Acta, **73**, 5150–5188.
3) 野津憲治・清水洋編 (2004) マントル・地殻の地球化学, 地球化学講座3, 培風館.

7-11

マグマ形成時の元素の挙動

element partitioning during magma formation

マグマ形成時には，生じたメルトと融け残りの固相部分との間で元素の再分配が起きる．この元素分配を考えるときにポイントとなるのは，融け残り部分にどのような鉱物結晶が存在するかという点である．メルトと共存する鉱物の結晶格子に入りやすい元素と入りにくい元素が存在するが，前者を調和元素，後者を非調和元素あるいは液相濃集元素と呼ぶ．元素分配はその場の温度・圧力・化学組成といった量に依存するため，元素分配について調べることによって，マグマ形成場の情報を得ることができる．また，結晶内部の拡散速度が遅い元素については，化学平衡が必ずしも常に成立するわけではない．このため，平衡からのずれに着目して，マグマの形成や移動のタイムスケールを議論することもある．

元素分配を考える場合には，取扱いの容易さから主元素と微量元素とに分けて考えるのが一般的である．系に多量に含まれる主元素については，熱力学的に系の自由エネルギーの最小化させる計算，もしくは実験的に相平衡図を作成して，固相部分に存在できる鉱物結晶の種類と量を求め，これらをもとに元素の分配を検討する．一方，微量元素については，着目する元素の分配係数がその元素の濃度によらないというヘンリーの法則で近似できるため，Nernst 型の分配（分配係数＝鉱物中での着目元素の濃度／メルト中での着目元素の濃度）として取り扱うことができる．

微量元素分配について，Blundy と Wood による lattice strain model を紹介しよう．このモデルでは，式 (1) のように，着目元素の分配係数 D_i をその元素が入る結晶の特定のサイトの歪みエネルギー

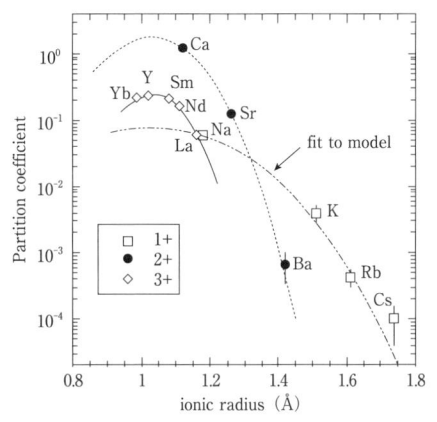

図1 実験値とモデルとの比較（単斜輝石）
Blundy and Wood (2003) より引用

と結びつけて，理論的に整理している．

$$D_i = D_0 \exp\left\{\frac{-4\pi N_A E_M \left[\frac{1}{2}r_0(r_i-r_0)^2 + \frac{1}{3}(r_i-r_0)^3\right]}{RT}\right\} \cdots (1)$$

ここで，D_0 は結晶組成などで決まる定数，r_0 と E_M は着目サイトの半径とヤング率，r_i は置換種のイオン半径，N_A はアボガドロ数，R はガス定数，T は絶対温度である．このモデルのすぐれた点は，価数やイオン半径の異なるいくつかの元素を用いた実験などからいったん D_0, E_M, r_0 を決定してしまえば，分配データがない元素についても，分配係数が推測できるという点である．実際，単斜輝石など多くの結晶鉱物について，このモデルで分配係数データがうまく整理されている（図1参照）．

元素分配係数については，GERM Partition Coefficient (Kd) Database (http://earthref.org/GERM/) に，斑晶と石基の化学分析，分配実験，理論計算などのさまざまな方法で決定された Nernst 型の元素分配係数が元素別にコンパイルされており，非常に有用である．　〔安田　敦〕

文　献

1) Blundy and Wood (2003) Earth Planet. Sci. Lett., 210, 383-397.

7-12

マントル中の流体と元素の挙動

geochemical properties of fluids in the Earth's mantle

マントル中にはさまざまな証拠から，H_2O, CO_2, N_2, SO_2, 希ガスなどを含む流体が存在することが知られており，これらの流体が地球内部の物質循環や火成活動において重要な役割を担っていると考えられている．マントル中に流体が存在する直接的証拠としては，マントルゼノリス中やマントル起源のダイヤモンド中の流体包有物の存在があげられる．間接的証拠としては，沈み込み帯の初生玄武岩マグマ中の含水量と部分融解度との関係から推定される起源マントル物質の含水量が，上部マントルの無水鉱物（nominally anhydrous mineral）中に含まれうる水の量の上限よりも高いということや，おもに大陸地域に産出するマントルゼノリス中に含水鉱物がしばしば見られることなどがあげられる．

マントルの温度圧力条件は，H_2O や CO_2 の単体の臨界点よりも十分に高温高圧であるため，マントル中の流体は気体と液体の区別のない超臨界流体（supercritical fluid）として存在すると考えられる．マントル鉱物と流体が共存する場合，流体中にはさまざまな鉱物成分が溶解することが高温高圧実験から知られており，実際にマントルゼノリスやダイヤモンド中の流体包有物には，SiO_2 やアルカリ元素などが多く含まれることが報告されている．高温高圧下での流体-上部マントル鉱物間の元素分配実験によると，マントル流体は LIL 元素（large-ion lithophile element；たとえば K, Rb, Sr, Cs, Ba, U, Th）に富み，一方，HFS 元素（high-field strength element；たとえば Ti, Nb, Ta, Zr, Hf）に乏しく，この元素分配関係が沈み込み帯の火成岩の高い LIL 元素/HFS 元素比を生み出す一因となっていると考えられている．

高温高圧下で流体とシリケイトメルトが共存する場合，温度圧力の上昇にともない流体中に溶解するシリケイト成分が増加し，それと同時にシリケイトメルト中への流体成分の溶解度も増加する．その結果，ある温度圧力条件以上では，流体とシリケイトメルトとが完全に混和した超臨界相となる．この温度圧力条件を第2臨界端点（second critical endpoint）あるいは上部臨界端点（upper critical endpoint）と呼ぶ．ペリドタイト-H_2O 系では約 3.8 GPa に第2臨界端点が存在するため[1]，上部マントルの深さ約 120 km 以深ではいかなる含水量においても水に富む流体とシリケイトメルトとの2相が安定に共存することは不可能であり，比較的低温下で水に富む流体から高温下でシリケイト成分に富む含水メルトへと連続的に変化することとなる（図1）．

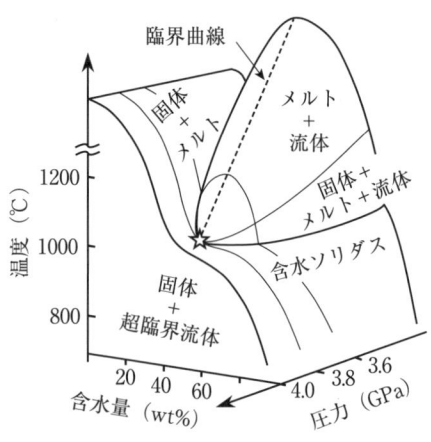

図1 第2臨界端点（星印）近傍のペリドタイト-H_2O 系の相平衡状態図
第2臨界端点（約 3.8 GPa）以上の圧力ではシリケイトメルトと水に富む流体との区別はなくなり，超臨界流体メルトとなる．

高温高圧実験によるオリビンと流体との間の二面角の測定により，マントル中での流体の浸透率は，温度・圧力・流体の化学組成（たとえばH_2O/CO_2比など）により大きく変化することが知られている．一般に，流体のH_2O/CO_2比が高いほど，また温度圧力が高いほど，マントル中の流体の浸透率は増加する[2]．

　マントルの温度圧力条件下での流体の物理化学的性質を調べるためには，高温高圧実験が有用な手段の1つである．高温高圧下でさまざまな成分を溶解する流体は，常温常圧状態に戻すと過飽和状態となった成分を析出して複数の相に分離してしまうため，物性測定は高温高圧下で行う必要がある．しかしながら，こういった実験は非常に難しく，マントル中の流体の密度や粘性の測定はこれまでほとんど行われていないのが現状である．近年，シンクロトロン放射光などを利用してマルチアンビル高温高圧発生装置やダイヤモンドアンビルセル中の流体の物理化学的性質を高温高圧状態のまま直接調べる新たな手法がいくつか開発され，このような実験手法の進化とともにマントル中の流体の性質も少しずつ明らかにされつつある．　　　　　〔三部賢治〕

文　献

1) Mibe, K., et al. (2007) Second critical endpoint in the peridotite-H_2O system. J. Geophys. Res., **112**, B03201, doi：10.1029/2005JB004125.
2) Mibe, K., et al. (1999) Control of the location of the volcanic front by aqueous fluid connectivity in the mantle wedge. Nature, **401**, 259-262.

7-13 マントル内での元素拡散

element diffusion in the mantle

　マントル内の物質移動においては，マントル対流やメルト・揮発流体に運ばれて移動する移流と化学ポテンシャル勾配に従って物質が動く拡散に分けられる．地球内部での拡散は，おもに固相（おもに結晶）内および液相内で起き，一般に，元素拡散は前者で遅く，後者において早い．また，元素拡散は熱活性化プロセスであることから，拡散速度は温度の上昇に伴い著しく増加する．温度のみならず，拡散速度は，拡散する元素（拡散種），母相，圧力，酸素分圧，不純物濃度などによって著しく変化する．一般に，拡散の速さの程度を表すのに拡散係数を用いる．

　マントル内のダイナミックスにおいて，元素拡散はその基本的な素過程であるが，鉱物結晶を構成する主要元素と微量元素の拡散が果たす役割は異なる．前者は，マントル流動（対流）の原子レベルでの素過程と考えられており，もっとも拡散速度の遅い元素の拡散がその流動の律速過程になることが予想される．マントルを構成するシリケイト鉱物の主要元素の中では，Siの拡散速度がもっとも遅いことが数多くの実験から示されており，マントル条件でのSiの拡散係数を用いてマントルの粘性が予想されている．それに対して，微量元素はマントル化学進化のトレーサーとして幅広く用いられているが，拡散速度までを考慮に入れた研究は少ない．これまでの化学進化を論じた研究では，暗に拡散が完了，つまり化学平衡を仮定している場合が多い．たとえば，上部マントル内での玄武岩メルトの生成の際，固-液間の平衡元素分配が仮定されているが，メルトの分離速度および注目する元素によっては，結晶内からメルトへ向かう元素拡散が追いつかず，固-液元素分配において化学平衡に達しないうちにメルトが分離される可能性も指摘されている．最近，さまざまなシリケイト鉱物内での微量元素の拡散係数が得られてきたことから，このような予想が可能になってきた．鉱物によって違いはあるものの，微量元素においては，一般に，そのイオン半径および価数が大きいほど小さな拡散係数を持つが，鉱物によってはその影響をほとんど受けないものがあり，まだ系統的な理解は進んでいない．

　以上は，鉱物結晶格子内での拡散（格子拡散）についてであったが，岩石は多結晶体であるため，鉱物結晶界面を通した粒界（界面）拡散も重要になる．高応力下での結晶内では，転位密度が高く，その転位を介した拡散（パイプ拡散）も無視できない可能性がある．また，部分溶融メルトが存在し，それが3次元的に連結していると，マントル内の元素拡散には大きな影響を与える．転位，界面およびメルト内は，結晶格子に比べて原子配列が疎，原子どうしの結合が弱い，空孔数が多いと考えられ，そのため，これらの構造中の拡散速度は結晶格子内のそれに比べて数桁以上大きいことは珍しくない．このような高速拡散パスが実際にマントル内で有効に働くかは，拡散係数のみならず，パイプ拡散の場合では転位密度，界面拡散では粒界の幅と粒径との比，メルトの場合はその量と連結度に大きく依存する．また，微量元素は格子内に入りづらく，これらの構造体に選択的に入ることが多いので，微量元素の拡散において，それら高速拡散パスの重要性は増すことが予想される． 〔平賀岳彦〕

【コラム】深部の隠されたリザーバー

hidden reservoir in deep mantle

地震波トモグラフィーで地球内部を観察すると，マントル上層部から下部マントルに下降するプリュームや，逆に下部マントルからマントル上層部に上昇するプリュームの様子が伺え，マントルが全マントル規模で対流していることがわかる．しかし，サマリウム-ネオジム（Sm-Nd）法を用いた最近の研究は，マントル対流から孤立し，地球表層の火成活動に関わっていない隠されたリザーバーの存在を示唆する．

Sm-Nd法は，2つのα壊変系，^{147}Sm-^{143}Nd系および^{146}Sm-^{142}Nd系を利用できる．前者の半減期は1060億年であるのに対し，後者は1.03億年と短いために，約42億年前には^{146}Smは消滅している．SmおよびNdは難揮発性で，親石性元素であるため，地球のケイ酸塩部分全体（マントル＋地殻）のSm-Nd同位体進化は，始源的な未分化隕石であるコンドライト質隕石のそれらと一致すると考えられてきた．また，マントルが部分溶融した際，NdのほうがSmに比べて，より液相（マグマ）に濃集するため，Sm-Nd法は，マントル-地殻分化を理解する上で，非常に有用な方法である．とくに，^{146}Smは消滅核種であるため，岩石試料の^{142}Nd/^{144}Ndは，地球初期に起こったマントル-地殻分化を反映する．

コンドライト質隕石および38～0億年前のさまざまな地球岩石試料の高精度^{142}Nd/^{144}Nd分析の結果，ほとんどの地球岩石試料はコンドライト質隕石に比べて，20 ppm（2×10^{-3}%）高い^{142}Nd/^{144}Ndを示し，コンドライトよりも低い^{142}Nd/^{144}Ndをもつ地球岩石試料はないことが明らかになった（いくつかの試料は，コンドライト質隕石と同じ^{142}Nd/^{144}Ndをもつ）．もし地球のケイ酸塩部分全体とコンドライト質隕石のSm-Nd同位体進化が一致するという仮定が正しければ，この発見は，地球初期に全地球規模で形成された低い^{142}Nd/^{144}Ndをもつリザーバーが，マントル内に隠れていることを示す．さらに，^{142}Nd/^{144}Ndと^{143}Nd/^{144}Ndを組み合わせることにより，この低い^{142}Nd/^{144}Ndをもつリザーバーは＞45.3億年前に形成されたことが示された．これらの結果から，そのリザーバーは地球集積段階で起こったジャイアントインパクトによる全マントル溶融およびその固化の際に形成された初期地殻であると考えられている．また，そのような初期地殻は，鉄に富み重いために，形成後間もなくしてマントル最深部に沈み込み，それ以来，マントル対流から孤立し，隠されたリザーバーとなったことが予測されている．

一方，上記の解釈の基となっている地球のケイ酸塩部分全体とコンドライト質隕石のSm-Nd同位体進化が一致するという仮定が誤っている可能性も，最近指摘されている．たとえば，地球が集積段階で経験した微惑星の衝突合体成長の際に，微惑星の地殻部分（低いSm/Ndをもつ）が選択的に衝突で吹き飛ばされて失われうる．この衝突浸食により，地球のケイ酸塩部分全体のSm/Ndが，コンドライト質隕石に比べて約5%高くなった場合，深部に隠されたリザーバーの存在は必要なくなる．

〔飯塚　毅〕

文献

1) Boyet, M. and Carlson, R. W. (2005) ^{142}Nd evidence for early (>4.53 Ga) global differentiation of the silicate Earth. Science, **309**, 576-581.
2) Upadhyay, D., et al. (2009) ^{142}Nd Evidence for an enriched Hadean reservoir in cratonic roots. Nature, **459**, 1118-1121.

7-15 マントルと地殻の分化

differentiation of mantle and crust

先カンブリア時代の時代区分はもともと地質学的特徴の変遷によってなされた．つまり，太古代/冥王代境界の定義は現存する最古の地質体の出現とされ，原生代は一般に強い変形や変成を被った緑色岩体からなる花こう岩-緑色岩帯の地質体（太古代型地質構造）に加えて，比較的安定な大陸縁やリフト帯に堆積したスペリオル型の縞状鉄鉱層，黒色頁岩層や炭酸塩岩層など厚く広大な正常堆積物によって特徴づけられる地質構造（原生代型地質構造）が存在する時代とされた．ただし，原生代型地質構造の出現時期は大陸によって大きくばらつくため，現在は，太古代/原生代境界は25億年前に人為的におかれている．このような変遷は冥王代にプレートテクトニクスが開始され，初期はマントルの温度が高くプレートが小さかったことと，大陸地殻の量が少なかったため海洋内島弧として存在していた大陸地殻が，マントルの冷却と大陸地殻の成長とともに，集合・合体し大きな大陸を形成するようになったことを示す．

現在，地球最古の地質体は約40.3億年前のアカスタ片麻岩体とされる．しかし，地質体の最古年代は，1970年代始めに3600〜3800 Maの表成岩や花こう岩質片麻岩がグリーンランド南西部で見つかり，当時最古であったMinnesotaの片麻岩の年代（3550 Ma）が更新され，1989年にはアカスタ片麻岩体で3960 Maの年代をもつ片麻岩が発見されるなど，年代決定技術の進歩とともに徐々に更新されてきた．一方，西オーストラリアのジャックヒルズやマウントナリアの太古代中期の礫岩には約44億年前にまで遡るジルコンが存在する．特に，42億年前以前の年代を持つジルコンの希土類元素パターンや含まれる鉱物包有物は，それらが花こう岩質マグマ起源であることを示し，Hf同位体値はさらに古い地殻の再溶融で生じたことを示唆する．最近の研究では，42億年前以前の古い年代を持つジルコンは上述の礫岩のみならずアカスタ片麻岩体からも発見される．このことから，地球形成後間もなく，少なくとも2億年以内には，地球上に花こう岩質な大陸地殻が形成されていたと考えられている．また，地球上に水が存在していた最古の地質証拠は西グリーンランドやカナダラブラドルに存在する化学堆積岩である縞状鉄鉱層やチャート，砕屑性堆積物の礫岩と玄武岩質やコマチアイト質の枕状溶岩で約39億年前まで遡れる．さらに，イスア表成岩帯には海洋プレート層序や付加体の証拠が存在しており，その頃には大洋が存在し，プレートテクトニクスが機能していたことを示唆する．

一方，地球内部には上部-下部マントル境界という半開放的な物質循環のバリアがあるため，地球のマントルは不連続的に冷却してきたことが示唆されている．太古代のマントル温度は現在に比べて約150℃ほど高く，プルームソースマントルも200〜400℃ほど高かった．そのため，当時の海洋地殻は現在に比べて2〜3倍程度厚く，海洋プレートは半分程度の厚さ，平均寿命は1/4程度であったと考えられている．また，太古代の緑色岩帯にはマントルが高温であったためにプルーム火成活動起源のコマチアイトと呼ばれる超塩基性溶岩が挟まれる．

大陸地殻の形成は冥王代にまで遡れると考えられているが，その後の成長については諸説存在する（図1）．一般に，地球熱史モデル（F）による推定では，マントルが高温であった地球初期に急激に成長したと考えられており，逆に現在の大陸地殻分布から推定した場合（H&R），原生代に急

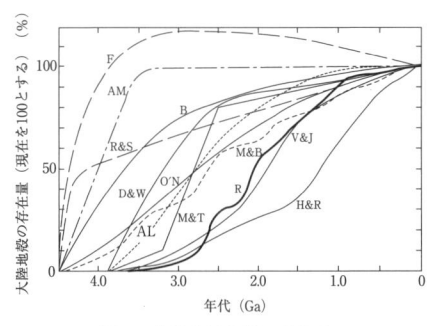

図1 大陸成長曲線のまとめ
縦軸は現在を100%としたときの大陸地殻の累積曲線を示す．それぞれ，地球熱史モデル（F），マントルの同位体組成や大陸地殻の化学組成の経年変化（AM, O'N, AL, M&B, M&T），顕生代の大陸成長率の外挿（R&S, B）や現在の大陸地殻の年代分布（H&R）から推定された．Rは北米と南米大陸の主要河川の河口の川砂ジルコンの年代頻度分布から推定した大陸成長率である．

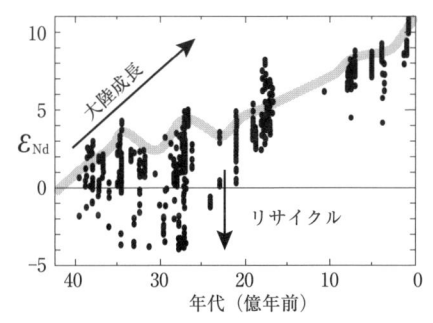

図2 38億年前から現在までの玄武岩の組成から推定した上部マントルのNd同位体の経年変化
マントルから花こう岩物質が抽出されると$^{143}Nd/^{144}Nd$比は高くなり，比較的未分化な深部マントルの注入や地殻物質がリサイクルされると上部マントルは再生される．

激に成長したことになる．マントルの同位体・化学組成進化など（O'N, M&T, ALなど）から推定した場合はその中間になる．推定された大陸成長曲線の違いは主に一度形成された大陸地殻がどれだけリサイクルされるかが不確定であることによる．リサイクルは削られて堆積岩になるもの，再溶融されるものとマントルに沈み込むものに分類される．このうち，堆積岩になる効果を考慮して推定された大陸成長曲線がRで表されている．それは現在の大陸分布から推定されたものとマントルの同位体・化学組成進化から推定されたものとの間にある．リサイクルには他に再溶融とマントルへの沈み込みがあるので，この大陸成長曲線が下限で，より多くの大陸が地球形成初期に生じたと考えられる．また，大陸地殻は単調に増加してきたのではなく，いくつかの時代に急激に増加したと考えられている．とくに，27億年前や19億年前に急激に大陸地殻が増加したと考えられている．また，大陸地殻の増加とマントル温度の低下とともに巨大な大陸が形成される．約18億年前のコロンビア，約8億年前のロディニア，約5億年前のゴンドワナと2.5億年前のパンゲアなどの超大陸が地球史を通じて形成された．

一般に大陸地殻は花こう岩類，付加体，堆積岩や変成岩からなり，付加体，堆積岩や変成岩は大陸地殻物質のリサイクル物質と海洋地殻を起源とし，花こう岩はリサイクル物質や海洋地殻起源の変塩基性岩の部分溶融で生じる．そして，海洋玄武岩は上部マントルかんらん岩の部分溶融で生じるため，大陸地殻の成長はマントルから大陸地殻物質の抽出，つまり枯渇マントルの成長と相補的な関係にある．図2は38億年前から現在までの中央海嶺火成活動起源と思われる玄武岩のNd同位体進化を表したものである．上限値の経年変化が枯渇マントルの同位体進化に相当する．太古代から現在までのマントルの熱史を考えると，マントルは延べ1回は部分溶融を経験している．マントルから大陸地殻物質が抽出される一方で，大陸地殻や海洋地殻のマントルへのリサイクルや地球深部物質の取り込みによって，マントルは物質的に，部分的に再生され枯渇マントルが形成される．

〔小宮　剛〕

7-16 マントルと大気の関係

mantle degassing and earth's atmosphere

　地球はその他の惑星とともに原始太陽形星雲から生まれた．木星や土星はおもに水素とヘリウムから成る星雲ガス組成に似た「一次大気」を持つ一方で，現在の地球大気の化学組成は星雲ガス組成と著しく異なる．とくに，地球大気中の希ガスはその絶対量が太陽系の元素存在度と比べて圧倒的に少なく，その欠乏の度合は水や二酸化炭素といった他の揮発成分と比較しても突出している．この希ガスの欠乏を根拠に地球大気が「二次起源」であることが指摘された (Brown, 1954)．地球大気は地球形成時に保持されていた揮発成分の脱ガスに由来し，太陽系星雲ガスとは成因的には直接関係はないという意味である．

　地球内部からの脱ガスの証拠は，現在の大気中に約 1 % 含まれているアルゴンの同位体組成からも得ることができる．このアルゴンの 99 % 以上はカリウムの放射壊変起源（半減期 12.5 億年）の ^{40}Ar である．太陽系形成時には ^{40}Ar はほとんど存在しなかったため，現在地球に存在する ^{40}Ar はすべてカリウムを含む岩石中で蓄積し，地球史を通じて大気中へ移動したものであると見なせる．

　地球内部からの脱ガスは地球初期にとくに活発であったということも，大気とマントルのキセノンの同位体比から示唆される．現在の地球大気の $^{40}Ar/^{36}Ar = 295.5$ と比較して上部マントル由来の中央海嶺玄武岩 (MORB) は 2 桁以上も大きな $^{40}Ar/^{36}Ar$ を持つ．現在のマントル中でこのように高い $^{40}Ar/^{36}Ar$ 比を得るためには，マントルに当初存在したアルゴンの大部分が地球史初期に脱ガスした後に，長い時間をかけてカリウム起源の ^{40}Ar が蓄積する必要がある．MORB 中には半減期が 1570 万年の消滅核種 ^{129}I 起源の ^{129}Xe が大気と比べて過剰に存在しており，マントルの脱ガスが ^{129}I の消滅以前（すなわち地球形成後数千万年以内）に起こったことを示している．

　これらの観測やモデル計算から，地球形成初期には大規模な蒸発や溶融を伴う脱ガスイベントが起こったことが定説となっている．脱ガスイベントは地球集積過程時の衝突やマグマオーシャンといった大規模溶融などが有力な候補であり，両者ともに地球大気が水蒸気や二酸化炭素から成る原始大気から進化して現在に至るというモデルと矛盾しない．

　一方で，火山ガスやマントル起源の岩石には大気や地殻に比べて 1～2 桁高い $^3He/^4He$ 比が普遍的に観測される．^3He はマントル内部ではほとんど作られないため，^3He のほぼすべてが地球形成時に地球内部に取り込まれた始源成分と見なせる．したがって，マントルに見られる ^3He の過剰は地球内部からの脱ガスが十分ではなかったことを示している．中でもハワイやアイスランドといったいわゆるホットスポット火山はとくに $^3He/^4He$ 比が高く，これらホットスポットのマグマ源は脱ガスの度合いが小さい（すなわち未分化な）マントル領域に由来することを示唆する．ただ，地殻物質のリサイクリングを伴うマントルの大規模な混合および物質循環モデルの枠組みでは，始源的なヘリウム同位体を持つ領域の存在は整合的に説明されておらず，地球の化学進化を構築する上での重大な未解決問題である．　　　〔松本拓也〕

7-17 マントルの酸化還元状態

redox conditions in the mantle

地球化学における酸化還元状態は，酸素フガシティーの意味でとらえられるときと，元素の価数を意味することとがある．地球内部，とくにマントルの酸化還元状態は，レオロジー，相平衡関係，元素分配に影響を及ぼす重要なパラメーターであり，ホットな研究対象となっている．

熱力学の基礎に戻ると，理想気体のギブス自由エネルギーは，以下のような圧力依存性を示す．

$$G_2 - G_1 = RT \ln(P_2/P_1)$$

高い温度や低い圧力条件に置かれ，気体分子間の相互作用が無視できる場合，気体は理想気体としてふるまう．一方，分子間の相互作用が無視できない場合は，ギブス自由エネルギーの変化はフガシティーを用いて以下のようになる．

$$G_2 - G_1 = RT \ln(f_2/f_1)$$

フガシティーは圧力の単位を持つ量で，圧力 P がゼロに近い条件では，$f = P$ となる．実際には，以下に示すようにフガシティーは，常用対数を取り，バッファーのもつフガシティーからの相対値として表されるのが一般的である．

$$\Delta \log f_{O_2}[\text{buffer}]$$
$$= \log f_{O_2}(P, T) - \log f_{O_2}(\text{buffer}, P, T)$$

下に示す化学平衡式で表される石英(quartz)，鉄カンラン石(fayalite)，磁鉄鉱(magnetite) の間の化学平衡が，FMQ バッファー(QMF と呼ばれることもある)として用いられることが多い．

$$3Fe_2SiO_4 + O_2 = 2Fe_3O_4 + 3SiO_2$$

大陸地殻の酸素フガシティーはFMQ-2からFMQ+5，上部マントルはFMQ-4からFMQ+2，下部マントルはFMQ-5以下であると考えられており，地球内部は地表から深くになるに従って，還元的な環境になることがわかる．

ところで，酸化還元状態のもう1つの指標となっている金属イオンの価数に話題を移そう．遷移金属であるFeイオンは2+，3+の2つの価数をとりうる．酸化的な環境である地球表層に存在する鉱物の多くは Fe^{3+} に起因する茶色または黄色を呈する．上部マントルの代表的な鉱物であるカンラン石は，Fe^{2+} に起因する緑色をしていることから考えても，上部マントルが地殻に比べて還元的であることがわかる．上部マントルでは，カンラン石に比べて1/10 程度の存在度しかないスピネルやザクロ石が Fe^{3+} を結晶構造中に取り込むため，上部マントルの酸化還元状態はやや酸化的な状態にある．このように金属イオンの価数が地球内部の酸化還元状態の指標となることがわかる．

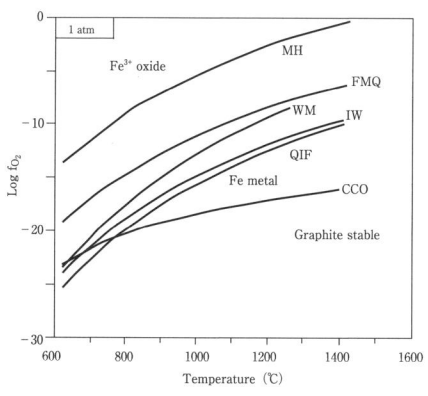

図1 おもなバッファーがもつ酸素フガシティーの温度依存性
MH：magnetite hematite buffer (Fe_3O_4-Fe_2O_3),
FMQ：Fayalite-iron-quartz buffer (Fe_2SiO_4-$FeSiO_2$),
WM：Wustite-magnetite buffer ($Fe_{1-x}O$-Fe_3O_4),
IW：Iron-wustite buffer (Fe-$Fe_{1-x}O$),
QIF：Quartz-iron-fayalite buffer (SiO_2-Fe-Fe_2SiO_4),
CCO：(C-CO).

ところが，下部マントルの場合はやや複雑である．上部マントルと比較して，下部マントルを構成する鉱物には Fe^{2+} がより多く含まれると考えられていたが，最近報告された高温高圧実験の結果は，この推測とは異なるものであった．下部マントルの主要構成鉱物であるペロブスカイトには Al^{3+} が固溶することが知られているが，このようなペロブスカイトに取り込まれる鉄イオンの約半分が Fe^{3+} の状態にあることが明らかにされた．このようなことが起こる背景には，Fe^{3+} のペロブスカイトの結晶中での構造親和性と，$Fe^{2+} \rightarrow Fe^{3+} + Fe(metal)$ で書かれる不均化反応がある．生じた金属鉄が重力によって沈降して核へ移動すれば，下部マントルにおける Fe^{3+} の存在度はさらに上がることになる．このように，より還元的な下部マントルに多くの Fe^{3+} が存在することはある種のパラドックスと考えられている．今後はダイヤモンド中の包有物をより詳細に調べ，鉄以外の金属イオンの存在状態などを解明していく必要があるだろう． 〔鍵　裕之〕

文　献

1) McCammon, C. (2005) The paradox of mantle redox. Science, **308**, 807-808.

7-18 マグマとは何か

magma

マグマ（magma）とは，地下で岩石が融解して生じた高温の粘性流体で，通常はケイ酸塩のメルトを主体としている．鉱物結晶や気泡が含まれたり含まれなかったりするが，これらの全体を総称してマグマと呼ぶ．まれに炭酸塩や硫化物が融解してメルトができることがあるが，これらもマグマと呼ばれる．

生成機構・成因　マグマが生成される主要な場としては，海嶺，ホットスポット，沈み込み帯の3つがある．マグマの生成場所と生成メカニズムの関係を地球内部の岩石の模式的な温度-圧力相図を使って見てみよう（図1）．岩石が溶融してマグマが生成するためには，ソリダスを横切って部分融解側に状態が変化すればよい．地球内部のほとんどの岩石の場合，ソリダスは圧力とともに高くなっているので，主要なマグマ生成メカニズムとしては，(1) 減圧融解，(2) 温度上昇，(3) ソリダス低下，の3つである．(1) はホットスポットや海嶺でのマグマ生成に対応し，断熱的に上昇するマントル物質が減圧のためソリダスを横切ると，そこでマグマの生成が始まる．(2) は地殻の融解に相当しマントルで生じたマグマが下部地殻や上部地殻に熱を伝え，それによる温度上昇が新たに下部地殻や上部地殻でのマグマ生成を引き起こす場合である．ホットスポットや沈み込み帯でのマグマ生成の一部はこのメカニズムによる．(3) は系に融点を下げる成分が付加することによって，より低温でも融解が開始する場合で，プレート運動でマントル内部に導かれた海洋底堆積物や変質岩石が相転移する際に放出された水が，マントル物質の融点を低下させることによって，沈み込み帯でマグマが生成することに対応する．また，上記の主要な3つの場以外にも，プレートの沈み込みに起因するマントル内の流動によって生じる温度上昇や圧力低下がマグマを生じさせる場合があり，これは沈み込み帯近傍での縁海の形成やプチスポットと呼ばれる火成活動として観察されることがある．

われわれが観察するマグマはさまざまな化学組成をもつ．この原因としては，上述のようにマグマの生成機構はさまざまであり，マグマ源の物質組成やマグマ生成時の融解条件の違いを反映して異なる組成の初生マグマが生じることよる．また，いったん生成したマグマが地表に表れるまでに，結晶分化（crystallization-differentiation）やマグマ混合（magma mixing），経路の物質の混染（assimilation）などさまざまな過程を経ることもマグマの多様性の原因となっている．結晶分化とは，マグマの温度低下に伴ってメルトから生じた結晶が，反応系からはずれることよってマグマ組成がしだいに変化することである．マグマ混合とは別の場所で生じた2つのマグマがそれぞれの移動によって混合することで，もとのマグマとは異なる組成をもつようになる．混染は周辺物質を溶解させることによって組成を変えることで，マグマ溜まりを形成して長期の滞留が起きる地殻内では混染が起こりやすい．

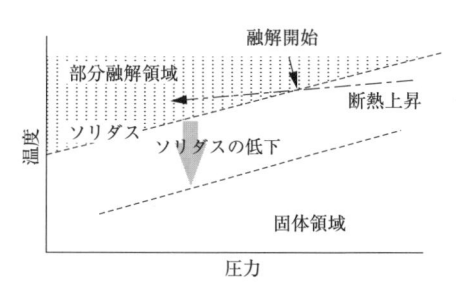

図1　マグマ生成機構の模式図

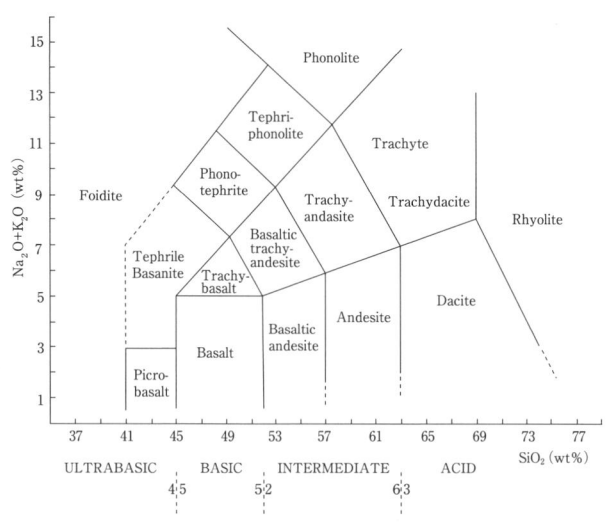

図2 SiO_2-Alkali classification diagram
(Le Bas, M.J. and Streckeisen, A.L. (1991)より)

マグマは多様な化学組成をもつため，便宜上いくつかに分類することが多い．たとえば，島弧に一般的にみられる比較的低アルカリ（Na_2O+K_2O）量のマグマの場合，マグマ中でもっとも多い成分であるSiO_2量を指標として玄武岩質マグマ，安山岩質マグマ，デイサイト質マグマ，流紋岩質マグマといった分類が使われる．また，総アルカリ量を指標に加えて，図2のように，SiO_2-総アルカリ量の2次元面として分類することもある．

物理化学的性質 マグマの主体をなすメルト部分は便宜的にSiO_2やAl_2O_3といった酸化物の集合体として表現されるが，実際にはO^{2-}イオンを結合の橋渡しとしてSi^{4+}などの陽イオンがいくつも連結した網目のような構造をもつ．ただし，鉱物結晶のように厳格な結合ではなく，連結程度や結合角度に幅がある比較的ゆるやかな構造をしていることが，X線回折，ラマン分光，NMR（核磁気共鳴）などによる構造解析から明らかになっている．

網目の発達具合はメルト組成に大きく依存する．SiO_2やP_2O_5は連結を促進し網目構造を形成するため網目形成酸化物（network former）と呼ばれる．一方，Na_2OやMgOといった1価や2価の金属酸化物は網目修飾酸化物（network modifier）を呼ばれ，網目を切断する働きをする．Al_2O_3など両者の中間的な役割の酸化物は中間酸化物（intermediate）と呼ばれる．網目の発達具合は，粘性や密度といったマグマの物性に反映する．たとえば，流紋岩質マグマは玄武岩質マグマと比べてSiO_2が多く網目が発達しているため，マグマの粘性が高く密度が小さい．とはいえ，マグマの物性は，温度，圧力，結晶量，気泡量にも大きく依存するため，化学組成だけからは決まらないことに注意が必要である．実際，マグマの粘性は10^0 Pa·s程度から10^{11} Pa·s程度まで10桁以上変化するが，そのうち組成の効果は5桁程度にすぎない．

マグマの重要な特徴の1つに，体積弾性率が大きいことがあげられる．このため，

圧力をかけると,一般的な結晶よりも大きな割合で密度が増加する.低圧下では,カンラン石はマグマよりも高密度でマグマ中を沈降するが,高圧下では逆にマグマ中を浮上することが明らかになっており,地球形成期のマグマオーシャンでは,こうした密度の逆転関係がマントルの層構造形成に重要な役割を果たしたと考えられている.

火山噴火との関連で重要なのが,水のマグマへの溶解の効果である.マグマ溜まり深度では,マグマ中には多量の水が溶解する.たとえば100 MPaの圧力下で,玄武岩質マグマではおよそ3 wt%,流紋岩質マグマではおよそ4.5 wt%もの水が溶解し,飽和溶解度は1 GPa程度までは圧力のほぼ1/2乗に比例して増加する.マグマ中には多量の水が溶解する.水はマグマ中での体積が大きく,また,網目結合を切断する働きがあるため,水に富んだマグマは,密度と粘性が低く,地表に向けて移動しやすい.こうしたマグマが上昇して低圧になって,溶解量が飽和溶解度を超えると,水は気相として析出を始めるため,マグマの体積は急増し,さらに上昇するための大きな浮力を獲得する.こうした正のフィードバックのため,マグマ中に溶解している水は,火山の爆発的噴火の主要な要因となっている.

〔安田　敦〕

文　献

1) Le Bas, M.J. and Streckeisen, A.L. (1991) Jour. Geol. Soc., **148**, 825-833.

7-19 中性子回折

neutron diffraction

　中性子回折はX線回折と相補的な役割を果たす構造解析法で，重い元素から構成される物質に含まれる軽元素の原子位置の決定や，等電子数のイオンの区別，非晶質物質の構造解析などに威力を発揮する．中性子回折においても，X線回折と同様にブラッグの回折条件を満たすときに回折が起こる．X線回折と比較しながら中性子回折の特徴を以下に述べる．

　電磁波であるX線の散乱過程は物質中の電子との相互作用に基づいたポテンシャル散乱が主であるため，その散乱断面積は散乱原子の原子番号，すなわち電子数に依存する．そのため，X線では同位体を区別することは不可能であることはもちろんのこと，同じ電子数のイオンや電子数が近いイオンは区別が難しい．一方，中性子の散乱過程は，原子核反応による共鳴散乱の寄与が大きいため，中性子の散乱断面積は原子番号に依存せず，同じ元素でも同位体間で大きく異なる．水素原子はX線散乱能がもっとも小さい元素であるが，中性子に対する散乱断面積は他の元素と比べて大きいため，物質中の水素原子の位置を中性子回折から求めることが可能である．また，イルメナイト－ヘマタイト固溶体中のFeとTi，長石，菫青石，スピネル，ムライト中のAlなど，原子番号が隣り合う元素はイオン半径も近いため，容易に交換反応が起こるが，中性子回折によって鉱物中の等電子イオンの区別をすることも可能である．

　また，X線の散乱は，物質中で空間的な広がりをもった電子雲による散乱であるため，散乱強度は散乱角依存性（Q依存性と呼ばれる）をもつ．一方，中性子は点と考えられる原子核によって散乱されるため，散乱強度は散乱角依存性がなく，広角に至るまで散乱強度が減衰しない．このような特徴は，広角における反射強度を精密に測定することが必要な原子変位パラメーターの決定や，液体，非晶質物質の構造解析に大きなメリットとなる．

　中性子は磁気モーメントをもつため，磁気散乱を引き起こすことも重要な特徴である．また，すでに述べたように中性子は電子とは相互作用せずに電子雲と比較して5桁近く小さな原子核によって散乱される．したがって，中性子は物質中の透過能力が高く，cmオーダーあるいはそれ以上の試料を対象とした残留応力の測定や，高圧などの特殊環境における中性子回折の測定も可能である．しかし，物質の透過率が高いということは，物質との相互作用が弱いことを意味しており，放射光X線と比較すると中性子回折の測定には，はるかに大きな試料が必要となる．

　以上が中性子回折の特徴であるが，実験を行う上で最大の難点は中性子ビームを実験室で得ることが実質的に不可能であることであろう．現在，中性子回折は以下のような2つの方法によって測定可能である．第一は研究用原子炉から得られる連続中性子を分光結晶によって単色化し，角度分散法で回折パターンを測定する方法である．そして近年，世界的に盛んに進められているのが，水銀などの重元素ターゲットに陽子パルスビームを照射することによって起こる核破砕反応によって生じるパルス中性子を用いて，TOF（time of flight）法によって，回折パターンを得る方法である．汎用的な粉末中性子回折パターンの測定であれば，中性子フラックスが大きい原子炉を用いるのがよい．一方，特殊環境を実現するために試料容器の開口角度が制限される場合などは，後者のパルス中性子源

を用いるのが有利である．現在，茨城県東海村のJ-PARCで，世界最高強度を誇るパルス中性子源が稼働を開始し，地球内部の物質科学の研究を行うための高温高圧ビームラインの建設も進んでいる．

〔鍵　裕之〕

文　献

1) Utsumi, W., et al. (2009) Neutron powder diffraction under high pressure at J-PARC. Nuclear Instruments and Methods in Physics Research, A. **600**, 50-52.

8.
資源・エネルギー

8-01 鉱床の起源と分類

origin and classification of ore deposits

金属鉱物資源とされている有用金属元素，または有用金属元素を多く含む鉱物が濃集した地質体を金属鉱床という．

この金属鉱床はその出来方（成因）によって以下のように分類される．(a) マグマ性鉱床，(b) 熱水性鉱床，(c) 堆積性鉱床，(d) 風化鉱床．

ケイ酸塩溶融体（マグマ）から有用金属元素を多く含む鉱物やケイ酸塩溶融体とは異なる溶融体（例えば硫化物溶融体）が分離・濃集してできた鉱床をマグマ性鉱床という．この分離・濃集の仕方には，不混和と重力による沈降がある．不混和というのは，1相であったメルトが温度などの条件の変化によりケイ酸塩溶融体と硫化物溶融体というように違う組成のメルトに分離する現象をいう．

このマグマ性鉱床の例として超塩基性岩に伴うニッケル，銅，鉄，クロム，白金鉱床，斜長岩に伴うチタン鉱床があげられる．ニッケルは硫化物の形をとりやすいが，鉄やクロムは酸化物として濃集しやすい．

酸性マグマが固結するときの末期に水やCO_2を多く含むケイ酸塩メルトができるが，これには希土類元素，ウラン，トリウム，リチウム，ベリリウムなど多くの有用金属元素が濃集する．このメルトが固まった岩石をペグマタイトといい，鉱床として採掘される場合ペグマタイト鉱床という．アルカリマグマから分離したといわれる炭酸塩メルトが固結した岩石をカーボナタイトといい，ここには希土類元素，チタン，ニオブ，リンなどが濃集している．

高温（100～600℃）の水を熱水（または熱水溶液）といい，この熱水から有用金属元素が沈殿・濃集してできた鉱床を熱水性鉱床という．熱水性鉱床にも比較的高温の熱水からできる鉱床もあれば比較的低温の熱水からできる鉱床もある．かなり高温かつ高塩濃度の熱水からできた鉱床の例としてポーフィリーカッパー鉱床（斑岩銅鉱床）があげられる．このポーフィリーカッパー鉱床は，花こう岩質岩石中に銅の硫化物が散点状にみられる鉱床をさし，他にモリブデン，金などが伴われる．このポーフィリーカッパー鉱床をもたらした熱水は，マグマから分離したマグマ水と，天水起源の熱せられた循環水が起源であるといわれている．

熱水性鉱床の中に海底で下から噴出する熱水と海水の混合によりできる鉱床がある．この熱水の主たる起源は海水と考えられ，この海水が地下にもぐり熱せられ熱水となる．この熱水中にはまわりの岩石からさまざまな物質が溶解する．たとえば，重金属元素類は岩石から熱水へ移行し，マグネシウムや硫酸イオンは，海水が熱せられると海水から岩石に移行する．

熱水と海水が混合すると各種の鉱物が混合液から沈殿し，熱水の噴出口付近に積もっていく．これらの鉱物が沈殿し，海底下に沈積していくと煙突状を呈する．これをチムニーという．このチムニーの中心部から熱水と硫化物，硫酸塩の細かい懸濁物からなるブラックスモーカーとホワイトスモーカーが噴出している．こういうチムニーやスモーカーは1979年東太平洋海膨北緯21°，海深2600mの深海底で初めて見つけられて以来，海嶺や背弧海盆で次々と見つかり，海底資源として注目を浴びている．

海底での熱水活動や鉱床の生成は，海嶺ばかりではなく背弧海盆（マリアナ，フィジー，沖縄）でも発見されている．これらの鉱床では，バリウム，鉛や金が多く，濃集金属種からいって海嶺の鉱床とは異なっている．過去の背弧海盆で生成した鉱床の例として日本の黒鉱鉱床があげられる．黒

鉱鉱床というのは，日本列島に典型的に見られる多金属塊状硫化物硫酸塩鉱床であり，約1500万年前に生成されたと考えられている．この鉱床には銅，鉛，亜鉛，鉄，金，銀以外にガリウム，インジウム，モリブデンなどのレアメタルが濃集しており，海嶺の熱水性鉱床に比べて資源的価値が高いといわれている．この種の鉱床（黒鉱型鉱床）は1500万年前より古い時代にも多く生成されてきた．

低温の水溶液から沈殿・濃集してできた鉱床を堆積性鉱床という．砂岩型ウラン鉱床，縞状鉄鉱層，物理的に運搬・濃集した漂砂鉱床（砂鉄，砂金，砂白金鉱床）などがこの代表例である．

ウランは水溶液中で6価（U^{6+}）で移動度が大きい．6価ウランイオンが炭酸イオンと結びつき，炭酸塩錯体（または炭酸ヒドロキシル）を形成したり，有機錯体となり，河川水や地下水によって運搬される．この6価ウランのつくる錯体が有機物などにより還元され，4価のウランとなり沈殿・濃集してウラン鉱床をつくる．

金は地表付近の高い酸素分圧の下では3価として溶けやすい．これが有機物などにより還元され，沈殿する．砂金鉱床は金が物理的に集まりできた鉱床であるが，物理的作用だけでなく，化学的に水溶液に溶かされ，これから沈殿し，濃集するという作用も同時に行われているらしい．

縞状鉄鉱層は先カンブリア界の古い岩石中に広く分布する鉱床であり，世界中の鉄資源の大部分はこの種の鉱床から取られる．シリカ鉱物と鉄鉱物からなる縞構造を呈することからその名がつけられている．その多くは22～20億年前に生成されたといわれている．これは，水溶液中でFe^{2+}として溶けていた鉄が酸化され，鉄が3価として沈殿してできた鉱床であるらしい．

現在の海底下にはマンガンノジュールやコバルトクラストが豊富にある．マンガンノジュールというのは深海底の堆積物上に見られるマンガンや鉄の濃集した団塊状のものをいう．コバルトのとくに濃集したものをコバルトクラストという．このコバルトクラストとマンガンノジュールの海底での分布は異なり，コバルトクラストのほうが浅海に存在している．これらには，マンガン，鉄以外に銅，ニッケル，コバルト，亜鉛，白金など多くの金属元素が濃集している．マンガンノジュールに濃集した重金属元素（マンガン，鉄，ニッケルなど）の起源として海嶺からの供給などが考えられている．こういう元素が海の生物（珪藻，有孔虫など）に濃縮し，これらが死んで沈降していく間に溶解したり，重金属元素が吸着したりする．こういう生物を起源とする場合もあるらしい．

岩石が，大気，雨水，河川水，地下水にさらされると，これらと岩石の間で反応が起こり，元素が岩石から溶脱され，粘土鉱物が生成される．こういう風化作用が進むと溶解されにくい鉱物が残留し，他の鉱物は溶かされる．そうすると特定の元素が地表に残り，これらが濃縮され鉱床となる．アルミニウムの資源であるボーキサイトはこのようにしてできたと考えられている．このボーキサイトは気温が高く降雨量の多い熱帯密林地帯で生成されやすい．こういう条件下では有機物の分解が起こり，pHが5前後で比較的還元的な地下水が生成され，水酸化アルミニウムが土壌中に残りやすくなる．ところが降雨量が少ないと，pHがより低くかつ酸化的となりアルミニウムは水に溶けやすくなり，鉄分の多いラテライトが生成されやすい．

花こう岩の風化帯に希土類元素が濃集している鉱床をイオン吸着型希土類鉱床という．希土類鉱物や黒雲母などの一次鉱物から希土類が溶解し，粘土鉱物などに吸着，イオン交換し生成したと考えられている．

〔鹿園直建〕

8-02 レアメタル資源

rare metal resources

表1 主要レアメタル資源の産出国とシェア,可採年数

元素	産出国とシェア(%)	可採年数
希土類	中国 95%	709
Mo	米国 32%	46
Sb	中国 88%	13
W	中国 75%	55
In	中国 58%	22
Pt	南ア 80%	154
Cr	南ア 38%	>24
V	南ア 39%	221
Ni	CIS 19%	40
Co	コンゴ 36%	22

レアメタルは,鉄や銅,アルミニウムなどの主要金属とは異なり使用量は少ないが,電気伝導,熱伝導,磁性,触媒,耐食性,光学などの特性をもつため,先端工業製品には必要不可欠な金属元素を指す.どの元素をレアメタルと呼ぶかの一般的な定義はなく,日本では,経済産業省が希土類を1種類としてタングステン(W)やインジウム(In),モリブデン(Mo),クロム(Cr),コバルト(Co),ニッケル(Ni),バナジウム(V),白金(Pt)など31元素をレアメタルに指定している(図1).

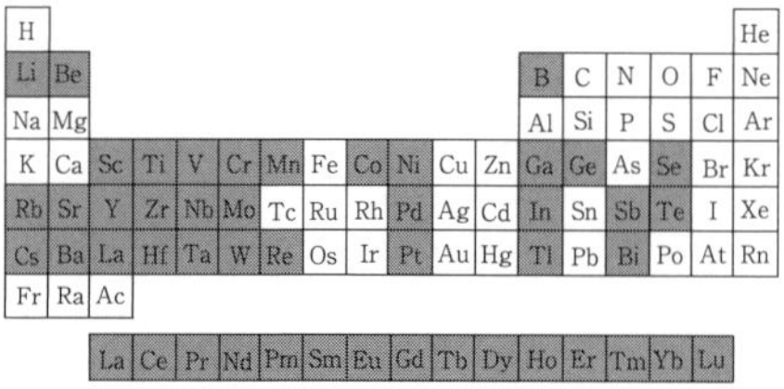

図1 経済産業省の指定するレアメタル(灰色の元素)

レアメタル資源は,もっとも可採年数(埋蔵量/年間鉱山生産量)の短いアンチモン(Sb)が13年,長い希土類は709年と計算される(表1).レアメタル資源の可採年数を急変させる要因として,①資源埋蔵量データの精度,②需要の増減,③埋蔵量の増減,④資源国の政策,⑤環境規制などがある.レアメタルは,その用途の開発に応じて短期間に需要が高まることが多いが,鉱山開発には5年から10年程度の時間が必要であることや,多くのレアメタルが主要金属の副産物として回収されているために増産が短期間で困難である場合が多く,資源供給が困難になることがある.

レアメタル資源は,特定の国に偏在するものが多く,とくに南アフリカ共和国と中国では多くの元素が独占的に生産されている(表1).このような資源の偏在は,大陸地殻の進化に伴った多様な岩体の形成に由来する.南アフリカ共和国にはブッシュフェルト複合岩体と呼ばれる東西 300 km,南北 200 km にわたる火成岩体が分布する.この岩体は約20億年前にマントルを構成する岩石が大規模に溶融し,元素の再配分を伴いながら再固結したものである.マントルに含まれていた Pt や Cr, V といったレアメタルはこの元素再配分のために厚さ数十 cm の薄層に濃縮している.これらの層は連続性がよく各地で鉱石の採掘が行われている.中国に産出する W や In,希土類は地殻の大規模な溶融により還元的な条件で形成された花こう岩に随伴する.この還元型花こう岩は欧州,豪州東部,インドネシア北東部からロシアにかけての太平洋沿岸地域およびアラスカ,カナダ太平洋岸に分布するが,中国南部での分布が最大で,このことが中国をレアメタル資源の宝庫としている. 〔渡辺 寧〕

文献

1) U.S. Geological Survey (2009) *Mineral Commodity Summaries 2009*. U.S. Geological Survey.

砂 鉄

iron sand

火成岩中には鉄鉱物が1～2%含まれている．岩石が長い年月の間に風化・分解され，降水や河川水，海水によって浸食・運搬されると，粒状に分離した鉄鉱物は比重が大きいために特定の場所に集積するが，これを砂鉄という．砂鉄はほぼ1～0.1 mm径の砂の中に濃集しやすく，粘土やシルト，あるいは礫の中にはほとんど認められない．集積する場所によって山砂鉄，川砂鉄，湖岸砂鉄，浜砂鉄（打上げ砂鉄），海底砂鉄に分けられる．

構成鉱物 砂鉄はおもに磁鉄鉱（magnetite, Fe_3O_4）からなり，少量のチタン鉄鉱（ilmenite, $FeTiO_3$）や赤鉄鉱（hematite, Fe_2O_3），輝石，角閃石，ルチルなどを含む．産地によってはチタン鉄鉱を多く含むものや，チタン成分に富む磁鉄鉱（Fe_3O_4-Fe_2TiO_4固溶体）からなるものがある．これらをとくにチタン砂鉄と呼ぶ．磁鉄鉱は磁性が強いが，チタン鉄鉱は非磁性に近いので比較的選別しやすい．

地質時代 砂鉄は生成時代によって，現世砂鉄，洪積世砂鉄，第三紀砂鉄，古期砂鉄に分けられる．現世砂鉄としては，内浦湾（北海道）や八戸市（青森県）の海岸線付近，および玉浦海岸（宮城県）の砂丘中の砂鉄などがよく知られている．砂層の中に何枚もの黒い縞模様の砂鉄層を挟み，全体の厚さは3 m以下で水平方向に広く分布する．山陰地方や岩手県内では，花こう岩風化物に由来する現世の山砂鉄が古くから利用されてきた．洪積世砂鉄は段丘堆積物中に産し，層厚3～5 mで，ときには10 mにも達する．固結して塊状を示す．大畑（青森県）や川崎久慈（岩手県）がかつて砂鉄鉱山として採掘された．第三紀砂鉄は，第三紀の浅海性砂岩や礫岩中に層状ないしレンズ状に産する浜砂鉄である．地層の局所的な凹地に堆積したもので，粒間は蛋白石に充填されて固結し，方解石の細脈によって切られていることが多い．天間林（青森県），梨野（宮城県），久村・江南（島根県）が代表的な産地である．古期砂鉄としては，各地の古生層中に挟まれて認められる砂鉄含有砂岩であるが，いずれも規模が小さく，戸屋沢（宮城県）や雲上（岩手県）などでわずかに採掘されたに過ぎない．

花こう岩起源の砂鉄 花こう岩には磁鉄鉱を含むものと含まないものの2種類がある．前者を磁鉄鉱系花こう岩，後者をチタン鉄鉱系花こう岩という．磁鉄鉱系花こう岩は北部九州，山陰から北陸にかけての地域（山陽-白川帯），および北上地方（北上帯）に分布が限られ，それ以外の地域（山陽-苗木帯，領家帯，西南日本外帯，阿武隈帯）の花こう岩はチタン鉄鉱系花こう岩からなる．したがって，花こう岩起源の砂鉄は産地によって質が異なる．花こう岩中の磁鉄鉱やチタン鉄鉱は化学組成がいずれも理想式に近く，不純物が少ないのが特徴である．

火山岩起源の砂鉄 火山岩には磁鉄鉱やチタン鉄鉱の両方が含まれている．ただし，磁鉄鉱はチタンに富み，バナジウムを含む．チタン鉄鉱は3価の鉄を含む化学組成（Fe_2O_3-$FeTiO_3$固溶体）を示す．そのため，火山岩起源の砂鉄はおもにチタン砂鉄として利用された．代表的なものに，安山岩起源である内浦湾沿岸のチタン砂鉄がある．

たたら製鉄と砂鉄 たたら（踏鞴）とは元来火をふき起こす道具である踏み鞴（ふいご）を指したが，転じて鉄を製錬する炉，さらには炉を含め製鉄を行った場所（鑪）をも指すようになった．たたら製鉄

とは日本古来の製鉄法で，鉄原料として砂鉄を用い，木炭を燃やして砂鉄を還元して金属鉄を得るという独特な方法である．古代から江戸時代にかけて発達し，昭和初期まで続いた．たたら製鉄が行われた場所は，山陰地方（島根・鳥取県，広島・岡山県北部）および岩手県に集中していた．その理由は，これらの地方に限って磁鉄鉱系花こう岩に由来する山砂鉄が豊富に産したからで，チタンやリン，硫黄などの不純物が少ない砂鉄が，とくに日本刀の製造に適していたからである．

砂鉄の利用　砂鉄の利用は古く，北部九州の古墳からは砂鉄を原料にした鉄滓（てつさい）が発見されている．13世紀には，種子島では藩主によって砂鉄による鉄造りが奨励されていたので，ポルトガルからの鉄砲伝来（1543年）は種子島が好適地だったといえる．明治時代になって砂鉄を使った近代製鉄が始まり，1957～1968年には年間100～170万トンの砂鉄が採掘されたが，海外からの良質な鉄鉱石の輸入に押され，1970年代末には急速に衰退した．

〔島田允堯〕

文　献
1) 須藤・平野（1992）資源地質特別号，13, 196.
2) 津末・石原（1974）鉱山地質，24, 13.
3) 地質調査所（1954）日本鉱産誌，I-C, 21.

8-04 セメント工業

cement industry

セメントとは，石灰石に粘土，珪石，酸化鉄原料を調合し，回転窯（キルン）に入れ高温（1450℃）で焼成してできた塊（クリンカー）に，石膏を2～3%添加して微粉砕したものである．正式にはポルトランドセメントというが，これは1824年にこの製法を開発し特許をとったアスプディンが，英国ポルトランド島に産する岩石に似ているとして命名したことによる．

近年用いられてきたセメントはポルトランドセメントが大半であるが，それ以外に製鉄高炉からでるスラグを原料にした高炉セメント，火山灰やケイ酸白土を使ったシリカセメント，火力発電所からでる石炭灰を使ったフライアッシュセメントなどがあり，特性に応じて使い分けられている．

セメントに適量の水を加えて練り混ぜると流動性のあるペーストが得られる．これを2時間程度置くと硬くなりはじめ，丸一日で凝結硬化する．これはセメントと水が化学反応により水和物へ変化するためである．さらに強度を増すために，骨材（砂や砂利）を混ぜて固めたものがコンクリートであり，ダムや橋梁，道路などの土木建設からビルや工場，住宅などの建築にとって重要な材料である．一方，砂利を入れずに砂だけを入れたものをセメントモルタルといい，外壁や床面の仕上げなどに使う．

コンクリート二次製品としては，道路や水路，下水用のブロック，擁壁，貯水槽などさまざまに規格化された製品がつくられている．ところが，最近は草木や苔を植生するコンクリートとか，海藻が定着する漁礁ブロック，浸透と保水機能を兼ね備えたコンクリート舗装など環境保全型の製品開発が盛んになってきた．

コンクリート構造物は耐久性が半永久的と考えられてきたが，近年，その一部に劣化現象が認められ，社会問題化した．劣化の原因の1つにアルカリ骨材反応がある．セメント中のアルカリ成分と骨材中のある種の成分が反応し，膨張が起こってコンクリートにひび割れや表面の剥がれ落ちを生じるのである．従来わが国では皆無に近かったこの種の劣化現象が顕在化したが，その原因として以下の点があげられる．①細骨材としての川砂の採取が河川保全上から制限されて，海砂を使うようになった．②粗骨材の需要が急増して多様な岩種を砕石して用いるようになったが，微細なシリカ鉱物（クリストバライトなど）を含むチャートや火山ガラス質安山岩は，反応性に富むことが判明した．③セメント原料である粘土や珪石についても十分に風化が進んだものが次第に枯渇し，アルカリ分の多い未風化のものが使われるようになった．

現在では，反応性骨材を判定する試験法が確立し，セメント原料には天然産の粘土をほとんど使わず，代わりに産業廃棄物や都市生ごみ・下水汚泥の焼却残さを使った低アルカリ質で資源循環型のエコセメント（2007年JIS規格）が生産されている．

下水処理施設のコンクリート製汚泥貯留槽が，5～6年で表面に白い粉が吹き出し次第に壊れることがある．これは，有機物などを含む汚泥が嫌気的な条件に置かれて硫化水素を生じ，それが空気中に出てコンクリート表面に生息する硫黄酸化細菌によって酸化され，硫酸になるからである．コンクリートはアルカリ性でもっとも安定であるが，硫酸に接すると容易に腐食される．対策として耐硫酸塩セメントを使うとか，表面に樹脂を塗布するなどの方法がある．また，硫黄酸化細菌に対してはその生育を阻害する物質の研究・開発が進展しつつある．

〔島田允尭〕

8-05 熱水性鉱床

hydrothermal deposit

資源として利用可能な金，銀，銅，鉛，亜鉛などの有用元素を多く含む鉱石鉱物が，100〜600℃程度の熱水（hydrothermal fluid）から沈殿・濃集した鉱床を熱水性鉱床という．海底の熱水性鉱床が海底熱水鉱床と表記されるため，今日では熱水性鉱床を熱水鉱床と表記することが多い．

熱水性鉱床の分類 Lindgren（1933）は，マグマからの距離に応じて熱水性鉱床の生成温度-圧力（生成深度に対応）が変化する，との考えに基づき，熱水性鉱床を深熱水性（>300℃，>3 km），中熱水性（200〜300℃，1.5〜3 km），浅熱水性（50〜200℃，<1.5 km）に分類した．鉱床の生成温度は鉱物の相転移温度などから推定したが，最初の科学的な分類であった．現在では，流体包有物や安定同位体を用いた研究が確立しており，同位体地質温度計や地質圧力計により鉱床の生成温度-圧力が求められる．

熱水性鉱床を深熱水性鉱床（hypothermal deposit）と浅熱水性鉱床（epithermal deposit）に大別することは現在でもよく行われる．深熱水性鉱床にはタングステン，モリブデン，錫鉱床などがあり，浅熱水性鉱床には金・銀鉱床や鉛・亜鉛鉱床などがある（図1）．たとえば，鉱脈型浅熱水性金銀鉱床は，一般にエレクトラムなどの金銀鉱物・アデュラリア（カリ長石の一種）・方解石を含む石英脈である．熱水による交代作用で化学組成が変化して異なる鉱物組合せとなった交代鉱床（炭酸塩岩が交代作用を受けて生じたスカルン鉱床など）も熱水性鉱床の一種である．

海底で生成する熱水性鉱床に火山性塊状硫化物鉱床（volcanogenic massive sulfide deposit：VMS）があり，現世の海底熱水硫化物鉱床（8-13参照）と同様のメカニズムで生成したと考えられている．VMSには生成環境に応じてさまざまなタイプがあるが，銅・鉛・亜鉛の緻密塊状硫化物を主体とする黒色の黒鉱や鉄の硫化物が主体の黄鉱などを産する黒鉱鉱床は，日本の代表的な稼行鉱床であった．

熱水系の生成 熱水性鉱床は，地殻浅部に上昇・貫入するマグマを熱源として生

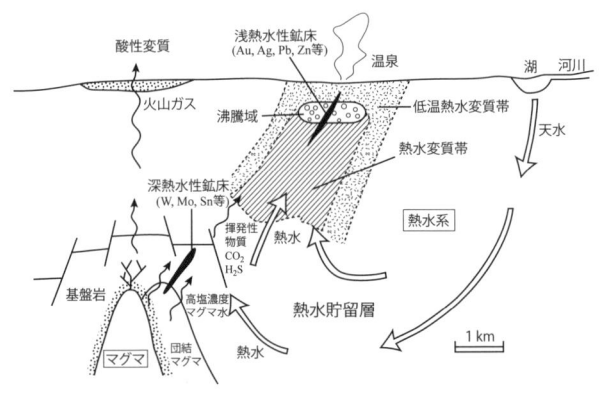

図1 熱水系で生成する深熱水性鉱床と浅熱水性鉱床
マグマとの関係を示した図であり，両者が同一地域で生成することを意味しない．

成する熱水系（hydrothermal system）で形成される（図1）．熱水系生成の条件は，熱水系を駆動する熱源（マグマ），水の流入域と流出域，熱水の通り道の3者すべてが備わっていることである．流入する水は，マグマから分離したマグマ性流体（マグマ水）や地表から下降する天水（河川水，湖水，地下水）などである．流出域は温泉となる．熱水の通り道を熱水が移動する間に温度の低下や沸騰が起こると鉱石が沈殿生成する．熱水の通り道が張力場や圧縮場で生じる裂かや断層の場合には板状の鉱脈鉱床が生成し，透水性の高い地層では塊状，層状（地層に平行）または鉱染状（網状）の鉱床となる．

経済的に採掘可能な規模の熱水性鉱床を生成する熱水系は数kmの大きさをもち，安定した熱水貯留層が数十万年間維持されることが必要である．そのためには，熱源となるマグマは長期間地表下に留まる必要があり，噴火せずに地下で固結したマグマであると考えられる（図1）．

熱水の性質・起源・進化　熱水系を流れる熱水にはNaClなどの塩類，CO_2やH_2Sなどの揮発性物質の存在下で金属元素が溶解している．鉱床を生成させる熱水は鉱化溶液とも呼ばれるが，温度-圧力に応じて超臨界流体，1相または2相と相が変化するので，鉱化流体（ore-forming fluid）と表現することが多い．熱水は深部では岩石との反応により一般に中性で還元的だが，地表付近では酸性または酸化的になるなど，局所的な地質環境の影響を受ける．深熱水性鉱床（図1）ではマグマ水の温度低下により鉱床が生成し，浅熱水性鉱床では熱水の沸騰などにより温度，pHが変化して鉱物の溶解度が低下して鉱床が生成するのが一般的である．熱水の温度低下や物理化学環境の変化により，閃亜鉛鉱，方鉛鉱や黄鉄鉱などの金属硫化物や石英などが沈殿して鉱床となる．

熱水の起源は，熱水から晶出した鉱石鉱物や脈石鉱物（有用元素を含まないが，鉱床の生成に伴い生成する鉱物）の軽元素（水素，炭素，酸素，硫黄）同位体組成を分析して推定することができる．熱水の起源がマグマ水の場合は金属元素もマグマからもたらされることが多い．熱水の起源が天水の場合は熱源であるマグマが鉱床から離れており，金属元素は岩石との相互作用により熱水中に取り込まれることが多いと考えられている．

熱水の起源がマグマ水である深熱水性鉱床では，鉱化作用の初期には岩石圧下での温度低下で鉱物が沈殿・濃集するが，裂かが浅部へ伸びるなどにより静水圧まで減圧して天水が混入した鉱床が多数報告されている．これを熱水の進化（evolution）と呼ぶ．銅を供給する重要な鉱床である斑岩銅鉱床（porphyry copper deposit）は，石基中に長石の斑晶をもつ斑状花こう岩などの斑岩貫入岩体の頂部周辺に鉱染状に生成する低品位，巨大鉱床である．斑岩銅鉱床地域では温度に支配された変質累帯が熱水の進化により形成される．

探査の方法　熱水性鉱床の周辺では，熱水変質作用で岩石が熱水変質岩となり，熱水変質帯を形成する（図1）．この熱水変質帯などの地質の特徴を空中磁気探査や重力探査などの広域物理探査でつかみ，地質調査を行う．次に比抵抗測定などの電気探査で地下に潜在する熱水変質帯を絞り込み，最後は試錐（ボーリング）により鉱石を確認する．一方，熱水性鉱床の成因を解明するため，地表や試錐コアから岩石を採取し，顕微鏡観察，X線分析，化学分析，同位体分析，微小領域分析などを行う．鉱床生成温度や熱水の起源・進化の解明など，鉱床成因論に基づいて作成した熱水性鉱床生成モデルを未知地域に適用し，より精度の高い鉱床探査を行う．

〔森下祐一〕

熱水変質作用

hydrothermal alteration

熱水変質作用は岩石が熱水との反応によって変質する現象であり，元の岩石の鉱物種，化学組成，組織の変化に応じて，密度や弾性波速度，比抵抗，帯磁率，強度などの物性も変わる．熱水は岩石中の亀裂や間隙などを流動，浸透しながら，おもに溶解沈殿反応によって周囲を変質させる．

この結果，シリカ鉱物（石英など），長石（カリ長石，曹長石など），沸石，層状ケイ酸塩鉱物（カオリナイト，白雲母，緑泥石など），炭酸塩鉱物（方解石など），硫酸塩鉱物（硬石膏，ミョウバン石など），硫化鉱物（黄鉄鉱など）などの鉱物が生成する．シリカ鉱物や長石などを除くと水や水酸化物イオン，炭酸イオン，硫酸イオン，硫化物イオンなどの熱水中の成分が付加している．熱水は陸域の場合多くは天水起源であるが，火山や貫入岩体の周辺ではマグマ起源の熱水の寄与もある．

熱水変質作用の解析には熱力学的な解析が有効である．例えば，K_2O-Al_2O_3-SiO_2-H_2O 系の変質鉱物として白雲母（$KAl_2(AlSi_3O_{10})(OH)_2$）とカオリナイト（$Al_2Si_2O_5(OH)_4$）の反応は次のように記述できる．

$$2KAl_2(AlSi_3O_{10})(OH)_2 + 3H_2O + 2H^+ = 3Al_2Si_2O_5(OH)_4 + 2K^+$$

この反応が平衡なとき熱水中の K^+ と H^+ の活動度比は温度圧力に応じて一定の値をとる．この活動度比の値は，同じ系におけるカリ長石（$KAlSi_3O_8$）と白雲母が平衡なときにはより大きな値となり，変質鉱物の共存関係の支配的な因子の1つである．

温度も重要な因子であり，鉱物合成や相平衡実験，あるいは活地熱地帯での産出温度などに基づいて変質鉱物の生成温度範囲が見積もられているほか，熱水の化学組成，鉱物の化学組成や同位体比などに基づくさまざまな地球化学温度計が提案されている．熱水変質帯は通常数十℃から350℃程度の範囲で発達するが，貫入岩体周辺ではもっと高温になる場合もある．

また，関与した熱水と岩石の量比（水/岩石比）も重要な因子であり，天然では酸素同位体比などから0.1～4程度と推定されている．変質鉱物の組合せは，水/岩石比が小さいときは岩石の組成に支配され，大きくなると熱水の組成に支配される．詳細な解析のために，今まで述べてきたさまざまな因子を考慮した水岩石反応の計算コードも開発されている．

熱水変質帯を，熱水中のアルカリ・アルカリ土類イオン/水素イオンの活動度比の低い酸性帯（カオリナイト，パイロフィライトなどが特徴的），中間的な中性帯（スメクタイト，白雲母，緑泥石などが特徴的），高いアルカリ性帯（沸石が特徴的）に分け，さらにそれらを温度や卓越する陽イオン種によって細分されている．また，プロピライト変質作用，高度粘土化変質作用のような熱水の性状に応じた特徴的な変質鉱物の組み合わせに基づく分類や火山性の熱水系の場合には鉱化作用に重要な硫黄の酸化還元状態に応じて高硫化系，低硫化系という分類も使われる．

実際の熱水変質帯においては，温度，熱水の組成，岩石の化学組成や透水性などの変化に応じて変質鉱物の組み合わせの累帯配列が普遍的にみられ，その解析は金属資源や地熱資源の探査，地盤の評価などに重要な情報を与える．　　〔藤本光一郎〕

文　献
1) 井上厚行 (2003) 熱水変質作用．資源環境地質学，資源地質学会，p. 195-202.
2) 千葉仁 (2003) 熱水中のスペシエーション．資源環境地質学，資源地質学会，p. 341-346.

8-07

流体包有物の温度測定

temperature measurement on fluid inclusions

流体包有物は，鉱物中に捕獲された微少な地殻流体であり，流体の温度・圧力，化学組成の情報を有しており，その産状観察と各種分析によって地殻流体の性状・成因を探ることができる．流体包有物は，それを含む鉱物との形成関係や構成相からさまざまに分類されるが，ここでは希薄溶液からなる気液二相の流体包有物を例に，流体の温度測定法（地質温度計）について概説する．

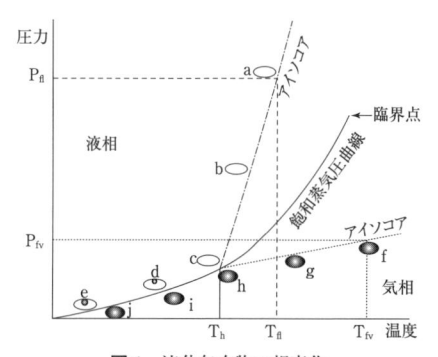

図1 流体包有物の相変化
T_h：均質化温度，T_{fl}・P_{fl}：液相流体の捕獲温度・圧力，T_{fv}・P_{fv}：気相流体の捕獲温度・圧力

液単相の流体を T_{fl}・P_{fl} で捕獲した流体包有物は，冷却するにつれ，図1上のアイソコア（isochore）に沿って内部の温度・圧力が低下（a→c）し，飽和蒸気圧曲線に達した時点で気相と液相に分離する．この温度を均質化温度（T_h）とよぶ．その後は飽和蒸気圧曲線に沿って温度・圧力が低下し，常温で気液二相の液相包有物となる（e）．気相包有物も同様の経路（f→h→j）を辿る．すなわち，この経路を遡ることで，捕獲時の流体の温度・圧力を推定できる．

この温度を求めるには加熱冷却台を用いる．試料を加熱冷却台で加熱し，流体包有物の相変化を顕微鏡下で観察して T_h を決定する．沸騰流体の液相のみあるいは気相のみを捕獲した流体包有物であれば，T_h が求める温度となる．一方，非沸騰流体を捕獲した場合には，圧力条件が既知であれば，その圧力とアイソコアの交点が求める温度となる．なお，沸騰流体・非沸騰流体のどちらを捕獲したかは，Roedder (1984)[1] の指針に沿って判断するとよい．

さて，飽和蒸気圧曲線とアイソコアは流体組成によって異なるため，より正確に流体の捕獲温度を求めるには，化学組成も決定する必要がある．例示した希薄溶液の場合では，冷却実験による凝固点降下から塩化ナトリウム（NaCl）換算濃度を求め，これで代用することが多いが，現実にはNaCl以外の塩類（塩化カリウムなど）やガス類（二酸化炭素など）が含まれることもある．これらの成分が高濃度であれば，加熱冷却実験による相変化からある程度化学組成を推定できる場合もあるが，より正確に化学組成を決定するためには，イオンクロマトグラフ，レーザーICP質量分析計などによる塩類の分析，四重極質量分析計，ガスクロマトグラフ，顕微ラマン分光計などによるガス類の分析が必要である．また，これらの化学分析は，流体の化学的性状を明らかにするために重要でもある．

このように，流体包有物の温度測定，化学分析，および産状観察などの総合的な解析は，地殻流体の性状・成因，さらにはそれを含む岩石・鉱物の形成過程の解明のための重要な手段となっている．

〔佐脇貴幸〕

文　献

1) Roedder, E. (1984) *Fluid Inclusions*. Reviews in Mineralogy, vol. 12, Mineralogical Society of America, pp. 646.

8-08

鉱物と熱水の間のイオン交換反応

ion exchange reaction between mineral and hydrothermal solution

鉱物には，価数やイオン半径の類似した陽イオンあるいは陰イオンの入る席が存在する．たとえば，ケイ酸塩鉱物では陽イオンは一定数の最近接酸素によって取り囲まれ，その数によって4配位，6配位，8配位，12配位などの席が存在し，同じ配位数であってもその形の違いによって席はさらに細分される．鉱物と熱水間のイオン交換は鉱物の各席と熱水との間で行われる．各席に入る陽イオンあるいは陰イオンは，そのイオンの半径，価数，結合性の違いなどの各種要因に応じて選択性を示す．価数が同じでイオン半径の異なる一連のイオンを対象に鉱物と熱水間における多元素同時交換反応実験を行うことにより，各席に適したイオン半径を明らかにしたり，イオンの分配挙動における特異性を明らかにすることができる．イオン結合性の強いアルカリ元素，アルカリ土類元素や希土類元素の場合，鉱物への分配はイオン半径により決定される傾向がみられるが，配位結合性の強い遷移金属の場合，上記の分配傾向から外れた挙動を示すことが多い．

鉱物と熱水間における2つのイオンiおよびjの分配係数K_dは，鉱物全体（バルク）および熱水全体（バルク）を考えた場合には，次のように書き表すことができる．

$$K_d = (X_{i,S}/X_{j,S})/(m_{i,f}/m_{j,f}) \quad (1)$$

ここで，$X_{i,S}$および$X_{j,S}$は，イオンiおよびjの鉱物中におけるモル分率を，$m_{i,f}$および$m_{j,f}$はイオンiおよびjの熱水中における重量モル濃度を示す．

鉱物中においてあるイオンは複数の席にまたがって分配されることがある．この場合，席ごとに熱水との間におけるイオンの分配を考える必要がある．イオンiおよびjが，鉱物中のS1席とS2席の両席において分配される場合，それぞれの席に対する熱水との間におけるイオンの分配係数K_d(S1)およびK_d(S2)は次のように書き表される．

$$K_d(S1) = (X_{i,S1}/X_{j,S1})/(m_{i,f}/m_{j,f}) \quad (2)$$
$$K_d(S2) = (X_{i,S2}/X_{j,S2})/(m_{i,f}/m_{j,f}) \quad (3)$$

鉱物中のS1席とS2席がモル比$p:q$の割合で存在する場合，バルクにおける分配係数K_dは次のように書き表される．

$$K_d = [(pX_{i,S1} + qX_{i,S2})/(pX_{j,S1} + qX_{j,S2})] /(m_{i,f}/m_{j,f}) \quad (4)$$

席が1つしかない場合には，(4)式は(1)式と同じになる．

このことに加え，熱水中におけるイオンの溶存形態（スペシエーション）を考慮する必要がある．たとえば，NaClは常温・常圧下において水に溶解するとNa^+とCl^-の形で存在するが，高温・高圧下ではNa^+とCl^-が会合し，$NaCl^0$で表される中性溶存種としても存在するようになる．さらに配位結合性の強い元素，たとえば，Znの場合，Cl^-が存在する環境下では，Zn^{2+}，$ZnCl^-$および$ZnCl_2^0$に加え，$ZnCl_3^-$や$ZnCl_4^{2-}$のような高次クロロ錯体としても存在するようになるため，熱力学的な解析を行うにあたり鉱物と熱水間におけるイオンの分配を溶存種ごとに考える必要がある．

上述のように，鉱物と熱水間のイオン交換反応実験を行うことにより元素の分配挙動を明らかにすることができるとともに，相図の作成や地質温度計・圧力計の作成も可能である．また，実験データを熱力学的に解析することにより，鉱物固溶体の熱力学的性質の推定，溶存種（錯体，会合体）の生成定数の推定，共存していた熱水の化学組成の推定を行うことができる．

〔内田悦生〕

石油（の地球化学）

geochemistry of petroleum

石油（petroleum）は炭化水素を主成分とした天然物であり，常温常圧で気体の可燃性天然ガス（natural gas），液体の原油（crude oil），固体のアスファルト（asphalt）として自然界に産する．石油はしばしば天然ガスと区別され，原油と同義に用いられる．

石油の産状によって元素組成が異なるが，石油を構成する元素のほとんどは水素（H）と炭素（C）である．平均的な原油の元素組成は，C（約84.5%），H（約13%），硫黄（S）（約1.5%），酸素（O）（約0.5%），窒素（N）（約0.5%）であり，H原子数はC原子数の約1.85倍である（Hunt, 1995）．可燃性天然ガスがもっともHに富み，アスファルトはもっともHに乏しくN，S，Oに富んでいる．可燃性天然ガスは低分子量のメタンを主成分としており，エタン，プロパン，ブタンなどの炭素数4個以下の低分子量炭化水素（<C_5）が含まれている．一方，原油は炭素数5個以上の飽和炭化水素，芳香族炭化水素とレジン（resin），アスファルテン（asphaltene）からなる．レジンは液体プロパンに不溶で，n-ペンタンに可溶な粘性のある高分子量物質で淡～暗褐色を呈する．アスファルテンはn-ペンタンに不溶な高分子量の暗黒色物質で，アスファルテンが多いほど原油はより黒色を呈する．レジンとアスファルテンはNやSを含む複雑な高分子量のヘテロ化合物からなり，アスファルトの主成分である．

石油を生成した堆積岩は石油根源岩（petroleum source rocks）と呼ばれている．おもな石油根源岩は石灰岩，珪質頁岩，石炭，黒色頁岩などである．これらは光合成による一次生産の盛んな堆積環境で形成されており，動植物プランクトンや陸上高等植物とそれらの代謝産物が主要な石油の起源物質である．堆積岩に含まれる有機物は有機溶媒や水に不溶なケロジェン（kerogen）と有機溶媒に可溶なビチューメン（bitumen）に大別される．一般に，堆積岩中の有機物の約90%はケロジェンからなり，残りの約10%がビチューメンである．ケロジェンは生物有機物が化学的に縮重合したものや，生物化学的分解に対して強い抵抗力がある生物組織（藻類の細胞壁，高等植物の角皮，根，種子，花粉，胞子など）からなる混合物である．ケロジェンは地球上でもっとも存在量の多い有機物で，炭素化合物としても炭酸塩に次いで多い．堆積盆地でのケロジェンの熱化学反応（おもに熱クラッキング）によって石油が生成する．この過程では，温度・圧力のほか反応時間（数百万年～数億年）も重要な役割を果たしており，熟成作用（maturation）と呼ばれている．

ケロジェンは，そのH/C原子比とO/C原子比から3タイプ（Type I, Type II, Type III）に分けられている（図1）．燃焼や酸化によって二次的に形成されたケロ

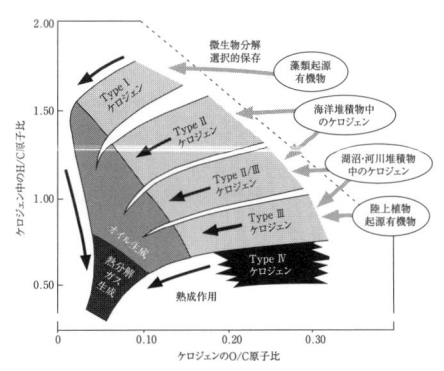

図1　熟成作用に伴うケロジェン元素組成の変化と石油生成の関係を表したVan Krevelen ダイアグラム

ジェンはType IVケロジェンと呼ばれることがある．Type Iケロジェンの多くは特殊な環境で繁茂した藻類が生物化学的分解を受ける過程で，脂肪族構造に富む細胞壁などが選択的に残存して形成されたものと考えられている．Type IIケロジェンはおもに動植物プランクトンに由来するケロジェンで，海洋環境で形成された堆積岩に特徴的に認められている．Type IIIケロジェンはセルロースやリグニンに富む陸上高等植物におもに由来している．Type IIケロジェンにはSに著しく富むものがあり，Type II-Sケロジェン（S/C原子比>0.06）と呼ばれている．Type II-Sケロジェンは，とくに石灰岩，珪質頁岩，蒸発岩に認められており，反応性の鉄イオン（Fe^{2+}）に乏しい還元的な環境のもとで，H_2Sとケロジェン中の二重結合や各種官能基が反応して形成されたものと考えられている．

石油の化学組成はその成因や起源と密接に関係している．アスファルテンに富む黒色原油はおもにType IIケロジェンに由来しており，Type II-Sケロジェンに由来する原油はSに富んでいる．Type IIIケロジェンは低分子量炭化水素（$<C_5$）や二酸化炭素を生成しやすい．しかし，新生代の高等植物は中生代，古生代のものよりHに富む傾向があり，Type IIに近いケロジェンを形成することがある．Type Iケロジェンはもっとも石油生成能力が高い．しかし，その多くが安定大陸の湖沼で形成されているため，石油生成に必要な熟成作用を受けていない．未熟成なType Iケロジェンを豊富に含む頁岩は加熱すると多量の石油を生成するためオイルシェール（oil shale）と呼ばれている．

ケロジェンの熟成段階によって生成する石油の組成が異なる．熟成段階が高いほど熱クラッキング反応や芳香族化反応が盛んになるので低分子量炭化水素（$<C_5$）や芳香族化合物の割合が高い．地温80～150℃では比較的分子量の大きい炭化水素（$>C_5$）が生成，地温150～200℃ではメタンのほかC_2～C_5炭化水素を十分に含む湿性ガス（wet gas）が生成，さらに200℃以上ではメタンを主成分とした乾性ガス（dry gas）が生成する．生成した石油によって根源岩中の間隙がある程度占められると，石油は根源岩から排出され移動する．

石油の化学組成は，貯留岩に集積後にも生物分解作用，地層水による水洗，軽質石油の侵入によるアスファルテンの沈殿，気相の選択的流出，熱分解などによって二次的に変化する．オイルサンド（oil sand）は，地表付近に達した貯留岩石油や移動中の石油が生物化学的分解や蒸発によって変質し形成されたものである．

地下深部で生じている石油の生成と移動を予測するために反応速度論に基づいた石油生成の地球化学モデルが構築されている．ケロジェンは熱分解反応の活性化エネルギー（E_a）が異なる複数の単位ケロジェンを組み合わせてモデル化される（並列一次反応モデル）．速度定数の頻度因子は一般に共通である．熱分解のE_a分布や頻度因子は実験室での加熱実験によって求められる．ケロジェンの化学構造が複雑なほどE_a分布は広くType I, Type II, Type IIIの順に熱分解反応のE_a分布が広い．一方，Type II-Sケロジェンはもっとも低いE_aによって特徴づけられている．これはC-C結合よりも結合エネルギーの小さいC-S結合に富んでいるためである．このようなケロジェンの地球化学モデルと堆積岩の熱史から，地下深部における石油生成のモデリングが行われている．

〔鈴木徳行〕

文　献

1) Hunt, J.M. (1995) *Petroleum Geochemistry and Geology*, 2nd edition, W.H. Freeman & Co., pp. 743.

8-10 石炭（の地球化学）

geochemistry of coal

石炭は，化石燃料資源の一種で固体形の燃料資源である．石炭は，陸上高等植物の遺骸が分解されず集積し，地層の一部となって地下深部へ埋没され，地中の熱エネルギーによる化学的変化，地圧による圧密を受けて形成される．現在，地表または地下 1000 m 程度以浅に存在するものが，石炭資源として採掘されている．

一般に，石炭を含む地層または堆積盆の分布域を炭田と呼んでいる．炭田の形成された地質時代は，陸上に植物が繁茂しはじめたデボン紀以降で，世界的には古生代石炭紀，二畳紀，中生代ジュラ紀，白亜紀が主要な形成時代にあたる．日本の主要な炭田は，古第三紀に形成されている．

石炭の起源物質である高等植物遺骸が集積する環境は流木が集積し，堆積すると当初考えられていた．しかし，石炭層中にほとんど堆積物が含まれないなど矛盾点が多く，現在では，湿原で形成される泥炭，とくに水面よりも高位まで発達する高層湿原が有力と考えられている．石炭を肉眼で詳細に観察すると，輝度の異なる縞状構造が見える．さらに，研磨した表面を顕微鏡で観察すると，種々の組織が観察される（図1）．これらは，石炭組織（maceral）と呼ばれ，植物の部位や酸化の程度などにより次の 3 グループに大別される．

- ビトリナイト vitrinite（ビトリニット Vitrinit）：主として植物の木質部に由来
- エグジナイト exinite（エグジニット Exinit）：植物の樹脂や樹皮，葉の表皮や花粉など由来．脂肪族炭化水素に富む．
- イナーチナイト inertinite（イナーチニット Inertinit）：木炭化した木質部や酸化作用を強く受けた部分に由来．炭素に富む．

地下で受ける熱エネルギーの増加に伴い熟成度（石炭化度）は上昇し，石炭の炭質に大きな影響を及ぼす．石炭化度の上昇に従い炭質は，褐炭，亜瀝青炭，瀝青炭，無煙炭の順に変化する．この中で瀝青炭は，

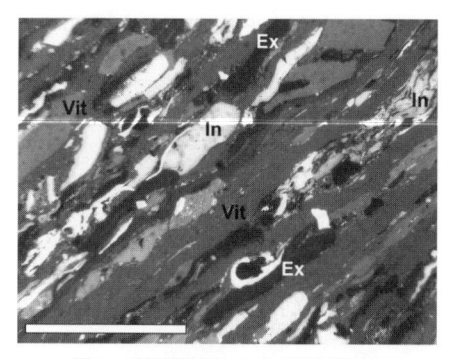

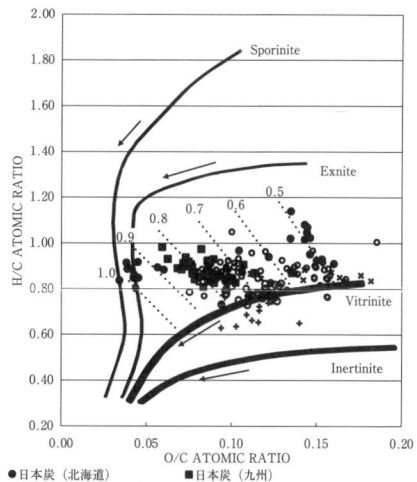

図1 反射顕微鏡による石炭組織写真
Vit：ビトリナイト，Ex：エグジナイト，In：イナーチナイト．スケールバーは 50 ミクロン．

図2 van Krevelen 図上の日本および中国，インドネシアの石炭
図中の点線は等ビトリナイト反射率を示す．

製鉄原料であるコークス製造に必要であり，別名で原料炭（coking coal）と呼ばれている．石炭化度の指標として，発熱量（CV），石炭を約900℃で乾留したときの減量を示す揮発分（VM），ビトリナイト反射率（Ro）などがある．熱熟成時における石炭の主要成分である炭素，水素，酸素の原子比の変化を示す図として van Krevelen ダイアグラムがある（図2）．図中には石炭組織のグループが熟成時に変化するパスが示されている．図上の日本および中国各地などの石炭から，地域や地質時代で炭質が異なることが理解できる．この理由として，起源物質となる植物の性質や植生が地質時代および古地理により異なっていたことが考えられる．しかし，石炭の^{13}C 同位体比の値は，地質時代を通じてほぼ一定の 25～27‰を示すことが知られている． 〔鈴木祐一郎〕

天然ガス（の地球化学）

geochemistry of natural gas

天然ガスの起源　天然ガスの起源は大きく2種類に分けられる．熱分解起源ガスと微生物起源ガスである．熱分解起源ガスは堆積した有機物の熱分解により生成し，微生物起源ガスは微生物による二酸化炭素の還元や酢酸などの有機物の還元により生成する．これらのほかに，東太平洋海膨の湧出ガスなど，無機的に生成する無機起源ガスも存在するといわれているが，資源規模での存在は明らかになっていない．世界の資源規模の天然ガスの多くは熱分解起源であるが，日本においては微生物起源ガスも資源として採掘されている．日本の主要な油田地帯である秋田県・新潟県の天然ガスは主として熱分解起源であるが，微生物起源ガスと混合していることも多い．茂原ガス田が有名な千葉県の天然ガスは微生物起源である．

別の分類の方法として構造性ガスと水溶性ガスに分けることがある．構造性ガスは天然ガスが地中で遊離した構造をなしているものであり，秋田県・新潟県の油田ガスは多くがこのタイプである．水溶性ガスは地下では地下水に溶存しており，地上への汲み上げ時に水から分離するタイプのガスであり，千葉県の場合ほとんどがこのタイプである．

天然ガスの化学組成　天然ガスの化学組成は起源・熟成度・根源有機物の種類などの一次的要因と，移動に伴う変化や微生物による分解などの二次的要因に支配される．

一次的要因に関しては，微生物起源ガスの主成分はメタンであり，エタン・プロパンなどの非メタン炭化水素は，ほとんど含まれず，熱分解起源ガスには数%程度の非メタン炭化水素が含まれることが多い．熱分解起源ガスの場合，熟成度も化学組成に影響を与えるものといわれている．高熟成度の熱分解ガスでは，クラッキングにより，メタン/非メタン炭化水素比が高くなることが知られている．また，異性体間の比は生成温度に依存し，生成温度が高くなるとイソブタン/n-ブタン比・ネオペンタン/比・2,2-ジメチルブタン/2,3-ジメチルブタン比などが高くなることが報告されている．熱分解ガスの場合，根源有機物の種類も化学組成に影響を与えるものといわれている．陸源有機物から生成した熱分解ガスは海成起源の有機物から生成したものに比べ高いイソブタン/n-ブタン比を示すとの報告がある．

二次的要因に関しては，熱分解ガスが移動すると，ジオクロマト効果（地中を物質が移動する際に，それぞれの物質の移動速度の差により分別が起こること）によりメタン/非メタン炭化水素比が高くなるものといわれている．また，微生物による分解を受けると，微生物はn-体の炭化水素を選択的に分解するため，n-体の比率が相対的に低くなることが知られている．また，水溶性ガスの場合，炭化水素のヒドロキシルラジカルによる分解が起こり，ネオペンタンなど分解されにくい成分の濃度が他の非メタン炭化水素よりも高くなるという報告がある．

天然ガスの同位体比　天然ガス中のメタンの炭素安定同位体比（$^{13}C/^{12}C$）や水素安定同位体比（D/H）が測定され，起源や熟成度の推定に用いられている．近年では，熱分解ガス中のエタン・プロパン・ブタン・ペンタンなど非メタン炭化水素の炭素安定同位体比の測定例も増加している．

メタンの炭素安定同位体比（$\delta^{13}C(C_1)$）は，起源や熟成度の影響を受ける．起源に関しては，微生物起源ガスは同位体

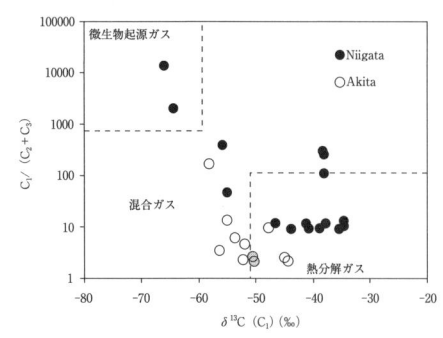

図1 バーナードダイアグラム（データはIgari and Sakata (1988)[1] より引用）

同位体比の測定が行われるようになってきた．横軸に各炭化水素の炭素数を，縦軸に各炭化水素の炭素安定同位体比をとったグラフがよく利用される．一般的に炭素数が多くなるほど同位体的に重くなっていく．ある成分が微生物による分解を受けると，その成分は同位体的にとくに重くなるため，微生物による分解の判定をすることができる．

エタンやプロパンの炭素安定同位体比は熱分解起源ガスの熟成度の判定に用いられる．$\delta^{13}C(C_1)$ も熟成度の判定に利用されるが，熱分解ガスはしばしば，メタンを主成分とする微生物起源ガスの混入を受け，そのような場合には，熟成度の判定には利用できない．これに対しエタンやプロパンの炭素安定同位体比は，微生物起源ガスが非メタン炭化水素をほとんど含まないため，微生物起源ガスの混入を受けても影響されず，より有効な判定手段になる．なお，一般にエタンはプロパンよりも微生物による分解に対して耐性があることが知られており，より有効な熟成指標であるものと考えられる．エタンやプロパンの炭素安定同位体比は根源有機物の炭素同位体比の影響も受ける．根源有機物の炭素安定同位体比が比較対象の各天然ガス試料によって違う場合には，熟成度の正確な比較は困難になる．秋田・新潟に関しては，天然ガスと共存する原油の炭素同位体比はどの油田でもほぼ一定であり，根源有機部の安定炭素同位体比もほぼ一定であるものと推定されるため，エタン・プロパンの炭素安定同位体比を用いた熟成度の比較が可能であるとの報告がある．〔猪狩俊一郎〕

的に軽く（$\delta^{13}C(C_1) = -50 \sim -80‰$程度）熱分解ガスは重い（$-25 \sim -40‰$程度）．両者の混合ガスは中間的な値を示す．また無機起源ガスは，とくに重い値（$-25‰$程度以上）を示すことが知られている．横軸に$\delta^{13}C(C_1)$を，縦軸に化学組成比（メタン/（エタン+プロパン））をとったグラフはバーナードダイアグラムと呼ばれ，天然ガスの起源推定のためによく用いられている（図1）．熟成度に関しては，熟成度が高くなると熱分解ガスの$\delta^{13}C(C_1)$は高くなることが知られている．

メタンの水素安定同位体比（$\delta D(C_1)$）は微生物起源ガスの生成過程を推定する際によく用いられる．二酸化炭素起源の微生物起源ガスは同位体的に重く（$\delta D(C_1) = -150 \sim -250‰$程度），酢酸起源の場合は同位体的に軽い（$-250 \sim -400‰$程度）．これにより両者の区別が可能である．炭素安定同位体比についても，二酸化炭素起源の方が酢酸起源よりも同位体的に軽い傾向にあるため，$\delta^{13}C(C_1)$を横軸に，$\delta D(C_1)$を縦軸にとったグラフが微生物起源ガスの種類の推定によく利用されている．

最近では，ガスクロマトグラフ燃焼同位体比質量分析計（GCCMS）が開発されたこともあり，エタン・プロパン・ブタン・ペンタンなど非メタン炭化水素の炭素安定

文 献
1) Igari, S. and Sakata, S. (1988) Chemical and isotopic compositions of natural gases from the Japanese major oil and gas fields : Origin and compositional change due to migration. Geochem. J., **22**, 257-263.

メタンハイドレート

methane hydrate

　一方の分子が立体網状構造を作り，その隙間に他方の分子が入り込んだ構造を作っている物質は「包接化合物」と総称され，一方の分子が形成する立体網状構造を包接格子と呼ぶ．この包接格子を形成する分子が水分子（H_2O）である場合，これをとくにハイドレートと呼び，またハイドレートの隙間を埋めている分子が気体分子である包接化合物をガスハイドレートと呼ぶ．ガスハイドレートは，その空孔の大部分が気体分子で充填されることで安定なものとなる．

　ガスハイドレートは単なる混合物質とは物理化学的性質が大きく異なり，たとえばそれを構成する気体分子が単独で存在する場合には固体には成りえない温度や圧力の条件下でも，固体となることがある．このため，地球化学的には気体分子の移動濃集に関して重要な役割を担う．

　最初に発見されたガスハイドレートは，実験室内で偶発的に合成されたものである．1960〜70年代には，実際にシベリアの永久凍土層や海洋底の堆積物中でメタンのガスハイドレートが発見され，メタンであれば自然界にもガスハイドレートが存在することが確認された．ガスハイドレート中の気体分子がメタンであるものを，とくにメタンハイドレートと呼ぶ．一般に，自然界で採取されるガスハイドレートはメタンを主成分としていることが多い．

　ガスハイドレートの水分子が形成する包接格子は，図1に示したような多面体形をしており，この内部の空孔に気体分子が1個ずつ充填（占有）されている．この多面体の包接格子がさらに相互に組み合わされることで，ガスハイドレートの結晶単位胞が構築されている．天然のガスハイドレートのほとんどは，2個の五角12面体と6個の五角12面六角2面体から成る構造Ⅰ，または16個の五角12面体と8個の五角12面六角4面体から成る構造Ⅱの結晶構造をとる．純粋なメタンがハイドレート結晶を生成する場合は構造Ⅰをとるが，主成分がメタンでも他の炭化水素分子が相当量共存する場合は構造Ⅱになるというように，ガス分子の成分組成によって構造は変わる．

　構造Ⅰの空孔がすべてメタンで満たされた場合，単位胞はメタン分子が8個と水分子が46個で構成される．つまりメタン分子1個に対する水分子の数（水和数と呼ぶ）は5.75個となり，水1モル当たりに換算するとメタン分子は0.17モル存在する．一方0℃，1気圧の条件下での水1モルへのメタンの溶解度は5×10^{-5}モル程度であり，100気圧でもその100倍なので，メタンを溶解させた水がメタンハイドレートに変化する場合，高い濃縮率でメタンを濃縮したことになる．

　しかし，メタンと水が共存するだけではメタンハイドレートは形成されない．その形成には，一定の相対比のメタンと水が，図2中にグレーで示した低温・高圧の温度圧力条件を満たす必要がある．地殻や海底堆積物中の圧力は深度とともに増大するが，温度の方も増大するため，地球上で図中にグレーで示した「低温高圧」条件が満

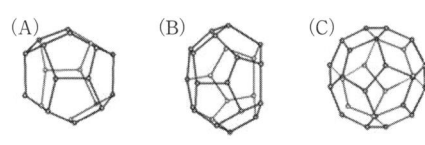

図1 ガスハイドレートにおいて水分子がガス分子を取り囲んで作る代表的な立体網目状構造の模式図（内田，1997[3]）に加筆）
(A)は五角12面体，(B)は五角12面六角2面体，(C)は五角12面六角4面体の各構造を表す．

たされる場所は限られ，（Ⅰ）凍土地帯のような地表温度が低い極域の地下の一部，あるいは同じく極域の浅海部を含めた海水中や海底の一部，（Ⅱ）水深が数百 m 以深の海水中や海底の一部，のいずれかである．また，大量の有機物が流入し，メタン生成が活発に起きることも，その形成の必要条件となっているようである．

これまで実際に採取されたメタンハイドレートは，厚さ数ミリから数センチ程度の層状になっていることが多く，これを超える規模のメタンハイドレートが回収される例は限られている．地表の環境（大気圧・常温）ではメタンハイドレートは安定ではないため，多くが回収途中で分解しているためであると考えられている．そこで，船上からの遠隔的な観測によって得られる海底疑似反射面（bottom simulating reflector：BSR）と呼ばれる音波の反射面が，メタンハイドレートの存在の間接指標として広く利用されている．海底の堆積物層は深度が深くなると地温勾配によって次第に温度が上昇する．したがって，メタンハイドレート層が埋積していくと，ある深度を境に安定領域から外れて分解し，含まれていたメタンは気体となる．BSR として捉えられた層は，このメタンガスを多量に含む地層とその上部のメタンハイドレート層との境界に相当すると解釈されている．

Kvenvolden（1999）[2] は BSR 分布を元に，世界のメタンハイドレート中のメタン量の賦存量として 1.5×10^7 Tg を提唱し，また陸域に比べ海域により多くのメタンハイドレートが胚胎されていると結論した．この賦存量は，石油や石炭など化石燃料鉱床中の総炭素量と比較して約 2 倍，大気中のメタン総量と比較すると 3000 倍以上に相当する．メタンは大気中に漏出すると強力な温室効果気体として機能する（5-03 参照）ため，過去や将来の地球環境変化の

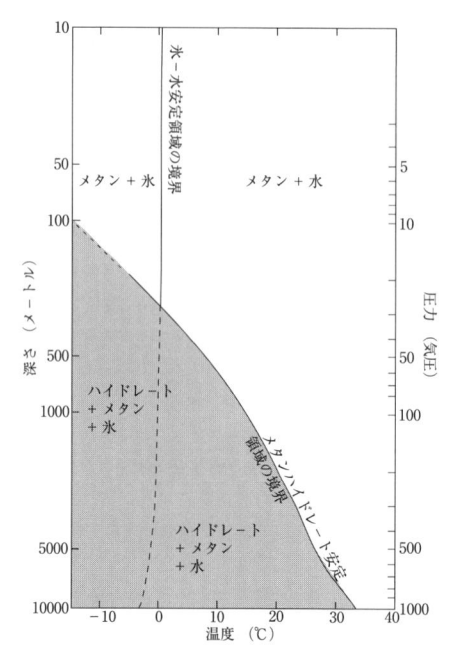

図2 十分量のメタン（気体）と純水が共存する系におけるメタンハイドレートの相平衡図（Katz ほかに加筆）
グレー色で示した低温・高圧の温度圧力範囲でメタンハイドレートは安定である．左縦軸は海水中に換算したときに相当する深度を示す．

鍵となる物質として広く注目されている．またメタンハイドレートのような濃縮されたメタンが大量に胚胎されている場合，これは化石燃料として活用できる．このため，非在来型の天然ガス資源としても注目され，関連する研究が進められている．

〔角皆　潤〕

文　献
1) 蒲生俊敬編（2007）環境の地球化学（地球化学講座，第 7 巻），培風館，235 pp.
2) Kvenvolden, K.A. (1999) Proc. Natl. Acad. Sci., **96**, 3420-3426.
3) 内田努（1997）日エネ誌, **76**, No.5, 362-370.

8-13 海底熱水硫化物鉱床の開発

seafloor massive sulfide ore

　日本周辺の海域における海底熱水硫化物鉱床が，金属資源開発の対象として注目を集めている．陸域の鉱物資源に乏しいわが国にとって，これを国土を囲む広大な海洋に求めることに大きな期待がかけられている．政府は，「海洋エネルギー・鉱物資源開発計画」を2009年3月の総合海洋政策本部会合において了承し，今後10年程度を目処に海底資源の開発を商業ベースで実現することを目指すとしている．一方で，この新しい試みに対しては，クリアしなければならない問題も多い．

　海底熱水硫化物鉱床は，海底熱水活動に伴う化学反応によって形成される熱水鉱床である．わが国の周辺海域には海底火山が多数分布しており，海底熱水硫化物鉱床のポテンシャルも高い．図1には，これまでに海底熱水硫化物鉱床が形成されていることが確認されている海域を示した．伊豆七島から小笠原海域にかけての海底火山列と南九州のトカラ列島から沖縄トラフ海域にかけての海底火山列において，その存在が確認されている．ただし，この図に示したのは，いずれも現在の海底熱水活動地帯として確認されている場所である．現在は活動を停止しているが過去の熱水活動によって形成された海底熱水硫化物鉱床も同じように存在するはずである．そのような鉱床のほうが資源開発という点では重要であるが，現在の探査技術では見つけ出すことが難しい．（口絵15参照）

　海底熱水硫化物鉱床で資源として期待されている元素は銅（Cu），亜鉛（Zn），鉛（Pb），金（Au），銀（Ag）である．その他にセレン（Se），ヒ素（As），アンチモン（Sb），ガリウム（Ga），インジウム（In）などが微量元素として含まれる場合が多い．熱水性鉱床は，その形成メカニズムから巨大な鉱床は少ないが，鉱物中の元素含量は高いという特徴がある．陸域の鉱山では，鉱床の規模がある程度大きくないと採掘設備などのコストに見合わないという問題が起こるが，海底熱水鉱床の場合には，一つの鉱床を掘り尽くしても船を移動させて別の鉱床の採掘を始めることができ，小規模な鉱床でも資源開発の対象となりうる．

　海底熱水鉱床の開発を本格的に進めるには，採掘に関する技術開発が必要となるほかに，資源開発に伴う環境影響評価（environmental impact assessment）をどのように行うかという問題がある．硫化鉱物が海底下の還元的な化学環境から掘り出されて海水に触れることで，酸化的条件で流動性が高い元素が海水中に拡散していくおそれがある．また，海底熱水活動地帯には，特異な動物群集が集まっていることが多く，その生態系の破壊に関する問題も無視できない．海底の化学環境を正確に把握することは現在の技術では難しいが，陸域の資源開発に伴ういわゆる環境破壊の前例を繰り返さないためにも，環境影響評価手法の確立が急がれている．〔石橋純一郎〕

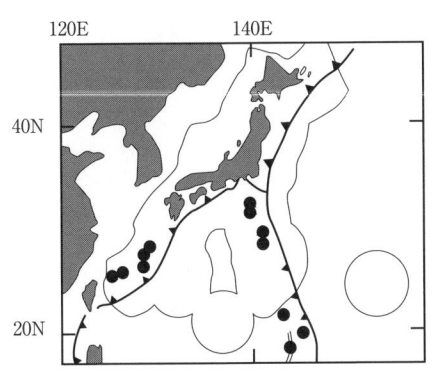

図1　日本のEEZ海域と海底熱水硫化物鉱床の分布

8-14 マンガン団塊・マンガンクラスト

manganese nodules, manganese crusts

地殻の中ではもっとも濃度が高い重金属元素である鉄とマンガンは，河川を経て大陸棚から深海底へと移動し，最終的には酸素に富んだ深海底のシンクに酸化物として固定される（図1）．沈殿物が集積した形態は，球状から板状までさまざまであり，形態によってそれぞれマンガン団塊，マンガンクラストと呼ぶ．主成分として鉄，マンガンを10〜20%程度，シリカ，アルミナを2〜10%程度含むほか，銅，ニッケル，コバルト（最大1%程度），鉛，バリウム，チタン，ストロンチウム（平均0.1%以上）などを含有する（表1）．

現在の海洋は鉄とマンガンが溶解するほどの還元的環境にはなく，全体にわたって富酸素の海洋水であるため，大半が酸化状態の固相となる．懸濁態の鉄・マンガン酸化物は一般に強い表面活性を示し，結晶構造がイオン交換反応性を示すことから，重金属元素を効率よく濃縮（吸着）する性質がある．このことは非晶質の鉄酸化物や層状マンガン酸化物鉱物コロイドによる金属除去実験によっても証明されており，分析化学の分野では希薄な未飽和溶液からの金属捕集剤として使われる．

海洋の鉄・マンガン酸化物の重要な意味はレアメタルの将来資源としての潜在性である．マンガン団塊に多い銅，ニッケル，マンガンクラストに多いコバルト，白金，希土類元素，テルなどの経済性が指摘されている．北東太平洋には国連が管理する各国のマンガン団塊鉱区が設定されており，マンガンクラストの鉱区設定もまもなく始まるとみられる．これらの鉱床は陸上鉱床に匹敵するほどの埋蔵量がある大規模低品位鉱床と想定される．海水中に存在する金属元素は酸化物として沈殿するが，その起源は大陸地殻や海洋地殻の風化，海底

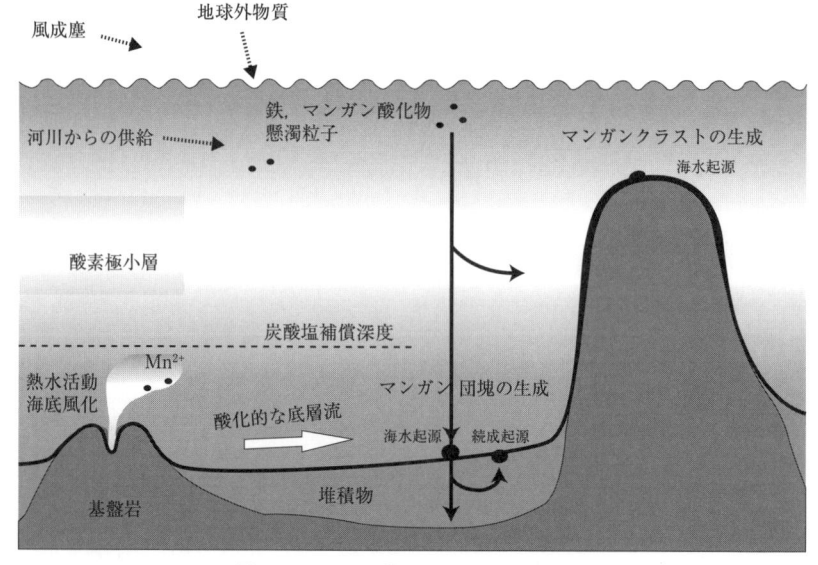

図1 マンガン団塊・クラストの生成環境

表1 化学組成の例

海域	銅 (%)	ニッケル(%)	コバルト(%)	マンガン(%)	鉄 (%)
マンガン団塊					
北東太平洋団塊濃集域	1.02	1.28	0.24	25.4	6.9
中央太平洋海盆南部	0.80	1.07	0.18	23.7	11.1
マンガンクラスト					
ライン諸島	0.06	0.51	1.10	27.0	16.0
マーシャル諸島	0.08	0.45	0.74	21.0	13.0

表2 主要構成鉱物

鉱物名	バーナダイト	ブーゼライト	トドロカイト
起源	海水起源	続成起源	熱水起源
プロセス	海水から直接沈殿	海底表層での溶解・再沈殿	熱水や温泉水から析出
形態	クラスト，団塊	団塊	細脈，塊状，盤層など
形成環境	深海盆・海山	深海盆	火山，リフト
化学組成（主成分）	Mn および Fe	Mn	Mn
（副成分）	Co	Ni, Cu	Mg, Ba, Ca
（希土類Ce異常）	正	負	負
結晶サイズ（μm）	0.01〜0.001	0.01〜0.001	0.1〜100

火山や熱水活動である．構成鉱物は，低結晶質，かつ副成分金属元素と水分子を結晶に含む鉄・マンガン酸化鉱物で，vernadite（層状鉄・マンガン酸化物），buserite（層状マンガン酸化鉱物），todorokite（トンネル構造マンガン酸化物）の3グループに分類され，形成環境や化学組成とも強い対応関係が認められる（表2）．

次に，海洋環境を記録する堆積岩としての意義が重要である．成長速度は深海粘土（1000年に1mmスケール）より2桁以上小さく，100万年に1〜10mm程度である．鉄・マンガン酸化物が成長する必要条件は，①酸化的海水の持続的供給，②遅い堆積速度，もしくは無堆積，③安定な基盤，である．深海底の現場では，地質，地形と強く関連して，マンガン団塊やマンガンクラストが分布する例が知られている．たとえば，堆積作用が乏しい深海盆地域に団塊が，長期間安定な海山露岩域にはクラストが，また現世の熱水活動域には局地的に熱水起源マンガン沈殿物が，おおむね対応して分布している．比重が高い団塊が埋没されず堆積物表面において成長し続ける，という仮説は未証明である．最近，マンガン団塊やマンガンクラストの信頼できる絶対年代が求まり，堆積物/堆積岩として認知されるようになった．おもにベリリウム同位体によって決定される絶対年代に加え，トリウム，オスミウム，ストロンチウムのほか，古生物学的，古地磁気学的手法も適用されている．時間目盛に対する，化学組成，同位体組成，鉱物組成，微細構造の変動プロファイルから古海洋，地球環境変動の定量的指標を読み取る試みが進められている．また，鉱物形成における微生物の働きに注目する研究も行われている．

〔臼井　朗〕

8-15

【コラム】海水からのウラン，リチウムの回収
recovery of uranium and lithium from seawater

海水中に含まれる成分の中で，エネルギー資源としてはウラン，リチウムが注目されている．ウランは，原子力発電の燃料として重要であり，この数年間で価格は大きく高騰している．リチウム資源は潤沢であるが，内陸奥地にあり事業化が困難な資源も多く，また，生産会社が寡占状態にある．リチウム電池，電気自動車など需要の大幅な伸びが予想されるが，将来の供給体制は必ずしも十分とはいえない．海水中の濃度はウランが $3\ \mu g/dm^3$（3 ppb），リチウムが $170\ \mu g/dm^3$（170 ppb）ときわめて低いが，総量としては大きく，将来の国内資源として重要である．これらの希薄資源の回収法としては選択吸着剤を用いる吸着法がもっとも有望である．

海水ウラン回収研究　海水ウラン回収の研究はすでに 30 年以上にわたって行われており，吸着剤としては吸着するサイト（官能基）としてアミドキシム基をもつアミドキシム系吸着剤に絞られてきた．アミドキシム系吸着剤による海水ウランの吸着反応を模式的に図1に示す．

アミドキシム系吸着剤による海水からのウラン吸着量は，アミドキシム樹脂で 3.2 mg-U/g/180 日に達している．

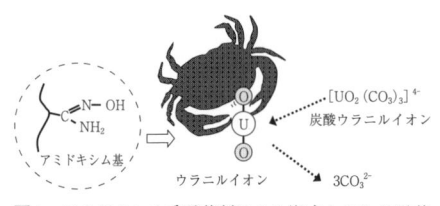

海水中のウラン濃度が著しく低いので，工業的な量のウランを回収するためには大量の海水と吸着剤を効率よく接触させる必要がある．そのため，①海水を高速度で流しても吸着剤が流出しないための成形法の開発，②海水を大量に流した状態で効率よく吸着剤と海水を接触させウランを回収するための吸着装置の開発，が重要となる．

吸着剤としては，衣類の原料であるアクリル繊維を直接アミドキシム化反応させることで繊維状吸着剤が開発されている．これは，10 mg-U/g/80 日と高いウラン吸着性能を示す．さらに，この繊維を数 cm の球に丸めた球状吸着剤，繊維状吸着剤を 20 cm ほどに切り，それを束ねた結束型吸着剤，アクリル布をアミドキシム化反応させて製造した布状吸着剤，アクリル繊維を紐状に縒り合わせたモール状吸着剤などが開発されている．

海流や波力などの自然エネルギーを利用したウラン回収装置は，海水を流すためのエネルギーを必要とせず回収コストを低減できる利点がある．一方，実海域は海象条件が複雑に変化するため，その変化に耐えられる柔軟かつ頑健な装置が必要となる．最近，モール状吸着剤を利用する海底係留方式が提唱され，実証実験が進められている．モール状吸着剤の芯にフロート（浮き）を内蔵させアンカーで端を海底に固定すると吸着剤が昆布のように海水中に浮き上がる構造となり，海水が流れることでウランの吸着が進む．モール状吸着剤を用いて年間 1200 トンのウランを回収すると想定したときのコスト試算が行われている．現状では，鉱石から製造されるウランよりは高いが，将来の価格高騰，回収装置の低コスト化が進めば鉱石起源のウランに対して十分に競争力のある技術になるものと期待される．

海水リチウム回収研究　海水リチウム回収についても，ウラン回収研究と同様

図1　アミドキシム系吸着剤による海水ウランの吸着

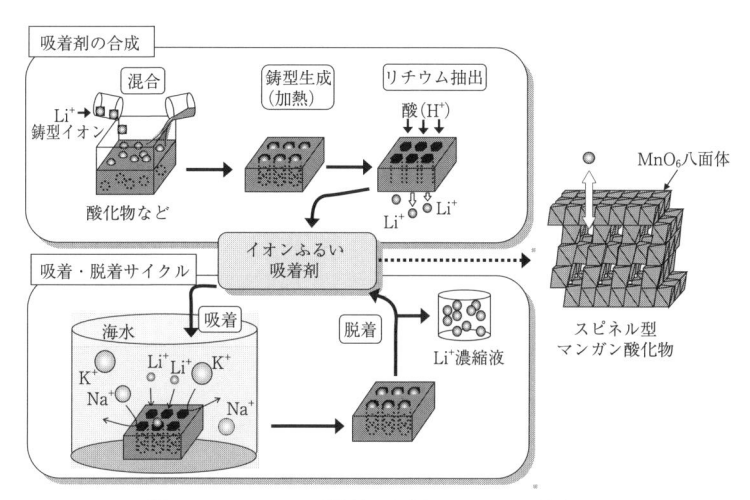

図2 イオンふるい吸着剤の合成とリチウム吸脱着反応

に，高性能吸着剤の開発と回収装置の開発が重要な課題である．アルカリ金属やアルカリ土類金属イオンが大量に含まれる海水からリチウムだけを選択的に捕集する吸着剤としてイオンふるい吸着剤が開発された．イオンふるい吸着剤の合成とリチウムの吸脱着反応を模式的に図2に示す．

現在のところ，イオンふるい吸着剤の一種であるスピネル型マンガン酸化物がもっとも有望な吸着剤となっている．イオンふるい吸着剤のリチウム吸着性能は合成条件で変化するが，海水から40 mg-Li/gという高い吸着量を示す吸着剤を大量に製造する技術が開発されている．リチウム吸着量は，酸化リチウム換算で8％に達しており，鉱石のリチウム含量（5％程度）をしのぐ値になっている．

吸着剤の成形法としては，粒状，膜状，繊維状の成形法が検討されている．現状で有望と考えられる成形法は，ポリ塩化ビニルでマイクロカプセル化する造粒法である．造粒体は機械的強度も高く，酸による脱着時も安定であるという利点がある．

海水リチウムの効率的な回収に向けいくつかの吸着装置が提唱されている．粒状リチウム吸着剤をリチウム回収船の底に敷き詰め海水をポンプで流しリチウムを回収する装置などである．

リチウム回収コストについては，リチウム回収船を利用する装置で試算されている．現状では，採取コストはまだ高いが，吸着剤製造単価の低減，安定性向上によるコスト低減，海水のポンプアップ費用の低減などを進めることで競争力も十分に高められると計算されている．コスト削減には，回収船や吸着槽を使わずに吸着剤を実海域に直接浸漬する方法の開発が重要な課題となっている． 〔大井健太〕

文　献
1) 大井健太（2008）海水希薄資源の回収—現状と課題—．海水誌, **62**, 85-89.
2) 玉田正男（2007）海水中の希少金属の回収．ウラン捕集剤による海水ウランの回収技術．Civil Engineering Journal, No. 3, 78-82.
3) 廣津孝弘（2001）微量金属の採取・分離．海水誌, **55**, 223-226.

8-16

【コラム】商品としての「海洋深層水」

deep ocean water for commercial goods

「海洋深層水(以下,深層水)deep ocean water：DOW, deep seawater：DSW」は資源利用を目的とした命名で,海洋を浅海と深海に分ける際に使われる深さ200 mを基準にしていて,200 m以深の海水を指す.海洋の平均深度の3729 mを基にして単純計算すれば,海水の約95%(約1.3×10^9 km^3)が深層水になる.深層水は,高緯度の海で冬期に表層水が冷やされ,比重が大きくなって沈み込んで形成される.深層に沈んだ海水には十分な日射が届かないために光合成が進まず,したがって生物の餌となる有機物の新生はほとんどなく,もっぱら有機物が分解されて栄養塩類が溜まっていく.日本各地に16カ所の深層水の陸上取水施設があり,300〜600 m深から深層水が取水されているが,これらは沈み込んでから約100〜数百年を経過している.

深層水は資源として,低温エネルギーと各種の物質を含んでいる.海水という単一物質を多様な用途に利用することが可能である点が従来の資源にはない特徴である.また深層水は資源密度が低いという短所があるが,清浄性[生物,人工合成毒物(残留性有機汚染物質, persistent organic pollutants：POPs),易分解性溶存有機物,放射性物質,粒状物質などをほとんど含まないかあってもきわめて少ない]や安定性(一定の品質のものが常に入手できる)といった利点を生かして工夫をすることで,これを補うことができる.さらに深層水の1〜数千年といった再生速度と豊富な資源量は21世紀の社会を支える主力資源となる高い潜在力をもっている.再生速度に注意しながら,自然変動の範囲内で使用していけば,環境変動などの問題は最小限に抑えられる.表1は現在と近い将来に可能となると考えられる深層水の商品と利用している深層水の資源・性質である.商品としてはエネルギーを含む広い利用を考えた.

〔高橋正征〕

文 献

1) 藤田大介,高橋正征(2006)海洋深層水利用学―基礎から応用・実践まで―,成山堂書店.
2) 高橋正征,池谷透(2002)海洋深層水の清浄性.海洋深層水研究, 3, 91-100.

表1 海洋深層水の含む各種資源ならびに性質とそれらを利用した商品など. (利用用途で ( ) 付きは実験段階)

利用用途 (商品など)	資源						性質		
	冷熱エネルギー	栄養塩類(肥料)	水	塩	ミネラル類	金属類	清浄性	安定性	再生性
冷熱利用									
空調[1]	◎						○	○	○
(温度差発電)	◎						○	○	○
冷水性水産生物の蓄養	○						○		
冷却水(発電機など)[2]	○						○	○	○
飲食物									
飲料水[3]			○	○			○		
塩[4]				○			○		
各種食品[5]			○	○	○		○		
発酵食品[6]				○	○		○		
海藻・単細胞藻類[7]		○					○		
化粧品・バスグッズ・医薬品									
化粧品[8]			○		○		○		
入浴剤[9]				○	○		○		
風呂・プール・タラソ[10]			○	○	○		○		
医療治療補助剤[11]				○	○		○		
その他									
海域肥沃		○					○	○	○
(海水鉱山)[12]						○	○	○	○
水産生物養殖・種苗生産	○	○					○		○

[1] 電気・ガス冷房に比べて70〜90%の省エネ.
[2] 低温による発電効率の向上, 利用温度範囲 (ΔT) が通常の7℃に比べて2〜3倍になり, 冷却水の大幅減量と冷却装置の大幅な小型化が可能で, 清浄性により迷入生物と生物付着問題が完全解消.
[3] 逆浸透膜濾過などで脱塩した淡水を海洋深層水から抽出したミネラルで硬度調節. 硬度100以下の軟水と100以上の硬水が市販されていて, 硬度1500の高硬度飲料水も市販されている.
[4] 塩化ナトリウム以外に種々の塩類を含むもので味が複雑になり食感が高まる.
[5] 醤油, 味噌, 各種練り製品, 豆腐, 干物, 菓子類, 麺類など多様な食品が開発されて市販されている.
[6] 日本酒, 発泡酒, ビール, リキュール, パン, 漬物など多様な発酵食品が開発されて市販されている.
[7] 海藻は食品やバイオマスエネルギー原料, 単細胞藻類は健康食品や医薬品抽出原料.
[8] 化粧水, クリーム, シャンプー, リンス, 石鹸, バスソルトなど多様な商品が開発されて市販されている.
[9] 入浴後の保温効果の高さなどが利用者から評価されている.
[10] 海洋深層水の直接利用で, 易分解性溶存有機物がほとんど含まれないため, 表層海水で普通の入浴後のべとつき感がない.
[11] 海洋深層水原液をアトピー性皮膚炎の治療補助剤として使用し, 2/3の患者でかゆみ軽減などがあり治療効果を大きくする.
[12] リチウム, ウラニウムなどの存在量は陸上よりも海水中が格段に多い.

地球化学図

geochemical map

地球化学図とは？ 地球表層部の環境情報は，理学の各分野，物理/化学/生物/地学に対応して整理・表現される．物理状態を表す代表的なものが地形図である．高低・方向・距離や傾斜などの物理情報は，地形図として整理・表現される．地層や岩石の分布，断層・褶曲などの地学情報は，地質図として表現される．同様に地表の生物情報を整理したのが植生図である．どこにどのような植物が分布し，変化しているかが読み取れる．それぞれに国立の研究機関が設置され，全国をカバーする情報図が年々更新されるほど，重要な分野である．残る1つの分野，化学に対応した地表の情報を表すのが地球化学図である．地球化学図は，どの地域にどのような元素や化合物が分布するかについての1次情報を図化したものである．

地球化学図の歴史 地球化学図は，資源探査手法の1つとして始まった．人が歩く道のないジャングルで新しい鉱物資源を探すには，小舟で川に沿って川砂を採集する．目的の元素をたくさん含む川砂が見つかったら，それがどこから流れてくるのか，上流へと調査をすすめる．川が二股に分かれていると，両方の川砂を分析し，目的元素が多い方をさかのぼる．ある地点でぱたっと川砂の元素含有量が少なくなれば，その近くの岸辺から資源となる元素が流れ込んでいることを意味するので，近くの岸辺の地質を詳しく調査することになる．したがって，地球化学図は，資源となる元素の存在が期待される場所をめぐって局地的に作られた．日本国内で作成された初期の地球化学図も鉱山の周辺に限られていたから，一般にはあまり知られていない．

地球化学図が広く知られるようになったのは，1980年代以降，それが地表の環境評価に使われるようになってからである．とくにヨーロッパでは，イギリス，イタリア，ドイツ（西），フィンランド，ポーランドなどたくさんの国で30以上の元素について，国全体をカバーする地球化学図が作成されている．日本でも，椎川ほか（1984）による秋田県の地球化学図に始まり，伊藤ほか（1991）による地球化学アトラス-北関東へと展開した．地質調査所から出版された陸と海の地球化学図は，日本の地球化学図に海域の情報を加えたものである[1]．

作成に用いる試料 地球化学図は，いかにして地表の化学組成とその空間的な変化を正しく表現するかが，分析と作図のポイントである．地形図のように航空機を使って連続的なデータを得ることは不可能で，やはり，一点一点その場所の試料を分析して調べざるをえない．地層そのものを分析試料にするなら，礫岩/砂岩/チャートとめまぐるしく変化する地層の，どの部分で代表させるのか？ 土壌を試料とするなら，田畑の一枚一枚で加えられた肥料も異なるであろうし，客土などにより，その場所本来の土でない田もあろう．どの田から試料を採ればよいか？

多くの研究では，河床堆積物（stream sediment）を試料とすることが多い．小さな枝川の出口ごとに細かい（80メッシュ/180 μm 以下が用いられることが多い）川砂を採集し，その川砂が集水域の化学組成を表すとみなすのである．といってもむやみと小さい流れから採集しても限りがなく，1〜2 km^2 に1試料となる（口絵16参照）．枝川の出口から採集した川砂と，その枝川の集水域の地質の化学組成を比較すると，相互によく合っていることが

確認される[2].

外国，たとえばフィンランドでは，氷河で浸食され細かく砕かれた氷耕粘土やコケ，アラスカでは，たくさんある湖の堆積物が用いられた例もある．ヨーロッパでは，河床堆積物と同時に川水が採取され，両者の化学的な特徴が比較されている地球化学図が多い[3].

試料の分析 試料数が多いことと分析精度より確度（地点の代表性）が重要なことが地球化学図試料の分析における特徴である．同じ地点で年度を違え，繰り返し採集した試料中の元素存在度の変動幅が，確度の誤差となる．したがって，分析に用いる試料量も多い方がよい．一般に蛍光X線分析，ICP-AESやICP-MSなどが用いられる．INAAは，非破壊で多くの微量元素が定量できる強みがある．川床堆積物の場合20〜50元素，水の場合10〜30元素と多数の元素が分析される．$^{87}Sr/^{86}Sr$同位体比分布から土壌や河川水の起源を特定する試みもなされている．

データの解析 元素存在度の高い/低いは，重要な情報である．しかし，環境評価/資源解析により重要なのは，元素相互の関係である[4]．口絵16に，名古屋東部での調査地域とナトリウム（Na），マグネシウム（Mg），鉄（Fe），および金（Au）の地球化学図を示す．調査地域の中央部南西（左下）から北東（右上）にかけて，Naの多い地域が広がる．ここに示されてはいないが，アルミニウム（Al）やカリウム（K）もNaと似た分布パターンを示す．Naは，マグマ活動の末期に濃集する元素で，この地域に花こう岩が分布することとも符合する．MgとFeは，図の中央部と東南部（右下側）に濃度が高い部分がみられる．この地域には，安山岩や斑れい岩などの苦鉄質岩（MgやFeに富む岩石の意）が分布している．このように主要化学成分の多くは，その地域の地質に由来する自然界のバックグラウンドを反映することが多い．

MgとFeの分布をもう少し細かく調べよう．図の中央より東（右）側では，MgとFeの分布傾向は，ほぼ一致する（濃度を示す色調は，作図時の設定により変わる）．図の西（左）側にも鉄の多い部分がスポット状に分布する．しかし，そこにMgは多くなく，苦鉄質岩の分布も知られていない．衛星写真との対比から，Feの多い地点は，ゴルフ場に対応することがわかった．図の西側でFeが多い地点ではマンガン（Mn）も多い．MgとFeの関係は，Feの起源の違いを表していることがわかる．

金の分布は，図面の南東側の火山岩が分布する地域と西側の名古屋/豊田市周辺に多い．東南側の分布は，ヒ素やアンチモンの分布と似ており，熱水活動に由来すると考えられるが，西側地域は符合する元素がない．イリジウムが分析される試料もあることから，「都市鉱山」からの汚染と考えられよう．
〔田中　剛〕

文　献
1) 今井　登（2007）地球化学図と環境化学．地球化学講座7巻「環境の地球化学」第4章, 培風館, 105-126.
2) 田中　剛ほか（2001）地学野外実習としての地球化学図作成．地質ニュース558号, 2001年2月, 41-47.
3) Salminen, R., et al. (2004) *Geochemical Atlas of the Eastern Barents Region*, Elsevier, pp. 548.
4) 田中　剛（2003）天然資源と人為汚染を見分ける地球化学図．資源地質学会編「資源環境地質学—地球史と環境汚染を読む—」, 資源地質学会, 373-378.

9.
地球外物質

9-01 ゴールドシュミットの元素の分類
elemental classification according to V. M. Goldschmidt

ゴールドシュミット（Victor Moritz Goldschmidt）は1888年にスイスで生まれ，オスロ大学で変成岩の研究で学位を取得した後，オスロ大学，ゲッチンゲン大学で鉱物学の教授をつとめた．ナチスの台頭によって，ノルウェー，イギリスに亡命したが，戦後はノルウェーに帰国し，1947年に59歳で没した．ゴールドシュミットは現代地球化学（地球科学）の父と称され，その業績を顕彰して，ゴールドシュミット国際会議が1988年以来開催されている．

ゴールドシュミットの業績は多岐にわたり，その多くが現在でも地球科学の基本原理として生きている．ゴールドシュミットの業績や生涯についてはメイソン（B. Mason）博士の著作[1]に生き生きとまとめられている．ゴールドシュミットの業績として，ここでとりあげる元素の地球化学的分類と，元素の宇宙存在度（9-18参照）はよく知られている．ゴールドシュミットは1923年に「地球の分化（Der Stoffwechsel der Erde)」と「元素の地球化学的分配則（Geochemische Verteilungsgesetze der Elemente)」と題する重要な論文を発表した．ゴールドシュミットはこれらの論文で，地球は元々組成的に均一であったが，その後の分化活動によって大規模な物質の分別が生じていることを論じ，その分化過程において元素がどのように挙動するかに着目して元素の分類を行った．この分類が「ゴールドシュミットの元素の分類」として知られている元素分類法である．

元素を地球化学的に分類するに当たって，ゴールドシュミットは隕石の組成に着目した．隕石，とくに地球への落下頻度がもっとも高い普通隕石（9-08参照）は，鉄・ニッケル合金の金属相，おもに鉄硫化物（トロイライト）からなる硫化物相，鉄・マグネシウムケイ酸塩を主体とするケイ酸塩相の3つの主要岩石相で構成されている．ゴールドシュミットは初期地球が溶融し，これらの3つの相が流体として分離し，密度の違いから中心に金属相が集まり，それを硫化物相，ケイ酸塩相が順次取り囲み，地球の分化が生じたと考えた．このとき，元素は金属，硫化物，ケイ酸塩との親和性の程度に応じてそれぞれの相に分配され，それぞれの元素グループを親金属性（親鉄性；siderophile)，親硫化物性（親銅性；chalcophile)，親ケイ酸塩性（親石性；lithophile）と名付け，これに気体として存在する元素を親気性（atmophile）として分類し，都合，元素を4つのグループに分類した．ゴールドシュミットの元素の分類を周期表上に示したものを付録3）に示す．

ゴールドシュミットは元素の地球化学的分類を1923年に発表したが，その考えを発展させるためには分析データが不足していた．実験室での元素の分配実験に代わって，隕石の構成鉱物相中での元素濃度を測定し，元素の分配を考えるという着想を得，隕石の分析を精力的にすすめた．その成果が1938年に発表された元素の宇宙存在度に結実した．

元素の地球化学的親和性は系の温度，圧力，化学組成などによって変化するので，元素によってはいくつかのグループにまたがることがある．元素の化学的分類とは異なる側面をもつことに留意すべきである．

〔海老原　充〕

文　献

1) Mason, B. (1992) *Victor Moritz Goldschmidt: Father of Modern Geochemistry*, The Geochemical Society, 184 pp.

消滅核種

now-extinct radionuclides

誕生直後の太陽系に存在したが，半減期が太陽系の年齢に比べて十分に短い放射性核種であるため，現在は存在しないものを，消滅核種と呼ぶ（表1）．これらの核種がかつて太陽系に存在したという証拠およびその存在量は，親元素の量に相関した娘核種の過剰から得ることができる．例として，β崩壊によって娘核種 ^{j}Y に壊変する消滅核種 ^{i}X を考える．ある物質が形成される際に，核種 ^{i}X が安定核種 ^{j}X に対して，$^{i}X/^{j}X$ の比で存在していたとする．物質形成時に元素 X と Y の分別が起こり，物質中に X/Y 比の高い箇所と低い箇所ができる．その後，同位体の移動が起こらない状況で，^{i}X の壊変が進むと，X/Y 比の高い箇所では ^{j}Y が多く蓄積され，X/Y 比の低い箇所では蓄積される ^{j}Y が少ない．そのため，物質中の $^{j}Y/^{k}Y$ 比（^{k}Y は安定核種）を $^{j}X/^{k}Y$ 比に対してプロットすると（アイソクロン図），傾き一定の直線となり，この傾きがこの物質がつくられたときの $^{i}X/^{j}X$ に等しくなる（図1）．

^{i}X が $(^{i}X/^{j}X)_0$ の比で存在するリザーバーから，2つの物質が異なる時間に形成され，同位体系が閉鎖したとする．このとき，古い時代に形成された物質の方が消滅核種をより多く含む（すなわち娘核種の過剰が大きい）ため，消滅核種核種の存在度を比較することで2つの物質の相対的な年代差を求めることができる（相対年代測定）．この手法の長所は，消滅核種の半減期が100～1000万年程度であるため，10万年程度の年代の差に対して，存在度の顕著な変化がみられ，年代差の詳細測定が可能となる点である．しかし，年代の絶対値は原理的に求められない，消滅核種存在度が均一なリザーバーから形成されたことが前提という欠点がある．ただし，^{26}Al-

表1 初期太陽系に存在した消滅核種およびその推定存在度．（文献[1]を改変）

親核種	半減期 (百万年)	娘核種	初期太陽系存在度
^{41}Ca	0.1	^{41}K	$^{41}Ca/^{40}Ca = 1.5 \times 10^{-8}$
^{36}Cl	0.3	$^{36}Ar, ^{36}S$	$^{36}Cl/^{35}Cl = 5 \times 10^{-6}$
^{26}Al	0.73	^{26}Mg	$^{26}Al/^{27}Al = 5 \times 10^{-5}$
^{10}Be	1.5	^{10}B	$^{10}Be/^{9}Be = 1 \times 10^{-3}$
^{60}Fe	2.62	^{60}Ni	$^{60}Fe/^{56}Fe = 10^{-8} \sim 10^{-7}$
^{53}Mn	3.7	^{53}Cr	$^{53}Mn/^{55}Mn = 1.4 \times 10^{-5}$
^{107}Pd	6.5	^{107}Ag	$^{107}Pd/^{108}Pd = 2 \times 10^{-5}$
^{182}Hf	9	^{182}W	$^{182}Hf/^{180}Hf = 1 \times 10^{-4}$
^{129}I	15.7	^{129}Xe	$^{129}I/^{127}I = 1 \times 10^{-4}$
^{146}Sm	68	^{146}Nd	$^{146}Sm/^{144}Sm = 8 \times 10^{-3}$
^{244}Pu	82	α， 自発核分裂	$^{244}Pu/^{232}Th = 3 \times 10^{-3}$

^{146}Sm の半減期は文献[2]による最新の値を掲載（以前の値は1億300万年）．

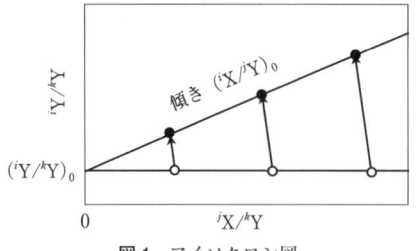

図1 アイソクロン図

^{26}Mg系年代測定から求められるコンドルール形成イベントとCAI形成との年代差100〜200万年は鉛-鉛年代測定法の結果と矛盾しないことなど知られており，^{26}Al，^{53}Mn，^{182}Hfなどの系は相対年代測定に用いることが可能と考えられる．

消滅核種は，初期太陽系における小天体加熱の熱源となったと考えられる．現在の地球の重要な熱源はウランやトリウムなど長寿命放射性核種の壊変であるが，表面積/体積比の大きな小天体では，長寿命放射性核種は十分な加熱源とならず，短寿命の消滅核種による短期間の加熱が分化や変成の熱源となったと考えられる．熱源として，とくに重要な消滅核種は初期太陽系に豊富に存在し（^{26}Al/^{27}Al＝5×10^{-5}），半減期も73万年と短い^{26}Alである．

太陽系に存在した消滅核種の起源としては，(1)太陽系材料物質にもともと含まれていた，(2)太陽系形成直前に恒星でつくられ，太陽系材料物質にもたらされた，(3)太陽系内で高エネルギー粒子線による核破砕反応でつくられた，などが考えられる．消滅核種の中でも半減期が数百万年を越えるもの（^{107}Pd，^{129}I，^{182}Hf，^{244}Puなど）は，太陽系材料物質にもともと含まれていたと考えることが可能である．核種の放射壊変と超新星爆発による供給とが釣り合い，星間空間の物質には定常的にある割合の消滅核種が含まれるからである．比較的寿命の長い消滅核種は最後の核合成の後，分子雲の形成などを経て，数千万年から数億年後に太陽系が誕生したとすれば，その存在量を説明できる．しかし，半減期が数百万年程度のもの（^{10}Be，^{26}Al，^{41}Ca，^{53}Mn，^{60}Feなど）は，その短い半減期のため，分子雲形成から初期太陽系円盤形成の間に壊変し，太陽系材料物質における存在度は極端に小さくなってしまい，初期太陽系での推定存在度を説明するには足りない．そのような核種に関しては，太陽系誕生直前または直後に，原始太陽からの高エネルギー粒子線による核破砕反応もしくは太陽系近傍星での元素合成によってつくられる必要がある．^{10}Beは恒星内元素合成でつくることが難しく，高エネルギー粒子線による核破砕反応でつくられるものがほとんどと考えられる．一方，^{60}Feなどは核破砕反応でつくられるには適当なターゲット核種が十分に存在せず，高エネルギー粒子線照射では大量にはつくられず，またその推定される存在度は太陽系材料物質にもともと含まれていたとするには多いため，太陽系形成直前の恒星での元素合成を反映している可能性が高いと考えられる．

〔橘　省吾〕

文　献

1) Huss, G. R., et al. (2009) Geochim. Cosmochim. Acta, **73**, 4922-4945.
2) Kinoshita, N., et al. (2012) Science, **335**, 1614-1617.

コンドライト

chondrite

9-03

　コンドライトとは，約45.6億年前の太陽系生成初期に形成された隕石であり，われわれが現在手にすることのできる宇宙最古の岩石である．コンドライトは太陽系生成期の情報をもっともよく保存していると考えられており，太陽系の起源や生成期の出来事を知る上で貴重な試料である．
　大部分の隕石はもとは太陽系生成期に形成された小天体（隕石の母天体）の一部であり，その小天体の進化の程度によりコンドライト隕石と分化隕石に大きく分けられる．コンドライトは天体形成後に熱や圧力による大きな変化を受けていない物質であるのに対し，分化隕石は天体中で熱により溶融し分化した物質である．地球に落下してくる隕石の約85%はコンドライトであり，約15%は分化隕石である．コンドライトの母天体は始原的な小惑星および彗星だと考えられている．
　コンドライトは，おもにマグネシウム・鉄に富むケイ酸塩，鉄・ニッケル金属，鉄硫化物などからなる．主要な構成物は，コンドルール（chondrule）と呼ばれるおもにケイ酸塩からなる直径が0.1～3 mm程度の球形の粒と，コンドルールの間を埋める細粒鉱物粒子からなるマトリックスである．

　分類　コンドライトは化学組成，構成鉱物，組織に基づいて，おもに炭素質コンドライト，普通コンドライト，エンスタタイト・コンドライトという3つのグループに分けられる．これらのうち，炭素質コンドライトは炭素，硫黄，水をはじめとするさまざまな揮発性成分を多く含んでおり，化学的にもっとも未分化なグループである．一方，普通コンドライト，エンスタタイト・コンドライトは，母天体中で熱および衝撃の影響を受けたものが多い．
　コンドライトは生成したときの酸化・還元度に大きな違いがあったと考えられており，それは主要元素である鉄の存在形態によく現れている．炭素質コンドライトは，鉄のほとんどがケイ酸塩，酸化物に含まれ，強い酸化的条件で生成したと考えられる．一方，エンスタタイト・コンドライトは，鉄はケイ酸塩にはほとんど含まれず，金属，硫化物として存在しており，強い還元状態を反映している．普通コンドライトはそれらの中間的特徴を示し，鉄はケイ酸塩，金属，硫化物のいずれの形態でも存在する．
　炭素質コンドライトは，おもにCI，CM，CR，CO，CVの5つのグループがよく知られているが，最近ではその他にCK，CH，CBなど新たなグループが見つかっている．普通コンドライトは含まれる鉄の総量，酸化・還元度によりH，L，LLの3つのグループに分けられる．エンスタタイト・コンドライトも同様な基準によりEH，ELの2つのグループに分けられる．これらのアルファベット文字で表されるグループは化学的グループと呼ばれ，それぞれ異なる母天体を形成していたと一般には考えられている．

　化学組成と同位体組成　コンドライトの重要な特徴の1つは，その化学組成が太陽大気のものによく似ていることである．太陽大気の組成は太陽系全体を代表するものと考えられ，このことは，この隕石が45.6億年前に太陽組成に近い原始太陽系星雲（solar nebula）から生成したあと，そのままあまり変化していないことを意味していると考えられる．とくにCI炭素質コンドライトは，揮発性の強い元素（炭素，窒素，希ガスなど）を除くと主成分元素から微量元素に至るまで非常によく一致

している．

もう1つの重要な特徴は，多くの元素に著しい同位体比異常（isotope anomaly）がみられることである．異常が知られているおもな元素は，酸素，マグネシウム，ケイ素，カルシウム，炭素，水素，窒素，希ガスなどである．これらの同位体比異常は，太陽系生成後に起こった物理化学反応では説明できないものであり，太陽系生成以前の星の生成・進化や超新星の爆発に伴って起こる原子核反応に起因すると考えられている．とくに酸素に関しては多くの研究が行われている．炭素質コンドライトは，タイプごとに非常に異なる酸素同位体組成を示す．このことは，この隕石がタイプごとにさまざま起源をもつ物質から成り立っていることを意味している．炭素質コンドライトからは，希ガスの同位体比異常を示すダイヤモンドやSiCの微粒子が見つかっており，それらは太陽系が形成される以前に超新星や炭素星などで形成されたプレソーラー粒子（presolar grain）だと考えられている．

主要構成物　コンドルールは，おもにカンラン石，輝石そして少量の鉄・ニッケル金属，鉄硫化物，斜長石，ガラスからなり，高温において溶融した後急冷されてできたものと思われる．ただし，その溶融は隕石の構成物が集積し固結する以前に起こったものである．コンドルールの成因に関しては，これまで大きく原始太陽系星雲中での形成と隕石母天体中での形成の2つの説があり，さらにそれぞれについてさまざまなモデルが提出されているが，いまだにはっきりとしたことがわかっていない．その成因の解明はコンドライトの履歴を知る上で重要な課題である．

マトリックスは，とくに炭素質コンドライトにおいて大きな体積比をもつ構成物である．炭素質コンドライトのマトリックスは，ケイ酸塩，硫化物，金属，酸化物，炭酸塩，有機化合物などさまざまな種類の鉱物粒子からなる多孔質の集合体である．揮発性成分の大部分が濃集しており，含水鉱物（構造中にOH^-を含む鉱物）が含まれることもある．マトリックスの微粒子は原始太陽系星雲に存在していた塵という見方もあるが，星雲物質が集積してできた母天体中の過程で形成された可能性もあり，まだはっきりとしたことはわかっていない．

その他に炭素質コンドライトに多く含まれるCAIがあるが，その詳細については9-29を参照してほしい．

隕石母天体の形成と進化　原始太陽系星雲はもとは熱いガスと塵からなっており，冷却される過程で，ガスから様々な鉱物粒子が凝縮していったと考えられる．平衡凝縮モデルによると，星雲ガスの温度が下がるにしたがって，まずCa, Alなど難揮発性成分に富む鉱物が生成し，さらにカンラン石，鉄・ニッケル金属，マグネシウム輝石，鉄硫化物，マグネタイト，炭酸塩，有機化合物などが生成する．星雲における実際の固体粒子生成はもっと複雑なものだったと思われるが，全体としてこのような凝縮過程に沿って進行したと考えられている．平衡凝縮モデルで生成が予測される鉱物のほとんどは，コンドライトの中から見つかっている．

原始星雲内の固体粒子は，太陽の周りに円盤状に濃集し，互いにくっつき合って無数の微惑星（planetesimal）（隕石の母天体）を形成した．その後，それらの微惑星は互いに衝突・合体を繰り返してより大きな微惑星，原始惑星（protoplanet）へと成長していったと考えられる．その成長過程で，天体は水，熱，衝撃の作用による物質変化（変成）を受ける．それらの変成の痕跡は隕石の中にさまざまな形で残されており，原始星雲から微惑星の形成，そして微惑星の成長・進化に関する貴重な情報源となる．

〔留岡和重〕

9-04 エコンドライト

achondrites

エコンドライト (achondrites) とは，コンドルール（球粒）をもたない隕石である．鉄や石鉄隕石も含む場合がある．エコンドライトは，分化したエコンドライトと始原的エコンドライトに分類される（表1）．分化したエコンドライトは，火成岩組織をもつものが多く，溶融分化したような化学組成をもつ．それに対して，始原的エコンドライトは，岩石組織や全岩組成にコンドライト的特徴を残している．分化したエコンドライトには，小惑星起源のもの，火星や地球の月由来のものがある．ここでは，小惑星起源の分化したエコンドライトについて記す．小惑星起源のエコンドライトには，HED隕石（ホワルダイト（howardites），ユークライト（eucrites），ダイオジェナイト（diogenites））とよばれるグループ，オーブライト（aubrites）（エンスタタイトエコンドライト），アングライト（angrites）などがある．ユレイライト（ureilites）は，始原的エコンドライトに分類されることもあるが，ここでは記さない．コンドライトのポリミクト角礫岩や石鉄隕石（メソシデライト（mesosiderites）やIIE鉄隕石）にエコンドライトの岩石片（クラスト）が含まれていることがある．（口絵17参照）

HED隕石は，エコンドライトとしては最大のグループである．分光学的研究や天体力学的考察などから，小惑星4ベスタ起源だとされる．ユークライトは，おもにビジョン輝石と斜長石からなる玄武岩もしくは斑れい岩である．ほとんどのダイオジェナイトは輝岩であるが，カンラン石を多く含む（<50 vol%）亜種も見つかっている．ホワルダイトは，おもにユークライトとダイオジェナイトからなるポリミクト角礫岩である．酸素同位体組成の特徴や，結晶質岩石（岩石片）に親鉄性元素が極度に欠乏していることから，母天体はマグマ大洋を含む大規模溶融を経験したと考えられている．このモデルでは，ユークライトはマグマ大洋の残液が地表に噴出して固まったもので，ダイオジェナイトは地中深くで固化した集積岩だとされる．

岩石学的にユークライトに類似している

表1　エコンドライトの分類

始原的エコンドライト	アカプルコアイト-ロドラナイト ウィノナイト-IAB鉄隕石中の岩石片 ユレイライト ブラチナイト
分化したエコンドライト （小惑星起源）	HED隕石 （ユークライト，ダイオジェナイト，ホワルダイト） アングライト オーブライト メソシデライト（石鉄隕石） パラサイト（石鉄隕石） 鉄隕石
分化したエコンドライト （月，火星起源）	月隕石 火星隕石

が酸素同位体組成などの特徴の異なるエコンドライトが見つかっている．現在までに5個以上確認されている．これらは，HED隕石と同様な火成プロセスによるが，別の母天体で形成したとされる．

　オーブライトは，もっとも還元的雰囲気下で形成されたエコンドライトである．おもにMgに富む斜方輝石からなる．オルダマイト（oldhamite, CaS）など，還元雰囲気に特有な硫化鉱物などを含む．ほとんどは角礫岩である．オーブライトは，その鉱物学的特徴から，エンスタタイトコンドライトのような還元的な前駆物質を起源とすると考えられるが，その成因的関連性には議論が多い．

　アングライトは，揮発性元素が極端に欠乏している火成岩である．この隕石は，AlやTiを含む輝石，アノーサイト，カルシウムに富むカンラン石などから構成され，その全岩組成は玄武岩的である．個々の隕石の岩石学的特徴は異なるが，酸素同位体組成や化学組成の特徴から同一母天体起源とされる．

　分化したエコンドライトは，集積直後の母天体での火成活動により形成された．その中には消滅放射性核種の存在が確認されているものもある．これは，母天体形成後，火成活動や変成活動が数百万年から千数百万年以内に終息したことを示唆する．これは，太陽系初期に存在したとされる消滅放射性核種である^{26}Alなどが主要な熱源であったというモデルと調和的である．HED隕石にみられるような比較的後期の年代（30～40億年）は，後期隕石爆撃期による衝突年代を示すとされる．

〔山口　亮〕

始原的エコンドライト

primitive achondrites

　始原的エコンドライトは，分化したエコンドライトとコンドライトの中間的な特徴をもち，コンドライトからエコンドライトへの，物質進化過程を知る上で重要な隕石である．始原的エコンドライトは，(i) ユレイライト，(ii) アカプルコアイトとロドラナイト（図1）からなるグループ，(iii) ウィノナイトおよびIAB鉄隕石中に含まれるケイ酸塩岩石片からなるグループなどからなる．ブラッチナイトなど，これらのグループに含まれない隕石も始原的エコンドライトに分類されることがある．(i) のグループは火成岩で，(ii) および (iii) のグループは，コンドライト的な全岩化学組成をもつ．構成鉱物も普通コンドライトのものに類似している．その特徴から，ユレイライトは，分化したエコンドライトに分類されることもある．

　ユレイライトは，始原的エコンドライトの中では最大のグループで，現在までにおよそ260個見つかっている．ユレイライトは，おもにカンラン石と輝石からなる粗粒な岩石で，地球の塩基性岩に相当する．副成分鉱物として炭素鉱物（グラファイト，ダイアモンド），自然ニッケル鉄，硫化鉱物を含む．他の始原的エコンドライトに比べ，自然ニッケル鉄や硫化物の含有量はきわめて低い．酸素同位体組成や希ガス組成に未分化（コンドライト的）な特徴を残す．多くは，結晶質な岩石か単一岩種からなるモノミクト角礫岩（モノミクトユレイライト）であるが，斜長石破片を含むポリミクト角礫岩（ポリミクトユレイライト）もみつかっている．ユレイライトは，母天体での部分融解の残渣か集積岩であると考えられている．

　アカプルコアイトとロドラナイトは，鉱物組成や酸素同位体組成の特徴から，同じグループに分類される．マフィック鉱物は，普通コンドライトよりも還元的な鉱物組成をもつ．アカプルコアイトは，細粒な (0.1〜0.2 mm) 再結晶組織をもつ岩石で，その構成鉱物は普通コンドライトに類似する．中には，コンドルールの残渣を含むものもある．それに対して，ロドラナイトは，アカプルコアイトより粗粒な (>0.3 mm) 岩石組織をもち，玄武岩に特徴的な元素に欠乏している．ウィノナイトとIAB鉄隕石に含まれるケイ酸塩クラストの構成鉱物は，アカプルコアイトやロドラナイトに似ている．しかし，マフィック鉱物の組成は，より鉄の含有量が低く，還元された鉱物組成をもつ．酸素同位体組成の違いから，アカプルコアイトやロドラナイトとは別の小惑星起源だとされる．これらの隕石は，母天体内部で加熱され部分融解を経験し，様々な度合いで玄武岩質成分やFeNi-FeSが取り去られたと考えられている．

〔山口　亮〕

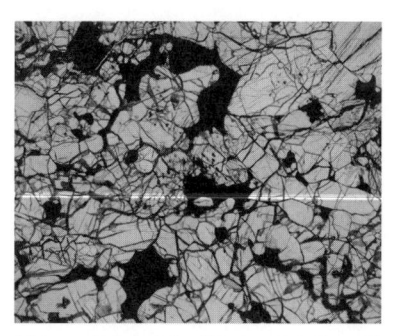

図1　ロドラナイト（Yamato 74149）の光学顕微鏡写真
　主にカンラン石，輝石，自然ニッケル鉄（黒色部分）からなる再結晶組織を示す．横幅 4.7 mm.

9-06 鉄隕石・隕鉄

iron meteorites

　隕石は，主として鉄・ニッケル合金からなる金属相と，カンラン石，輝石，斜長石などのケイ酸塩鉱物からできている．そして隕石は金属相の占める割合が多い順に，鉄隕石，石鉄隕石，石質隕石の3種類に大別されている．鉄隕石は大部分が鉄・ニッケル合金（ニッケル含有量4～50％程度）からなり，副成分として硫化物（トロイライト：FeS），リン化物（シュライバサイト：$(Fe, Ni)_3P$），グラファイトなどを含む．またわずかではあるがケイ酸塩鉱物を含むものもある．

　鉄隕石の大部分を占める鉄・ニッケルの金属相は，研磨すると鏡のような金属光沢を示す．金属相は一見すると単一相にみえるが，多くの鉄隕石はニッケル含有量が少ないカマサイト相（α相）とニッケル含有量の多いテーナイト相（γ相）の2種類の鉱物から構成される．研磨した表面を弱酸で表面処理すると，2つの鉱物の溶解性の違いによりウィドマンシュテッテン構造とよばれる特徴的な模様が現れる．この模様は金属相が非常にゆっくりと冷却（100万年に0.1～10℃）することで形成されることから，鉄隕石は母天体の内部で形成されゆっくりと冷却したと考えられている．

　鉄隕石は，主成分元素であるニッケルと，副成分であるガリウム，ゲルマニウム，さらに微量元素であるイリジウムの濃度が系統的に分析されている．これらの元素濃度に基づき鉄隕石は13の主要グループ（化学グループという）に分類されている．

　鉄隕石の成因は，その見かけとは異なり非常に複雑である．鉄隕石の多くは隕石母天体中でのマグマ活動（火成作用）を通じて，溶融した金属相（金属核）として形成された．こうして形成された鉄隕石は火成質鉄隕石（magmatic iron）と呼ばれている．テーナイト中のニッケル濃度分布から金属相の冷却速度が見積もられており，その結果から火成質鉄隕石の母天体は100～400 km程度の大きさであったと推定されている．鉄隕石の冷却速度が化学グループごとに異なることから，鉄隕石は1つの母天体内のセントラルコア（図1(c)）として形成されたのではなく，ブドウパンのブドウ状の金属核として形成されたと考えられている（図1(b)）．

(a) 衝突溶融金属核　(b) 内部溶融金属核　(C) 中心核

図1　隕石母天体の中での金属核
上の3つの図は実際の天体サイズを表していない．

　一方，通常の火成作用を経ずに形成された鉄隕石もある．この種の鉄隕石は非火成質鉄隕石（non-magmatic iron）と呼ばれている．金属相を溶融するための熱源としては天体の衝突加熱が有力視されている．火成質隕石とは異なり母天体内部での大規模な溶融・集積は経験していない（図1(a)）．非火成質鉄隕石は鉄隕石全体の1割に満たないが，金属相やケイ酸塩相の化学組成から，もっとも分化していない鉄隕石である可能性が指摘されており，隕石の成因として非常に重要であると考えられている．さらに，非火成質鉄隕石の1つであるキャニオン・ディアブロに含まれる硫化物相（Canyon Diablo Troilite：CDT）は，隕石物質の中でもっとも始原的な鉛同位体比組成（ウランの放射性壊変起源の鉛の付加を受けていない）をもっており，太陽系形成初期の年代学を考える上でも重要である．　〔平田岳史〕

9-07 石鉄隕石

stony iron meteorites

　石鉄隕石は隕石の分類では分化した隕石に分類され，文字通り，主として石（ケイ酸塩）と鉄（鉄・ニッケル合金）から構成される．石鉄隕石は岩石・鉱物学的特徴からパラサイト（pallasite）とメソシデライト（mesosiderite）に分類される．パラサイトの方が試料数が多く，より多くの研究例がある．

　パラサイトは現在約90個確認されていて，酸素同位体組成と金属相の組成から，主グループ（main group）パラサイト，イーグルステーション（Eagle Station）小グループ，輝石パラサイト小グループの3つに分類される．後の2つの小グループに分類されるパラサイト隕石の数はそれぞれ3個，2個と少なく，ほとんどが主グループパラサイトに分類される．

　主グループパラサイトはほぼ等量のフォルステライト（Mg_2SiO_4）と鉄・ニッケル合金から構成されるが，その混合割合は同一隕石でもかなり不均一である．ケイ酸塩の形状も隕石によって，角張ったものから丸いものまで，さまざまである．これらの主要鉱物に加えて，ごく微量であるがクロム鉄鉱（chromite），Caに乏しい輝石，リン酸塩などの鉱物を含む．フォルステライトはマントル層の下部に集積したもので，それが金属コアを取り囲んで存在していたものと考えられている[1]．パラサイトの金属相の元素組成はIIIABグループ鉄隕石の金属相の元素組成に似ており，それらの隕石に含まれるケイ酸塩の酸素同位体組成も互いに等しいことから，パラサイトとIIIAB鉄隕石は同じ母天体起源であることが示唆される．

　主グループパラサイト以外の小グループについては隕石の数が少ないこともあり，あまりよくわかっていないが，酸素同位体組成や金属相の元素組成が異なることから，主グループパラサイトとは異なる母天体を起源とするものと考えられる．

　パラサイト隕石の起源はまだまだ多くの謎を残しているが，メソシデライト隕石はもっと謎の多い隕石グループといえる．メソシデライトもケイ酸塩鉱物と鉄・ニッケル合金をほぼ等量含むが，パラサイトと異なり，ケイ酸塩は玄武岩，ガブロ（gabbro：斑れい岩），輝石岩からなる．これらは分化した隕石母天体の表層物質と考えられ，核を起源とする金属とクラスト部分のケイ酸塩鉱物が混じり合っているという形態を説明するためにいろいろなモデルが提唱されている．たとえば，大きな分化した小惑星の表層に溶融状態の微惑星が偶然衝突して混合したとするモデル，やはり大きな分化した微惑星がまだその金属コアが溶融しているときに分裂し，その後，再集積したとするモデルなどがある．

　もう1つの大きな謎は，そのように溶融状態の金属がケイ酸塩と機会的に一緒になりながらも，100万年に1度と，冷却速度が非常に小さいという事実である．金属相とケイ酸塩相が機会的に一緒になったあと，大きな天体の中に取り込まれてゆっくり冷えたことが示唆される．

　メソシデライトのケイ酸塩はポリミクト角礫岩であり，組成を含めて多くのHED隕石とよく似ている．また，酸素同位体的にも両者は等しいことから，同一母天体起源であると考えられている．

〔海老原　充〕

文　献

1) Mittlefehldt, D. W., et al. (1998) Non-chondritic meteorites from asteroidal bodies. Rev. Min., **36**, D1-D195.

隕石

meteorites

9-08

　隕石は受動的に手に入れることのできる地球外物質である．隕石は，そのほとんどは火星と木星の間に存在する小惑星起源であることが「はやぶさ」宇宙探査機が持ち帰った試料を分析することによって明らかにされた（9-19参照）．隕石には小惑星以外に彗星の核由来のものもあると考えられている．また，月や火星由来の隕石の存在も明らかになっていて，それぞれ月隕石（9-09参照），火星隕石（9-10参照）と呼ばれている．隕石のほかの受動的に手に入る地球外物質としては，宇宙塵（9-11参照）がある．実験室で利用できる地球外物質の分類を表1に示す．

　隕石のもつ科学的重要性は太陽系の初期情報，すなわち太陽系の起源やその後の進化に関わる諸情報を内包していることであり，一言でいうとその始原性にあるといえる．隕石はその化学的，および岩石鉱物学的特徴からかなり詳細に分類されている．表2はその一部を示したものである．この表では始原性の程度で3つに分類した後，さらにいくつかの階層に分けて隕石を分類している．分類1は隕石の形態に基づく分類であり，石質隕石であるコンドライト（9-03参照）とエコンドライト（9-04参照）およびその中間的な始原的エコンドライト（9-05参照），それに鉄隕石（9-06参照）と石鉄隕石（9-07参照）に分けられる．分類2は分類1のそれぞれに対して細かく分類したもので，隕石の分類でもっともよく用いられる名称である．いくつかの隕石グループに対してさらに細分化したものが分類3であり，この表には示されていないが，学術的には分類3の各グループよりもう一段細かく分類することもある．

　隕石を構成する主要物質はケイ酸塩，金属，硫化物で，ゴールドシュミットの元素の分類（9-01参照）による親石元素，親鉄元素，親銅元素がそれぞれ構成元素になっている．コンドライト隕石のなかでは，これら3つの成分が系統的に変化する．鉄はケイ酸塩，金属，硫化物のいずれの相としても存在する．図1はコンドライト中での鉄の存在状態の変化を示したものである．この図でわかるとおり，炭素質コンドライトの多くでは鉄はケイ酸塩と硫化物として存在するのに対して，エンスタタイトコンドライトでは鉄はほとんどケイ酸塩相には入らない．図1では隕石グループ名として表2の分類3に示されている略称が示されている．

　隕石の分化に伴って元素分別（9-32参照）が生じるが，最大の分別がケイ酸塩と金属（プラス硫化物）の間で見られる．コンドライト組成の微惑星が加熱を受けると分化した隕石の母天体が生じる．このとき，母天体の中心に集まる金属部分から鉄

表1　実験室で利用できる地球外物質[*1]

試料名	試料サイズ(g)	起源	入手手段
隕石	$10^{6} \sim 10^{-3}$	小惑星，月，火星	受動的
微小隕石	$10^{-3} \sim 10^{-5}$	小惑星	受動的
惑星間塵	$10^{-3} \sim 10^{-6}$	小惑星，彗星	能動的
月試料	$10^{3} \sim 10^{-3}$	月	能動的
彗星ダスト	10^{-6}	彗星	能動的

[*1] 試料のサイズは典型的な値で，厳密に決まっているわけではない．また起源についてもそれ以外の可能性もありうる．

表2 始原性に基づく隕石の分類

始原性の程度	分類1	分類2	分類3
始原的	コンドライト（石質）	炭素質	CI, CM, CK, CO, CV, CR, CH, CB
		オーディナリ	H, L, LL
		エンスタタイト	EH, EL
		R（ルムルチ群）	
		K（カカンガリ群）	
やや始原的	始原的エコンドライト（石質）	アカプルコアイト−ロドラナイト	
		ウィノナイト	
分化	エコンドライト（石質）	HED	ハワーダイト
			ユークライト
			ダイオジェナイト
		ユレイライト	
		オーブライト	
		アングライト	
		ブラチナイト	
		火星（SNC）	シャーゴッタイト
			ナクライト
			シャシナイト
			オーソパイロキシナイト
		月	
	石鉄	パラサイト	
		メソシデライト	
	鉄	マグマ性	
		非マグマ性	

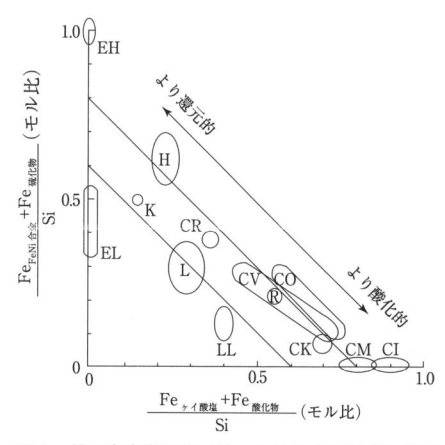

図1 鉄の存在度に基づくコンドライト隕石の分類

隕石が，それを取り囲むケイ酸塩部分からエコンドライトがそれぞれ生じ，両相の分離が十分行われなかったものが石鉄隕石に対応するものと考えられる．これはきわめて単純化した描像であり，実際の隕石は岩石・鉱物学的にも化学的にもはるかに複雑な特徴を示す．　　　　　〔海老原　充〕

文　献

1) Davis, A. M. ed. (2005) *Meteorites, Comets and Planets*, Elsevier, 737 pp.

月と月隕石

moon and lunar meteorites

月は，地球からもっとも近い天体であるが，（地球の周りを回る）公転周期と自転周期がほぼ等しいため，地球からは月の半球しか見ることができない．そのため，われわれが月全球を目にしたのは，ほんの15年ほど前のことで，月の全貌や成り立ちについての理解は発展途上の段階にある．

月は人類が岩石試料を持ち帰った唯一の天体であり，1960～70年代にかけて，米国アポロ探査および旧ソ連のルナ探査により，月の地球に向いた側（表側）から約380 kgの岩石試料が持ち帰られた．それらの試料分析により，月を構成する物質が明らかになり，月の起源と進化に関わる理解が飛躍的に進んだ．地球から見て明るく白っぽい「高地」と呼ばれる部分には，おもにカルシウムやアルミニウムを含む斜長石という鉱物から成る斜長岩という岩石が存在する．一方，黒っぽく見える「海」と呼ばれる部分は，鉄，マグネシウムを含む輝石やカンラン石という鉱物や，鉄とチタンを含むチタン鉄鉱という鉱物から成る玄武岩という岩石が分布する．高地の岩石に含まれるカルシウムとアルミニウム，および海の岩石に含まれるチタンは，難揮発性元素（高温状態で気化しにくい元素）である．高地や海の岩石組成に基づき，太陽系の始原物質であるコンドライトに比べ，これらの元素が月に濃集していることから，月誕生時には月全体がマグマ球の状態であったとする仮説が出された．さらに理論研究の結果に基づき，原始地球に火星サイズの天体が衝突し，地球と衝突物質のかけらが集積して月が生じたという「巨大衝突説」が提唱された．また，月の地殻に相当する「高地」が，おもに斜長石という1種類の鉱物から成る原因を説明するために，「マグマ大洋説」が提唱された．この説では，月全球の表層数100 kmに及ぶマグマの海が冷え固まる際に，カンラン石や輝石が沈みマントルが形成し，斜長石が浮上して地殻ができたと説明される[1]．アポロの試料には，高地の斜長岩と海の玄武岩に加え，もう1つ特徴的な化学組成をもつ岩石がある．この岩石は，カリウム（K），希土類元素（REE），リン（P）やトリウムに富むため，元素の頭文字をとって「KREEP」岩石と呼ぶ．これらの元素は，マグマが冷え固まる際に，斜長石，輝石，カンラン石などの主要鉱物には取り込まれず，マグマに濃集する元素（液相濃集元素や不適合元素と呼ばれる）である．このような元素を高濃度で含む岩石は，マグマ大洋の最終固化物だと考えられ，先に固化したマントルと地殻に挟まれる形で分布すると推定された[2]．上記岩石の同位体年代分析結果から，斜長岩質高地は約45億年前から44億年前に，KREEP岩石は約40億年前から38億年前に，海の玄武岩は約38億年前から32億年前にそれぞれ形成されたことがわかった[3]．アポロ探査により月の成り立ちがおおよそ明らかになったと思われていたが，その後の月隕石の発見と月周回衛星による遠隔探査により，従来の月の起源と進化論は見直しが必要になる．

1990年代に打ち上げられた米国のクレ

表1 月隕石の内訳（2010年3月時点）．元データは文献[4]による．

岩石種	個数*	重量（kg）
斜長石に富む角礫岩	37	31.6
海の玄武岩	10	0.7
上記2種の混合	15	18.2
KREEPに富む角礫岩	4	6.0
合計	66	56.5

*地球に落下してから割れたものは1個と数える．

(a) アポロとルナ試料研究に基づく理解　　(b) 月隕石研究に基づく理解

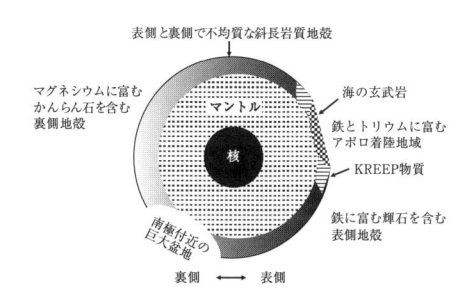

図1　月隕石分析による月地殻組成の理解の進展

メンタインおよびルナプロスペクタ衛星により，極域を除く月のほぼ全球の鉄，トリウム，カリウムの元素分布が観測された．その結果，アポロの着陸地点が，鉄とトリウムに濃集する地域（嵐の大洋周辺のKREEPに富む地域）に含まれていることが判明した．また，月表側に広がる玄武岩質の海は，裏にはほとんど存在せず，南極付近を除き，裏側は鉄とトリウムに乏しく，表側と裏側で表層の元素組成が大きく異なることがわかった．

月隕石は，南極および砂漠で発見され，2010年2月時点で計70個，総重量約56.5 kgが採集されている（表1）．月隕石は，月面のさまざまな地域に隕石が衝突した際，表層の岩石が月面を飛び出し地球に落下したものであり，月裏側を含む月全球の地質や地史を理解する手掛かりである．アポロやルナ試料との類似性，宇宙線照射履歴からわかる地球までの到達時間が他の隕石に比べ短いことや地球と同一の酸素同位体比をもつことなどから，月隕石が月由来であることを特定できる．月隕石の分析により，月の地殻組成や形成過程がアポロやルナ試料から理解されていたよりも複雑であることがわかってきた．アポロ16号が採集した月表側の地殻岩石は，斜長石と鉄に富む輝石を含む一方，月裏側の地殻由来の月隕石は斜長石とマグネシウムに富むカンラン石から成る．したがって，表側と裏側の地殻が異なる組成をもつ可能性が出てきた[5]（図1）．　　　　　　〔荒井朋子〕

文　献

1) Warren, P. H. (1990) Lunar anorthosites and the magma-ocean plagioclase-flotation hypothesis : Importance of FeO enrichment in the parent magma. American Mineralogist, **75**, 46-58.
2) Warren, P. H. and Wasson, J. T. (1979) The origin of KREEP. Reviews of Geophysics and Space Physics, **17**, 73-88.
3) Nyquist, L. E. and Shih, C.-Y (1992) .The isotopic record of lunar volcanism. Geochimica et Cosmochimica Acta, **56**, 2213-2234.
4) Korotev, R.L. (2010, 3, 1) Lunar meteorites. http://www.meteorites.wustl.edu/lunar/moon_meteorites.htm
5) Arai, T., et al. (2008) A new model of lunar crust : Asymmetry in crustal composition and evolution. Earth, Planets, Space, **60**, 433-444.

火星隕石

Martian meteorites

惑星間の天体（おもに小惑星）が火星表層に衝突した際に，火星の脱出速度（～5 km/s）を超えて宇宙空間に放出され地球に飛来した岩石を，火星隕石と呼ぶ．

火星隕石の衝撃溶融ガラス中の二酸化炭素，窒素，希ガス含有量と N/Ar 比は，バイキング着陸船が分析した火星大気組成と差がない．また，地球物質よりやや重い酸素同位体に富み，地球分別直線の上方（$\Delta^{17}O=$～$+0.3‰$）に火星分別直線を形成している．

これまでに発見された火星隕石は，すべて火成岩（玄武岩と集積岩）であり，冷却速度や衝撃変成の程度もそれぞれ異なっている．しかし，月隕石に含まれているような角礫岩は，みつかっていない．岩石は，鉄に富む酸化物（マグネタイト，クロマイト，イルメナイト），Fe/Mn 原子比の小さな輝石（Fe/Mn=31），角閃石，および斜長石組成のガラス（マスケリナイト）が含まれることで特徴づけられる．火星隕石は，玄武岩質，オリビンフィリック，レルゾライト質に細分されるシャーゴッタイト，ナクライト（オリビンクリノパイロキシナイト），シャシナイト（ダナイト），ALH 84001（オルソパイロキシナイト）に分類される．

シャーゴッタイト　玄武岩質シャーゴッタイトは，自形から半自形の輝石とマスケリナイトからなる．レルゾライト質シャーゴッタイトでは，Ca に乏しい輝石がオリビンとクロマイトを包有し，輝石の間をマスケリナイトが埋めている．全岩組成を基に，軽希土が欠乏しているものと，その欠乏が認められず希土類元素パターンが平坦な，不適合元素に富んだシャーゴッタイトに分類されることもある．不適合元素に富んだシャーゴッタイトは，マグマが上昇した際に地殻物質と混合し，より酸化的で不適合元素に富んだ環境において形成した．シャーゴッタイトの形成年代は，岩石によって 1.5～5.7 億年と幅がある．

ナクライト　自形のオージャイトとオリビンの間を細粒の石基が埋めている．オリビンには，マグマを取り込んだ包有物が認められる．オリビンの粒界には，水質変成により二次的に形成した粘土鉱物や炭酸塩が普遍的に存在する．シャーゴッタイトと比較すると，衝撃変成作用の影響は少ない．ナクライトの形成年代は，13～14 億年である．

シャシナイト　岩石のほとんどを自形から他形のオリビンが占め，Ca 輝石，長石，クロマイトを含む．オリビンには，マグマを取り込んだ包有物が存在する．シャシナイトは～14 億年と，ナクライトとほぼ同じ形成年代を示す．Sr と Nd 同位体組成から，ナクライトとシャシナイトを形成したマグマは，ほぼ同一の起源をもっていたといえる．これらの岩石は，関連した火成活動の異なった溶岩流に相当し，衝撃により単一のクレーターから放出されたものである．

Allan Hills 84001　他形の低 Ca 輝石が岩石のほとんどを占め，クロマイト，斜長石組成のガラス，炭酸塩をわずかに含む．岩石は，衝撃変成を受けている．これまで知られている火星隕石の中でもっとも古い形成年代（41 億年）を示す．

火星隕石の宇宙線照射年代と落下年代の和，つまり岩石が火星より放出されてから経過した年代は，70，130，300，450，1200，1500，2000 万年である．このことから，火星表層の岩石を地球にもたらした衝撃イベントは，少なくとも 7 回あったことになる．クレーター密度を基にした岩石の年代学研究では，火星隕石の形成年代（～1.7，3～6，～13 億年）と一致する領域が火星表層に認められている．〔三澤啓司〕

9-11

宇宙塵

cosmic dust

直径1mm以下の地球外起源の固体微粒子を宇宙塵という．太陽系の宇宙塵は黄道光（日出と日没時に地平線から天球の黄道に沿って見られる薄光）によりその存在を確認できる．地球低軌道（高度約450km）での長期暴露実験衛星の観測により，地球には1年間で約4万トンの宇宙塵が降下していることがわかっている．この質量は宇宙物質の地球への年間総降下量の90%以上を占める．宇宙塵の多くは地球大気圏突入時に燃え尽きてしまうが，ごく一部は地上に降下する．流れ星は，地球に突入した比較的大きな宇宙塵が，大気との摩擦で燃え尽きる際の軌跡である．地上に降下した宇宙塵は地球物質の汚染が少ない場所（深海底堆積物・南極裸氷帯・成層圏など）で回収される．

宇宙塵には太陽系内で発生するものと，太陽系外から太陽系に侵入してくるものがある．後者は，太陽系の脱出速度を上まわる高速度で太陽系内を移動するため，地球に突入しても大気中で燃え尽き，地上で回収できる可能性はきわめて低い．したがって，地球上で回収される宇宙塵のほとんどは，太陽系内で発生したものであると考えられる．また，太陽系内を公転する宇宙塵は，太陽光の斜め入射による光圧で角速度を失い，螺旋軌道を描きながらゆっくりと太陽に近づき（ポインティング・ロバートソン効果），最後は温度上昇のため昇華消滅してしまう．太陽系の内惑星領域では100μm以下の塵は，10^5年程度ですべて入れ替わると考えられる．したがって，現在地球軌道近傍に存在する宇宙塵は，比較的最近に太陽系内部で発生した塵である．

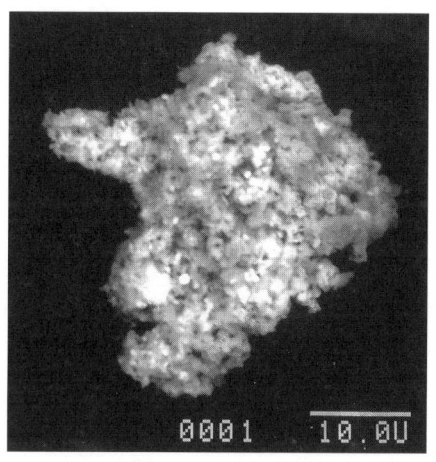

図1 無水惑星間塵

太陽系内を公転する宇宙塵には，さまざまな発生源が確認されている．彗星，小惑星，月，太陽系外縁部に位置するカイパーベルト天体などである．これらのうち，彗星と小惑星からの塵の発生量が圧倒的に多く，その他の発生源からの寄与は少ない．彗星は，その尾に見られるように，彗星核の揮発性物質が昇華することよって固体微粒子を惑星間空間に放出している．一方，小惑星地帯では，小惑星どうしの衝突が頻繁に起こっており，このとき多量の固体微粒子が小惑星から放出される．

高度約20kmの成層圏で飛行機により集塵される宇宙塵は，惑星間塵（interplanetary dust particles：IDPs）と呼ばれる（図1）．これら惑星間塵の質量は10^{-9}g程度であるが，1粒で太陽の化学組成（solar abundance）と似た組成を示す．惑星間塵は主要なケイ酸塩鉱物が無水ケイ酸塩（オリビンなど）か，層状ケイ酸塩（スメクタイトなど）であるかにより2種（無水惑星間塵（図1）と含水惑星間塵）に大別される．物質科学的特性より，無水惑星間塵は彗星起源，含水惑星間塵は小惑星起源であると考えられている． 〔中村智樹〕

宇宙球粒

cosmic spherule

9-12

　直径が約2 mmより小さな地球外物質を宇宙塵（cosmic dust）とよび，それより大きな隕石（meteorite）と区別する．宇宙塵の中で，球状～三軸不等楕円体形状をもつ，ケイ酸塩質あるいは鉄質の地球外起源の物体のことを宇宙球粒（cosmic spherule）と呼ぶ．直径1 mmから数百μmのものがよく知られているが，直径が10 μm程度のものまで存在する．

　宇宙塵の中でもっとも古くから存在が知られているのが宇宙球粒である．イギリスのHMSチャレンジャー号による1873～1876年の航海で，ジョン・マレーが深海底堆積物中から磁性を帯びた球状の物体を発見した．彼は流星物質が地球大気に突入した際に溶融・融除された地球外物質であると解釈し，宇宙球粒という名称をつけた．それらが地球外物質であると証明されたのは意外に新しく，宇宙線生成核種の^{53}Mn, ^{59}Ni, ^{10}Be, ^{26}Alの存在が確認された1980年代以降のことである．球状に近い特徴的な外形を示すため，1950～60年代にアマチュア天文家たちの間で宇宙球粒を回収することが流行ったことがある．しかし，回収された球粒のほとんどは人工物であることが明らかになって，人間活動が盛んな地域での宇宙球粒の回収は非常に難しいことが判明した．現在では，宇宙球粒は深海底からだけでなく，南極大陸の氷や雪，成層圏からも回収されている．また，数億年まえの地層から回収されたという報告もある．

　宇宙球粒の化学組成は，ケイ酸塩質のものと鉄質のものに大別される．これは宇宙空間からおよそ10 km/sといった高速で大気圏に突入してきた宇宙塵が大気との摩擦のために溶融した際に，ケイ酸塩質メルトと鉄質メルトに分離したせいであるといわれている．ケイ酸塩質のものは，元素の太陽系存在度と比較して親鉄元素に乏しく，親石元素のなかではMgとSiに富むものが多い．ケイ酸塩質宇宙球粒の代表的な組織は，溶融の程度の高い順に，ガラス質（glassy），棒状オリビン（barred olivine），微斑晶質（microporphyritic）である（図1）．溶融度の違いは最高加熱温度の違いというよりも，バルク化学組成の違いによる融点の高さの違いに大きく依存している．ただし，非常に高速で大気に突入し激しく加熱されて，溶融だけでなく顕著な蒸発も経験した宇宙球粒が存在する．それらにはMgやSiの同位体分別がみられ，レイリー分別を仮定すると，体積の90％以上が蒸発によって失われたことを意味する．それらをCATスフェルールとよぶ．

　宇宙塵には，惑星間空間を移動している間に太陽風起源の元素がインプラントされていることが希ガス同位体比から証明されている．宇宙球粒のなかでも溶融の程度が低いものからは太陽風起源の希ガスが検出されており，この点からいっても宇宙球粒が地球外物質であることは明らかである．

〔野口高明〕

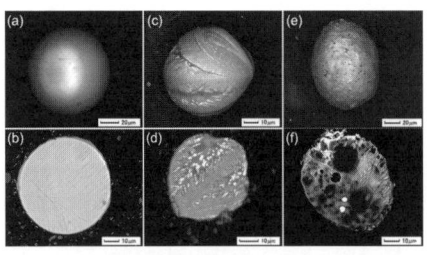

図1　代表的なケイ酸塩質宇宙球粒とその内部の組織（走査電子顕微鏡写真）
　(a), (b) ガラス質, (c), (d) 棒状オリビン, (e), (f) 微斑晶質．

9-13 元素合成モデル

nucleosynthesis model

われわれの体や身のまわりのものはすべて「元素」で構成されている．現在地球上で安定および準安定に存在する元素は水素からウランまで約80種類ある．このほか不安定な放射性元素を加え，現在では110種類を越える元素の存在が確認されている．元素，より正確には核種がどのように誕生したかを理論や観測に基づいて構築したのが元素合成モデルである．その主幹をなすのはビッグバン元素合成モデルと，1957年にBurbidgeらが発表したB^2FHモデルである．これらの理論によれば，すべての元素は137億年前のビッグバンとその後生じた恒星の進化や超新星爆発などに伴う核融合反応によって合成された．

ビッグバンではまずさまざまな素粒子（光子・電子・ニュートリノなど）が誕生する．ビッグバン後10^{-4}秒経過すると，素粒子のうち3個のクォークがグルーオンで結びつけられ，陽子と中性子が形成される．宇宙開闢数分後には陽子と中性子が結合して重水素（^2H）が誕生し，陽子・中性子との反応を通じてトリチウム（^3H）とヘリウム（^3He・^4He）が合成される．その後ごく微量の^7Liや^7Beも作られたが，質量数5と8で安定した原子核が存在しないため反応は進まず，ビッグバン元素合成はここで終わる．

ヘリウムより重い元素は恒星の中で生まれる．宇宙空間において水素およびヘリウム密度の濃い部分（分子雲）ではガスの自己重力収縮が起き，それに伴う重力エネルギーの解放により中心温度が上昇する．温度が10^7K程度まで上昇すると4つの^1Hから1つの^4Heが合成される「水素燃焼」が起き，恒星として輝き始める（われわれの太陽はこの段階にある）．恒星中心部で水素燃焼が進行し，温度がさらに上昇すると，3つの^4Heが同時に衝突して，ビッグバンでは作られなかった炭素（^{12}C）が生成し（トリプルα反応），また^{12}Cと^4Heから酸素（^{16}O）が生じる．その後，^{12}Cを材料にネオンやマグネシウムが作られ，以降逐次的にネオンから酸素・マグネシウムが，酸素からケイ素・硫黄が，ケイ素から鉄・ニッケルまでの元素が合成される．これら一連の反応がどこまで進行するかは星の質量による．鉄の合成まで進むのは10太陽質量以上の星であり，太陽サイズでは炭素と酸素の合成までである．

鉄以降の重元素の合成は，中性子捕獲反応とβ^-壊変が鍵を握る．ある原子核が中性子を捕獲すると，(n, γ)反応によって質量数が1増加した核種が作られる．これが安定核種であれば，さらに中性子を捕獲するが，不安定核種であればβ^-壊変を起こして原子番号が1大きい核種となる．この繰り返しで鉄より重い元素が次々合成される．この過程は中性子の捕獲速度に応じてsプロセス（slow process）とrプロセス（rapid process）がある．sプロセスは漸近巨星分枝星における遅い中性子捕獲反応による元素合成で，ビスマス（^{209}Bi）まで合成される．rプロセスは超新星爆発における速い中性子捕獲反応による元素合成で，ウランやトリウムといった超ビスマス元素も合成される．このほか，重力崩壊型の超新星爆発で中性子欠乏核，いわゆるp核種が合成されるプロセス（γプロセス，νプロセス）があるが，太陽系物質へのp核種の寄与はきわめて少ない．一方，リチウム，ホウ素，ベリリウムの軽元素は以上の元素合成過程では生成されず，宇宙線が炭素，窒素，酸素などに衝突して核破砕反応を起こすことで作り出されたと考えられている．

元素合成過程の研究は，理論計算や天文観測に加え，始原的隕石の化学分析により支えられてきた．近年，始原的隕石中にプレソーラー粒子と呼ばれる，太陽系形成以前に合成された物質が存在することが明らかとなり，星内部や超新星爆発における元素合成を直接記録しているものとして大きな注目を集めている．これまで確認されているプレソーラー粒子には SiC，グラファイト，酸化物，ケイ酸塩などがあるが，それぞれ異なる同位体的特徴を持つ．たとえば，プレソーラー SiC の 90% 以上を占めるメインストリーム粒子は，$^{12}C/^{13}C$ 比が 10〜100 の間にあり，太陽系存在度より低い値を持つ．また，Mo や Ba 同位体の測定からは s プロセスで合成される核種に富んでいることが確認されている．これらの同位体的情報から，メインストリーム SiC 粒子は AGB 星における元素合成を記録していると考えられている．プレソーラー粒子について，重元素を含めたさまざまな元素の高精度同位体分析が進行中であり，今後の発展が期待されている．

〔横山哲也〕

文　献

1) 岡村定矩ほか (2007) 人類の住む宇宙，日本評論社，342 pp.

9-14 宇宙年代学

cosmochronology

隕石に代表される宇宙物質のもつ年代に関する議論を宇宙年代学という．宇宙年代学で議論される年代の代表は太陽系の年齢 (9-22 参照) であるが，それ以外にも少なくない年代情報が得られる．図1は宇宙年代学で求められる年代を宇宙の創生であるビッグバンから現代までの時間軸に沿って示したものである．以下に年代を古い順に並べて簡単に説明する．

(1) 元素の年齢: 元素の年齢とは，注目する元素の合成が始まってから太陽系が形成されるまで（あるいは現在まで）の時間をいう．元素の年齢を求めるには，原子核合成モデルを仮定する必要があり，得られる値はモデル依存の値となる．rプロセス核種の ^{232}Th, ^{235}U, ^{238}U を用いて求めると，60～80億年の値が得られる．

(2) 太陽系物質の形成および分化の年代: これらの値は始原的隕石および分化隕石の年代測定により求めることができる（年代測定法を含めた太陽系の年代については 9-51 参照）．

(3) 隕石の形成期間: 原始太陽星雲を構成する元素をつくった最後の核合成が終了してから，太陽系の固体物質が作られるまでの期間を形成期間 (formation interval) と呼ぶ．原子核合成モデルに依存する値である．消滅放射性核種 (extinct radionuclide) の ^{129}I（半減期 1700 万年）や ^{244}Pu（同 8200 万年）を用いて約 10^8 年という値が得られている．

(4) 隕石の相対年代: 隕石や隕石を構成する物質の生成年代の差を示す年代が相対年代 (relative age) である．消滅核種を用いて求められるが，原子核合成モデルに依存しない．

(5) 宇宙線照射年代と落下年代: 隕石を構成する元素と宇宙線との核反応でできる宇宙線誘導核種の量をもとに求められる (9-21 参照)．

元素の年齢と隕石の年齢に第一世代の星の年齢を加えると，宇宙の年齢として120～150億年という値が得られ，天文観測から求められる値（137億年）と整合する．

〔海老原　充〕

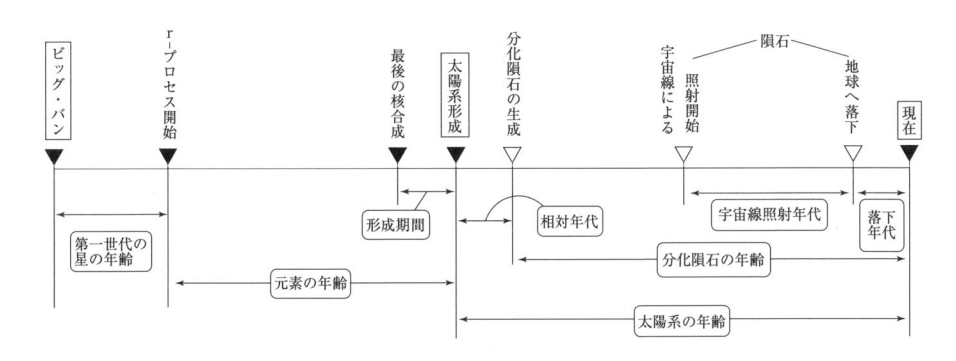

図1　宇宙年代学で議論される年代
ビッグバンから現在までの時間軸は適当に伸縮してある．

太陽系形成論

solar system formation theory

太陽系の特徴 惑星の組成をみると，太陽よりも水素・ヘリウムの割合が小さいことがわかる．これは，水素・ヘリウム以外の物質を選択的に集める機構が惑星形成過程で起こっていたことを示唆する．

組成により，8つの惑星は3つに分類される．水星，金星，地球，火星の4つは，岩石と金属鉄を主成分とする岩石惑星である．これらの質量は地球質量の0.1～1倍程度である．木星と土星は，ガス惑星と呼ばれる．主成分が水素・ヘリウムであり，質量が地球質量の100～320倍と大きい．天王星と海王星は氷惑星である．水を主成分とし，質量は地球質量の15～17倍である．質量と組成という独立な指標に基づく分類が一致している．さらには，これは太陽からの距離とも一致する．すなわち，太陽から近い順に小型の岩石惑星，大型のガス惑星，中型の氷惑星が並んでいる．

太陽系惑星の公転運動の特徴は，すべての惑星の軌道面がほぼ重なることや，公転方向が同じことなどである．

原始太陽系星雲 星間分子雲内で太陽が誕生する際，それを取り巻く円盤状構造が同時に形成される．この円盤を原始太陽系星雲と呼ぶ．この円盤から惑星が誕生すると，惑星の軌道面が重なることや，公転方向が同じになることは自然に説明できる．

原始太陽系星雲の組成は太陽と同じであり，質量で約2％ほど，水素・ヘリウム以外の物質を含む．それらには気体状のもの（COやH_2Oなど）もあるが，固体状のもの（ケイ酸塩や金属，低温領域での水氷など）もあり，固体微粒子として存在する．これらが集まり惑星になる．

原始太陽系星雲内では，加熱や混合など種々の物理的・化学的プロセスが進行していた．それらの痕跡は，現在の太陽系内にも残っているものと思われる．隕石中のさまざまな組織（CAIやコンドルールなど）は，その一例と考えられる．

円盤内部の温度は太陽から遠い方が低い．温度が170 K程度よりも低いと，水は固体になる．水が固化する境界の位置を，スノーラインと呼ぶ．現在，スノーラインは太陽から約2.7 AUの位置にある．

微惑星 固体微粒子は互いに衝突し，合体して大きくなる．粒子が小さいうちは，合体に寄与する力はファン・デル・ワールス力などであり，大きさが1 km程度以上になると重力が効く．固体微粒子から惑星にいたる道のりで，大きさが1～10 kmほどの固体天体を微惑星と呼ぶ．

惑星形成 スノーラインよりも太陽に近い領域では，ケイ酸塩や金属の固体微粒子から惑星が誕生する．しかし，固体成分の量が少ないためできあがる惑星の質量も比較的小さいものにとどまる．この程度の質量では，周囲にある水素・ヘリウムガスを重力で集めることはほとんどない．

スノーラインを越えた領域では，氷が固体成分として寄与する．このため，誕生する惑星の固体質量は大きいものになる．さらに，強い重力で周囲の水素・ヘリウムガスを引き付ける．そして，付加したガスの質量が惑星重力を強くし，ガスをさらに引き寄せる．こうして，大量にガスをまとった大質量のガス惑星が誕生する．

原始太陽系星雲のガスは，時間とともに減る．一方，太陽から遠い領域では惑星の成長に時間がかかる．このため，天王星・海王星の固体部分がある程度の大きさになったときにはもはや周囲に水素・ヘリウムガスがほとんどなかった．このため，ガスをまとわずに氷を主成分とする中型の氷惑星が誕生した．　〔中本泰史〕

9-16 小惑星

asteroids

軌道と空間分布 小惑星は，おもに火星軌道と木星軌道の間に存在する小天体である．これまでに軌道が確定しているもので23万個以上が確認されている．今後もより小さく暗い天体が発見され，その総数は増え続けるだろう．小惑星のうちおよそ9割は，その軌道半径が 2.1～3.3 AU の範囲に存在している．小惑星が集中しているこの領域を，小惑星帯（asteroid belt あるいは main belt）と呼ぶ．

大きさと質量 小惑星帯の中で最大の天体はケレス（Ceres）で，その直径は952 km である．これは，月（直径 3470 km）と比べても小さい．次に大きな天体はパラス（Pallas；直径 520 km）とベスタ（Vesta；516 km）である．小惑星を大きさ順に並べると，10番目のもので直径270 km ほどになる．それ以下はサイズがほぼ連続的に分布し，サイズごとの存在数が直径のおよそ 3.5 乗に反比例する．

ケレスの質量は月質量の 1.3% 程度である．小惑星帯にある天体の総質量は，月質量の 5% 程度と推定されている．この総質量は，小惑星帯をはさんで存在する火星や木星の質量と比較すると，極端に少ない．元々はもっと質量があったのだが，その後，減ったのだろうと推測されている．

組成と内部構造 小惑星内部の平均密度はおよそ $1.5\sim3.5\,\mathrm{g\cdot cm^{-3}}$ であり，内部は岩石を主体とした固体であると考えられる．小惑星の表面反射スペクトルが，可視光から近赤外線にわたる波長域でとられ，その形をもとに分類がなされている．比較的よく使われる分類では，おもな小惑星は E，S，V，C，P，D などのタイプに分けられる．一方，隕石の反射スペクトルとの比較によって隕石のタイプとの関連が調べられており，S型は普通コンドライトに，C型は炭素質コンドライトに対応すると考えられている．

ただし，小惑星の反射スペクトルの多くは隕石のスペクトルと完全には一致せず，全体に短波長側が暗くなっている（赤化）．これは，宇宙線などのために小惑星の表面の鉱物が変化するという宇宙風化によるもので，その結果，反射スペクトルが変化すると推定されている．探査機「はやぶさ」による小惑星イトカワの観測では，表面に存在する新しいクレーター部の反射スペクトルは普通コンドライト（LL コンドライト）のそれと完全に一致しており，他の古い部分はそれが赤化したスペクトルになっていることが確かめられた．

小惑星イトカワの内部密度は $1.9\,\mathrm{g\cdot cm^{-3}}$ であるが，岩石質でありながらこのように密度が小さいのは，内部に空隙が大量に存在しているからであると考えられる．これはイトカワが，より小さな塊が集まってできているラブルパイル（rubble pile）であるためであろう．小惑星の多くはこのような構造であり，衝突による破壊と再集積を経た結果であると考えられている．

地球に飛来する隕石の大半は，分化（金属鉄と岩石が分離し成層構造をなすこと）していない天体からのものである．このことから，小惑星の多くは，分化していないと考えられる．一方，ベスタのように大きな小惑星の中には，分化しているものがある．隕石の中でもエコンドライトや鉄隕石などは，分化した天体から来たものである．

スペクトルタイプと存在領域 小惑星は，反射スペクトルタイプごとに存在領域に偏りがある．太陽から近い順に，E，S，C，P，D がそれぞれ，その領域で卓越して存在する．これは，小惑星の起源や進化に関係しているのだろう．〔中本泰史〕

9-17

凝縮モデル

condensation model

凝縮モデルとは，太陽系形成時にどのような固相（鉱物）がどのような順序や温度で形成されるかを熱力学的データを用いて計算で求めたモデルである．通常は化学種間での熱力学的平衡が達成されていることを仮定して計算するため，平衡凝縮モデルとも呼ばれる．すべての元素が気相である高温の太陽系星雲が冷却されて徐々に固相が凝縮するという仮想的な過程を考えるため，凝縮という言葉が使われている．しかし，熱力学的平衡を仮定するならば温度を定めると存在する固相が決まるため，温度の上昇・下降は計算には無関係である．なお，太陽系の元素存在度を用い，原始太陽系星雲の全圧を 10^{-3} 気圧以下であると仮定すると，液相はどの温度でも安定には存在しないと計算されているが，全圧が高い場合やガスよりダストの多い元素存在度を考える場合は液相が存在する可能性がある．

図1に主要元素の計算結果の一例[1]を示す．全圧が 10^{-3} 気圧のとき，アルミニウムの酸化物であるコランダム（Al_2O_3）が 1770 K で最初に凝縮する．これが 1743 K で気相のカルシウムと反応してヒボナイト（$CaAl_{12}O_{19}$）を生成する．一方，チタンとカルシウムで灰チタン石（$CaTiO_3$）が 1688 K で凝縮する．以降，1450 K 程度まではおもにアルミニウムとカルシウムの鉱物が凝縮するが，これはすべての凝縮する元素の5%程度である．炭素質コンドライト中にみられるCAIはこの5%の高温凝縮物によく似た組成を示し，また，難揮発性の微量元素も一様に20倍の濃集が見られる．CAIは加熱や溶融といったプロセスを経てできたものが多く，単純な凝縮物ではないが，その元となった物質は凝縮モデルで計算されるような高温凝縮物と考え

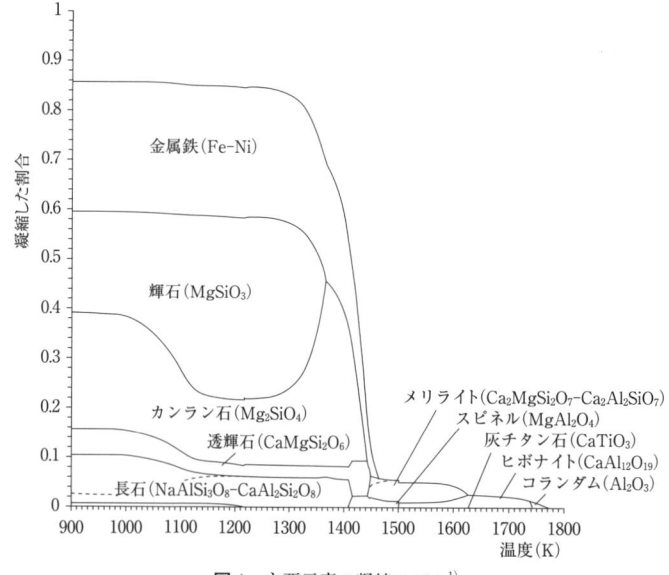

図1 主要元素の凝縮モデル[1]

られている.

1464 K に鉄合金, 1443 K にマグネシウムとケイ素を主成分とするカンラン石の一種 (Mg_2SiO_4) が凝縮を始めると, 凝縮する物質の多くが一気に凝縮しはじめる. その後, 1416 K で長石の一種 ($CaAl_2Si_2O_8$), 1366 K で輝石の一種 ($MgSiO_3$) が生成し, 主要な造岩鉱物が揃う. 1000 K までには, 低温で凝縮する硫黄 (金属鉄と反応してトロイライト (FeS) となる) を除く主要元素がほぼ凝縮し終わる. なお, 酸素分圧は全圧と元素組成が一定と仮定しているため温度を定めると自動的に求まり, たとえば 1000 K で約 10^{-26} 気圧と非常に低い.

主要元素は特有の鉱物を形成し凝縮するが, 微量元素は一部の難揮発性元素を除いて, それらホスト鉱物に固溶体として取り込まれる. したがって, ホスト鉱物が凝縮する温度で非常にわずかであるが, その微量元素も含まれており, 凝縮温度を定義しにくい. このため, 注目する元素の 50% が固相に含まれる温度を 50%凝縮温度として定義する (付録 4) 参照). なお, このような計算ではホスト鉱物やそこへの溶解度についての情報が限られているため, ホスト鉱物の選択によって凝縮温度が大きく変わる可能性があることに注意しなければならない. このようにして得られた 50%凝縮温度を基に元素の揮発性が定義され, 元素の宇宙化学的分類が行われている. 〔米田成一〕

文　献

1) Yoneda, S. and Grossman, L. (1995) Condensation of $CaO-MgO-Al_2O_3-SiO_2$ liquids from comic gases. Geochim. Cosmochim. Acta, **59**, 3413-3444.

9-18 太陽系の元素存在度

solar system abundances of the elements

　太陽系の元素存在度とは太陽系にどの元素がどのくらい存在するかを示した数値である．太陽系全体の広がり（容量）や質量を正確に求めることは実質的に不可能であり，絶対存在度（濃度）を求めることはできない．そこで，太陽系の元素存在度としては，太陽系における元素の相対存在度で表現する．太陽系の元素存在度は太陽系の元素の起源を議論した B^2FH モデルや太陽系初期における元素の振る舞いを議論した凝縮モデル（9-17 参照）において，いずれも境界条件として利用されている．これからわかるとおり，太陽系の元素存在度は現在の値ではなく，太陽系形成時の，太陽系を形成する材料となった原始太陽星雲の元素存在度と捉えるべきである．以下に，太陽系の元素存在度にまつわるいくつかの事項について解説する．

　太陽系の元素存在度の情報源　太陽系の元素存在度を実験的に求める対象としては太陽と隕石がある．太陽は太陽系の全質量の 99.87% を占めるのに対して，隕石は比べるべくもないくらい小さな存在である点で対照的である．

　(i) 太陽：　太陽系に対して太陽の占める質量を考えると太陽の元素組成と太陽系の元素組成は実質的に等しいと考えて差し支えない．しかし，現在の太陽の組成は原始太陽星雲の組成と厳密には等しくない．それは太陽の内部で水素の核融合反応が起こっているからで，この反応に水素のほか，ヘリウム，リチウム，ベリリウム，ホウ素が関わっている可能性がある．しかし，それより重い元素では反応に関わることはなく，太陽系形成時の組成をそのままとどめていると考えられる．

　太陽の元素組成は太陽から地球に届く光と粒子を測定して，実験的に求められる．これらの情報源は太陽光球，コロナからの光，太陽高エネルギー粒子，太陽風の4つに分けられる．太陽光球（solar photosphere）は地球からの観測で白色の球状に見える部分であり，そこから届く光には暗線（吸収線）が認められる．これは光球とその外側の彩層の境界付近に温度の極小部（約 4300 K）があるために，その領域に存在するする元素が内部から届いた光を吸収するためである．この光の吸収の波長から元素の種類を求め（定性分析を行い），吸収の程度から元素の量を求める（定量分析を行う）．コロナは彩層のさらに外側に広がる層で，ここでの温度は 10^6 K にも達するため，コロナからのスペクトルには輝線（発光線）が観測される．これは高励起状態から低励起状態への元素の遷移によるもので，上記の光球での現象と逆である．このコロナからの発光線のエネルギーと強度から元素の定性と定量がそれぞれ行われる．

　太陽活動に伴ってさまざまなエネルギーの荷電粒子が太陽系空間に放出されている．そのうち高エネルギー荷電粒子を太陽高エネルギー粒子（solar energetic particle：SEP）と呼ぶ．SEP は太陽フレアによって間欠的に放出される．一方，太陽風（solar wind）（9-49 参照）は比較的エネルギーの低いプラズマ粒子の流れである．これらの粒子の組成を調べることによって太陽の元素存在度を推定することができる．しかし，データの精度は上記の吸光や発光スペクトル分光による値に比べて劣る．

　(ii) 隕石：　隕石（9-08 参照）はそのほとんどは小惑星（asteroid）に起源をもつと考えられている．小惑星の太陽系に占める質量は 10^{-6}% の桁であることを考えると，太陽と対照的である．隕石の中でコン

ドライト隕石（9-03参照）は始原的グループに分類され，太陽系形成時の情報を保持しているものと考えられている．コンドライトグループの中でCIに分類される隕石は太陽系の元素組成を保持しているという点で特異的な隕石グループである．

CIコンドライトの最大の特徴は，含水ケイ酸塩鉱物やOH基をもつ鉱物を多く含み，質量割合で水素として2%（水に換算すると20%）に及ぶことである．その他，炭素（3.5%），硫黄（5.3%），水銀（260 ppm）などの揮発性の高い元素を隕石グループの中でもっとも多く含むことも大きな特徴であり，始原的なコンドライト隕石の中でもとりわけ始原的であると考えられている．CIコンドライトは落下隕石（落下が確認され，すぐ回収された隕石）としては5個登録されているが，実際に研究に利用できるのは3個に過ぎず，CIコンドライトの多くのデータはこのうちのOrgueil隕石に拠っている．

隕石の元素組成を求めるにはさまざまな分析法が利用されているが，主成分元素に関しては湿式分析法．微量元素に関しては中性子放射化分析法（9-56参照）がおもに利用されてきた．現在では電子線走査微小分析（EPMA），蛍光X線分析（XRF），同位体希釈質量分析（IDMS），誘導結合プラズマ質量分析（ICP-MS）などの機器分析法も用いられるが，試料が稀少で繰り返しにくいこと，精度もさることながら確度の高い分析値が求められることから放射化分析がもっとも信頼されて利用されている．

太陽系の元素存在度の値

（i）歴史的変遷： 現在でも引用される太陽系の元素存在度の値で，もっとも初期に発表されたものとして，1937年にゴールドシュミット（V. M. Goldschmidt）によって発表されたものがある．当時すでに多くの元素で隕石の分析値が利用され，とくに後年コンドライト隕石と分類される隕石の値が重要視された．

その後，元素分析法が進歩するとともに隕石の重要性が認識されるにつれて，太陽系の元素存在度と隕石の分析値の関係は密接になった．1947年にはスース（H. Suess）が隕石の元素組成に規則性を見出し，「核の系統性（nuclear systematics）」と題する論文を発表した．Suessはその後1956年にユーレイ（H. Urey）とともに「元素の宇宙存在度」を発表し，翌1957年に発表された「宇宙における元素の合成」モデル（いわゆるB^2FHモデル）の完成を助けた．

1950年代に入って，研究用原子炉の普及とともに元素分析法として中性子放射化分析が確立し，隕石試料の元素組成，とくに微量元素の組成が正確に求められるようになった．その結果，隕石の多様性が明らかになり，とくに，揮発性元素の含有量にはコンドライト隕石間で大きな変化があることがわかった．揮発性元素をもっとも多く含有する隕石グループとしてCI（当時はC1）コンドライトが注目され，CIコンドライトの分析値を主体とした太陽系の元素存在度が発表されるようになった．

（ii）現在の値： 付録4）に現在もっともよく利用されている太陽系の元素存在度の値を示す．これらの値はケイ素の元素数を10^6個としたときの各元素の相対個数（元素数）で表されている．この表のほとんどの値はCIコンドライトを中心とした隕石の分析値であり，隕石の分析では正確な値が求められない揮発性の高い元素については，太陽や場合によっては太陽系外の星の分光分析のデータを用いて求められている．表1に現状における太陽系の元素存在度のデータの拠り所を元素群ごとに分類して示す．このように，付録4）に示した83元素のうち，9割以上の元素について，その太陽系の元素存在度の値は隕石の分析

表1 太陽系の元素存在度の拠り所

元素群	データの拠り所
揮発性軽元素	
水素，炭素，窒素，酸素	太陽の直接分析
希ガス[*1]	
ヘリウム	太陽系外 HII 領域の He/H 比
ネオン	太陽系外の HI，HII 領域
アルゴン[*2]	ケイ素とカルシウムから内挿
クリプトン[*2]	臭素とルビジウムから内挿
	セレンとストロンチウムから内挿
キセノン[*2]	テルル，ヨウ素，セシウム，バリウムから内挿
それ以外の元素	隕石（とくに CI コンドライト）の元素組成

[*1] 太陽宇宙線（太陽風，SEP）中の希ガスは大きな同位体分別を受けている．
[*2] スースの「核の系統性」（nuclear systematics）に基づく．拠り所とする各元素の値は隕石の分析値による．

値に拠っている．なお，付録4）の値は1989年に報告されたものであるが，現在でもその信頼性は損なわれていない．

(iii) 存在度の特徴： 図1は付録4）の存在度（対数）を原子番号に対してプロットしたものである．図では原子番号が奇数と偶数の2つの場合に分けて目盛られている．この図から太陽系の元素存在度に関して次のような特徴が認められる．

①水素の存在度が卓越する．事実，付録4）でわかるとおり，水素は全元素の個数の90.2%示す．次いでヘリウムが9.7%を占め，水素とヘリウムで全元素の個数の99.9%を，質量でも99%を占める．

②原子番号が40位までは原子番号とともにその存在度は指数関数的に減少するが，それを過ぎると減少の度合いは小さい．

③原子番号23から28の領域でピークが現れ，鉄で最大値をとる．

④リチウム，ベリリウム，ホウ素の存在度は両隣の元素のヘリウムと炭素に比べて極端に小さい．

⑤偶数原子番号の元素の存在度は両隣の

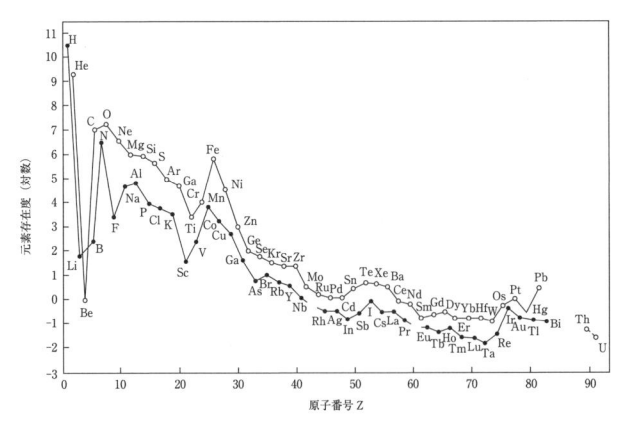

図1 太陽光球と CI コンドライトにおける元素存在度の比較（$Si = 10^6$ としたときの相対値）

352　9. 地球外物質

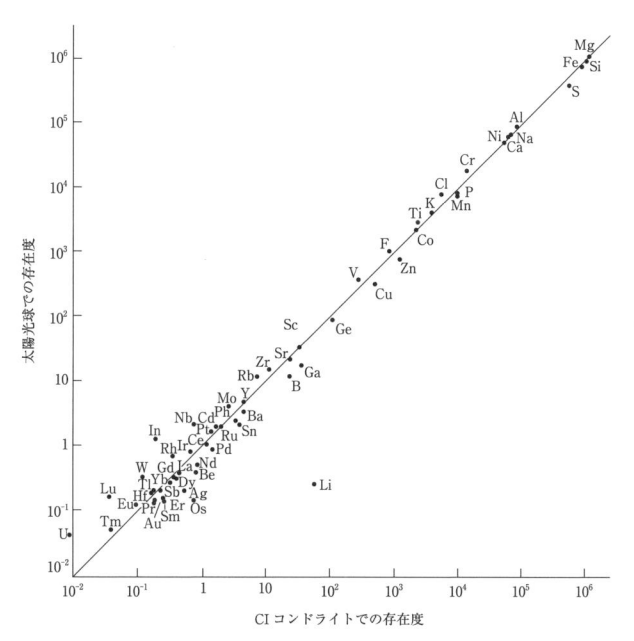

図2　太陽系の元素存在度の原子番号による変化
　　　　($Si = 10^6$)

奇数原子番号の元素の存在度より高い．ただし，リチウム，ベリリウム，ホウ素では逆になる．

太陽系の元素存在度の評価　水素からホウ素までの5元素を除けば太陽の元素組成を太陽系の元素組成とするのは妥当である．では隕石の値はどうであろうか？　表1で示されるとおり，隕石の分析値が9割を越える元素の太陽系存在度を与えるとする以上，隕石の分析値を太陽存在度とする妥当性を考える必要がある．ここでは2つの観点から考察する．

（i）太陽 vs. 隕石：　図2はCIコンドライト中の元素存在度と太陽光球での存在度を比較したものである．縦軸，横軸とも対数で，存在度はケイ素の個数を 10^6 としたときの相対存在度である．この図では水素，炭素，窒素，酸素，希ガス元素などの揮発性の高い元素はプロットされていない

が，それ以外の元素に関しては両分析値間に非常によい一致が認められる．このことは両分析値が本質的に等しいことを示唆する．この一致の程度は分析値の精度，確度が向上するにつれてよくなる．この図では誤差は示されていないが，多くの元素に対して，太陽光球の値には隕石の分析誤差に比べて桁違いに大きな誤差が伴う．

（ii）スースプロット：　1947年にスースは「核の系統性」を発表し，その中で質量数が奇数の核種の存在度は質量数の変化とともに滑らかに変化することを指摘した．図3に質量数67から139までの質量数が奇数の核種の相対存在度の変化を示す．途中 ^{89}Y や ^{117}Sn, ^{119}Sn で両隣の核種の存在度より特異的に高い値を示すが，これは原子核の構造が安定なために例外的に高い存在度をもつものと理解できるが，それ以外の核種では非常に滑らかな変化を示

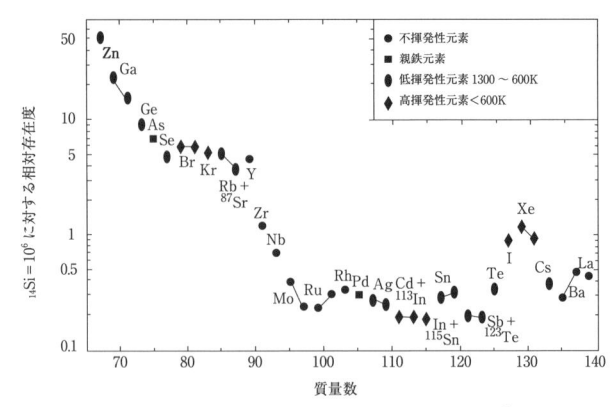

図3 質量数が基数の核種の存在度変化（Si=10^6）

す．同様の変化は^{209}Biに至るまでの核種間で認められる．この滑らかさの程度もデータの質がよくなるに従って向上することから，太陽系の元素存在度のもつ本質的な特徴であると考えられており，CIコンドライトの元素存在度を太陽系存在度とすることの妥当性を示唆するものと解されている．

太陽系の元素存在度の展望　多くの隕石グループの中で，太陽系の元素存在度をもっともよく保持しているという点でCIコンドライトの優位性は揺るがないであろう．しかし，どの程度よく保持しているか，という点に関しては今後いろいろな角度から評価する必要がある．CIコンドライトは明らかに母天体上での変質を受けており，決して"無垢"の姿を止めているとは思えない．CIコンドライトの元素組成が太陽系の元素組成を代表するかどうかを正しく評価するためには，すべての元素に対してでないにせよ，太陽の元素組成を隕石の元素分析値と同程度の不確かさで求め，太陽の元素組成を元に隕石の元素組成を評価できることが望まれる．その1つの可能性として太陽宇宙線（9-21参照）の1つである太陽風（9-49参照）の組成を求めることである．今後の展開が期待される．　　　　　　　　　　〔海老原　充〕

文　献

1) Anders, E. and Grevesse. N. (1989) Abundances of the elements: Meteoritic and solar. Geochim. Cosmochim. Acta, **53**, 197-214.

【コラム】小惑星探査機「はやぶさ」

Hayabusa sample return mission

　小惑星探査機「はやぶさ」は約7年の宇宙飛行を経て，人類史上初めて，小惑星の砂を地球に持ち帰った．砂といっても，平均サイズは10ミクロン程度であり，砂粒というより微粒子といった方が実態に近い（図1）．「はやぶさ」カプセルからの微粒子回収はまだ道半ばであるが，2012年春の現在までに約2000個の微粒子が特定されている．1970年代に米国アポロ計画によって月の石が持ち帰られ世界中が熱狂した．月の存在は古来から人間の日常や習慣，文化に深く根付いており，眺めるだけの観念的存在の天体から，ロケットを飛ばしその石を手中にできたことは科学と技術の革新を印象付けた．一方，「はやぶさ」が着陸した小惑星という天体は肉眼では天空に確認できないことから，一般にはほとんど知られていなかった．しかしながら，2005年に「はやぶさ」が小惑星イトカワに到着し，サンプル回収を試みる段階から大きく報道され始め，幾多の苦難を乗り越え2010年に地球に帰還した際は大きな注目を集め，日本で最も有名な太陽系探査機になった．そのため，「小惑星」という名称は一般に広く浸透した．

　そもそもどうして「はやぶさ」は小惑星を目指したのか．理由は2つある．地球に最も多く落下する隕石である普通コンドライトは，化学組成が太陽に近いことや形成年代が太陽系の年代に近いことから，太陽系の初期進化過程を記録している貴重な試料である．この種類の隕石は，火星と木星の間にある小惑星帯の中心から太陽よりに多く分布しているS型小惑星から飛来していると考えられてきた．しかしながら，S型小惑星を観測し，その光を分光して得られる反射スペクトルの形が，普通コンドライト隕石の反射スペクトルと異なっていた．小惑星の方が隕石よりも暗い色をしていた．このことから，本当にS型小惑星から普通コンドライト隕石が飛来しているのか，謎であった．そのため「はやぶさ」計画では，(1) S型小惑星イトカワの岩石サンプルを回収し，地上で詳しく分析することで，S型小惑星が普通コンドライトと同じ物質でできているかを調べる，(2) S型小惑星の反射スペクトルはどうして普通コンドライト隕石より暗いのか，イトカワ

図1　イトカワ微粒子の電子顕微鏡写真
　カンラン石（Ol），鉄ニッケル金属（Tae），斜長石（Pl）から構成されている．

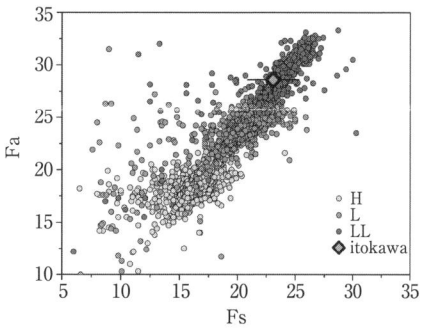

図2　イトカワ微粒子のカンラン石の鉄マグネシウム比（Fa）と斜方輝石の鉄マグネシウム比（Fs）はLLコンドライトと同じである．

の岩石粒子の表面を詳しく調べることにより，隕石と小惑星の色の違いを解明する，という2つの大きな科学目標を掲げた．

カプセルが地球に着陸してから小惑星イトカワの微粒子が特定されるまでに約5カ月の期間を要した．これは回収されたサンプルが極細粒であったため，その分析に大変な手間がかかったためである．2011年2月からイトカワ微粒子の一部（約60個）を用いて初期分析が行われた．微粒子は1つ1つさまざまな手法で分析された．X線や電子線を用いる非破壊分析をまず行い，イオンビームを用いる分析，完全に溶融させる実験を最後に配置することで，1つの微粒子から最大のデータが出るように工夫された．途中に東日本大震災が発生し最大半年程度分析が止まったが，それ以外は順調に分析が進んだ．電子顕微鏡を用いた微粒子研磨断面の分析の結果，微粒子を構成する鉱物種（カンラン石，斜方輝石，単斜輝石，斜長石，トロイライト，鉄ニッケル金属，クロマイト，リン酸塩鉱物など）は，地球の岩石とは異なり地球に飛来する始原隕石である普通コンドライトと同様であることがわかった．また，それぞれの鉱物の化学組成を測定した結果，LLタイプの普通コンドライトであることが判明した（図2）．これにより地球に飛来する始原隕石は小惑星から飛来しているということが証明された．また，高分解能の電子顕微鏡による観察から，小惑星表面では太陽風照射や宇宙塵衝突による宇宙風化作用により，鉱物表面に金属鉄のナノ粒子が形成されていることもわかった．この作用により，小惑星の表面は，時間がたつにつれて暗い色に変化しているのである．

〔中村智樹〕

9-20

彗星

comet

　彗星が太陽に近づくと，岩石と氷を主成分とする核から揮発性物質が昇華し，塵とガスが惑星間空間に放出される．放出された物質は核のまわりを覆い，それらが太陽光を散乱することによって，コマを形成する．核は数 km から数十 km であるのに対し，コマは 1 万倍以上のサイズになる．ガス密度が高い核の近傍では塵はガスと同じ挙動をするが，核から離れるとガスから分離する．その結果，彗星には，コマから伸びる 2 種類の尾が存在する（図1）．塵からなる尾（ダストテイル）とガスが電離して形成されたイオンからなる尾（イオンテイル，ガステイル）である．イオンテイルは，太陽風が形成する磁場に沿った方向（反太陽方向）に伸びる．一方，ダストテイルは，太陽光圧により塵の軌道が徐々に変わるため，曲線状の幅の広い尾になる．

　地上からの観測のほか，探査機によりハレー彗星（1986 年），ボレリー彗星（2001 年），ビルド第 2 彗星（2004 年），テンペル第 1 彗星（2005 年）の核が観測されている．ビルド第 2 彗星の核の物質は，スターダスト探査機により持ち帰られた（9-31 参照）．これまでの観測や回収した核の物質の分析により，岩石部分は非晶質のケイ酸塩物質および炭素質物質のほかに，結晶質のケイ酸塩鉱物，硫化物，金属が含まれていることがわかっている．一部の結晶質な物質は，摂氏 1500 度を超える高温下で形成された証拠がある．このことは，彗星を構成した物質の一部は，太陽近傍の高温領域で形成され，その後，動径方向に輸送された可能性が指摘されている．一方，コマの観測により，ガスの大部分は

図1　彗星の概念図
尾はイオンの尾（図中の gas tail）と塵の尾（dust tail）からなる．

H_2O であり，ついで CO が多く，その他は CO_2，H_2S，CH_4，NH_3，H_2CO，CH_3OH などであることがわかった．これらの分子の多くは，極低温の星間空間に存在しているものであり，そのため星間物質との関連が示唆される．

　彗星は公転周期 200 年以下の短周期彗星と，200 年以上の長周期彗星に分けられている．発見された彗星の大部分が長周期彗星（2000 個以上）である．長周期彗星の軌道が黄道面と大きな角度で交差していることから，長周期彗星は太陽系を球状に取り巻くオールト雲から飛来していると推測されている．オールト雲は太陽から 1 万～10 万 AU 離れた位置にあると考えられている．一方，短周期彗星は，軌道傾斜角が小さいものが多く，海王星の外側に広がるエッジワース・カイパーベルト（30～50 AU）から飛来していると考えられる．短周期彗星には，木星に接近した際に軌道が巨大な木星重力で変化し，遠日点が木星の軌道半径と等しくなるものがある．これらは木星族の短周期彗星と呼ばれる．

〔中村智樹〕

9-21 宇宙線

cosmic ray

宇宙線（cosmic ray）とは宇宙空間を飛び交っている高エネルギーの粒子を指し，大きく分けて太陽から飛来する太陽宇宙線（SCR：solar cosmic ray）と太陽よりもっと遠くの宇宙空間から飛来する銀河宇宙線（GCR：galactic cosmic ray）に大別できる．太陽宇宙線は 1 MeV から 100 MeV 程度のエネルギーをもつのに対して，銀河宇宙線はそれよりもエネルギーの高いものが多く，なかには 10^{20} eV に及ぶものもある．これら宇宙空間から飛来する宇宙線を一次宇宙線（primary cosmic ray）と呼ぶ．一次宇宙線の主成分は陽子で，ヘリウムより重い元素はその 1 割程度存在し，全体としての元素組成は太陽系の元素組成（9-18 参照）に近いが，リチウム，ベリリウム，ホウ素の存在度が相対的に高いという特徴をもつ．

隕石が宇宙空間に存在している間は常に宇宙線の照射を受け，おもに銀河宇宙線と隕石を構成する元素との間で核反応が起こる．コンドライトやエコンドライトなどの石質隕石ではケイ素，酸素，鉄，マグネシウムなどを，鉄隕石では鉄，ニッケルなどをそれぞれ標的元素として，核破砕反応を起こす．核破砕反応では高エネルギーの陽子や中性子などの放射線が生成されるが，これらの粒子を二次宇宙線（secondary cosmic ray）と呼ぶ．二次宇宙線も隕石中の元素との間で核反応を起こす．宇宙線による核反応の結果生成する核種（宇宙線誘導核種，あるいは宇宙線生成核種）は安定核種の場合と放射性核種の場合があり，前者の場合には同位体比の測定により，また，後者の場合には放射線の測定や放射性核種の個数の測定により，それぞれ検出が可能である．

隕石中の宇宙線誘導核種の量から宇宙線照射年代と落下年代を求めることができる（9-14 参照）．宇宙線照射年代とは隕石が宇宙線に曝されていた時間をいう．宇宙線誘導核種として安定核種を用いる場合には生成量と生成率から年代を求めることができ，希ガスによる照射年代がよく求められている．放射性核種の場合は宇宙線との核反応で生成する割合に加えて，生成した放射性核種が壊変する割合を考慮する必要がある．放射性核種の半減期に比べて宇宙線の照射時間が十分長いと放射性核種の壊変率（放射能）は一定となるので（この現象を飽和という），ある程度半減期の長い宇宙線誘導核種でないと照射年代が正しく求められない．落下年代とは隕石が地上に落下してから経過した年代である．落下年代を求めるには地球に落下する直前の放射性核種の量（あるいは放射能）を知る必要があり，^{14}C，^{36}Cl などが用いられる．隕石中に生成するおもな宇宙線誘導放射性核種をその半減期とともに表 1 に示す．

〔海老原　充〕

表 1　隕石中に生成するおもな宇宙線誘導放射性核種

核種	半減期	核種	半減期
^{3}H	12.32 年	^{45}Ca	162.7 日
^{10}Be	1.5×10^6 年	^{44}Ti	59.9 年
^{14}C	5715 年	^{48}V	15.98 日
^{22}Na	2.604 年	^{49}V	331 日
^{26}Al	7.1×10^5 年	^{51}Cr	27.702 日
^{32}Si	1.6×10^2 年	^{53}Mn	3.7×10^6 年
^{36}Cl	3.01×10^5 年	^{54}Mn	312.1 日
^{37}Ar	35.0 日	^{55}Fe	2.73 年
^{39}Ar	269 日	^{57}Co	271.8 日

9-22

太陽系の年齢

age of the solar system

われわれの太陽系がいつできたのか，それを知るために太陽系の中でもっとも古い固体物質である隕石の精密年代測定が試みられてきた．地球の岩石の年代を測定するのと同じように，さまざまな長寿命放射性核種の崩壊を利用した放射年代測定法が適用される．太陽系の年齢，あるいは地球の年齢が 46 億年といわれるのは，実際にはもっとも古い隕石試料の年代測定結果に基づいている．

鉛同位体年代 隕石は太陽系の初期に形成した小惑星に由来するものが大部分である．地球のような惑星に比べ，小惑星は内部の熱を逃がしやすいので原始太陽系星雲の中で高温のガスの中で生じた固体物質や，小惑星形成直後に分化したマグマから冷え固まった岩石が，現在に至るまで再び溶融したりすることなく残っている．小惑星の衝突破壊によって後から加熱を受けたりしなければ，大部分の隕石は通常の年代測定によって約 45 億年程度の年代を示す．

天然に存在するウランの同位体などの長寿命放射性核種（半減期が 7 億年以上）の場合，試料中の親核種（P）と放射壊変起源の娘核種（D）の個数の比を分析から求め，これが年代（t）と壊変定数（λ）の関数 $(D/P) = \exp(\lambda t) - 1$ になることから放射年代が求められる．このように長寿命放射性核種を使った年代測定によって求められた年代を絶対年代と呼ぶことが多い．長寿命放射性核種の壊変定数は多くの場合実験的に 1 ％の精度で決まっていない．したがって，隕石の絶対年代の多くは 1 億年に近い系統誤差が含まれている．たとえば，コンドライト隕石の全岩分析から決められた ^{87}Rb-^{87}Sr 年代（半減期 488 億年）45.0±0.2 億年は，壊変定数がもっとも正確に知られているウランを親核種にした鉛同位体年代に比べて系統的に 5000 万年程度若いが，^{87}Rb の壊変定数の誤差の範囲内では一致している．同様に半減期の長い ^{147}Sm-^{143}Nd（半減期：1060 億年），^{187}Re-^{187}Os（半減期：416 億年），^{176}Lu-^{176}Hf（半減期：372 億年）では，親核種と娘核種の元素の性質が似ているので分別が起こりにくく，精密な（P/D）比から高い精度で年代を求めることが一般に難しい．

現在，隕石の高精度年代測定にもっともよく適用されるのは，ウランの 2 つの同位体 ^{238}U と ^{235}U（半減期はそれぞれ 44.7 億年と 7.0 億年）の壊変によって生じる 2 つの鉛同位体 ^{206}Pb と ^{207}Pb の比から年代を求める鉛同位体年代法である．リン酸塩や輝石は U/Pb 比のきわめて高い鉱物であるので，その鉛同位体分析からほぼ純粋な放射壊変起源の娘核種の比（^{207}Pb/^{206}Pb）を高精度同位体比測定から得ることが可能である．年代は以下の式の年代（t）の解として求められる．

$$\left(\frac{^{207}\text{Pb}}{^{206}\text{Pb}}\right) = \left(\frac{^{235}\text{U}}{^{238}\text{U}}\right) \frac{\exp(\lambda_{235}t) - 1}{\exp(\lambda_{238}t) - 1}$$

ウランの同位体比は $(^{235}\text{U}/^{238}\text{U}) = (137.88)^{-1}$ という値の定数として扱われてきたが，試料の測定から正確な値を求めることが望ましい．

表 1 に示したように，もっとも古い年代値は炭素質コンドライト中の Ca, Al に富む包有物（CAI）の 45.67〜45.69 億年で

表1 代表的な隕石の鉛同位体年代

隕石試料	年代（百万年）
Allende（CV3）CAI	4567.2±0.2
NWA 2364（CV3）CAI	4568.7±0.2
Acfer 059（CR）コンドルール	4564.7±0.6
Asuka 88173（eucrite）	4566.5±0.2
D'Orbigny（angrite）	4564.4±0.1
LEW 86010（angrite）	4558.6±0.2

ある．コンドライト隕石に含まれるコンドルール，分化した玄武岩質隕石のもっとも古い年代は CAI の年代値から数百万年以内に形成されている．ウランの壊変定数は 0.1% の精度で決まっており，絶対年代の系統誤差は 2000 万年以下である．CAI の年代が太陽系の原始太陽系星雲の形成時に相当するならば，太陽系の年齢は，ほぼ 45.7 億年と推定される．

消滅核種による相対年代 隕石試料の年代測定によって，われわれの太陽系がどのような時間スケールで進化したかを調べることもできる．主系列星になる前の若い星の赤外線観測によると，星の周囲のガス雲が円盤を形成するまで 10 万年から 100 万年，円盤の寿命は 100 万年から 1000 万年程度であると推定されている．太陽系初期に存在した半減期の 1 億年に満たない放射性核種は 45 億年以上たった現在は天然に存在しないので，「消滅核種」と呼ばれている．しかし，古い隕石試料の中にはそれら核種の放射壊変によって作られた娘核種の同位体の過剰が検出され，隕石形成時の親核種の存在量を推定することができる．これらの消滅核種の太陽系初期の存在量が均質であったとすると，親核種の存在量をもとに相対年代を求めることができる．

一般に，消滅核種の太陽系初期存在量が均質であったと仮定することはできないし，そうでない例も多く知られている．最近の研究では，複数の隕石の ^{26}Al-^{26}Mg（半減期：70 万年），^{53}Mn-^{53}Cr（半減期：370 万年），^{182}Hf-^{182}W（半減期：9 億年）の年代系から推定された相対年代がよく一致することがわかってきている．これらの核種については太陽系初期の親核種の同位体比が均質であったと仮定して太陽系の最初の数百万年の歴史が議論されつつある．表 2 におもな消滅核種の太陽系の初生同位体比を示す．

表 2 おもな消滅核種の太陽系初生同位体比

親	娘	半減期	初生値
^{41}Ca	^{41}K	10 万年	^{41}Ca/^{40}Ca : 1.4×10^{-9}
^{26}Al	^{26}Mg	70 万年	^{26}Al/^{27}Al : 5.2×10^{-5}
^{10}Be	^{10}B	150 万年	^{10}Be/^{9}Be : 1×10^{-4}
^{60}Fe	^{60}Ni	260 万年	^{60}Fe/^{56}Fe : $\sim 10^{-7}$
^{53}Mn	^{53}Cr	370 万年	^{53}Mn/^{55}Mn : 8×10^{-6}
^{182}Hf	^{182}W	900 万年	^{182}Hf/^{180}Hf : 1×10^{-4}
^{129}I	^{129}Xe	1600 万年	^{129}I/^{127}I : 1×10^{-4}

^{26}Al-^{26}Mg 系は半減期が短いため，もっとも時間分解能がよく，10 万年程度の年代差を調べることができる．複数の CAI の分析結果から，ほとんどの CAI は 2 万年程度の短い期間に形成したと考えられている．CAI の中には形成後 10〜20 万年の間に再加熱を受け溶融した形跡を残すものもある．これに比べて，コンドライト隕石に広く存在するコンドルールの初生 ^{26}Al/^{27}Al 比は CAI の値より 1 桁近く小さく，約 200 万年後に形成したと考えられている．このことから，CAI は太陽系が誕生した初期の活動的な時期に形成し，コンドルールは太陽の周りに惑星を作るもとになった原始惑星系円盤が存在する時期に形成されたと考えられる．

一方，鉄隕石のタングステン同位体比は ^{182}Hf の壊変によって生成した娘核種 ^{182}W が少なく，CAI から得られた同位体比と一致するものも知られている．このことから，太陽系形成後遅くても 100 万年以内には鉄のコアを形成する微惑星が形成されたと考えられている．また，玄武岩質隕石のもっとも古い ^{26}Al-^{26}Mg，^{182}Hf-^{182}W 相対年代は CAI の 400〜500 万年後である．玄武岩が小惑星サイズの天体で作られるまでの熱史を考慮すると，やはり CAI 形成後 100〜200 万年以内に小惑星が形成していなければならない．コンドルール形成と微惑星形成の時期は，同時に起こっていたのではないかと，考えられている． 〔木多紀子〕

【コラム】太陽系の年齢

age of the solar system

惑星進化の時間スケールを隕石の年代測定を通して調べる隕石の年代学はこの10年，やっと惑星形成論に制約を与えるデータを与えるようになった．

1990年頃までは，長寿命核種による年代測定法が隕石研究の主流であった．隕石試料の年代は45億年前後に集中し，誤差（～5000万年）の範囲内で区別のつかないことが多かった．ウラン-鉛年代測定法を用いると，数百万年から1000万年の年代精度のデータを出すことが可能であった．しかし，地球の鉛の汚染によって，正しい年代が求められないことがしばしばあり，ウラン-鉛年代の信頼度は高くなかった．短寿命放射性核種を用いた相対年代は，おもにI-Xe法を用いた研究が盛んであったが，親であるヨウ素が変成などに弱いことが指摘され，必ずしも隕石の形成年代を正しく示していないことがわかってきた．太陽系初期に^{26}Alが存在したことはCAIの分析からすでに1970年代はじめにわかっていたが，CAIだけが特別で，^{26}Alは数々の同位体比異常の1つであるという可能性も考えられており，年代測定に適用できるかどうかも不明であった．

転機はLugmairとShukolyukovが玄武岩質の隕石であるアングライトLEW 86001をはじめ，エイコンドライトについて^{53}Mn-^{53}Cr相対年代測定を確立した1990年代中頃ではないだろうか．同じ頃，Göpleらは，普通コンドライトのリン酸塩を取り出し誤差100万年を切る高精度鉛年代を求めている．また，RussellらがAlに富むコンドルールで^{26}Al起源の^{26}Mgの過剰を見つけ，コンドルールの形成がCAIよりも200万年ほど若いことを見つけている．筆者もその少し後，新型のSIMSを使って，Alに富まない普通のコンドルールでも^{26}Al-^{26}Mg系で約200万年の相対年代を得ることに成功した．

このコンドルールの年代が本当に意味のある年代差かどうかについては，その後もしばらく議論が続いた．多くの天体物理学者はコンドルールとCAIに年代差があることに驚いたのである．コンドルールの年代は変成ではないか，^{26}Alの存在量は初期太陽系で不均質であったので本当は年代差がないのではないかと．

2000年代に入ると，マルチコレクター同位体測定用ICP-MSの普及，TIMSの測定精度，および化学操作における汚染の減少によって，これまで測定が困難であったさまざまな元素の同位体比測定が超高精度で行われるようになった．たとえば，タングステンの高精度同位体比分析が可能になっただけでなく，MgやCrの同位体比の測定精度も向上し，消滅核種を用いた年代学に大きな進歩があった．さらに，鉛同位体測定にダブルスパイク法が適用されると，鉛同位体年代測定は46億年の隕石に対して10万年の年代精度を達成した．一方，形成後の熱変成や水質変成が年代測定に及ぼす影響が見過ごされてきたことへの反省があり，変成の少ない試料を選ぶ努力もなされた．この結果，鉛同位体年代といくつかの消滅核種を用いた相対年代が，コンドルールを含む多くの隕石試料について矛盾のない結果を示すようになった．

分析機器はまだ進化している．レーザーやSIMSという局所分析技術の進歩に伴い，少量の試料から驚異的なデータも出てきている．CAIの形成時間の差を1万年の精度で求め，太陽系初期進化を議論することもいまや可能になりつつある．

〔木多紀子〕

9-24 同位体異常

isotope anomaly

同位体異常とは 宇宙における元素の同位体存在度は，原子核合成や同位体分別効果により変動している．しかしながら，地球上におけるほとんどの元素の同位体存在度は，きわめて一定の値をとり，一部の例外を除き5桁を超える有効数字が与えられている．例外は，放射性元素，その娘元素，天然における同位体効果が大きい元素（おもに軽い元素）である．

同位体異常とは，ある物質中の元素の同位体存在度が地球におけるその平均値と異なる場合に用いられる用語である．このとき，放射性元素による効果と質量依存の同位体分別効果の場合を除くことが一般的である．しかしながら，これら同位体効果を特定できない場合も多いので，地球物質で観察されている同位体変動の範囲から著しく外れた同位体存在度をもつ元素が，同位体異常をもつ元素として扱われる．また，地球大気中の光分解による質量非依存型の同位体分別も同位体異常として扱われる．この質量非依存型の同位体分別は，地球大気の酸素同位体組成や約25億年前などの太古の硫化物の硫黄同位体組成などが挙げられる．

太陽系は，複数の恒星から放出された原子から成り立っていると考えられている．それぞれの恒星は，異なる元素合成により，特徴的な元素の同位体比をもっているので，現在の地球で観察される同位体変動とは著しく異なる元素の同位体異常を示している．事実，コンドライト隕石中からみつかる後述のプレソーラー粒子はさまざまな元素で同位体異常を示し，それぞれの恒星の性質を反映した星間物質であると考えられている．これに対し，コンドライト隕石や星間塵物質を構成する鉱物中の酸素を除くほとんどの元素では，地球の同位体比に対して0.01%を越える同位体異常を示さない．このことは，太陽系において同位体存在度の均質化が起こっていたことを示している．この同位体異常消滅のプロセスの解明は，未解決な問題であり，宇宙化学分野における基本的課題の1つである．

太陽系の酸素同位体異常 酸素（O）は宇宙において水素（H）・ヘリウム（He）に次いで3番目に存在度の大きい元素であり，地球のような固体物質の中ではもっとも存在度が大きい．また，酸素は固体・気体・液体の3つの相の中に共通して分配されるもっとも主要な元素である．したがって，酸素は太陽系物質進化の中心に存在した元素であり，その同位体組成は，太陽系の起源と進化を記録したトレーサーとして太陽系創成時代の足跡を紐解く鍵となる元素の1つである．なぜなら，初期太陽系の物質進化については，原始太陽を取り巻く太陽系星雲中の固体成分と気相成分との相互作用により共進化したと考えられているからである．

酸素は，^{16}O, ^{17}O, ^{18}Oの3つの安定同位体からなり，地球ではそれぞれ99.757 : 0.038 : 0.205の存在比からなる．地球上の天然における酸素同位体分別は，非常にわずかである．一方，隕石中にみられる酸素同位体組成は，地球の値と比較して大きな同位体異常を示している（図1）．この同位体比の変化の割合は，標準平均海水（SMOW）の酸素同位体比を基準にとり，

$\delta^i O_{SMOW} [‰]$
$= \{(^iO/^{16}O)_{試料} / (^iO/^{16}O)_{SMOW} - 1\} \times 1000$
$(i = 17, 18)$

の千分率（‰で表記）で表すのが一般的である．質量依存の同位体変動の割合は，質量依存則$\Delta M/M$（M：質量）に従う．この同位体分別は，$\delta^{17}O$を縦軸，$\delta^{18}O$を横

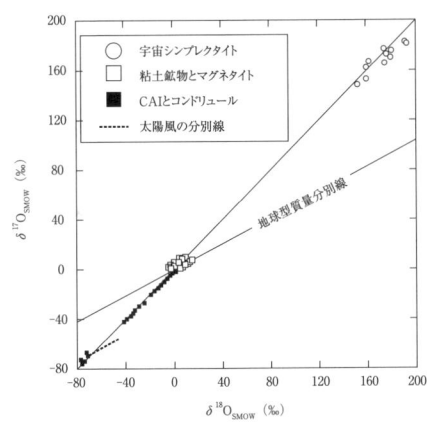

図1 隕石中物質の3酸素同位体図
黒塗り:加熱溶融プロセス，白抜き:水質変質プロセス．

軸にとった3酸素同位体図上において，傾き1/2の直線上で表現される．この分別は，一般的に，平衡現象や速度論的現象であり，質量依存性を示す分別現象(凝縮や蒸発，溶融や再結晶化，拡散，化学反応)を受けたものである．とくに，SMOWを通る傾き1/2の直線を地球型質量分別線と呼ぶ．したがって，図1に示された傾き約1の直線の上に分布した不均一な同位体組成は，SMOWの値から質量分別によりつくることはできない．このように3酸素同位体図上において，質量分別効果による同位体変動と原料物質の起源による同位体変動を明確に分離して表すことができる．酸素同位体異常とは，地球型質量分別線から外れたものを指すのである．

酸素同位体異常の分布は，太陽系において天文単位からマイクロメートルスケールに至るさまざまなスケールにおいて観測される．天文単位スケールの酸素同位体異常は，地球，火星や隕石間でみられる．その程度は，数パーミル程度である．天体スケールでみられる酸素同位体異常の起源について考えてみよう．惑星形成理論によるとそれぞれの惑星は，太陽系星雲中に存在していた固体物質を局所的にそれぞれ存在した場所で集積することにより形成したものである．それゆえに，個々の惑星の酸素同位体組成は，天文単位スケールでの平均化された酸素同位体比を示していると考えられている．

一方，隕石中の酸素同位体異常の分布は，太陽系最古の岩石とされるCa, Alに富む鉱物の集合体の難揮発性包有物(CAI)からシカゴグループのクレイトン教授らによって1973年に発見され，鉱物分離によるミリメートルスケールでの酸素同位体異常の分布は，約-4‰から0‰までの範囲にわたっていた．今日では，分析技術の発達により空間分解能がミリメートルスケールからマイクロメートルスケールへと向上した．おもに，二次イオン質量分析法(SIMS)による局所同位体分析が可能となったことが，空間分解能が向上した理由である．図1に示した酸素同位体異常の分布は，これまで報告されたコンドライト隕石中の物質や太陽風のおもな酸素同位体比の分布である．この同位体分布の起源と進化は，いまだ未解決な問題となっている．これらマイクロメートルスケールの同位体異常の分布を詳しく観察した結果，大別して2つの作用が酸素同位体組成の均一化に関与していることがわかってきた．1つは，約46億年前の活発な原始太陽の活動に伴う高温な加熱溶融プロセスに伴う同位体組成の均一化，もう1つは，水と鉱物の相互作用による比較的低温な水質変質作用に伴う酸素同位体組成の均一化である．図1の傾き約1の直線上に分布している約-80‰から0‰(地球の値)までの範囲の物質は，高温な加熱溶融に伴うプロセスにより，Ca, Alに富む液滴がゆっくりと冷えて形成したCAIや，Mg, Siに富む液滴が急冷されたことで形成したコンドリュールに対応している．一方，地球の値から約+180‰までの範囲に分布している物質

は，水質変質作用で形成した粘土鉱物や鉄の酸化物（マグネタイト：Fe_3O_4）に対応している．これら酸素同位体異常の分布は，2つの端成分（^{16}Oに富む組成と$^{17,18}O$に富む組成）の混合の結果であると考えられている．それら2つの端成分を直接示す物質科学的な証拠は，隕石研究からいまだ解明されていない．^{16}Oに富む端成分は，NASA-Genesis missionにより報告された^{16}Oに富む太陽風の酸素同位体組成が有力な候補となっている．また$^{17,18}O$に富む端成分は，宇宙シンプレクタイトと呼ばれるFeSとマグネタイトの混合物質が，$^{17,18}O$に富む水と反応して形成したと考えられており，$^{17,18}O$に富む水の酸素同位体組成が有力な候補となっている．太陽系の始原水の酸素同位体組成を直接決定するためには，惑星探査により太陽系の外惑星領域に存在する氷を直接測定することで検証することができるだろう．

プレソーラー粒子　冒頭で述べたように，プレソーラー粒子は太陽系で形成した物質中の同位体存在度と異なり，さまざまな恒星での元素合成を起源とする大きな同位体異常を示す．歴史的にプレソーラー粒子の探求は，太陽系外型希ガス同位体異常をもつ担体の単離により進められ，NeとXeの太陽系外型希ガス同位体異常をマーカーとして進められた．この手法により，炭素質粒子であるダイヤモンド，シリコンカーバイド（SiC），グラファイトが担体として同定されている．また，隕石から化学的な酸処理により単離されたSiCやグラファイト中のSi, C同位体異常が報告されている．主成分であるSi, Cのほかに多くの元素（N, Mg, Ca, Tiなど）の同位体組成も報告されている．それぞれの同位体異常の値は，10,000‰を超えるものもあり，おもにC, N, Si同位体組成を組み合わせることで，起源とする恒星の種類の違いが多く議論されている．これらプレソーラー粒子の星の起源は，AGB星，超新星起源，新星起源などがあげられている．

一方，隕石の化学的な酸処理により単離可能な酸化物（コランダム：Al_2O_3，スピネル：$MgAl_2O_4$）のプレソーラー粒子は，酸素同位体異常を指標にSIMS分析を用いて発見されている．その存在度は，数十ppmである．これら粒子の大部分は，^{17}Oのみ太陽系の値と比べて大きな異常をもつ．これらプレソーラー酸化物の星の起源は，赤色巨星やAGB星を起源とすると考えられている．さらに，無水星間塵やコンドライト隕石のSIMSによるその場分析により，プレソーラーケイ酸塩の担体も同定されるようになってきた．その存在度は，数千ppmに及び，プレソーラー粒子中で最大である．これら粒子の大部分は，酸化物同様に，^{17}Oのみ太陽系の値と比べて大きな異常をもつ．これらプレソーラーケイ酸塩の星の起源は，赤色巨星やAGB星を起源とすると考えられている．

さまざまな恒星の周囲で生成した星周粒子には，太陽系では観測されない著しく大きな同位体異常をもっていることがわかってきた．われわれ太陽系の同位体組成が，さまざまな恒星の同位体異常を元にして，いかにして現在の均一な同位体組成を獲得したのかを明らかにすることは，宇宙137億年の物質進化の歴史の中でわれわれ太陽系を位置づけることになる重要な課題となっている．　　　　　〔伊藤正一〕

文　献

1) 圦本尚義（2007）元素の同位体異常，地球化学講座2, 培風館, pp. 82.
2) Clayton, R.N. (1993) Oxygen isotopes in meteorites. Annu. Rev. Earth Planet. Sci.. **21**, 115-149.
3) Sakamoto, N., et al. (2007) Remnants of the Early Solar System Water Enriched in Heavy Oxygen Isotopes. Science, **317**, 231-233.

同位体分別

isotopic fractionation

同位体分別とは，2つ以上の同位体 [$X_1, X_2, \cdots, X_i$] からなる元素が，異なった同位体比 [$(X_2/X_1)_a, (X_2/X_1)_b$] をもって，物理的あるいは化学的に分かれる現象をいう．同位体分別の大きさは同位体分別係数 (isotopic fractionation factor) α [$(X_2/X_1)_b/(X_2/X_1)_a$] という指標で表される．この同位体分別係数 α には反応時のさまざまな情報が含まれており，とくに水素，炭素，窒素，酸素，硫黄などの元素を用いて古環境における物質の反応，起源，移動などを追う安定同位体地球化学 (stable isotope geochemistry) の分野で広く応用されている (2-10, 2-11, 2-19, 4-02 参照)[1]．また近年では，上記の軽元素のみならず遷移金属元素やウランなどの重元素においても同位体分別が報告されており，その応用が試みられている．同位体分別を引き起こす原因として，①平衡論的同位体効果 (equilibrium isotope effect)，②速度論的同位体効果 (kinetic isotope effect)，③同位体自己遮蔽効果 (isotope self-shielding effect) がある．

平衡論的同位体効果 平衡状態にある2つの異なる化学種間にみられる効果で，同位体交換反応に伴うギブスエネルギーの差を反映した同位体分別係数になる．基礎理論が確立された1947年から長い間，同位体分別係数は質量の違いに起因する分子内振動エネルギーを用いて近似できるとされ，この効果は質量に依存した同位体分別 (mass-dependent isotopic fractionation) を起こすとされていた．近年，同位体分別は分子内振動エネルギーの差だけではなく，核の大きさ・形を反映した電子状態の違いに起因するフィールドシフト効果 (field shift effect) によっても起こることが発見され，同位体分別の基礎理論式は (1) のように改訂された[2,3]．フィールドシフト効果は核の平均2乗半径に比例するため，非質量依存の同位体分別 (mass-independent isotopic fractionation) を引き起こす原因となる．

$$\ln \alpha = \frac{1}{T} V_{fs} a + \frac{1}{T^2}\left(\frac{m_2 - m_1}{m_1 m_2}\right) b \quad (1)$$

(T 絶対温度, V_{fs} フィールドシフトの波数, m 質量, a, b 補正係数)

ただし，軽元素における平衡論的同位体効果は右辺第2項の分子内振動エネルギーの差がおもに働くため，従来の理論に基づいた同位体温度計 (同位体分別係数の自然対数は温度の2乗に反比例して小さくなる) が用いられている．フィールドシフト効果は実験室での化学交換反応や一部の隕石にみられるものの，地球上では見つかっていない．また，補正係数は実験によってのみ求めることができるため，地球化学への応用にさらなる研究が期待される[4]．

速度論的同位体効果 同位体間において反応速度が異なるためにみられる同位体効果で，一般に重い同位体は軽い同位体に比べ反応が遅い．これは重い同位体は軽い同位体に比べ，分子振動における零点エネルギーが低く，分子の結合を切断するエネルギーは大きくなり，反応速度が軽い分子よりも遅くなるためである．また，気体分子の平均速度は質量の平方根に反比例して小さくなるため，軽い同位体は重い同位体に比べ拡散係数が大きくなる．これらの効果は生体内反応において特異な同位体分別を示すため，生物種を同定するバイオマーカーとして用いられている[1]．

同位体自己遮蔽効果 光化学過程において，同位体分子種における自己遮蔽効果の違いが非質量依存の同位体分別を引き起こす場合がある．これは，分子を切断する

光の波長が同位体ごとに異なるために起こる反応で，同位体分子種の存在度，吸収断面積，解離を起こす光の量に依存する．励起光が十分多くない場合，存在度の高い同位体分子種を解離する光は存在度の高い同位体分子種の自己遮蔽効果により減衰していくのに対し，存在度の低い同位体分子種を解離する光は存在度の低い同位体分子種の自己遮蔽効果が弱いため減衰せず，存在度の低い同位体分子種が選択的に反応する領域が存在することになる．このとき，反応生成物には存在度の高い同位体が枯渇するため，この反応によって引き起こされる同位体分別は，同位体存在度に依存し，質量に依存しない．たとえば，酸素の場合，存在度の高い ^{16}O を分母に存在度の低い ^{17}O, ^{18}O を分子にとり，出発物質からの偏差をそれぞれ縦軸と横軸とする三同位体図上では，質量に依存した同位体分別が傾き1/2の直線上に分布するのに対し，存在度の高い ^{16}O の同位体自己遮蔽効果による同位体分別は傾き1の直線上に分布することになる．隕石中にみられる酸素の同位体異常や太古代の地質試料にみられる硫黄の同位体異常の一部はこの効果によって説明されている（9-24参照）　　〔大野　剛〕

文　献

1) 酒井　均・松久幸敬（1996）安定同位体地球化学，東京大学出版会．
2) Bigeleisen, J. (1996) Nuclear size and shape effects in chemical reactions. Journal of American Chemical Society, **118**, 3676-3680.
3) Nomura, M., et al. (1996) Mass dependence of uranium isotope effects in the U(IV)-U(VI) exchange reaction. Journal of American Chemical Society, **118**, 9127-9130.
4) Fujii, T., et al. (2009) The nuclear field shift effect in chemical exchange reactions. Chemical Geology, **267**, 139-156.

希土類元素

rare earth elements

　原子番号57のLaから71のLuまでの15種類の元素であるランタノイドに，原子番号21のScと39のYの2種類の元素を加えた計17種類の元素を希土類元素と呼ぶ．この中で原子番号61のPmは安定同位体をもたない消滅核種である．

　ランタノイド原子の電子配置は，5d軌道に1個の電子，6s軌道に2個の電子が入り，原子番号が増えるにつれて，4f軌道に電子が1個ずつ充填されていく．4f軌道のより外殻である5s, 5p軌道は各々2個，6個の電子で充たされているため，それらによって4f軌道の電子が遮蔽されてしまい，みかけ上は電子配置が大きく変わらないため5s, 5p軌道の電子は化学反応などに深く関与することがなくなり，その結果，ランタノイド元素間での化学的性質は類似する．また，このような電子配置は，原子半径，イオン半径にも影響を及ぼす．外殻である5d, 6s軌道にある電子は，その内殻に配置された電子よりも原子核からの電荷の影響を受け，4f軌道の電子が1個増えるたびに有効核電荷は増大し，原子全体の大きさがひきしめられる．したがって，原子番号の増加にしたがい，原子半径やイオン半径が徐々に減少していくランタノイド収縮が生じる．

　化学的性質が類似しており，イオン半径が連続的に変化するランタノイドを含めた希土類元素の性質は，惑星物質の進化過程を研究するうえで重要な指標となる．

　Masuda (1962)[2]は，地球の岩石，鉱物試料中のランタノイド元素存在度のコンドライト隕石に対する相対存在度が原子番号とともに連続的に変化することを導き出した．これとはまったく独立にCoryellら(1963)[1]も同様な規則性を発表しており，この表現手法は増田-コリエルプロットと呼ばれている．

　希土類元素の中のいくつかの元素については，その同位体存在度も重要な情報をもたらす．^{147}Sm-^{143}Nd 壊変系は惑星物質試料の年代測定に幅広く応用されているが，その他にもこれまで応用されてきたものとして，^{138}La-^{138}Ce, ^{138}La-^{138}Ba, ^{176}Lu-^{176}Hf がある．また，消滅核種である ^{146}Sm の壊変による ^{142}N 同位体存在度の変動を高精度に測定する手法は，近年，惑星の初期分化過程を研究するうえで重要視されつつある．

　厚い大気層に覆われていない地球外物質は太陽系空間において宇宙線に曝されている．^{149}Sm, ^{155}Gd, ^{157}Gd は中性子捕獲反応断面積が非常に大きいために宇宙線照射によって二次的に生成される中性子と反応し，それぞれ ^{150}Sm, ^{156}Gd, ^{158}Gd へとシフトする．月，隕石試料の ^{150}Sm/^{149}Sm, ^{156}Gd/^{155}Gd, ^{158}Gd/^{157}Gd 同位体比変動をとらえることで，宇宙線照射履歴から試料が太陽系空間におかれていた環境を推定することができる．　　　　〔日高　洋〕

文　献

1) Coryell, C.K., et al. (1963) A procedure for geochemical interpretation of terrestrial rare-earth abundance patterns. J. Geophys. Res., **68**, 559-566.
2) Masuda, A. (1962) Regularities in variation of relative abundances of lanthanide elements and an attempt to analyse separation-index patterns of some minerals. J. Earth Sci. Nagoya Univ., **10**, 173-187.

白金族元素

platinum group elements (PGE)

白金族元素とは周期表第8・9・10族の第5・6周期にある，ルテニウム・ロジウム・パラジウム・オスミウム・イリジウム・白金の6元素である．いわゆる貴金属であり，沸点が高く，酸に侵されにくいという共通の特徴をもつ．宝飾品のほか，工業的には触媒などに用いられている．

白金族元素が地球化学的に重要である第一の理由として，難揮発性元素であることがあげられる．そのため白金族元素は，高温の原始太陽系星雲からきわめて初期の段階で単体または合金として凝縮したと考えられている．たとえば，オスミウムの10^{-4} barにおける50%凝縮温度は1812 Kであり，これは太陽系最古の凝縮物であるCAI (calcium-aluminum-rich inclusions) に含まれるメリライトやヒボナイトより先にオスミウムが凝縮を開始することを意味する．それゆえ，隕石中の白金族元素存在度や同位体組成から，初期太陽系におけるさまざまな高温プロセスを解読する試みが精力的に行われてきた．

白金族元素の第二の特徴として，鉄との親和性がきわめて高いことがある．ゆえに，強親鉄元素（HSE：highly siderophile elements）とも呼ばれる．初期太陽系における微惑星や原始惑星において，鉄・ニッケルを主成分とする金属核がケイ酸塩相から分離した際，白金族元素は金属相に取り込まれたと考えられている．そのような金属核のかけら，すなわち鉄隕石の白金族元素存在度や同位体組成からは，惑星における金属核の形成プロセスやタイミングに関する情報が得られる．

一方，地球マントルにおける白金族元素の存在度は，CIコンドライトの約1/200（数 ppb程度）であり，ほぼ一定の値をとる．一見非常に低濃度に思えるが，白金族元素の1気圧における金属-ケイ酸塩間の分配係数は10^4以上であり，数ppbという値は分配係数から推定されるマントルの白金族存在度よりも数桁高い．この不一致の原因として，高圧における白金族元素の分配係数が1気圧のものと大きく異なるという考えや，地球の核形成後に地球外から飛来した隕石により白金族元素がもたらされ，マントルに広く分布したというモデルなどが提唱されているが，明確な解答は得られていない．

天然試料中の白金族元素の分析にはさまざまな困難が伴う．これは白金族元素の耐酸性が非常に高いことが一因である．現在では高温かつ高圧の条件下で酸分解が可能なCarius tube法や高圧灰化装置を用いた試料の分解が行われているが，いずれも試料の完全な溶液化を達成するのは容易でない．さらに問題を難しくしているのは，天然物質，とくにマントル物質や火山岩などのケイ酸塩岩石における白金族元素の存在形態である．これら岩石試料はそもそも白金族存在度が低いうえ，白金族元素の一部がマイクロナゲットと呼ばれるサブミクロンサイズの合金として存在する可能性があり，岩石を粉末化する際，大きな濃度不均質を作り出す．事実，信頼できる白金族元素濃度が与えられた国際的な岩石標準試料はほとんど存在せず，大きな問題となっている．岩石中の白金族元素の存在形態については，近年，放射光を用いた解析も行われており[1]，その成果が期待されている．

〔横山哲也〕

文 献
1) 小木曽哲ほか (2008) 放射光X線を用いた岩石内部の微小鉱物の非破壊探索：白金族鉱物を例にして．地球化学, **42**, 217-228.

コンドルール

chondrule

隕石は化学組成により未分化隕石と分化隕石に区分され，未分化隕石をコンドライトといい，コンドライトはコンドルールの存在により特徴付けられる．コンドルールは，数十ミクロンから1ミリ程度の球形，楕円体，不規則塊状をなし，その語源をギリシア語の chondoros（球粒）に由来する．コンドルールは1個ずつが，化学組成・サイズ・組織・構成鉱物比などの特徴が多様であり，異なる岩石としての特徴をもつ．サイズ，結晶の割合，その他の特徴はコンドライト化学グループにより系統的な違いがある．コンドルールに含まれる主要な鉱物は，カンラン石，輝石（主としてCaに乏しいもの）であり，そのほかに少量のCaに富む単斜輝石，斜長石，スピネルなどが含まれることがある．結晶は基本的にガラスの中に散在し，結晶とガラスの割合は完全にガラス質のものから完全に結晶質のものまで多様である（図1）．

コンドルールは化学組成によりタイプ I とタイプ II に分けられる．タイプ II は CI コンドライト組成，すなわち太陽系の平均的な組成に近く，化学組成の変動が小さい．他方，タイプ I はアルカリ元素を初めとする揮発性成分に乏しく，Al, Ca ほか難揮発性成分や Mg は CI コンドライトより多いものも少ないものもあり，変動が大きい．

化学グループの異なるコンドライト中のコンドルールは，系統的に異なる酸素同位体組成をもつが，その他の元素の同位体に関しては，化学グループ間の差はない．また，元素の質量分別はほとんどみられない．

コンドルールは球状の形，ガラスを含むこと，地球上の火山岩と類似した組織を示すこと，急速に冷却した際に形成される鉱物内部の化学組成累帯構造を示すこと，鉱物とガラスの間で，苦鉄質マグマと鉱物間に特徴的な元素分配を示すことなどから，溶融状態から急速な冷却により鉱物の結晶化が起こり形成されたことが明らかである．また，融け残り鉱物が多く見出されることから，前駆鉱物の集合体が融解したと考えられている．化学組成から推定される液相温度は1600～1700℃程度，固相温度は1200℃程度のものが多い．1気圧における組織再現実験から，液相温度付近からの平均的な冷却速度は10～1000℃/時間程度と推定されている．

コンドルールの形成は，単寿命放射性元素 ^{26}Al の壊変を用いた年代測定により，太陽系最古の固体物質である CAI の形成後100～250万年後，長寿命放射性元素 ^{238}Pb の崩壊を用いた年代測定により現在から45.65億年程度前と推定される．これは，原始太陽系の進化過程の初期段階であるガスとダストからなる円盤の集積段階と考えられる．液相の形成のためには，原始太陽系星雲内の著しくダスト濃集領域における形成が推定されている．短時間加熱のメカニズムについては，なんらかの衝撃過程であろうと考えられているが，具体的なプロセスは不明である．　〔永原裕子〕

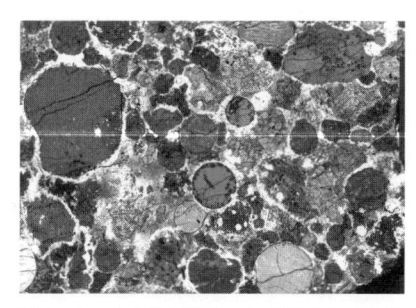

図1　もっとも始原的なコンドライトである Semarkona（LL3.0）の反射電子顕微鏡像　丸いものがコンドルール，明るいところは鉄の成分が多い．写真の左右は約33 mm.

CAI

Ca, Al-rich inclusion

CAI（難揮発性包有物）はコンドライト構成物質のひとつで，カルシウム，アルミニウム，チタンなど難揮発性元素に富んだ鉱物の集合体で，数十 μm〜cm 程度の大きさである（図1）．肉眼観察で白色に見えることから，白色包有物ともよばれる．構成鉱物のサイズから，粗粒 CAI，細粒 CAI に分類される．また，粗粒 CAI は主要構成鉱物の種類に応じて，メリライト（$Ca_2Al_2SiO_7$-$Ca_2MgSi_2O_7$ の固溶体）に富む type A，メリライトとファッサイト（アルミニウムとチタンに富む単斜輝石）を多く含む type B，アノーサイト（$CaAl_2Si_2O_8$）に富む type C に区分される．type A CAI はさらに fluffy type A（毛羽だったような不定形状）と compact type A に分けられる．

CAI は難揮発性元素に富むことから，高温ガスから凝縮した最初の固体物質（もしくは固体物質が高温に加熱されて揮発性元素が蒸発した残渣）であると考えられ

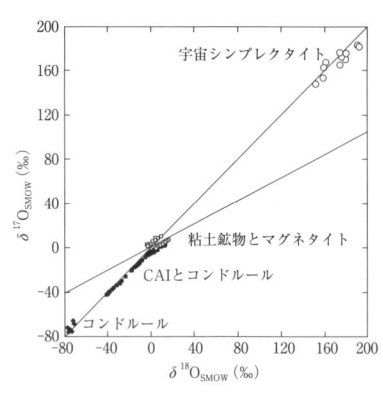

図2 三酸素同位体プロット

る．しかし，compact type A, type B, type C CAI はその組織から，凝縮（蒸発）でできた難揮発性元素に富む前駆物質が部分溶融してつくられたと考えられている．

CAI は約 45 億 6800 万年前という形成年代を示し，太陽系でつくられた最古の固体物質である．CAI の年代を用いて太陽系誕生の年代とすることが多いが，CAI が形成された時点で原始太陽系円盤がどの程度まで進化していたかは今のところわかっていない．

CAI の構成鉱物は他の隕石構成物質や隕石全岩に比べて ^{16}O に富むものが多く，それらの酸素同位体組成は，三酸素同位体プロットにおいて，質量依存型分別線には乗らず，傾きが約1の線上に分布する（図2）．この分布のうち，もっとも ^{16}O に富む鉱物（スピネルやファッサイト）が，CAI が最初に形成された当時の酸素同位体組成を記憶し，^{16}O に乏しい鉱物（メリライト）はその後の溶融時に周囲のガスと酸素同位体交換を行い，同位体組成が変化したと考えられている．

一部の CAI にはマグネシウム，ケイ素の同位体組成が質量分別の結果，重くなり，また一部元素の同位体異常も見られ，FUN（Fractionation and Unidentified Nuclear effects）包有物とよばれる．

〔伊藤正一・橘　省吾〕

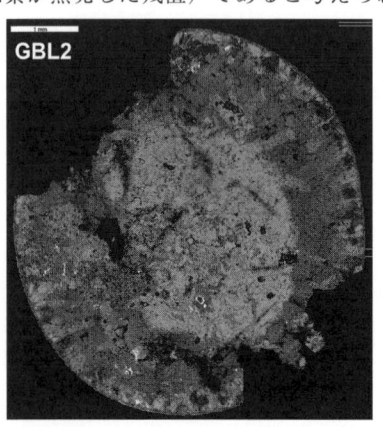

図1　type B CAI 反射電子顕微鏡写真

プレソーラー粒子

presolar grains

隕石の中にはごく少量であるが星で生成された塵（スターダスト）が含まれている．1960年代の終わりまでは，太陽系は生成時に元となった分子雲の中の塵が全部蒸発して，同位体比においては均一になったと考えられていた．しかし，隕石や隕石を酸処理をした残渣の希ガスを測定したところ，太陽系で起こった過程では説明できない同位体比の異常が観察され，ごく少量であるが均一化をまぬがれたスターダストが含まれているのではないかと考えられるようになった．しかし，実際に希ガスの同位体比異常をもつスターダストが隕石から抽出されるには1987年まで待たなければならなかった．隕石中のスターダストは太陽系形成以前に生成されたスターダストであるので，プレソーラー粒子と呼ばれる．

プレソーラー粒子はいわゆる「始源的」と呼ばれる隕石に含まれており，今までに隕石中から同定されたプレソーラー粒子として，ダイヤモンド，炭化ケイ素（SiC），グラファイト，窒化ケイ素，炭化チタン（TiC），酸化物，ケイ酸塩などがあげられる．隕石中の存在度は大変低く，もっとも存在度が高いダイヤモンドでも1000 ppm程度，2番目のケイ酸塩でも数百 ppm程度であり，SiCでは数 ppmである．

そもそも隕石の大部分を占める太陽系起源の鉱物とプレソーラー粒子をどうやって見分けるのだろうか．プレソーラー粒子の発見の端緒となった希ガスの同位体比異常からもわかるように，プレソーラー粒子は核反応が起こる星で生成されるのであるから，核反応を反映した太陽系とまったく異なる同位体比をもっていることが期待される．つまり，プレソーラー粒子は太陽系の同位体比とかけ離れた値，つまり，同位体比異常を持っているものである．逆にいうと，仮に太陽系の同位体比とまったく同じ同位体比をもつプレソーラー粒子があってもわれわれには検知できない，ということである．

プレソーラー粒子がどのような星で生成されたかということは，粒子の同位体比や元素比を星の核合成の理論と比較することによって推定されている．プレソーラー粒子の中で一番研究されているSiCは，最初バルク（多数の粒子の寄せ集め）で重元素の同位体比を測定したところ，sプロセス（slow neutron capture process）で予想される同位体比のパターンを示した．sプロセスは漸近巨星分岐星（AGB星—Asymptotic Giant Branch stars）で起こるので，SiCはAGB星起源ではないかと考えられた．実際，個々の粒子をイオンプローブという装置で測定してみると，粒子の炭素，窒素，ケイ素の同位体比によって数種類のグループに分けられることがわかった．90％以上がメインストリーム（mainstream）粒子と呼ばれるグループに属し，太陽質量の1～3倍で太陽系と同じ程度の金属量（水素，ヘリウム以外の元素の総量）をもつAGB星で生成されたと考えられている．Y粒子，Z粒子はメインストリーム粒子の母星よりもさらに金属量が少ないAGB星で生成されたと推定されている．$^{12}C/^{13}C$が低い（<10）粒子はA+B粒子と呼ばれているが，J-starやborn-again AGB星などという特殊な星が母星であると考えられている．約1％を占めるX粒子は超新星で生成されたと考えられている．

酸化物，ケイ酸塩のプレソーラー粒子の酸素の同位体比分布は似かよっている．^{17}Oに富み$^{18}O/^{16}O$が地球の値に近いものはグループ1に，$^{18}O/^{16}O$が地球の値よりかなり低く^{17}Oに少量富んでいるものはグループ2，$^{17}O/^{16}O$と$^{18}O/^{16}O$の両方が地球の値より低い粒子はグループ3，$^{17}O/^{16}O$

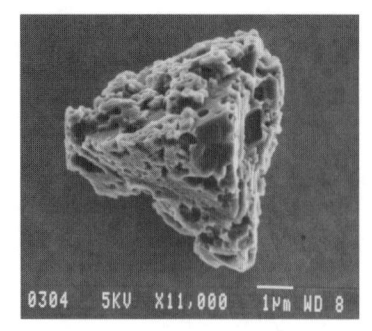

図1 マーチソン隕石から抽出された炭化ケイ素の二次電子像

白線は1ミクロンを表す．この粒子の$^{12}C/^{13}C$は55.1±0.8であり，太陽系の値 (89) とは全く異なっている．

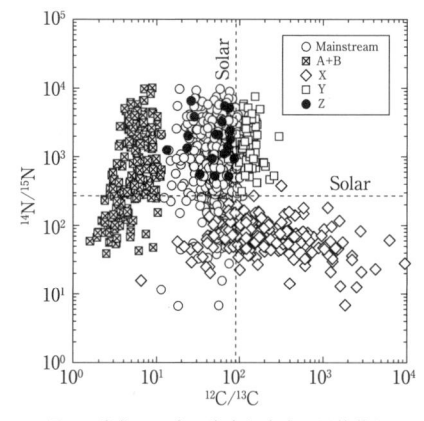

図2 炭化ケイ素の炭素と窒素の同位体比

破線は太陽系の値を表している．炭素，窒素，そしてケイ素の同位体比から，Mainstream, A+B, X, Y, およびZ粒子というグループに分類される．

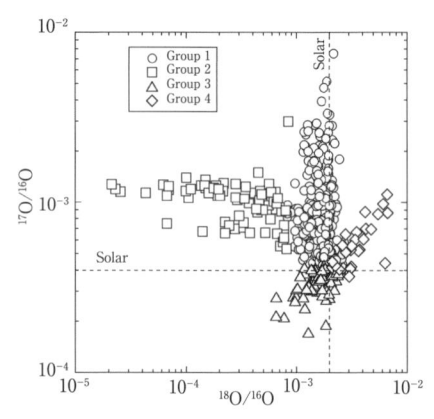

図3 酸化物の酸素の同位体比

破線は太陽系の値である．酸素の同位体比によって4つのグループに分類される．

と$^{18}O/^{16}O$の両方，あるいは後者のみが高い粒子はグループ4と分類されている．グループ1から3までに属する粒子は赤色巨星やAGB星で生成されたと考えられている．一方，グループ4に属する粒子は近年は超新星で生成されたと考えられている．

要約すると，プレソーラー粒子の多くのものは漸近巨星分岐星や赤色巨星から由来していること，そしてそれよりも数は少ないが超新星で生成された粒子もあることがわかっ

ている．プレソーラー粒子の研究では同位体比の測定が重要な部分を占めているが，そのほかにも透過電子顕微鏡で結晶構造を調べて生成条件を推定する研究も行われている．

プレソーラー粒子の研究から，星の中ではどのような核合成が起こっているのか，超新星が爆発するときにどのような混合が起こっているか，銀河系で元素や同位体比が時間とともにどのように変化しているか，などの情報が得られる．これからわかるように，プレソーラー粒子の研究には分野の異なる研究者との協力が欠かせない．

〔甘利幸子〕

文　献

1) Bernatowicz, T. J. and Zinner, E., Eds. (1997) *Astrophysical Implications of the Laboratory Study of Presolar Materials*. AIP, 750 pp.
2) Lodders, K. and Amari, S. (2005) Presolar grains from meteorites: Remnants from the early times of the solar system. Chem. Erde, **65**, 93-166.
3) Zinner, E. (2004) Presolar grains. In *Meteorites, Planets, and Comets* (Ed. A. M. Davis), Vol. 1, Treatise on Geochemistry (Eds. H. D. Holland and K. K. Turekian) 1, Elsevier-Pergamon, 17-39.

9-31

【コラム】スターダスト計画

stardust mission

スターダスト計画は，彗星の近くに探査機を接近させ，人類史上初めて，彗星から放出された塵を直接捕獲し，地球に持ち帰るというものである．探査機が接近したビルド第2彗星は1978年にスイスのベルン大学のビルトが発見した木星族短周期彗星である．太陽系誕生時に形成されたカイパーベルト天体が，1974年に木星に近接した際に，巨大な木星の摂動により軌道変化し，太陽をはさみ火星と木星の間の楕円軌道を周回しはじめたのがビルド第2彗星である．現在の公転周期は約6.4年である．

1999年に打ち上げられたスターダスト探査機は，2004年にビルド第2彗星に再接近し，彗星から放出された約1万個の塵を極低密度物質エアロゲルに打ち込ませることにより回収することに成功した（図1）．エアロゲルは，SiO_2を主成分とするスポンジのような多孔質な物質である．密度は約5 mg/ccであり，空気の約4倍程度の密度の非常に軽量な物質である（ギネスブックに最軽量の固体物質として記載されている）．2006年1月に探査機は無事に地球に帰還し，塵の初期，公募分析が行われ，多くの発見がもたらされた．分析には日米欧の多くの研究者が参画した．

実際に回収された塵の分析から，いくつかの驚くべき事実が明らかになった．結晶質の物質の分析により，一部の彗星塵は形成時に非常に高い温度（摂氏1500度以上）に加熱され，蒸発凝縮を経たり，溶融してできた物質であることが明らかになっ

図1 スターダスト探査機がビルド第2彗星に近づき，塵をエアロゲル捕獲版（探査機中央部のラケット状の機器）で捕獲した（NASAホームページより）．

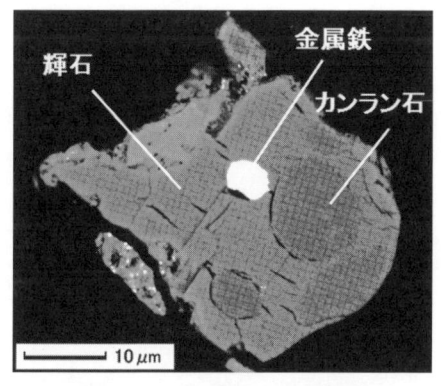

図2 ビルド第2彗星の塵の断面図
電子顕微鏡写真．溶融した岩石特有の斑状組織を示す．

た．図2に溶融してできた塵を示す．この事実は，カイパーベルト天体が形成されたと考えられる極低温下の太陽系外縁部に，太陽近傍の超高温領域で形成された微粒子が存在していたということを示す．これは太陽系形成時に，微粒子が太陽系中心部から外側に向かって輸送されていたということを示唆し，これまで知られていなかった初期太陽系の歴史がひとつ明らかになったという意味で意義深い．　〔中村智樹〕

元素分別

elemental fractionation

9-32

われわれの身の回りの物質を見てもわかるとおり、元素はいろいろなスケールで不均一に分布している．太陽系が形成された時点での元素や同位体の組成やその均一性の議論は古くて新しい課題であるが，少なくとも元素組成に関しては太陽系の元素組成（9-18参照）をもつ均一な原始太陽星雲を出発物質にして，現在の太陽系ができたと考えられている．

太陽系形成論によると，原始太陽星雲が集積をはじめ，中心に太陽が形成される．その周辺に散らばる物質がディスク平面に沈降すると，その重力エネルギーにより星雲物質の温度が上昇し，ほぼガス化したと考えられている．この段階でそれ以前の履歴がリセットされる．やがてガス化した星雲の温度が冷えると元素は気体から固体へ移る凝縮過程に入る．この過程は元素の（より正確には，当該元素からなるガス種や固体鉱物種の）熱力学的性質が反映される（9-32参照）．この過程を反映した元素の分類を宇宙化学的元素の分類と呼ぶ（9-35参照）．

凝縮して固体となった微粒子は重力の作用で集積し，微惑星を形成する．この過程で集積しやすさ，しにくさ（集積速度が速い，遅い）で元素間に分別が生じる．凝縮と集積が重なって起こることも考えられ，その場合，高温凝縮物が先に集積し，低温凝縮物が遅れて集積する．コンドライトを特徴付ける元素組成は主としてこの過程で生じたものとして説明できる．

普通コンドライト間で見られる親鉄性元素の存在度の系統的変化も凝縮-集積過程で生じたものと考えられる．この過程を「金属-ケイ酸塩分別」と称する．この表現はあとで述べる，溶融した天体で中心に金属球が，周辺にケイ酸塩マントルが生じる過程に対しても用いられることがあるが，宇宙化学的には太陽系初期の普通コンドライト間で起こる分別過程に対して用いられるべき表現である．

太陽系初期に固体物質の凝縮が起き，やがて集積して微惑星が形成される．この微惑星の中で放射性核種の壊変が起こると壊変エネルギーが放出される．微惑星が大きくなると表面から惑星間空間に放出しきれなくなり，微惑星内部に蓄積され，やがて微惑星の溶融が起こる．その結果，密度の大きな金属相は中心に，密度の小さなケイ酸塩相はその外側を囲む，いわゆる殻構造を形成する．硫化物相が金属相と共融混合物になれば，親石性元素がケイ酸塩マントルに，親鉄性元素，親銅性元素が中心核に濃集し，大規模な元素の分別が起こる．

溶融した金属やケイ酸塩が冷却すると固相が晶出する．この固相-液相間でも元素の分別が起こる．このときの元素の分別は元素の固相-液相間の分配係数で記述される．この過程での元素の動きを支配する主な因子は元素の存在状態（イオン価数とイオン半径）である．固相-液相間の元素の分配と同様の元素の分別が拡散においても生じる．拡散は固相-固相間での元素の移動で起こり，固相-液相間の分配に比べて分別の起こる速さは非常に遅いが，長時間経過後の元素の分別は同じ結果をもたらす．

元素の分別を起こす駆動力となるのは熱エネルギーである．宇宙・地球化学的過程における最大のエネルギー源は放射性核種の壊変熱であり，次いで衝突熱があげられる．天体通しの衝突に起因する元素分別は太陽系形成初期には現在では想像できないほど大きなものがあったと考えられる．

〔海老原　充〕

【コラム】同位体顕微鏡

isotope microscope

　同位体顕微鏡[1]は微小領域の同位体組成分布を可視化する装置である．同位体顕微鏡は，二次イオン質量分析法を用いた2つの手法において実現されており，その1つが，二次イオン質量分析法の投影機能を利用した結像型同位体顕微鏡である（図1）．試料から放出された二次イオンの分布は，質量分離された後に投影面に結像される．しかし，投影された二次元イオン像を撮影する適切な二次元イオン検出器が存在ぜず，同位体顕微鏡の実現はSCAPSと呼ばれる独自開発した検出器の完成によって達成された．同位体顕微鏡を用いて得られる試料の同位体組成像は，1 μm以下という非常に高い空間分解能を有している．

　同位体顕微鏡は宇宙化学分野において大きな成果を上げてきている．太陽系誕生以前の星を起源（プレソーラー）とするケイ酸塩粒子の発見[2]はその1つであろう．プレソーラー粒子のうち，ケイ酸塩鉱物が主要なものであったことは観測やモデル，および太陽系の化学組成により示唆されていたものの，普遍的にあったはずのケイ酸塩プレソーラー粒子が発見されることはなかった．太陽系形成の歴史の中で高温にさらされ破壊されてしまったのか，それとも既存の分析方法では見つけられないだけなのか…．プレソーラー粒子は恒星が放出したガスから凝縮したものと考えられており，太陽系を構成する物質とは化学組成は同じでも同位体比が異なることが予測される．この点に着目し，ようやく完成した結像型同位体顕微鏡を駆使し，隕石中の微小領域の同位体分布をくまなく見ていった．

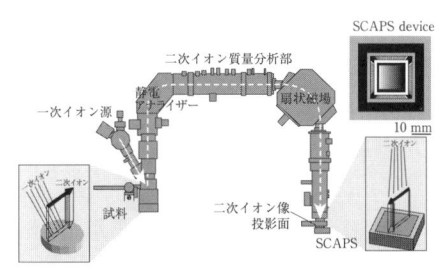

図1 現行の結像型同位体顕微鏡の模式図

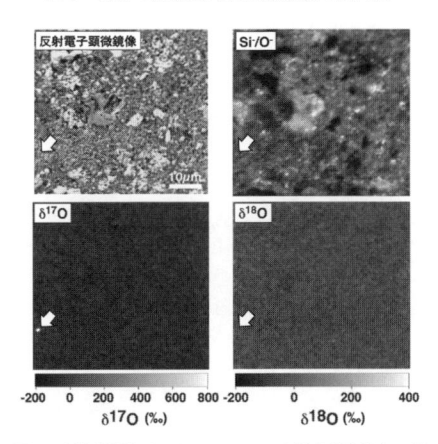

図2 始源的隕石マトリックスの反射電子像と，結像型同位体顕微鏡を用いて撮像したSi/Oと酸素同位体の分布画像

　矢印部分に^{17}Oの同位体異常をもつ，1 μm程度のケイ酸塩スターダストが存在する．

その結果，酸素同位体に大きな同位体異常を発見し，世界で初めてプレソーラーケイ酸塩のその場観察に成功した[2]（図2）．これにより，太陽系平均元素組成から太陽系の原料と考えられていたプレソーラーケイ酸塩の存在が隕石中から実証されたのである．
〔永島一秀〕

文　献
1) 圦本尚義（1997）同位体顕微鏡．科学，**67**, 560-566.
2) Nagashima, K., et al.（2004）Stardust silicates in meteorites. Nature, **428**, 921-924.

9-34 同位体存在度

isotope abundances

周期表には現在, 110種類を超える元素が並んでいる. 国際純正応用化学連合 (IUPAC: International Union of Pure and Applied Chemistry) の報告[1]によれば, 天然に安定および準安定に存在する元素は水素からウランまで約80種類あり, このうち62種類の元素では陽子数が等しく中性子数が異なる原子, すなわち「同位体」の関係にある複数の核種が存在する. 天然物や実験生成物などにおける元素の同位体存在度を詳しく知ることで, その物質の起源や物質が受けたさまざまな物理化学過程に関する情報が得られる. このような学問分野は同位体地球化学と呼ばれ, 地球化学において重要な役割を果たしている.

同位体存在度と元素合成 元素は137億年前のビッグバンとその後生じた恒星の進化に伴う核融合によって生成された(元素合成プロセス). 46億年前における太陽系の誕生には, 別々の恒星で作られた同位体存在度の異なるさまざまな物質が寄与している. しかし, 地球物質や隕石など, 太陽系内における天然物の同位体存在度は, 放射性核種の崩壊や軽元素に顕著な質量依存の同位体分別による変動を除けば, 大局的にはきわめて一定である. これは太陽系先駆物質が分子雲の状態ですでに均一化されていたか, 原始太陽系星雲における高温プロセスによって同位体組成が平均化されてしまったためと考えられている.

太陽系の平均的な同位体存在度から, 元素合成過程に関するさまざまな情報が読み取れる. たとえば, 酸素は ^{16}O, ^{17}O, ^{18}O, マグネシウムは ^{24}Mg, ^{25}Mg, ^{26}Mg の同位体をもつが, 圧倒的に存在度が高いのは ^{16}O (99.8%) および ^{24}Mg (79.0%) である. これは ^{16}O や ^{24}Mg が恒星内で生じるヘリウム燃焼, 炭素燃焼, ネオン燃焼の主産物であることが原因である. 一方, 鉄より重い元素はsプロセスやrプロセスなどで合成されるが(詳細は9-13参照), 各プロセスで作られる元素の同位体存在度は大きく異なる. バリウムを例にとると, ^{134}Ba (2.42%) と ^{136}Ba (7.85%) はsプロセスでのみ作られる核種であり, ^{135}Ba (6.59%), ^{137}Ba (11.2%), ^{138}Ba (71.7%) はsプロセスとrプロセス双方の寄与がある. Ba全体としてはsプロセスの寄与がrプロセスより相対的に多く, 太陽系のBaの81%はsプロセスで作られたものである[2]. これはBaのケースであり, たとえばユーロピウム (Eu) は逆にその94%がrプロセスで作られた. 元素全体を見渡せば, 太陽系へのsプロセスとrプロセスの寄与はほぼ1:1である.

Baにはまた, 存在度の極端に低い ^{130}Ba (0.11%) と ^{132}Ba (0.10%) が存在するが, これらの中性子欠乏核はp核種と呼ばれる. 太陽系へのp核種の寄与は小さく, その存在度はBa以外の元素(たとえば ^{124}Xe : 0.09%, ^{156}Dy : 0.06%, ^{180}Ta : 0.01%, ^{184}Os : 0.02%) でも著しく低いものとなっており, 測定が困難であるため研究が十分に進んでいない.

地球物質の同位体存在度 地球物質における同位体存在度は, 元素の原子量を求める上で必要不可欠な情報である. 各元素の同位体存在度はIUPACの下部組織である原子量および同位体存在度委員会 (CIAAW: Commission on Isotopic Abundances and Atomic Weights) によって決定され, 2年ごとに改訂されている. 先述したように, 地球物質の安定同位体存在度は大局的には一定であるが, それでもパーミル (‰) 以下のレベルでみれば, 多くの元素において試料ごとの変動が認められる

(この微少な変動を読み取ることこそ，同位体地球化学的研究である)．また，放射性核種の壊変による影響もあるため，一口に地球物質の同位体存在度といっても，一意的に求めるのは簡単ではない．

そこで，CIAAWはさまざまな物質の測定結果を考慮し，各元素について「代表的同位体組成 (representative isotopic composition)」を独自の見解から導出し，報告している[1]．これは実験室において一般的に測定される化学物質や天然物がもつ，典型的な同位体組成であると説明されている．CIAAWにより報告される原子量[3]の算出には，基本的にはこの同位体組成が用いられている．またCIAAWは各元素について"best measurement"と称し，ある1つの地球物質の同位体存在度測定値を報告しているが，これは先の「代表的同位体組成」とは必ずしも一致しない．その地球物質として，多くの場合はNIST (National Institute of Standards and Technology)やIRMM (Institute for Reference Materials and Measurements) が提供する国際標準物質が選ばれるが，希ガスの場合は大気が標準物質であり，また水素や酸素はVSMOW (Vienna 標準海水) が用いられる．これらの値に加え，CIAAWの報告書では天然物の同位体組成の変動範囲も記載されているが，その変動幅は元素によりまちまちである．

同位体存在度の測定 元素の同位体存在度は質量分析計を用いた同位体測定により求めることができる．頻繁に用いられる質量分析計は，水素，酸素，炭素，硫黄といった軽元素の分析に適した安定同位体質量分析計のほか，希ガス質量分析計，表面電離型質量分析計，または誘導結合プラズマ質量分析計などである．近年の分析機器の技術革新により，同位体分析の精度そのものは飛躍的に向上している．しかし，物質のもつ"真の"同位体組成を求めることは簡単ではない．これは，質量分析計では多かれ少なかれ，測定中の質量差別効果が必ず生じるからである．質量差別効果の補正にはさまざまな方法があるが (内部補正法・外部補正法など)，いずれもある1組の同位体比を既知のものとして分別係数を計算するため，その"既知"の値をどのようにして決定するかという問題が残る．このような理由から，安定同位体地球化学では目的物質と前述の標準物質を同時に測定し，目的物質の同位体組成を実測値ではなく，標準物質からの偏差として相対値で評価するのが普通である．

マイナーな同位体の存在 本項の冒頭で同位体が存在する元素は62種類と述べたが，そこでは考慮されていないマイナーな同位体も地球上には存在する．たとえば，ウラン系列の短寿命核種である ^{230}Th (半減期7万5700年) や ^{226}Ra (半減期1600年) はCIAAWの報告[1]では考慮されていないが，親核種である ^{238}U (半減期44.7億年) が天然に十分存在するため，これらの核種は永続平衡を保ちながら存在している．また，超ウラン核種であるネプツニウム (^{239}Np) やプルトニウム (^{239}Pu, ^{244}Pu) も，ウラン鉱床など特殊な環境に限るが，天然にも極微量存在している．これらマイナーな同位体も地球化学では重要なターゲットであり，その精密な分析がさまざまな応用に用いられている．

〔横山哲也〕

文 献

1) Böhlke, J.K., et al. (2005) Isotopic compositions of the elements, 2001. J. Phys. Chem. Ref. Data, **34**, 57-67.
2) Arlandini, J. (1999) Neutron capture in low-mass asymptotic giant branch stars : Cross sections and abundance signatures. Astrophys. J., **525**, 886-900.
3) Wieser, M.E. and Coplen, T.B. (2010) Atomic weights of the elements 2009 (IUPAC Technical Report) Pure Appl. Chem., **83**, 359-396.

元素の宇宙化学的分類

cosmochemical classification of elements

元素は自然界の事象に基づいて分類することができる．もっともよく用いられているのが元素の化学的分類である．これは元素の性質が原子番号の増加とともに周期的に変化する性質（周期律）を反映したもので，それを視覚的に示したものが元素の周期表（付録6）である．

地球レベルでの元素の偏在に基づく分類に元素の地球化学的分類がある．これはゴールドシュミットの元素の分類（9-01参照）に対応する．元素の化学的分類では1つの元素が複数のグループに分類されることはないが，地球化学的分類では1つの元素がいくつかのグループにまたがることがある．これは元素の地球化学的挙動が多様であることによる．元素の地球化学的挙動は元素そのものの挙動というよりも，むしろ分子や化合物の挙動によって決まり，地球上では元素は多様な化学形や分子形をとり，またその挙動も環境も含め複数の因子によって左右される．

元素の宇宙化学的分類は，太陽系形成初期に起こったと考えられる元素の凝縮過程に基づく．凝縮モデル（9-17参照）によれば，高温のガスが冷却するに従って，元素はその熱力学的性質に従って気相から固相に凝縮する．この固相へ凝縮する温度（凝縮温度；condensation temperature）の違いによって元素を分類する．これらの分類の基準となる凝縮温度は絶対的な数値ではなく，凝縮モデルでの初期条件によって決まる．この初期条件としては出発物質の元素組成，温度，圧力があげられ，出発物質の元素組成には太陽系の元素組成（9-18参照）を仮定する．初期圧力としては，この出発物質が完全にガス化した状態を仮定し，$10^{-3} \sim 10^{-6}$気圧程度の値を仮定する．一般に初期圧が高いほど凝縮温度は低くなる．各分類グループを分ける温度幅は一義的に決められないが，元素の揮発性の程度は，相対的には元素間で一義的に決まる．その点で地球化学的分類に比べて曖昧さは少ない．表1は上記の3つの元素の分類とその基準・根拠，および分類例と対応する元素の例を示したものである．

〔海老原　充〕

表1　元素の分類

分類名	分類の根拠	分類例	該当元素（例）
化学的分類	電子配置，とくに最外殻軌道の電子配置	アルカリ金属元素 ハロゲン元素 希ガス元素	Li, Na, K, Rb, Cs, Fr F, Cl, Br, I, At He, Ne, Ar, Kr, Xe, Rn
地球化学的分類	地球化学的活動（おもに火成活動）による元素の偏在状況	親石元素 親鉄元素 親銅元素 親気元素 親生元素	Mg, Al, Si, Ca, 希土類元素 Ni, Co, Ru, Rh, Pd, Os, Ir, Pt S, As, Se, Ag, Cd, In, Sn, Sb, Te H, N, C, O, 希ガス元素 H, C, N, O, P, S, Cl
宇宙化学的分類	高温の気相から温度の降下に伴って固相に移行する際の凝縮温度	難揮発性元素 中揮発性元素 揮発性元素 高揮発性元素	Re, Os, Ir, Zr, Hf, W, Lu Pd, As, Au, Na, K S, Zn, Se, Cd, In, Tl, Pb, Bi H, Hg, 希ガス元素

惑 星

planets

太陽系の惑星の定義は2006年に国際天文学連合によって定められた．これは次のようなものである．

惑星は，(1) 太陽の周りを回り，(2) 十分大きな質量を持つので，自己重力が固体に働く他の種々の力を上回って重力平衡形状（ほとんど球状の形）を有し，(3) 自分の軌道の周囲から他の天体をきれいになくしてしまった天体である．

(1), (3) は軌道の条件，(2) は質量の条件である．(1) は問題ないであろう．(2) は惑星の質量の下限を決めることになる．天体の自己重力は質量が大きいほど強い．ある程度大きくなると自己重力が物質強度を上回り，天体の形は基本的に自己重力で決まることになる．(3) は天体による重力散乱や衝突合体によって周囲の他天体を排除している，という意味である．これには例外があって，安定な軌道共鳴にある天体の存在は許している．たとえば，海王星にとって冥王星は周囲にあることになるが，安定な3:2平均運動共鳴（海王星が3回公転する間に冥王星が2回公転する）にあるため，冥王星があることによって海王星が惑星でなくなることはない．この定義によって太陽系の惑星は現在，太陽に近いものから水星，金星，地球，火星，木星，土星，天王星，海王星の8個となった．

まず，惑星全体としての特徴をまとめておこう．惑星の全質量は太陽質量の0.13%しかない．これはほとんど木星と土星の質量である．一方，惑星の軌道角運動量は太陽の自転角運動量の約190倍になる．つまり，太陽系では質量は太陽が，角運動量は惑星が担っていることになる．

図1に惑星の質量と密度を示す．惑星はおもに組成の違いから，大きく地球型，木星型，海王星型（もしくは天王星型）の3種類に分類される．それぞれ，岩石惑星，ガス惑星，氷惑星とも呼ばれる（ガス惑星と氷惑星には前に巨大をつける場合も多い）．表1に各惑星の特徴をまとめる．ま

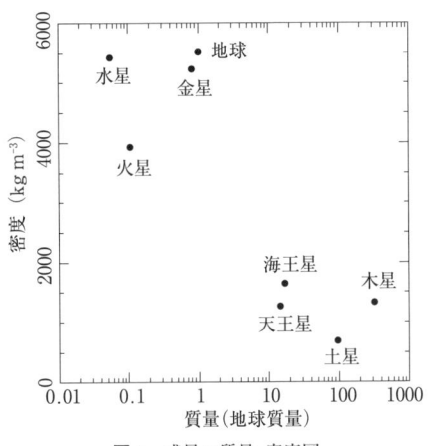

図1 惑星の質量-密度図

表1 太陽系の惑星

惑星	水星	金星	地球	火星	木星	土星	天王星	海王星
種類	地球型				木星型		海王星型	
軌道長半径（天文単位）	0.387	0.723	1.00	1.52	5.20	9.55	19.2	30.1
質量（地球質量）	0.055	0.815	1.00	0.107	317	95.2	14.5	17.2
平均密度(10^3 kg·m^{-3})	5.43	5.24	5.52	3.94	1.33	0.69	1.27	1.67
主成分	岩石・鉄				ガス（H_2・He）		氷（H_2O・CH_4・NH_3）	

た，図2に惑星の内部構造（断面図）を示す．以下にそれぞれの惑星について述べる．

地球型惑星　水星，金星，地球，火星が地球型惑星で，太陽系の内側（約0.4～1.5天文単位）に存在し，質量範囲は地球質量の約0.1～1倍ほど．密度は4000～5000 kg·m^{-3} で，3種類の惑星の中でもっとも密度が大きい．

地球型惑星はおもに岩石（ケイ酸塩）と鉄からできている．固体部分は中心から核，マントル，地殻の層構造をなす．核はおもに鉄・ニッケルからなり，そこに酸素，硫黄，水素などの軽元素が含まれていると考えられている．マントルはおもにかんらん岩，地殻はおもに玄武岩からなる．金星，地球，火星の核の質量は全質量の20～30%だが，水星は70%近いと見積もられている．

大気は金星と火星は二酸化炭素を，地球は窒素と酸素を主成分とする．水星は質量が小さいため大気はほとんどない．地球は太陽から適当な距離にあるため，表面に液体の水が存在するという特別な環境になっている．

木星型惑星　木星，土星は木星型惑星に分類される．太陽系の中ほど（約5～10天文単位）に存在し，質量範囲は地球質量の約100～300倍になっている．密度は約1000 kg·m^{-3} くらい．

木星型惑星は質量のほとんどが水素・ヘリウムである．しかし，太陽元素存在度と比較すると重元素（ヘリウムより原子番号が大きい元素）が過剰になっている（9-18

参照）．中心にはおもに氷（水，メタン，アンモニア）・岩石・鉄からなる核があり，それを水素・ヘリウムのエンベロープが取り囲んでいると推定されている．水素はエンベロープの下部では金属水素，上部では水素分子になっていると考えられる．核の質量は不確定性が大きいが，木星では地球質量の10倍以下，土星では10～20倍と見積もられている．また，エンベロープ中にも多量の重元素が存在していると考えられている．

海王星型惑星　天王星，海王星は以前は木星型惑星と分類されていたが，最近は組成の違いからから海王星型惑星と分類されるようになった．太陽系の外側（約20～30天文単位）に存在し，質量範囲は地球質量の約10～20倍になっていて，密度は木星型惑星と同程度である．

海王星型惑星は表層に水素・ヘリウムを主成分とするガスがあるが，その質量は全質量の10～20%しかなく，おもに水，メタン，アンモニアの混合氷でできていると考えられている．固体部分は，中心にはおもに岩石・鉄からなる核があり，それを混合氷のマントルが取り囲んでいる，という層構造になっていると考えられている．

すべての木星型惑星と海王星型惑星に多数の衛星と環があるが，地球型惑星では地球と火星にそれぞれ1個と2個の衛星があるのみである（9-37参照）．また，磁場は金星と火星以外のすべての惑星に存在する．磁場の存在は惑星内部に電気伝導流体が存在していることを示唆している．

まとめると，3種類の惑星は太陽系の内側から種類ごとに住み分けていることがわかる．さらに，質量範囲も種類によって異なっている．つまり，惑星の分類は，組成を基礎にしているが，軌道分布と質量での分類にもなっているわけだ．このように惑星の特徴は互いに独立ではなく，多くの場合ある関係で結びついている．その関係は

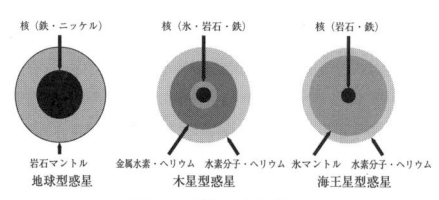

図2　惑星の内部構造

ほとんどの場合，形成過程を反映していると考えられている（9-15参照）．

ここで，太陽系の惑星の軌道と自転の特徴をまとめておく．太陽系の不変面（惑星の角運動量ベクトルの和と直交する面）に対する軌道傾斜角は約6度以内になっている．つまり，惑星の軌道はほぼ同一平面上にある．また，軌道離心率は0.1以下で，軌道はほぼ円である．まとめると，惑星の軌道は太陽を中心とする同一平面上の同心円になっているといえる．水星と金星の自転周期は長く，それぞれ59日と243日である．それ以外の惑星は10〜25時間になっている．また，金星と天王星を除くと，赤道傾斜角（自転軸と軌道面法線とのなす角）は30度以内になっている．金星は177度，つまり逆行自転，天王星は98度，つまりほぼ横倒しとなっている．

これまで惑星と分類されてきた冥王星は，周囲に多数の太陽系外縁天体が存在することがわかり，惑星の条件（3）を満たさないので，現在は惑星ではなく準惑星（dwarf planet）とよばれている．他に準惑星として，ケレス，エリス，マケマケ，ハウメアがある．これらは直径約1000 km以上の天体で，惑星と違い軌道離心率や軌道傾斜角は大きい．準惑星は今後も観測が進めば増えるだろう．惑星でも準惑星でもない天体で，衛星でないものは，太陽系小天体とよばれる． 〔小久保英一郎〕

文　献

1) McFadden, L.-M., et al. (2007) *Encyclopedia of the Solar System*, Academic Press.
2) 渡部潤一ほか編（2008）太陽系と惑星，日本評論社．

衛 星
satellite

衛星とは，惑星や小惑星，準惑星の周囲を公転する天体である．リング構成粒子や塵粒子のように小さなものは衛星とは呼ばれない．太陽系の惑星では，地球，火星，木星，土星，天王星，海王星に衛星が存在する．準惑星では，冥王星，エリス，ハウメアに衛星がある．表1にはおもな天体の衛星の大きさと個数を示してある．

多くの衛星は，主星の自転方向と同じ方向に公転しており，順行衛星と呼ばれる．しかし，海王星の衛星トリトンなど，主星の自転方向とは逆方向に公転している衛星があり，逆行衛星と呼ばれる．衛星の中でも半径1000 kmを越えるものが，地球の月，木星のガリレオ衛星（イオ，エウロパ，ガニメデ，カリスト），土星のタイタン，海王星のトリトンである．ガニメデ (2631 km)，タイタン (2575 km) は，水星 (2439 km) よりも大きい．

ガリレオ衛星 木星のガリレオ衛星（図1）は，ガリレオ＝ガリレイが自作の望遠鏡で400年前に発見した．エウロパ，ガニメデ，カリストは氷に覆われている．いちばん木星に近いイオには氷はなく，表面には活発な硫黄の火山活動が起きている．ガリレオ衛星では木星との潮汐作用のため自転と公転は同期していて同じ面を木星に向けている．さらに内側のイオ，エウロパ，ガニメデの公転周期は1：2：4の整数比になっていて，ラプラス共鳴と呼ばれる．共鳴状態にあるため，軌道の離心率が励起され，木星との間の潮汐作用が強く働き，内部の発熱が高くなる．そのため，イオでは火山活動が継続している．また，エウロパ，ガニメデは氷に覆われているが，内部に地下海が存在すると推定されている．ガニメデには，ダイナモ磁場があるため中心に溶融した金属核があると推定されている．

土星の衛星 土星では，タイタンが突出して大きな衛星である．密度は1880 kg/m^{3}で，ガニメデ，カリスト同様に氷を主成分とする．タイタンは窒素を主成分とする大気に覆われている．大気中のメタンが凝結して降雨となり，表面を流れて河川状地形やメタンの湖を形成している．大気中には有機物の塵が存在している．

エンセラダスの南極付近は表面温度が高い割目があり，氷が噴出している．エンセラダスは直径500 kmの小天体であり，放射性熱源は効かない．土星との潮汐相互作用が熱源として効いて，内部に氷が溶融した領域が存在すると考えられる．

小惑星・準惑星の衛星 最初に発見さ

表1 天体と衛星の個数（直径別）

	4000 km 以上	2000〜4000 km	1000〜2000 km	500〜1000 km	100〜500 km	100 km 以下
地球			1（月）			
火星						2
木星	2（ガニメデ，カリスト）	2（イオ，エウロパ）			2	60
土星	1（タイタン）		4	1	5	53
天王星			4		4	19
海王星		1（トリトン）			5	7
冥王星			1			2
エリス					1	

図1 木星のガリレオ衛星
左から，ガニメデ，カリスト，イオ，エウロパ（NASA）

図2 小惑星イダと衛星ダクティル

図3 準惑星エリスと衛星ディスノミア
ハッブル宇宙望遠鏡の画像（NASA）．

れた小惑星の衛星は，ガリレオ探査機が観測したイダの衛星ダクティルである（図2）．その後，地上からの観測により，多くの小惑星に衛星が存在することが明らかになっている（2010年現在100個以上）．なかにはユジェニアのように複数の衛星をもつ小惑星もある．また，主星と衛星の大きさが近く，衛星と呼ぶよりも連星小惑星と呼んだ方が相応しいものもある．

冥王星と最大の衛星カロンの質量比は7：1で，共通重心が冥王星の外に存在するため，主星＝衛星というより二重（準）惑星と呼ばれることもある．冥王星には，直径100 km以下の衛星ヒドラ，ニクスもある．冥王星のほかにも，カイパーベルト天体には，衛星を保有する天体が存在する．

衛星の軌道周期と距離の観測から，中心天体の質量を得ることができる．直径などの形状の情報があれば，さらに密度が計算できる．準惑星エリスには，衛星ディスノミアが発見された（図3）．その軌道から求められたエリスの密度は2260 kg/m^{3}で，冥王星より少し高い程度であることがわかった．

衛星の起源 衛星の起源には，さまざまな機構がある．火星の衛星や，木星の外側の衛星は，小惑星起源の捕獲天体であると考えられ，捕獲衛星と呼ばれる．海王星のトリトンや，土星のフェーベは公転運動が惑星の自転方向と逆行しており，捕獲衛星である．力学的には，捕獲により順行よりも逆行衛星が誕生しやすい．

巨大ガス惑星である木星や土星は，ガスの集積で成長するときに，周囲にガス円盤を形成する．この円盤は重力エネルギーの解放によりはじめは高温だが，最終段階では温度が下がる．また，円盤には微惑星から供給された固体物質が相当量含まれている．木星や土星の衛星は，この円盤の中で成長した可能性が高い．ガリレオ衛星の氷の量の違いは，衛星が形成された場所の温度を反映している．イオ領域では温度が高く氷が供給されなかったのであろう．

地球の月の起源については，過去には捕獲説や（地球からの）分裂説が検討されたが，現在もっとも有力なのは巨大衝突説である（9-40参照）． 〔佐々木　晶〕

惑星大気

planetary atmosphere

9-38

太陽系には，地球以外にも大気をもつ天体（惑星・衛星・準惑星）が数多く存在する（表1）．金星と火星には主成分が二酸化炭素（CO_2）の大気が存在する．金星の表面気圧は高く，大気の温室効果のため表面温度は450℃を越える．一方，現在の火星では表面での大気圧は低く（地球の200分の1），温室効果はほとんど効かない．固体天体では，土星の衛星タイタンに窒素（N_2）を主成分とする厚い大気が存在する．海王星の衛星トリトンや冥王星には，窒素を主成分とする薄い大気が存在することが確認されている．

木星型惑星には明確な表面はないが，主成分である水素・ヘリウムからなる大気が存在する．天王星や海王星の青みがかった色は，大気中のメタン（CH_4）が長波長の光を吸収するためである．木星大気では，メタン，硫化水素（H_2S），アンモニア（NH_3），PH_3，AsH_3，GeH_4といった化合物も確認されている．最近では，一部の太陽系外惑星でも大気の存在が確認され，CH_4，CO_2，CO，H_2O などが検出されている．

水星や月の周囲はほぼ真空であるが，ナトリウム，カルシウムといった元素が広がっていることが観測されている．これを「大気」と呼ぶことがある．木星のガリレオ衛星の周囲には，木星磁気圏粒子の衝突で氷が分解されて放出された希薄な酸素大気が存在する．また，彗星が太陽に近づいたときに放出されるガス成分も大気と呼ぶことがある．

地球以外の惑星大気にも雲は存在する．火星には水蒸気，二酸化炭素の雲が発生する．金星の厚い雲の主成分は火山活動により放出された二酸化硫黄を源とする硫酸である．タイタンの大気にはメタンの雲があり，降雨活動も起きている．木星や土星の雲の主成分は，アンモニアである．海王星にはメタンの雲が存在する．

金星，火星，タイタン，木星型惑星では地球と同様に大規模な大気運動が存在することが，雲の追跡や電波観測からわかっている．金星大気は自転周期243日よりはるかに高速（回転周期4日）で運動しており，スーパーローテーションと呼ばれている．火星大気では，表面の塵が巻き上げられて惑星規模のダストストーム（砂嵐）がしばしば発生する．木星型惑星では，東西流に対応した縞状構造が存在する．木星や土星では自転よりも100〜500 m/s高速で運動する赤道ジェットが発達している．木星大気の巨大な渦構造「大赤斑」は少なくとも400年にわたり継続して観測されている．

木星型惑星の大気の主成分は水素・ヘリウムで，原始太陽系ガスディスクの中で惑星が成長したときに取り込んだガスを反映している．アルゴンなど希ガスの濃度も高い．太陽組成よりは，炭素や窒素などの氷由来の成分に富んでいる．一方で，地球型惑星の大気・海洋成分は基本的には，固体物質から脱ガスして生成されたと考えられているが，重水素/水素の比から彗星氷由来の成分も議論されている．金星や火星にも過去には海洋が存在していた可能性がある．金星では温室効果のため海洋は蒸発して，水分子が分解して水素が散逸した．〔佐々木　晶〕

表1　大気を保有する固体天体と大気の主成分，表面圧力

天体	大気の主成分	表面圧力（bar）
金星	二酸化炭素	92
地球	窒素，酸素	1
火星	二酸化炭素	6×10^{-3}
タイタン	窒素，メタン	1.5
トリトン	窒素	1.4×10^{-5}
冥王星	窒素，メタン	$(1.5\sim3)\times10^{-6}$

太陽系外惑星

extrasolar planet

太陽以外の恒星を周回する惑星は太陽系外惑星(以下,系外惑星)と呼ばれ,2010年2月末までに400個以上発見されている.惑星は恒星に比べて圧倒的に暗いため直接観測するのは一般に困難であり,現在見つかっている系外惑星の大部分は惑星が中心星に及ぼすさまざまな効果を観測することによって間接的に発見されたものである.代表的な検出法には,惑星の公転運動に伴う中心星の視線速度変化をとらえる方法や惑星が中心星の前を通過する(トランジット)際の中心星の減光をとらえる方法などがある.前者の方法では軌道長半径,軌道離心率などの軌道要素と惑星質量(下限値)が,後者の方法では惑星半径が求められるため,両方の方法で検出されると惑星の平均密度から内部構造を推定することができる.また,トランジットの際は中心星からの光が一部惑星大気を通過してくることを利用して惑星大気の組成を調べることもできる.

系外惑星系の大きな特徴はその多様性にある.中心星の近くに岩石型の低質量惑星,遠方に巨大ガス惑星という太陽系のような描像は系外惑星系では必ずしも一般的ではない.これまでに見つかった系外惑星は地球質量の約2倍から木星質量の十数倍の質量をもち,軌道長半径約 0.02～6 天文単位の範囲に広く存在している(直接撮像観測では 10 天文単位以遠の惑星候補天体も見つかっている).約 0.1 天文単位以内の軌道をもつ巨大惑星は灼熱巨大惑星またはホット・ジュピターと呼ばれ,多様な系外惑星の象徴的存在である.標準的な惑星形成論ではそのような中心星近傍では固体コアが円盤ガスを纏うほど十分な大きさに成長できずガス惑星は形成されないので,遠方で形成された後に原始惑星系円盤との相互作用や他の惑星や伴星との重力相互作用によって内側に移動してきたと考えるのが一般的である.また,系外惑星の軌道はホット・ジュピターを除いて楕円が一般的であり,すべての惑星がほぼ円軌道をもつ太陽系とは対照的である.コンピューターシミュレーションによると,3個以上の巨大惑星を有する系はある時間が経過すると不安定になり,軌道交差や衝突を経て惑星の1つは系外に弾き飛ばされ,残りの2つの軌道は大きく歪み,楕円軌道惑星(エキセントリック・プラネット)になると考えられている.

巨大惑星が存在する確率は中心星の重元素(水素・ヘリウム以外の元素)量や質量と正の相関があることが観測的に知られている.太陽程度の質量と金属量をもつ恒星では,その確率は約4%であるのに対し,金属量が2倍の恒星では約20%,質量が2倍の恒星では約9%となる.逆に,金属量が少ない恒星や低質量の恒星では確率は半分以下になる.このことは,巨大惑星の形成効率が原始惑星系円盤の組成や質量と相関があることを示唆しているといえる.ただし,質量が太陽の2倍以上または0.3倍以下の恒星に対しては惑星探索があまり進んでおらず,詳しい性質はまだ明らかになっていない.また,岩石惑星については近年観測技術の進歩によって急速に発見数が増えており,巨大惑星に比べて存在確率が高い可能性などが指摘されている.特に,中心星から適度な距離にあり,水が液体として存在できる温度領域(ハビタブルゾーン)に入る岩石惑星の発見確率は,地球外生命の存在への期待から関心が高まっている.今後のさらなる観測の進展が期待される.

〔佐藤文衛〕

巨大衝突

giant impact

　地球や金星など大型の地球型惑星は，月から火星程度の直径をもった原始惑星と呼ばれる中間段階を経て現在の大きさにまで成長したと考えられている．原始惑星が地球サイズに成長するのは，原始惑星どうしの非常に巨大な天体衝突合体を通じて起きる．このような巨大な天体衝突は，巨大衝突と呼ばれる．

　惑星形成過程としての巨大衝突　惑星どうしの巨大衝突が科学的な仮説として初めて提案されたのは，月の起源を説明するためであった．その当時には，巨大衝突は稀にしか起こらない現象であろうと予想されていたが，現在では大型の地球型惑星が成長する際に必然的に起きる現象であると位置づけられている．微惑星の衝突合体によって成長する惑星は，地球質量の1/100〜1/10程度の質量（月から火星の質量）をもつ原始惑星と呼ばれる段階にまで大きくなると，成長速度を著しく落としてしまうことが，惑星形成の理論計算から指摘されている．この成長鈍化のため，成長が遅れていた他の原始惑星の成長が追いつき，太陽系のいたるところにおいて同程度の質量をもつ原始惑星が群雄割拠した状態になる．このときには，小さな質量をもつ微惑星のほとんどが原始惑星に合体吸収されてしまっていて，大きな原始惑星のみが残った状態になる．すると，原始惑星の軌道離心率が増加して相互衝突が起きるようになる．これが巨大衝突が起きる段階であり，惑星成長の最終段階であると考えられている．

　巨大衝突が引き起こす現象　巨大衝突は，成長中の惑星に甚大な影響を与える．なかでも重要なのは，惑星の大規模溶融である．月や火星サイズの原始惑星は，微惑星の集積による衝突加熱だけでは容易には溶融できず，金属核形成などの内部分化も進化段階初期には起きにくい．しかし，巨大衝突を経験すると，一気に昇温して溶融して金属核形成が直ちに起きる．また，巨大衝突は，惑星が成長途上に獲得した強還元的な大気を大量に散逸させた可能性があり，惑星大気の起源と進化を考える上に非常に重要である．さらに，金属核が分化した惑星に正面衝突的な巨大衝突があった場合，マントルが剥ぎ取られて金属核の相対質量比率が高まる可能性もある．これは，巨大な金属核をもつ水星のような惑星を形

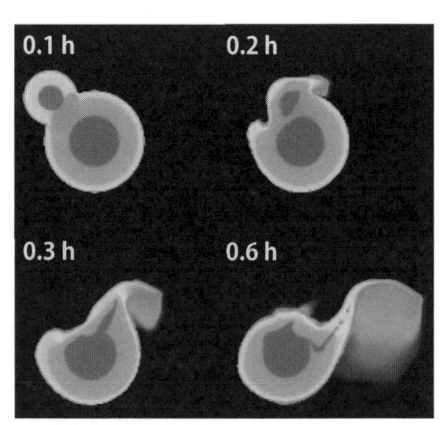

図1　巨大衝突（口絵18参照）
成長中の地球と火星サイズの原始惑星の巨大衝突の数値計算例．図中の色は密度を，数字は衝突開始からの時間を示す．衝突天体は図の左から右方向に飛来し，原始地球に斜め衝突する．色の濃い中心部分は金属核である．衝突に際して，衝突天体の金属核のほとんどは原始地球の深部に落下する．衝突の0.6時間後の状況において，原始地球と合体せずに原始地球の右上に残っている質量から地球を周回する円盤（周地球円盤）が生まれる．この周地球円盤から月が形成する．周地球円盤には，金属成分がほとんど残らないため，そこから形成する月は金属成分に乏しい組成を持つに至ったと考えられている．（画像提供：D.A. Crawford博士 Sandia National Laboratories）

成することにつながる．その一方，斜め衝突の場合には，大きな角運動量を与えたり奪ったりするので，惑星の自転速度も大きな影響を与える．逆行自転する金星や非常に大きな角運動量/質量比をもつ地球・月系は，斜め方向からの巨大衝突で説明できる．加えて，巨大衝突は，固体惑星の多くの物質を蒸発させ，惑星の揮発性元素を欠乏させることにもつながる．

月の起源　成長最終期の地球に火星サイズの原始惑星が適度な角度をもって斜め衝突すると，ケイ酸塩の気相-固相混合物からなる周地球円盤が形成し，そこからわれわれが観測するような大きな月の形成することが，数値計算から示されている（図1）．このような巨大衝突による月の形成仮説は，月に関する主要な4つの観測事実のどれとも明らかな矛盾をもたないという長所をもつ．4つの観測事実とは，(1) 地球との化学組成の相違（月の親鉄性元素・揮発性元素の欠乏と難揮発性元素の濃集），(2) 地球と月の酸素同位体分別線の一致，(3) 地球・月系の大きな角運動量および地球に対する大きな月の質量比，(4) 月の大規模溶融（マグマオーシャン）．月の起源として提案されてきた他の仮説（同時集積説，捕獲説，分裂説）は，少なくとも上の1つと大きな矛盾をもつか，物理機構が見つかっていないか，いずれかの問題を抱えている．そのため，巨大衝突説が月の形成機構として最有力視されている．ただし，巨大衝突によって作られる月が地球と異なる酸素同位体比をもつ可能性が精密な数値計算により強く示唆されるなど，さらに詳細に検討すべき課題も残されている．

〔杉田精司〕

衝突クレーター

impact crater

　小天体の衝突によって惑星地表面に生じた孔のことを衝突クレーターと呼ぶ．英語の crater という用語は，衝突クレーターのほかに火山噴火口（volcanic crater）も含むが，日本語でクレーターという場合には前者のみを指すことが多い．また，直径 300 km 以上の衝突クレーターは衝突盆地とも呼ばれる．

　衝突クレーターの同定法と特徴　20 世紀後半の惑星探査によって，惑星表面には数多の衝突クレーターが存在することが明らかにされてきた．しかし，個々のクレーターが確実に衝突クレーターであると証明することは，現在でも容易ではない．とくに，風化浸食が激しい地球上では，新鮮な形状の衝突クレーターは少なく，衝突クレーターの同定には精密な地球化学調査が重要な役割を果たす．具体的には，Ir など白金族元素の濃度異常，Ni 濃度異常，Cr 同位体比異常，衝撃を受けた石英や長石の平面変形構造（PDF：planar deformation feature），石英の高圧多形であるスティショバイト（stishovite）やコーサイト（coesite），小球濃集層（spherule bed）の存在などが衝突クレーターの証拠としてよく使われる．さらに，衝突クレーターの形態学的な同定指標としては，円形の凹みやその周囲を取り巻くイジェクタ層が重要である．さらに大きなクレーターになると，中央丘や環状丘，円形の断層などが見られるようになる．これらの存在も衝突クレーターの発見のための重要な手掛かりとなる．

　天体衝突による生成物質と表層環境への影響　衝突クレーター形成時には，衝突蒸気雲，衝突溶融物，衝突放出物（イジェクタ，ejecta）などさまざまな物質が生成される．衝突溶融物の中でも高速に放出されるものはテクタイトとしてクレーターから数百から数千 km も離れた場所まで分布する．これらの生成物は，地球や惑星の環境に甚大な影響を与える．たとえば，恐竜の絶滅を引き起こしたメキシコ・ユカタン半島のチチュルーブクレーターの形成に際しては，衝突蒸気雲として SO_x や CO_x が大量に放出されたと推定されている．これらのガスは，地球環境に対する影響が非常に大きく，中生代末期の大量絶滅に寄与したと考えられている．

　天体衝突は，地球外物質を地球へ持ち込んだり，大気の散逸をもたらしたりと惑星の物質収支にも大きな影響を与える．たとえば，地球形成途中に衝突する微惑星は，揮発性元素を大量に地球に持ち込み，海水や大気の形成に寄与したと考えられている．逆に，衝突速度が非常に高い場合には，天体衝突は大気を宇宙へ散逸させてしまう．また，地球マントルには金属核との化学平衡から予測されるよりずっと大量の親鉄性元素が含まれているが，これも地球形成の後期の天体衝突によってもたらされたとする説が有力である．これらの物質供給と持ち去りは，地球や惑星の表層環境の初期進化に大きな役割を果たしたと考えられている．隕石物質も彗星物質も還元度が非常に高いので，それらがもたらした揮発性元素から作られる大気は，還元的な組成となり，現在の地球型惑星にみられる大気とは大きく異なる可能性が高い．このような大気組成は，地球や惑星の初期進化に大きな影響を及ぼしたと考えられている．

　クレーター年代学　衝突クレーターの形成率は，たいていの場合において惑星全球で均一であるため，クレーター数密度と表面更新年代の間には 1 対 1 の関係が成り立つ．この関係に基づいて，クレーターの

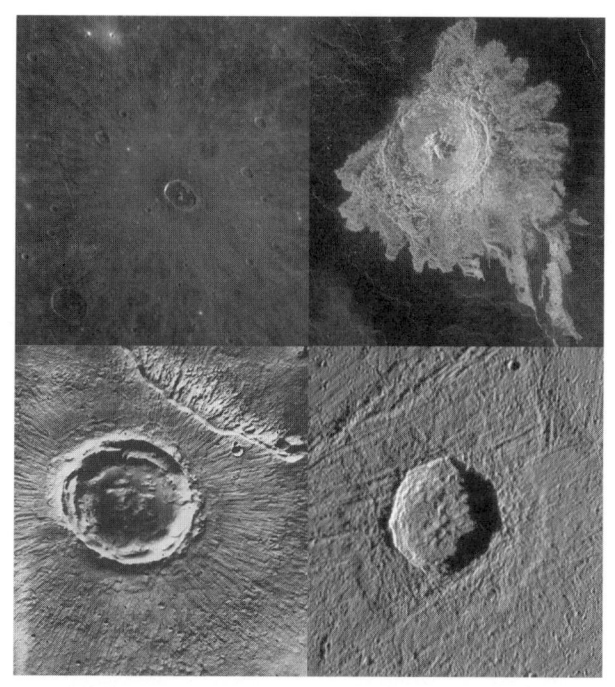

図1 左上から右下にかけて水星,金星,火星,ガニメデのクレーター それぞれ直径は37,31,20,32 km.（画像提供：NASA）

個数計測から推定した表面年代をクレーター年代と呼ぶ.月のように絶対形成年代が得られている惑星では,クレーター数密度から絶対年代の推定が可能である.しかし,惑星試料回収探査が行われていない他の惑星や衛星では相対的クレーター年代推定のみが可能である.クレーター年代計測は間接的な方法であるので,適用に当たっては注意が必要である.ただし,画像あるいは地形のデータがあれば年代推定が可能であり,適応範囲は非常に広い.現状では,月以外のすべての惑星や衛星の表面年代は,クレーター年代計測法によって推定されている.　　　　　　　〔杉田精司〕

文　献

1) French, B. M. (1998) *Traces of Catastrophe: A Handbook of Shock-Metamorphic Effects in Terrestrial Meteorite Impact Structures*, Technical Report, LPI-Contrib-954.

分子雲

molecular cloud

われわれの属する銀河系には、およそ2000億個の恒星が存在する。宇宙の主役である、この莫大な数の星々の全質量の約1割の物質が$1\,cm^3$あたり1粒子以下という、極端に希薄な原子からなる星間ガスとして、星間空間にひっそり漂っている。このような星間ガスが微小な星間塵とともに集められ、密度が高くなると、星雲としてその存在をあらわにする。暗黒星雲はそのような星雲の一種で、星間塵が背景の星々を広い範囲にわたって隠してしまい、可視光線ではあたかも黒い雲が漂ってみえることから、その名が付けられている。

暗黒星雲の中でのガスの密度が$1\,cm^3$あたり100個を超えると、外から降り注ぐ強い紫外線は表面で遮られ、暗黒星雲の深部に存在する原子は互いに化学結合をして分子を形成するようになる。このような暗黒星雲をとくに分子雲と呼ぶ。オリオン座、射手座、そして、おうし座の方向にある分子雲が有名である。分子のほとんどは水素分子(H_2)で、分子雲の中心で重力収縮がさらに進むことで、およそ100万年のタイムスケールで恒星が生まれるが、その前の段階にある分子雲の温度は絶対温度で10 K（ケルビン）以下と、非常に低い。

分子雲からは、多くの種類の星間分子が、おもに電波望遠鏡を用いたスペクトル観測によって発見されていて、現在知られている星間分子は160種を超えている。星の誕生の場としての分子雲は、水素分子が電波を吸収・放出しないため、一酸化炭素（CO）などのスペクトルによって観測される。また、存在量はごくわずかであるが、分子雲にはアルコール（例：CH_3OH）、アミン（CH_3NH_2）、ケトン（$(CH_3)_2CO$）、エーテル（$(CH_3)_2O$）、エステル（$HCOOCH_3$）など、なじみの深い有機化合物が確認されている。一方で、化学的に不安定なラジカル（C_6H）やイオン（HCO^+）も多種多様に存在することがわかっている。

温度が非常に低くて、かつ、化学の実験室では到底実現できない高真空状態にある分子雲でも、炭素骨格をもつ複雑な分子が合成されていることは驚きである。温度の低い分子雲の奥深くで起きている化学反応は、星間空間から侵入してくるわずかな高エネルギー宇宙線によってできるイオンを"種"として、きわめてゆっくり進行していて、すべての反応が平衡に達するには数千万年かかると考えられる。このため、分子雲は化学的に非平衡状態にあり、本来は反応中間体であるラジカル種さえも観測されるのである。近年の望遠鏡や観測装置の感度と分解能の向上にともない、星間分子の組成が分子雲ごとに大きく異なっていること、および重水素（D）や^{13}Cなどを含む星間分子も相次いで検出され、その同位体比が太陽系とは大きく異なることや、分子ごとに異なることなどがわかってきた。このような星間分子のスペクトル観測による分子雲の詳細な"化学分析"が、星間空間での物質の進化、そしてわれわれの太陽系や生命の起源物質の解明に向けて、近年ますます盛んに行われている。〔平原靖大〕

文 献

1) Duley, W. W. and Williams, D. A. (1984) *Interstellar Chemistry*, Academic Press.
2) 地球化学講座、第2巻「宇宙・惑星化学」第8章、培風館.

9-43

原始惑星系円盤

protoplanetary disk

　星間空間の中でとくにガスが濃い領域を分子雲と呼ぶ．分子雲では，水素が分子として存在している（より密度の低い領域では，水素は原子（HI領域）もしくはイオン（HII領域）として存在する）．分子雲の中でもとくに密度の高い部分（分子雲コア）が収縮を始めることで星形成が開始する．分子雲コアはもともと角運動量をもっているため，中心に直接ガスが集まるだけでなく，原始星周囲に円盤構造がつくられ（収縮開始から約10万年後），円盤を通じて，原始星へとガスが降着する．この円盤の中で，やがて惑星系がつくられることになり，原始惑星系円盤と呼ばれる．

　星形成領域を可視光で観測すると，原始惑星系円盤は濃いガスのため，背景の光を遮って，黒い影として見える（図1）．また，中心星付近から円盤に直交する方向に高速で吹き出す双極分子流も観測される．

　原始惑星系円盤の存在は，赤外線観測からも確認される．円盤表面付近のダストが恒星からの放射で暖められ，赤外線を放出するため，中心星の観測スペクトルに対して，赤外線領域の放射が過剰となって観測される．若い星団の観測からは，星団の年齢が500万年を越えると，星団内でダスト円盤をもつ恒星（太陽質量程度）の割合が20％を下回ることが知られている（図2）．円盤内の細粒ダストは数百万年程度でmm～cmサイズに成長するか，微惑星形成まで起こっているものと考えられる．円盤内のガス成分に関しても，分子の回転・振動遷移の赤外観測で調べられており，ダスト成分ほどはっきりとはわかっていないが，同様に1000万年程度で散逸してしまうと考えられ

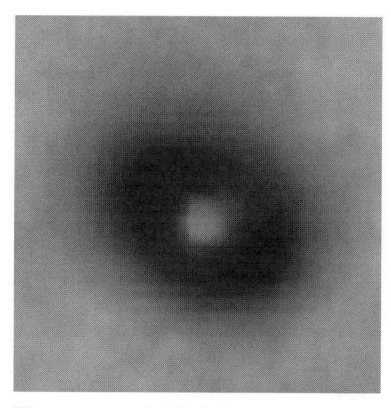

図1 ハッブル宇宙望遠鏡が撮影した原始惑星系円盤（ⒸNASA）

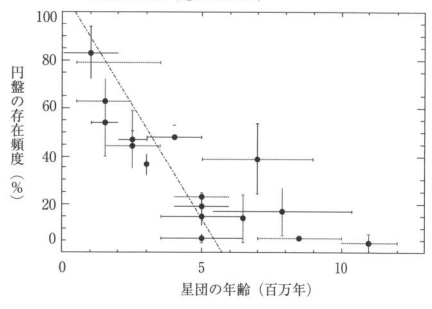

図2 星団の年齢と星団中の恒星に観測されるガスと円盤の頻度（赤外線過剰放射の観測）（文献[1]を改変）

る．ガス円盤の散逸は，円盤の粘性進化と中心星および近傍の恒星からの紫外線照射による光蒸発で起きると考えられている．

　原始太陽系円盤の散逸時期ははっきりとはわかっていないが，円盤ガス中で形成されたと考えられるコンドルールの年代や微惑星の形成年代などを考えると，太陽系誕生から1000万年以内には円盤散逸は起こったと考えられ，他の円盤の観測と矛盾しない． 〔橘　省吾〕

文　献

1) Pascucci, I. and Tachibana, S. (2010) In: *Protoplanetary Dust: Astrophysical and Cosmochemical Perspectives* (eds. D. Apai and D. S. Lauretta), p.263-298.

恒星の進化

stellar evolution

恒星は，原始星の段階から，水素燃焼で輝く主系列星の時代を経て，赤色巨星の段階を過ぎ，それぞれの質量に応じた最期を迎える．恒星は一生のなかで，その明るさや大きさを変化させる．これを恒星の進化と呼ぶ．

(a) **ヘルツシュプルング・ラッセル (HR) 図** 横軸に恒星のスペクトル型や色指数（天体を2種類の色フィルターで観測し，それぞれの等級の差をとったもの）といった恒星の表面温度を表す指標をとり，縦軸に恒星の絶対等級をとった図（図1）．恒星は進化に応じて，明るさや表面温度を変えるため，HR 図上を移動する．

(b) **原始星** 分子雲コア（星間空間のなかでとくにガス密度の高い部分．水素が分子として存在する）の収縮によって，原始星が誕生する．この段階では，原始星はガスの集積で解放される重力エネルギーによって輝く．原始星は表面温度をほぼ一定に保って収縮を続けるため，収縮とともに絶対等級は下がり，HR 図上を真下に移動する（林トラック）．

(c) **主系列星** 原始星の収縮によって，中心部の温度は上昇する．太陽程度の質量の恒星では，中心部の温度が 10^7 K を越えると，陽子-陽子連鎖反応（pp チェイン）によって，^{4}He（ヘリウム原子核）が合成されはじめる．太陽より質量の大きな恒星で中心部が 2×10^7 K 以上になると，CNO サイクルが ^{4}He 合成の主要プロセスとなる．CNO サイクルでは，炭素，窒素，酸素の同位体が陽子との二体衝突により，異なる核種に変化していき，その過程で ^{4}He が放出される．

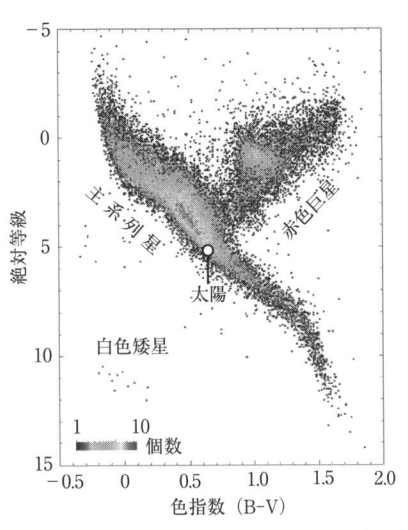

図1 ヘルツシュプルング・ラッセル (HR) 図　横軸は B バンド（青色），V バンド（主として緑）での等級の差を示す色指数．ヒッパルコス衛星による41704個の単独星の観測データを基に作成[1]．ヒッパルコス衛星ミッションウェブサイト (http://www.rssd.esa.int/index.php?project =HIPPARCOS) など参照）．

^{4}He 形成で発生したエネルギーで中心が加熱されると，恒星は膨張して温度が下がり，核融合が抑制されるという負のフィードバックが存在し，恒星はこの期間，安定して輝き続け，一生の大半を主系列星として過ごす．主系列星は HR 図上で右下（低温で暗い）から左上（高温で明るい）に帯状に分布する．小質量星ほど右下，大質量星ほど左上に位置する．また，大質量星ほど水素燃焼（「燃焼」は核融合反応を意味して用いられる）が高温で起きるため，燃焼の進行が速く，寿命が短くなる．たとえば，太陽程度の質量の恒星は約100億年の寿命であるが，太陽の20倍の質量の恒星では1000万年程度である．

(d) **小中質量星（太陽質量の8倍以下）：白色矮星としての最期** 中心にヘリウムの核が形成されると，ヘリウム核の

表面で水素が殻状に燃焼し，外層を支える．ヘリウム燃焼と水素燃焼で発生するエネルギーのために，恒星の外層は膨張し，赤色巨星となる．

ヘリウム燃焼の結果，炭素や酸素からなる核がつくられる．炭素や酸素の核融合は起こらず，中心核表面でのヘリウム殻の燃焼によって，恒星の外層は膨張し，恒星の重力からの束縛を逃れて，宇宙空間へと放出される．恒星外層には，中心部でつくられた元素が対流によってくみ上げられて存在し，それらも恒星風として放出される．炭素が表面にくみ上げられ，表面が炭素過剰になった星は炭素星と呼ばれ，恒星風に有機分子の存在が確認されている．また，一部のプレソーラー粒子もこのような環境でつくられたと考えられる．

巨星段階では恒星の表面温度はあまり変わらないか（太陽程度の質量の恒星），低下する（太陽より重い恒星）が，恒星内部での発生エネルギーが増加するため，光度は上昇し，HR図では右上に位置する．

恒星から失われたガスは，惑星状星雲として観測される（図2）．また，残った高温の中心核は白色矮星となって，その生涯を終える．白色矮星は高温であるが，小さいため光度が低く，HR図では左下に位置する．

(e) 大質量星（太陽質量の8倍以上）：超新星爆発で迎える最期　大質量星では，ヘリウム燃焼後，中心核の収縮によって，温度が上がり，炭素燃焼が開始する．その後，ネオンや酸素，シリコンが中心核で燃焼し，シリコン燃焼が終わると，恒星は^{56}Niを主とした中心核をもち，その周囲をシリコン，酸素，ネオン，炭素，ヘリウム，水素燃焼殻が順々に取り囲む玉ねぎ構造をとる．燃焼ステージが進むほど，高温となり燃焼反応が速やかに起こる．太陽

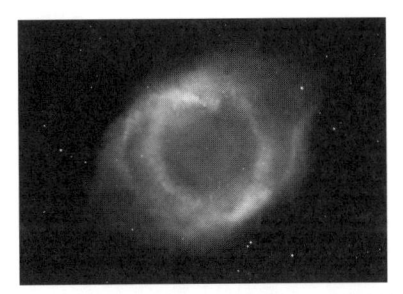

図2 ハッブル宇宙望遠鏡が撮影した惑星状星雲 NGC7293（らせん星雲）（©NASA）

の20倍の質量の恒星の場合，主系列星として約1000万年過ごすのに対し，炭素燃焼が1000年，ネオンや酸素の燃焼が1年，シリコン燃焼に至っては10日ほどである．

中心核での^{56}Ni以降の核種の形成にはエネルギーが必要なため，さらなる核種の合成は起こらない．中心核の温度が100億度を超えると，光子によって構成核種がα粒子，陽子，中性子へと分解される．この分解反応は吸熱反応であり，核の温度は下がり，外層の重力を支えることができなくなり，中心核は崩壊する．崩壊した中心核が，中性子の縮退圧で重力を支えられる場合（20〜25太陽質量より軽い恒星）には，中性子核は中性子星となり，それでも支えきれない場合（20〜25太陽質量より重い恒星）にはブラックホールが形成される．中心核に向けて，重力崩壊する外層は中性子星またはブラックホールの誕生によって崩落が止められ，その反動で発生する衝撃波によって爆発的に宇宙空間へと放出される（II型超新星爆発：9-45の図1参照）．

〔橘　省吾〕

文　献
1) Perryman, M. A. C., et al. (1997) Astron. Astrophys., **323**, L49–L52.

超新星

supernovae

太陽の8〜10倍以上の質量をもつ恒星（大質量星）が一生の最後に起こす大爆発のことで，突然明るく輝く星が現れ，新しい星がうまれたように見えることから，超新星と呼ばれる（図1）．

水素の吸収線の有無で分類され，水素吸収線が観測されない超新星をⅠ型超新星，観測される超新星をⅡ型超新星と呼ぶ．Ⅰ型超新星のうち，ケイ素の吸収線が見られるものをIa型と呼び，ケイ素吸収線の見えないもののうち，ヘリウム吸収線の見られるものをIb型，見られないものをIc型と呼ぶ．

a) 大質量星が起こす超新星爆発（Ⅱ型，Ib/Ic型）

主系列星内部では4つの陽子（水素原子核）から1つのヘリウム原子核をつくる核融合反応が起きており，その際に発生するエネルギー源が恒星の輝きの源である．太陽の8倍以下の質量の恒星では，水素燃焼（恒星内部での核融合反応は燃焼とよばれることがある）を終えた進化末期に，燃えかすのヘリウム中心核が収縮し，高温高密度条件が達成され，ヘリウム原子核の核融合反応が始まる．この結果，炭素や酸素の原子核が合成され，やがて星は一生を終える．

質量が太陽の10倍以上の恒星の場合，中心核が高温で高密度であるため，さらなる核融合反応が進み，ネオン，マグネシウム，ケイ素などがつくられていく．これらの核種の形成にはより高温，高密度の環境が必要となり，結果として，主系列星時代に比べて，極端に短い時間で核融合が進行する（表1）．中心核で，核子間の結合エネルギーの大きく安定な ^{56}Ni がつくられると，それまでは発熱反応であった核融合反応はより重い核種の核種に関しては吸熱反応に変わり，中心核は外層の重力を支えることができなくなり，崩壊する．中心核が，中性子の縮退圧で重力を支えられる場合には，中性子星が中心に残り，それでも支えきれない大質量星の場合にはブラックホールが形成される．中心核に向けて，重力崩壊する外層は中性子星またはブラックホールの誕生によって崩落が止められ，その反動で発生する衝撃波によって爆発的に宇宙空間へと放出される．この爆発が超新星として観測される．

晩期型星は超新星爆発までに外層の水素を恒星風として失っていくが，爆発までに完全に水素を失わなかった場合，水素の吸収線が観測され，Ⅱ型超新星となる．水素層を失っていた場合には，Ib/Ic型となり，とくにヘリウム層まで失ったものをIc型と呼ぶ．

超新星爆発によって，恒星内で爆発までに合成された元素，爆発直後に合成された元素が宇宙空間に放出される．鉄より重い核種の形成過程のひとつであるr過程（速い中性子捕獲反応）が起こる場の有力な候補として，超新星爆発直後の中性子に富む環境が考えられている．

b) 連星系で起こる超新星爆発（Ia型）

宇宙では多くの恒星が連星として誕生す

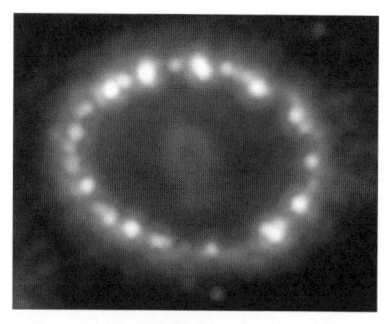

図1　ハッブル宇宙望遠鏡が撮影した超新星 SN1987A（©NASA）

表1 太陽質量の20倍の恒星における元素合成ステージ（文献[1]を改変）

反応物	主生成物	副生成物	温度 (10^9 K)	期間（年）
H	He	^{14}N	0.037	8.1×10^6
He	C, O	^{18}O, ^{22}Ne	0.19	1.2×10^6
C	Ne, Mg	Na	0.87	980
Ne	O, Mg	Al, P	1.6	0.60
O	Si, S	Cl, Ar, K, Ca	2.0	1.3
Si	Fe	Ti, V, Cr, Mn, Co, Ni	3.3	0.031

る．連星の一方の星が寿命を終え，白色矮星という燃えかすになると，もう一方の星からガスが流れ込み，白色矮星を包み込む．ふりつもったガスで白色矮星の質量は増加し，ガス量が太陽質量の1.4倍（チャンドラセカール質量）を越えると，中心の白色矮星をつくっていた炭素と酸素の原子核が核融合反応を起こしはじめる．核融合が進み，大量の鉄族元素がつくられると，恒星は構造を保てなくなり，星全体を宇宙へとまき散らす超新星爆発を起こす．このときまでに，白色矮星の半分から3分の1が鉄族元素（とくに^{56}Ni）に変わり，大量の鉄族元素が宇宙空間に放出される．^{56}Niはやがて^{56}Feへと放射壊変するため，Ia型超新星爆発は鉄の供給源として重要な意味をもつ．実際，太陽系元素存在度の鉄のうち，半分程度はIa型超新星に起源をもつと考えられている．

Ia型超新星は，爆発にいたる条件がほぼ決まっているため，爆発直後の最高光度はどれも同じくらいになるという性質があり，宇宙での距離の測定に使うことができる．さらに都合のよいことに，この超新星は爆発直後，数千億個の星の集団である銀河と同じくらい明るく輝くために，数十億光年遠くの銀河の距離も測ることができる．遠方銀河のIa型超新星爆発の観測により，宇宙が加速膨張していることが確認された．宇宙の加速膨張はダークエネルギーの存在の証拠となるもので，パールムッター，シュミット，リースは2011年ノーベル物理学賞を受賞した．

〔橘　省吾〕

文　献

1) Truran, J. W., Jr. and Heger, A. (2003) In: *Meteorites, Comets, and Planets* (*Treatise on Geochemistry Vol. 1*) (ed. A. M. Davis), pp. 1.

銀河の化学進化

galactic chemical evolution

太陽以外の恒星の元素存在度も，恒星大気での光の吸収スペクトルから決定することができる．天の川銀河中の恒星の元素組成は多様であり（図1），また，古い星ほど水素に対する金属元素（天文学では水素，ヘリウムより重い元素はすべて金属と総称される）の存在量が低いことが知られている．恒星の元素組成は星が形成された当時の周辺の化学組成を表していると考えられるため，古い星ほど金属元素の存在量（水素に対する比として，金属量と呼ばれる）が小さいのは，時間とともに銀河の金属量が増加してきたことを示す．これを銀河の化学進化と呼ぶ．図1に主要金属元素である鉄と水素の存在比（太陽系のFe/H比で規格化）に対するいくつかの元素の存在比（太陽系での存在比で規格化し，常用対数をとったもの）を示す．銀河系内の恒星の金属量は数桁もの違いがあることがわかる．この金属量の多様性は，幾世代もの恒星内部での元素合成と，それらの恒星の死による元素の散逸によって，銀河系内の金属元素量が増加してきたためである．

図1の横軸を銀河の年齢と捉えると，古い星ほどFeに対する各元素量のばらつきが大きいが，時間とともにばらつきが小さくなることがわかる．これはより新しい星の元素存在度ほど多くの恒星の元素合成の積算したものを反映するため，質量や金属量の違いで生じる個々の星での元素合成の特徴が薄まるためである．また，[Fe/H]=−1（水素に対する鉄の存在比が太陽系の10分の1）を境に，鉄に対するマグネシウム，アルミニウム，ケイ素の存在比が[Fe/H]の増加に対して，より急な勾配で減少している傾向がある．これは，2種類の超新星爆発の時間スケールの違いで説明される．II型超新星爆発は100〜1000万年で進化する巨星の最期であり，銀河系の初期の時代から元素の供給源となってきた．一方，連星系で，白色矮星にガスが降着することで起こるIa型超新星爆発は，鉄をより多く供給するが，低中質量星が白色矮星となるまでに10億年以上かかるため，銀河系の初期には銀河の化学進化に寄与していなかったと考えられる．すなわち，[Fe/H]≈−1はIa型超新星爆発が銀河の化学進化へ寄与しはじめた時期を表していると考えられる． 〔橘 省吾〕

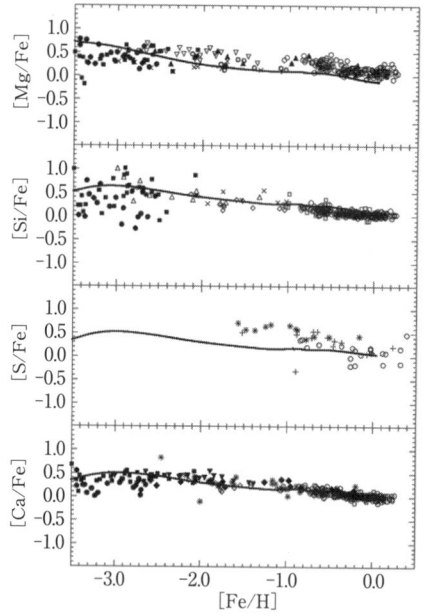

図1 銀河系内の恒星の化学組成
シンボルの違いは異なる観測データを示す．（文献[1]を改変）

文　献

1) Alibes, A., et al. (2001) Astron. Astrophys., **370**, 1103-1121.

星周・星間ダスト

circumstellar dust / interstellar dust

進化末期の恒星（晩期型巨星）は，自身の外層の大半を宇宙空間に放出する（質量放出風）．外層に含まれる金属元素は質量放出風中で凝縮し，μm サイズ程度の固体微粒子（ダスト）となる．超新星爆発の放出物中でもダストは形成される．このように放出されたダストは，星間空間を漂い，やがて，分子雲，原始惑星系円盤を経て，新たな恒星や惑星の材料となる．ダストは銀河の化学進化において，金属元素のキャリヤーとなっている．太陽系の材料がこのようなダストであったことは，コンドライト中にプレソーラー（太陽系前駆）粒子が存在することからもわかる．

ダストの化学組成は，ダスト形成場の C/O 比に依存し，炭素に富む環境では炭化物や有機物，酸素に富む環境ではケイ酸塩や酸化物がつくられる．プレソーラー粒子にも，炭化ケイ素，グラファイトといった還元的環境でつくられた粒子，酸化物，ケイ酸塩といった酸化的環境でつくられた粒子が発見されている．

宇宙におけるダストの存在は，赤外線観測によって確認される．ダスト中の原子間ボンドの屈伸や屈曲の振動が，特定の振動数の赤外線を吸収または放出するためである（図1）．進化末期の恒星における質量放出風や若い恒星周囲の原始惑星系円盤に観測されるダストを星周ダストと呼び，恒星間空間に観測されるダストを星間ダストと呼ぶ．

豊富に観測される星周・星間ダストは，カンラン石や斜方輝石の組成に近い非晶質ケイ酸塩，非晶質炭素，芳香族炭化水素（PAH）や水氷などである．また，一部の

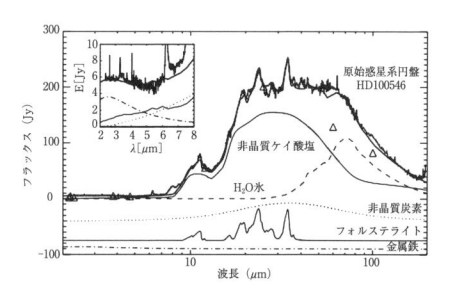

図1 原始惑星系円盤 HD100546 の赤外観測スペクトルとダストスペクトルの比較
カンラン石組成の非晶質ケイ酸塩，フォルステライト，非晶質炭素，水氷，金属鉄などが存在（文献1）を改変）

晩期型星周や原始惑星系円盤のダストには数％から数十％の結晶質ケイ酸塩も観測されており，おもに鉄に乏しいカンラン石（フォルステライト）や斜方輝石（エンスタタイト）が存在する．観測される結晶質ダストは，結晶として直接形成されたものや非晶質ダストが加熱を受けて再結晶化したものであると考えられる．

星間空間に結晶質ダストはほとんど観測されず，これは進化末期の恒星周でつくられた結晶質ダストが，星間空間に滞在する間に低エネルギー宇宙線などによって非晶質へと変成するためであると考えられている．星間ダストの化学組成は，星間ガスの化学組成からも推察される．吸収スペクトル観測によって，太陽近傍の星間空間のガスの化学組成は，太陽系元素存在度に比べて，マグネシウム，ケイ素，鉄といった主要元素を含む揮発性の低い元素に乏しいことが知られている．これらの枯渇元素が星間ダストを構成していると考えられる．

〔瀧川　晶・橘　省吾〕

文　献
1) Bouwman, J., et al. (2003) A & A, **401**, 577-592.

素粒子

elementary particle

これ以上小さな単位の存在しない粒子を素粒子と呼ぶ（表1）．原子核を構成する陽子や中性子といったハドロンは3つのクォークからなり，クォークは素粒子のひとつである．クォークは6種類存在する（+2/3の電荷をもつアップ，チャーム，トップ，-1/3の電荷をもつダウン，ストレンジ，ボトム）．

電子はそれ自身，レプトンと呼ばれる素粒子のひとつである．電子と同様に-1の電荷をもつミュー粒子，タウ粒子や，電荷をもたない電子ニュートリノ，ミューニュートリノ，タウニュートリノもレプトンである．

クォーク，レプトンのほかに，力を媒介する素粒子（ゲージ粒子）も存在する．電磁気力を伝える光子，強い力を伝える8種類のグルーオン，弱い力を伝える3種類のウィークボソンである．また，重力を伝える重力子の存在が提案されているが，未発見である．

現在，注目されているのは，ヒッグス粒子である．ヒッグス粒子は空間を満たしていて，素粒子の動きに対して，抵抗として働き，そのために素粒子が質量をもつと考えられている．電磁気力，強い力，弱い力を説明する標準理論のなかで唯一未発見の粒子であり，加速器による陽子-陽子衝突を行うLHC（ラージハドロンコライダー）実験でその存在の確認が期待されている．

素粒子の形成は，宇宙開闢の時代に遡る．誕生から10^{-36}秒後に起きたインフレーションとよばれる大膨張の後に，膨張を引き起こしたエネルギーからさまざまな素粒子とそれらの反粒子が生まれ，さらに粒子の運動エネルギーにもなって，灼熱の宇宙と変わったと考えられている．粒子と反粒子はペアでつくられたり，ペアで消滅したりを繰り返していたが，その後，温度低下に伴い10^{-10}秒後までの間に，粒子と反粒子の対消滅が卓越し，ほとんどの粒子が消滅してしまった．しかし，粒子と反粒子の数にわずかな違いがあり（対称性の破れ），粒子だけが残り，私たちをつくった．クォークが6種類存在するならば，粒子と反粒子の対称性が破れることを示した小林誠と益川敏英は2008年ノーベル物理学賞を受賞した．宇宙のさらなる冷却に伴い，宇宙誕生1秒後にはクォークが3つ集まり，陽子，中性子をつくり，電子とあわせて，元素の構成要素がすべて揃った．

ちなみに，宇宙は素粒子からなる通常の「物質」のみでつくられているわけではない．WMAP衛星による観測で宇宙の構成物の約74%がダークエネルギー，22%がダークマターで，「物質」は4%にしか過ぎないことがわかっている．〔橘 省吾〕

表1 素粒子の一覧

物質粒子			
電荷	クォーク		
+2/3	アップ	チャーム	トップ
-1/3	ダウン	ストレンジ	ボトム
電荷	レプトン		
-1	電子	ミュー粒子	タウ粒子
0	電子ニュートリノ	ミューニュートリノ	タウニュートリノ

ゲージ粒子（力を伝える）	
光子（電磁気力）	ウィークボソン（弱い力）
グルーオン（強い力）	［未発見］重力子（重力）

［未発見］ヒッグス粒子（質量を与える）

（2012年7月，欧州原子核研究機構（CERN）はヒッグス粒子とみられる粒子を発見したと発表した）

太陽風

solar wind

太陽風は太陽宇宙線（9-21参照）の一種で，主成分はプロトンと電子からなるプラズマの流れである．その存在は彗星の尾が2方向に分かれることから予言され，その後，人工衛星のよる直接観測によって，その詳細が明らかにされた．地球の公転軌道付近での太陽風の平均速度は約 450 km/s で，300〜700 km/s の範囲で変化するが，太陽の活動の激しい時には 1000 km/s を越える速度で太陽から吹き出している．

地球近傍での太陽風の密度は $1\,\mathrm{cm}^3$ あたり約5個のイオン（おもにプロトン）と非常に希薄で，二大構成粒子であるプロトンと電子は衝突することはほとんどなく，電離したままのプラズマ状態で太陽系空間を飛行する．太陽表面で発生した太陽風が地球に到達するのに約4日かかる．太陽風と地球の磁場が相互作用すると，いわゆる磁気嵐が起こったり，極域でオーロラが光ったりする．このような現象を予報するために，地球から太陽方向に約 150 万 km 離れた L1 地点（第一ラグランジェポイント）に ACE 衛星を飛ばして太陽風の観測をしている．ACE 衛星からのデータはリアルタイムで公開されており[1]，約1時間後に地球に及ぼすであろう太陽風の影響を予測することができる．

太陽風は太陽光球を取り巻くコロナと呼ばれる高温のガスを起源とし，その放出量は $10^9\,\mathrm{kg/s}$ と膨大な量である．この太陽風の組成を調べることにより，太陽の組成を推定する試みが行われている．地球は地磁気をもつので，地上で太陽風を観測することは事実上不可能であり，地磁気の影響を受けないところで観察，あるいは捕獲する必要がある．よく知られている例として，米国のアポロ宇宙探査計画での月面での太陽風捕集実験がある．これは月面上でアルミニウム箔を広げ，月面滞在中に太陽風を捕集したものを地球に持ち帰り，希ガスの測定を行ったものである．

その後，米国 NASA のディスカバリー宇宙探査計画の1つとして太陽風捕集を目的としたジェネシス（Genesis）探査衛星が 2002 年に打ち上げられた．前期の ACE 衛星同様，L1 ポイントに約2年留まり，さまざまな捕集板に太陽風を捕集し，2006 年に地球に持ち帰った．残念ながら捕集板を格納したカプセルが地上に激突するという予想外の展開になったが，希ガス，酸素，窒素については新しいデータを得ることができた．このジェネシス計画では同位体組成以外に太陽風の元素組成も求めることも目的としており，地球物質の汚染を取り除いて真の太陽風の組成を求める努力が続けられている．

太陽風の同位体組成に関してはアポロ探査機が回収した月試料を用いて精力的な研究が行われている．とくに，月表層試料中の窒素と酸素の同位体組成の研究は，二次イオン質量分析計を用いた同位体比の局所分析が高精度にできるようになって，新しい展開を示した．一例として酸素の同位体の研究を紹介すると，月表層物質中にわずかに含まれる金属粒子に打ち込まれた太陽風起源と目される酸素を測定したところ，^{16}O に富む成分と ^{17}O, ^{18}O に富む成分が混在することがわかった[2]．〔海老原　充〕

文　献
1) （独）情報通信研究機構のホームページ (http://www2.nict.go.jp/y/y223/sept/ace/index-j.html)
2) Hashizume, K. and Chaussidon, M. (2009) Geochim. Cosmochim. Acta, **73**, 3038-3054.

9-50 希ガス元素

noble gases

希ガスは He, Ne, Ar, Kr, Xe および Rn からなる一群の元素である．いずれも天然に存在するが，Rn は U や Th の壊変系列途中で生成する放射性核種のみからなり，その半減期は長いものでも ^{222}Rn の 3.8 日である．日本語の「希ガス」は英語の rare gas に対応しており，われわれが手にする岩石など固体物質中の存在度が一般にきわめて低いことに由来した用語であろう．太陽系全体の元素存在度（solar abundance）と比較すると，地球型惑星および隕石などのような小型惑星の破片において，その濃度が非常に低いことから，「希ガス」の用語はこれら固体物質を対象にする場合は適当とも考えられる．一方，上述のように太陽系全体の元素存在度や宇宙全体での元素存在度として見た場合は，原子番号が隣り合う元素と比べて希ガス元素は決して"希"な元素ではなく，むしろ存在度が高い元素である．とくに，He の大部分はビッグバンで形成され，水素に次いで存在度が高い．最近の英語表記では noble gas が使われるようになっていて，その語源は，化学反応性に乏しいという似たような性質をもつ金や白金など noble metal からきているとの説もある．

1）発見　He は Janssen と Lockyer (1868) により太陽のスペクトル線として発見されたため，その名前は太陽 (helios) に由来している．その後，Ar が大気の液化と分別蒸留を繰り返して Rayleigh 卿と Ramsay (1868) により発見された．アルゴンという名称はギリシャ語で不活性という意味の argon に由来する．引き続き Ne, Kr, Xe が Ramsay と Travers (1898) により発見された．それぞれの名前は，Ne は新しい (neos)，Kr は隠れる (kryptos)，Xe は奇妙な (xenos) というギリシャ語に由来する．Rn は Dorn (1900) により発見され，ラジウムから生成する気体という意味でラテン語の radius に由来する．ラジウム，トリウム，アクチニウムの壊変によって得られることに対応して，ラドン 222 を狭義のラドン，ラドン 220 をトロン，ラドン 219 をアクチノンとも呼ぶ．

2）物理化学的特徴　He 以外は最外殻に 8 個の電子が入り closed shell を形成しているため化学的に不活性であるが，原子番号の大きい Ar, Kr, Xe ではフッ素との化合物などが報告されている．He は軽い気体である性質を利用した風船や飛行船，窒素に比べて水に溶けにくい性質から潜水ボンベガス，極低温の沸点を利用した寒剤として超伝導などの低温実験などさまざまな用途に利用されている．また液体 ^{4}He は超流動という現象を示すことでも有名である．He や Ar はガスクロマトグラフのキャリアガスとして，また ICP のプラズマ生成ガスとして Ar が多用されている．これらのガスを封入した放電発光は，ネオンサインやレーザー発振部を励起する強力な光源としても用いられている．

最初の安定同位体の存在は，放物線型質量分析器を用いて Ne を測定した Thomson (1913) によって 2 つのラインが存在することが報告されたことに端を発し，まもなく Soddy (1913) によってこれらを同位体 (isotope) と呼んで区別することが提案された．各希ガス元素の安定同位体の数を括弧内に示すと，He (2), Ne (3), Ar (3), Kr (6), Xe (9) のようになる．

3）地球惑星科学における希ガス　地球惑星科学における希ガスの有用性は，化学反応性に乏しくてその振る舞いが単純であること，固体惑星物質中の希ガス含有量が極端に低いこと，多くの安定同位体が存

在して同位体比変動幅が大きいこと，超高感度質量分析法による極微量希ガス同位体分析が可能であることなどによっている．

希ガス同位体組成の変化は，質量の違いによる同位体分別，放射性核種の壊変により生成する同位体（放射壊変起源：^{4}He, ^{40}Ar, ^{129}Xe など），^{238}U や ^{244}Pu の核分裂による同位体（核分裂起源：^{86}Kr, ^{131}Xe, ^{132}Xe, ^{134}Xe, ^{136}Xe など）や宇宙線照射による核反応で生成する同位体（宇宙線起源：^{3}He, ^{21}Ne, ^{38}Ar など）の付加に起因する．

Reynolds（1960）が Richardton 隕石中に ^{129}Xe 同位体の異常濃縮を発見して，消滅核種 ^{129}I（$T_{1/2}=1.57\times10^7$ yr）が太陽系形成時に存在したことを初めて証明したことや，Rowe と Kuroda（1965）が Pasamonte 隕石中に消滅核種 ^{244}Pu（$T_{1/2}=8.0\times10^7$ yr）からの核分裂起源 Xe を検出したことは，希ガスが貢献した重要な例である．その後，多くの隕石に対して行われた I-Xe 年代測定結果は，大部分の隕石が太陽系形成初期の数千万年の間に形成されたことを示している．

放射壊変起源希ガス同位体とその親核種を組み合わせて岩石が形成された年代を測定する方法として，U/Th-^{4}He, K-Ar, Ar-Ar, I-Xe, ^{244}Pu-Xe などの年代測定法がある．

同位体比が希ガス捕獲成分と大きく異なる宇宙線起源希ガスは対象とする物質が宇宙空間に存在した強力な証拠となるとともに，宇宙空間に滞在した期間（宇宙線照射年代）やその形状およびサイズを推定するほぼ唯一の手段である．コンドライトの大部分は5000万年より短い宇宙線照射年代を示すが，稀に1億年を超えるものもある．

隕石中に存在するプレソーラーグレインの初期の発見は，異常な希ガス同位体組成を手がかりにして行われた．Ne-E と呼ばれる ^{22}Ne が濃縮した Ne は超新星で作られて SiC 粒子に捕獲された短半減期核種 ^{22}Na（$T_{1/2}=2.6$ yr）からの放射壊変起源，軽い Xe 同位体と重い Xe 同位体の両方が濃縮している Xe-HL は数十Åサイズの極微小ダイヤモンドに捕獲された超新星起源の Xe，s プロセスによる元素合成過程で予想される同位体組成をもつ Kr と Xe は赤色巨星起源で SiC 粒子に捕獲されていることがわかった．

地球を対象とした希ガスを用いた研究も，K-Ar 法や Ar-Ar 法による火成岩や変成岩の年代測定，地球内部からの脱ガス過程や大気・海水の地球内部への再循環などの研究，水への溶存希ガスを用いた地下水の形成過程や年代の研究など多様である．大気中の Ar に比べてマントル中の低い Ar 濃度と非常に高い ^{40}Ar/^{36}Ar 比に基づいて，大気は地球形成後間もない時期に内部からのカタストロフィックな脱ガスによって形成されたとされている．また，マントル中には地球形成時に捕獲された始原的 He（^{3}He/^{4}He $\sim 10^{-4}$ は現在の大気 He の 1.4×10^{-6} より2桁高い）が残留していて，マグマ上昇など火成活動を通じて大気中に放出されていると考えられており，He 同位体を指標とした深部流体の地表への放出過程やダイヤモンドのようなマントル起源物質の生成深度の推定などの研究が盛んに行われている． 〔長尾敬介〕

文 献

1) Porcelli, D., et al. Ed. (2002) Noble Gases-in Geochemistry and Cosmochemistry, Rev. Mineralogy and Geochemistry, Vol. 47.
2) Ozima, M. and Podosek, F.A. (2002) *Noble Gas Geochemistry*, Cambridge Univ. Press.
3) 海老原充（2005）現代放射化学，化学同人.
4) 兼岡一郎（1998）年代測定概論，東京大学出版会.
5) 野津憲治（2010）宇宙・地球化学，朝倉書店.

9-51 宇宙の年齢

age of the universe

1915年に提唱された一般相対論の定式化によって，時間とともに収縮も膨張もしうるアインシュタイン（A. Einstein）方程式の解が導かれるまでは，宇宙は永遠に不変であるべきだという思想が支配的であったため，宇宙の年齢が科学的な信憑性を持って議論されることはなかった．しかし，1929年のハッブル（E. P. Hubble）による後退銀河の発見など膨張宇宙の観測的証拠が相次いで見つかり，ビッグバン宇宙論が確立された今日，宇宙の年齢は自然科学だけでなく哲学や宗教・思想界からも大きな関心を持って議論されている．宇宙年齢は，開闢以来の膨張宇宙の経過時間と定義できる．その決定にはさまざまな方法が用いられているが，宇宙論的方法，原子核物理学的方法，天文学的方法の3つに大別できる．

宇宙論的方法では，空間の一様等方性を仮定して導かれる宇宙年齢の式

$$t = \frac{1}{H_0}\int_0^z \frac{dz}{(1+z)^2\sqrt{1+\Omega_\gamma z(z+2)+\Omega_m z - \Omega_\Lambda(1-(1+z)^{-2})}} \quad (1)$$

を用いる．zは赤方偏移，$\Omega_i = \rho_i/\rho_c$とハッブル定数H_0は宇宙論パラメーターと呼ばれ，臨界密度$\rho_c = 3H_0^2/8\pi G$は重力定数Gと$H_0 = 100h[km/s/Mpc]$から$1.88 \times 10^{-29} h^2 [g/cm^3]$なる値をもつ．$\rho_i$は$i = \gamma, m, \Lambda$に対応してそれぞれ相対論的粒子である光子とニュートリノの平均エネルギー密度，非相対論的な元素など普通の物質（バリオン）と冷たい暗黒物質（ダークマター）を合わせた平均質量密度，暗黒エネルギー（ダークエネルギー）密度を意味する．宇宙項Λは静的宇宙を実現するためにアインシュタインが導入した幾何学的なパラメーターであるが，物理的に$\rho_\Lambda = \Lambda/8\pi G$は真空のエネルギー密度であると解釈できる．その起源はまだわかっていない．これら宇宙論パラメーターの値は，宇宙の平坦性$\Omega_m + \Omega_\Lambda = 1$を仮定して宇宙背景放射ゆらぎ，Ia型超新星の光度・赤方偏移関係，および銀河団のマターパワースペクトルの観測を組み合わせて解析し，$\Omega_m = 0.272 \pm 0.015$，$\Omega_\Lambda = 0.728 \pm 0.016$，$H_0 = 70.4 \pm 1.4 [km/s/Mpc]$と求められている[1]．宇宙が晴れた$z \approx 1000$以後は物質密度$\Omega_m$が優勢で放射のエネルギー密度$\Omega_\gamma$は無視できる．これらを(1)式に代入し，$z = 1000$とすると，宇宙年齢$t = 137.5 \pm 1.1$億年が得られる．この値は$z \to \infty$とした場合の厳密な宇宙年齢の値とほとんど変わらない．

原子核物理学的方法は核宇宙年代学の方法[2]とも呼ばれ，炭素の同位体を用いて放射化学の手法[3]で年代決定を行うのと同じ原理を使って，半減期が著しく長い^{232}Th（半減期140.5億年），^{238}U（半減期44.68億年）などを用いてその元素ができた時期を推定する方法である．最近，すばる望遠鏡やハッブル宇宙望遠鏡を用いた天文観測によって，複数の超金属欠乏星にこれらの重元素が検出された．太陽より軽いか同程度の質量をもち金属量が著しく少ない星は超金属欠乏星と呼ばれ，銀河系の形成とほぼ同時に生まれた初期世代星である．今日まで約10^{10}年間輝き続けている小質量星は，誕生時の大気の元素組成比をそのまま保っていると考えられる．一方，太陽質量の約10倍以上の星は$10^6 \sim 10^7$年という短い時間スケールで進化し，最期に超新星爆発を起こして星の一生を終える．^{232}Thや^{238}Uなどの重元素は，超新星爆発での速中性子捕獲反応（rプロセス）によって合成されたと考えられており，太陽系rプロセス元素の組成パターンにきわめて似た重元

素組成を示している（ユニバーサリティー）[2]．ユニバーサリティーはrプロセスが超新星の性質には依存せずに一定の物理的な環境で起きたことを示す証拠であるとともに，超金属欠乏星の年齢を推定する際の初期組成を与える上で重要な概念である．超金属欠乏星は単一ないし少数個の超新星爆発の核生成物から作られた第二世代星であるので，この星の年齢を推定することによって銀河年齢および宇宙年齢の下限値を与えることができる．年齢tの超金属欠乏星に検出された^{232}Thと^{238}Uとの比の値 $(U/Th)_t = 0.182 \pm 0.075$ が単一の超新星爆発で合成されたと仮定すると，初期値を $(U/Th)_0 = 0.556 - 0.794$ として，

$$t = 218 \times \{\log(U/Th)_0 - \log(U/Th)_t\} \quad (2)$$

から $t = 125 \pm 30$ 億年が得られる[4]．太陽系での比の値は $(U/Th)_{t\odot} = 0.270 \pm 0.075$[3] であるので，銀河の化学進化とともに多くの超新星爆発が^{232}Thや^{238}U合成に関わった後の45.6億年前に太陽系が形成されたことがわかる．原子核物理学的方法は宇宙論的方法に比べてまだ精度が低いが，宇宙の平坦性の仮定や宇宙論モデルには依存しないという利点をもっている．観測精度を向上させるために高分散分光観測の技術開発が行われている．また，原子核研究では世界の最先端にある理化学研究所の不安定核物理研究施設RIBFで爆発的元素合成の素過程の研究が始められ，理論研究と合わせて不定性の除去とrプロセス理論の改善を目指した研究が展開されている．

天文学的方法は，銀河系の形成とほぼ同時に誕生したと考えられる銀河ハローの球状星団の年齢を推定する方法である．この方法では，個々の星の色（表面温度）と絶対等級（光度）とを観測して得られる色-等級図上での進化曲線を用いる．色-等級図はヘルツシュプルング（D. E. Hertzsprung）とラッセル（H. N. Russell）の頭文字をとってHR図とも呼ばれる．恒星進化論によると，星の誕生とともに水素核融合が準静的に進み，もっとも長い期間，主系列星と呼ばれるフェーズに留まる．ヘリウムが中心部にコアを形成すると水素核融合はコア外縁の層状部分で進行し，星の外層は膨らんで表面温度の低い赤色巨星フェーズに移行する．星の質量が大きいほど早く進化するため，同時に生まれた星であっても質量の違いによってHR図上の進化経路が異なってくる．この性質を利用して，主系列星から赤色巨星に変わる位置の理論予測と観測との比較から，古い球状星団の年齢は $t = 126 \pm 32$ 億年と推定される[5]．観測では星の絶対光度を大きく左右する球状星団までの距離を正しく補正する必要があり，理論モデルには星団誕生時の重元素量などのさまざまなパラメーターの不定性が残る．前者はヒッパルコス衛星による観測で著しく改善された． 〔梶野敏貴〕

文　献
1) Komatsu, E., et al. (2010) arXiv：1001.4538.
2) 梶野敏貴・久保野茂 (2009) シリーズ現代の天文学（観山正見他編）「天体物理学の基礎I，2.2節」日本評論社．
3) 海老原充 (2006) 化学新シリーズ（右田俊彦他編）「太陽系の化学」裳華房．
4) Cayrel, R. et al. (2001) Nature, **409**, 691.
5) Krauss, L. M. and Chaboyer, B. (2003) Science, **299**, 65.

ビッグバン

big-bang

　人類の宇宙観は，地球中心説からコペルニクス（N. Copernicus）的展開を経て太陽中心説，無限宇宙の概念へと変遷してきた．宇宙を無限に広がった一様で等方的な時空であると考えることは，ニュートン（I. Newton）力学を支える基本的な概念となっている．しかし，18世紀に入って星雲の空間分布が観測されはじめるとともに，明るさが一定の天体が無限に広がった空間に一様に分布しているとすると，宇宙は無限大の明るさになってしまい経験的事実に反することが，オルバース（H. W. M. Olbers）によって指摘された．この矛盾は，宇宙が膨張していると考えることで解決できる．

　アインシュタイン（A. Einstein）が1915年に重力と慣性力との等価性を一般相対論として提唱して間もなく，膨張する宇宙という概念がド・ジッター（W. de Sitter）やフリードマン（A. Friedman）らによって理論的に導入された．1929年にハッブル（E. P. Hubble）が発見した後退銀河と結びつけて膨張宇宙を論じたのは，太陽の強い重力場のために光さえも曲がることを観測して一般相対論の正しさを証明したエディントン（A. S. Eddington）である．それまでの宇宙論の研究は，アインシュタイン方程式の理論的な定式化に限られていた．これを一変したのは，1946〜1948年に原子核物理学の新しい知見に基づいてビッグバン宇宙論を提唱したガモフ（G. Gamow）である[1]．

　ガモフのビッグバン宇宙論は，宇宙が高温高密度状態の火の玉の大爆発から始まったとする仮説であるが，多くの観測的事実によって，その正しさが証明されている．まず第一に，赤方偏移を示す銀河までの距離 r と速度 v との間に成り立つ関係 $v = H_0 r$（ハッブルの法則）が，銀河の後退運動によるドップラーシフトの結果であることを示したハッブルの発見[2]があげられる．また，宇宙はビッグバンの名残である5ケルビンの黒体放射に満ちているとのガモフの予言は，彼の没後の1965年にペンジアス（A. A. Penzias）とウィルソン（R. W. Wilson）が偶然発見した宇宙マイクロ波背景放射が，3ケルビンのプランク（M. Planck）分布をしていることが示され，実証された．ガモフは，巨大な核融合炉とみなせる火の玉宇宙で元素が作られたに違いないとも予言した[1]．地球の生命の元になるすべての元素がビッグバン宇宙最初の3分間で作られたとするこの予言は，「ガモフの夢」と呼ばれている．1980年代に入り，天文観測で始源ガス中や古い天体に重水素，ヘリウム，リチウムなどの元素が検出されたことで，第三の予言も検証された．宇宙膨張を元素の起源論という立場から実証的に研究することを可能にしたガモフのビッグバン宇宙論は，素粒子論や原子核物理学と深く結びついて発展する今日の宇宙開闢論の先駆けである．

　一方，「ビッグバンはなかった」と考える研究者もいる．ホイル（F. Hoyle）らによる定常宇宙論あるいは振動宇宙論では，現在は膨張するフェーズにあるが宇宙は平均して一定の密度で定常的であると考える．しかし，現在までに定常宇宙論や振動宇宙論を支持する科学的な根拠は見つかっていない．

　1992年にスムート（G. M. Smoot）とマザー（J. C. Mather）らが観測衛星を用いて宇宙背景放射を精密に測定し，10^{-5} ケルビンのオーダーの温度ゆらぎを発見した[4]．このゆらぎはビッグバン宇宙開闢から約38万年経ったころの物質密度ゆらぎ

を直接観測したことになる．初期宇宙のミクロな量子ゆらぎが宇宙膨張とともに引き伸ばされてマクロなゆらぎとなり，それが銀河団や銀河などのさまざまな宇宙構造を作り出す元になったと考えられる．

現代宇宙論はビッグバン宇宙仮説の上に築かれているが，量子論との融合をめざす統一理論への試みでもある．宇宙をかたち作る素粒子の間に働く4つの基本的な力，すなわち核力，弱い力，電磁気力，重力はもともと宇宙の始まりに統一されていたという考えが，宇宙開闢の謎を解く鍵を握っている．4つの力を統一するには，最低10次元ないし11次元が必要であると考えられている（余次元宇宙論）．開闢間もない宇宙（$t \leq 10^{-44}$秒）では時間や空間さえもがゆらいでおり，対称性が破れることで宇宙が相転移を起こしインフレーションと呼ばれる急激な宇宙膨張が始まったと考えられる．相転移によって真空から潜熱が解放されて宇宙を満たし，光のエネルギーとなる．光どうしは激しく衝突を繰り返して，アインシュタインの関係式 $E=mc^2$ に従って質量をもつ粒子・反粒子対を作り出し，相転移は終了する．こうして電子・ミュー粒子・タウ粒子と対をなす三世代のニュートリノおよびクォーク，基本的な力を伝える4種類のゲージ粒子（グルーオン，ウィークボソン，フォトンすなわち光，グラビトン）および質量の起源となるヒッグス粒子が誕生した．この相転移でCP対称性（C対称性とは物質と反物質とを入れ替えて保たれる対称性，P対称性とは鏡に映して保たれるパリティー対称性）がわずかに破れ，われわれの宇宙は物質優勢の宇宙になったと考えられる．この時点（$t \approx 10^{-39}$秒）が，ビッグバン火の玉宇宙の始まりである．その後，宇宙は何回かの相転移を経て，4つの力が次々に分岐して約137億年間進化し（9-51参照），現在われわれが見ることのできる豊かで美しい宇宙構造が作り出されたと考えている[5]．

観測によると，宇宙構造のもととなっている元素の総質量を宇宙で一様にならした平均質量密度は，臨界密度 $\rho_c \approx 10^{-29}$[g/cm^3] のわずか4％でしかなく，これだけで構造を作ることはできない．スーパーコンピューターを用いて宇宙進化を追跡し，宇宙の階層構造を再現するためには，まず，重力に反発して宇宙を加速度的に押し広げ膨張させる負の圧力作用をもつ73％の暗黒エネルギー（ダークエネルギー）が必要である．2011年のノーベル物理学賞は，タイプIa型と呼ばれ，距離によらず輝き方が一定の超新星を観測して，宇宙が加速度的に膨張していることを発見したパールムター（S. Perlmutter），シュミット（B. Schmidt），リース（A. Riess）に与えられた．さらに，加速膨張に逆らって重力的に物質を集め大きくゆらいだ密度構造を作り出すための重力源である23％の暗黒物質（ダークマター）の存在を仮定する必要がある（9-51参照）．正体はまだ解明されていないが，暗黒エネルギーの一候補は未知の真空エネルギーであり，暗黒物質は標準モデルを越える超対称粒子など未知の素粒子ではないかと考えられている．ジュネーブ郊外の巨大な粒子加速器（LHC）による実験で，発見が期待されている． 〔梶野敏貴〕

文　献
1) Alpher, R. A., et al. (1948) Physical Review, **73**, 803.
2) Hubble, E. (1929) Proceedings of National Academy of Sciences of U.S.A., **15**, 168.
3) Penzias, A. A. and Wilson, R. W. (1965) Astrophysical Journal, **142**, 419.
4) Smoot, G. F., et al. (1992) Astrophysical Journal Letters, **396**, L1.
5) 梶野敏貴（2010）月刊・望星，2010年9月号，東海大学出版会，p. 45-57.

星間有機物

interstellar organic molecules

　星間空間中および星周空間中には150種類以上の分子が見つかっている．これらは主としてミリ波で捉えられる回転遷移の放射スペクトルや赤外で捉えられる振動遷移の吸収スペクトルによって同定される．そのうち，炭素原子を含む6個以上の原子から構成され，有機物と認識されているものは50種程度存在する．最近の観測研究からは，惑星状星雲中にフラーレン分子（C_{60}, C_{70}）の検出も報告されている．さらにメチルアセチレン（CH_3CCH），メタノール（CH_3OH），アセトニトリル（CH_3CN）は系外銀河中でも検出されているが，多くの分子は系内の進化した星の星周円盤，星形成前の低温・高密度な分子雲コア，また原始星の誕生とともに暖められた分子雲コアなどで検出される．これらの多様な有機物分子の形成には，固体微粒子（ダスト）表面における化学反応と，氷の昇華に伴う気相反応が重要な役割を果たすと考えられる．

　一方，銀河系内に限らず系外銀河，とくに赤方偏移 $z\sim3$ の遠方銀河に至るまで，紫外線や可視光からのエネルギー供給が得られるさまざまな星周，星間環境において，赤外波長域に複数の特徴的な幅の広いバンド放射が観測される．これらは，当初は未同定赤外バンド（unidentified infrared bands：UIR bands）と呼ばれ，実験室での生成実験や量子化学理論計算と観測データの比較研究の結果，30～100以上の炭素原子を含む芳香族炭化水素（polycyclic aromatic hydrocarbon：PAH）分子，あるいは急冷炭素物質（quenched carbonaceous composite：QCC）などの炭素質粒子（以降，星間PAH）中に含まれる芳香族の炭素-炭素あるいは炭素-水素結合の格子振動によって担われていることが明らかになってきた．おもなバンドは3.3，6.2，7.6～7.8，8.6，11.2，12.7，16.4ミクロンに見られ，それらの存在は星形成活動のよい指標となると考えられている．また，これらのピーク位置やバンド形状，相対強度比などの赤外スペクトル上の特徴は，担い手のサイズ，化学組成，温度や電離度などの物理状態によって変化する．したがって，赤外線分光観測を通じて，もっとも大きな星間有機物分子群の一種といえる星間PAHが，宇宙環境の進化とともにどのように形成され進化を遂げるか探ることができる．

　これまでの研究から，星間PAHは炭素に富んだ外層をもつ漸近巨星分岐（asymptotic giant branch：AGB）星の星周環境，あるいは100 km/s程度の星間衝撃波中で，固体の炭素粒子が15Å程度以下の小さな炭素質粒子の塊に粉砕される過程で形成される一方，超新星爆発などのより早い速度の衝撃波のもとでは破壊されると考えられている．また，星間PAHは，環構造の周囲についた鎖状構造を中心に，とくに光優勢領域（photon dominating region：PDR）における星間物質の化学反応に関わると考えられている．一方で，炭素骨格中への窒素原子の混入の化学反応経路は同定されていないが，観測されるバンドの波長位置からは多くの星間PAHが窒素原子を環構造内部に含む形態をとることが示唆されており，より高度な有機物の形成過程の解明が期待される．　　〔左近　樹〕

文　献

1) Herbst, E. and van Dishoeck, E. F. (2009) Complex organic interstellar molecules. Annu. Rev. Astron. Astrophysics, **47**, 427-480.
2) Tielens, A.G.G.M. (2008) Interstellar polycyclic aromatic hydrocarbon molecules. Annu. Rev. Astron. Astrophysics, **46**, 289-337.
3) Cami, J., et al. (2010) Science, **329**, 1180-1182.

隕石有機物

organic compounds in meteorites

約46億年前,塵とガスからなる分子雲が自らの重力で収縮し,原始惑星系円盤,そして太陽系へと進化する.分子雲に存在した有機分子も,この過程で,さまざまな化学反応を経験し,複雑化していく.このようにして太陽系で隕石の構成成分となったものを隕石有機物という.

隕石有機物は,未分化のコンドライト隕石に含まれる.もっとも始原的な炭素質コンドライトには,約2 wt%の有機炭素が含まれる.そのうち,酸不溶性有機物が全有機炭素の大部分を占め,水や有機溶媒で抽出可能な有機化合物が微量に含まれる.可溶性有機物には,アミノ酸,カルボン酸,芳香族炭化水素,脂肪族炭化水素,アルコール,ヘテロ芳香族化合物,核酸塩基といった多種の有機分子が検出されている.個々の分子の安定同位体比を調べることによって,各分子の起源や生成機構(たとえば,炭素鎖成長機構や芳香環化機構)が明らかになっている.また,イソバリンやイソロイシンなどのアミノ酸のL-鏡像異性体過剰が発見され,不斉の起源につながる知見も得られている.

不溶性有機物は,1から6環程度の芳香族炭素の間を分岐鎖に富む炭素数2から9程度の脂肪族炭素とカルボニル基などの含酸素官能基がさまざまに架橋した複雑な高分子構造からなると考えられている.見かけ上の元素組成が地球上の炭素物質(ケロジェンなど)と似ているため対比されることがあるが,初期太陽系における独自の化学反応が記録されている隕石有機物の化学組成は,地球上のものとは大きく異なる.

隕石有機物は重水素(D)と^{15}Nに富むことから,その大部分は,分子雲または太陽系外縁といった極低温環境を起源とする可能性が高いとされている.いくつかの炭素質コンドライト中の不溶性有機物の局所領域やナノグロビュール状有機物では,水素・窒素同位体比が異常に高い部分が検出されている.これらと同様のD,^{15}Nの異常濃集が,彗星起源の宇宙塵にも存在することから,コンドライトと宇宙塵は起源を同じくする可能性が示唆されている.

コンドライトは,それらが経験した初期太陽系での物理・化学プロセスの違いによって,細かく分類されている.すなわち,異なる化学・岩石学的分類に属するコンドライト中の有機物の分子構造や同位体組成を比較することにより,母天体上での熱,衝撃,水質変成が及ぼす有機物の多様化を理解することができる.さらに,NASAのスターダスト探査によって81P/Wild 2彗星塵の有機物分析が実現し,彗星塵有機物の方が隕石有機物よりも窒素と酸素に富み,芳香族炭素に乏しいことが判明するなど,隕石,彗星,宇宙塵の有機物の関係性が議論できるようになってきた.有機物は化学反応性が高いという利点から,分子雲や原始惑星系円盤で起こった化学進化過程に関する新しい制約条件を提供するものと期待されている.

〔薮田ひかる〕

文　献

1) Alexander, C. M. O'D., et al. (2007) Geochim. Cosmochim. Acta, **71**, 4380-4403.
2) Cody, G. D., et al. (2008) Meteorit. Planet. Sci., **43**, 353-365.
3) Pizzarello, S., et al. (2006) *Meteorites and the Early Solar System II* (eds. Lauretta D. S. and McSween, H. Y., Jr.) Univ. of Arizona, USA, pp. 628-651.

【コラム】アストロバイオロジー

astrobiology

　アストロバイオロジーは「地球・地球外における生命の起源・進化・分布・未来」を研究する学際的な学問領域と定義される．
　20世紀後半，探査機による惑星探査が本格化するとともに，生命科学のめざましい発展から，生命の本質や起源・進化，地球外生命の可能性に関する議論が可能になった．1996年，米国航空宇宙局（NASA）は，火星から飛来した隕石中に火星生命の痕跡がみつかったとの発表を行った．これを機に，NASAは圏外生物学を拡張したアストロバイオロジーという学問領域を提唱した．
　アストロバイオロジーのカバーする4テーマを簡単に紹介する．
　①生命の起源：　一般に地球生命は約40億年前に地球上で誕生したとされる．生命誕生の場である原始地球環境の解明には，太陽系生成論や，他の惑星環境の調査が必要である．生命誕生に必須な有機物の起源に関しては，地球上での有機物生成シナリオに加え，星間で生成した有機物が，微惑星や彗星に取り込まれ，地球に持ち込まれたとする，有機物の地球外起源説も有力である．その検証のため，探査機を用いた惑星探査や地上模擬実験などの手法によるアプローチが試みられている．
　②生命の進化：　従来の生物進化学は生物学の範疇にあったが，アストロバイオロジーでいう生命進化は，生命と惑星の共進化の立場から考える．光合成生物の誕生は，酸素の発生により海水中の化学種（鉄イオンなど）の組成を変化させた．また，数次にわたって地球は赤道までが氷で覆われたとする「全球凍結（スノーボールアース）」説が支持を増している．その結果，生物種の大絶滅が引き起こされたが，これがその後の真核生物の誕生，多細胞生物の誕生などの「大進化」の引き金を引いた可能性が議論されている．これらは，生物科学のみ，地球科学のみでは解明のできない課題であり，それらを総合したアストロバイオロジー的なアプローチが不可欠となる．
　③生命の分布：　地球外生命の検出はアストロバイオロジーの最大の目的の1つである．早くから生命探査のターゲットであった火星では，NASAの一連の探査での水の検出を経て，次世代探査機による生命探査に期待が集まる．一方，これまで生命居住可能領域外とされてきた外惑星の衛星が新たな生命探査のターゲットとなった．木星の衛星，エウロパの氷の下には液体の水の海の存在が確実視され，土星の衛星，タイタン大気中では様々な複雑な有機物の存在が確認されている．これらと生命との関連は，今後の惑星探査や室内模擬実験により解き明かされていくであろう．また，地球でも，深海底の熱水系などの極限的な環境中にも多彩な生物圏が発見され，その解明が進められている．
　④生命の未来：　これまで，何回もの生物の大絶滅に遭遇しながら，地球生命は約40億年間，生存を続けてきた．しかし，個々の種の寿命はそれほど長くない．現在，人類文明は，地球環境問題などに直面し，これが人類や他の地球生物の未来に影を落としている．これらをいかに解決していくか．そのためには比較惑星学や地球と生命の共進化史の理解が必要であり，そのような研究を主導していくアストロバイオロジーの役割は大きいといえる．
〔小林憲正〕

文　献

1) Soffen, G. A. (1999) Astrobiology. Adv. Space. Res., **23**, 283-288.
2) 小林憲正（2008）アストロバイオロジー，岩波書店．

中性子放射化分析

neutron activation analysis (NAA)

中性子放射化分析は原子核と中性子との核反応を利用して行う分析法である．通常，核反応としては中性子捕獲反応を利用する．原子核が中性子を捕獲すると中性子過剰原子核が生じるが，その原子核が不安定（放射性）の場合，β^-壊変を起こし，壊変後の原子核が γ 線を放出する．中性子放射化分析ではこの γ 線（壊変 γ 線）を利用するのが普通である．核反応を起こす中性子や，反応後，分析に用いるシグナルである γ 線は物質中での透過能が非常に高いことから，物質表面のみでなく，試料全体の分析（通常，bulk 分析と呼ばれる）が可能である．この性質を利用して，試料の量がグラム以下の場合，試料を物理的に破壊せずに多元素を分析できる．このような分析手法を機器に大きく依存することから機器中性子放射化分析（INAA：instrumental NAA）と呼ぶ．現在ではNAAといえばINAAを指すのが普通である．

NAAの分析法としての特徴のうち，他の分析法と比べて大きな長所として，分析感度が高いことに加えて，正確さ（確度）が高いことがあげられる．NAAの中でも放射化学的中性子放射化分析（RNAA：radiochemical NAA）は分析法の中でもっとも高い感度と確度が保証される分析法である．この手法では，試料を中性子照射後，化学分離操作によって目的核種を放射化学的に分離精製するので高い感度が得られる．また，照射することによって目的元素の一部を放射性核種に変換するので化学分離操作中の汚染は定量値に影響を与えず，また，化学操作前に一定量の担体を加えて化学分離の際の損失を正しく補正することができるので，汚染と損失という定量分析での2つの主要誤差要因を除くことができ，定量値の高確度が保障される．

NAAでは通常，中性子捕獲後の原子核の壊変に伴って放出される壊変 γ 線を測定するが，原子核が中性子を捕獲後瞬時に（10^{-14} 秒以内）に放出する即発 γ 線を測定しても元素分析ができる．この方法を中性子誘起即発 γ 線分析，あるいは単に即発 γ 線分析（PGA：prompt gamma-ray analysis）と呼ぶ．この方法は中性子を照射しながら γ 線を測定するので実施できる場所は限られるが，中性子照射をしながらリアルタイムに定量値が得られるという特徴をもつ．また，分析に用いる中性子束が通常のINAAに比べて桁違いに小さく，適当時間冷却すれば自然放射能レベル（天然におけるバックグラウンドレベル）に低下するので，一度分析に利用した試料を再利用できる．この点から，たとえば隕石などの稀少試料の分析（とくに初期段階での分析）に最適の分析法といえる．

NAAを含めた放射化分析法の一般的特徴としていえることであるが，定量する対象が元素ではなく，核種（同位体）であるということである．このことは，得られるシグナルから元素含有量を求めるためには元素の同位体比を仮定する必要がある．通常，元素の同位体比は分析の誤差の範囲で一定であるとして元素値を求めるが，特殊な場合にはこの限りでなく，注意が必要である．このことは放射化分析によって同位体組成を求めることも可能であることを意味するが，通常，放射化分析によって同位体比を求めることは，ごくまれな例外を除いて行われない． 〔海老原 充〕

文 献
1) 伊藤泰男ほか監修・編集（2004）放射化分析ハンドブック，(財)日本アイソトープ協会，138 p.p.

二次イオン質量分析法

secondary ion mass spectrometry (SIMS)

地球惑星化学試料における微量元素組成や同位体組成は，試料の起源，形成年代，形成過程などを探る手掛かりとなる．これら組成分析にはさまざまな分析手法が用いられるが，従来広く用いられてきた手法では，試料の粉末化・水溶液化といった処理により，岩石学的組織の情報を失ってしまう．岩石学的組織を失うことなく試料のその場分析を行う手法が表面局所分析法であり，二次イオン質量分析法はその1つにあたる．

二次イオン質量分析法は，数 keV から 10 keV 程度のエネルギーをもつ酸素やセシウムのイオンビーム（一次イオン）を細く絞り固体試料に照射することで表面局所分析を行う．一次イオンビームを固体試料表面に照射すると，試料表面との相互作用により電子，二次イオン，中性原子，電磁波などが固体試料表面から放出される．放出された二次イオンを質量分析部に加速し，二次イオンの質量と電荷比に対して分離した後，目的とする二次イオンを検出することで試料表面の化学組成や同位体組成の分析を行う．

二次イオン質量分析法の特長は次のようにまとめられる．数十ミクロンからサブミクロンスケールといった非常に微小な領域のその場分析が可能である．感度が他の表面局所分析法と比較して高い（図1）．水素からウランまで全元素の分析が可能である．一次イオンを試料表面に走査し，各分析点からの強度を輝度として画像化する，または，投影型二次イオン質量分析法における投影機能を用いることで，試料表面の元素組成や同位体の二次元空間分布をミクロンスケールにおいて視覚化することが可

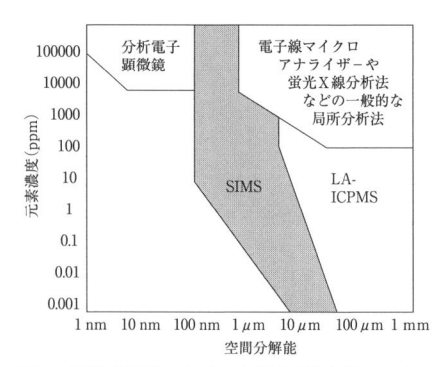

図1 局所分析法における空間分解能と検出感度の比較
LA-ICPMS：レーザーアブレーション誘導結合プラズマ質量分析法．

能．一次イオンにより表面元素が削られていくことを利用し，nm オーダーの分解能をもつ深さ方向の分析が可能である．さらに，二次元分析と組み合わせることで三次元分析が可能である．

以上の特長を生かして二次イオン質量分析法は，従来の方法では測定が困難であったミクロンスケールの領域における微量元素や同位体の分析を可能とし，地球惑星化学において大きな威力を発揮してきた．地球最古の年代をもつ鉱物の発見や，地球最古の生命の痕跡，太陽系誕生以前の星から生まれた鉱物を隕石から発見，などは二次イオン質量分析法を用いて得られた成果のほんの一例である．

近年，大型扇形磁場を利用することで装置の高感度化がなされるとともに，複数の検出器を備え多重イオン同時検出が可能な装置を用いた分析精度の高精度化も進んでいる．これら技術の発展により，ケイ酸塩試料の酸素同位体分析などにおいて，10 μm スケールの領域に対して，0.1% 以下といった高い分析精度を得ることが可能となってきており，今後さらに地球惑星化学分野において活躍の場を広げるであろう．

〔永島一秀〕

表面電離型質量分析計

thermal ionization mass spectrometry（TIMS）

表面電離型質量分析計は金属フィラメントに塗布した目的元素を高真空のイオン源に入れ，電流を流すことで加熱・イオン化させて質量分析，すなわち同位体測定を行う装置である（図1）．おもに，陽イオンを生成させて測定するが，負イオンを生成させる手法（N-TIMS）もある．測定対象は地球化学的に重要な放射壊変起源の同位体をもつストロンチウム・ネオジム・鉛をはじめ，リチウム・ホウ素・カルシウムの安定同位体，さらにはクロム・オスミウム・ウランなど多岐にわたる．TIMSの歴史は比較的長く，20世紀前半には現在と原理的にほぼ同一の装置により，さまざまな元素の同位体組成が測定されている．

ある元素のTIMSにおけるイオン化効率は，次のSaha-Langmuirの式で与えられる．

$$\frac{n^+}{n^0} \propto \exp\left(-\frac{I-W}{k_\mathrm{B} T}\right)$$

ここで，n^0，n^+はそれぞれ中性原子とイオン化した原子の数，Iは目的元素のイオン化ポテンシャル，Wはフィラメントの仕事関数，k_Bはボルツマン定数，Tはフィラメント温度である．したがって，高いイオン化効率を得るには，仕事関数が大きく融点の高い物質（レニウム・タンタル・タングステンなど）をフィラメントとして用いるのが効果的である．また，イオン化ポテンシャルの低いアルカリ金属やアルカリ土類金属は高いイオン化効率が得られ，場合によってはサブナノグラムの超高感度同位体分析も可能である．

Saha-Langmuirの式は純物質のイオン化に関する式であり，フィラメント上に目的元素以外の不純物が共存すればイオン化は著しく妨害される．したがって，測定前には試料から目的元素のみを高純度で分離・抽出する必要があり，それがTIMSによる分析を煩雑なものにしている．また，ハフニウムやトリウムなど，大きなイオン化ポテンシャルをもつ元素の測定は容易でない．このような理由から，近年では共存マトリックスに強く，多くの元素で一定の高い検出感度が得られる誘導結合プラズマ質量分析計（ICP-MS）を用いた同位体測定が地球化学分野で広く行われるようになってきた．しかし，TIMSは生成するイオンの運動エネルギー分布がおよそ0.5 eV程度と，プラズマによるイオン化（100 eV以上）に比べきわめて小さいため，より安定したイオンビームを長時間保持することができる．そのため，イオン光学系や検出器が改良された近年のTIMSでは外部精度数ppmの超高精度同位体測定が可能であり，地球化学的な応用範囲はますます広がっている．

図1　TIMSイオン源の写真
レニウムダブルフィラメントにより，Ndのイオン化が行われている．中央左，「コ」の字で明るく輝くのがイオン化フィラメント，その右側にある逆「コ」の字型が蒸発フィラメントである．イオン化フィラメントの温度は約1800℃である．

TIMS はまた，装置内で生じる質量差別効果が数‰程度と非常に小さく，高精度同位体測定に有利である．質量差別効果の補正には，目的元素から2つの安定同位体を選択し，その同位体比の実測値を参照値と比較する内部補正法が一般的に用いられるが，安定同位体の少ない元素では，ダブルスパイク法（鉛など）やトータルエバポレーション法（ウランなど）による補正も行われている．　　　　　　〔横山哲也〕

9-59

【コラム】惑星物質試料受入れ設備でのクリーン化対応

cleanliness of curation facility of JAXA for planetary sample material

小惑星イトカワの表層の試料を携えた探査機「はやぶさ」の地球帰還（2010年6月）に合わせ，JAXAに惑星物質試料受入れ設備（キュレーション設備）が運用開始となった．この設備では，微少量の微粒子試料であっても，地球環境による汚染を防止し，試料紛失を極力避けるためのさまざまな仕組みが組み込まれている．

クリーンルーム　惑星物質試料の処理はクリーンチャンバーと呼ばれるグローブボックス内で実施されるが，このチャンバーはクリーンルーム内に設置されている．クリーンルーム大気は粒子除去用および化学物質除去フィルターを介して外気から導入され，温湿度を調整して最上流ルーム（中心部でクラス100．周辺部で1000（米国連邦規格 No.209 E））から下流へと繰り返し循環利用され，最後に加工や洗浄を実施するクラス10000の部屋から更衣室を経由し廊下へ排出される．クリーンルームを清浄に保つため，多くの支援装置（DSP：ドライスクロールポンプなど）は地下機械室に設置している．探査機の試料コンテナをクリーンチャンバーに導入する前に付着物除去を目的としたドライアイスブラストや大気圧プラズマ法といった物理的洗浄法で対応している．作業用工具類や試料容器などは化学的湿式法やUVオゾン装置などを併用して洗浄される．粒子除去や熱真空処理といった物理洗浄，有機溶剤洗浄，酸・アルカリ薬剤処理などは，粉塵・薬品蒸気などの発生を伴うことが多いため，大気を直接排気する部屋内で行われ，ここで発生した汚染空気が大気循環型クリーンルーム内へと流れ込まないように設計されている．クリーンルームより清浄な環境が必要な場合はクリーンチャンバーを利用する．

クリーンチャンバー　試料コンテナを開封して試料を回収し記録保管する作業は，地球物質（大気も含まれる）による汚染を防止するためクリーンチャンバー（図1参照）内で実施する．コンテナは宇宙で密封して帰還するので内部は真空状態（わずかな小惑星大気を含む可能性もある）である．真空排気したクリーンチャンバー内でコンテナを開けることで，コンテナ内の試料ガスを採取する．試料ガスの回収の後は，高純度窒素を満たした環境（1気圧）で作業を進める．チャンバーへ供給する窒素ガスは液体窒素から気化して作る．液体窒素は製造工場から容器へ充填する事業所の1カ所を経由するだけの最短ルートでキュレーション設備まで専用の液体窒素容器で届けられる．気化したガスは十分高純度であるが，さらに純化器で高純度化された後にチャバーへと供給される．クリーンチャンバーのガスの清浄度（不純物濃度）は真空，大気圧，および中間圧力でそれぞれ四重極質量分析計（QMS），大気圧イオン化質量分析計，差動排気QMSなど3種類の質量分析計でモニターされる．真空あるいはガスを流しての2年以上の運用試験などを通じて，不純物濃度0.1 ppm以下

図1　クリーンチャンバー

のクリーンな窒素環境が実現できている．チャンバーにはコンテナを開封する機構や開封後にコンテナから微小粒子サンプルを回収するマニピュレーターシステムの仕組みを組み込んでいるが，これら装置の材質はチャンバーあるいは試料コンテナと同一材料で製造してあり，また，駆動部は無潤滑で動作するように作ってある．なお，試料分析からの要望により，直接試料に接触する容器やマニピュレーターのプローブは石英製である．ドライな排気系をもつ電界放出型走査電子顕微鏡（FE-SEM）で観察を行うが，その際に試料汚染を減らす工夫がしてある．チャンバーと電子顕微鏡間の試料移動には密閉容器を用い，試料の導電処理を避けて高純度窒素雰囲気の低真空で観察する．特殊な試料ホルダに収められた試料は電子顕微鏡用グリッドの窓越しに観察・撮像され，エネルギー分散型X線分析装置で元素組成を調べることができる．配布試料に関して，大気や水分，有機物による汚染を避ける必要がある場合には高純度窒素雰囲気のチャンバーで石英容器に入れ，蓋部分を数十秒高周波加熱することで密封して研究者に届けることができる．

静電対策 クリーンルームでは湿度を高めの50%とすることで静電気対策としているが，高純度窒素に置換されたチャンバー内では静電気が問題となり，とくに秤量や微粒子試料のハンドリングで影響がある．このため，UVランプとPo-210α線源で除電を行っている（一般的コロナ放電型徐電器は塵を発生するため利用できない）．しかし，秤量結果にもっとも効果的であったのは，グローブ操作で秤量作業を実施する人の接地対策であった．微小粒子の回収・操作には，わずかであっても静電気は大敵であり，その影響を極限にまで低くする対策が講じてある．

イトカワサンプルの処理 帰還したサンプルコンテナの観察結果から，イトカワサンプルは総量で〜1mgと微少量だと推定され，最大粒子でも〜300μmと小さく，クリーンチャンバーの窓越しに肉眼で識別できるサンプルが存在しないことが明らかとなった．小さな粒子は相対的に表面積が大きく，雰囲気や接触による汚染に対してより注意深く対処する必要がある．サンプル粒子はほとんどが数十ミクロン以下であり，より小さな粒子が弱く結合した集合体もあり非常に壊れやすいので最低限の力でハンドリングする必要がある．このため，清浄なクリーンチャンバーに設置され，静電気力をアクティブ制御してサンプル粒子を石英プローブに付着させて移動する静電制御マニピュレータシステムによってすべてのサンプル粒子を取り扱うこととなった．なお，電気推進の「はやぶさ」探査機により持ち帰られたサンプルは電磁気的に影響を受けているので，静電気力でサンプル粒子をハンドリングすることは許容される．

サンプル粒子は微小軽量のため準備した装置では秤量できず，形状や組成から重量推定をしている．今回のサンプルでは電子顕微鏡の試料台を覆うグリッドが必須ではないと判明したため，特殊試料台上にサンプルを単純に置く方法に簡素化している．また，事前に準備した雰囲気遮断の合成石英製配布容器は相対的に大きく，容器内に収納したサンプル粒子の場所特定などが困難であると判明した．研究機関への配布サンプルは大きくても数十μmのサイズであり，このサンプル粒子を汚染なく収納し，再度取り出すため，窪みをつけた2枚の合成石英板の間にサンプル粒子を入れ，これを金属ガスケットで密閉したステンレス容器に納めて微小サンプル用の配布容器としている．容器密閉までの全作業はクリーンチャンバー内の高純度窒素雰囲気内で実施している．

〔藤村彰夫〕

10.
環境（人間活動）

人為活動による大気組成変化

changes in atmospheric composition caused by anthropogenic activity

社会経済活動が増大するに伴ってさまざまな物質が大気中に放出されるようになり，大気組成が急激に変化している．大気組成は自然状態でも変化する（たとえば，大気中二酸化炭素（CO_2）の濃度は氷期・間氷期サイクルと連動して変動する）ことが知られているが，近年の人為活動による変化は自然の変動と比べてその速度が速いことが特徴としてあげられる．また，大気組成の急激な変化による地球環境への影響も懸念されている．大気組成に影響を与える人為活動は，①化石燃料の燃焼，②土地利用形態の変化，③自然界に存在しない新たな化学物質の大気への放出，の3つのタイプに分類できる．

「火の利用」は人類の文明を進展させた原動力であり，現代文明は化石燃料の燃焼が支えているといっても過言ではない．しかし，化石燃料の燃焼によって排出されるCO_2によって大気中濃度は増加の一途をたどっている．図1に過去2000年間の大気中CO_2濃度の変遷を示す．CO_2濃度は280 ppmとほぼ一定であったものが，人為活動が活発になる約250年前から増加を始め，現在までに約100 ppm以上増加したことがわかっている．また，図2にハワイ島マウナ・ロア山で観測された大気中CO_2濃度の変化を示す．CO_2は冬に高く夏に低い季節変動を示しながら着実に増加し，2000年以降の増加率は年間約2 ppmに達している．CO_2は温室効果気体であり，その濃度増加による気候の温暖化が懸念されている．また，化石燃料の燃焼に伴って，硫黄酸化物（SOx）や窒素酸化物（NOx）が大量に排出されている．放出されたSOxやNOxは大気中で硫酸や硝酸に酸化されエアロゾル粒子となる．これらのエアロゾル粒子は太陽放射を散乱するため負の放射強制力をもつとされ，温暖化を抑制する効果があると考えられている．一方，硫酸や硝酸は最終的には乾性沈着や湿性沈着（いわゆる酸性雨）によって大気から除去されるが，地表環境を酸性化するという問題を引き起こす．

人類は人口増加に伴い居住地や農耕地を

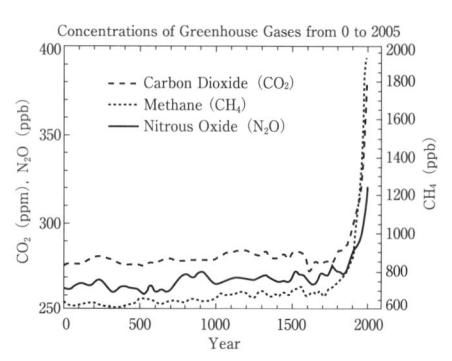

図1 過去2000年間の大気中CO_2，CH_4，およびN_2O濃度の変遷

過去数十年間のデータは大気観測に，また，それ以前のデータは極域の氷床コア試料中に含まれる気泡の分析に基づく．（IPCC第4次報告書より）

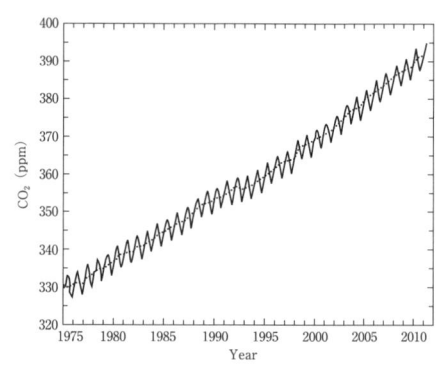

図2 ハワイ島マウナ・ロア山におる大気中CO_2濃度の観測結果

破線は季節成分を除いたトレンド曲線を表す．（米国海洋大気庁地球システム研究所（NOAA/ESRL）による観測結果から作図）

押し広げる過程で，森林破壊といった地表の環境変化を推し進めてきた．このような地表環境の変化は大気-陸面間の物質交換の変化を通じて大気組成に影響を与えている．たとえば，森林破壊はCO_2の固定能力を失わせ，土壌中の有機物の分解を促進することによって大量のCO_2が大気に放出されると考えられている．また，東南アジアを中心に広く分布している水田では，その還元的な環境のためメタン（CH_4）の発生源となっている．また，ウシやヒツジは腸内発酵によりCH_4を放出するが，これらの家畜の増加も人為的なCH_4の発生量を増加させたと考えられている．さらに，現代の農業では，土壌に大量の窒素肥料を加えることが当たり前になっているが，土壌の窒素循環が変化することで，たとえば亜酸化窒素（N_2O）の発生量が増加している．これらの影響により，CH_4やN_2Oの大気中濃度が過去250年間でおよそ700 ppbから1750 ppbおよび270 ppbから315 ppbへとそれぞれ増加したことが明らかにされている（図1）．図3にマウナ・ロアで観測された大気中CH_4濃度の変化を示す．CH_4濃度は1990年代以降その増加率が減少し2000年代前半にはほとんどゼロになったが，2007年以降再び増加し始めたことがわかる．また，N_2O濃度は1980年代以降現在に至るまで，毎年0.2〜0.3%の割合で着実に増加していることが観測から明らかにされている．CH_4およびN_2Oも温室効果ガスであるため，大気中の濃度増加は地球温暖化を促進すると予想されている．

人工的に作り出され，大気中に蓄積することで深刻な環境影響を引き起こした揮発性物質の代表例として，クロロ・フルオロ・カーボン（CFC）をあげることができる．CFCは冷媒や発泡剤，洗浄剤などとして開発され，非常に安定な物質で人体に無害であるため，広く利用されるようになった．CFCは対流圏でほとんど分解されないため，使用後にCFCは大気中に蓄積し，最終的には成層圏まで達する．たとえば，CFC-12（CCl_2F_2）やCFC-11（CCl_3F）は1990年頃までそれぞれ毎年4〜6%および3〜4%の割合で増加し，現在はそれぞれ500 pptおよび200 pptを超える濃度となっている．CFCは成層圏で光分解され，その際に生じる塩素によって成層圏のオゾンが連鎖反応的に破壊されることで地表に届く有害な紫外線の増加が懸念されている．実際に，春先の南極上空において大規模な成層圏オゾン濃度の減少が観測され（オゾンホール），オゾン層破壊が現実のものとなった．

今や人類は人為起源物質の大気への排出を抑制する必要に迫られている．たとえば，CFCの場合はモントリオール議定書などに基づきその生産の規制・全廃がなされ，実際にこれらの大気中濃度は増加停止や減少に転じている．一方，CO_2などの温室効果気体についても京都議定書のような国際的な取り決めにより排出量の抑制が試みられているが，まだ対策は不十分であるのが現状である． 〔遠嶋康徳〕

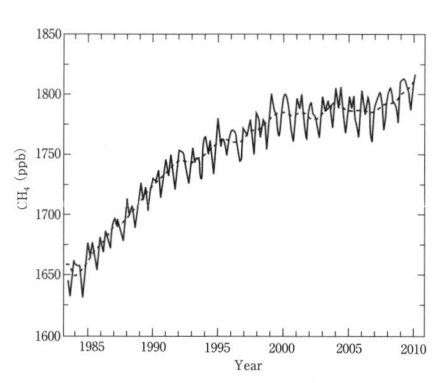

図3 ハワイ島マウナ・ロア山における大気中CH_4濃度の観測結果
破線は季節成分を除いたトレンド曲線を表す．（米国海洋大気庁地球システム研究所（NOAA/ESRL）による観測結果から作図）

10-02 化石燃料起源炭素の大気への滞留

accumulation of fossil fuel-derived carbon in the atmosphere

近年,人類の社会経済活動の増大に伴って大量の化石燃料が消費され,大気中の二酸化炭素(CO_2)濃度が増加している.ところで,大気中のCO_2増加量は化石燃料の燃焼によって放出されるCO_2の約6割程度でしかない.地球表層における炭素循環を考えると,残りの4割は陸上生物圏と海洋に吸収されたことになる.

この陸上生物圏と海洋の正味の炭素吸収量を定量的に評価することは,地球表層での炭素循環を理解する上で基礎的な情報といえる.陸上生物圏および海洋の吸収量は,物質循環モデルを使って推定する方法もあるが,地球化学的な手法としては大気中CO_2の炭素安定同位体(^{13}C)および大気中酸素(O_2)の濃度変化から推定する方法がある.

化石燃料起源CO_2に含まれる^{13}Cの割合は大気中CO_2よりも少ない.したがって,大気中CO_2の^{13}Cは徐々に減少している(炭素13-Suess効果).ところで,植物が光合成によりCO_2を固定する場合^{12}Cを優先的に取り込むため,大気中の$^{13}CO_2$は相対的に多くなる.一方,海洋がCO_2を吸収する場合には大きな同位体分別は生じない.つまり,大気中CO_2の^{13}Cの減少量を化石燃料起源CO_2の放出量から予想される減少量と比較することで,陸域生物圏のCO_2吸収量を推定できる.実際には,大気と陸域生物圏および海洋間で同位体組成が平衡に達していないため,大気-陸域間および大気-海洋間でのCO_2の総交換量が同位体組成に及ぼす影響を見積もる必要があり,炭素吸収量を求める際の誤差要因となっている.また,C_3植物とC_4植物で^{12}Cを優先的に取り込む度合いが違うため,地表における$C_3・C_4$植物の占有率の変化も誤差要因となっている.

大気中のO_2濃度の変化を利用する方法では,燃焼や光合成・呼吸の際にCO_2とO_2の交換が生じることに着目する.化石燃料の燃焼ではO_2が消費されるので,大気中O_2濃度の減少が予想される.このO_2の消費量は化石燃料の種類別消費統計から推定できる.ところで,森林がCO_2の正味の吸収源となるということは,光合成によるCO_2の固定が呼吸・燃焼によるCO_2の放出を上回っていることを意味し,CO_2の吸収量に比例したO_2を大気中に放出する.一方,海洋に対するO_2の溶解度はCO_2の溶解度と比べると圧倒的に小さいため,海洋はO_2の吸収源にも放出源にもならないと近似できる.そこで,大気中のO_2濃度の変化を測定し,化石燃料の燃焼から予想される減少量と比較することで,森林がどの程度CO_2を吸収しているのかがわかる.なお,近年の地球温暖化の影響で海洋はO_2の発生源となっていると考えられており,O_2濃度の変化を利用した炭素収支計算の誤差要因となっている.

たとえば,1999~2005年の6年間を平均すると,炭素換算で年間約70億トンの化石燃料起源CO_2が大気中に排出されたと推定されている.大気中CO_2濃度の観測から,その期間の大気中炭素蓄積量は毎年約40億トンであったので,差し引き30億トンの炭素が陸上生物圏と海洋に吸収されたことになる.一方,上記の6年間に観測された大気中O_2濃度の減少量は,化石燃料消費量から予想される減少量よりも小さく,陸上生物圏が正味でCO_2を吸収しO_2を放出したことがわかった.詳しい計算によると,海洋が約20億トン,陸地生物圏が約10億トンの炭素を吸収したとされる.このように,陸上生物圏および海洋の働きのおかげで大気中CO_2の増加が抑えられている.〔遠嶋康徳〕

10-03

CO_2 地中貯留

CO$_2$ geological storage

地球温暖化対策のひとつとして二酸化炭素（CO_2）の地中貯留技術が考えられている．当該技術は火力発電所や製鉄所，セメント工場などCO_2の大規模発生源からCO_2を大気中へ排出する前に回収し，貯留するCO_2回収貯留（CCS：carbon dioxide capture and storage）技術の一工程である．既存技術である天然ガスの地下貯蔵，石油の増進回収（EOR：enhanced oil recovery），石炭層からのメタンの増進回収の応用として開発が進められている．

地中貯留の利点は，地表よりも温度やとくに圧力が高いためCO_2を圧縮して封じ込められる点である．CO_2の超臨界点（31.2℃，7.38 MPa）での密度は466 kg/m^{3}である．標準状態（1.81 kg/m^3）における気体のわずか0.4％にまで体積を減らすことができる．したがって，地中貯留の対象深度は一般的な地表温度を15℃，地温勾配を25℃/km，圧力勾配を10 MPa/kmと仮定した場合，超臨界条件を満たす800 m以深とされる．

地中貯留の対象となる地層は帯水層，油ガス田，採掘できない炭層であり，それぞれ1,000～10,000 Gt，675～900 Gt，3～200 GtのCO_2を世界中で固定できると推定されている（1 Gt=10億トン）．油ガス田には数万年にわたって地下に石油やガスが貯留されていたことからCO_2も長期間安定して貯留されると期待される．しかし，油ガスの生産を終了するまで地中貯留場として利用できない．貯留可能量の多さから帯水層貯留の研究開発が推進されている．

帯水層とは多孔質な媒体で，地層水（化石海水など塩分濃度の高い地下水）を含む堆積岩の層である．CO_2の貯留対象層は浸透性の高い砂岩層であり，その上部に浸透性のきわめて低い泥岩などのキャップロックからなるシール層を備えていることが条件である．貯留層へ圧入されたCO_2は地質構造によって物理的に保持され，一部は地層水に溶解する．化学反応が進行し炭酸塩鉱物となれば地下に安定して固定される．

わが国では小規模実証試験が2000年に計画され，新潟県長岡市において2003～2005年に1万トンのCO_2の圧入に成功し，地中に安全に貯留されているか監視されている．ノルウェーのスライプナー（Sleipner）では1996年に初めて商業規模の海底下地中貯留が実施され，年間100万トンのCO_2が貯留されている．

地中貯留では他にCO_2-EORや炭層固定，亀裂帯を利用する蛇紋岩固定や玄武岩固定，地熱地域を利用するジオリアクターなど，地下のさまざまな場所での実施の可能性も検討されている．また，他の貯留技術として海洋隔離（ocean sequestration）や炭酸塩固定化（mineral carbonization）技術もある．これら貯留技術の実用化には持続可能な運用，コストの低減，社会的受容性の醸成が課題とされている．

〔三戸彩絵子〕

文　献
1) （財）地球環境産業技術研究機構編（2006）図解CO_2貯留テクノロジー，工業調査会，pp. 241.
2) Working Group III of the Intergovernmental Panel on Climate Change（2005）*IPCC Special Report on Carbon Dioxide Capture and Storage*（Metz, et al. eds.），Cambridge University Press, pp. 442.
3) （財）地球環境産業技術研究機構CO_2貯留研究グループ HP http://www.rite.or.jp/Japanese/labo/choryu/choryu-frame.html
4) IEA-Greenhouse Gas R&D Programme HP http://www.ieaghg.org/

10-04

人工物質の散布による水質汚濁

water pollution by agriculture

　地下水，河川，湖沼などの水質は，集水域における環境負荷の影響を受ける．集水域が農地として利用されている場合，散布された肥料，堆肥，資材由来の窒素，リン，重金属類や農薬が水質汚濁の原因となりうる．農地のような面源からの水質汚濁の程度は，散布された総量だけでなく，土壌の性質，地形，降水による希釈の程度によっても異なるため規制や対策が難しい．

　小規模で集約的な農業が営まれる日本やEU諸国では，農地への過剰な養分の投入による周辺水域の汚染が顕在化している．とくに，硝酸態窒素は土壌に収着しにくいため，土層を通過することによる浄化が期待できない．地下水位の低い地域での野菜の多肥栽培などにより，地下水の硝酸濃度が水質基準を超過する場合もある．一方，水田では，イネの倒伏を防ぐため，窒素肥料が過剰に施用されることは少ない．さらに，脱窒作用による窒素揮散もある．水田はむしろ硝酸浄化機能をもつといえる．

　リン酸肥料，汚泥肥料などには微量の重金属が含まれる場合があるが，肥料取締法により，肥料中の重金属類の上限値が定められているため，肥料由来の重金属類が深刻な水質汚濁を引き起こす危険性は低い．一方，家畜糞尿由来の堆肥は，家畜飼料に成長促進のために添加されるリン酸，銅，亜鉛の含量が高いが，堆肥の銅，亜鉛濃度の上限値は定められていない．リン酸，銅，亜鉛は土壌に収着されやすいため，地下水汚染の原因となることは稀である．しかし，豪雨時や傾斜地の土壌浸食により，土壌粒子とともに河川や湖沼などに流入する場合がある．

　農薬は，その多くが生理活性を有する化学物質であるため，農地などで使用された農薬の一部が流亡や飛散などにより水系へ移行し，飲料水源の汚染や生態系への悪影響が懸念されている．河川などで低濃度ではあるが水稲用農薬の一部が検出されており，田植えの前後にまとまって使用される除草剤は，一時的に数～10数μg/Lのレベルで検出される場合もある．一方，普通畑や果樹園で使用される農薬は，概して水系への流出は少ない．かつて問題となったゴルフ場使用農薬も，監視と適切な管理の徹底により，現在はほとんど検出されない．米国では1970年代後半に，農薬による広範囲の地下水汚染が明らかになり，米国環境保護庁において農薬による地下水汚染防止に関する規制体系が整備されることとなった．一方，日本では一般に土壌有機物の含有量が多いことから，農薬の土壌収着能が高く，農地由来の農薬による地下水汚染の事例はほとんどない．日本では，農薬取締法に基づき農薬の登録制度が設けられ，製造，輸入，販売，使用などが規制されている．また，水質汚濁や水産動植物の被害防止に関わる農薬登録保留基準が定められ，この基準に適合しない場合は登録が保留される．現在登録のある農薬は，定められた使用基準を遵守し適正に使用されれば，公共用水域において懸念されるレベルで検出されることはない．しかし，農薬の流出防止の徹底を図るため，水田における流出防止対策や，農薬散布時の飛散防止対策の普及が進められている．

〔山口紀子・稲生圭哉〕

文　献
1) 西尾道徳 (2005) 農業と環境汚染―日本と世界の土壌環境政策と技術，農文協．
2) 日本農薬学会編 (2004) 農薬の環境科学最前線―環境への影響評価とリスクコミュニケーション―，ソフトサイエンス社．

海洋汚染

marine pollution

10-05

海洋汚染とは，人間活動により海洋環境へ負荷された物質により，その物質の濃度が海洋生物に悪影響あるいは人間の健康に影響が出るレベルまで上昇することである．海洋汚染は海のアメニティーを損ない，漁業などの海洋での人間活動の障害となる．汚染物質には，①溶存酸素の減少につながる有機物，②窒素・リンなどの栄養塩類，③石油炭化水素，④ダイオキシン類，⑤合成化学物質，⑥プラスチック，⑦重金属類，⑧放射性核種，⑨病原性微生物，などが含まれる．この中で，①有機物と②栄養塩類は有機汚濁，富栄養化，赤潮，貧酸素水塊，青潮などの環境問題を引き起こすが，狭い意味での海洋汚染という場合は③〜④の物質が対象とされる．本稿ではその中で③〜⑥について述べる．

石油汚染は，石油の採掘・輸送・精製・加工・使用・廃棄の過程での漏出や事故により起きる．タンカー事故や海底油田の事故による石油流出は，狭い海域に短期間に大量の石油を負荷されるので，影響が明白である．しかし，タンカー事故由来の負荷は海洋全体への年間の石油流入量の12%しか占めず，その2倍程度の石油が日常的なタンカーの航行に伴うバラスト水やタンク洗浄水から負荷されている．さらに，陸上での工業活動・都市活動により年間流入量の36%の石油が海洋環境に流入している．石油の毒性成分はおもに芳香族炭化水素である．ベンゼン，トルエン，キシレン(BTX化合物)は石油の急性毒性の主体である．一方，芳香族炭化水素の中には発がん性や催奇形性をもつものがあり，慢性的な毒性影響が懸念される．中でも，ベンゾ[a]ピレンなどの高分子の多環芳香族炭化水素類(PAHs)は海水中からの消失速度が遅く，疎水性が大きいために堆積物に蓄積し，長期的な影響が懸念される．

PAHsは原油および石油製品中に含まれる成分であるが，有機物の不完全燃焼によっても環境へ放出される．燃焼起源のPAHsは大気沈着，河川，表面流出などにより海洋環境へ負荷される．PAHsには発がん性や内分泌攪乱作用をもつものが含まれている．PAHsは起源が多岐にわたり，発生源の特定が難しい汚染物質である．疎水性が大きいため，生物濃縮されるが，PAHs代謝能をもった海洋生物も多く，食物連鎖を通した濃度の増幅は認められていない．都市に隣接する河口・沿岸域堆積物中のPAHsが底生の低次生物へ与える影響が懸念される．

ダイオキシン類(ポリ塩化ジベンゾダイオキシン，ポリ塩化ジベンゾフラン)は塩素の存在下で有機物が不完全燃焼すると生成する．塩素を含むプラスチックの不完全燃焼はダイオキシン類の負荷源の1つである．その他に，塩素を含む農薬に合成過程の副産物としてダイオキシン類が含まれている．急性毒性も強いが，内分泌攪乱作用や発がん性や免疫力の低下などの慢性的な毒性が懸念される．ダイオキシン類は生物濃縮され，食物連鎖を通した増幅も起こるので，海洋哺乳類や海鳥などの食物連鎖の高次の生物体内からも検出される．

合成化学物質の一部が生産・輸送・使用・廃棄などに伴いさまざまなルートから海洋環境へもたらされる．このような合成化学物質には，ポリ塩化ビフェニル(PCBs)，DDTs，HCHsなどの有機塩素系の農薬などが含まれる．これら化学物質は人と野生生物への影響が問題になり，1970年代前半に使用禁止となっている．しかし，汚染は依然として続いている．PCBsは絶縁油や熱媒体として広範な工業用途に

使われた．先進工業化国で1960年代におもに使用され，沿岸海域へ放出され，堆積物中に長期間蓄積している．堆積物中のPCBsは再懸濁・溶出により海水を汚染し続けている．そのため，PCBs汚染レベルはアメリカ，日本，西ヨーロッパ沿岸で高い．一方，1970年代以降に経済発展した東南アジアやアフリカでは，PCBsの使用が少なく，全般に汚染レベルも低い．ただし，廃棄された製品からの流出により，先進工業化国以外でも高濃度の汚染が観測される海域がある．有機塩素系農薬の一種DDTsも1970年代前半に使用禁止となったが，マラリアを媒介する蚊の駆除の目的で使用されているため，熱帯海域で高濃度で観測される場合がある．同じ有機塩素系農薬でも物性により，環境残留性は異なる．1970年代前半に多くの国で使用が禁止されたHCHsは比較的分解性と揮発性が高いため，熱帯から中緯度の沿岸域ではほとんど検出されない．しかし，global distillationにより，熱帯地域から極域に大気を通して再移動して，極域の海水中で高濃度を示している．PCBsと有機塩素系の農薬は基本的には使用禁止となっているので，長期残留しているが，濃度は低減傾向にある．しかし，一部の臭素系難燃剤は規制されておらずに，堆積物や海洋生物中の濃度が増加傾向にある．

合成有機化合物の中で，親水性でかつ難分解性の有機化合物が陸域から海洋へ流入していることも明らかにされつつある．サルファメトキサゾールなどの抗生物質やクロタミトンなどの合成医薬品は微生物分解，光分解を受けにくいため，河川や下水処理水を通して海洋へ供給されている．これらの物質は親水性であるため，堆積物への沈降により海水中から除去されることもない．海水の容量の大きさにより希釈されているが，長期的に考えると海水中のこれらの水溶性難分解化学物質の濃度は上昇していくことになる．

海洋環境中の最大の難分解物質はプラスチックである．プラスチックの消費量は，年間約2億6000万トンに達し，それらは使用後に焼却，埋め立てによって廃棄処理されている．しかし，適切に処理されないものは，最終的に海洋へと流出し，その量は増加している．北太平洋をはじめとするさまざまな海域で行われてきたプラスチックの調査の結果によると，1970年代では北太平洋で1平方kmあたり数百個のプラスチックが浮遊していたが，2000年では10万個と増加している．海洋を漂流するプラスチックゴミの一部は海鳥などの野生生物に摂食され，1970年代以降，海鳥によるプラスチック摂食が頻繁に報告されるようになってきた．海鳥が摂食したプラスチックは腸閉塞や胃潰瘍，消化能力減少，空腹感減少などの生理学的影響を及ぼしている可能性がある．さらに，近年の研究から，海洋プラスチックゴミがさまざまな化学物質を生物体内へ輸送している可能性が示されてきた．プラスチックはPCBsなどの疎水性の汚染物質を周辺海水中から吸着している．また，プラスチックはもともと添加剤を含んでおり，それらの中には内分泌撹乱作用をもつ化学物質も含まれる．海洋プラスチックゴミは海鳥などの海洋生物へこれらの化学物質の運び屋となっている．さらに，ごく最近の研究では1 mm以下の微細なプラスチック（microscopic plastic）が海洋環境中に存在し，その濃度が増加傾向にあると報告されている．これらの微細プラスチックはプラスチック破片が破砕により小さくなっていったもの，化粧品などに添加されるスクラバー，さらに化学繊維の衣服の洗濯排水などに由来すると考えられている． 〔高田秀重〕

富栄養化

eutrophication

「富栄養化」とは時間の経過とともに次第に系内に窒素（N）・リン（P）などの濃度が上昇あるいはそれらが蓄積し，その一環として生物量も増えていく現象をいう．富栄養化は，閉鎖性が強く物質の滞留時間が長い湖沼や内湾では必然的に起こる現象であるが，これに対し，近年の都市部での人口密度の増加や産業活動の活発化により，閉鎖性水域に対する N や P の急激な増加が原因となって顕在化したものについては，「人為的富栄養化」（cultural eutrophication）と呼んで区別すべきである．

N や P の形態には，大きく分けて粒状態と溶存態のものがある．また，それぞれに有機態と無機態のものがある．粒状態のものは水域内で懸濁すると濁りとなるので，見た目に汚れていると感じる．一方，溶存態のものは色がなければ汚れとしては感知できない．したがって，下水処理においては，まず粒状物を沈殿除去し，溶存物については活性汚泥法など微生物の働きを利用して取り除くのが一般的である．しかし，溶存物質の中でも有機態の N や P はバクテリアによって分解されて減少するが，それらは結局，無機態の N, P として排出される部分が多くなり，これらが植物プランクトンに取り込まれて，その増殖を招いて，赤潮（red tides；最近では有害微細藻の増殖という意味で harmful algal bloom と呼ばれる）の発生につながる．植物プランクトン細胞は上記の形態分類では粒状態有機物なので，陸域からの有機物負荷を削減しても，溶存態無機 NP（いわゆる栄養塩）を削減しないかぎり，閉鎖性水域での有機物の削減において完璧な効果は望めない．

日本では 1960 年代後半から 1980 年代初頭にかけて，経済の高度成長に伴い，陸域からの N, P の負荷量が急激に増えたため，都市部に近い湖沼や東京湾，伊勢湾，大阪湾を含む瀬戸内海では人為的富栄養化が進行し，赤潮が頻発した．水質汚濁防止法や瀬戸内海環境保全特別措置法などにより，陸域からの流入負荷が削減され，これらの閉鎖性水域における赤潮発生件数は明らかに減少し，水質はかなりの程度改善された．しかしながら，人為的富栄養化進行期の負の遺産はいまだに暗い影を落としている．

すなわち，陸域から負荷された粒状有機物および海域で生産された粒状有機物は海底に堆積し，有機質な泥の層を形成している．これらは植物プランクトン細胞などを含む微細な粒子から成るため，シルト質である．したがって，水の浸透性が悪く，有機泥内部は還元状態となっている．海水中には硫酸基（SO_4^{2-}）が無尽蔵にあるため，有機泥の中では硫酸還元が進行し，硫化水素（H_2S）が発生していることがしばしばある．H_2S は有毒なので，このような状態では底生生物は限られた種しか生き残れない．

閉鎖性水域の水柱底層が貧酸素（hypoxic）あるいは無酸素（anoxic）状態となることがある．これは，1 つにはバクテリアによる有機物の酸化分解に伴う生物学的酸素消費が原因であるが，上述した H_2S などの還元物質による化学的酸素消費も大きいと推測される．

H_2S はまた，風向きによって海表面に湧昇すると大気に触れて酸化され，硫黄の単体を生じるため，海表面が青白くなることがある．これが青潮（blue water）である．貧酸素や青潮状態の水中では，ときに生物の大量死を招き，腐臭が漂う場合もある．

〔山本民次〕

10-07

水質浄化

water purification

　水質浄化とは，汚染とみなされる物質の，①固相への移行と固液分離，②気相への移行と気液分離，③溶解・分散状態のままでの汚染とみなされない形態への変換，のことである．

　水質浄化には，水を利用あるいは廃棄する際に問題とならない質を得るための人為的操作だけではなく，環境中での汚染物質の低減作用もある．後者はとくに自浄作用ともいう．

　用水・排水時の水質浄化プロセスは，原水水質と求められる用排水水質との差異および経済的条件により選択される．近年では温室効果ガス排出抑制という観点での技術選択も検討されている．固液分離には，重力沈殿や浮上分離といった密度に基づく分離や，スクリーンや分離膜を用いたサイズに基づく分離法がある．各物質の固相表面との反応性や親和性を用いた吸着反応も広く用いられる物理化学的手法である．対象物質の酸化還元反応による無害化や分離可能な形態への変化には，化学薬品添加による方法，電気化学的手法，光化学的手法がある．生物学的手法はこれらの統合的な手法と考えられ，生物体表面への吸着，体内への摂取と分解・無害化，体外に産生する酵素や高分子物質との反応などが機能している．特定のバクテリアを用いる手法から，運転条件による選択圧で生物相を制御する複合的な微生物系を用いた処理法，植物を利用した処理法など多様な生物種・生物群が利用されている．

　水道水を製造する過程での水質浄化技術は，一般に凝集剤添加による濁質の凝集・沈殿・濾過による除去と，塩素による消毒操作から成る．原水水質が良好な場合には，法令で定められた残留塩素濃度を満たすための消毒操作のみで済む一方で，原水水質が劣悪で通常の処理では異臭味や色が残存する場合には，活性炭やオゾンといった高度処理技術が適用されている．また，近年では膜処理技術の導入も進んでいる．

　都市活動により大量に発生する生活排水などは，一般に活性汚泥法といわれる生物処理により浄化され，公共用水域に排出される．標準活性汚泥法は，下水に空気（酸素）を吹き込むことにより形成される微生物塊（フロック）を活用し，フロックへの物理化学的捕捉・吸着と生物による摂取・代謝により，汚水中の懸濁物質や有機物を除去するものである．フロックは沈殿池により固液分離され，一定量を返送して循環使用し，余剰な汚泥を廃棄することで処理が成立する．副次的に栄養塩や重金属なども除去されるが，栄養塩の除去を目的とする場合には，窒素については硝化・脱窒法，リンについては生物脱リン法や後段での凝集剤使用などが一般的である．

　自然界では，固形物の凝集・沈降，溶存物質の固形物表面への吸着，気相への揮発といった物理化学的なプロセス，化学物質相互の反応や光化学反応，水中の生物による摂取・代謝・変換作用が複雑に影響しあって水質が形成される．有機汚染物質や栄養塩の運命という観点で見れば，人間を含む陸上生物や鳥などによる魚介類の捕獲もまた，固液分離の進行という水質浄化作用といえる．さらに，その水域が接する地質・底質や人間活動由来の取水・排水，淡水域と海域との境界領域での潮汐や塩分濃度変動，1日の間の日照や温度の変化，1年間を通じた季節的な変化，降雨などの非周期的現象，生物群の移動や変遷なども水質に影響を与える． 〔中島典之〕

水質環境基準

environmental quality standards for water

環境基準は，環境基本法第16条に「人の健康を保護し，及び生活環境を保全する上で維持されることが望ましい基準」として規定される行政目標であり，大気汚染，水質汚濁，土壌汚染，騒音について定められている．また，ダイオキシン類については，ダイオキシン類対策特別措置法に基づいて大気汚染，水質汚濁，土壌汚染について環境基準が定められており，その疎水的性質から水底の底質についても基準が設けられている．

環境基本法第16条第3項において「基準については，常に適切な科学的判断が加えられ，必要な改定がなされなければならない」とされており，常に基準項目やその基準値についての改定が検討されている．2012年2月現在で，水質環境基準値（ダイオキシン類を除く）は，人の健康の保護に関する環境基準（健康項目）として27項目，生活環境の保全に関する環境基準（生活環境項目）として河川で6項目，湖沼で8項目，海域で8項目について定められている．地下水についても同様に人の健康保護の観点から28項目の環境基準が定められている．生活環境の保全に関する環境基準は，河川・湖沼・海域といった差異を考慮するだけではなく，利水目的および水生生物の生息状況から水域の類型を定め，類型ごとに異なる基準値を設けている．水生生物保全のための環境基準は2003年に設定された全亜鉛のみである．

健康項目の基準値は，水質汚染による飲料水の汚染と食品となる魚介類の汚染の観点から設定される．前者については，汚染水が誤って直接飲料水となることを想定し，水道水質基準と同様に，世界保健機構（WHO）が設定する飲料水水質ガイドラインでの算定手法を用いている．すなわち，大気など他の曝露経路を考慮して飲料水の寄与を推定し，その上で生涯にわたり継続して摂取しても影響が生じない濃度を設定している．後者の食品の汚染については情報が限られており，結果的に水質環境基準値が水道水質基準値と同じものになっている項目が多い．ただし，環境基準と水道水質基準との法的拘束力については留意が必要である．環境基準は「維持されることが望ましい基準」であるのに対し，水道水質基準は水道法第4条によって「次の各号に掲げる要件を備えるものでなければならない」とされている．すなわち，環境基準はある種のゴール（目標）であるのに対し水道水質基準は最低要件であって，仮に同じ物質について同じ濃度が規定されていても，その社会的意味は大きく異なる．

生活環境項目の基準値は，利水上の障害の発生や水生生物への毒性影響の観点から定められている[1]．

環境基本法第16条第4項において「政府は，この章に定める施策であって公害の防止に関係するものを総合的かつ有効適切に講ずることにより，第一項の基準が確保されるように努めなければならない」としており，排水規制などさまざまな水環境保全施策が実施されている．水質汚濁防止法による排水規制はその方策の1つである．有害物質については，排出先で10倍希釈されることを想定して，原則として環境基準の10倍の値が排水基準とされている．一方，生活環境項目については社会的，経済的，技術的観点などからの適用可能性から設定されている． 〔中島典之〕

文　献
1) (社)日本水環境学会編 (2009) 日本の水環境行政，改訂版，ぎょうせい, 50-82.

10-09

環境ホルモン（外因性内分泌撹乱化学物質）

endocrine disrupting chemicals

環境ホルモン（外因性内分泌撹乱化学物質）とは，環境中に存在する化学物質で，生物の体内に入り，ホルモン作用を撹乱し，内分泌系に影響を与える物質の総称である．狭い意味では，生体内で女性ホルモン受容体と結合し，女性ホルモンに類似した働きをして，生殖関係の機能に異常を与える化学物質が環境ホルモンである．オスの野生生物の場合には，生殖器が小さくなったり，雌雄同体の発生率の上昇，精巣の中に卵子が形成されるなどの異常が生じる．メスの場合でも産卵に異常が起こり，生体にダメージを与えることも報告されている．人間の場合も男性の精子数の減少などが起こる可能性や，女性が子宮内膜症や乳癌にかかりやすくなることとの関連が疑われている．

ノニルフェノール，ビスフェノールA，ジクロロジフェニルジクロロエチレン（DDE）など100種類程度の化学物質が環境ホルモンとして作用する可能性が指摘されている．図1にそれらの化学構造を示す．それらの物質に共通する化学構造はフェノール構造あるいはベンゼン環にヘテロな官能基が付加していることである．女性ホルモン（17β-エストラジオール）もフェノール構造を有している．これらのフェノール構造が女性ホルモン受容体の凹型の構造の部分と結合することにより，女性ホルモンが存在しているという信号をDNAに送り，女性的あるいはメス的な生体反応を生じさせる．ノニルフェノールは界面活性剤の一種ノニルフェノールポリエトキシレートが下水処理場や環境中で分解されることにより生じる．この界面活性剤は日本では工業用の洗浄剤として用いられており，都市排水から水域へ負荷される．また，ノニルフェノールやその誘導体はプラスチック製品にも添加されている．ビスフェノールAはポリカーボネートやエポキシ樹脂などのポリマーの構成単体である．また，他のプラスチック製品へ添加剤として配合されている．そのため，飲食や食品保存に使われるプラスチック製品からノニルフェノールやビスフェノールAに暴露される場合がある．また，プラスチック製品の埋立処分に伴い，埋め立てた廃棄物を雨が洗い浸み出してくる水（浸出水）にノニルフェノールやビスフェノールAが高濃度で含まれている．浸出水が適切に処理されないと地下水や河川水の汚染を招く．

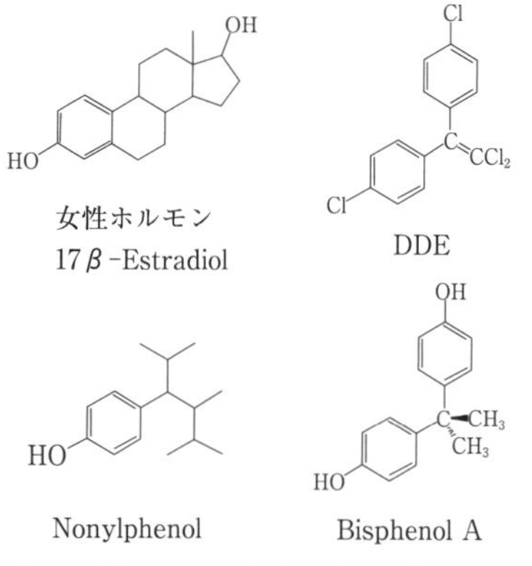
OH
HO
女性ホルモン
17β-Estradiol
Cl
C
CCl2
Cl
DDE
HO
Nonylphenol
OH
C
CH3
CH3
HO
Bisphenol A

図1　女性ホルモンと代表的な環境ホルモンの構造式

陸上で投棄されたプラスチックの一部は海洋に運ばれ，海洋環境と海洋生物への環境ホルモンの曝露源となっている．海岸に流れ着くゴミの大半はプラスチックの破片である．海岸で採取したプラスチック片からは，ノニルフェノール，ビスフェノールA，臭素化ジフェニルエーテルなどの環境ホルモンが散発的に検出される．もともとプラスチックに含まれている環境ホルモンは海を漂流している間に一部が海水中に溶け出すが，残りは海岸に漂着したプラスチック片中

にとどまる．プラスチックは数千 km 浮遊して運ばれることもあるので，都市域の海岸だけでなく，遠隔地の海岸に漂着しているプラスチック片からも環境ホルモンは検出されている．さらに，海岸に漂着するものだけでなく，外洋を浮遊するプラスチック片からもこれらの環境ホルモンは検出されている．海鳥やウミガメなどの海洋生物によるプラスチックの摂食は多数報告されている．約 200 種の海洋生物によるプラスチックの摂食が報告されている．外洋や遠隔地の生物は，環境の汚染レベルが低いので，もともと汚染物質への曝露は少ない．プラスチックはそのような外洋や遠隔地の生物への環境ホルモンの大きな負荷源となっている．

上述の作用機序を背景に，環境ホルモンの作用の強さを表す方法の 1 つとして，女性ホルモン受容体との結合能の強さが使われている．17β-エストラジオールの受容体との結合能を 1 とすると，ノニルフェノールは 0.00021，ビスフェノールは 0.00019 である．すなわち，ノニルフェノール，ビスフェノール A の内分泌撹乱作用は女性ホルモンの 5000 分の 1 程度であることを意味している．環境ホルモンの作用は，弱いとはいえ，環境水中の濃度が女性ホルモン類よりも 1 万倍以上高い場合もあり，そのような場合にはノニルフェノールやビスフェノール A が環境ホルモンとして問題となる．イギリスのエア川流域では，羊毛工場で使われていたノニルフェノールエトキシレートが下水処理場で分解されて生成した高濃度のノニルフェノールがエア川に放流され，ニジマスに生殖異常を引き起こした．一方，日本の多摩川流域の下水処理場の放流水中ではコイの生殖異常が観測されたが，その原因物質はノニルフェノールではなく女性ホルモンとその代謝産物のエストロンであると考えられた．しかし，熱帯アジア地域の廃棄物埋立処分場浸出水中では，プラスチック廃棄物から溶出したビスフェノール A が mg/

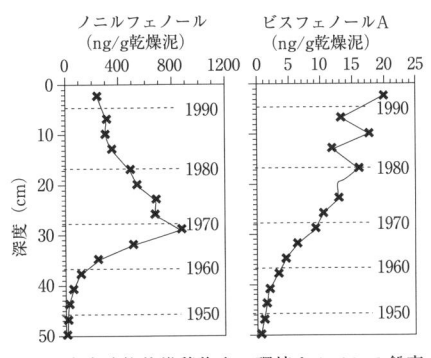

図 2 東京湾柱状堆積物中の環境ホルモンの鉛直分布
放射線核種と分子マーカーから推定した堆積年代を破線で示す

L オーダーの高濃度に達し，同時に検出される女性ホルモン類の作用を上回っている．このような浸出水が流入する池では淡水の巻き貝に生殖異常を引き起こす可能性のある濃度にビスフェノール A 濃度が達している．

1996 年に "Our stolen future"（邦訳：奪われし未来）という本が出版されてから環境ホルモンに関する社会的関心が高まった．しかし，環境ホルモンよる環境汚染は 1950 年代から起こっていることが都市沿岸海域の柱状堆積物の分析から明らかになっている（図 2）．ノニルフェノールもビスフェノール A も 1950 年代に対応する堆積層から検出が始まり，濃度が増加してきた．ノニルフェノールは下水道の普及に伴い，近年では堆積物中の濃度は減少してきている．一方で，ビスフェノール A は表層に向けて増加傾向にある．ビスフェノール A は下水処理場を通らないような経路で水域へ負荷されているためと考えられる． 〔高田秀重〕

文　献
1) コルボーンほか著，長尾力ほか訳（1997）奪われし未来，翔泳社．

10-10 有機金属化合物

organometallic compound

有機金属化合物は,「化合物に含まれる1つまたはそれ以上の炭素原子が直接金属原子と結合した有機化合物」と定義される. 金属元素は, 周期表の典型元素と遷移元素に含まれ, それぞれに有機金属化合物がある. 一般に有機化合物では炭素原子は求核反応の対象となりやすいが, 有機金属化合物では炭素と金属の結合の極性は $M^{\delta+}-C^{\delta-}$ となりやすい. そのため, 有機金属化合物では金属と結合した炭素原子は求電子反応の対象となりやすい.

典型元素の有機金属化合物として, 有機合成におけるアルキル化剤である有機リチウム化合物や有機マグネシウム化合物(Grignard 試薬), ボラン, ジボランなど有機合成に用いられる有機ホウ素化合物, 工業的に多く用いられているトリアルキルアルミニウムを含む有機アルミニウム化合物, 電子機器や医療分野で広く使われているシリコーンを含む有機ケイ素化合物, および毒性を有するため船底塗料や農薬として使用された有機スズ化合物などがある.

遷移元素の有機金属化合物では, 一酸化炭素の炭素原子が金属に結合した金属カルボニルのように金属と炭素の結合において π 結合が形成されるものがある. これらの化合物では, 炭素原子と中心金属原子の d 軌道が結合に使用され, d 電子数により有機金属化合物の組成が決まることが多い. 電子を 10 個まで収納できる d 軌道が結合に使われる遷移金属錯体では, 中心金属原子のまわりに 18 個の電子(s 軌道に 2 個, p 軌道に 6 個を含む)をもつ組成が安定に存在する傾向があり, 18 電子則と称される. 遷移元素の有機金属元素化合物は, 触媒反応や機能材料に用いられており, チタンを含むチーグラー-ナッタ (Ziegler-Natta) 触媒によるオレフィンの重合などが知られている. 最近は, 多くの種類の遷移元素と配位子の組み合わせから, 種々の有機金属化合物の合成が試みられており, 機能性材料の開発や医薬品などの生理活性をもつ有機化合物の不斉合成への応用に関心が高まってきている.

環境と有機金属化合物との関わりでは, 鉛, スズと水銀の化合物があげられる. 自動車のエンジンのノッキングを防ぐためガソリンにテトラエチル鉛などが添加されてきたが, 排気ガス中の鉛が有毒であるため日本では自動車のガソリンへの使用は禁止されている. また, 有機スズ化合物は農薬・プラスチックの安定剤・船底防汚剤として使用されてきた. とくにトリブチルスズ化合物は船底塗料に使用され, 船底への魚介類の付着を防ぐ優れた塗料として, 世界中で多量に使用されてきた. しかし, 海水中に溶け出した有機スズ化合物が牡蠣の養殖に重大なダメージを与えることや, 極微量な (ppt レベル) 濃度の有機スズ化合物が貝類の不妊化を引き起こすことが明らかとなり, 現在では銅化合物などが船底防汚剤として代わりに使用されるようになりつつある.

有機水銀化合物(メチル水銀)による公害として, 汚染された魚介類を食べたことにより有機水銀中毒になる「水俣病」がある. 1956 年に公式に確認され, 現在もまだ多くの患者が水俣病の認定を求めている. メチル水銀は, きわめて有毒であり, 胎盤を通じて母体から胎児に濃縮されることが知られている. また, ブラジルなど世界中で水銀で汚染されている地区が見つかっており, 環境中での水銀による微量汚染の研究は, 現在も続けられている.

〔橋本伸哉〕

10-11 スペシエーション

speciation

元素は，水に溶けているときどのような形態で存在しているだろうか．もっとも単純なのは，水分子に取り囲まれて存在する水和イオン（他にアコ錯体など）と呼ばれる状態である．この場合，陽イオンであれば水分子中の酸素と静電的な相互作用を保ち，陰イオンでは，水分子中の水素と近接して存在している．陽イオンのうち，表面電荷密度の大きなイオンは，水中のさまざまな配位子と錯体を形成する．このような場合，金属イオンのみかけの溶解度，拡散のしやすさ，生物への取り込みなどは，どのような錯体がどれぐらい安定に存在するかに大きく影響を受ける．そのため，ある系における元素の化学種別の組成はスペシエーションと呼ばれ，このスペシエーションを決定することは水圏での金属イオンなどを対象とした化学の重要な研究対象となっている．生物学の分野では種の分化という意味で用いられるが，本項で述べるのはいわゆる chemical speciation であり，元素の化学種別の組成，場合によってはその組成を分析すること，を意味する．

対象元素として有害な元素を想定した場合，スペシエーションを明らかにすることは環境化学的に必須の課題となる．たとえば，水俣病で有名な水銀は，有機金属錯体を形成した場合に毒性が増大することが知られている．同様に有機態で毒性が増す元素として，内分泌撹乱物質（環境ホルモン）として重要な有機スズがある一方で，ヒ素のように有機態の方が毒性が減少する元素もある．これらの元素の場合，有機態と無機態を区別したスペシエーション分析が非常に重要である．

スペシエーションは，生物による元素の取り込みとも関連する．銅 (Cu) は生物に対して必須元素であるが，過剰に摂取した場合には有毒である．この場合に生体に適切な銅イオンの濃度範囲は，溶存する銅イオンの総濃度ではなく，遊離のイオン（＝水和イオン）の濃度に関係する (free ion activity model)．銅イオンは，腐植物質のような天然に存在する有機配位子と安定な錯体を生成しやすいので，生物が利用可能な量 (bioavailability) や毒性を考える場合にスペシエーションが重要になる．さらに，金属イオンの化学種の違いがその溶解性や拡散性などに与える影響は，物質循環の研究や過去の地球環境の復元においても重要である．以上のように，地球化学や環境化学において元素の挙動を考える場合，スペシエーションは常に念頭におくべき重要な問題である．また近年の傾向では，固相中の化学種まで含めてスペシエーションという用語を使用する場合が多い．

系の中にある元素が存在した場合，その元素の化学情報としてもっとも重要なのは価数である．鉄を例にとれば，2価と3価のいずれの状態をとるかで，水への溶けやすさが大きく変わる．また，地球表層の環境では0価の鉄は熱力学的には安定ではない．このように，複数の酸化数をとる元素では，価数が変わるとその挙動は大きく変化する．その挙動の変化を逆に利用し，堆積岩や堆積物に記録された元素濃度から，過去の地球の酸化還元状態を推定する試みが多数なされている．ふたたび鉄を例にとれば，20〜25億年前の地層に広く見られる縞状鉄鉱床は，還元的海洋で溶存していた Fe^{2+} が Fe^{3+} に酸化・沈殿することで生成し，その時代に地球が還元的環境から酸化的環境に変化したことを示していると考えられている．

価数の次に重要な元素の挙動を支配する因子が，隣接原子との相互作用である．す

でに述べたとおり，配位子と結合し錯体を生成することで，その元素の挙動は大きく変化する．溶存種についてどのような錯体が系の中に存在するかは，（平衡を仮定すれば）錯生成定数を用いて簡単に計算することができる．一般に，ある配位子 L_i^{w-}（i：配位子の種類；w：価数）とのj次の錯生成定数β_{ij}は，$\beta_{ij}=[M(L_i)_j^{(z-jw)+}]/([M^{z+}][L_i^{w-}])$ のように書ける．このうち M^{z+}（z：イオンの価数）は M の水和イオンを意味する．ここで，配位子の濃度 $[L_i^{w-}]$ のj乗をβ_{ij}にかければ，$[M(L_i)_j^{(z-jw)+}]/[M^{z+}]$（水和イオンと錯体（錯イオン）の濃度比）が得られ，これを系に存在するすべての錯体について計算することで，溶存状態を推定できる．具体的には，ある錯体の濃度 $[M(L_i)_j^{(z-jw)+}]$ の全溶存種（$[M^{z+}]+\sum[M(L_i)_j^{(z-jw)+}]$）に占める割合 R_{ij} は，$R_{ij}=\beta_{ij}[M^{z+}][L_i^{w-}]/([M^{z+}]+[M^{z+}]\sum\beta_{ij}[L_i^{w-}])=\beta_{ij}[L_i^{w-}]/(1+\sum\beta_{ij}[L_i^{w-}])$ で与えられる．

この R_{ij} を求めるためには，対象とする系で注目している金属イオンのすべての溶存錯体の平衡定数β_{ij}と，錯生成していない配位子の濃度 $[L_i^{w-}]$ がわかっている必要がある．β_{ij}についてはこれまで膨大な研究がなされ，さまざまな金属イオンについて，主要な配位子とのβ_{ij}はデータベース化されている．一部，腐植物質のような複雑な配位子との錯生成定数については，現在も活発に研究がなされている．

あるイオンが，水和イオンと錯体のいずれで存在するかは，そのイオンの性質から大まかに予想できる．加水分解や炭酸イオンとの錯生成をしやすいのは，イオンポテンシャル Ip（$=z/r$；rはイオン半径，zはイオンの価数）が大きなイオンであり，Fe^{3+} はそのようなイオンである．一方，Ip が小さなイオンは，表面電荷密度が小さく，水和イオンで存在する．アルカリイオンなどが代表例である．

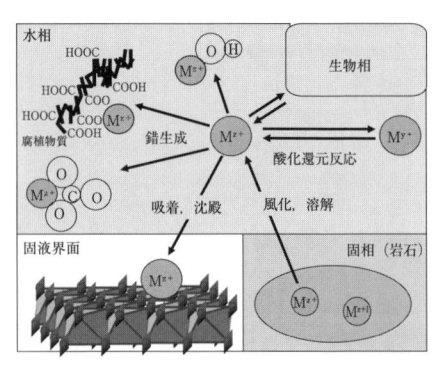

図1 金属イオン M^{z+} がとる化学状態の例

ここまで述べたような溶存種以外に，水と共存する固相と水との界面への吸着種，共沈や沈殿をしている化学種など，固相中の化学種まで含めてスペシエーションという言葉を使う場合もある．その場合，たとえば吸着のような現象を定式化するのは簡単ではなく，その熱力学的なモデル（表面錯体モデルなど）の構築は，最近の地球化学の重要な研究対象となっている．イオンを吸着する固相としては，水酸化鉄やマンガン酸化物のような金属酸化物や粘土鉱物が重要で，これらはいずれも大きな表面積を持ち，活性な官能基が表面に存在しているのが特徴である．近年では，バクテリアも天然でのイオンの吸着媒として重要であるとされ，多くの研究がなされている．

イオン M^{z+} が地球表層でとる化学状態の例を図1にまとめた．この化学種のいずれをとるかでイオンの挙動は大きく変わり，支配的な化学種を決めること（スペシエーション）は，元素の挙動を扱う地球化学では常に重要な問題である．そのために，スペシエーションに必要な分析法の開発や精密な熱力学的モデルの構築が活発に研究されている．（口絵19参照）〔高橋嘉夫〕

文　献
1) Langmuir, D. (1997) *Aqueous Environmental Geochemistry*, Prentice Hall.

X線吸収微細構造

X-ray absorption fine structure (XAFS)

他の光と同様にX線は物質により吸収される．このX線の吸収係数をエネルギーに対してプロットしたものをX線吸収スペクトルと呼び，これを用いた分析手法のことをX線吸収法（X-ray absorption spectrometry：XAS）と呼ぶ．このスペクトル中でX線吸収係数は，X線のエネルギーが物質を構成する原子の内殻電子の結合エネルギーに達した場合に増加し（吸収端），吸収端付近で特徴的な構造（X線吸収端構造：X-ray absorption near-edge structure：XANES）を示す．さらに，それより高エネルギー側では，振動構造（広域X線吸収微細構造：extended X-ray absorption fine structure：EXAFS）を示しながら減衰していく．X線吸収微細構造（X-ray absorption fine structure：XAFS）は，XANESとEXAFSをあわせたX線吸収スペクトル全体を表す言葉である．XANESとEXAFSでは微細構造を引き起こす原因が異なり，XANESには価数や対象性の情報が，EXAFSには隣接原子の距離や配位数の情報が含まれており，XAFSは元素の化学種に関して豊富な情報をもっている．

XAFSは，原理的にはあらゆる元素に適用でき，共存する元素の影響を受けにくく，放射光を用いることで高感度な分析が可能なため，（固体の）地球科学試料に含まれる50 ppm程度までの微量元素に対する強力な化学種分析法である．また，固液界面などの不均一系や非晶質中の元素にも適用できるため，天然系を模擬したさまざまな試料中の元素の化学種分析法としても重用されている．また多くの場合，大気中での実験が可能であり，測定の簡便性も含めてその応用範囲は非常に広い．

測定においては，試料前後のX線強度からX線の吸収量を調べる透過法がもっとも基本的な方法であるが，微量な元素に対しては，蛍光X線強度が吸収量に比例するとみなせる条件で蛍光X線を検出することで，高感度にXAFSが測定できる（蛍光法）．

XAFSはX線の吸収量をみるという単純な手法なので，種々の応用的な分析が可能なのも魅力である．たとえば，マイクロビーム化したX線ビームを用いることで，ミクロン・サブミクロンレベルでの元素の化学種の分布がわかる（マイクロXAFS法）．また，X線吸収後の励起状態からの緩和過程で放出されるオージェ電子を検出することでもXAFSは得られる（電子収量法）．電子収量法は原理的に表面敏感な手法であり，試料表面に特異的に生成している化学種を調べられる．その他，さまざまな時間分解法による反応機構の解明や蛍光分光による状態選別したXAFS測定など，さまざまな派生的手法が実用化されている．XAFSは，発展著しい放射光科学の主要な手法のひとつでもあり，地球化学・環境化学のさらに幅広い分野で今後とも頻繁に利用されるであろう[1]．

〔高橋嘉夫〕

文　献

1) 田中剛・吉田尚弘（2010）地球化学実験法, 地球化学講座 8, 培風館．

10-13 地下水障害と水質

groundwater problems

　地下水は全淡水の約23%を占め，河川や湖沼の水の約40倍もある．きわめて重要な水資源で，世界で使用される水の約20%，わが国の場合も約15%が地下水である．この貴重な地下水も人間活動によって，水位低下，地盤沈下，塩水化，汚染などの地下水障害を引き起こす．

　水位低下　　地下水を汲むと井戸周辺に円錐状水位降下面が生じて水位が低下する．1カ所の揚水が周囲数十kmに影響を及ぼすこともある．同じ帯水層内に多くの井戸があると，水位降下面が重なって影響が広域かつ重大になる．防止には，持続的揚水量を考慮した適切な取水管理が必要である．持続的揚水量は，過去の揚水量と水位変動の関係から，水位を一定に保ち得る揚水量として決定される．地下水は滞留時間が数百年以上に及ぶものも多い．古い地下水の利用は回復不能な水位低下を引き起こすので，地下水採掘と呼ばれる．水位低下の防止には取水管理がもっとも重要であるが，人工涵養法（拡水法）や注水法も有効である．前者は涵養地に池，トレンチなどを掘り，表流水や使用済み処理水を導入して涵養量を増やす方法，後者は使用済み処理水を注入井戸から圧力をかけて帯水層に戻す方法である．水位低下は，アメリカのグレートプレーンズ，インドのパンジャブ，アフリカのサハラ北部，中国の華北平原など世界各地で起こっている．1960～1970年に最低となった東京や大阪の水位は現在回復してきているが，一方で地下構造物の浮上という新しい問題も生じている．

　地盤沈下　　帯水層内の水位が低下すると，間隙水圧の減少によって上載圧が地質粒子の接触面に直接加わり，粒子はより密な配列に移行して圧縮が起こる．また，帯水層の上下に粘土層（とくに2:1型粘土）があると，そのシート間の水が排出されてさらに大きな圧縮が起こる．この圧縮は不可逆的で，回復は難しい．沈下は，関東では1910年代，関西では1930年代，地方では1960年代から始まった．最大沈下量は年間20 cm以上に及んだ．沈下は洪積・沖積層が分布する地域で生ずる．沈下は，取水規制による地下水位の回復によって近年減少傾向にあるが，年間数cm沈下している地域もある（2007年現在）．

　塩水化　　沿岸域ではガイベン・ヘルツベルグの法則に従って地下淡水の下に海水が楔形に侵入しており，地下淡水の水位が低下すると海水が陸域の奥にまで侵入する．また，島では，地下淡水が凸レンズ状になって海水上に浮いているので，その縮小は淡水/海水境界面の上昇を招く．そのため，不適切な揚水は地下淡水の塩水化を招き，一度，塩水化すると回復は難しい．

　汚染　　重金属類は土中の水道を通って移動したり，有機物錯体やコロイドとして移動したりして地下水を汚染する．有機汚染物質（非イオン性）は，少量であれば土壌有機物に収着するが，多量になると，土壌の小間隙を通って浸透し地下水を汚染する．その後，水より軽い汚染物質は地下水の表面を，重い物質は地下水の底面（難透水層の上）を，水の流れに沿って広がっていく．わが国では，地下水の水質汚濁に関わる環境基準が26物質に対して設けられている．汚染頻度の高い物質は硝酸性・亜硝酸性窒素とヒ素である．窒素は施肥や家畜糞尿が原因である．ヒ素は多くの場合，海成粘土層からの溶出による．近年，ベンガル地域などのアジア各地で4000万人以上に被害を与えているヒ素汚染も自然由来で，砂質土を被覆した鉄酸化物に含まれたAsの溶出による．　　　〔高松武次郎〕

土壌汚染

soil pollution (or soil contamination)

土壌は岩屑，粘土鉱物，FeやAlの酸化物，土壌有機物などの複合体で，多様な微生物が生息し，保水，生産，物質循環などの機能を担っている．土壌汚染とは，人間活動によって特定の物質が土壌に負荷され，土壌の生態系や機能に負の影響を与えることである（図1）．また，行政的には，土壌中の指定物質濃度が基準値以上になることを指す．汚染物質は，重金属，メタロイド，塩類，酸性物質，フッ素，石油類，農薬，有機塩素化合物，ベンゼン，トルエン，キシレン，放射性元素などさまざまである．

わが国の汚染 わが国では過去に約6000の鉱山が開発された．そのため，その流域ではしばしば土壌汚染が発生した．代表的なものは，①渡良瀬川流域のCuとSの汚染，②神通川流域のCd汚染，および，③土呂久のAs汚染である．①は，足尾銅山の鉱滓と精錬所からのSO_2によって起こり，周辺山地のみならず，下流の足利，佐野，桐生，太田の各市にまたがる地域（約380 ha）に及んだ．農作物（稲，麦など）に被害を与えただけでなく，死者・死産も推計で1000人を超えた．②は，神岡鉱山の鉱毒水や精錬所の排煙によって，下流の富山県婦中町周辺で発生した．水稲を汚染し，約200人にイタイイタイ病を引き起こした．③は，宮崎県の五ヶ瀬川上流域で発生した．原因は古典的な山元製錬である．水稲被害のほか，約90人に健康被害をもたらした．このような鉱業活動由来の農地汚染が各地で発生したため，1970年に「農用地の土壌の汚染防止等に関する法律」が制定され，Cu，Cd，およびAsについて基準値が設けられた．

市街地でも汚染が進んだ．1973年には東京都江東区の工場跡地でCr^{6+}汚染が見つかり，1982年には各地で有機塩素化合物による汚染が見つかった．これを機に市街地に対する法整備が進み，1991年には基準値が設けられ，2002年には，農用地に対する規制も含めた「土壌汚染対策法」が成立した．2009年の対象物質は重金属，有機塩素化合物，農薬などを含む27種である．また，ダイオキシン類は「対策特別措置法」により別途規制されている．2007年には，汚染の累計は4006件に達している．重金属類（2629件）や揮発性有機化合物（848件）による汚染が多く，前者ではPbやAs，後者ではトリクロロエチレンやテトラクロロエチレンの汚染件数が多い．おもな原因は，産業活動や廃棄物処理における事故，施設の破損，有害物質の不適切な取り扱いや処分などである．このカテゴリーで最大の汚染は香川県豊島の例である．豊島の約7 haの土地に1978年頃から10年以上にわたって46万m^3（湿重量50万トン）のシュレッダーダストや廃油汚泥が不法投棄され，土壌が重金属類や有機塩素化合物で汚染した．

海外の事例 代表的なものは，①アメリカのラブ・キャナル事件と，②イタリアのセベソ事件である．①は，ナイアガラ瀑布近くの人工運河に化学会社が約2万トンの有害廃棄物を埋め立てたことによる．跡

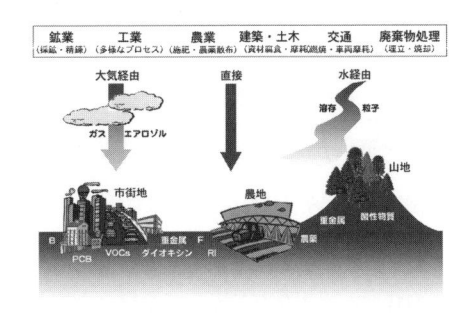

図1 土壌汚染の主要プロセス

地に住宅と学校が建てられたが，1970年代に豪雨で浸出した水が周辺に溢れ，住民に流産，奇形児出産，肝臓がんなどが多発した．1978年のアメリカ環境保護庁の調査で，有機塩素化合物，ダイオキシンなど80種以上の有害化学物質が検出された．住民を避難させ約3億ドルを使って対策を施した．アメリカはこれを機に1980年に包括的環境対策補償責任法（通称スーパーファンド法）を制定し，全国約1600の汚染サイトに優先順位を付けて順次対策を実施している．②は，1976年にミラノ郊外セベソにあったトリクロロフェノール製造工場で爆発が起こり，周辺約1800 haの土壌が30 kg以上のダイオキシンで汚染された事件である．健康被害を受けた住民は22万人以上に及んだ．

都市域の慢性的な汚染　人口稠密な都市では，人工構造物の構築，交通機関などに起因する重金属類による汚染が進んでいる．PbやZnでは，表層土壌中濃度が500 ppmを超すことも多々ある．アメリカでの疫学調査を背景に，幼児への健康被害（たとえばIQ低下）が懸念されている．

汚染物質の動態　汚染した重金属類は，土壌構成成分にイオン交換作用で吸着したり，炭酸塩，土壌有機物，およびMn, Fe, Alなどの酸化物に結合したりして存在する．これらのうち，イオン交換態，炭酸塩態，Mn酸化物結合態，およびアルカリ易溶性有機物結合態は土壌中で比較的動きやすく，生物可給性も大きい．たとえば，Cdはイオン交換態や炭酸塩態，Cuは有機物結合態，PbはFe酸化物結合態で存在する比率が高いので，Cdは一般的にCuやPbより動きやすく，植物にも吸収されやすい．原子価も元素の移動性や生物影響（毒性）を左右する．たとえばAsは，還元環境では毒性の強いAs^{3+}（亜ヒ酸）として存在し，硫化物が少なければ移動性も増す．一方，有機汚染物質の動態は汚染の程度によって異なる．軽汚染の場合，汚染物質は主に土壌有機物に疎水性収着で保持される．汚染物質の土壌水と土壌有機物との間の分配比は，$K_{oc} = C_0/C_W$（C_0：有機物中の汚染物質濃度；C_W：土壌水中の汚染物質濃度）で与えられ，汚染物質に固有の値である．K_{oc}は汚染物質の水とオクタノール間の分配比（K_{ow}）におおむね比例し，$\log K_{oc} = a \log K_{ow} + b$の関係が成立するので，$K_{oc}$は実験室で求めた$K_{ow}$から推定できる．$K_{oc}$の小さい汚染物質は土壌中で移動しやすい．重汚染（汚染物質量が土壌の収着容量を超えた汚染）の場合には，汚染物質は土壌や地質の小間隙を通り抜けて迅速に下方に移動する．

対策　重金属汚染に対しては，①掘削除去，②不溶化，③土壌洗浄，④電気分解，⑤加熱脱着，⑥ファイトレメディエーションなどの方法がある．①では汚染土を廃棄物として搬出し，非汚染土を入れる．②には，セメント固化や加熱溶融固化で封じ込める方法と粘土鉱物，鉄，硫化物などを加えて溶解度を下げる方法がある．③では酸やキレート剤溶液で土壌を洗浄する．④では土壌に電極を挿入して電気分解を行い，発生したH^+で汚染重金属を遊離させて電極に集める．⑤はHgに対して用いられ，汚染土壌を加熱してHgを揮散させる．⑥の主流はファイトエクストラクションで，蓄積植物に重金属類を吸収させて浄化する．現在，①と②がよく使われる．

有機化合物汚染に対しては，①掘削除去，②揮散浄化，③分解，④バイオレメディエーションなどの方法がある．②は送風，加熱，減圧などにより汚染物質を気化させる方法である．③では酸化剤や還元剤の添加，紫外線照射などで汚染物質を分解する．④では微生物を利用して汚染物質を分解する．汚染物質の種類，汚染場所，汚染の程度と規模などに応じて適当な方法が選択される．

〔高松武次郎〕

10-15 ファイトレメディエーション

phytoremediation

植物を表すファイトとレメディエーション（修復）を組み合わせた言葉で，低コストで環境に優しい技術として期待されている．対象は土壌，水，大気に分けられる．土壌で対象となる汚染物質はカドミウム（Cd）などの有害金属，石油・農薬などの有機汚染物質などがある．その方法には，汚染された土壌で植物を栽培したあと刈り取ることで土壌浄化を目指すファイトエキストラクション，植栽により土壌浸食を防ぐことなどで汚染物質の移動を妨げるためのファイトスタビリゼーションがあるが，土壌浄化を目的とした前者をさしてファイトレメディエーションということが多い．また，水質浄化のため河川湖沼水中のリン・窒素を植物の水耕栽培により除去したり，大気汚染物質のNO_xなどを植物に吸収・分解させる技術開発が行われている．

ファイトエキストラクションによる土壌修復の場合，対象となる汚染物質をよく吸収する植物が必要である．ヘビノネゴザは金属鉱山の廃坑など，有害金属濃度が高く植物が少ない場所でよく見られ，銅，鉛，Cdを蓄積する．また，ハクサンハタザオやグンバイナズナにはCdを超集積する系統がある．また，シダの仲間のモエジマシダが非常に高濃度のヒ素を蓄積することが知られている．有機汚染物質については，ズッキーニなどのウリ科植物がダイオキシン，ディルドリンなどの疎水性の高い化合物をよく吸収することが知られている．吸収されたこれらの物質を分解・無害化するため，微生物の遺伝子を植物に導入する研究も行われている．

土壌中の有害金属には，植物が吸収可能な画分と土壌に強く吸着されて容易に吸収できない画分があると考えられる．グンバイナズナと非集積植物の比較から，吸収する土壌中のCd画分には違いがないことが報告されている．金属を可溶化するためにEDTAなどの化学薬剤を土壌に添加して植物を栽培する試みも行われている．しかし，植物による吸収だけでなく，降雨による金属の溶脱の危険性も高まることに注意が必要となる．

富山県のイタイイタイ病を発端として昭和46年に農用地土壌汚染防止法が制定されて以降，農産物中のCd対策は，同法に基づく公害対策・汚染土壌対策として，客土を主体に実施されてきた．近年，コーデックス委員会で食品中Cdの国際基準値が設定されたため，低コストの農産物Cd低減対策技術の開発が急務となっている．グンバイナズナなどの超集積植物は生育量が少なく，汚染レベルの低い土壌では他の雑草との競合に弱いため栽培が容易でない．また，大面積で栽培する場合には機械収穫が必要となるが，ロゼッタを形成するなど効率的な収穫が難しいという問題がある．そこで，機械化栽培体系が確立して日本の農地での栽培にもっとも適している稲による，低レベルCd汚染農耕地土壌修復技術開発が行われた．超集積植物ではない稲の中でも比較的の吸収量が高い品種をCd吸収量が最大となる条件で栽培し，機械収穫，圃場在庫，焼却をする低コストのシステムが開発されている[1,2]．　〔荒尾知人〕

文　献
1) 村上政治（2007）農用地における重金属汚染土壌の対策技術の最前線＝3．ファイトレメディエーション技術の現状と展望．日本土壌肥料学雑誌，**78**, 525-533.
2) 茨木俊行・谷口彰（2007）農用地における重金属汚染土壌の対策技術の最前線＝4．植物による汚染農地の修復—実用可能なファイトレメディエーションを目指して．日本土壌肥料学雑誌，**78**, 627-632.

10-16 バイオレメディエーション

bioremediation

微生物の活性，機能を利用して汚染土壌を修復することである．

微生物は，代謝および増殖するために必須元素を細胞表面に吸着する機能，有機基質を分解することから得た電子を受容体に移動する機能を有している．これらの機能を利用して地下水に溶解した有害元素を不溶化して，地下水下流域への汚染の拡大を防止するものである．

微生物の中には1g乾燥重量あたり，ウランを0.1g以上収着するものがいる．細胞の構成物質（マンナンやキチン質）に着目した研究により，マンナンへの収着がキチンやグルカンよりも卓越していることがわかった．カドミウム，ニッケル，コバルトなどの元素は水溶液中に陽イオンとして溶解しているため，細胞への吸着により地下水から除去される．

クロム，セレン，ウランなどは酸化還元状態の違いにより溶解度が大きく異なる．たとえば，ウランは4価の溶解度が6価よりも低いことから，これらの元素を電子受容体として用いることができれば，不溶化することが可能となる．すべての微生物がこれらの元素に電子を授与できるわけではなく，硫酸還元菌や鉄還元菌のいくつかの菌種が見つかっている．これらの菌種はウラン還元に関わる酵素を有していることがわかってきた．また，生成したウラニナイトがナノ粒子化していることが電子顕微鏡による観察から明らかになっている．

微生物の機能を直接利用するのではなく，細胞内に蓄積したリン酸と鉛，希土類元素，ウランなどが反応することから，リン酸塩鉱物として不溶化できる．ポリリン酸濃集酵母がウラン，鉛，希土類元素を鉱物化することが確認された．

微生物が生成する鉱物を用いた間接的な元素の不溶化も可能である．たとえば，Mn酸化菌が形成したMn酸化物はコバルト，ニッケルなどの元素だけでなく，ヒ素，セリウムなどの希土類元素やウランもMn酸化物に取り込まれる．コバルトやセリウムは，それぞれ2価，3価で環境中に存在するが，Mn酸化物に取り込まれることにより3価および4価に酸化され，安定化する．鉄酸化菌についてもMn酸化菌と同様な効果が期待できる．

実際のサイトへの適用については，①対象となる微生物を直接投入する方法，②汚染サイトに生息する微生物種の活性をあげる方法がある．①の方法については，汚染サイト環境への適応性や生息微生物種との競合の問題があり，成功例は少ない．一方，②の方法は米国のウラン廃鉱山付近のサイトで適応例があり，炭素源を投入することにより地下水中のウラン濃度を下げることに成功している．ただし，炭素源投入の中止によりウラン濃度が上昇することも報告されており，作用の継続性を解決する必要があることが指摘されている．一方，国内の廃鉱山で問題となっている酸性水の漏出については，鉄酸化菌を中心としたバイオマットの形成により排水のpHをあげることに貢献していることが報告されている．

〔大貫敏彦〕

環境放射能

environmental radioactivity

環境中に存在する放射性核種およびそれらから放出される放射線を指す．本来「放射能」という言葉は放射線を出す能力そのものを指すため「環境放射能」という言葉の使い方は正しくないが，慣例として定着し使用されている．環境中の放射性核種は天然放射性核種と人工放射性核種の2つに大別できる．これらは，さまざまな濃度レベルや核種組成をもち，あらゆる環境に存在する．

天然放射性核種（natural radionuclide）
天然放射性核種は，生成機構により以下の4グループに分類される．

a. 一次放射性核種（primary radionuclide）：地球創成時から存在し，その半減期が地球の年齢よりも十分長く現在もなお存在している核種．系列を作る核種（^{238}U, ^{235}U, ^{232}Th など）とそうでない核種（^{40}K, ^{87}Rb, ^{144}Nd など）がある．

b. 二次放射性核種（secondary radionuclide）：一次放射性系列核種の壊変により二次的に生成した核種（^{226}Ra, ^{222}Rn, ^{210}Pb など）がこれに属する．半減期の比較的短いものが多い．

c. 誘導放射性核種（induced radionuclide）：天然の原子核反応により生成したもので，宇宙線と大気や地殻の組成元素の核反応でできる核種（^{14}C, ^{10}Be, ^{22}Na など）や放射性鉱物中でできる核種（^{152}Eu, ^{60}Co, ^{24}Na など）がある．

d. 消滅放射性核種（extinct radionuclide）：元素創成時には存在していたが，その寿命が十分に長くないため現在では壊変してしまったと考えられている核種（^{244}Pu, ^{146}Sm, ^{60}Fe など）．初期の濃集度によっては現在も残っている可能性がある．

人工放射性核種（artificial radionuclide）
人工放射性核種には，主として大気圏内核実験により生成し環境中へ移行した核種，原子力発電などの産業活動に起因する核種，核燃料再処理や事故などにより環境中に漏洩・放出された核種がある．1960年代に米・ソ両大国の大気圏内核実験により大気圏に多量散布され地表に降下蓄積した核種は，グローバルフォールアウト核種と呼ばれ，^{137}Cs, ^{90}Sr や Pu 同位体などがよく知られている．また，事故による放射性核種の環境放出は，1986年の史上最大といわれているチェルノブイリ原発事故や，2011年の東日本大震災の際に起こった福島第一原発事故などが記憶に新しい．

環境中に存在する放射性核種は，環境中での挙動や人体への移行など，放射線影響の観点からよく研究されている．しかし，人体への長期低線量内部・外部被ばくへの影響や汚染に関してはいまだ不明瞭な点が多い．また，数種の同位体をもち，それぞれ固有の物理的半減期で壊変すること，その供給源や供給量が明らかな場合が多いので，物質循環や環境変動などを解明するための時間や速度などを提供する有用な地球化学的トレーサーとして多用されている．たとえば，海洋循環には ^{14}C, ^{137}Cs, Ra 同位体や Pu 同位体，陸域の土壌浸食過程には ^{137}Cs, ^{10}Be, ^{210}Pb，陸水循環には ^{3}H, U 同位体，空気塊移行挙動には ^{7}Be, Rn 同位体などが利用されている．さらに，年代範囲に応じた放射性核種の壊変・成長を利用して，年代測定が行われている．

〔坂口　綾〕

10-18 放射性廃棄物地層処分

geological disposal of radioactive waste

放射性廃棄物の地層処分とは，原子炉の使用済み核燃料の再処理過程で分離された放射性廃液をガラス固化したもの（高レベル放射性廃棄物）を，地下300mよりも深い地質環境中に処分することである．再処理過程で生じる放射性廃液には，安全評価上重要なPu，Uなどの長半減期核種や比較的半減期の短いCsなど数十種類以上の核種が含まれる．この廃液は，ホウケイ酸ガラスと混合・溶融され，ステンレス製の容器（キャニスター）に入れられ固化された後，約30年間は中間貯蔵施設において貯蔵・冷却される．そしてその後，火山や地震を伴う断層活動などの影響の少ない地下環境に地層処分される．放射性廃棄物の放射能レベルは，処分当初は非常に高いものの，処分後の数千年～数万年で天然のウラン鉱石レベルへと減衰する．この期間，人間環境から隔離することが地層処分の目的である．

図1に示すように，地層処分では，処分された放射性廃棄物を天然の地質環境の働き（天然バリア）だけでなく，工学的な対策（人工バリア）を組み合わせた多重バリアシステムによって隔離することを基本とする．多重バリアのうち，人工バリアには安定な形態をもつ廃棄体（ガラス固化体），廃棄体を格納する炭素鋼容器（オーバーパック），地下に埋設する際にオーバーパックと地下岩盤との間に充填される緩衝材（ベントナイトなど）が含まれる．これらの設計においては，地下の地質環境条件を考慮することが重要である．また，地質環境が有する放射性核種の隔離および保持・移行遅延機能は，天然（地質）バリア機能と呼ばれる．

放射性廃棄物を地下環境に隔離するという考え方は，自然現象に学んだ方法である．その発端は，アフリカのガボン共和国のオクロウラン鉱床で発見された天然原子炉（6-17参照）に由来する．天然原子炉とは，今から約20億年前に地下環境下で自発核分裂が生じた現象である．1970年代に，ウラン鉱床からPuなどの超ウラン

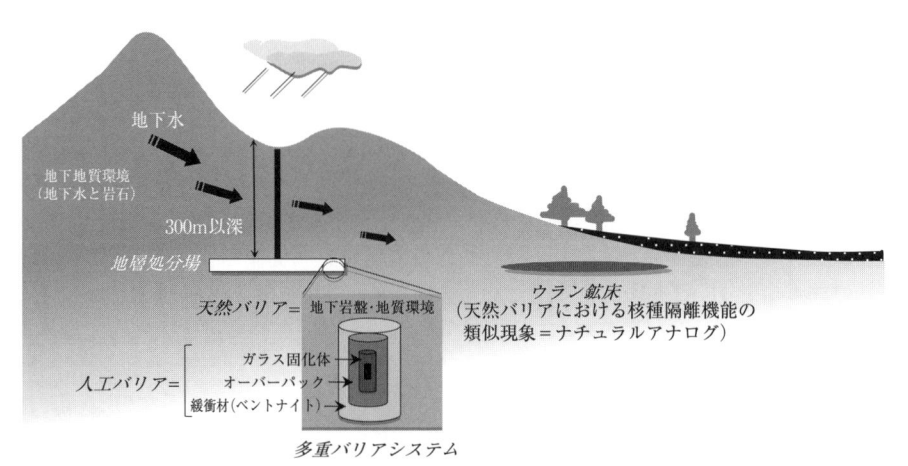

図1 放射性廃棄物の地層処分（多重バリアシステム）とナチュラルアナログの一般的概念

元素が発見され，自発核分裂が生じたことは地球化学的にも証明された．このように，放射性廃棄物中に含まれる元素が地質環境中に長期にわたって隔離されてきたことは，放射性廃棄物の地層処分の妥当性を強く示唆するものであり，地層処分と類似した現象として"オクロ天然原子炉＝ナチュラルアナログ"とみなす場合もある．その後，地質環境中での元素移動に関する現象やプロセスのうち，天然バリア機能に関わる現象全般に対しても，長期的な核種隔離性能を担保するための地球科学的知見やデータという意味での"ナチュラルアナログ"という言い方が，現在では広く浸透してきている．

　ナチュラルアナログは，地層処分の長期安全性を裏付ける地球科学的論拠として非常に重要である．とくに多重バリアにおける核種隔離性能は，数万年以上にわたって担保されることが求められる．そのためには，人工バリア・天然バリアともにどのようなバリア機能を有しているのか，またどの程度の長期にわたって維持することができるのか，などを実験によって定量的に評価することが必要である．しかし，一方では数千年，数万年という時間スケールに対する定量的評価は実験のみでは不可能である．したがって，それを補うために，いわゆる自然界で生じた類似現象を事例に，多重バリアの長期的な核種隔離機能を評価することが不可欠となる．

　多重バリアの核種隔離性能を評価するためには，放射性核種とバリア素材，地下環境の地球化学的相互作用，核種移行・遅延に関わる地球化学的プロセスの理解がもっとも重要である．これらの地球化学的なナチュラルアナログ研究としては，たとえば，ウラン鉱床中のウラン系列核種の挙動や，岩石と地下水が反応する地下環境での元素移動・濃集に関与する固相-液相境界反応などがあげられる．また最近では，地下水中のコロイド形成や地下環境中での微生物活動などに関わる地球化学的反応と元素吸着・濃集に関する現象も取り上げられている．国内における研究事例としては，岐阜県東濃地域に分布する第三紀の地層である瑞浪層群中に形成された砂岩型タイプのウラン鉱床での研究例があげられる．（酸化状態の地表付近の地下水に溶解したウランが，地下に浸透し還元状態になることで溶解度変化により沈殿・濃集するタイプのウラン鉱床のことをいう．酸化還元フロントに濃集するタイプ（ロールフロントタイプ）に類似するもので，ウラン系列核種の地下水による移動・濃集現象のアナログになる．）

　地層処分を実施する地下環境は，長期にわたる地下水と岩石との相互作用で形成されている．その地下環境は，地層処分を実施する地質体の隆起・沈降や断層活動などの，地質学的現象に伴う変化とも密接に関わりをもつ．したがって，将来の地層処分を実施する場所（サイト）においては，これらの地質学的現象の長期的変動とそれに伴う地下環境の変化，そしてそこでの多重バリアシステムとの相互作用と，放射性核種の移行・遅延プロセスの複合状態を適切に評価することが求められる．日本の地下研究所は，それら変動帯地下環境を把握することのできる唯一の施設であり，その意義は大きい．その中でもとくに核種移行に関する地球化学的プロセスは，地層処分の安全性を評価する上でも根幹となる部分であり，地球化学の貢献が求められている．

〔吉田英一〕

文　献

1) Savage, D. (1995) *The Scientific and Regulatory Basis for the Geological Disposal of Radioactive Waste*, John Wiley & Sons.
2) Miller, W., et al. (2000) *Geological Disposal of Radioactive Wastes and Natural Analogues*, Pergamon, Waste management series Vol. 2.

10-19 ナチュラルアナログ

natural analogue

人工物の挙動を知る際に，実験などの実施が困難な場合に参照する自然界にある類似物質のことを指す．ナチュラルアナログを対象とし，その対象物が自然界の中で長期間にわたって受けてきたさまざまなプロセスやおかれていた環境を調べ，人工的に処分する方策の概念や手法の妥当性を読み取ることに役立てる研究をナチュラルアナログ研究という．

これまで，一般的に広く知られているナチュラルアナログ研究としては，高レベル放射性廃棄物の地層処分に関するものがある．原子力発電の使用によって生じる高レベル放射性廃棄物を地下深部に埋設し，人類の生活圏から隔離処分する方策である．高レベル放射性廃棄物は，まず，ガラス固化体にした後，ステンレス製容器であるキャニスターに密封したものを鉄製の容器であるオーバーパックで覆い，その周囲を粘土の一種であるベントナイトを主成分とする緩衝材で押し固めることで人工バリアを形成する．これを地下 300 m 以深の地中に埋めることで，岩盤を天然バリアとする多重バリアシステムを形成し，長期的な安全性を確保しようという概念である．この際，人工バリアのナチュラルアナログ研究として，火山ガラスの溶解・変質，鉄遺物の腐食量，鉄を含む流体によるベントナイトの変質などがあげられる．一方，天然バリアの方では，岐阜県東濃，オーストラリア北部クンガラ，ブラジル南東部ポソスデカルダス，カナダ中央部シガーレイクのウラン鉱床を対象とし，ウランやトリウムなどの放射性核種が地層中でどのような動きをしているかなどの研究があげられる．

中央アフリカ・ガボン共和国東部オクロのウラン鉱床は今から約 20 億年前にウランの核分裂連鎖反応を起こした形跡のある天然原子炉として知られている．反応によって生成された放射性同位体は 20 億年を経た現在ではほぼ壊変し尽くされているが，安定同位体の組成が大きく変動しているため，安定同位体を調べることによって当時の放射性同位体の挙動解析に結びつけることができる．天然バリアのナチュラルアナログ研究の格好の対象とされている．

その他，近年では，天然に二酸化炭素が産出しているサイトや二酸化炭素ガスが地層中に貯留されているサイトを二酸化炭素の地中貯留（CCS：carbon dioxide capture and storage）のナチュラルアナログの対象とした研究が行われている．たとえば，沖縄トラフなどの海底熱水活動域で熱水噴出孔から放出される CO_2 が液体 CO_2 となって深層水中に拡散しているため，その挙動を観測し，海底下地層への CO_2 貯留の環境影響評価への適用を考えるものである．

実験室で得られる知見には時間および空間に制約があるのに対し，ナチュラルアナログでは長期にわたる時間経過後のデータを広い空間で取得できるメリットがある．しかし，前者では，温度，圧力，pH，酸化還元電位などのさまざまな物理化学的条件を制御することができるのに対し，後者ではそれらの条件を明確にすることが困難であるという反面もある．そのため，ナチュラルアナログからいかに人工物との類似性を読み取るか，有益なプロセスを抽出するかが重要となる．　〔日高　洋〕

10-20

アスベスト

asbestos

　アスベスト（石綿）はケイ酸塩を主成分とする繊維状の鉱物の総称である．アスベストは，表1のように蛇紋石族と角閃石族の6種の鉱物に分類される．

　アメリカ地質調査所の調査に基づくと，1900年代を通じた世界のアスベスト生産量の総量は1億7400万トンである．国別では旧ソ連6710万トン，カナダ6050万トンの上位2カ国で全体の73％を占め，以下，南アフリカ，ジンバブエ，中国，ブラジル，イタリア，アメリカと続く．

　アスベストは以下のようなすぐれた性質をもつ．

1) しなやかで糸や布に織れる（紡織性）
2) 摩擦・磨耗に強い（耐摩擦性）
3) 燃えないで高温に耐える（耐熱性）
4) 薬品に強い（耐薬品性）
5) 電気を通しにくい（絶縁性）
6) 比表面積が大きく，他の物質との密着性にすぐれている（親和性）
7) 安価である（経済性）

　アスベストはきわめて細い繊維状の鉱物で（繊維径：0.03～10 μm），束になっている繊維をほぐすと綿や羊毛のように糸や布が織れる．さらに引っ張りに対してはピアノ線よりも強く，またかなりの高温でも燃えたり変化したりしないなどのすぐれた性質をもっている．酸にもアルカリにも強いのはリーベカイト，トレモライトなどで，クリソタイルは酸には弱い性質をもつ．表面電荷は，クリソタイルがプラスで他の角閃石族アスベストはマイナスである．

　アスベストは，紡織品，セメント製品やボード類などの建築材料，合成樹脂の補強剤，断熱・防音のための吹付け剤，耐熱・耐薬品のシール材などの工業製品に広く利用されてきた．しかし，アスベスト繊維を長期間にわたって大量に吸い込むと，じん肺の一種である石綿肺を引き起こす．さらにアスベストは繊維径が細いため肺組織の深くまで入り込みやすく，また化学的に安定しているので分解されず体内にとどまり細胞に刺激を与え続ける．その結果，少量のアスベストを取り込んだだけでも，30～40年という長い潜伏期間を経て肺がんや中皮腫といった重大な健康被害を引き起こす．

　このような健康影響から，現在では先進工業国のほとんどでアスベストの原則使用禁止が進んでおり，開発途上国でのみ使用が許可されている．　〔光延　聖〕

文　献
1) 森永謙二編著（2005）アスベスト汚染と健康被害，日本評論社．

表1　アスベストの分類

	鉱物名	石綿名	化学組成式
蛇紋石族	クリソタイル	クリソタイル（温石綿）	$Mg_3Si_2O_5(OH)_4$
角閃石族	グリューネライト	アモサイト（茶石綿）	$(Mg, Fe)_7Si_8O_{22}(OH)_2$
	リーベカイト（曹閃石）	クロシドライト（青石綿）	$Na_2Fe_3^{2+}Fe_2^{3+}Si_8O_{22}(OH)_2$
	アンソフィライト（直閃石）	アンソフィライト石綿	$Mg_7Si_8O_{22}(OH)_2$
	トレモライト（透閃石）	トレモライト石綿	$Ca_2Mg_5Si_8O_{22}(OH)_2$
	アクチノライト（陽起石）	アクチノライト石綿	$Ca_2(Mg, Fe)_5Si_8O_{22}(OH)_2$

付　　録

1) 年　　　表……………………………………………………………444
2) マントル，地殻の化学組成…………………………………………449
3) ゴールドシュミットによる元素の地球化学的分類………………450
4) 太陽系の元素存在度…………………………………………………451
5) 海水中の元素分布周期表……………………………………………452
6) 元素の周期表…………………………………………………………454

付録 1) 年　表　　　　　　　　　　　　　　　　　〔野津憲治〕

西暦	世界	国内
18-19 世紀	多くの新元素が鉱物など天然物質から分離発見される	
1820 年代		Siebold P.F.J. による鉱石や温泉水の分析 宇田川榕庵による温泉鉱泉の分析
1838	Schönbein C.F. "Geochemistry" の用語初めて使う	
1869	Mendeleev D.I. 元素の周期表	
1879	アメリカ合衆国地質調査所（USGS）創設	
1880		但馬国に落下した竹内隕石をお雇いドイツ人技師 Korschelt O. が分析
1882		地質調査所創設（2001 年に産業技術総合研究所内の地質調査総合センターに改編）
1896	Becquerel H.A. ウラン鉱石から放射能発見（1903 年にノーベル物理学賞受賞）	
1898	Curie P. and Curie M. 放射性元素 Ra, Po の発見（1903 年にノーベル物理学賞受賞）	
1904	アメリカ，ワシントン・カーネギー研究所に地球物理学研究所設立	
1906	Rutherford E. U-He 定量による年代測定の試み（1908 年に「元素の崩壊と放射性物質の化学」でノーベル化学賞受賞）	
1908	Clarke F.W. "The Data of Geochemistry"（1924 年まで 5 版を重ねる）	
1909	Mohorovičić A. 地殻－マントル不連続面（モホ面）発見	
1911	Goldschmidt V.M. 接触変成作用に相律を適用し物理化学的な解析	
1913	Thomson J.J.（1906 年「気体の電気伝導に関する研究」でノーベル物理学賞受賞）陽極線分析器で Ne に同位体発見	柴田雄次　ヨーロッパ留学からもどり，苗木石の発光分光分析
	Gutenberg B. コア-マントル不連続面，液体コアの発見	
1915	Wegener A. "Die Entstehung der Kontinente and Ozeane"（大陸と海洋の起源）	
1917		理化学研究所創設
1919	Aston F.W. 質量分析器を作成，ほとんどの元素の同位体発見（1922 年にノーベル化学賞受賞）	
1921		柴田，木村「東洋産含稀元素鉱石の化学的研究（其一）」日本化学会誌 42, 1-16（最初の地球化学の論文）
1923	Goldschmidt V.M. "Geochemische Verteilungsgesetze der Elemente"（元素の地球化学的分配の諸法則）（1938 年まで 9 編の論文発表）	

西暦	世界	国内
1924	Oparin A.I. "Origin of Life"（1936年に改訂版） Clarke F.W. and Washington H.S. 地殻の平均化学組成 Vernadsky V.I. "La Geochimie"（原著は仏語，露語，独語に翻訳，日本語版「地球化学」は高橋純一訳，1933出版）	
1926		柴田雄次，国民新聞に「地球化学」寄稿（「地球化学」の用語初めて使う）
1928	Bowen N.L. "The Evolutions of the Igneous Rocks"	
1930	成層圏オゾン生成に関する Chapman モデル	岡田家武「地球化学」（最初の単行本）
1932	Urey H.C. ら 重水素発見（Urey は1934年にノーベル化学賞受賞）	
1933	The Meteoritical Society 発足	
1935	南英一 Goldschmidt のもとで堆積岩の希土類元素の定量	中央気象台（1887年発足，前身は1875年設置の東京気象台）に気象化学掛設置
1938	Harn O. and Walling S. Rb-Sr 年代測定法の試み	
1939	菅原健 湖沼の物質代謝	雑誌「科学知識」に地球化学の特集号
1940	Nier A.O. 扇形磁場型質量分析計の開発	
1941		第1回地球化学討論会（日本化学会年会の中で）
1945		木村健二郎ら 広島，長崎に投下された原子爆弾の核分裂生成物の分析
1946	Libby W.F. ら ^{14}C の存在確認（1949年に年代測定法確立，Libby は1960年にノーベル化学賞受賞）	
1947	Urey H.C. および Bigeleisen J. and Mayer M.G. 同位体交換平衡の理論的見積もり	
1948	Aldrich L.T. and Nier A.O. 鉱物の K-Ar 年代測定	
1949	アメリカ合衆国地質調査所（USGS）岩石標準試料 G-1，W-1 調製	岡山大学放射能泉研究所創設（1951年温泉研究所，1985年地球内部研究センター，1995年固体地球研究センター，2005年地球物質科学研究センター）
1950	Rankama K. and Sahama T.G. "Geochemistry" "Geochimica et Cosmochimica Acta" 刊行開始	
1951	Urey H.C. ら 炭酸カルシウムの酸素同位体比から古海水温度推定	名古屋大学理学部地球科学科（1949年発足）に全国初の地球化学講座設置
1952	Mason B. "Principles of Geochemistry"（1966年刊の第3版は，松井・一国訳「一般地球化学」（1970年出版））	
1953	Miller S.L. and Urey H.C. 還元的大気中の放電実験でアミノ酸を生成 コンドライト隕石の酸化状態を示す Urey-Craig 図	地球化学研究会発足（初代会長：柴田雄次）
1954	Goldschmidt V.M. "Geochemistry"（逝去後に編集出版）	ビキニ水爆実験で第五福竜丸「死の灰」をかぶる（東京大学，静岡大学その他で分析）

西暦	世界	国内
1955	The Geochemical Society 発足	地質調査所に地球化学課設置 東京大学地震研究所（1925年創設）に小諸火山化学研究施設設置
1956	Suess H. and Urey H.C. 元素の宇宙存在度（1957年の元素合成に関するB_2FHモデルの基礎データとなる） Patterson C. Pb-Pb 法により45～46億年の地球の年齢を示す 黒田和夫 天然原子炉の予言（1972年にアフリカ，ガボン，オクロ鉱山で見つかる）	気象研究所に地球化学研究部設置
1957	国際地球観測年（IGY）（～1958年） ソ連 初の人工衛星スプートニク1号打ち上げ成功	日本質量分析学会に地質年代測定および同位体天然存在比精密測定部会が発足（複数の部会を経て，1967年からは同位体比部会に統合） 南極観測隊，昭和基地を開設 名古屋大学水質研究施設創設（1973年水圏科学研究所，1995年大気水圏科学研究所，2001年地球水循環センター）
1958	Keeling C.D. ハワイ，マウナロア山頂付近で大気中のCO_2濃度の測定開始	
1962	Carson R. "Silent Spring" 増田彰正 希土類元素存在度パターン（Masuda-Coryell plot）	東京大学海洋研究所創設（1964年に海洋無機化学部門設置，2010年大気海洋研究所へ改組）
1963	Weinreb S. ら 電波望遠鏡で星間分子のOHを初めて観測	地球化学研究会から日本地球化学会へ 全国共同利用学術研究船「淡青丸」による研究航海開始（1982年からは「2代目淡青丸」）
1964	国際地球内部開発計画（UMP）（～1970年） Ringwood A.E. 上部マントルのパイロライトモデル	
1965	松井義人，坂野昇平 ケイ酸塩鉱物の結晶内交換平衡モデル Wilson J.T. トランスフォーム断層の概念（プレートテクトニクスの出発点）	
1966		日本学術会議にIAGCに対応するための地球化学宇宙化学連合委員会の設置 "Geochemical Journal" 刊行開始
1967	IUGG傘下に国際地球化学・宇宙化学協会（IAGC）発足（菅原健，初代の事務総長） 木越邦彦 イオニウム（^{230}Th）年代測定法 Larimer J.W. 凝縮モデルの定式化（Anders E., Grossman L. ほかも加わり，1974年には完成）	全国共同利用学術研究船「白鳳丸」による研究航海開始（1989年からは「2代目白鳳丸」） 「地球化学」刊行開始

西暦	世界	国内
1968	酒井均　イオウ同位体地球化学の鉱床成因への適用 McKenzie D., Morgan W.J., Le Pichon X.ほか（このころまでに）プレートテクトニクスの確立 小沼直樹ら　元素の固液分配における結晶構造支配則の提唱 深海掘削計画（DSDP）（～1983年）（1975年からは国際深海掘削計画（IPOD）に移行）	
1969	アポロ11号有人月面着陸，月面物質22kg採取，地球へ帰還（1972年のアポロ17号までに持ち帰った試料は総計約400kg） "Handbook of Geochemistry"全6巻刊行（～1978年）	南極昭和基地近くのやまと山脈で9個の異なる隕石発見（大量の南極隕石発見の契機となる）
1970	南極ボストーク氷床コア（3623m）掘削開始（～1988年） 無人ルナ宇宙船による月面試料採取，地球へ回収（1976年まで3回）	IAGC 水地球化学・生物地球化学国際シンポジウム（東京）
1971		海洋科学技術センター（JAMSTEC）創設（2004年海洋研究開発機構）
1972	チャレンジャー号による全海洋にわたる初の化学調査（～1976年） 国際地球内部ダイナミクス計画（GDP）（～1977年） Sagan C.「暗い太陽のパラドクス」指摘	地球化学研究協会創設 有機地球化学談話会発足（1984年有機地球化学研究会，2002年日本有機地球化学会）
1973	Clayton R.N.ら　Allende隕石中に酸素同位体異常発見	
1974	Broecker W.S. "Chemical Oceanography" Rawland F.S.ら　CFCsによる成層圏オゾン層の破壊を警告（1995年ノーベル化学賞受賞）	国立公害研究所創設（1990年国立環境研究所）
1975	小嶋稔　地球初期のカタストロフィック脱ガスモデル	日本学術会議に地球化学・宇宙化学研究連絡会の設置（1984年に研究連絡委員会に昇格，2005年に廃止）
1976	バイキング1号，2号火星に着陸，表土，大気の無人分析	
1977	アルビン号　東太平洋で海底熱水を発見	
1980	Alvarez親子 K-T境界にIr濃縮を発見，生物大量絶滅の巨大隕石衝突説を提唱 国際リソスフェア探査計画（DELP）（～1990年）	
1981		国立極地研究所（1973年創設）に隕石資料部門設置（1984年隕石研究部門，1998年両部門を統合し南極隕石センター）
1982		第5回地質年代学宇宙年代学同位体地質学国際会議（日光）
1983		JAMSTEC「しんかい2000」による研究潜航開始 IAGC第4回水－岩石相互作用国際会議（三朝）

西暦	世界	国内
1985	国際深海掘削計画（ODP）（～2002年） 林忠四郎ら　太陽系形成の標準モデル White W.M. マントル内に数種の同位体リザーバーの存在示す（1986年に Zindler A. and Hart S. も同様の結論得る）	
1986	"Applied Geochemistry" 刊行開始 旧ソビエト連邦，チェルノブイリ原子力発電所事故 地球圏-生物圏国際協同研究計画（IGBP）発足	
1987	Lewis R.S. ら　プレソーラー粒子を発見	
1988	気候変動に関する政府間パネル（IPCC）発足 第1回 Goldschmidt Conference	
1989	モントリオール議定書発効	
1990	Broecker W.S.　海洋大循環のベルトコンベアモデル	地球惑星科学関連学会合同大会が発足（2006年より日本地球惑星科学連合大会）
1991		JAMSTEC「しんかい6500」による研究潜航開始
1992	Kirschvink J.L.　スノーボール仮説	酒井均　IAGC 会長（～1996）
1993	Schopf J.W. 西オーストラリアのチャート層から最古（35億年前）の生物化石発見 丸山茂徳，深尾良夫ら　プルームテクトニクスの提唱	科学研究費補助金細目「地球化学」発足（2003年より「地球宇宙化学」）
1994		日本地球化学会会員数1000名を越える
1997	気候変動に関する国際連合枠組条約の京都議定書	増田彰正　Ingerson Lectureship 受賞
1998		JAMSTEC 海洋地球研究船「みらい」による研究航海開始
2001	Allegre C.J. ら　地球の化学組成 Wilde S.A. ら　地球試料で最古（44億年前）の西オーストラリア産ジルコンを測定	久城育夫　Goldschmidt medal 受賞 総合地球環境学研究所創設
2003	"Treatise on Geochemistry" 全10巻の刊行 統合国際深海掘削計画（IODP）	日本地球化学会監修，地球化学講座全8巻刊行（～2010） 第13回 Goldschmidt Conference（倉敷）
2004	国際地球化学・宇宙化学協会（IAGC）国際地球化学協会（IAGC は同じ）に名称変更 スターダスト計画，ビルド第2彗星から塵を採取（2006年に地球へ回収）	
2005	2003年に打ち上げられた「はやぶさ」ミッション，小惑星 ITOKAWA に着陸（サンプル採取に成功し，2010年に地球へ帰還）	日本地球惑星科学連合発足 JAMSTEC 地球深部掘削船「ちきゅう」の運用開始
2008		第71回 Meteoritical Society 会議（松江）
2010	Bouvier A. and Wadhwa M.　最古の年代（45.68億年前）の隕石 CAI を測定	小嶋稔　Goldschmidt medal 受賞
2011		福島原子力発電所事故

付録2) マントル，地殻の化学組成 （単位表示のない元素の濃度は ppm）

元素	未分化な マントル[1]	大陸地殻[2]	海洋地殻[3]	元素	未分化な マントル[1]	大陸地殻[2]	海洋地殻[3]
H (%)	0.012			Rh (ppb)	0.93		
Li	1.6	16		Pd (ppb)	3.27	1.5	
Be	0.070	1.9		Ag (ppb)	4	56	
B	0.26	11		Cd	0.064	0.08	
C	100			In	0.013	0.052	
N	2	56		Sn	0.138	1.7	
O (%)	44.33	53.31	53.19	Sb	0.012	0.2	
F	25	553		Te	0.008		
Na (%)	0.259	1.44	1.29	I	0.007	0.7	
Mg (%)	22.17	2.18	3.54	Cs	0.018	2	0.027
Al (%)	2.38	7.43	7.38	Ba	6.75	456	12.2
Si (%)	21.22	28.3	23.45	La	0.686	20	3.34
P	86	610	610	Ce	1.786	43	10.4
S	200	404		Pr	0.27	4.9	1.91
Cl	30	244		Nd	1.327	20	9.62
K	260	8500	610	Sm	0.431	3.9	3.14
Ca (%)	2.61	3.00	5.70	Eu	0.162	1.1	1.18
Sc	16.5	21.9	42.3	Gd	0.571	3.7	3.97
Ti	1280	3400	6870	Tb	0.105	0.6	0.72
V	86	138	265	Dy	0.711	3.6	4.85
Cr	2520	135	253	Ho	0.159	0.77	1.03
Mn	1050	470	750	Er	0.465	2.1	2.72
Fe (%)	6.3	3.1	4.4	Tm	0.0717	0.28	0.38
Co	102	26.6	50.1	Yb	0.462	1.9	2.63
Ni	1860	59	120	Lu	0.0711	0.30	0.4
Cu	20	27	82.3	Hf	0.3	3.7	2.14
Zn	53.5	72	80.2	Ta	0.04	0.7	0.203
Ga	4.4	16		W	0.016	1	
Ge	1.2	1.3		Re (ppb)	0.32	0.188	
As	0.066	2.5		Os (ppb)	3.4	0.041	
Se	0.079	0.13		Ir (ppb)	3.2	0.037	
Br	0.075	0.88		Pt (ppb)	6.6	1.5	
Rb	0.605	49	1.45	Au (ppb)	0.88	1.3	
Sr	20.3	320	142	Hg	0.006	0.03	
Y	4.37	19	27.2	Tl	0.003	0.50	
Zr	10.81	132	89	Pb	0.185	11	0.359
Nb	0.588	8	2.99	Bi	0.005	0.18	
Mo	0.039	0.8		Th	0.0834	5.6	0.141
Ru (ppb)	4.55	0.6		U	0.0218	1.3	0.061

1. Palme, H. and O'Neill, H. St. C. (2003) Cosmochemical estimates of mantle composition. In *The Mantle and Core* Vol. 2, Treatise of Geochemistry. Elsevier.
2. 大陸地殻全体の組成．Rudnick, R. L. and Gao, S. (2003) Composition of the continental crust. In *The Crust* Vol. 3, Treatise of Geochemistry. Elsevier の表を改編
3. 海洋地殻の平均的な組成はコンパイルされていない．ここでは，Niu, Y. Collerson, K. D., Batiza, R., Wendt, J. I., and Regelous, M. (1999) Origin of enriched-type mid-ocean ridge basaltat ridges far from mantle plumes: The East Pacific Rise at 11°20'N. Jour. Geophys. Res., **104**, 7067-7087. の東太平洋中央海嶺玄武岩のデータをあげる．

付録 3)　ゴールドシュミットによる元素の地球化学的分類

親気性（atmophile）：<u>N</u>
親石性（lithophile）：Na
親銅性（chalcophile）：<u>Zn</u>
親鉄性（siderophile）：<u>Fe</u>

H																	He
Li	Be											B	C	<u>N</u>	O	F	<u>Ne</u>
Na	Mg											Al	Si	P	<u>S</u>	Cl	Ar
K	Ca	Sc	Ti	V	Cr	Mn	<u>Fe</u>	Co	Ni	Cu	Zn	Ga	Ge	As	Se	Br	<u>Kr</u>
Rb	Sr	Y	Zr	Nb	<u>Mo</u>		Ru	Rh	Pd	Ag	Cd	In	Sn	Sb	Te	I	<u>Xe</u>
Cs	Ba	La-Lu	Hf	Ta	<u>W</u>	<u>Re</u>	<u>Os</u>	<u>Ir</u>	<u>Pt</u>	<u>Au</u>	Hg	Ti	Pb	Bi			
			Th	U													

1) Mason, B. (1992) *Victor Moritz Goldschmidt : Father of Modern Geochemistry*, The Geochemical Society, 184 pp.

付録 4) 太陽系の元素存在度 （Si=10^6 を基準とする相対値）

元素	元素存在度[1]	50%凝縮温度[2]	元素	元素存在度[1]	50%凝縮温度[2]
1 H	2.79×10^{10}		44 Ru	1.86	1573
2 He	2.72×10^9		45 Rh	0.344	1391
3 Li	57.1	1225	46 Pd	1.39	1334
4 Be	0.73		47 Ag	0.486	952
5 B	21.2		48 Cd	1.61	
6 C	1.01×10^7		49 In	0.184	
7 N	3.13×10^6		50 Sn	3.82	720
8 O	2.38×10^7		51 Sb	0.309	912
9 F	843	736	52 Te	4.81	680
10 Ne	3.44×10^6		53 I	0.90	
11 Na	5.74×10^4	970	54 Xe	4.7	
12 Mg	1.074×10^6	1340	55 Cs	0.372	
13 Ai	8.49×10^4	1650	56 Ba	4.49	
14 Si	1.00×10^6	1311	57 La	0.4460	1520
15 P	1.04×10^4	1151	58 Ce	1.136	1500
16 S	5.15×10^5	648	59 Pr	0.1669	1532
17 Cl	5240	863	60 Nd	0.8279	1510
18 Ar	1.01×10^5		62 Sm	0.2582	1515
19 K	3770	1000	63 Eu	0.0973	1450
20 Ca	6.11×10^4	1518	64 Gd	0.3300	1545
21 Sc	34.2	1644	65 Tb	0.0603	1560
22 Ti	2400	1549	66 Dy	0.3942	1571
23 V	293	~1450	67 Ho	0.0889	1568
24 Cr	1.35×10^4	1277	68 Er	0.2508	1590
25 Mn	9550	1190	69 Tm	0.0378	1545
26 Fe	9.00×10^5	1336	70 Yb	0.2479	1455
27 Co	2250	1351	71 Lu	0.0367	1597
28 Ni	4.93×10^4	1354	72 Hf	0.154	1652
29 Cu	522	1037	73 Ta	0.0207	~1550
30 Zn	1260	660	74 W	0.133	1802
31 Ga	37.8	918	75 Re	0.0517	1819
32 Ge	119	825	76 Os	0.675	1814
33 As	6.56	1157	77 Ir	0.661	1610
34 Se	62.1	684	78 Pt	1.34	1411
35 Br	11.8	~690	79 Au	0.187	1225
36 Kr	45		80 Hg	0.34	
37 Rb	7.09	~1080	81 Tl	0.184	
38 Sr	23.5		82 Pb	3.15	
39 Y	4.64	1592	83 Bi	0.144	
40 Zr	11.4	~1780	90 Th	0.0335	1545
41 Nb	0.698	~1550	92 U	0.0090	1420
42 Mo	2.55	1608			

1) Anders, E. and Grevesse, N. (1989) Abundances of the elements: Meteoritic and solar. Geochim. Cosmochim. Acta, **53**, 197-214.
2) Wasson, J. T. (1985) *Meteorites: their record of early solar-system history*. Freeman, New York, pp. 267.

付録5) 海水中の元素分布周期表

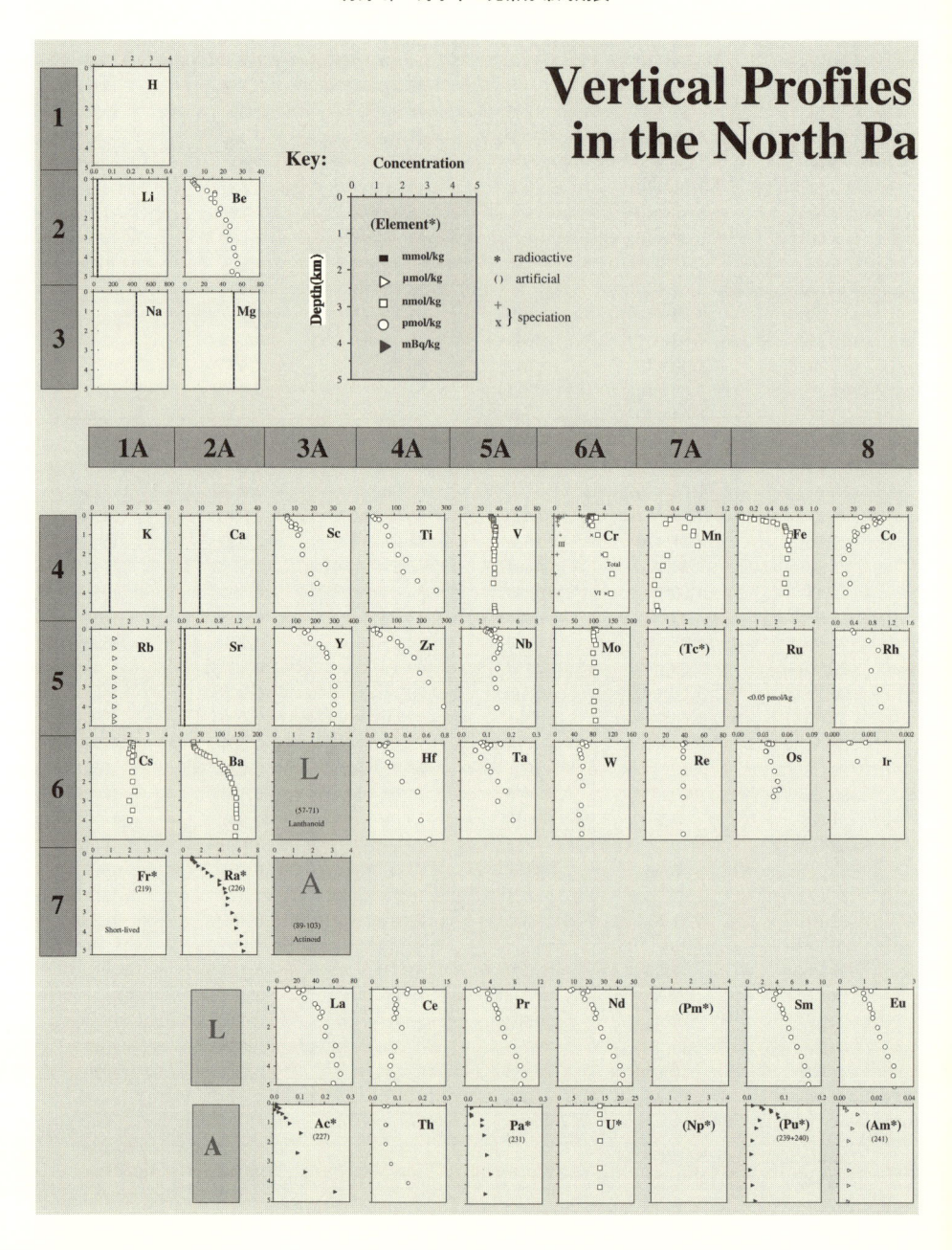

Vertical Profiles in the North Pa

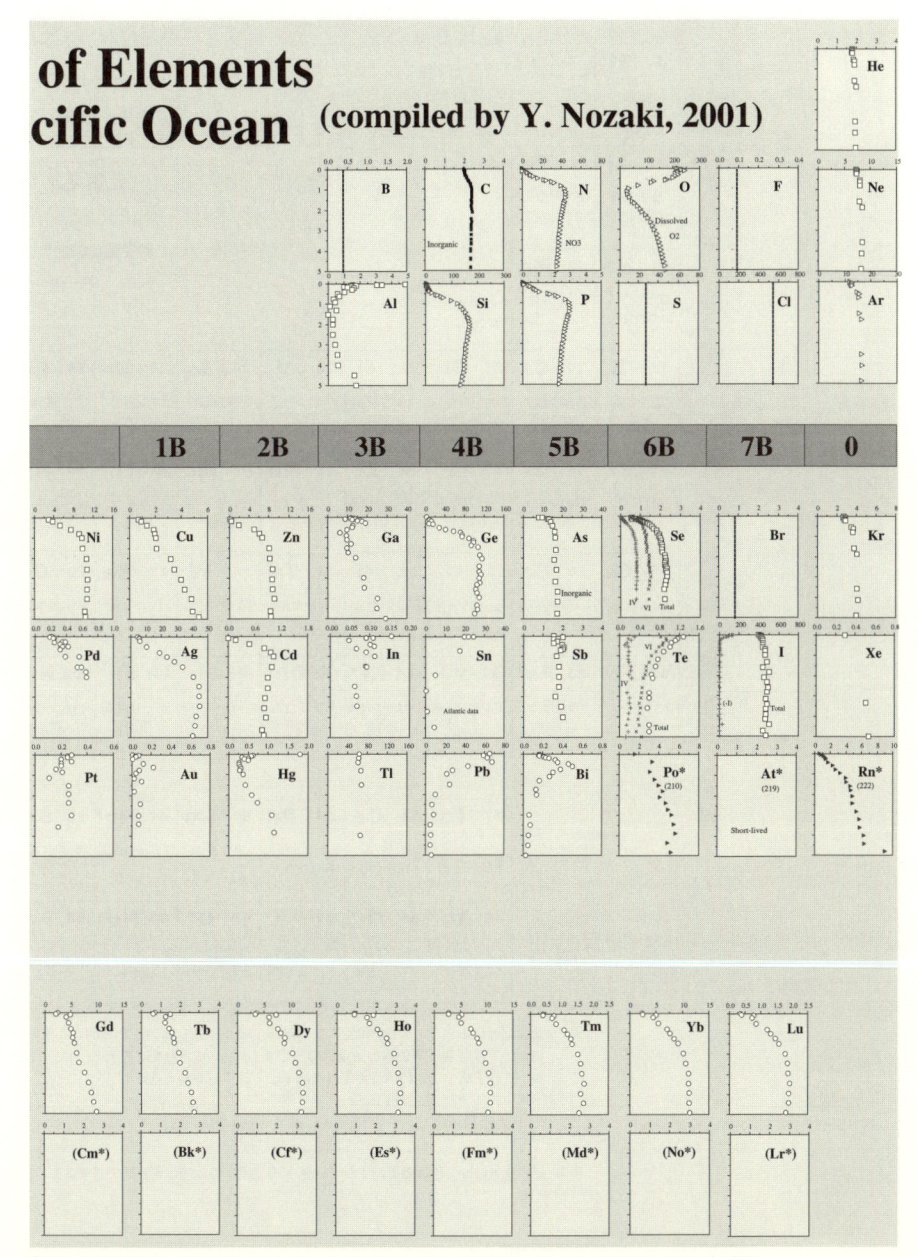

of Elements cific Ocean (compiled by Y. Nozaki, 2001)

出典: Nozaki, Y.(2001) Element distribution overview. Encyclopedia of Ocean Sciences, Vol. 2 (Steele, J., Thorpe, S. and Turekian, K. K., eds.), 840-845, Academic Press.

付録6) 元素の周期表 (2012)

周期\族	1	2	3	4	5	6	7	8	9
1	1 **H** 水素 1.00784~1.00811								
2	3 **Li** リチウム 6.938~6.997	4 **Be** ベリリウム 9.012182							
3	11 **Na** ナトリウム 22.98976928	12 **Mg** マグネシウム 24.3050							
4	19 **K** カリウム 39.0983	20 **Ca** カルシウム 40.078	21 **Sc** スカンジウム 44.955912	22 **Ti** チタン 47.867	23 **V** バナジウム 50.9415	24 **Cr** クロム 51.9961	25 **Mn** マンガン 54.938045	26 **Fe** 鉄 55.845	27 **Co** コバルト 58.93319
5	37 **Rb** ルビジウム 85.4678	38 **Sr** ストロンチウム 87.62	39 **Y** イットリウム 88.90585	40 **Zr** ジルコニウム 91.224	41 **Nb** ニオブ 92.90638	42 **Mo** モリブデン 95.96	43 **Tc*** テクネチウム (99)	44 **Ru** ルテニウム 101.07	45 **Rh** ロジウム 102.9055
6	55 **Cs** セシウム 132.9054519	56 **Ba** バリウム 137.327	57~71 ランタノイド	72 **Hf** ハフニウム 178.49	73 **Ta** タンタル 180.94788	74 **W** タングステン 183.84	75 **Re** レニウム 186.207	76 **Os** オスミウム 190.23	77 **Ir** イリジウム 192.217
7	87 **Fr*** フランシウム (223)	88 **Ra*** ラジウム (226)	89~103 アクチノイド	104 **Rf*** ラザホージウム (267)	105 **Db*** ドブニウム (268)	106 **Sg*** シーボーギウム (271)	107 **Bh*** ボーリウム (272)	108 **Hs*** ハッシウム (277)	109 **Mt** マイトネリウム (276)

原子番号 元素記号注1
元素名
原子量(2012)注2

ランタノイド	57 **La** ランタン 138.90547	58 **Ce** セリウム 140.116	59 **Pr** プラセオジム 140.90765	60 **Nd** ネオジム 144.242	61 **Pm*** プロメチウム (145)	62 **Sm** サマリウム 150.36	63 **Eu** ユウロピウム 151.964
アクチノイド	89 **Ac*** アクチニウム (227)	90 **Th*** トリウム 232.03806	91 **Pa*** プロトアクチニウム 231.03588	92 **U*** ウラン 238.02891	93 **Np*** ネプツニウム (237)	94 **Pu*** プルトニウム (239)	95 **Am** アメリシウム (243)

注1: 元素記号の右肩の*はその元素には安定同位体が存在しないことを示す。そのような元素については放射性同位体の質量数の一例を( )内に示した。ただし、Bi, Th, Pa, Uについては天然で特定の同位体組成を示すので原子量が与えられる。

備考: 原子番号は104番以降の超アクチノイドの周期表の位置は暫定的である。

©2012 日本化学会　原子量専門委員会

10	11	12	13	14	15	16	17	18	族／周期
								2 **He** ヘリウム 4.002602	1
			5 **B** ホウ素 10.806~10.821	6 **C** 炭素 12.0096~12.0116	7 **N** 窒素 14.00643~14.00728	8 **O** 酸素 15.99903~15.99977	9 **F** フッ素 18.9984032	10 **Ne** ネオン 20.1797	2
			13 **Al** アルミニウム 26.9815386	14 **Si** ケイ素 28.084~28.086	15 **P** リン 30.973762	16 **S** 硫黄 32.059~32.076	17 **Cl** 塩素 35.446~35.457	18 **Ar** アルゴン 39.948	3
Ni ッケル 8.6934	29 **Cu** 銅 63.546	30 **Zn** 亜鉛 65.38	31 **Ga** ガリウム 69.723	32 **Ge** ゲルマニウム 72.63	33 **As** ヒ素 74.92160	34 **Se** セレン 78.96	35 **Br** 臭素 79.904	36 **Kr** クリプトン 83.798	4
Pd ジウム 06.42	47 **Ag** 銀 107.8682	48 **Cd** カドミウム 112.411	49 **In** インジウム 114.818	50 **Sn** スズ 118.710	51 **Sb** アンチモン 121.760	52 **Te** テルル 127.60	53 **I** ヨウ素 126.90447	54 **Xe** キセノン 131.293	5
Pt 白金 95.084	79 **Au** 金 196.966569	80 **Hg** 水銀 200.59	81 **Tl** タリウム 204.382~204.385	82 **Pb** 鉛 207.2	83 **Bi*** ビスマス 208.98040	84 **Po*** ポロニウム (210)	85 **At*** アスタチン (210)	86 **Rn*** ラドン (222)	6
Ds* ムスタチウム (281)	111 **Rg*** レントゲニウム (280)	112 **Cn*** コペルニシウム (285)	113 **Uut*** ウンウントリウム (284)	114 **Uuq*** ウンウンクアジウム (289)	115 **Uup*** ウンウンペンチウム (288)	116 **Uuh*** ウンウンヘキシウム (293)		118 **Uuo*** ウンウンオクチウム (294)	7

Gd リニウム 57.25	65 **Tb** テルビウム 158.92535	66 **Dy** ジスプロシウム 162.500	67 **Ho** ホルミウム 164.93032	68 **Er** エルビウム 167.259	69 **Tm** ツリウム 168.93421	70 **Yb** イッテルビウム 173.054	71 **Lu** ルテチウム 174.9668
Cm* ュリウム (247)	97 **Bk*** バークリウム (247)	98 **Cf*** カリホルニウム (252)	99 **Es*** アインスタイニウム (252)	100 **Fm*** フェルミウム (257)	101 **Md*** メンデレビウム (258)	102 **No*** ノーベリウム (259)	103 **Lr*** ローレンシウム (262)

注2：この周期表には最新の原子量「原子量表(2012)」が示されている。原子量は単一の数値あるいは変動範囲で示されている。原子量が範囲で示されている10元素には複数の安定同位体が存在し，その組成が天然において大きく変動するため単一の数値で原子量が与えられない。その他の74元素については，原子量の不確かさは示された数値の最後の桁にある。

元素関連項目索引

原子番号	元素記号	元素名	項目番号									
1	H	水素	1-01	1-24	1-32	2-03	2-18	3-03	3-07	3-39	4-04	4-15
			5-03	5-15	5-17	5-18	6-01	7-12	7-19	8-09	8-10	8-12
			9-13	9-37	9-38	9-42	9-49	9-52	9-54			
2	He	ヘリウム	3-07	3-36	4-15	9-13	9-52					
3	Li	リチウム	8-15	9-52								
4	Be	ベリリウム	2-30	6-07								
6	C	炭素	1-01	1-10	1-17	1-24	1-26	1-29	1-30	1-31	1-32	2-02
			2-03	2-07	2-16	2-18	2-29	2-30	3-04	3-05	3-06	3-07
			3-12	3-20	3-21	3-22	3-25	3-28	3-33	3-39	4-03	4-08
			4-12	5-03	5-04	5-13	5-15	5-24	5-28	6-01	6-18	7-12
			8-09	8-10	8-12	9-13	9-24	9-30	9-38	9-42	9-53	9-54
			9-55	10-01	10-02	10-03						
7	N	窒素	1-01	1-24	1-29	1-30	1-31	2-03	2-16	2-17	3-08	3-14
			3-20	3-21	3-22	3-25	3-26	3-28	3-39	4-08	4-11	5-02
			5-03	5-06	5-17	5-24	5-25	9-30	9-38	9-42	9-49	9-54
			10-01	10-06	10-13							
8	O	酸素	1-01	1-17	1-24	2-03	2-07	2-16	2-18	3-03	3-05	3-07
			3-08	3-12	3-15	3-26	3-32	3-33	3-39	4-04	4-08	4-13
			4-15	5-02	5-03	5-05	5-15	6-19	7-02	7-12	8-10	8-12
			9-03	9-13	9-24	9-30	9-37	9-38	9-42	9-49	9-54	10-02
			10-03	10-06	10-20							
9	F	フッ素	4-11	4-22	5-07	10-01						
10	Ne	ネオン	3-36									
11	Na	ナトリウム	3-01	3-02	5-12	6-18	8-17					
12	Mg	マグネシウム	2-07	3-13	6-18	7-02	7-04	8-17	9-03	9-09	9-11	9-19
			9-21	9-23	9-31	10-10	10-20					
13	Al	アルミニウム	1-08	4-12	5-11	7-02	7-04	9-17	9-22	10-10		
14	Si	ケイ素	1-08	3-08	3-21	4-13	7-02	7-04	9-03	9-11	9-18	9-19
			9-24	9-30	9-31	9-32	9-37	10-10	10-20			
15	P	リン	3-08	3-14	3-20	3-22	3-25	3-35	5-25	10-06		
16	S	硫黄	1-10	1-17	1-26	3-01	3-02	3-13	3-28	4-11	5-14	5-25
			5-28	6-01	10-01	10-06						
17	Cl	塩素	2-30	3-01	3-02	4-03	5-07	5-12	6-01	10-01		
18	Ar	アルゴン	1-14	3-36	5-02							
19	K	カリウム	1-14	6-07	6-16	9-09						
20	Ca	カルシウム	1-08	2-25	3-01	3-02	3-12	3-32	3-33	3-35	4-11	5-11

			5-17	6-18	9-17						
22	Ti	チタン	9-17								
24	Cr	クロム	7-04	9-23	9-41	10-14	10-16				
25	Mn	マンガン	2-01	3-28	4-22	8-14					
26	Fe	鉄	1-08	1-17	1-19	1-26	3-14	3-22	3-26	3-28	5-11	5-25
			7-02	7-04	7-17	8-14	8-17	9-03	9-09	9-11	9-19	9-21
			9-31	9-32	10-11	10-20						
28	Ni	ニッケル	8-14	9-41								
29	Cu	銅	3-26	8-01	8-05	8-13	8-14	10-11	10-14	10-15		
30	Zn	亜鉛	8-01	8-05	8-13							
33	As	ヒ素	4-11	4-22	10-13	10-14	10-15					
34	Se	セレン	10-16									
35	Br	臭素	5-07									
36	Kr	クリプトン	5-18									
37	Rb	ルビジウム	6-07									
38	Sr	ストロンチウム	2-07	3-32	4-15	6-14	7-05					
42	Mo	モリブデン	1-26									
48	Cd	カドミウム	10-14	10-15	10-16							
53	I	ヨウ素	2-30	5-07								
54	Xe	キセノン	3-36									
55	Cs	セシウム	10-18									
56	Ba	バリウム	9-34									
58	Ce	セリウム	3-10									
60	Nd	ネオジム	3-10	6-14	7-05							
63	Eu	ユウロビウム	3-10									
72	Hf	ハフニウム	7-10									
74	W	タングステン	7-10	8-02	9-22	9-23						
76	Os	オスミウム	1-10	1-12	1-23	9-27						
77	Ir	イリジウム	1-10	1-23	8-02	9-41						
78	Pt	白金	8-02	9-28								
79	Au	金	8-01	8-05	8-17							
80	Hg	水銀	10-10									
82	Pb	鉛	1-12	1-14	6-07	6-14	7-05	8-01	8-05	8-13	10-15	
86	Rn	ラドン	3-05	3-16	5-18							
88	Ra	ラジウム	3-05									
90	Th	トリウム	3-37	4-03	6-16	9-09	9-34	9-51				
92	U	ウラン	1-14	1-26	3-37	6-16	6-17	8-15	9-22	9-23	9-34	9-51
			10-16	10-18								
94	Pu	プルトニウム	3-37	10-18								

分析化学関連項目索引

キーワード	項目番号								
AMS	2-16	2-29	2-30	3-37	4-03	4-15	5-10		
CHIME	1-14	1-15							
CHON	2-03	2-29	3-39	8-10	9-54	9-55			
DNA/RNA	1-29								
EPMA	1-15	6-01	9-03	9-09	9-11	9-19	9-31		
GasMass	1-16	8-07							
GCMS	1-02	1-10	1-30	3-39	9-54				
HPLC	1-01	1-02							
HPLC/MS	1-01								
IC	5-10	5-17							
ICP	2-24	3-26	5-10	6-24	8-07	8-17	9-23	10-11	10-12
ICPMS	9-02								
IRMS	1-02	1-10	1-16	2-06	2-18	3-39	4-15		
NAA	9-56								
NMR	9-54								
NobleGas	4-03	4-15	9-12	9-50					
pH測定	5-17								
SEM	9-03	9-11	9-19	9-31					
SIMS	9-02	9-11	9-12	9-19	9-23	9-24	9-30	9-31	9-57
STXM	9-54								
TIMS	9-58								
XAFS	10-11	10-12							
XANES	9-54								
XRD	7-19	9-11	9-19	9-31					
XRF	8-17								
X線吸収分析（XANES）	7-17								
アミノ酸分析	1-31								
円二色性分光分析	1-30								
化学組成分析	1-10	2-03	2-06	2-24	2-25	2-29	3-01	3-02	3-20	3-26
	3-38	4-11	5-10	6-01	6-05	6-22	6-24	8-07	8-10	9-10
	9-42	10-11							
局所分析	1-15	2-24	2-25	6-01	6-24	9-57			
クリーン化技術	3-09	3-14	9-59						
元素分析	8-10								
現場自動化学分析	3-17								
光学顕微鏡	8-07	8-10	9-03	9-41					

赤外線分光分析	9-53									
センサー	3-30									
同位体顕微鏡	9-24	9-33								
同位体効果	9-25									
同位体比	1-10	1-12	1-14	1-16	1-31	1-32	2-06	2-16	2-18	2-25
	2-30	3-39	4-03	4-15	4-23	6-07	6-14	6-19	6-22	7-10
	9-03	9-12	9-24	9-25	9-26	9-30	9-33	9-41	9-42	9-50
	9-51	9-57	9-58							
熱分離分析	5-13									
バルク組成分析	3-20	8-17	9-09	9-10	9-56					
微量元素	2-24	2-25	3-09	3-10	3-14	3-26	3-38	4-23	5-04	6-07
	6-22	6-24	9-09	9-10	9-41	9-50	10-11			
放射化分析	9-56									
放射線核種	1-14	2-16	2-30	3-37	3-38	4-03	6-07	6-14	6-17	7-10
	9-22	9-23	9-51	9-56	10-12	10-18	10-19			
有機化合物分析	1-32									

事項索引

和文索引

あ

アイスコア 54, 71, 79
アイソクロン 272, 327
アイソスタシー 245
アイソトポログ 21
アインシュタインの関係式 405
アインシュタイン方程式 402
青潮 159, 423
赤潮 423
アカプルコアイト 333
アーキア 7
亜酸化窒素 183, 417
足尾銅山 433
亜硝酸 104
アストロバイオロジー 25, 38, 408
アスファルテン 307
アスファルト 307
アスベスト 441
アセノスフェア 261
アゼライン酸 197
亜ヒ酸塩 172
アポロ 338
アーマードケーブル 116
アミドキシム系吸着剤 318
アミドキシム樹脂 318
アミノ酸 43, 45
——のラセミ化年代法 63
網目形成酸化物 290
網目修飾酸化物 290
アラレ石 61, 70, 110, 137
有馬型温泉 226, 255
アルカリ骨材反応 301
アルカリポンプ 109

n-アルカン 308
アルケノン 65
アングライト 332
アンケル石 23
暗黒エネルギー 402, 405
暗黒物質 402, 405
安定同位体 149, 166, 271
安定同位体比 21, 46, 53, 54, 71, 312
アンモニア 104, 183, 188, 200

い

硫黄化合物 187, 195
硫黄酸化物 416
イオン吸着型希土類鉱床 297
イオン交換反応 306
イオン半径 306
イオンふるい吸着剤 319
イオンポテンシャル 430
石綿 441
イソプレン 197
——の酸化生成物 197
イタイイタイ病 433
一次宇宙線 358
一次生産 123
一次生産者 126
一次放射性核種 142, 437
一循環湖 156
一次粒子 198
一般相対論 402, 404
遺伝子の水平伝播 42
イトカワ 347, 355
易分解性溶存有機物 320
移流 204
インジウム 298
隕石 326, 336, 342, 350, 369

隕石衝突 33
隕石有機物 407
隕鉄 334
インド洋 54
インファレンシャル法 206
飲料水水質ガイドライン 171

う

ウィドマンシュテッテン構造 334
ウィノナイト 333
ウイルス 42
ウォズレイアイト 261
雨水 155
宇宙化学的元素の分類 374
宇宙化学的分類 349, 378
宇宙球粒 342
宇宙塵 341, 342
宇宙線 358
宇宙線起源希ガス 401
宇宙線照射年代 345, 358
宇宙線生成核種 250, 342, 358
宇宙線誘導核種 358
宇宙年代学 345
宇宙の年齢 402
宇宙背景放射 404
宇宙風化 347, 356
海水準 53
海の誕生と消失 40
ウラン 49, 142, 318, 436
ウラン鉱床 9, 38, 440
雲水 153
——の組成 153
雲底下洗浄 154
雲内洗浄 154
雲粒 153

え

エアロゲル　*41, 373*
エアロゾル　*153, 154, 187, 188,*
　193, 195, 198, 203, 206,
　211, 213
　——の第1間接効果　*215*
　——の第2間接効果　*215*
衛星　*213, 382*
　——の起源　*383*
栄養塩　*101, 104, 113, 124,*
　125, 173, 424
栄養塩類　*81*
栄養段階　*45*
液相濃集元素　*279*
液体シンチレーション計数装置
　91
エコセメント　*301*
エコンドライト　*331, 333, 336*
エストラジオール　*426*
エルニーニョ現象　*56*
エルニーニョ・南方振動サイク
　ル　*56*
塩化物損失　*192*
塩検　*97*
延伸大陸棚　*252*
塩水　*152*
塩水化　*432*
塩水くさび　*158*
エンスタタイト・コンドライト
　329
円石藻　*70*
塩素　*36, 150*
塩素損失　*99*
塩分　*58, 157*

お

オイルサンド　*308*
オイルシェール　*308*
黄鉄鉱　*23, 39, 171*
黄土高原　*54*
オクロ鉱床　*247*
オクロ天然原子炉　*439*
「おしょろ丸」　*132*
オスミウム　*317*
汚染　*160*
汚染土壌を修復　*436*
オゾン　*176, 182, 197*
オゾン層　*176*

オゾン層破壊　*188, 417*
オゾンホール　*417*
オーブライト　*332*
オミクス　*3*
重い水　*155*
親核種　*271, 360*
オリビン　*261*
オールト雲　*357*
温室期　*69*
温室効果　*215*
温室効果ガス（温室効果気体）
　178, 179, 181, 182, 184, 203,
　210, 314, 416
温泉　*167, 225*
温泉沈殿物　*169*
温泉法　*167*
温暖化　*14, 34*
温度（熱）境界層　*274*
温度躍層　*102, 156, 249*

か

外因性内分泌撹乱化学物質
　426
海塩　*191*
海塩粒子　*191*
海王星型惑星　*380*
外核　*260, 277*
貝殻　*85*
「かいこう7000Ⅱ」　*132*
灰十字沸石　*130*
海水　*139, 152, 318*
　——の塩分　*97*
　——の化学組成　*94*
　——の年齢　*102*
　——の物理化学的性質　*99*
海水起源　*317*
海水循環　*100*
海水中の元素分布周期表　*452*
灰チタン石　*348*
海底拡大軸　*111*
海底係留方式　*318*
海底資源開発　*252*
海底地震計　*234*
海底堆積物　*48*
海底堆積物コア　*81*
海底熱水　*103, 111, 440*
海底熱水鉱床　*253*
海底熱水硫化物鉱床　*315*
海底湧水　*173*

カイパーベルト天体　*357*
海面薄膜層　*212*
「かいよう」　*132*
海洋　*120, 211*
　——の形成　*94*
　——の生物生産　*100*
　——の生物ポンプ　*108*
　——の物質循環　*100*
海洋汚染　*421*
海洋化学観測機器　*116*
海洋科学掘削　*82*
海洋環境　*134*
海洋形成モデル　*166*
海洋酸性化　*110, 138*
海洋酸素同位体層序　*62*
海洋深層水　*320*
海洋生態系　*211*
海洋性島弧　*235*
海洋生物　*122*
海洋大気　*192*
海洋地殻　*230, 233, 234, 236,*
　240, 246
海洋地殻内流体　*139*
海洋底拡大　*71*
海洋島玄武岩　*268*
海洋表面のミクロレイヤー
　115
海洋表面膜　*196*
海洋腐植様物質　*120*
海洋プラスチック　*422*
海洋プレート　*233*
海洋無酸素化イベント（事変）
　9, 86
海洋有機物　*118*
外来性物質　*89*
「かいれい」　*132*
海嶺　*139*
化学化石　*4, 15*
化学合成　*131*
化学合成独立栄養細菌　*112*
化学合成無栄養微生物　*8*
化学進化　*28*
　銀河の——　*396*
化学的沈殿鉱床　*9*
化学的風化　*25, 151, 160, 161,*
　248
化学天気予報　*214*
化学トレーサー　*101*
核酸　*2*

461

拡散　129,204
拡散係数　282
拡散導入法　22
核の系統性　351
核反応　247,371
核分裂起源希ガス　401
河口　158
花こう岩　238,299,323
火山　14,220,222
火山ガス　221,222
火山ガス災害　224
火山活動　16
火山ガラス　78,84
火山性塊状硫化物鉱床　302
火山性流体　221
火山灰　170
河床堆積物　322
加水分解反応　161
ガス状ハロゲン化合物　185
ガスハイドレート　253,313
ガス比例計数装置　91
ガス惑星　346
火星隕石　340
火成活動　245,332
火成質鉄隕石　334
化石　15
化石塩水　167
化石海水　165
化石海水温泉　226
化石骨同位体分析　76
化石水　166
化石燃料　166,418
化石燃料起源炭素　418
化石燃料鉱床　314
河川水　139,323
　――の平均化学組成　152
加速器質量分析　72,91,250
活性汚泥法　424
活性化エネルギー　308
荷電中和　158
加熱冷却台　305
下部地殻　232
下部マントル　260,262,289
花粉　87
過飽和　168
ガラス繊維濾紙　119
ガリレオ衛星　382
軽い水　155
カルサイト　190

過冷却水滴　153
灌漑用水　166
環境影響評価　315
環境基準　425
環境基本法　425
環境評価　322
環境変数　58
環境放射能　437
環境保全　163
環境ホルモン　426
間隙水　48,129,172
含水鉱物　228
乾性沈着　154,198,200,206,211
岩石惑星　346,385
間氷期　53,71
カンブリア大爆発　36
涵養源　163
かんらん岩　266
カンラン石　266,338,339

き

気液分離　112
幾何異性体　44
機械的堆積鉱床　9
機械的風化作用　161
希ガス　101,140,400,401
気候歳差　54
気候変化　55,58,69,215
気候変動　69,196
汽水　152,157
汽水域生態系　157
輝石　338
基礎生産　119,123
気体質量分析計　21
気体分子　21
希土類元素　107,298,367
キノイド構造　51
揮発性　265
揮発性元素　94
揮発性物質　222
揮発性有機化合物　212
揮発性有機炭素　160
気泡　220
吸着　316,424
急冷炭素物質　406
凝灰質チャート　24
凝結　153
凝結核　153,196

凝固点降下　305
凝集　424
凝集沈殿　158
凝縮温度　349,378
凝縮過程　374
凝縮モデル　348,350,378
強親鉄元素　368
共生　6
強制対流　204
京都議定書　417
極域の大気化学　207
極成層圏雲　207
巨大海台　241
巨大ガス惑星　385
巨大火成岩区　86,241
巨大衝突　338,386
巨大噴火　16
巨大粒子　188
キラリティ　43
霧　188
銀河宇宙線　358
銀河の化学進化　396
均質化温度　305
金属核　368
金属鉱床　296
金属親和性　128
キンバーライト　267

く

クォーク　398
雲の形成　196
グリオキサール　197
グリコールアルデヒド　197
クリーン技術　106,113
グリーンタフ型温泉　226
クリーンチャンバー　413
クリーンルーム　413
クレーター　34
クレーター年代学　388
グレートダイク　32
グローバルフォールアウト　143
黒鉱鉱床　296,302
クロロ・フルオロ・カーボン　417

け

軽元素問題　277
ケイ酸　104

ケイ酸塩　*230*
ケイ質骨格　*61*
珪藻　*87*
ゲージ粒子　*398*
結晶分化　*289*
結像型同位体顕微鏡　*375*
煙　*188*
ケレス　*347*
ケロジェン　*145,307*
原核生物　*6,131*
原子核合成モデル　*345*
原始太陽系星雲　*329,346*
原始の海　*94*
原子力発電所　*143*
原子炉　*293*
原始惑星系円盤　*391*
原生生物　*5*
顕生代　*71*
元素
　——の宇宙化学的分類　*378*
　——の化学的分類　*378*
　——の地球化学的分類　*378,450*
　——のマッピング　*257*
元素拡散　*282*
元素合成　*395,396*
元素合成モデル　*343*
元素循環　*248*
元素状硫黄　*169*
元素状炭素　*188,193*
元素分配　*278,279*
元素分別　*229,374*
元素分別効果　*257*
懸濁態　*316*
懸濁物質　*151*
懸濁粒子　*117*
懸濁粒子状有機物　*118*
現場化学分析装置　*116*
現場自動化学分析　*133*
現場濾過装置　*117*
玄武岩　*239,271*
原油　*307*

こ

コア　*230,277*
コア-マントル境界　*260,275*
広域X線吸収微細構造　*431*
広域テフラ　*84*
高温凝縮物　*348*
高温高圧実験　*281*
光化学スモッグ　*184*
光化学反応　*186*
光学異性体　*43*
鉱化流体　*303*
交換性陽イオン　*170*
後期続成作用　*129*
光合成　*124,208,210*
光合成有効放射　*123*
黄砂　*78,188,190,212*
黄砂エアロゾル　*190*
鉱床　*296,302*
鉱床形成　*9*
鉱床生成モデル　*303*
更新世　*71*
降水　*74,153*
　——の組成　*154*
硬水　*163*
洪水玄武岩　*241*
降水量　*71*
較正年代　*72*
恒星の進化　*392*
鉱泉　*167*
構造性元素　*121*
酵素性元素　*121*
降着　*391*
公転軌道要素　*54*
硬度　*163*
後氷期　*53*
鉱物　*262,306*
鉱物化　*436*
鉱物資源　*322*
高分子の多環芳香族炭化水素類　*421*
古塩分指標　*64*
古海洋研究　*73*
古環境復元　*89,136,138*
古環境プロキシー　*58*
古気候　*71*
古気候復元　*74*
呼吸　*208*
国際宇宙ステーション　*41*
国際深海掘削計画　*87*
黒色頁岩　*39,86*
黒色炭素　*193,188*
黒体放射　*404*
国連海洋法会議　*252*
古細菌　*7,112*
湖沼水　*156*

古食性　*76*
古水温　*65*
古大気 CO_2 分圧　*67*
古大気圧計測法　*67*
固体微粒子　*406*
湖底堆積物　*89*
古土壌　*25,39,71*
コマチアイト　*271*
コラーゲン　*76*
コランダム　*348*
ゴールドシュミット　*351*
　——による元素の地球化学的分類　*450*
　——の元素の分類　*326,336*
コロナ　*350,399*
コンクリート　*301*
混染　*289*
混濁流　*17*
コンタミネーション　*106*
コンドライト　*283,329,333,336,369,370,407*
コンドライト隕石　*264*
コンドルール　*329,369*

さ

最古の生命の痕跡　*28*
最終氷期　*53,81*
最終氷期最寒期　*70*
再処理工場　*143*
再生速度　*320*
砕屑物　*78*
細胞進化共生説　*5*
細胞分解作用　*42*
細胞膜脂質　*6*
錯生成定数　*430*
錯体　*429*
ザクロ石　*267*
砂鉄　*299*
砂漠化　*166*
酸化還元状態　*38,288*
酸化還元反応　*49,131*
酸化鉱物　*23*
酸化物相　*23*
酸化分解　*81*
サンゴ　*70,85,136*
サンゴ骨格　*56*
サンゴ年輪　*136*
三重点　*148*
酸性雨　*154,188,199*

463

酸性ガス　224
酸性沈着物　200
酸性霧　199
酸性硫酸塩化物泉　225
酸性硫酸泉　225
酸素　99, 166, 362, 418
酸素極小層　114
酸素・水素同位体　164
酸素同位体比　53, 56, 74, 85, 138, 162, 249, 387
酸素発生型光合成生物　38
酸素フガシティー　288
酸素分子　178
三大生物界　43

し

シアノバクテリア　86, 217
ジェネシス探査衛星　399
ジオプレッシャー流体　165
ジカルボン酸　196
資源探査手法　322
始原的エコンドライト　333
始原マントル　272
脂質　2
脂質バイオマーカー　4
示準化石　87
自浄作用　424
地震　227, 245
地震化学　227
地震波速度異方性　234
地震波トモグラフィー　231
地滑り　170
沈み込み　243
沈み込み帯　228
自生性物質　89
自然由来地下水汚染　171
持続的揚水量　432
湿性沈着　154, 198, 200, 206, 211
実用上塩分　97
質量差別効果　377, 412
質量分析　19, 401
磁鉄鉱　71, 299
磁鉄鉱系花こう岩　299
地盤沈下　432
脂肪酸　196
縞状鉄鉱層　9, 38, 297
ジャイアントインパクト　276
シャーゴッタイト　340

シャシナイト　340
斜長石　338
斜方輝石　266
斜面崩壊　170
周期表　376, 452
褶曲断層帯　12
重金属　420
シュウ酸　196
集積生物　122
従属栄養生物　8, 126
臭素ラジカル　207
自由対流　204
重炭酸泉　225
10万年周期　54
熟成作用　307
主系列星　392
樹木年輪　74
主要元素　282
準惑星　381
昇華　153
硝酸　104, 183
硝酸塩粒子　189
硝酸銀滴定　97
小天体衝突　14
衝突加熱　334
衝突クレーター　388
衝突脱ガス　40
衝突盆地　388
鍾乳石　54
消費者　127
上部地殻　232
上部マントル　260, 262, 289
消滅核種　278, 327, 401
　　——による相対年代　360
消滅放射性核種　345, 437
小惑星　33, 329, 336, 347
　　——の衛星　382
小惑星塵　341
小惑星帯　347
小惑星探査機　355
初期続成作用　129
初期大規模脱ガス　40
初期分化　283
食資源　77
植生　208
食品中Cdの国際基準値　435
植物プランクトン　113, 125, 196, 212
食物網　127

食物連鎖　45, 122, 125, 127
処女水　166
初生値　271
女性ホルモン　427
シリカ　169
ジルコン　19, 238, 242
シルト　78
人為的富栄養化　423
「しんかい6500」　132
深海掘削計画　87
深海扇状地　78
真核細胞　5
真核生物　5, 38
親気性　326
シンクロトロン放射光　281
人工衛星　134
真光層　123
人工バリア　438
人工放射性核種　437
浸出水　427
深水層　156
親生元素（親生物元素）　121
真正細菌　6
親石性　326
親石(性)元素　265, 374
深層水　102, 320
深層水循環　98, 102, 107
深層地下水　165
親鉄性　326
親鉄(性)元素　33, 265, 278, 374
親銅性　326
親銅(性)元素　265, 374
深部地下生命圏　35
新粒子生成　198

す

水位低下　432
水温　58
水圏　151, 249
水質汚濁　420
水質汚濁防止法　425
水質環境基準　425
水質形成　160
水質浄化　424
水蒸気　176
　　——の凝結　196
彗星　357
彗星塵　341
水素　166

水素安定同位体比　311
水素化物　99
水素結合　99,148
水素酸化物ラジカル　176
水素燃焼　343
水中機器　133
水中有機物　118
水道水質基準　171,425
水道法　163
水和イオン　429
水和反応　161
スキャベンジング　106
スケール　169
スース効果　351
スターダスト計画　373
スターダスト探査　407
ストロンチウム　317
ストロンチウム/カルシウム比　64
砂　78
スノーボールアース　38
スノーライン　346
スピネル　267
スピネル型マンガン酸化物　319
スペクトル解析　53
スペシエーション　105,128,429
スメクタイト　170
スモッグ　188
スラブ　228
スラブ起源流体　228
スラブメルティング　239

せ

星間PAH　406
星間分子　390
星間有機物　406
制御震源構造探査　233
生元素　121
生痕化石　15
星周・星間ダスト　397
清浄性　320
成層　156
成層圏　176,182
成層圏界面　176
生層序　88
生態系　45,126,208
生体有機物　2

成長線　85
成長速度　136,317
生物攪乱　60
生物過程　209
生物起源チャート　24
生物起源物質　211
生物鉱化作用　138
生物指標物　4
生物指標分子　4
生物生産　81
生物大量絶滅　33
生物地球化学的循環　127
生物濃縮　122
生物ポンプ　108,119
生命　30
生命圏　251
生命進化　35
生命の起源　28,41,390,408
赤外線分光観測　406
赤外放射活性気体　179
赤色巨星　372,392
赤色砂岩層　39
石炭　309
石炭化度　309
石炭組織　309
赤鉄隕石　335
赤鉄鉱　23
赤方偏移　402,404
石綿　441
石油　307
石油汚染　421
石油根源岩　307
セジメントトラップ　117,144
石灰質骨格　61
石灰質ナンノプランクトン　87
絶対年代　317
絶対年代法　88
セベソ事件　433
セメント　301
セメント工業　301
セメントモルタル　301
セルロース　74
繊維状吸着剤　318
遷移層　260
センサー　133
泉質　167
全循環　156
浅層地下水　165

線量率　202

そ

層位　162
造岩鉱物　161
双極分子流　391
造構性侵食作用　243
造山運動　245
層状チャート　24,24
相対湿度　74
相対年代　327,345
相対年代法　88
相転移　263
総反応性含窒素化合物　183
層理　10
続成起源　317
続成作用　4,49,129
速度論的同位体効果　365
即発γ線分析　409

た

ダイオキシン類　421,425
体化石　15
大気　203,204,206,209,211,249,287,418
大気イオン　202
大気汚染物質　203
大気-海洋間の気体交換　115
大気環境観測　213
大気進化　25
大気成分の変動　79
大気組成　178,215,217
大気組成変化　416
大気中酸素　418
大気中酸素濃度進化　38
大気中二酸化炭素　416,418
大気中二酸化炭素濃度　70
大気中の微量成分　213
太古代　32
大質量星　394
帯磁率　71
帯水層　164,167,172,227,419
大西洋　54
堆積過程の化学変化　60
堆積構造　10
堆積性鉱床　297
堆積速度　78,88
堆積年代　88
堆積物　53,144,145

堆積物重力流　17
太平洋　54
ダイヤモンドアンビルセル
　　281
太陽宇宙線　354,358,399
太陽系　369,384,403
　　──の元素組成　374
　　──の元素存在度　400,451
　　──の年齢　359,361
太陽系外縁天体　381
太陽系外惑星　385
太陽系形成論　346
太陽系探査　373
太陽光エネルギー　126
太陽光球　350
太陽光の反射　196
大洋中央海嶺玄武岩　268
太陽風　350,354,399
太陽放射　179
第四紀　249
大陸棚　252
大陸地殻　230,232,236,246,
　　284
大陸風化　38
対流　204
対流圏　178,182
対流圏界面　176
対流圏大気の組成　178
大量採水器　116
大量絶滅　14
多環芳香族炭化水素　196
多元素同時分析法　257
多細胞生物　5
ダスト　397,406
ダスト量　190
たたら　299
脱ガス　71,222
脱窒　73
タービダイト　17
多様化事変　14
炭化水素　196
タングステン　298
炭酸塩　71
　　──の溶解　70,137
炭酸塩相　23
炭酸塩補償深度　70
炭酸カルシウム　53,70,136,
　　138,169
炭酸固定　8

単斜輝石　266
短周期彗星　357
単純温泉　226
淡水　152,155
炭水化物　2
ダンスガード-オシュガーサイ
　　クル　55
「淡青丸」　132
炭素　72
炭素 13-Suess 効果　418
炭素 14　150,102
炭素安定同位体比　54,71,311
単層　10
断層破砕帯　227
炭素質コンドライト　329
炭素収支　70
炭素循環　71,108,120,181,
　　209,217
炭素循環史　70
炭素同位体　39,418
炭田　309
タンパク質　2,145
「たんぽぽ計画」　41

ち

地温勾配　314
地化学温度計　168
地殻　230,260
　　──の化学組成　449
　　──の構造　232
　　──の組成　236,339
　　──の風化作用　248
　　──の平均化学組成　48
　　──の役割　251
地殻熱流量　246
地殻物質のリサイクリング
　　243
地殻変動　231,245
地殻流体　254,305
地下水　155,160,167,170,
　　173,419
地下水汚染　171,432
地下水障害　432
地下水年代　150
地下水流動　164
地下生物圏　139
地下生命圏　35
地下氾濫流　170
「ちきゅう」　82

地球
　　──の構造　230
　　──の熱源　246
地球温暖化　188
地球温暖化係数　215
地球温暖化ポテンシャル　180
地球外生命　408
地球化学図　322
地球化学的貯蔵庫　243
地球化学的プロセス　439
地球型惑星　380,386
地球環境変動　16
地球環境問題　209
地球史　9
地球磁場　231,277
地球大気環境　134
地球内の物質移動　274
地球表層環境　9
地球放射　179
チーグラー-ナッタ触媒　428
地衡流　98
地磁気縞模様　240,241
地軸傾斜角　54
地質年代測定法　20
地質年代の境界　14
地層　10
地層水　166
チタン鉄鉱　299
チタン鉄鉱系花こう岩　299
窒素　183
窒素化合物　183
窒素固定　73
窒素酸化物　183,187,189,
　　199,416
窒素酸化物ラジカル　176
窒素循環　73,210
窒素同位体　39
窒素同位体比　45
チャート　24
「チャレンジャー号」　342
中央海嶺　111,240
中央海嶺玄武岩　240,268
中間圏　176
中間圏界面　176
中間酸化物　290
中性塩化物泉　225
中性子回折　293
中性子星　394
中性子放射化分析　351,409

中性子捕獲　*247,367*
中層大気　*176*
長期モニタリング　*133*
長距離輸送　*190*
超高感度同位体比分析法　*91*
超高精度同位体測定　*411*
超好熱古細菌　*112*
長鎖炭化水素　*78*
長周期彗星　*357*
超集積植物　*435*
長寿命放射性核種　*359*
超新星　*371,394,402*
超新星爆発　*343,393,396*
超大陸　*256*
超大陸パンゲア　*218*
超臨界水　*94*
超臨界流体　*280*
調和元素　*279*
貯留層　*419*
沈降粒子　*117,144*
沈降粒子状有機物　*118*
沈着　*205*
沈着速度　*206*

つ

月　*338,386*
　——の起源と進化　*338*
月隕石　*338*

て

低温エネルギー　*320*
低速度層　*260*
泥炭　*51*
テクトスフェア　*261*
デコルマ　*12*
鉄　*23,101*
　——に富む輝石　*339*
鉄隕石　*334*
鉄仮説　*113*
鉄酸化細菌　*172*
鉄資源　*23*
鉄制限　*113*
鉄同位体　*39*
デトリタス　*119*
テフラによる火山活動履歴　*84*
デラミネーション　*243*
電解質　*122*
電解質性元素　*121*

添加剤　*426*
電磁波　*213*
天水　*303*
天水ライン　*149*
天体衝突　*386,388*
電導度の比　*97*
天然（地質）バリア機能　*438*
天然ガス　*307,311,314*
天然原子炉　*247*
天然バリア　*438*
天然放射性核種　*437*

と

同位体　*164,271,376,400,402*
同位体異常　*362,366*
同位体温度計　*365*
同位体顕微鏡　*375*
同位体自己遮蔽効果　*365*
同位体進化　*271*
同位体存在度　*376*
同位体地球化学　*377*
同位体比　*140*
同位体比異常　*330,371*
同位体分別　*365,401*
島弧　*111*
島弧地殻　*253*
等時線　*272*
動物プランクトン　*125*
独立栄養生物　*8,123,126*
都市鉱山　*323*
土壌汚染　*433*
土壌汚染対策法　*433*
土壌浄化　*435*
土壌水　*172*
土壌生成作用　*162*
土壌有機物　*52,210*
土星の衛星　*382*
土石流　*170*
トモグラフィー　*261*
トランジエント・トレーサー　*101*
トリウム　*142*
トリチウム　*101,150*
トレーサー　*201,437*
泥　*78*
土呂久　*433*

な

内核　*260,277*

ナクライト　*340*
ナチュラルアナログ　*439,440*
ナチュラルウォーター　*163*
「なつしま」　*132*
ナノ粒子　*188*
鉛同位体年代　*359*
鉛の第1パラドクス　*273*
南極　*54*
難分解性DOM　*120*
南方振動指数　*56*

に

二酸化硫黄　*195,221*
二酸化炭素　*54,176,181,208,209,220,416,418*
　——の地中貯留　*440*
二酸化炭素分圧　*70*
二次イオン質量分析　*399,410*
二次宇宙線　*358*
二次元イオン検出器　*375*
二次放射性核種　*142,437*
二循環湖　*156*
二次粒子　*198*
二次粒子生成　*202*
ニスキンX採水器　*116*
ニスキン採水器　*116*
日射量　*54*
日本刀　*300*
2万年周期　*54*

ね

ネクトン　*124*
熱塩循環　*100*
熱残留磁化　*240*
熱水　*139,225,306*
熱水・湧水活動域　*131*
熱水活動　*139,139*
熱水起源　*317*
熱水系　*303*
熱水循環　*111*
熱水性鉱床　*296,302*
熱水性生物群集　*112*
熱水性チャート　*24*
熱水プルーム　*112*
熱水変質岩　*303*
熱水変質作用　*304*
熱分解起源ガス　*311*
熱分解元素分析計　*74*
熱輸送　*99*

熱力学的な解析 304
熱流量 139
粘性 290
年代決定 84
年代指標 62
年代測定 19,367,437
粘土 78
粘土鉱物 160,161
年輪 74

の
濃縮 316
農地 420
農薬 420
ノニルフェノール 426

は
バイオマーカー 4,39,46,81,86,365
バイオマスの燃焼 196
バイオミネラリゼーション 85,138
バイオレメディエーション 436
バイカル湖 89
背弧海盆 111,235
排出インベントリー 203
ハイドレート 313
「ハイパードルフィン」 132
ハインリッヒ層 55
白色矮星 392
「白鳳丸」 132
薄膜 115
薄膜モデル 103
白金 298
白金族元素 368,388
発生源単位 194
発生源データ 194
発生フラックス 194
ハッブルの法則 404
バナジウム 299
ハビタブルゾーン 30,385
「はやぶさ」 336,355
パラサイト 335
パルス中性子 293
ハロカーボン 103
ハロゲン化合物 185
ハロゲン元素 122
斑岩銅鉱床 303

パンゲア 256
半減期 19,402
反射法地震探査 232
パンスペルミア仮説 41
半導体計数装置 91
斑れい岩 323

ひ
非海塩性硫酸塩 195
日傘効果 215
非火成質鉄隕石 334
微化石 29,87
光吸収係数 193
微細なプラスチック 422
ピストンコアラー 116
ビスフェノールA 426
微生物 41
微生物起源ガス 311
微生物生態系 35
微生物分解 120
微生物ループ 42
ビチューメン 51,307
非調和元素 279
ヒッグス粒子 398
ビッグバン 343,345,404
ビッグバン宇宙論 402,404
必須元素 121
ビトリナイト反射率 310
ヒドロキシアセトン 197
被ばく 202
非腐植物質 52
ヒボナイト 348
非メタン炭化水素 312
ヒューミン 52
氷河時代 53
氷期 53,71
氷期・間氷期 137,249
氷期・間氷期変動 53,69
氷縞粘土 236
氷耕粘土 323
氷室期 69
標準海水 97
標準物質 377
氷床 53,249
氷晶 153
氷晶核 196
氷床コア 79
表水層 156
表層海水 114

表面錯体モデル 430
表面電離型質量分析計 377,411
氷惑星 346
微粒子 187
肥料 420
微量栄養素 106
微量ガス(微量気体) 178,209
微量元素 105,282,431
ビルド第2彗星 373
ピルビン酸 197
微惑星 330,346
琵琶湖 89
貧酸素 423

ふ
ファイトレメディエーション 435
不圧地下水 171
風化 71,78,248
風化作用 161
風化残留鉱床 9
風化プロファイル 25
風成循環 100
風成塵 78,190
風成堆積物 162
風成土壌 162
富栄養化 423
フェムト秒レーザー 257
付加ウェッジ 12
付加体 12
付加プリズム 12
不均一反応 187
腐植物質 50,52,145,429
腐植有機物 50
腐植様物質 128
普通コンドライト 329,356
普通ポルトランドセメント 301
物質移動 282
物質循環 35,108,173,209,211
沸石 130
物理的風化 161,248
物理ポンプ 108
不適合元素 236
部分循環 156
部分融解 240
不飽和 110

フミン　50
フミン酸　50,52
浮遊性有孔虫殻　65
フューム　188
不溶化　436
不溶性有機物　145
プラスチック　426
ブラックカーボン　193
フラックス　78
ブラックスモーカー　112
ブラックホール　394
プランクトン　104,124,157
プランク分布　404
フルボ酸　50,52
プレソーラー粒子　330,344,
　364,371,401
プレート　232
プレート運動　231
プレートテクトニクス　245,
　274
プロキシー　71,78,106
プロキシー変数　58
フロー系分析装置　133
フロンガス　101
噴火　220
分化　162
分解者　127
噴火予知　221
分子雲　390,391,391
分子拡散　115
分子化石　4
粉塵　188
分配係数　279,306

平均大気滞留時間　198
平均滞留時間　95,151,248
平行岩脈群　234
平衡凝縮モデル　330,348
平衡論的同位体効果　365
ベスタ　347
ヘリウム　150,164,166,227
ベリリウム同位体　317
ヘルツシュプルング-ラッセル
　図　392
ベルトコンベヤー循環　102
ペロブスカイト　261,275
変質　204
変質鉱物　111,304

変成　330
偏西風　53,218
ベントス　124

ほ

方解石　61,70,137
方解石補償深度　137
芳香族炭化水素　406
放散虫　87
放射壊変　229,328
放射壊変起源希ガス　401
放射化学的中性子放射化分析
　409
放射強制力　180,182,193,215
放射光　431
放射性核種　101,142,201,229,
　246,359,401,437,440
放射性炭素　101,115
放射性同位体　19,268,271
放射性同位体年代測定　166
放射性廃棄物　247,438,440
放射性廃棄物地層処分　438
放射年代　19
放射年代測定法　62
放射能　201
放射能測定　72,91
放射非平衡　229
「望星丸」　132
包接化合物　313
暴走温室状態　40
飽和度　110,168
飽和度インデックス　168
捕獲岩　264,266
ボーキサイト　297
ポストペロブスカイト　275
保存生成分型　106
北極ヘイズ　207
ホットスポット　111,241,268
母天体変成　407
ポーフィリーカッパー鉱床
　296
ボンドイベント　55

ま

マイクロナゲット　368
埋積海嶺　112
マグネシウム/カルシウム比
　64
マグネシウム・ポルフィリン
　121
マグネシウムイオン　111
マグネシウムに富むカンラン石
　339
マグネシオブスタイト　261
マグマ　84,222,289
　——の相平衡　220
マグマオーシャン（マグマ大洋）
　271,276,338,387
マグマ形成　279
マグマ混合　289
マグマ水　303
マグマ性鉱床　296
マグマ溜り　221
マグマ中揮発性物質　220
枕状溶岩　234
増田-コリエルプロット　367
マリンスノー　60
マルチアンビル　281
マルチプルコアラー　116
マレー，ジョン　342
マレイン酸　197
マンガン　101
マンガンクラスト　316
マンガン団塊（ノジュール）
　253,297,316
マントル　230,232,237,262,
　264,266,268,271,280,282,
　283,287,288,449
　——とコアの分化　278
　——と地殻の分化　284
　——の構造　260
マントル遷移層　262
マントル対流　231,274,275
マントル端成分　269
マントル貯蔵庫　243
マントルヘリウム　111

み

水　148,149,150,220
　——の起源　149
　——の構造　148
　——の相図　148
　——のマグマへの溶解　291
水/岩石比　304
水-岩石相互作用　167
水循環　71,151
ミスト　188
密度欠損　277

ミトコンドリア　5, 6
ミネラルウォーター　163
未飽和　168
ミョウバン(明礬)　169
「みらい」　132
ミラーの実験　28
ミランコビッチ　53
ミランコビッチサイクル(周期)　54, 95

む

無機栄養生物　8
無機化作用　127
無機起源ガス　311
娘核種　271, 360

め

冥王代　242
メイラード反応　145
メソシデライト　335
メソスフェア　261
メタン　54, 101, 111, 311, 313, 417
　　──の光酸化プロセス　186
メタンハイドレート　313
メチル水銀　428
2-メチルテトロール　197
メラノイジン　145
メラノイジン化合物　51
メルト包有物　220

も

木星型惑星　380, 384
モノテルペン　197
モビリティー　228
モホロビチッチ不連続面(モホ面)　230
もや　188
モリブデン同位体　39
モール状吸着剤　318
モンスーン　53, 54, 71, 218, 249
モントリオール議定書　417
モンモリロナイト　170

ゆ

有害金属　435
有機エアロゾル　187, 196
有機塩素系の農薬　421
有機汚染物質　435
有機化合物　46, 390
有機金属化合物　428
有機金属錯体　429
有機ケイ素化合物　428
有機錯体　128
有機炭素量　81
有機的沈殿鉱床　9
有機配位子　128
有機物　196, 408
有光層　123
有孔虫　53, 70, 81, 87
誘電率　99
誘導結合プラズマ質量分析計　377
誘導放射性核種　142, 437
湯の花　169
ユーレイ　351
ユーレイ比　246
ユレイライト　333

よ

溶解沈殿反応　304
溶解度　140, 161, 168, 220, 313
溶解平衡　103
ヨウ素　166
溶存気体　103
溶存酸素　14, 101, 114
溶存種　306
溶存物質　151
溶存有機物　42, 118, 119, 120, 320
溶融　369
葉理　10
葉理構造　60
葉緑体　5, 6
翼足類　70
「よこすか」　132
余次元宇宙論　405
4万年周期　54

ら

ラーガーシュテッテン　15
ラジウム　101
落下年代　345, 358
ラドン　101, 115, 227
ラニーニャ　56
ラブ・キャナル事件　433
ラブルパイル　347

藍藻類　217
ランタニド収縮(ランタノイド収縮)　107, 367

り

陸域生態系　209
陸起源有機物　78
陸源砕屑物　78
陸上植生　208
陸上植物　69
　　──の遷移　69
陸上生態系　181
陸水　155
リグニン　51
リサイクル型　106
リザーバー　276, 283
離心率　54
リソクライン　70, 137
リソスフェア　232, 261
リチウム　318
リチウム回収コスト　319
立体異性体　43
リモートセンシング　134, 213
硫化カルボニル　177
硫化ジメチル　195, 212
硫化物相　23
硫酸イオン　111
硫酸エアロゾル　34
硫酸塩エアロゾル　195
硫酸塩粒子　189
硫酸還元　423
硫酸ミスト　188
粒子状有機物　118, 119
粒子束　144
粒状リチウム吸着剤　319
流体包有物　305
硫ヒ鉄鉱　171
緑色岩帯　32
臨界端点　280
臨界点　148, 280
リングウッダイト　261
リン酸　104

る

累帯配列　304
ルナ　338

れ

レアメタル　298, 316

冷却速度　334, 335
レイト・ベニア仮説　40
レイト・ベニア期　271
レインレシオ　109
礫　78
レーザーアブレーション　257
レーザー励起 ICP 質量分析法
　　84
レジン　307
レス　54, 71, 190

レッドフィールド比　104
レプトン　398
レルゾライト　266
連星系　394
連続脱ガス　40
連続フロー法　22

ろ

ロディニア　256
露頭　10

ロドラナイト　333

わ

惑星　379, 380, 384
惑星間塵　341
惑星大気　384

欧文索引

A

abrupt climate change 55
accelerator mass spectrometry：AMS 91,72
accrerionary prism 12
accumulation of fossil fuel-derived carbon in the atmosphere 418
achondrites 331
acid fog 199
acid rain 199
advection 204
aerosol 153,154
AGB星 371
age indicator 62
age of oceanic crust 240
age of sediment 88
age of the continental crust 238
age of the solar system 359,361
age of the universe 402
age of water mass 102
Aitken 粒子 188
Allan Hills 84001 340
allocthonous matter 89
amino acid racemization dating 62
angrites 331
apparent oxygen utilization：AOU 103
aragonite 61,137
Archaea 7
archean age 32
Arctic haze 207
artificial radionuclide 437
asbestos 441
Asian mineral dust 190
asphalt 307
asphaltene 307
ASPT 値 157
assimilation 289
asteroid belt 347
asteroids 347
astrobiology 408
Astrobiology Exposure and Micrometeoroid Capture Experiments：Tanpopo 41
atmophile 326

atmosphere-ocean interactions 249
atmospheric chemistry in polar regions 207
atmospheric composition 79,215
atmospheric deposition 206
atmospheric evolution 25
atmospheric radioactivity 201
aubrites 331
autochthonous matter 89
autotroph 8,126

B

Bacteria 6
banded iron-formation：BIF 9,23,38
bed 10
bedded chert 24
B2FH モデル 343,350
big-bang 404
bioavailability 429
bio-element 121
biogenic chert 24
biogeochemical cycle 127
biogeochemical cycles between atmosphere and land 209
biogeochemical cycles between atmosphere and ocean 211
biogeochemistry 42
biological marker 4
biological pump 108,119
biomarker 4
biomineralization 85,138
biophilic element 121
bioremediation 436
biosignature 4
biostratigraphy 88
bioturbation 60
bitumen 307
black carbon：BC 188,193
black shale 86
blue water 423
Bond event 55
bottom simulating reflector：BSR 314
Bouma モデル 17
Bounding of geologic time 14

brackish water　*157*
bulk earth　*272*
bulk silicate earth：BSE　*268,272*
buserite　*317*

C

^{13}C　*67,76*
^{14}C　*143*
^{14}C 年代測定　*72*
C₃ 植物　*46,71,418*
C₄ 植物　*46,71,418*
Ca, Al-rich inclusion：CAI　*370*
CAI　*370*
calcite　*61,137*
calcite compensation depth：CCD　*137*
calcium-aluminum-rich inclusions：CAI　*368*
calibrated age　*72*
Cambrian explosion　*36*
Canyon Diablo Troilite：CDT　*334*
carbohydrate　*2*
carbon dioxide　*181*
carbon dioxide capture and storage：CCS　*419,440*
carbonate compensation depth：CCD　*70*
carbonate dissolution　*137*
CAT スフェルール　*342*
CCD　*137*
cellulose　*74*
cement industry　*301*
Ceres　*347*
CFC　*417*
CFC-11　*177,417*
CFC-12　*177,417*
CH₄　*179*
chalcophile　*326*
changes in atmospheric composition　*79*
changes in atmospheric composition caused by anthropogenic activity　*416*
characteristics of aquatic environment　*158*
chemical change during sedimentation　*60*
chemical composition of aerosols　*188*
chemical composition of cloud water　*153*
chemical composition of crust　*236*
chemical composition of mantle　*264*
chemical composition of precipitation　*154*
chemical composition of seawater　*94*
chemical fossil　*4*
chemical heterogeneity in the mantle　*268*
chemical speciation　*429*

CHemical Th-U-total Pb Isochron MEthod　*20*
chemical tracer　*101*
chemical weather forecast　*214*
Chemical Weather Forecasting System：CFORS　*214*
chemical weathering　*25,161,248,248*
chemolithotroph　*8*
chemosynthetic ecosystem　*131*
chert in the earth history　*24*
CHIME　*20*
CHIME dating　*20*
chirality　*43*
chloride loss　*192*
chlorine loss　*192*
chloroplast　*5*
chondrite　*329*
chondritic uniform reservoir：CHUR　*272*
chondrule　*329,369*
CI(C1) コンドライト　*271,351*
CIAAW　*376*
circumstellar dust　*397*
clean technique　*106*
cleanliness of curation facility of JAXA for planetary sample material　*413*
climate change　*55,69,215*
cloud water　*153*
CO₂　*416,103,173,179,419*
CO₂ 分圧　*68*
CO₂ geological storage　*419*
comet　*357*
Commission on Isotopic Abundances and Atomic Weights：CIAAW　*376*
composition of the stratosphere　*176*
composition of the troposphere　*178*
condensation　*153*
condensation model　*348*
condensation temperature　*378*
contamination　*106*
continental crust　*232*
continental shelf　*252*
convection　*204*
coral skeletons　*85*
core　*230,277*
cosmic dust　*341,342*
cosmic ray　*358*
cosmic spherule　*342*
cosmochemical classification of elements　*378*
cosmochronology　*345*
critical endpoint　*280*

crude oil　*307*
crust　*230*
crustal deformation　*245*
crustal movement　*245*
crustal structure　*232*
crystallization-differentiation　*289*
^{137}Cs　*143*
CTD センサー　*116*
cultural eutrophication　*423*

D

Dの異常濃集　*407*
Dansgaard-Oeschger cycle　*55*
dating　*19*
DDE　*426*
deep-earth minerals　*262*
deep groundwater　*165*
deep ocean water for commercial goods　*320*
Deep Sea Drilling Project：DSDP　*87*
deep subsurface biosphere　*35*
delamination　*243*
deposition of atmospheric aerosol panticles and gases　*206*
detritus　*119*
diagenesis　*4,129*
differentiation　*162*
differentiation of mantle and crust　*284*
diffusion　*129,204*
dimictic lake　*156*
dissolution of carbonate in relation to global carbon cycle　*70*
dissolved gases　*103*
dissolved organic matter：DOM　*42,118,119, 120*
dry deposition　*154,198,206*
dust　*188*
dwarf planet　*381*

E

early diagenesis　*129*
early earth differentiation　*276*
earth history　*9*
earth surface environment　*249*
earth's atmosphere　*286*
earth's oldest rocks and minerals　*242*
earthquake chemistry　*227*
ecosystem　*126,208*
El Niño-Southern Oscillation：ENSO　*56*
El Niño-Southern Oscillation cycle　*56*

element diffusion in the mantle　*282*
element partitioning during magma formation　*279*
elemental carbon；EC　*193*
elemental classification according to V. M. Goldschmidt　*326*
elemental fractionation　*374*
elementary particle　*398*
EMI　*244,269*
EMII　*244,269*
emineralization　*127*
emission inventory　*194*
emissions of chemical species into the atmosphere　*203*
endocrine disrupting chemicals　*426*
environmental changes　*16*
environmental impact assessment　*315*
environmental quality standards for water　*425*
environmental radioactivity　*437*
epilimnion　*156*
EPT 値　*157*
equilibrium isotope effect　*365*
eruptions　*16*
essential element　*121*
estuary　*158*
Eukaryote　*5*
eutrophication　*423*
evolution of Earth's atmosphere　*217*
evolution of land plants　*69*
extended X-ray absorption fine structure：EXAFS　*431*
extinct radionuclide　*345,437*
extrasolar planet　*385*

F

Fe-Al 腐植複合体　*162*
fluid inclusions　*305*
fog　*188*
food chain　*125,127*
food web　*45,127*
forced convection　*204*
formation of the continental crust　*238*
formation mechanism of groundwater chemistry　*160*
formation of ore deposits　*9*
formation process of oceanic crust　*240*
formation water　*166*
fossil　*15*
Fossil-Lagerstätten　*15*

fossil water *166*
free convection *204*
free ion activity model *429*
fulvic acid *50,52*
fume *188*

G

galactic chemical evolution *396*
galactic cosmic ray：GCR *358*
Gas source isotope-ratio mass spectrometer *21*
geochemical cycle *248*
geochemical mantle evolution *271*
geochemical map *322*
geochemical phenomena associated with earthquake *227*
geochemical properties of fluids in the Earth's mantle *280*
geochemical reservoir *243*
geochemistry of coal *309*
geochemistry of corals *136*
geochemistry of natural gas *311*
geochemistry of petroleum *307*
geofluid *254*
geological disposal of radioactive waste *438*
geometrical isomer *44*
giant impact *386*
glacial-interglacial climate change *53*
global distillation *422*
global warming potential：GWP *180,215*
Great Dyke *32*
great oxidation event：GOE *25,38*
greenhouse gases *179*
greenhouse period *69*
greenstone belt *32*
Grignard 試薬 *428*
groundwater *160,170*
groundwater dating *150*
groundwater flow analysis *164*
groundwater problems *432*

H

^{3}H *201*
habitable zone *30*
halogen compounds *185*
harmful algal bloom *423*
Hayabusa sample return mission *355*
heat source of the earth's interior *246*
HED 隕石 *331,335*
Heinrich layer *55*

heterogeneous reaction *187*
heterotroph *8,126*
hidden reservoir in deep mantle *283*
high nutrient, low chlorophyll：HNLC *113*
highly siderophile elements；HSE *368*
「HMS チャレンジャー号」 *342*
HNLC 海域 *113*
holomictic *156*
horizon *162*
hot spring precipitate *169*
hot spring water *167,225*
HOx *176*
HR 図 *403*
humic *52*
humic acids *50*
humic substance *50,52*
humin *52*
hydrogen bonding *148*
hydrologic cycle *151*
hydrothermal alteration *304*
hydrothermal chert *24*
hydrothermal deposit *302*
hydrothermal system *303*
hydrothermal water *225*
hypolimnion *156*
hypoxic *423*

I

I-Xe 年代測定法 *401*
ice core *79*
ice rafted debris：IRD *78*
icehouse period *69*
ICP mass spectrometer *257*
ICP 質量分析計 *257*
ilmenite *299*
impact crater *388*
in-situ chemical analysis *133*
induced radionuclide *437*
infrared absorbing gases *179*
inner core *277*
instrumental NAA：INAA *409*
instruments for marine geochemical studies *116*
Integrated Ocean Drilling Program：IODP *82*
interaction with biosphere *251*
intermediate *290*
interplanetary dust particles：IDPs *341*
interstellar dust *397*
interstellar organic molecules *406*

ion activity product：IAP　*168*
ion exchange reaction between mineral and hydrothermal solution　*306*
iron hypothesis　*113*
iron meteorites　*334*
iron sand　*299*
isostasy　*245*
isotope abundances　*376*
isotope anomaly　*330,362*
isotope CO_2 paleobarometry　*67*
isotope hydrology　*164*
isotope microscope　*375*
isotope paleobalometry　*67*
isotope self-shielding effect　*365*
isotopes in seawater　*140*
isotopic fractionation　*365*
isotopologue　*21*

K

K-Ar 年代測定法　*401*
kerogen　*145,307*
kinetic isotope effect　*365*
kosa aerosol　*190*
KREEP　*338*

L

lake deposit　*89*
lake sediment　*89*
lamina　*60*
laminar layer　*115*
landslide　*170*
large igneous province：LIP　*86,241*
laser ablation　*257*
last glacial maximum：LGM　*53,70*
late diagenesis　*129*
late veneer 仮説　*278*
Lattice Strain Model　*279*
lipid　*2*
lipid biomarker　*4*
lithophile　*326*
lithotroph　*8*
LL コンドライト　*355*
loess　*190*
Lowe モデル　*17*
lunar meteorites　*338*
lysocline　*137*

M

Ma　*139*

maceral　*309*
magma　*289*
magma mixing　*289*
magmatic iron　*334*
magnetite　*299*
Maillard reaction　*145*
main belt　*347*
mantle　*230,232*
mantle degassing　*287*
mantle reservoir　*243*
mantle xenolith　*266*
marine organic matter　*118*
marine pollution　*421*
marine sediment　*48*
Martian meteorites　*340*
mass extinctions　*33*
material movement within the earth　*274*
material recycling in subduction zone　*228*
maturation　*307*
mean residence time　*248*
melanoidin　*145*
melt inclusions　*220*
merine isotope stage：MIS　*62*
meromictic　*156*
mesosiderite　*335*
metal-organic complex　*128*
meteorite　*336,342*
meteorite impacts　*33*
methane hydrate　*313*
microbial loop　*42*
microfossil　*87*
micro-layer　*212*
micronutrient　*106*
microscopic plastic　*422*
Mid Ocean Ridge Basalt：MORB　*240*
midocean ridge　*240*
mineral water　*163*
mist　*188,188*
mobility　*228*
Mohorovičić discontinuity　*232*
molecular cloud　*390*
molecular fossil　*4*
monomictic lake　*156*
moon　*338*

N

^{15}N　*76*
^{15}N の異常濃集　*407*
natural analogue　*440*

natural fission reactor *247*
natural gas *307*
natural radionuclide *437*
naturally occurred ground water contamiation *171*
Nd 同位体比 *107*
Ne-E *401*
network former *290*
network modifier *290*
neutron activation analysis：NAA *409*
neutron diffraction *293*
nitrogen compounds *183*
nitrogen cycle *73*
N_2O *179*
noble gas abundance *140*
noble gases *400*
non-humic substance *52*
non-magmatic iron *334*
now-extinct radionuclides *327*
NOx *416,176,183*
NOy *183*
nuclear systematics *352*
nucleic acid *2*
nucleosynthesis model *343*
nutrients *104*

O

O *179*
O_3 *179*
OAE *86*
ocean *90*
ocean acidification *110*
ocean biogeochemical cycle *100*
Ocean Drilling Program：ODP *87*
ocean surface microlayer *115*
oceanic anoxic event：OAE *9,86*
oceanic crust *233*
oceanic plate *233*
OH ラジカル *197*
oil sand *308*
oil shale *308*
omics *3*
optical isomer *43*
ore-forming fluid *303*
organic aerosol *196*
organic compounds *2*
organic compounds in meteorites *407*
organometallic compound *428*
Orgueil 隕石 *351*

origin and classification of ore deposits *296*
origin and classifieation of hot spring water and hydro thermal water *225*
origin and destiny of ocean *40*
origin of life *28*
origin of water *149*
Our stolen future *427*
outer core *277*
oxygen minimum layer *114*
oxygenic photosynthesizer *38*
ozone *182*

P

paleo-environmental proxy *58*
paleosalinity proxy *64*
paleosol *25,39,71*
paleotemperature estimate *65*
pallasite *335*
Pangea *256*
partial melting *240*
particulate organic matter：POM *118,119*
^{210}Pb *201*
PCBs *421*
pCO_2 *67,71*
pedogenesis *162*
petroleum *307*
petroleum source rocks *307*
pH *110*
phillipsite *130*
photochemical reaction *186*
photosynthetically active radiation：PAR *123*
physical pump *108*
physical weathering *248*
physicochemical properties of seawater *99*
physicochemical property of water *148*
phytoremediation *435*
planar deformation feature：PDF *388*
planetary atmosphere *384*
planetesimal *330*
planets *379*
plankton *124*
plate tectonics *245*
platinum group elements：PGE *368*
polar stratospheric clouds：PSCs *207*
polycyclic aromatic hydrocarbon：PAH *406*
pore water *129*
porphyry copper deposit *303*
practical salinity *97*
precipitation *153*

prediction of volcanic eruptions by geochemical method *221*
presolar grain *330,371*
primary aerosol *198*
primary cosmic ray *358*
primary production *119,123*
primary radionuclide *437*
primitive achondrites *333*
probability of the existence of extraterrestrial life *30*
Prokaryote *6*
prompt gamma-ray analysis：PGA *409*
protein *2*
Protist *5*
protoplanetary disk *391*
proxy *106*
proxy variable *58*
Pu *143*
^{244}Pu-Xe 年代測定法 *401*
pyrolysis elemental analyzer *74*

Q

quenched carbonaceous composite：QCC *406*

R

r プロセス *343,376,402*
radiocarbon (^{14}C) dating *72*
radiochemical NAA：RNAA *409*
radionuclides in the ocean *142*
rain ratio *109*
rainout *154*
rare earth elements：REE *107,367*
rare gas *400*
rare metal resources *298*
Rayleigh 数 *274*
reconstruction of paleo-productivity from sediment core *81*
recovery of uranium and lithium from seawater *318*
recycling of crustal material *243*
red beds *39*
red tides *423*
redox conditions in the mantle *288*
REE パターン *107*
remote sensing *134*
research vessel *132*
resin *307*
rise of atmospheric oxygen *38*
^{222}Rn *201*

Rodinea *256*
rubble pile *347*

S

s プロセス *343,376*
saccharide *2*
Saha-Langmuir の式 *411*
salfate aerosols *195*
salinity of seawater *97*
satellite *382*
satellite remote sensing of atmospheric enviroment *213*
saturation state of mineral *168*
scavenging *106*
scientific ocean drilling *82*
sea-salt aerosol *191*
sea-salt particle *191*
seafloor massive sulfide ore *315*
secondary aerosol *198*
secondary cosmic ray *358*
secondary ion mass spectrometry：SIMS *410*
secondary radionuclide *437*
sediment trap *117*
sedimentary record of terrigenous detrital materials *78*
sedimentation rate *88*
segregation of core from mantle *278*
seismic anisotropy *234*
settling POM *118*
shell *85*
siderophile *326*
sinking particles in the ocean *144*
sinking POM *118*
slab-derived fluid *228*
slab-fluid *228*
smoke *188*
soil contamination *433*
soil development *162*
soil organic matter *52*
soil pollution *433*
solar abundance *400*
solar cosmic ray：SCR *358*
solar nebula *329*
solar photosphere *350*
solar system abundances of the elements *350*
solar system formation theory *346*
solar wind *350,399*
Southern Oscillation index：SOI *56*
SOx *416*

工学院大 野津憲治著
朝倉化学大系6
宇 宙・地 球 化 学
14636-3 C3343　　　　A5判 304頁 本体5300円

上級向け教科書。〔内容〕宇宙の中の太陽系・地球／太陽系の構成元素／太陽系の誕生／太陽系天体の形成年代／大気・海洋，生命／固体地球の多様性／固体地球の分化／固体地球の表層／水圏，生物圏／大気圏／人間活動／まとめ

前北大 小泉 格著
図説 地 球 の 歴 史
16051-2 C3044　　　　B5判 152頁 本体3400円

「古海洋学」の第一人者が，豊富な説明図を駆使して，地球環境の統合的理解を生き生きと描く。〔内容〕深海掘削／中生代／新生代／第四紀／一次生産による有機物の生成と二酸化炭素／珪藻質堆積物の形成と続成作用／南極と北極／日本海

町田 洋・大場忠道・小野 昭・
山崎晴雄・河村善也・百原 新編著
第 四 紀 学
16036-9 C3044　　　　B5判 336頁 本体7500円

現在の地球環境は地球史の現代（第四紀）の変遷史研究を通じて解明されるとの考えで編まれた大学の学部・大学院レベルの教科書。〔内容〕基礎的概念／第四紀地史の枠組み／地殻の変動／気候変化／地表環境の変遷／生物の変遷／人類史／展望

国立天文台 渡部潤一監訳　後藤真理子訳
太 陽 系 探 検 ガ イ ド
エクストリームな50の場所
15020-9 C3044　　　　B5変判 296頁 本体4500円

「太陽系で最も高い山」「最も過酷な環境に耐える生物」など，太陽系の興味深い場所・現象を50トピック厳選し紹介する。最新の知見と豊かなビジュアルを交え，惑星科学の最前線をユーモラスな語り口で体感できる。

元東大 宇津徳治・前東大 嶋 悦三・前東大 吉井敏尅・
東大 山科健一郎編
地震の事典（第2版）（普及版）
16053-6 C3544　　　　A5判 676頁 本体19000円

東京大学地震研究所を中心として，地震に関するあらゆる知識を系統的に記述。神戸以降の最新のデータを含めた全面改訂。付録として16世紀以降の世界の主な地震と5世紀以降の日本の被害地震についてマグニチュード，震源，被害等も列記。〔内容〕地震の概観／地震観測と観測資料の処理／地震波と地球内部構造／変動する地球と地震分布／地震活動の性質／地震の発生機構／地震に伴う自然現象／地震による地盤振動と地震災害／地震の予知／外国の地震リスト／日本の地震リスト

日大 首藤伸夫・東大 佐竹健治・秋田大 松冨英夫・
東北大 今村文彦・東北大 越村俊一編
津 波 の 事 典
　　　　16050-5 C3544　　A5判 368頁 本体9500円
〔縮刷版〕16060-4 C3544　　四六判 368頁 本体5500円

メカニズムから予測・防災まで，世界をリードする日本の研究成果の初の集大成。コラム多数収載。〔内容〕津波各論（世界・日本，規模・強度他）／津波の調査（地質学，文献，痕跡，観測）／津波の物理（地震学，発生メカニズム，外洋，浅海他）／津波の被害（発生要因，種類と形態）／津波予測（発生・伝播モデル，検証，数値計算法，シミュレーション他）／津波対策（総合対策，計画津波，事前対策）／津波予警報（歴史，日本・諸外国）／国際的連携／津波年表／コラム（探検家と津波他）

前東大 下鶴大輔・前東大 荒牧重雄・前東大 井田喜明・
東大 中田節也編
火 山 の 事 典（第2版）
16046-8 C3544　　　　B5判 592頁 本体23000円

有珠山，三宅島，雲仙岳など日本は世界有数の火山国である。好評を博した第1版を全面的に一新し，地質学・地球物理学・地球化学などの面から主要な知識とデータを正確かつ体系的に解説。〔内容〕火山の概観／マグマ／火山活動と火山帯／火山の噴火現象／噴出物とその堆積物／火山の内部構造と深部構造／火山岩／他の惑星の火山／地熱と温泉／噴火と気候／火山観測／火山災害と防災対応／外国の主な活火山リスト／日本の火山リスト／日本と世界の火山の顕著な活動例

地球と宇宙の化学事典　　　　　　　　定価はカバーに表示

2012年9月30日　初版第1刷
2013年4月20日　　　第2刷

編集者　日本地球化学会
発行者　朝　倉　邦　造
発行所　株式会社　朝倉書店
　　　　東京都新宿区新小川町 6-29
　　　　郵便番号　162-8707
　　　　電　話　03(3260)0141
　　　　FAX　03(3260)0180
　　　　http://www.asakura.co.jp

〈検印省略〉

ⓒ 2012〈無断複写・転載を禁ず〉　　　壮光舎印刷・渡辺製本

ISBN 978-4-254-16057-4　C 3544　　Printed in Japan

JCOPY　<(社)出版者著作権管理機構　委託出版物>

本書の無断複写は著作権法上での例外を除き禁じられています．複写される場合は，そのつど事前に，(社)出版者著作権管理機構(電話 03-3513-6969, FAX 03-3513-6979, e-mail: info@jcopy.or.jp)の許諾を得てください．

speciation *105,429*
stable isotope analysis of fossil bone for paleo-
    dietary reconstruction *76*
stable isotopes *149*
stable isotopes in amino acids *45*
stable isotopic ratios of organic compounds *46*
stardust mission *373*
stellar evolution *392*
stereoisomer *43*
stony iron meteorites *335*
strata *10*
stratification *156*
stream sediment *322*
structure of the earth's mantle *260*
structure of the solid earth *230*
subduction *243*
sublimation *153*
submarine groundwater discharge *173*
submarine hydrothermal activity *111*
submersible *132*
subseafloor hydrothermal fluid *139*
Suess, H. *352*
super continent *256*
supercooled water *153*
supercritical fluid *280*
supernovae *394*
surface water in inland zone *155*
suspended POM *118*

T

Tanpopo *41*
tectonic/subduction erosion *243*
temperature measurement on fluid inclusions *305*
terrestrial heat flow *246*
terrestrial vegetation *208*
thermal ionization mass spectrometry：TIMS *411*
thermocline *156*
time of flight：TOF *293*
todorokite *317*
total organic carbon：TOC *81*
total reactive odd-nitrogen species *183*
trace elements *105*
transform *204*
transport of atmospheric components *204*

tree ring *74*
troposphere *178*
tuffaceous chet *24*
turbidite *17*

U

uraniferous quartz-pebble conglomerate *38*
Urey, H. *352*
Urey ratio *246*

V

van Krevelen ダイアグラム *310*
vegetation *208*
vernadite *317*
Vesta *347*
virus *42*
volatile organic compounds：VOC *160,212*
volatiles in magmas *220*
volcanic eruptions *220*
volcanic gas *222*
volcanic history by tephra study *84*
volcanogenic massive sulfide deposit：VMS *302*

W

washout *154*
water cycle *151*
water pollution by agricalture *420*
water purification *424*
weathering *248*
wet deposition *154,198,206*

X

X 線回折 *293*
X 線吸収端構造 *431*
X 線吸収微細構造 *431*
X 線吸収法 *431*
X-ray absorption fine structure：XAFS *431*
X-ray absorption near-edge structure：XANES *431*
X-ray absorption spectrometry：XAS *431*
Xe-HL *401*

Z

zeolite *130*

くらしき作陽大 馬淵久夫編

元　素　の　事　典

|14044-6 C3543 | Ａ５判 324頁 本体7800円
〔縮刷版〕14092-7 C3543 | 四六判 324頁 本体4500円

水素からアクチノイドまでの各元素を原子番号順に配列し，その各々につき起源・存在・性質・利用を平易に詳述。特に利用では身近な知識から最新の知識までを網羅。「一家庭に一冊，一図書館に三冊」の常備事典。〔特色〕元素名は日・英・独・仏に，今後の学術交流の動向を考慮してロシア語・中国語を加えた。すべての元素に，最新の同位体表と元素の数値的属性をまとめたデータ・ノートを付す。多くの元素にトピックス・コラムを設け，社会的・文化的・学問的な話題を供する

産業環境管理協会 指宿堯嗣・農環研 上路雅子・
前製品評価技術基盤機構 御園生誠編

環　境　化　学　の　事　典

18024-4 C3540　　　　Ａ５判 468頁 本体9800円

化学の立場を通して環境問題をとらえ，これを理解し，解決する，との観点から発想し，約280のキーワードについて環境全般を概観しつつ理解できるよう解説。研究者・技術者・学生さらには一般読者にとって役立つ必携書。〔内容〕地球のシステムと環境問題／資源・エネルギーと環境／大気環境と化学／水・土壌環境と化学／生物環境と化学／生活環境と化学／化学物質の安全性・リスクと化学／環境保全への取組みと化学／グリーンケミストリー／廃棄物とリサイクル

日文研 安田喜憲編

環境考古学ハンドブック

18016-9 C3040　　　　Ａ５判 724頁 本体28000円

遺物や遺跡に焦点を合わせた従来型の考古学と訣別し，発掘により明らかになった成果を基に復元された当時の環境に則して，新たに考古学を再構築しようとする試みの集大成。人間の活動を孤立したものとは考えず，文化・文明に至るまで気候変化を中心とする環境変動と密接に関連していると考える環境考古学によって，過去のみならず，未来にわたる人類文明の帰趨をも占えるであろう。各論で個別のテーマと環境考古学のかかわりを，特論で世界各地の文明について論ずる。

前東大 梅澤喜夫編

化　学　測　定　の　事　典
―確度・精度・感度―

14070-5 C3043　　　　Ａ５判 352頁 本体9500円

化学測定の３要素といわれる"確度""精度""感度"の重要性を説明し，具体的な研究実験例にてその詳細を提示する。〔内容〕細胞機能（石井由晴・柳田敏雄）／プローブ分子（小澤岳昌）／DNAシーケンサー（神原秀記・釜堀政男）／蛍光プローブ（松本和子）／タンパク質（若林健之）／イオン化と質量分析（山下雅道）／隕石（海老原充）／星間分子（山本智）／火山ガス化学組成（野津憲治）／オゾンホール（廣田道夫）／ヒ素試料（中井泉）／ラマン分光（浜口宏夫）／STM（梅澤喜夫・西野智昭）

前日赤看護大 山崎　昶監訳
お茶の水大 森　幸恵・立教大 宮本惠子訳

ペンギン 化　学　辞　典

14081-1 C3543　　　　Ａ５判 664頁 本体6700円

定評あるペンギンの辞典シリーズの一冊"Chemistry (Third Edition)"（2003年）の完訳版。サイエンス系のすべての学生だけでなく，日常業務で化学用語に出会う社会人（翻訳家，特許関連者など）に理想的な情報源を供する。近年の生化学や固体化学，物理学の進展も反映。包括的かつコンパクトに8600項目を収録。特色は①全分野（原子吸光分析から両性イオンまで）を網羅，②元素，化合物その他の物質の簡潔な記載，③重要なプロセスも収載，④巻末に農薬一覧など付録を収録。

前気象庁 新田　尚・東大住　明正・前気象庁 伊藤朋之・
前気象庁 野瀬純一編

気象ハンドブック（第3版）

16116-8 C3044　　B5判　1032頁　本体38000円

現代気象問題を取り入れ，環境問題と絡めたよりモダンな気象関係の総合情報源・データブック。〔気象学〕地球／大気構造／大気放射過程／大気熱力学／大気大循環〔気象現象〕地球規模／総観規模／局地気象〔気象技術〕地表からの観測／宇宙からの気象観測〔応用気象〕農業生産／林業／水産／大気汚染／防災／病気〔気象・気候情報〕観測値情報／予測情報〔現代気象問題〕地球温暖化／オゾン層破壊／汚染物質長距離輸送／炭素循環／防災／宇宙からの地球観測／気候変動／経済〔気象資料〕

太田猛彦・住　明正・池淵周一・田渕俊雄・
眞柄泰基・松尾友矩・大塚柳太郎編

水　の　事　典

18015-2 C3540　　A5判　576頁　本体20000円

水は様々な物質の中で最も身近で重要なものである。その多様な側面を様々な角度から解説する，学問的かつ実用的な情報を満載した初の総合事典。〔内容〕水と自然（水の性質・地球の水・大気の水・海洋の水・河川と湖沼・地下水・土壌と水・植物と水・生態系と水）／水と社会（水資源・農業と水・水産業・水と工業・都市と水システム・水と交通・水と災害・水質と汚染・水と環境保全・水と法制度）／水と人間（水と人体・水と健康・生活と水・文明と水）

加藤碩一・脇田浩二総編集
今井　登・遠藤祐二・村上　裕編

地質学ハンドブック（普及版）

16270-7 C3044　　A5判　712頁　本体19000円

地質調査総合センターの総力を結集した実用的なハンドブック。研究手法を解説する基礎編，具体的な調査法を紹介する応用編，資料編の三部構成。〔内容〕〈基礎編：手法〉地質学／地球化学（分析・実験）／地球物理学（リモセン・重力・磁力探査）／〈応用編：調査法〉地質体のマッピング／活断層（認定・トレンチ）／地下資源（鉱物・エネルギー）／地熱資源／地質災害（地震・火山・土砂）／環境地質（調査・地下水）／土木地質（ダム・トンネル・道路）／海洋・湖沼／惑星（隕石・画像解析）／他

元国立天文台 磯部琇三・東大 佐藤勝彦・東大 岡村定矩・
前東大 辻　　隆・国立天文台 吉澤正則・
国立天文台 渡邊鉄哉編

天　文　の　事　典（普及版）

15019-3 C3544　　B5判　696頁　本体18500円

天文学の最新の知見をまとめ，地球から宇宙全般にわたる宇宙像が得られるよう，包括的・体系的に理解できるように解説したもの。〔内容〕宇宙の誕生（ビッグバン宇宙論，宇宙初期の物質進化他）／宇宙と銀河（星とガスの運動，クェーサー他），銀河をつくるもの（星の誕生と惑星系の起源他），太陽と太陽系（恒星としての太陽，太陽惑星間環境他），天文学の観測手段（光学観測，電波観測他），天文学の発展（恒星世界の広がり，天体物理学の誕生他），人類と宇宙，など。

元早大 坂　幸恭監訳

オックスフォード辞典シリーズ
オックスフォード 地球科学辞典

16043-7 C3544　　A5判　720頁　本体15000円

定評あるオックスフォードの辞典シリーズの一冊"Earth Science (New Edition)"の翻訳。項目は五十音配列とし読者の便宜を図った。広範な「地球科学」の学問分野――地質学，天文学，惑星科学，気候学，気象学，応用地質学，地球化学，地形学，地球物理学，水文学，鉱物学，岩石学，古生物学，古生態学，土壌学，堆積学，構造地質学，テクトニクス，火山学などから約6000の術語を選定し，信頼のおける定義・意味を記述した。新版では特に惑星探査，石油探査における術語が追加された

上記価格（税別）は2013年3月現在